后边界/二线关

Post-Boundary/Erxianguan

2016年8+联合毕业设计作品

东南大学
深圳大学
清华大学
同济大学
天津大学
重庆大学
浙江大学
北京建筑大学
中央美术学院
昆明理工大学

张　彤　陈佳伟
王　辉　王　一
孔宇航　龙　灏　编
贺　勇　马　英
周宇舫　翟　辉

中国建筑工业出版社

序

建筑学专业“8+”联合毕业设计（前身为八校联合毕业设计）起始于2007年，是国内多所建筑院校自发联合举办的教学活动，迄今已是连续举办的第十次了。每年由1～2所院校命题，各校教师共同研制教案，毕业设计教学在各个学校平行展开，期间设定有场地调研、中期交流和期终评图三次集中教学活动。各校师生在这个平台上，以教学的方式共同探讨当下城乡环境剧烈变革中的典型案例和焦点议题，交流教学理念和方法。举办十年来，联合毕业设计有效促进了参与院校在本科高年级尤其是毕业设计环节的教学交流，对国内建筑学教育产生着持续而日渐重要的影响。

本次联合毕业设计以“后边界——深圳二线关沿线结构织补与空间弥合”为题，由东南大学和深圳大学联合命题并承担教学组织，参加院校包括清华大学、同济大学、天津大学、重庆大学、浙江大学、中央美术学院、北京建筑大学和昆明理工大学，共有超过120名学生和40余位教师参与了教学活动。

课题选址在深圳市正在拆除和改造的二线关，探讨一条曾经的政治经济边界，如何成为城市生活复兴和公共空间再生的契机。这次以“边界”为主题的毕业设计，教学和研究在多个方面尝试“超越边界”。

首先，边界不是领域的终止，而是不同性状和异质力量相遇的地方。二线关曾是特定历史条件下人为划定的界限，却典型代表了中国急速城市化过程中形成的断裂结构和碎片肌理，异质杂陈却又生机勃勃。教学的主题正是探讨当一条曾经的边界不再有存在意义时，能否为这座肆意蔓延的城市提供一条高效、健康、充满活力而又可持续的公共生活链接。

其次，本次联合毕业设计将所在城市正在发生的剧变，以一种超越以往的尺度直接呈现在师生面前。教学课题没有设定任务书的“边界”，而是提供了多种学术视野，引导学生发现问题、设定目标、寻找策略和技术路径。教学因此更具问题导向的研究性，各校的成果也呈现出令人鼓舞的丰富性。

第三，本次联合毕业设计试图打破传统建筑学的专业“边界”，从房屋个体延展开来的视野包含了城市生活和历史记忆、结构与肌理、基础设施以及自然系统等多个方面。各校在教学中尝试突破以孤立、静止的房屋空间形态为对象和结果，借鉴景观都市学、数据运算与生成、城市形态学等新生与交叉领域的理论和方法，触及更为宽阔和复杂的结构、组织与系统，学习理解从机制和策略层面激发、引导、调适和控制城市空间和景观环境的更新和发展。

最后，本次联合毕业设计尝试破除课堂的“边界”，教学活动自始至终得到来自深圳和香港两地专家学者的大力支持和高水平的指导。调研和开题阶段，课题组邀请华南理工大学的教师团队参加开题答辩，对教学给予指导。在调研阶段的尾声，师生们借助深港城市建筑双年展UABB大讲堂这一更为开放的平台，与十校以外的专家、学者和普通市民进行了内容新颖、形式活泼的交流。希望本次联合毕业设计的成果能够为正在进行的深圳二线关改造提供有益的启发和借鉴。

东南大学建筑学院　张彤

2016年7月17日

建筑学本科2016年8+联合毕业设计作品编委会

SOUTHEAST UNIVERSITY
东南大学
张彤
李飚
夏兵
朱渊
SHENZHEN UNIVERSITY
1983
覃力
黎宁
杨文焱
刘尔明
李勇
曹卓
朱宏宇
TSINGHUA UNIVERSITY
1911
许懋彦
王辉
范路
TONGJI UNIVERSITY
1907
孙彤宇
王一
张建龙
孙澄宇
TIANJIN UNIVERSITY (PEIYANG UNIVERSITY)
1895
天津大学
孔宇航
许蓁
张昕楠
CHONGQING UNIVERSITY
1929
龙灏
左力
ZHEJIANG UNIVERSITY
1897
罗卿平
贺勇
1936
马英
刘博
齐莹
郝晓赛
TCHAN/CHU YOUNG（韩）
中央美術學院
China Central Academy of Fine Arts
陈启明
周宇舫
李琳
王环宇
虞大鹏
苏勇
KUNMING UNIVERSITY OF SCIENCE AND TECHNOLOGY
翟辉
张欣雁

2016年8+联合毕业设计全家福

2016 全国建筑院校 8+ 联合毕业设计开营留影

目录

2016 年建筑学专业 8+ 联合毕业设计课题任务书 006

各校教学成果

东南大学 012
深圳大学 038
清华大学 064
同济大学 090
天津大学 116
重庆大学 144
浙江大学 170
北京建筑大学 196
中央美术学院 224
昆明理工大学 250

2016 年建筑学专业 8+ 联合毕业设计课题任务书

后边界——深圳二线关沿线结构织补与空间弥合

Post-Boundary

Structural Refabrication and Urban Renewal along Erxianguan, Shenzhen

课题背景

深圳二线关是国家设立的边境管理区域线，特指深圳经济特区与深圳市宝安、龙岗两区之间的隔离网和检查站。二线关设立于1983年，是相对于深圳与香港分界的一线关而言的，全长90.2公里，架设有高2.8米的铁丝网，沿线包括163个执勤岗楼、13个检查站和23个耕作口（图1）。二线关沿线由武警边防人员驻守，对进入特区的人员和车辆进行检查。1985年起，从内地前往深圳的人员需凭“中华人民共和国边境地区通行证”和居民身份证通过。

二线关是特殊的政治经济发展状态中设立的人为边界。在深圳经济特区的发展过程中，二线关内外的土地政策、户籍制度、物价水平、产业类型、环境资源、市政服务和城市化水平不同，造成关内关外社会经济发展水平、市民身份认同和社会心理的差异，也造成了城市发展的结构分离与肌理断裂（图2）。

随着1997年香港回归，深圳特区关内外实行一体化改革，香港、深圳和内地之间的角色地位也在发生变化，在特区设立边界的必要性逐渐丧失。早在1998年，在深圳市“两会”上，就有代表和委员提出撤销“二线关”的议案和提案。之后有关撤销“二线关”的呼声连绵不绝，至2003年深圳取消“边防证”，内地居民只需持身份证即可入关。2010年，国务院批准深圳经济特区范围扩大到全市，宝安、龙岗两区融入深圳特区，二线关名存实亡。2013年9月，梅林关检查站关口岗亭和大棚开始拆除；2015年6月，南头检查站和布吉检查站拆除，其余关口的设施也相继拆除。

二线关的废止，并不只是简单的拆关。30年发展的不均衡，以及二线关本身的隔离防护功能，使得关内外之间城市结构和肌理呈现明显的断裂。即便检查站拆除，关口地区仍然成为各主要交通线路的堵塞点。关内外不均衡发展所造成的社会心理落差，更不是短时间内所能解决。

另一方面，二线关见证了深圳发展独特的历史进程，承载着城市和个人的记忆，是深圳与生俱来的城市胎记。除了历史价值外，二线关沿线还保留着华南地区富有特色的丘陵海岸地貌和耕作景观，具有重要的自然价值。在二线关的后边界时代，如何认识这条关线所承载的复杂的历史和现实信息，使其在城市更新和发展的多个维度中体现出积极的意义，是本次毕业设计课题希望触及的专业内核。

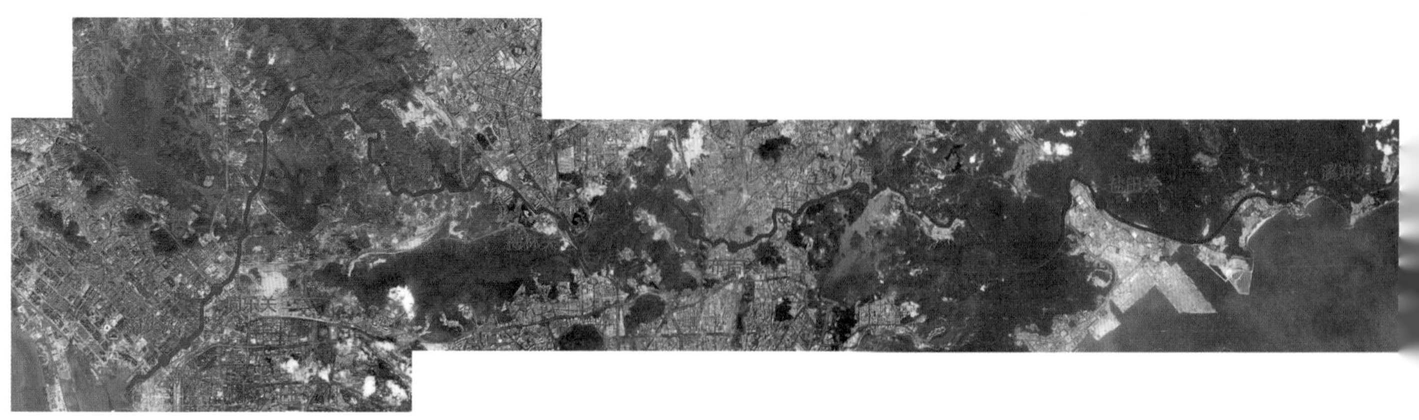

图 1　二线关总图

历史沿革

■ 1983年12月，深圳特区检查站成立，开始对出入特区的人员和车辆实施检查。

■ 1998年，在深圳市“两会”期间，首次有代表和委员提出撤销“二线关”的议案提案。

■ 2000年6月，国务院有关部门对深圳二线关调研，结论认为并不影响经济发展。

■ 2003年，深圳珠海一、二线边防管理改革方案出台，从此办理边防证无须介绍信，在原住地公安机关和二线各检查站办证点均可办理。为了简化入关手续，深圳甚至取消了边防证，内地居民只需持身份证即可入关。

■ 2008年1月，国务院调查组再次赴深圳调查“二线关”。

■ 2010年，国务院批准深圳经济特区范围扩大到全市，并明确暂时保留现有的特区管理线，今后视发展需要由广东省管理部门提出特区管理线处理办法，按程序报批。

■ 2013年4月，深圳市政府发改委牵头，通过省政府向国务院上报了关于全面撤销特区二线关的请示，所有二线关口的减速坡被陆续拆除。

■ 2013年9月，深圳梅林关检查站关口岗亭和大棚开拆，包括梅林关在内的共13个关口改造提升工程提到议事日程。

■ 2015年6月，深圳南头检查站和布吉检查站开拆，后续各个关口设施也相继拆除。

图2　二线关图像拼贴

教学主题

1. 城市肌理的衔接与弥合

二线关两侧，关内和关外都已经历高密度发展，形成了致密的城市肌理。二线关沿线作为特殊的防护用地，在一定的范围内不作规划开发，因此在90.2公里的线性区域内呈现出较为疏松杂乱的裂痕形态。如何在城市功能、结构和肌理上衔接关内关外，织补断裂，弥合裂痕，是课题不能回避的主要问题之一。

2. 非规划斑块的自组织生长

插花地、城中村是深圳这一短期内发展起来的移民都市最具特征的城市社会斑块，其自生长的密度、组织状态、生长力与形态是亚洲城市最具魅力的所在，也是当代建筑学和城市学研究的热点。由于二线关内外的行政管理区划与关线本身不尽重合，沿线出现较多的管理真空地带，为移民自发聚居地的滋生和蔓延提供了可能。二线关沿线是深圳城中村、插花地较为集中的地带，也是研究城市自组织生长的典型标本。

3. 自然系统与开放空间

深圳的蔓延状发展呈现出与丘陵地形杂糅的线性形态。二线关关线的选择多少结合了对自然地形（海岸、山林和水体）的利用，沿线区域呈现出华南沿海丘陵的典型自然地貌特征。近年来，深圳市民已经自发组织起沿二线关徒步健身等休闲活动。是否可以利用二线关撤除和改造的契机，修复生态环境，构建一条与自然系统关联的城市公共空间条带，以连续的自然和文化景观串联起蔓延铺张的城市斑块应是本课题最具潜质的话题之一。

4. 基础设施系统与节点

二线关沿线的所有关口必然与交通路线相连接，几乎所有的大关都集中了多条交通流线，成为基础设施的汇集点。关口撤销后，如何梳理和改造原本造成停滞的交通设置，合理置换功能，成为思考的切入点。布吉关已经自发地成为连接福田、罗湖与龙岗之间的区域交通换乘点。布吉关的自发转身，为废弃关口改造成为系统组织基础设施、叠合城市生活服务的交通综合体提供了现实启示。

5. 历史记忆与人文关照

二线关是特殊政治经济发展阶段遗留下来的边界，是深圳城市发展的胎记。几乎每一个深圳人都有关于二线关的个人记忆。城市的更新不是抹去记忆，如何在关线区域和关口地块改造中保留历史印记，承载个人与城市的记忆，是本课题的重要关注点之一。

课题选址

课题在二线关 90.2 公里沿线 13 个主要关口中，选择具有代表性的南头、同乐、布吉和溪涌四个关口及其周边区域作为课题开展的重点地段。

1. 南头关

南头关设立于1984年底，是最早设立的“第一关”，是广深公路和G107国道进入特区的主要门户，也是最为著名和繁忙的一个关口。香港回归后，随着关内外一体化改革的实行，南头关逐渐失去意义。加之以停车检查为目的的交通设计本身就存在流线不畅、车流交织严重的问题，南头关日益拥堵，成为阻碍深圳一体化发展的瓶颈。2015年6月起，关口设施陆续拆除，拓宽可利用车道，一定程度缓解了交通滞塞的情况，但留存在许多深圳人记忆中的南头关却再也无迹可寻了（图3-1）。

2. 同乐关

同乐关与南头关都是二线关发端的大关，它是广深高速公路进入经济特区的关口，也是进出深圳宝安国际机场的主要通道。同乐关东北侧是深圳科技园区，西北侧是宝安中学，西南侧是著名的城中村——同乐村。废除的关口、城中村、旧厂房以及杂样活态的城市生活并存，同乐关与其周边区域典型代表了二线关碎片化和拼贴状的城市肌理。2015年6月，同乐关拆除改造工程与南头关同时开始，不同的是检查站的联检楼被保留下来，作为承载二线关历史记忆为数不多的留存（图3-2）。

3. 布吉关

布吉关位于龙岗大道和布吉路接驳处，是连接龙岗区和罗湖区的重要交通枢纽。布吉关附近有龙岗线地铁和公交接驳站点，也是广深铁路与高铁线经过之地，因此每天通过布吉关的人流和车流众多，早晚高峰时段交通拥堵状况十分严重。在布吉关附近，城中村数量众多，集中了数以百万计的流动人口和务工群体，是深圳二线关沿线非规划发展的典型区域，其自发原生的生活状态和非同寻常的高密度聚居具有特别的城市学和社会学研究价值。（图3-3）

4. **溪涌关**

溪涌关位于二线关的最东端，龙岗区和盐田区的交界处，是通往南澳镇、大亚湾核电站的主要通道，包括设于盐坝高速的溪涌检查站和设于360省道的背仔角检查站。与溪涌关毗邻的大鹏湾华侨公墓，是华南地区最大的面向海外华人的墓园。溪涌关与大鹏湾墓园背山面海，坐拥壮美的景观，代表了典型华南地区海岸丘陵的地形地貌和生态基质特征（图3-4）。

图 3-1　南头关

图 3-2　同乐关

图 3-3　布吉关

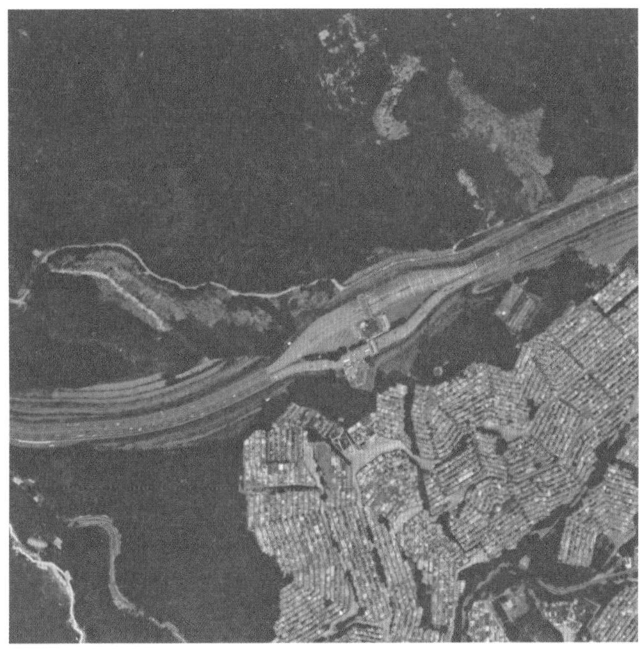

图 3-4　溪涌关

设计任务书

本课题不提供单一任务书，各设计组根据调研中发现的问题，在充分分析和论证的基础上，自行确定项目选址与设计目标，拟定功能配置和规模，确立技术路径与成果形式。

1. 选址与问题阐述

各设计组需明确表述项目选址的位置、范围；分析选址范围内场地环境的现状组成与历史沿革（包括用地规模与边界、道路与基础设施、城市斑块的肌理特征、功能组成、周围环境关系、地形与自然系统、历史与人文特征等）；阐述与分析所选场地及其周边环境的主要问题与成因。

2. 设计策略与功能策划

各设计组根据找寻与分析的问题，确立设计目标，提出设计策略（包括理论依据与方法路径）；就场地与周边环境在城市发展中的需求，做出合理的功能策划，编制设计任务书（包括设计对象、功能组成、建设规模与技术经济指标等），可能的话就建设的收益与风险做出评估。

3. 技术路径与成果形式

各设计组针对设计目标与设计任务，收集必要信息、数据与资料，找寻设计方法与技术工具，并对其进行可行性论证。在此基础上自行决定能够充分展现设计内容的成果组成和形式，并需达到本校毕业设计的工作量和深度要求。

教学环节与进度设置

1. 选题与教案设计

20151108～20151208，教师组研讨4周。

20151208，教案编制学校提供各校本年度毕设教案与调研基础资料。

2. 课题调研与毕设开题

“边界，作为城市的原点：2016建筑学专业8+联合毕业设计@深港城市\建筑双城双年展”开放评图（图4）。

全体，20151210～20160110，４周

20151210～20151231，学生在各自学校进行课题基础资料的收集与研究。

20160104～20160110，各校师生深圳集中调研，完成开题报告编制，组织开题论证“边界，作为城市的原点：2016建筑学专业8+联合毕业设计@深港城市\建筑双城双年展”开放评图。

20160104，各校师生报到。

20160105，上午，调研开营式，介绍课题导引+主旨讲座；下午，场地调研。

20160106，场地调研。

20160107～0108，开题报告讨论与编制，场地补充调研开题报告内容包括：研究对象，问题阐述，设计目标，选址范围，功能策划，设计任务书拟定，成果组成与形式及工作计划，以ppt形式汇报。

20160109，各校混编，开题报告论证。

评委组成：各校指导教师+华南理工大学教师组。

20160110，“边界，作为城市的原点：2016建筑学专业8+联合毕业设计@深港城市\建筑双城双年展”开放评图。

各校选拔一组学生，以活泼开放的形式（装置、影像、模型、情景表演、图纸等）在UABB大讲堂与深港两地知名规划建筑专家、文化学者、双年展组织方、深圳市规划管理部门及深圳市民，就二线关现状问题与未来发展进行开放交流。

3. 概念设计

20160222～20160327，5周

师生们在各自学校开展为期五周的概念设计阶段教学。要求针对调研中发现的问题和设定的目标，提出鲜明有力的概念，作为设计的出发点，同时在整体层面上，提出系统性的策略。鼓励以不限于图纸和模型的多种形式进行交流。

20160326～20160327，东南大学中期交流。

4. 深化设计

20160328～20160612，11周

各设计组在概念设计基础上，以个人为单位进行深化设计。要求对概念设计阶段提出的策略做出系统性的完善，在深入至建筑单体与重点空间的尺度层级上给出

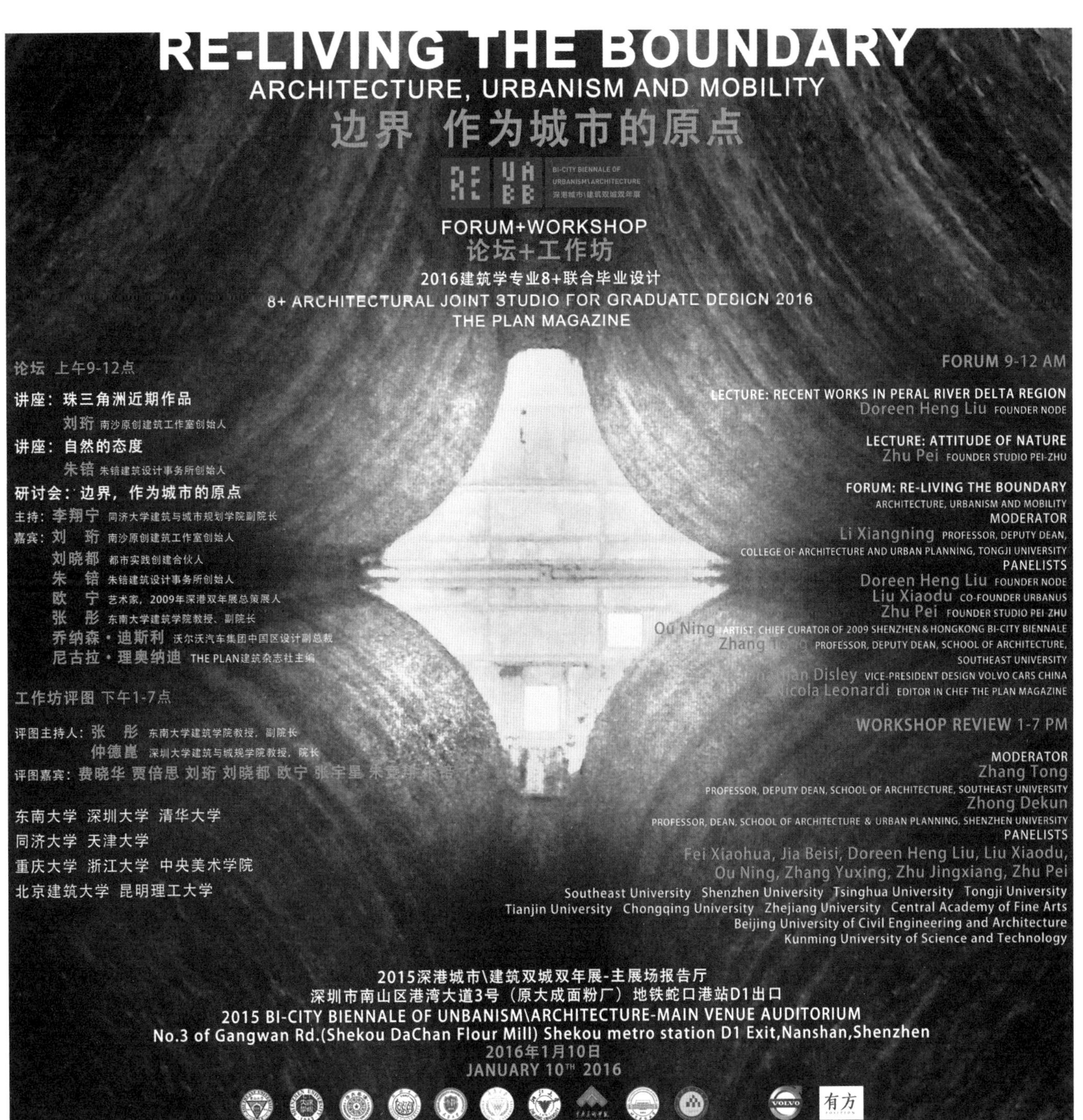

图 4 深港城市 / 建筑双城双年展 UABB 大讲堂论坛与开放评图海报

适宜的技术解决方案，并需贯彻整体设计概念。

20160611—20160612，深圳大学终期交流。

5. 整理成果出版

20160613—20160807，8周

拟由中国建筑工业出版社出版《后边界/二线关——2016“8+”联合毕业设计教学成果》。

在统一版式和给定页数的框架内，各校整理成果，选择与呈现反映本课题研究和教学水平的内容，鼓励特色化和多样性。

东南大学

SOUTHEAST UNIVERSITY

教师团队 TEACHING TEAM

张 彤　　李 飚

夏 兵　　朱 渊

1 溪涌编码 Re-coding Xichong　孙世浩　刘 巧　罗文博

2 边界生长 Growing with Boundaries　李鸿渐　唐 松　杨天民

3 新城寻梦——布吉关 Dreams in New Town　唐 蓉　卓可凡　章 骁

4 景・关 Views in Boundaries　乔炯辰　吴昌亮　管 睿

学生团队 STUDENT TEAM

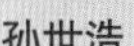

孙世浩	刘　巧	罗文博	李鸿渐	唐　松	杨天民

唐　蓉	卓可凡	章　骁	乔炯辰	吴昌亮	管　睿

溪涌编码
Re-coding Xichong
一种弹性开放和系统的策略性规划
A Stratgic Planning with Flexibility, Inclusiveness & systematic-news

东南大学
设计：孙世浩＼刘巧＼罗文博
指导：张彤＼李飚＼夏兵＼朱渊

评语：

该毕业设计选址二线关最东端的溪涌关及其毗邻的大鹏湾华侨墓园，研究二线关沿线与海岸公共空间的连续性、海岸丘陵地貌与生态基质的保存与修复，以及墓园独特的精神性氛围融入城市公共生活的可能性。

研究和设计的工作包括现状调研、问题剖析、系统组构与地形罩面，以及景观编码设计策略研究若干阶段。借鉴景观都市学的理论和方法，在地块与周边的整体区域范围内，通过分析性的系统层叠、容纳场地多类信息的地形罩面生成，建立包含结构、组织与元素的景观环境编码系统，着重聚焦斑块、构架、褶皱、边界、通径、节点和镶嵌 7 种组织，提出旨在激发、引导和控制城市空间再兴和景观生态修复的系统而富有弹性的设计策略。

该毕业设计的创新性表现在以下两个方面：

1. 目标和方法跨越了传统建筑学的专业边界，包含城市结构、基础设施、景观与生态系统等多方面内容，体现出跨学科的专业视野与综合驾驭多学科知识的能力。

2. 不同于常规的趋于静态结果的形态设计，该毕业设计借鉴景观都市学的理论和方法，成果指向一种开放、系统而富有弹性的设计策略，并且具有容纳在时间进程中的调整和变化的能力。

总平面 Master Plan

溪涌解码，问题找寻 De-coding XiChong，Problem Seeking

盐坝高速横穿场地，使场地与周边环境断裂；大鹏湾华侨墓园作为华南地区最大的海外侨胞墓地，需解决高峰祭扫时期人群的服务需求问题。

问题1：交通系统碎片化

1. 现有步行骑行等绿色交通没有形成高效闭合的交通网络；
2. 场地内人行、骑行、车行缺乏合理选线与划分；
3. 清明重阳等祭扫高峰时期，私家车严重拥堵，交通瘫痪；墓园停车位不足。

问题2：公共空间缺失

1. 现有骑行步行道路不连续，阻断了居民来向，缺少市民公共活动空间；
2. 墓园内景观与基础设施类型单一，布点松散，缺乏多元的墓地服务网络。

问题3：自然生态割裂

1. 山体割裂：盐坝高速隔断了原本直至海滨的连续的山地地形，生态系统及基质遭到破坏，动植物自然活动断裂；
2. 墓园内的硬质铺装也是对自然生态的干预与破坏。

网格—衍变的地形罩面 The Grid：an transmutating topographic mesh

通过对地形、自然景观、道路交通和基础设施的研究，将场地信息赋值，编制运算方法，对网格进行操作，使之衍变成为一个包含场地信息及其影响权重的地形罩面（topographic mesh）。

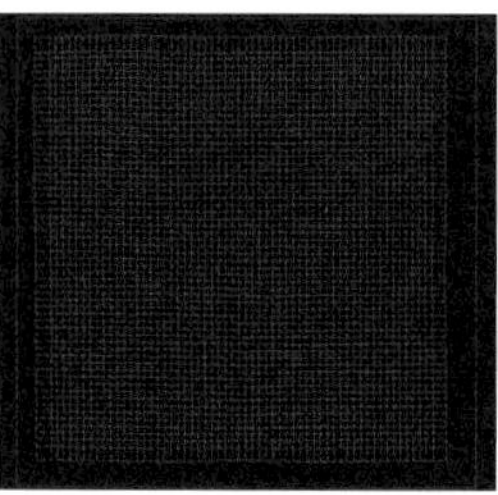
在场地上建立起一个有尺度的网格。

提取场地中的高程点，测量各个高程点之间的关系。

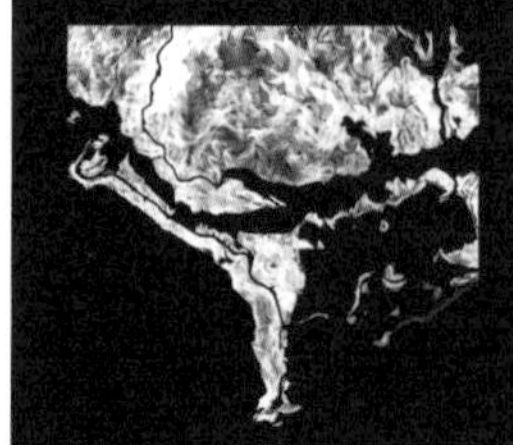
在网格中加入平行于等高线和垂直于等高线的影响因素改变网格发展。

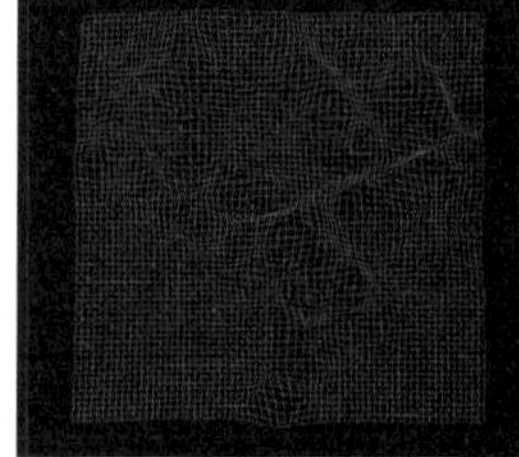
对等高线系统中所形成的山谷和山沟在网格中进行优化，使网格初步形成。

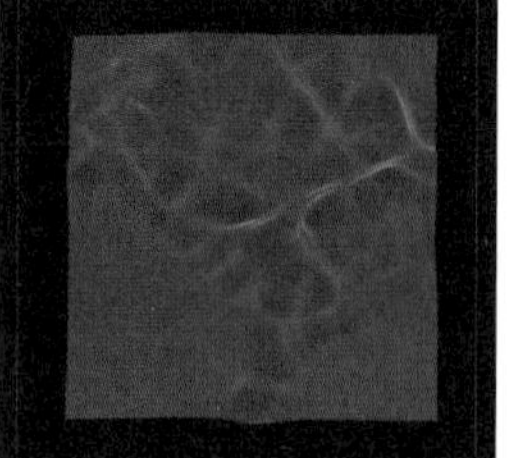
细分网格，将盐巴高速和 360 省道等交通因素按照不同的权重来影响网格的发展。

人工地形在场地中扮演着重要角色，墓地对网格的影响需要叠加到网格中来。

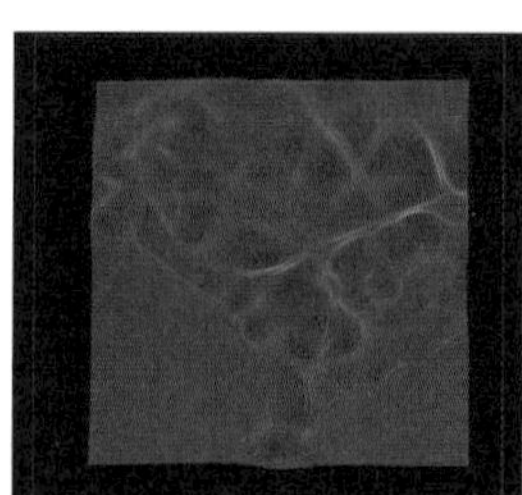
将建筑物的影响因素加入网格，按照建筑面积和建筑功能辐射范围分配权重。

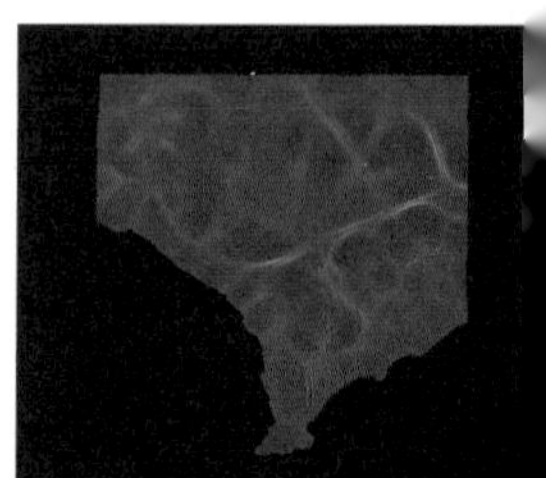
最终网格形成

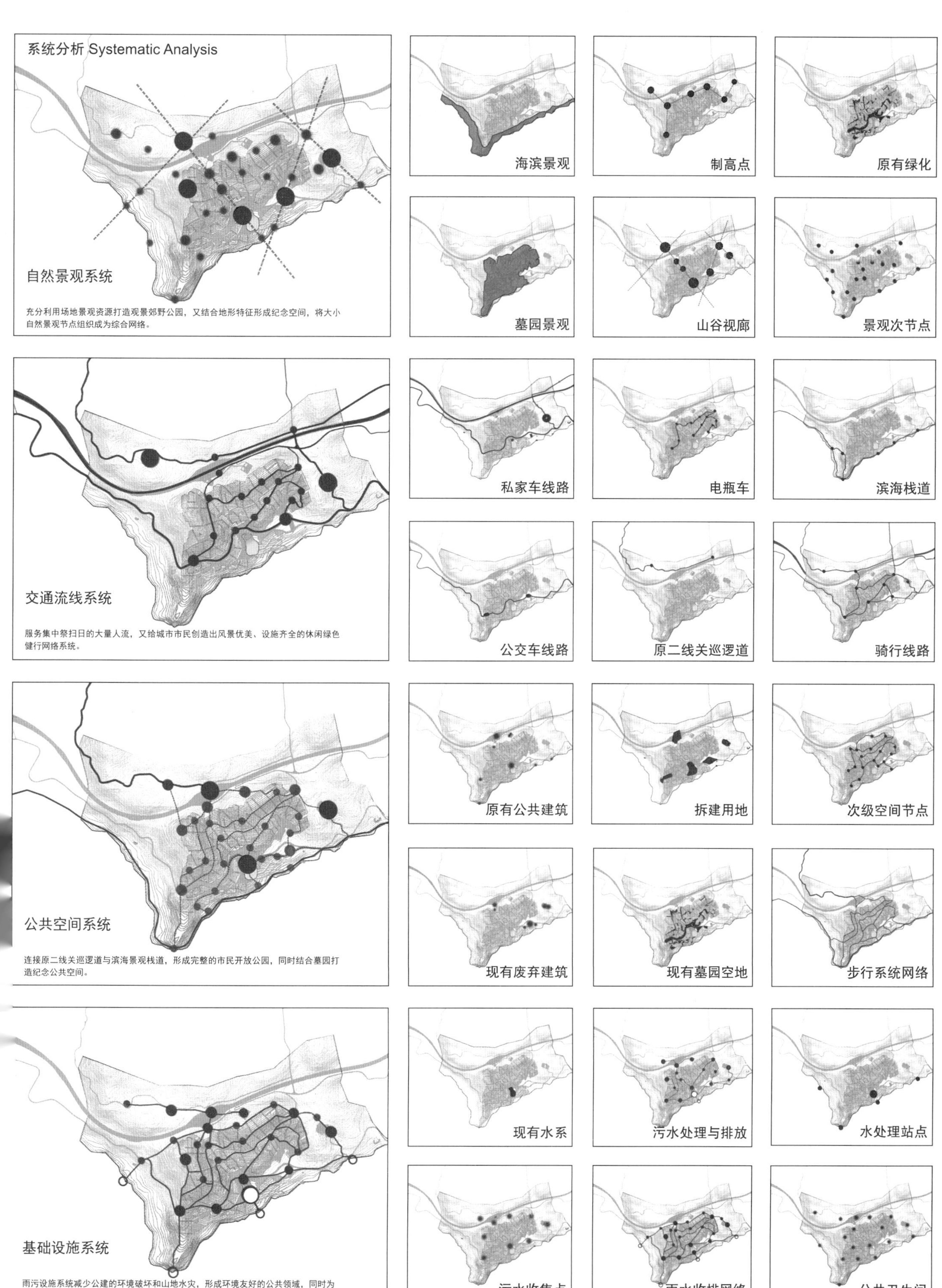
系统分析 Systematic Analysis
自然景观系统
充分利用场地景观资源打造观景郊野公园，又结合地形特征形成纪念空间，将大小自然景观节点组织成为综合网络。
海滨景观
制高点
原有绿化
墓园景观
山谷视廊
景观次节点
交通流线系统
服务集中祭扫日的大量人流，又给城市市民创造出风景优美、设施齐全的休闲绿色健行网络系统。
私家车线路
电瓶车
滨海栈道
公交车线路
原二线关巡逻道
骑行线路
公共空间系统
连接原二线关巡逻道与滨海景观栈道，形成完整的市民开放公园，同时结合墓园打造纪念公共空间。
原有公共建筑
拆建用地
次级空间节点
现有废弃建筑
现有墓园空地
步行系统网络
基础设施系统
雨污设施系统减少公建的环境破坏和山地水灾，形成环境友好的公共领域，同时为公园提供优质水景观。
现有水系
污水处理与排放
水处理站点
污水收集点
雨水收排网络
公共卫生间

系统叠合 Systems Overlay

元素 Element

元素类型	名称	符号	平/立面	形态意向	组织
点	休息亭				临时构筑 服务节点
	售卖亭				临时构筑 服务节点
	卫生间				临时构筑 服务节点
	信息站				临时构筑 服务节点
	医疗站				临时构筑 服务节点
	充电站				临时构筑 服务节点
	垃圾回收处理站				临时构筑 服务节点
	树				景观框架 生态修复
	下沉台地				褶皱
	纪念雕塑				纪念节点
	骑行驿站				交通节点
	电瓶车站				交通节点

元素类型	名称	符号	平/立面	形态意向	组织
线	护坡				边界
	绿植墙体				构架
	[illegible]墙				构架
	二线关铁丝网				边界
	纪念墙				构架
	桥				通径
	脉流				通径
	树列				边界
	区域围栏				边界
	人行道				通径
	骑行道				通径
	车行道				通径

元素类型	名称	符号	平/立面	形态意向	组织
面	硬质铺地				斑块
	绿植地面				斑块
	景观水池				斑块
	透水路面				斑块
	绿化屋面				斑块/屋架
	蓄水地面				斑块
	太阳能屋面				斑块/构架
	生态框架				临时构筑
	硬质台阶				褶皱
	软质台阶				褶皱
	菜园台地				褶皱
	沼泽				褶皱

组织类型 Tissue Patterns

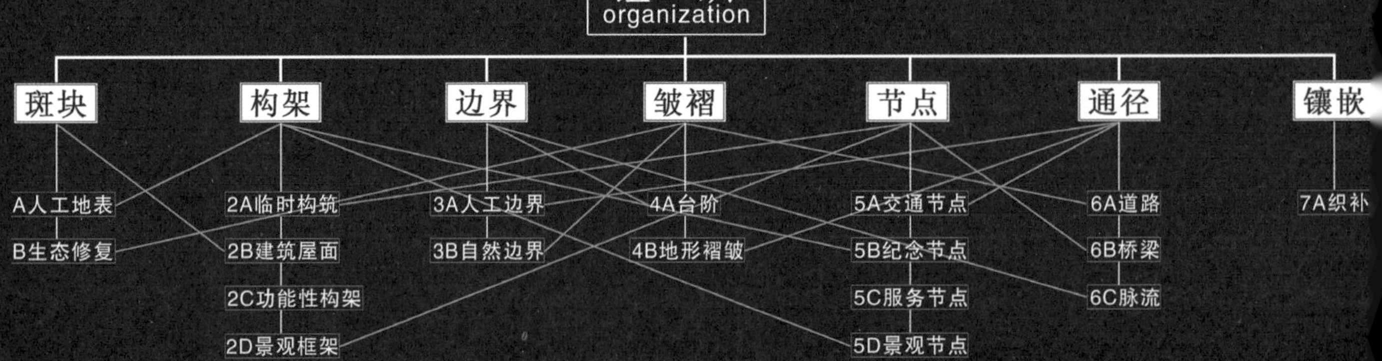

部分组织类型与设计策略节选 Select Tissue Pattern & Design Stratgies

1A 斑块 人工地表

·性状与功能：

人工地表，作为一种面状的组织，承载具有一定人群聚集量的公共活动。是一种面状的组织和生态基质。遵循生态规律，体现因地制宜、合理布局，减少硬质表面，增强地表的呼吸性和渗透性。人工地表能够为其他功能建筑、景观提供适宜的场所，并且对生态环境进行全面的保护。

·材料策略：

硬质铺地：花岗岩、再生砖等材料铺砌成的地面，需增强渗水性，鼓励就地取材，使用再生材料。渗水路面的面积比为 70%，建议采用植草砖相间隔的方式进行铺地，做法如图 1-4。

种植地面：以深圳当地的植被为主，能够储水的植物优先。芒果树、木棉树、榕树、簕杜鹃、荔枝树等为主要种植树木。

人造水景：水景设计中有目的地采用各种措施对雨水资源进行自然进化、回收和再利用；补充各种人工或自然水体、池塘、湿地或低洼地等景观用水，改善人造水景的水环境和生态环境。

砂石地面：以当地海滩上的砂石为主要材料，改善沿海景观和地面。

·技术策略：

人工地表作为景观元素的重要组成，是一种面域的组织。

考虑硬质铺地、人造水景、砂石地面、种植地面的分布时应因地制宜，采取最适合地形和环境的方式。在地面施工和植物种植过程中注重利用当地的自然材料和再生材料进行建设。施工中注意土方平衡，最大限度保护生态环境，使人工地表作为积极的影响因素加入到当地的生态循环系统中。

人造水景：围合水景的材料建议采取当地天然石，不采用人造石材，利用苔藓藻类等水生植物增强驳岸的调节能力。

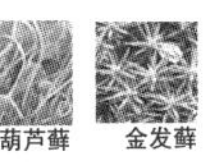

葫芦藓　金发藓

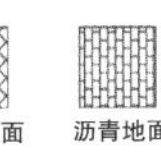

地钱　泥炭藓

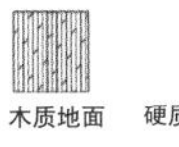

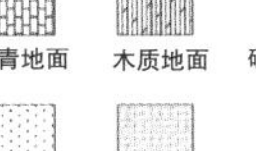

白发藓　墙藓

石材地面　沥青地面　木质地面　硬质铺地

草坪　花卉　苔藓　种植地面

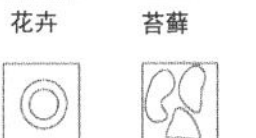

蓄水池　喷泉　景观水池　人造水景

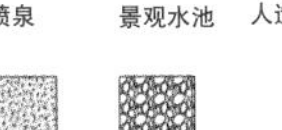

礁石　沙滩　碎石　砂石地面

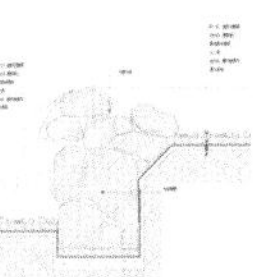

构造 1

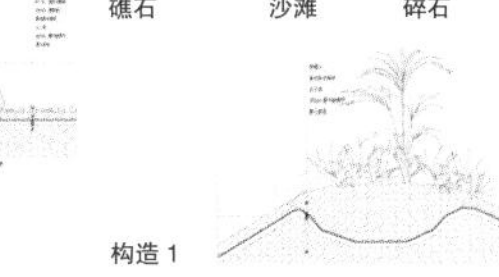

构造 2

1B 斑块 生态修复

·性状与功能：

生态修复是指停止人为的负面干扰，以减轻负荷压力，依靠生态系统的自我调节能力与自组织能力使其向有序的方向进行演化，利用生态系统的这种自我恢复能力，以积极谨慎的人工措施，使遭到破坏的生态系统逐步恢复或使生态系统向良性循环方向发展。

·技术策略：

通过一种系统的设计，严格按照步骤进行施工和修复，保证在施工中不破坏环境。在植被修复绿化山体的施工过程中，建议采用以天然有机质土壤改良材料为主体的客土，在其中混入含各种对植物生长有益的有机质和无机质材料。使用这一技术时，种植适宜本地生长的植物，最主要的是本土植物，适应性强、抗性好，更容易存活，更好地生长。

·材料策略：

山体修复：采取当地植被对荒芜的山体进行种植，通过改造一些山坡和山谷得到回填土，利用这些回填土再去改造山体。主要针对对象是高速公路的硬质护坡。

水体修复：主要通过生物的方法对水体进行修复，养殖一些能够净化水体的藓类和鱼类，通过收集雨水和对污水的集中处理，实现场地中的水循环。

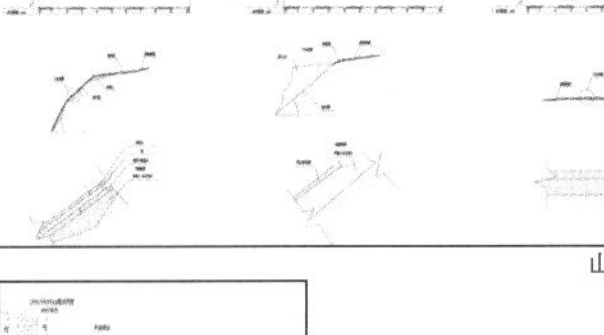

山体修复

护坡剖面

破度修复　植被虚浮　回填土

生物净化　集中水处理　雨水收集

山体围护类型

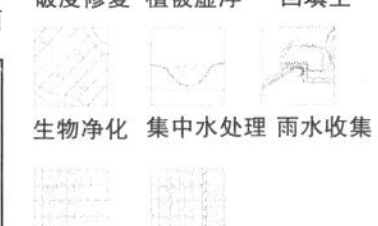

护坡平面　台地景观　台地雨水收集

2C 构架 功能性框架

·性状与功能：

功能性构架是一种在场地中承载功能和定义场所活动及其意义的构筑物，能为场地带来新鲜的血液，将场地中的功能组织和绿色系统相结合。

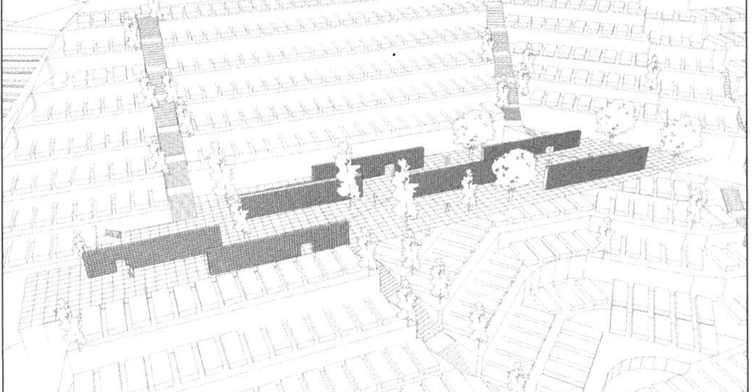

·技术策略：

功能性构架在一个以景观为主的场地尤其重要，既可以结合场地进行生态保护，又能够提供一定的功能。在大鹏湾场地设计中我们着眼于墓地中的设计，希望能够结合这种特殊的场地要素对场地中的功能性构架进行重点探讨和设计。

·材料策略：

材料主要针对室外纳骨墙。室内纳骨盒可根据设计要求，做到防水防火防盗即可。

室外纳骨墙建议采用当地石材砌块或混凝土进行施工，深圳当地常年多雨，所以应采取耐酸蚀和排水等技术上的措施。

在邻国日本也有将纳骨墙装饰成为带屋顶的类似建筑的墙面，但此地设计风格更加偏向于华侨，不应强行加入屋顶等元素。

室外具有功能性构架的纳骨墙不仅能够容纳逝者的骨灰，也能够起到将整个墓园变得更肃穆更加具有仪式性的作用。预计新增外部纳骨盒约 2 万个。

镜面材质

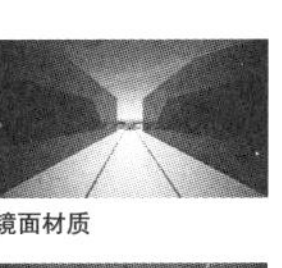

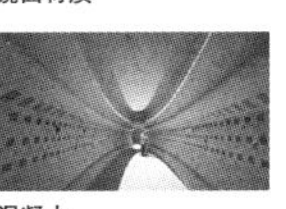

混凝土

室外纳骨

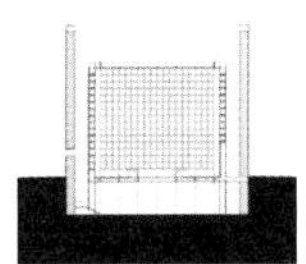

室内纳骨

石材

2D 构架 景观框架

·性状与功能：

景观框架，作为人工建造的生态框架承托不同植物生长，同时覆盖场地形成宜人场所。景观框架一方面指利用生态方法进行旧建筑改造，另一方面新建生态休憩亭，拉近市民生活与自然生态的距离。

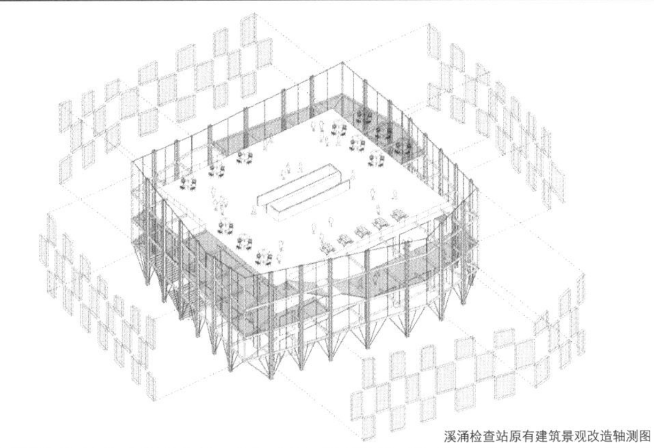

溪涌检查站原有建筑景观改造轴测图

·材料策略：

植物选择充分考虑基质类型、朝向和植物生长时节，组合搭配保证绿植 100% 的覆盖率；主体支撑骨架采用强度高、耐腐蚀、质轻、易安装和更换的材料，如轻钢结构；面材需尺寸适宜，满足植物生长需求。

·技术策略：

框架的建设应充分考虑支撑、栽培、灌溉和辅助系统的配合，选择生态环保、易维护更换的材料（如钢、木材）和构造方式。网架式爬藤需隔热透水地面；模块式一般选取 5~10cm 基层，密度 50~100 株 /m^2。

·景观框架类型

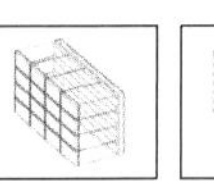

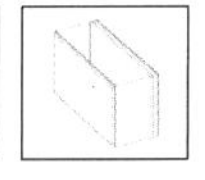

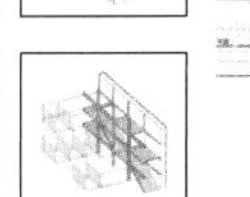

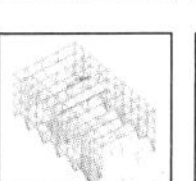

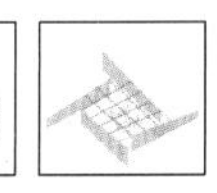

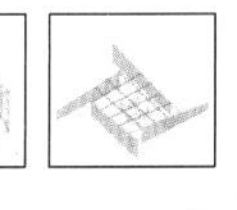

示意图片

景观框架结构基础大样

部分组织类型与设计策略节选 Select Tissue Pattern & Design Stratgies

3A 边界 人工边界

·性状与功能：

人工边界，作为不同人工面之间的边界划分不同领域和空间，同时作为重要的线要素参与到整个公园的景观构成中。主要类型有高速路护坡、声障、区域围栏、人工水岸和原二线关铁网。

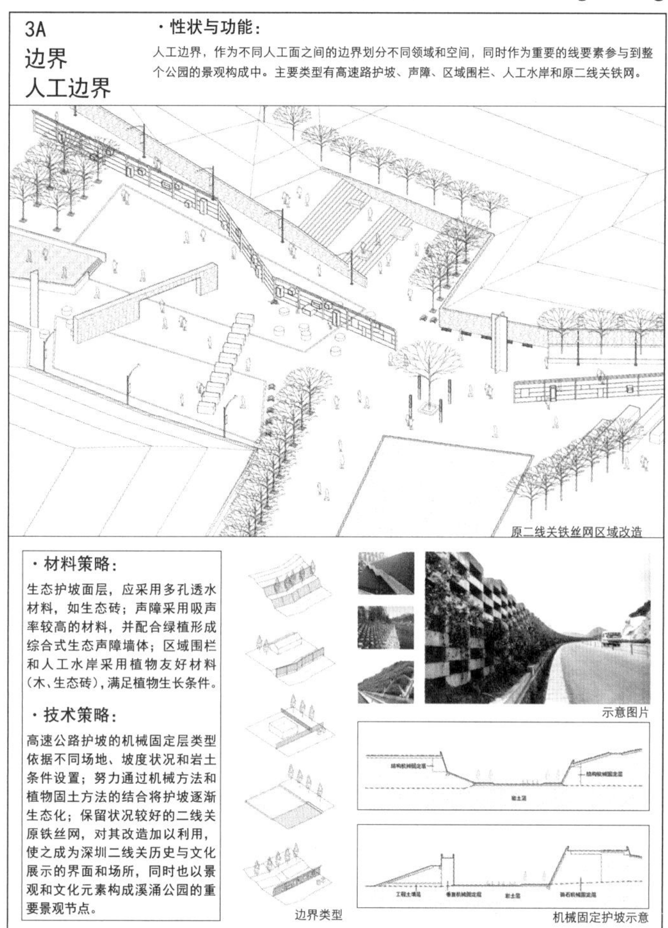

原二线关铁丝网区域改造

·材料策略：

生态护坡面层，应采用多孔透水材料，如生态砖；声障采用吸声率较高的材料，并配合绿植形成综合式生态声障墙体；区域围栏和人工水岸采用植物友好材料（木、生态砖），满足植物生长条件。

·技术策略：

高速公路护坡的机械固定层类型依据不同场地、坡度状况和岩土条件设置；努力通过机械方法和植物固土方法的结合将护坡逐渐生态化；保留状况较好的二线关原铁丝网，对其改造加以利用，使之成为深圳二线关历史与文化展示的界面和场所，同时也以景观和文化元素构成溪涌公园的重要景观节点。

边界类型

示意图片

机械固定护坡示意

4B 褶皱 地形褶皱

·性状与功能：

地形褶皱是不同于台阶的，基于自然地形进行一些围护和改造的褶皱，是利用地形中的各类优势对场地进行优化。在地形褶皱中可以将自然元素多地容纳进整个系统中，是一种重要的自然地表的连接方式。

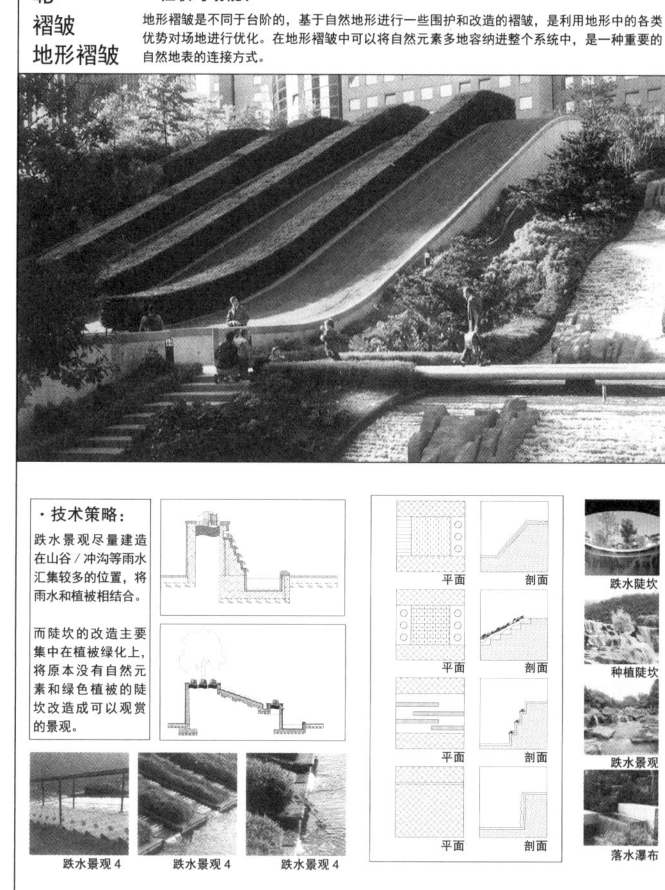

·技术策略：

跌水景观尽量建造在山谷／冲沟等雨水汇集较多的位置，将雨水和植被相结合。

而陡坎的改造主要集中在植被绿化上，将原本没有自然元素和绿色植被的陡坎改造成可以观赏的景观。

跌水景观 4　跌水景观 4　跌水景观 4

平面　剖面　跌水陡坎

平面　剖面　种植陡坎

平面　剖面　跌水景观

平面　剖面　落水瀑布

5C 节点 服务性节点

·性状与功能：

服务性节点，为公园各种服务提供空间和场所，有良好的可达性和均布性。散布型节点易移动装卸；集中型节点需要功能复合与集成。服务节点主要包含祭扫、骑行、商品、信息、餐饮、卫生、可持续能源中心七大服务类型，互相集成形成完整服务网络系统。

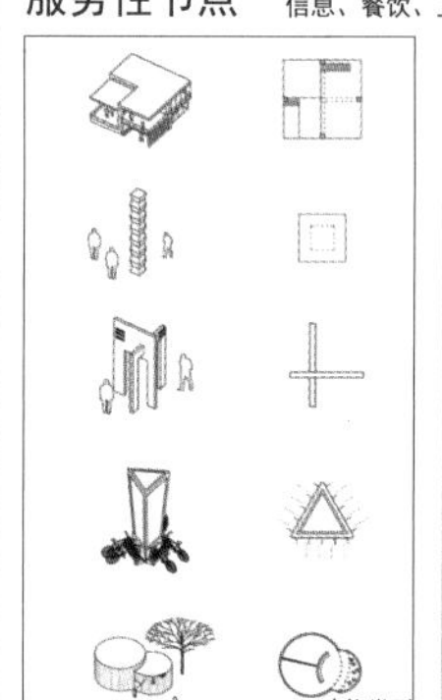

功能类型

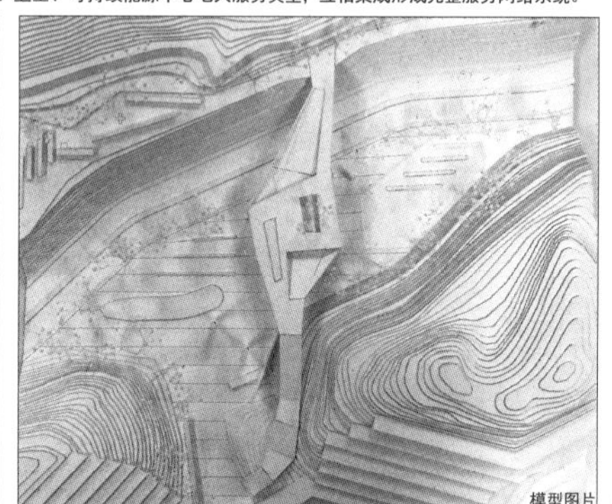

模型图片

·溪涌关服务节点：

依托原检查站，希望改造成为公园重要服务节点，承担墓园电瓶车交通、祭扫服务与管理、文化展览、餐饮等多项服务。方案将高速路轻微改线放于北侧，整理场地设立电瓶车上下点。同时在旧建筑外添加二次生态景观框架，上架跨线桥穿越建筑，服务不同方向的人群，使其成为墓园北入口综合服务中心。

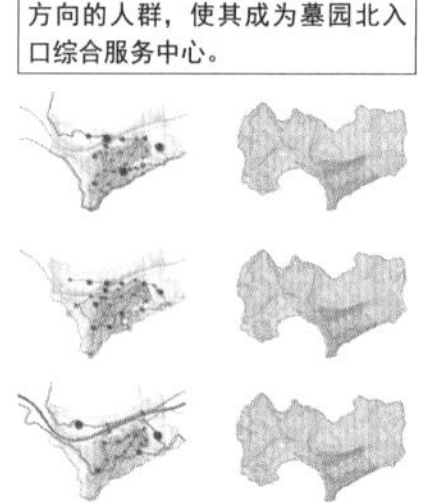

场地分析图

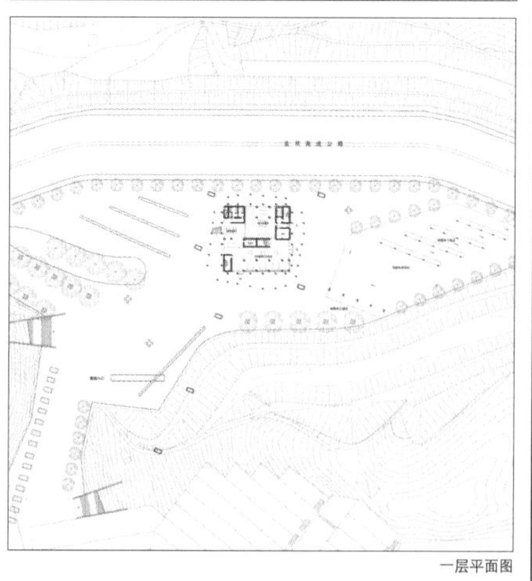

一层平面图

·材料策略：

散布型服务节点考虑其移动性和装卸性，避免对自然地形造成不可逆的影响；集中型节点可利用旧有建筑作为基础，合理改造成为适用于新服务功能的综合性节点。

·技术策略：

祭扫服务类节点集中设在墓园出入口和交通站点；商品零售类节点靠近主要道路，注意垃圾的回收处理；信息服务人工与自助结合；卫生站点通过生态技术，减少污染浪费。

东西向剖面图

二层平面图　三层平面图　四层平面图

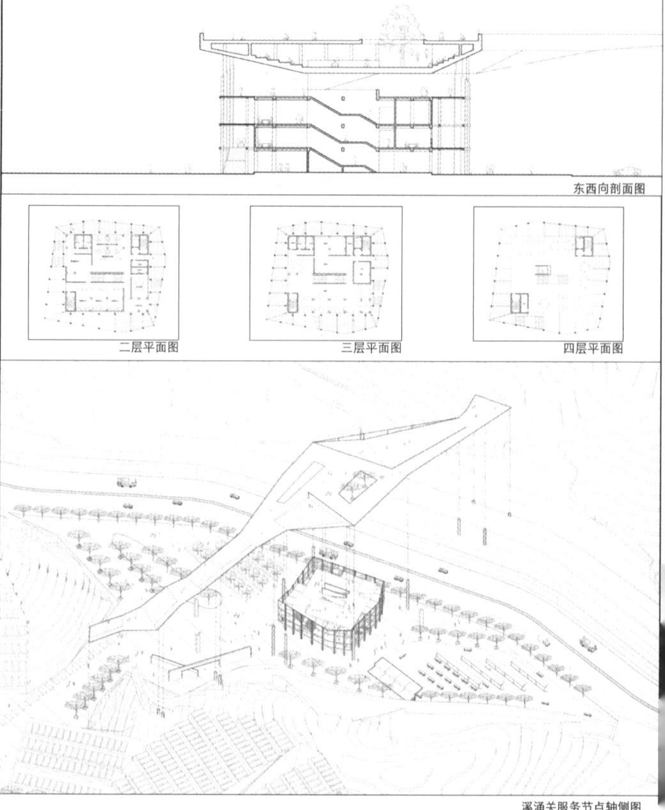

溪涌关服务节点轴侧图

部分组织类型与设计策略节选 Select Tissue Pattern & Design Stratgies

5D 节点 景观节点

·性状与功能：

景观节点即在景观公园中为市民活动提供休息和观景的构筑物，需考虑到场地自然环境及人文特征，塑造具有观赏性的形态和空间。示范性节点选择捐仔角检查站的景观廊，结合生态基质、道路流线，为墓园入口提供观海及哀悼空间。

节点效果图

·技术策略：

适当分布软硬地比例，增强屋面地表特性；结构框架应成为地形的有机组成，其结构形式灵活应对变化的空间形态，且不损害观赏品质。

·材料策略：

结构与围护材料选择轻质环保材料，如木材、钢材等；材料应做充分防火防腐处理；地面采用渗水性铺装材料或天然素土，降低地表破坏。

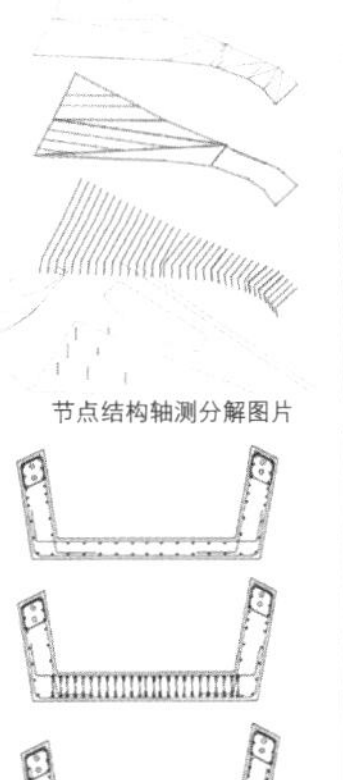

节点结构轴测分解图片

钢木构件截面示意

景观节点结构意向

景观节点空间意向

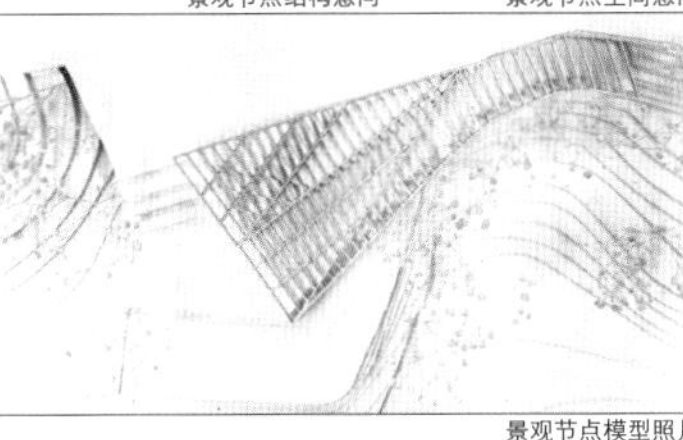

景观节点模型照片

6A 通径 道路

·性状与功能：

道路是整个景观公园的脉络和主干，起到组织并协调生态环境、公共活动、交通设施等多个系统的作用。通过有效的选线与组合，连接各个区域，形成连续公共活动。高效组织交通，完成流线的衔接与转换，利用生态技术与结构将道路系统打造为绿色生态廊道。

步道效果图

·技术策略：

道路规划与设计中，道路表面由渗水和不渗水基层构成，其中渗透性基层应不少于75%，从而降低排水设施需求，节省基础设施成本；加入绿化植被、雨水处理系统、公共活动设施等综合需求，因地制宜地利用场地中的景观要素。

·材料策略：

各道路系统均应采用生态友好、对自然地表损害较少的材料，降低对自然生态的不可逆影响。

1. 绿道／公路：建议选用渗水沥青路面、渗水混凝土路面等，选用孔隙率高的岩石颗粒或碎石，加入堆肥土壤，保证足够透水能力。
2. 栈道：建议选用防腐防晒木材为主要面板材料铺装，同时铺装木板时预留间隙，以保证栈道下动植物生态环境不被破坏；下部结构采用钢筋砼基础，提高耐腐蚀能力。

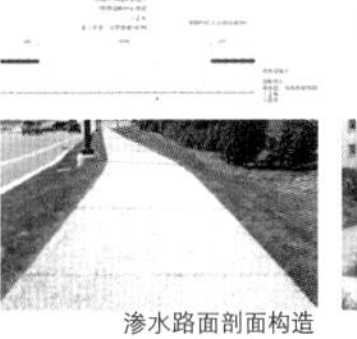

渗水路面剖面构造

种植坛平面

栈道剖面

·道路组合关系

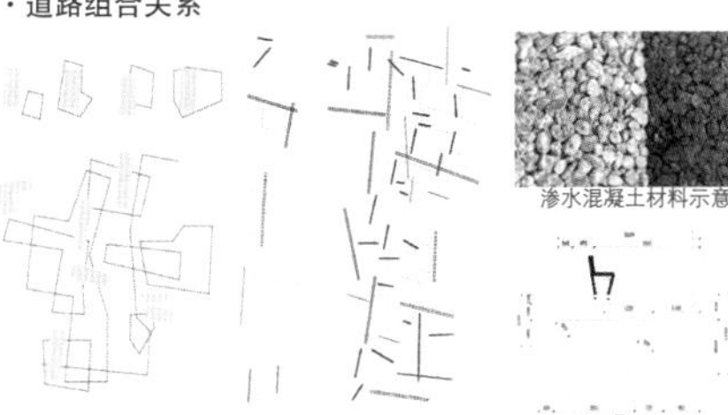

闭合道路 - 系统组织

不闭合道路 - 缝合斑块

渗水混凝土材料示意

栈道结构断面图

6C 通径 脉流

·性状与功能：

脉流是整个景观公园的雨水收集和排放系统，除场地内雨水收集、生物净化功能外，也承担着景观观赏功能。通过多点蓄水池和沟渠容纳场地内的雨水径流，与生态绿植共同打造多层次有品质的生态湿地，降低整个景观公园的水处理能耗。

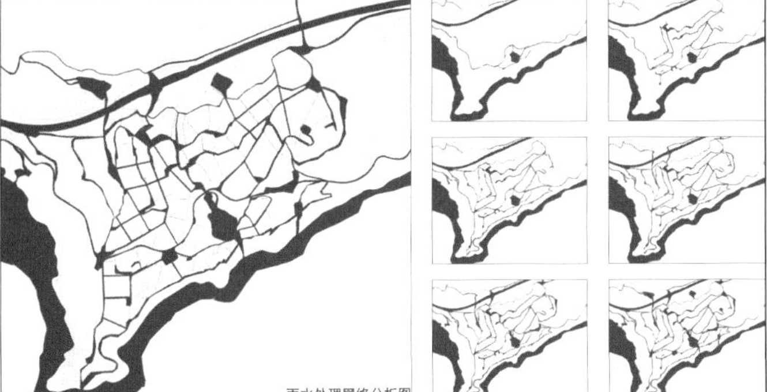

雨水处理网络分析图

·技术策略：

蓄水池：采用湿地模式净化雨水，利用绿植实施生物净化，与传统雨水处理系统相比无化学物质污染及处理所需能耗，形成高效的水体运作体系。

沟渠：建议采用渗水表面和渗透性绿植带结合的集水系统，将道路绿化带设置成条带状种植坛，直接将地表渗水及雨水排入坛中，并利用生态绿植过滤有害污染物，降低雨水流速，同时创造出观赏性强的景观品质空间。

·材料策略：

蓄水池：表面过滤基质选择多孔性孔隙率高的材料，具有高渗透力。如：1-3mm 的圆形沙粒、矿物添加剂、火山岩等，同时加入堆肥土壤；蓄水池结构材料需与场地自然环境相结合。

生态绿植：采用水生根系植物，能够适应场地环境并有完整生长期，最好选择当地本土植物；绿植宜种栽在湿地边缘，有利于摄取富余营养。

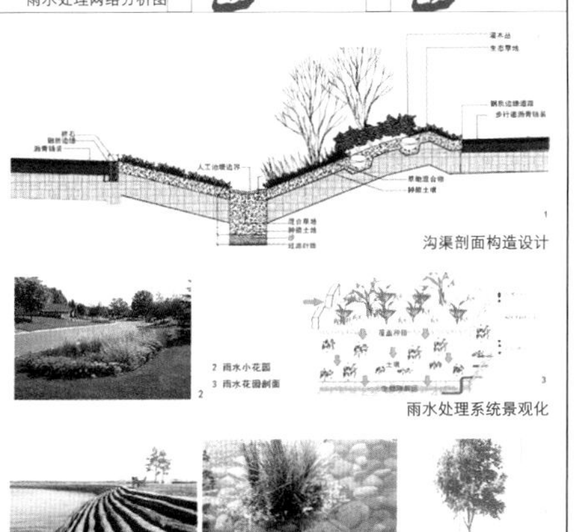

沟渠剖面构造设计

雨水处理系统景观化

生态驳岸

水生绿植

7A 镶嵌 织补

·性状与功能：

织补需完成景观条带上断裂与碎片化元素的衔接与融合，以便更好地与自然环境构成面状生态基质。与单一的符号和图解相比，织补更着重描画新的组及元素之间潜在的结构关系，提供更富弹性的网状连接。

铺装过渡：硬质斑块与软质斑块

植栽过渡：道路与硬质斑块

设施过渡：道路和软质斑块

空间过渡：节点与斑块

·技术策略：

利用技术手段和细部设计对无意义、无组织的碎片空间进行有效的场地设计，完成多种组织间功能、形式和生态机能的过渡。

·材料策略：

场地填充：场地规划与设计过程中为了更好地改善现状、恢复生态机能，可将产生的垃圾碎石、混凝土块等就地利用起来，创造出与自然环境、生态公园相融合的景观空间。

回收利用场地废弃原材料传达出织补在动态的景观变化中更好地整合了人工设计与自然环境。

·织补细部设计类型

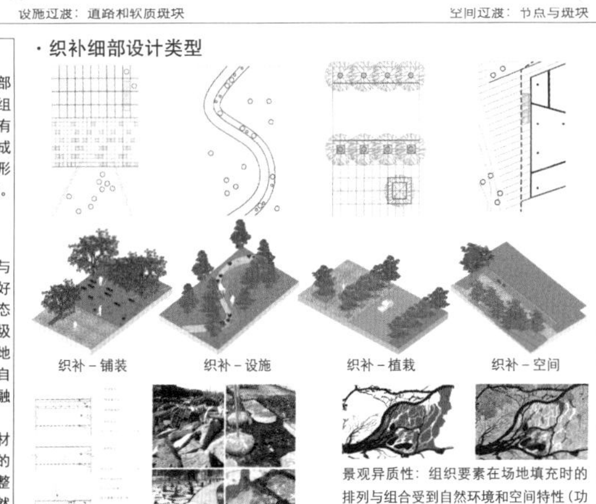

织补 - 铺装

织补 - 设施

织补 - 植栽

织补 - 空间

材料结构示意

回收利用废弃石块

景观异质性：组织要素在场地填充时的排列与组合受到自然环境和空间特性（功能、形态差异等）的影响，会产生不同的景观空间格局。

边界生长
Growing with Boundaries

东南大学
设计：李鸿渐＼唐松＼杨天民
指导：李飚＼张彤＼夏兵＼朱渊

场地调研与分析

肌理发展

交通发展

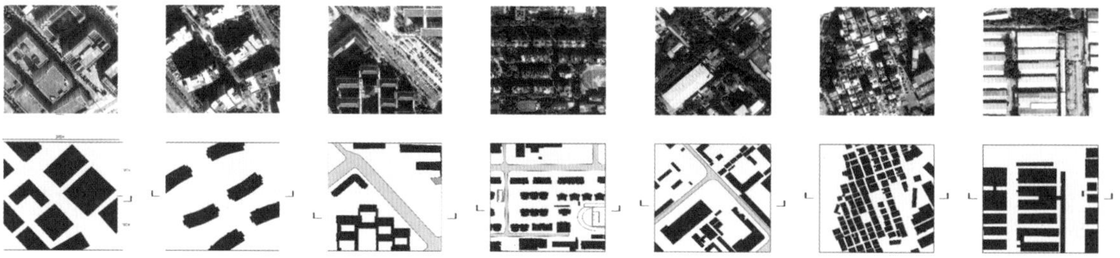

交通发展

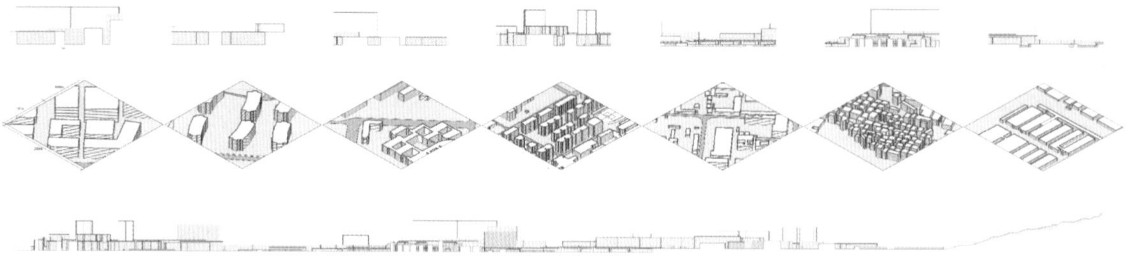

场地分析

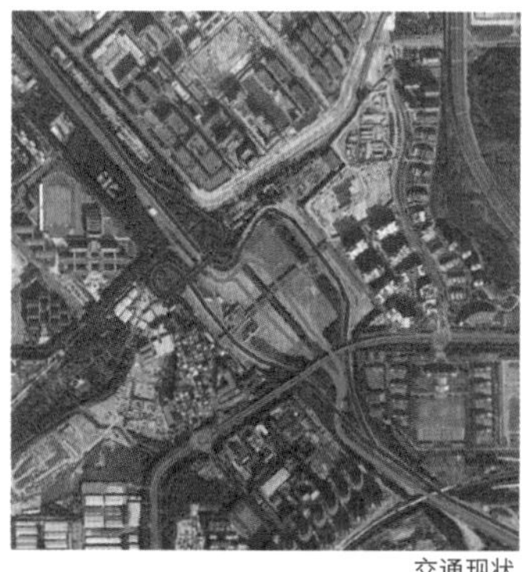
交通现状

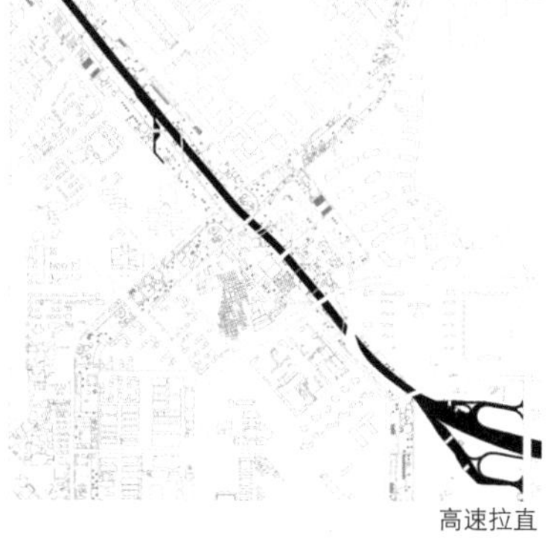
高速拉直

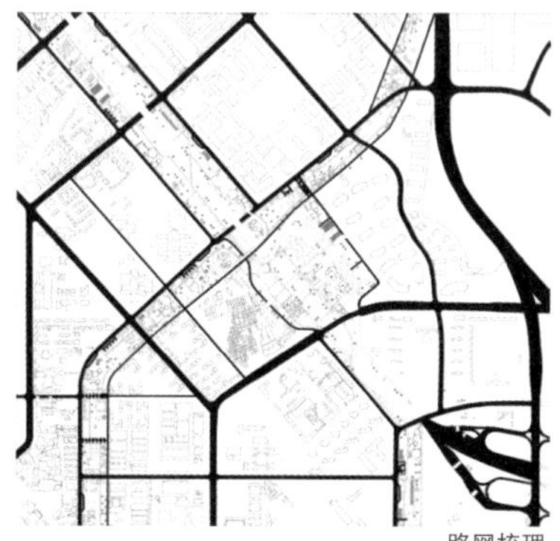
路网梳理

功能现状

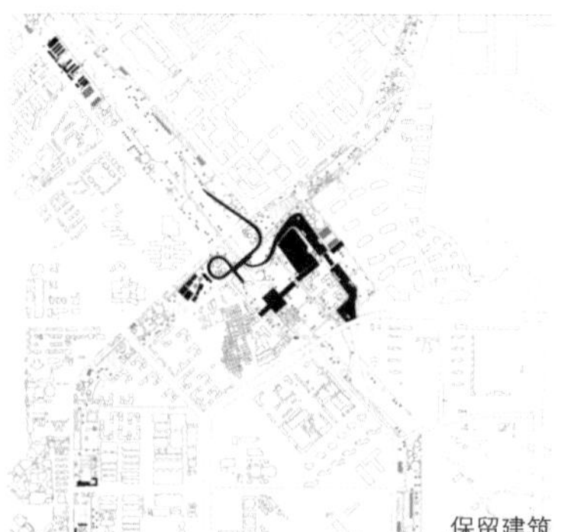
保留建筑

功能混合

评语：

该设计过程分为城市设计和建筑设计两部分，前者合作完成，后者自选节点单独完成。

本设计着眼城市边界问题，通过生成设计算法技术，探寻城市快速更新过程中城市边界因素的科学应对策略。该团队在毕业工作中灵活运用已有的专业知识并使之融入建筑学实际问题，展现出极强的学术水平以及综合能力。毕业论文具有跨学科学术研究价值，内容从城市设计数字技术发展前沿的“算法设计”切入，创造性地把计算机程序语言运用到规划及其建筑设计中，对今后建筑设计系统方法及理论研究具有一定突破性的学术意义。

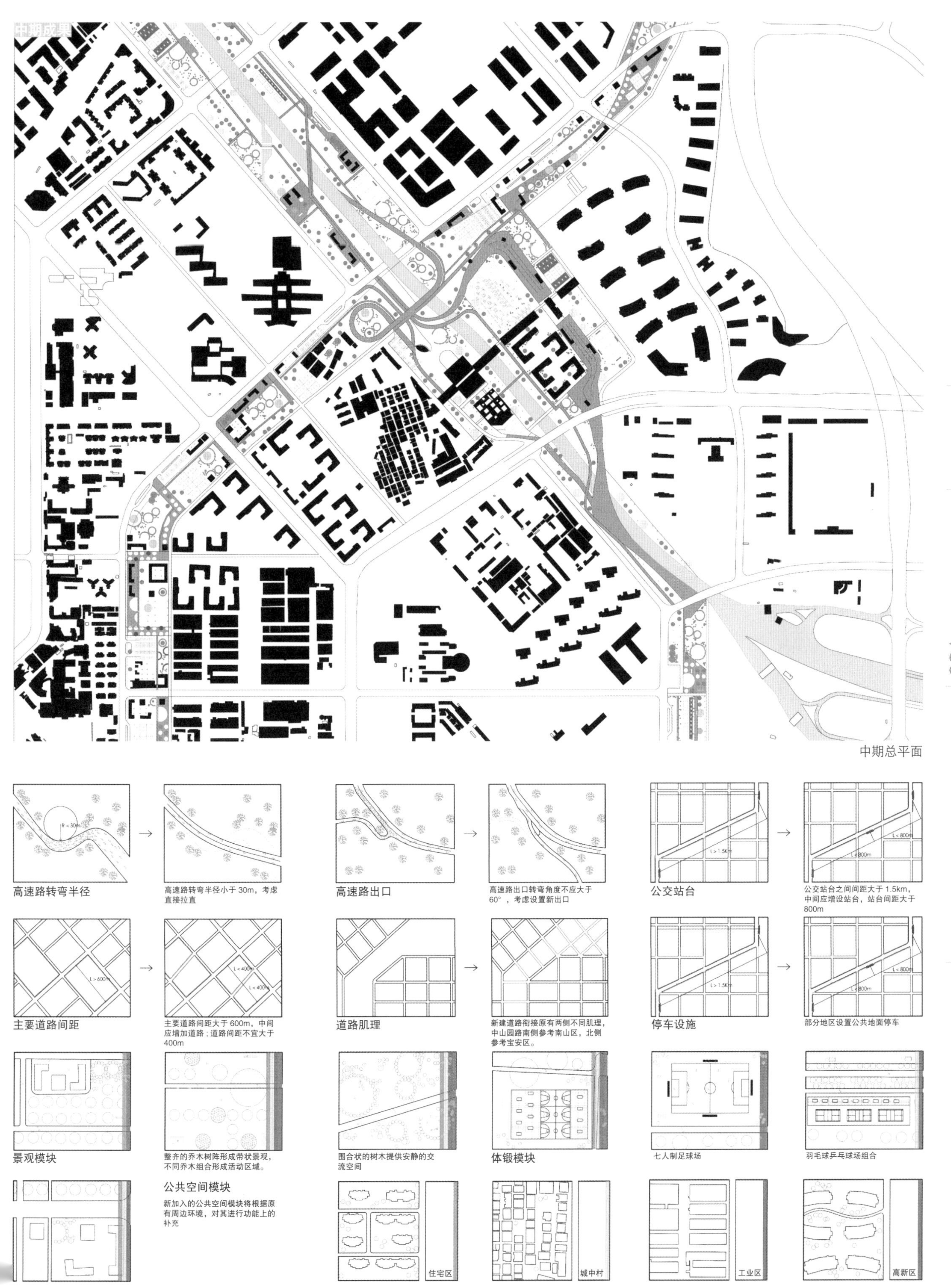
中期成果
中期总平面
R < 30m
高速路转弯半径
高速路转弯半径小于 30m，考虑直接拉直
高速路出口
高速路出口转弯角度不应大于 60°，考虑设置新出口
L > 1.5Km
公交站台
L < 800m
公交站台之间间距大于 1.5km，中间应增设站台，站台间距大于 800m
L > 600m
主要道路间距
L < 400m
主要道路间距大于 600m，中间应增加道路；道路间距不宜大于 400m
道路肌理
新建道路衔接原有两侧不同肌理，中山园路南侧参考南山区，北侧参考宝安区。
停车设施
部分地区设置公共地面停车
景观模块
整齐的乔木树阵形成带状景观，不同乔木组合形成活动区域。
围合状的树木提供安静的交流空间
体锻模块
七人制足球场
羽毛球乒乓球场组合
公共空间模块
新加入的公共空间模块将根据原有周边环境，对其进行功能上的补充
住宅区
城中村
工业区
高新区

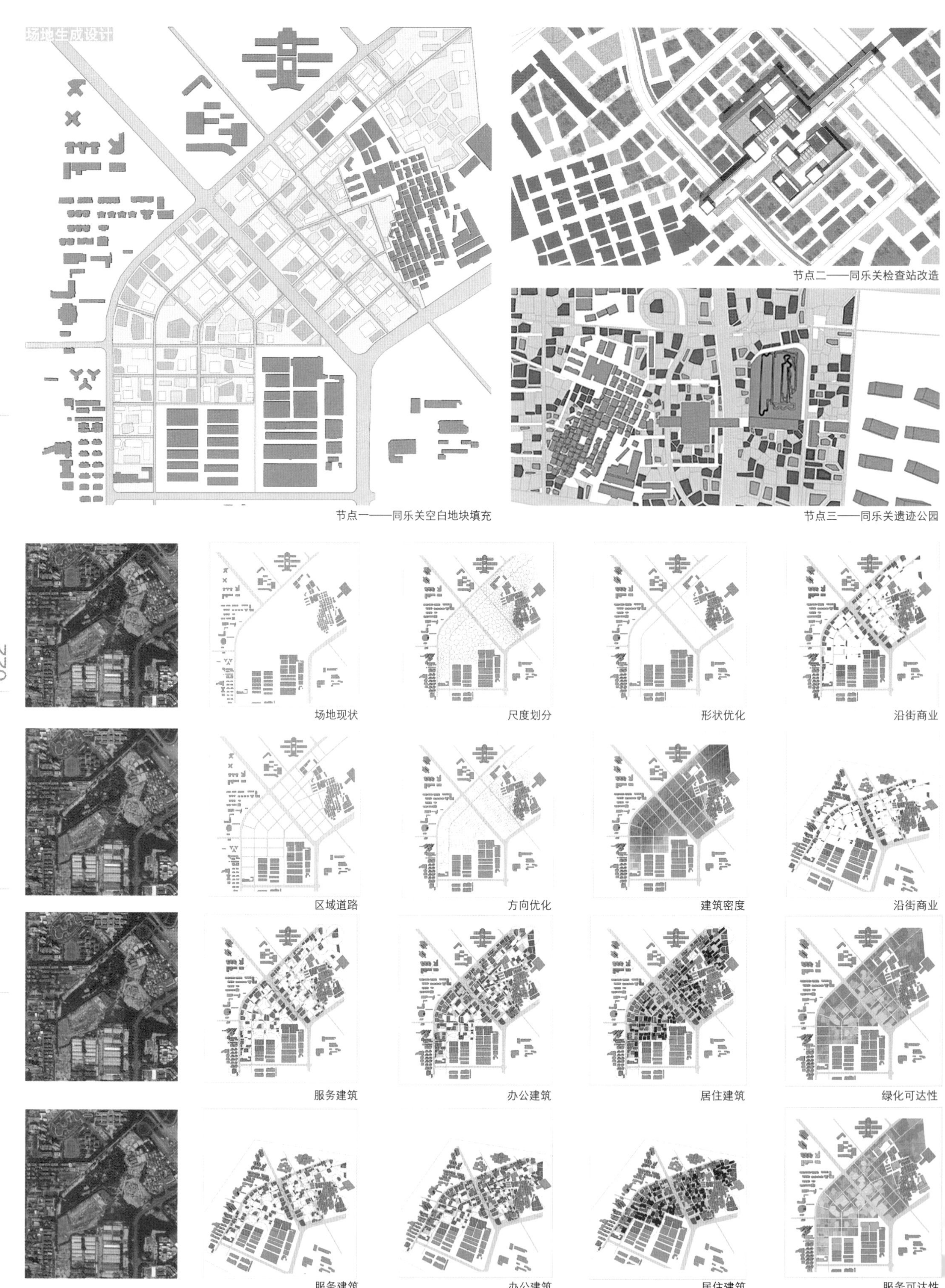
场地生成设计
节点一——同乐关空白地块填充
节点二——同乐关检查站改造
节点三——同乐关遗迹公园
场地现状
尺度划分
形状优化
沿街商业
区域道路
方向优化
建筑密度
沿街商业
服务建筑
办公建筑
居住建筑
绿化可达性
服务建筑
办公建筑
居住建筑
服务可达性

节点一：同乐类空白地区社区生成设计

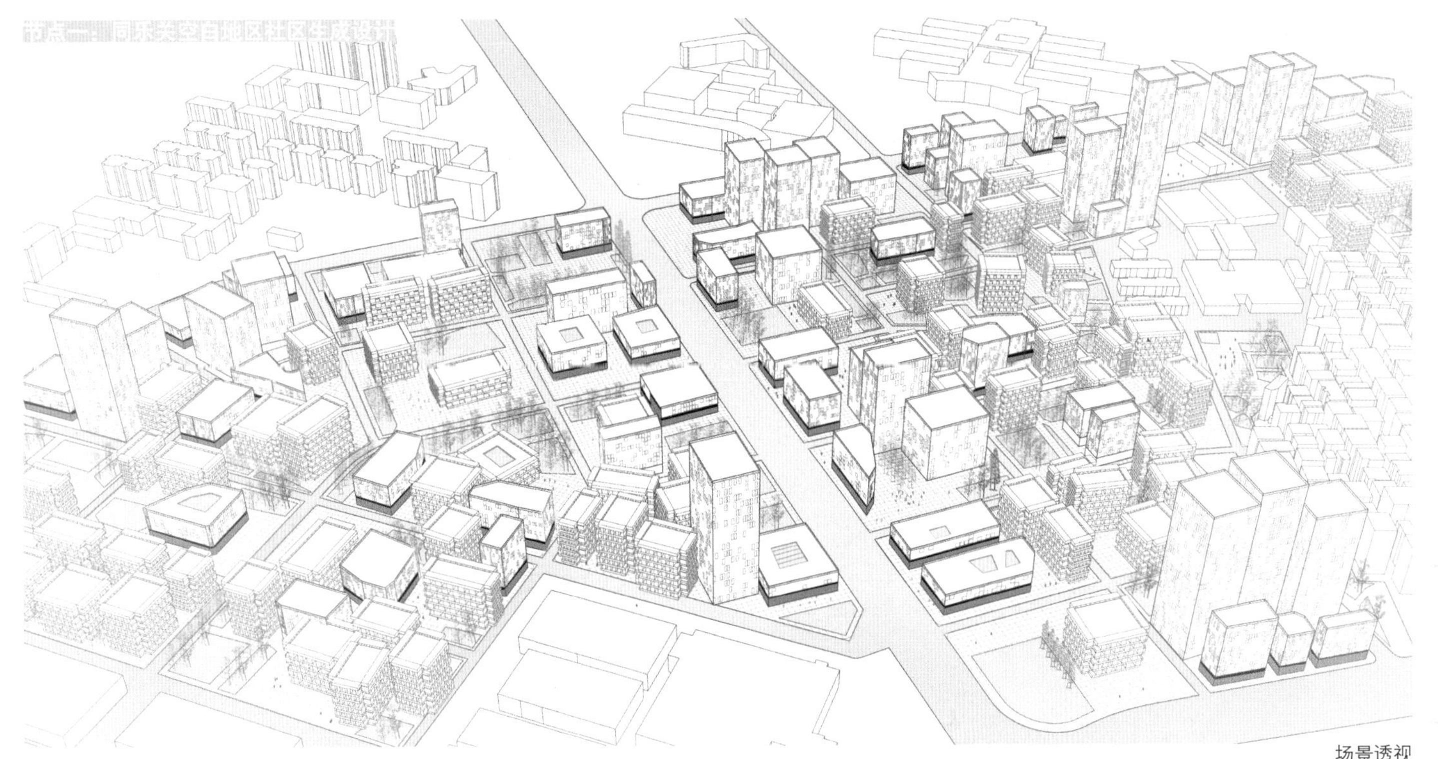

场景透视

沿用中期指定的规划策略，参照相应的导则制定有关程序模拟规则，利用生成设计的工具不断建立和完善影响场地的要素与规则。并对生成结果进行优化与筛选，择优深化。该阶段对生成场地中的建筑进一步进行生成设计的探索，制定不同建筑的设置规则与相互的拓补关系，并将包含结构与立面的不同功能的建筑模式套用在生成的场地中，初步形成较为完整的设计流程。

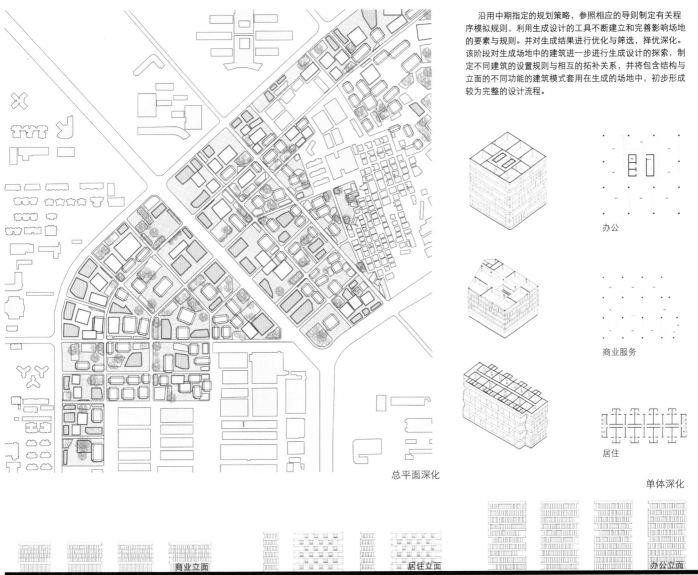

总平面深化

办公

商业服务

居住

单体深化

商业立面

居住立面

办公立面

节点二：解构·同乐——同乐关居民文化馆

总平面

室外屋顶透视

博物馆入口透视

文化馆展览透视

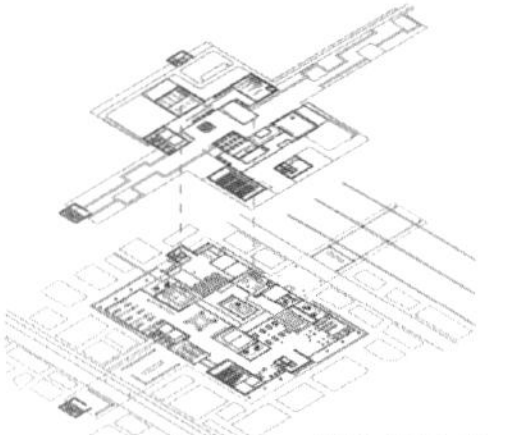

博物馆流线

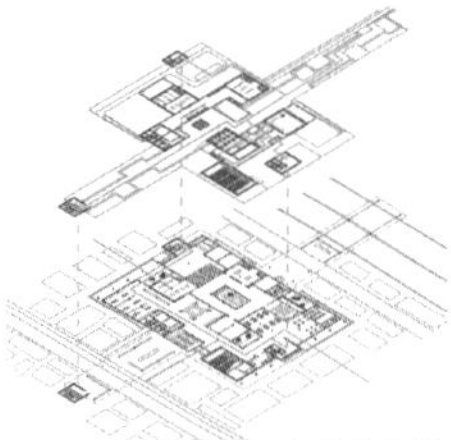

文化馆流线

自行车流线

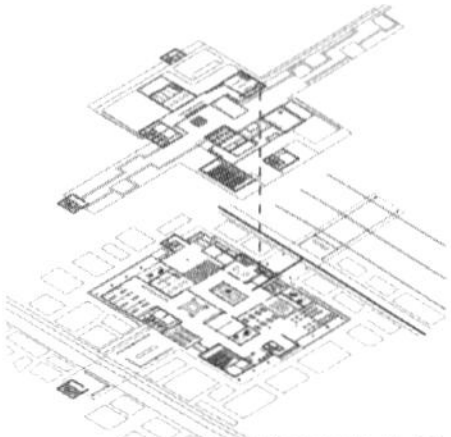

辅助运输流线

消防电梯井

景观采光井

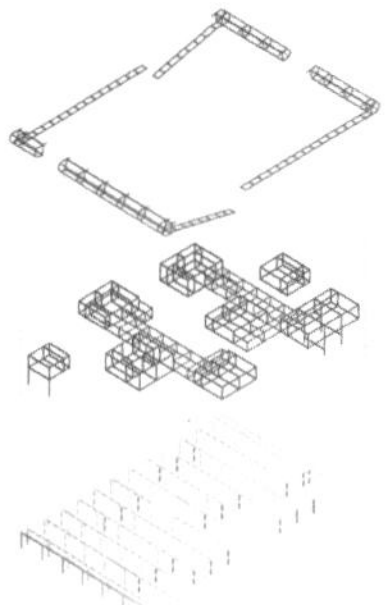

结构轴侧

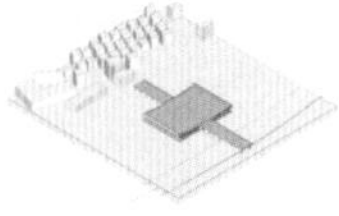

场地现状

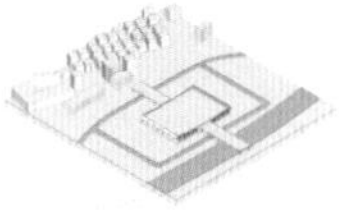

道路规划

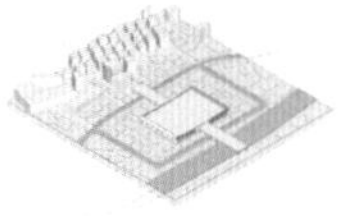

总平结构

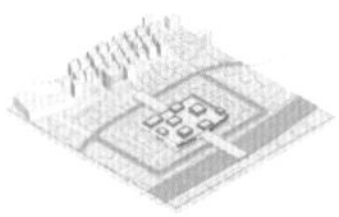

建筑结构

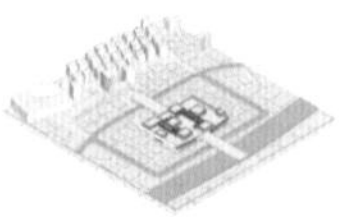

平台联系

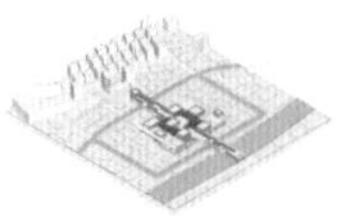

路径串联

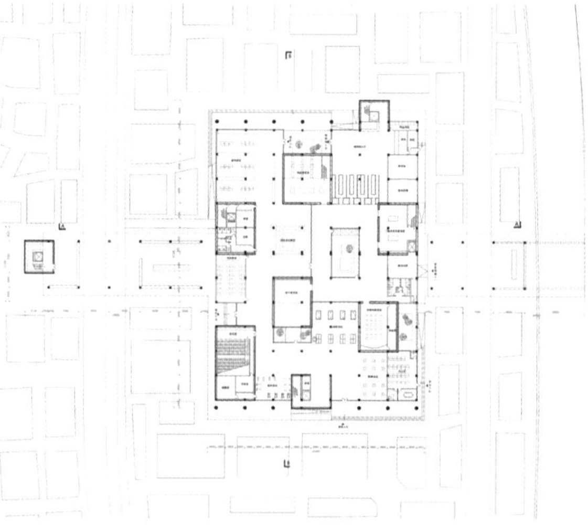

一层平面

二层平面

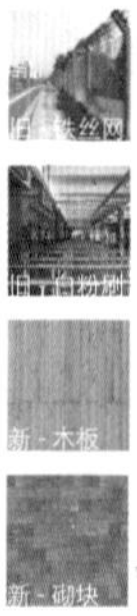

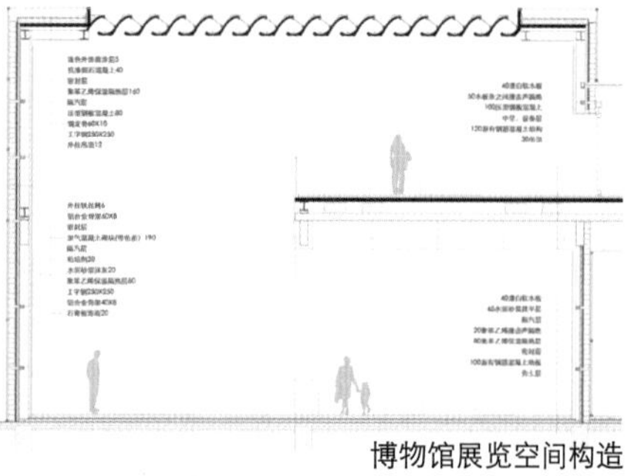

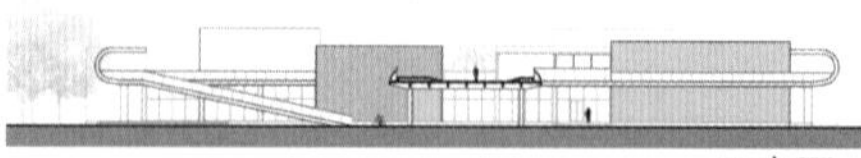

西立面

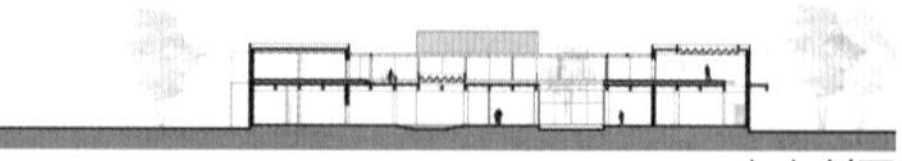

A-A 剖面

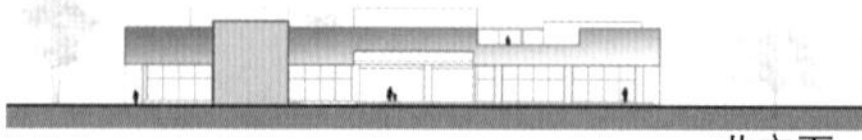

北立面

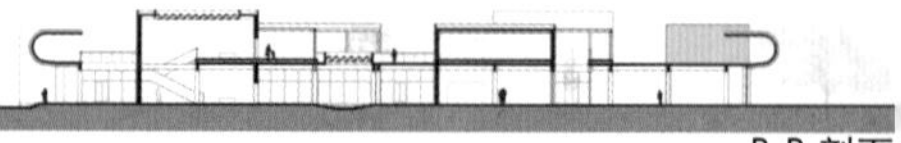

B-B 剖面

新·木板

新·砌块

博物馆展览空间构造

节点三：立体线——同乐关遗迹公园

总平面

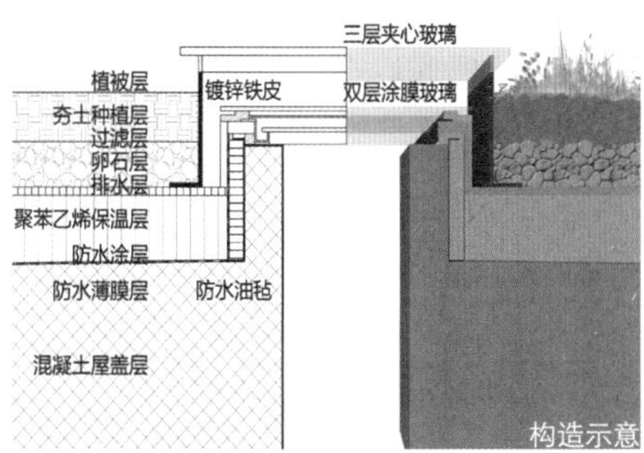

构造示意

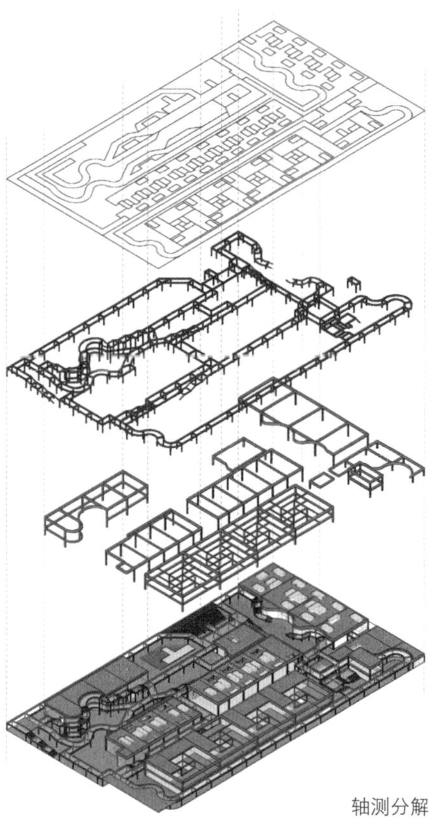
轴测分解

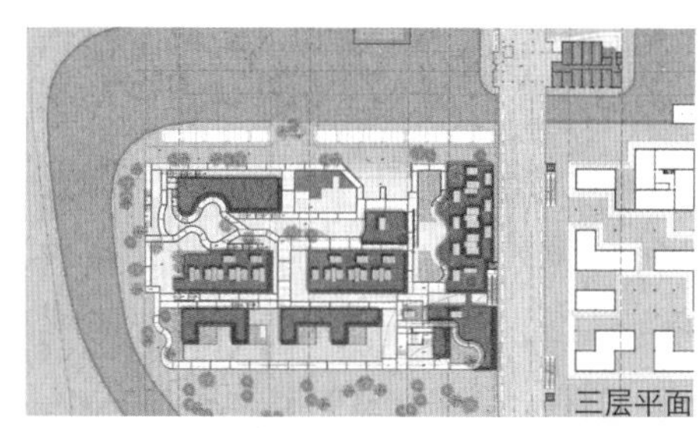
三层平面

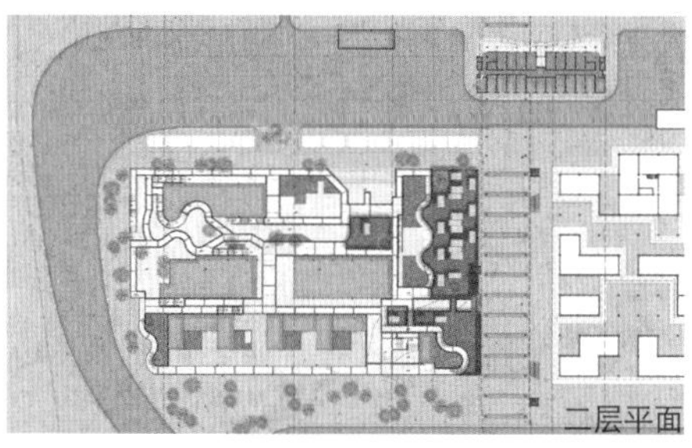
二层平面

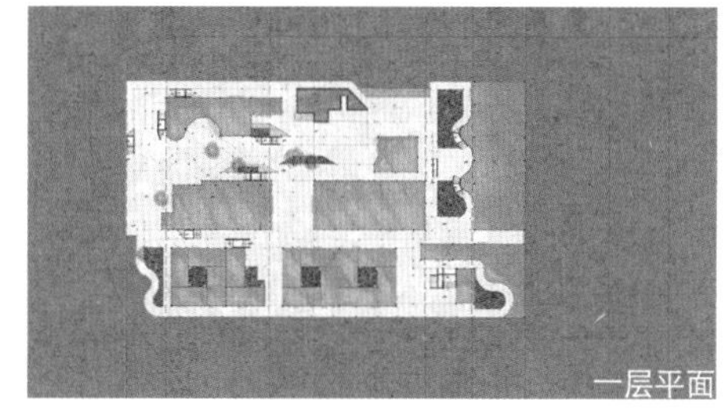
一层平面

剖面图

场景透视

新城寻梦——布吉关

Dreams in New Town

东南大学

设计：唐蓉＼卓可凡＼章骁

指导：夏兵＼张彤＼李飚＼朱渊

巨大交通设施占地量

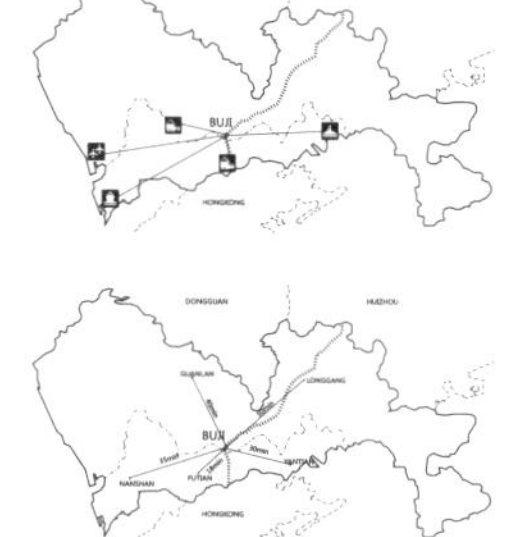

居中的地理位置

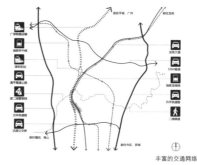

丰富的交通网络

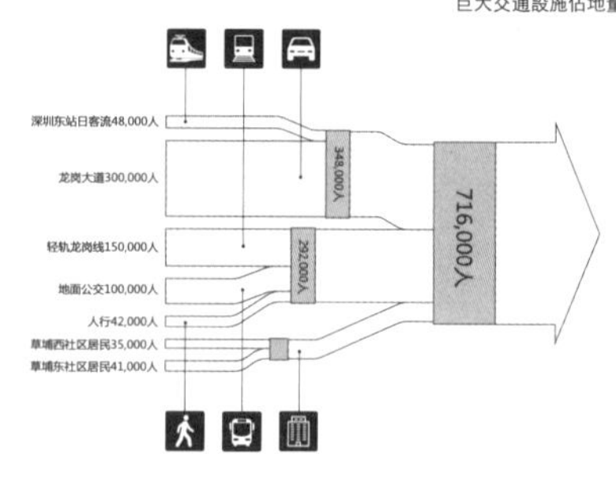

巨大人流吞吐量

基础设施补充点选择

场地中大量的土地被交通设施所占据，在传统平面化的规划中，这些土地的利用是低效的，但周边地区对基础设施的需求是巨大的。

布吉地区对建设的需求，第一是布吉作为城市副中心的发展未来；第二是布吉地区巨大的功能需求。

如何在不破坏这种生活原景的前提下补充场地所缺乏的基础设施？

在基地周边以 400m×400m 的方形网格进行片段取样，发现大部分地块都被致密的肌理所填充。只有在有交通穿过的地段存在大片的空白。由此认为这些空白斑块即为潜在的基础设施补充点。

提出利用交通设施上部空间进行高密度的建设的设计策略。减少对原有建筑的破坏与拆除，尽量保留深圳当地原有的生活状态，使新建设的中心社区与自然的生存方式并存。

评语：

本设计以深圳二线关布吉关为研究对象，以基础设施城市主义为理论基础，以空间层叠、功能整合为设计方法，创造性地将基地内各类城市基础设施、城中村、居住、通勤、休息、办公、娱乐等各类城市生活要素通过建筑学的方法加以诠释，展现出未来中国城市高密度、立体发展的趋势。

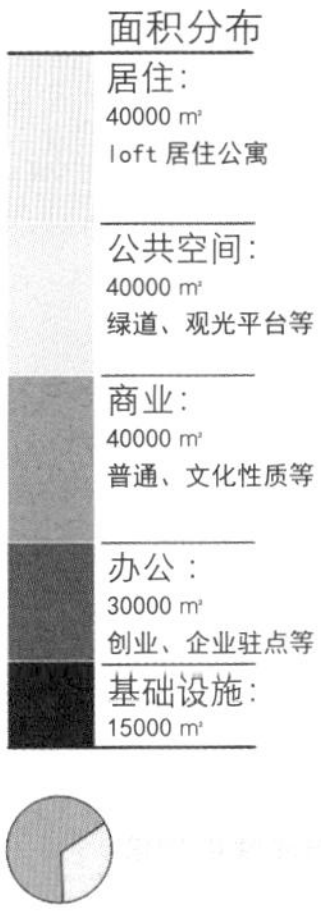

面积分布

居住：
40000 ㎡
loft 居住公寓

公共空间：
40000 ㎡
绿道、观光平台等

商业：
40000 ㎡
普通、文化性质等

办公：
30000 ㎡
创业、企业驻点等

基础设施：
15000 ㎡

功能策划

布吉桥宅（一条跨越的公寓楼）
建筑面积：43000 ㎡
建筑高度：82m
功能策划：
居住类 -loft 公寓
活动类 - 室内风雨活动廊
景观类 - 屋顶坡道花园

布吉环（一圈公共的健身跑平台）
建筑面积：55000 ㎡
建筑高度：24m
功能策划：
公共换乘部分 - 小型商业
街角部分 - 文化类剧场及展览
屋顶部分 - 公共健身活动平台

布吉塔（一座垂直的创客工坊）
建筑面积：45000 ㎡
建筑高度：199.8m
功能策划：
塔楼 -5A 级写字楼、创业空间、城市共享大厅
副楼 - 社区服务中心、社区小型办公
裙楼 - 临时展厅、主体商业、停车场

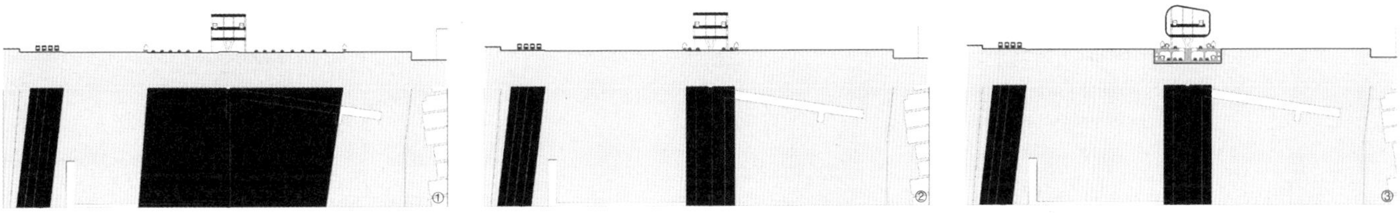

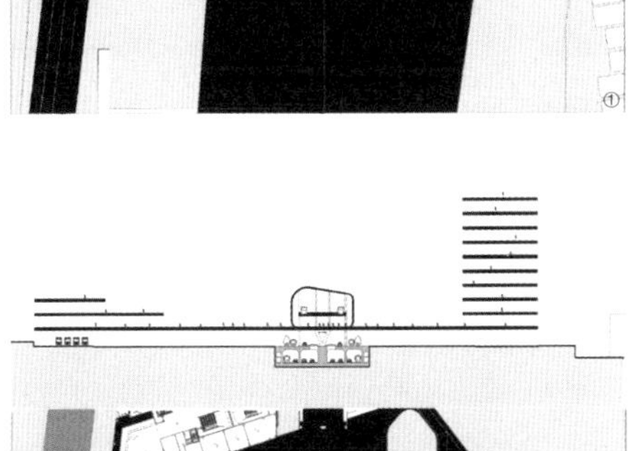

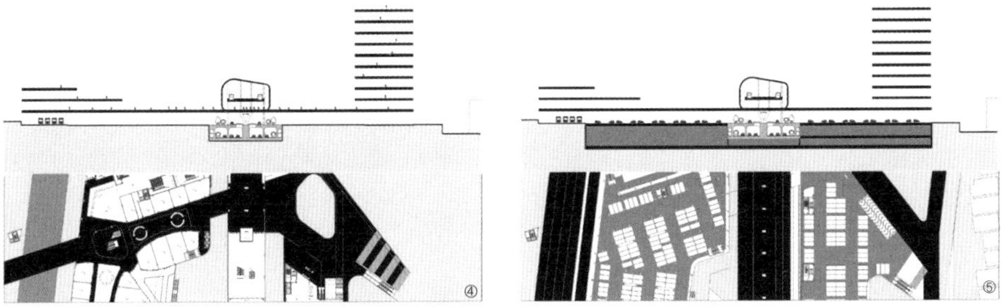

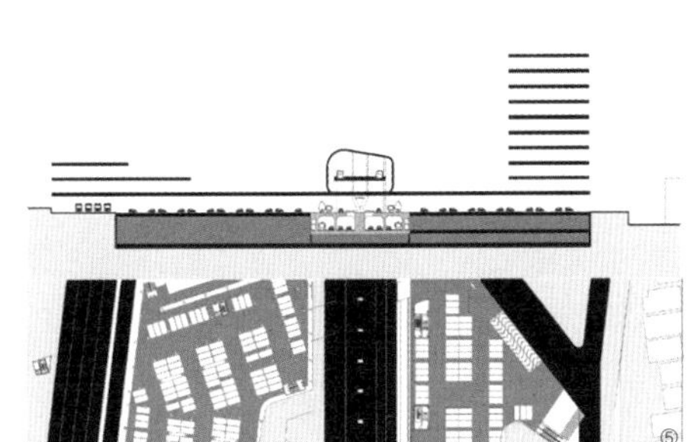

①场地现状

②拉直道路线型

③出入境车辆剥离 - 城市主干道下穿，地面留作慢行路

④确定人群主活动标高 - 以地铁轻轨站站厅层标高以上

⑤加强城市基础设施比重

高容积率城市开发
功能组成：居住公寓、企业办公、会议中心等

TOD 开放城市空间带
功能组成：交通换乘点、市民运动广场、环形步道等

“看不见”的城市基础设施
功能组成：市政共同沟、城市蓄水池、地下停车场等

布吉桥宅

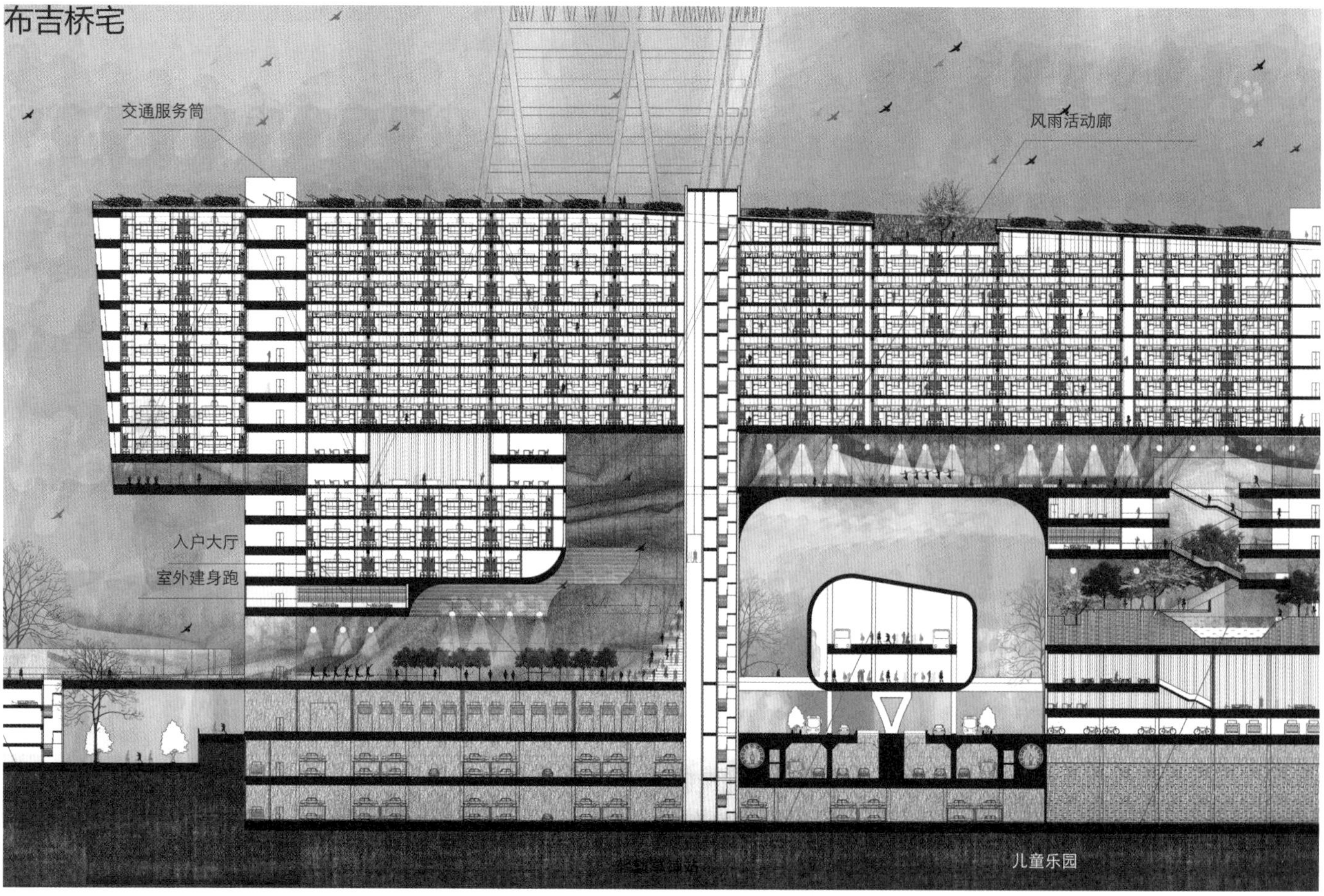

交通服务筒

风雨活动廊

入户大厅

室外建身跑

儿童乐园

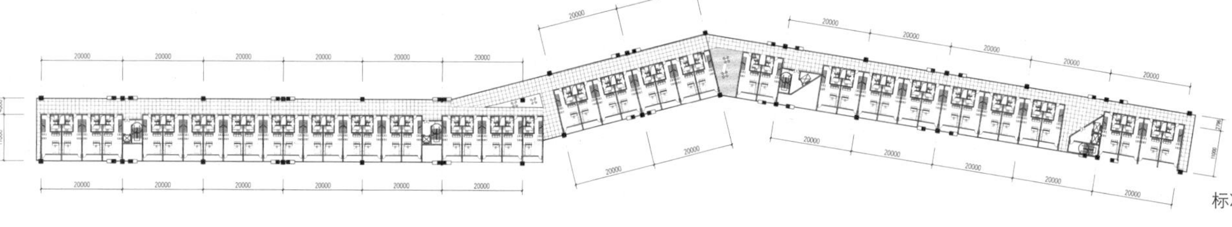

标准层平面

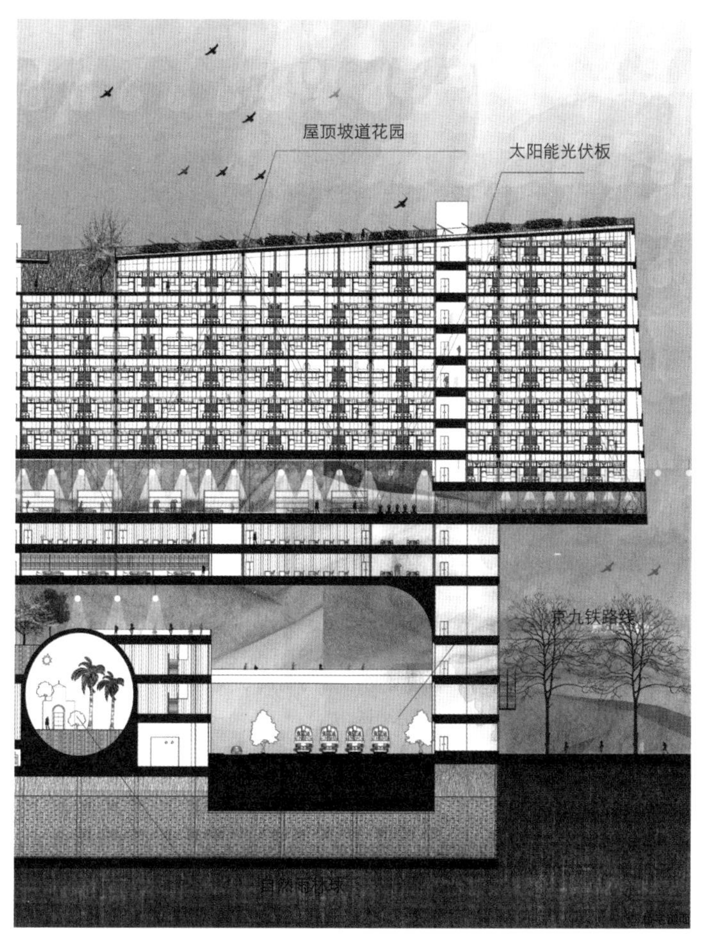

布吉关原状

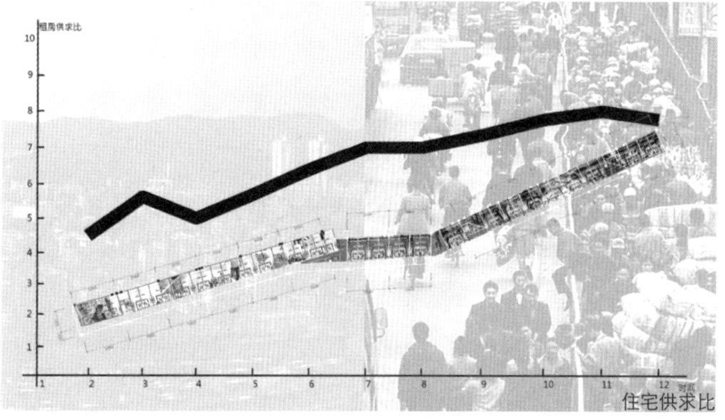
住宅供求比

透视图

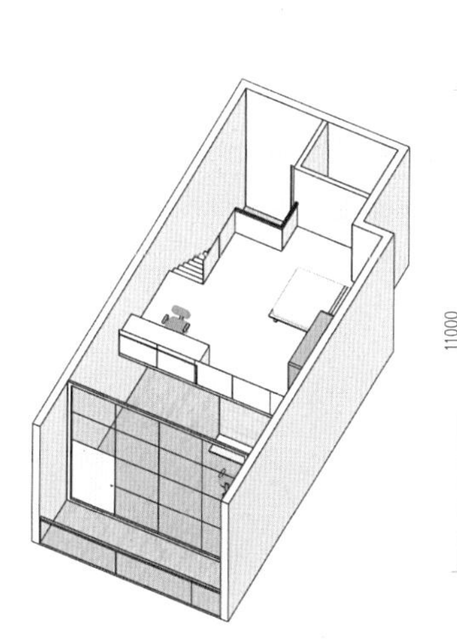

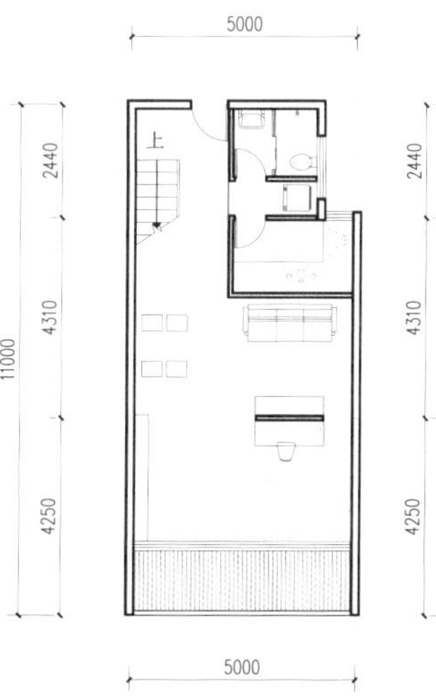

户型 A

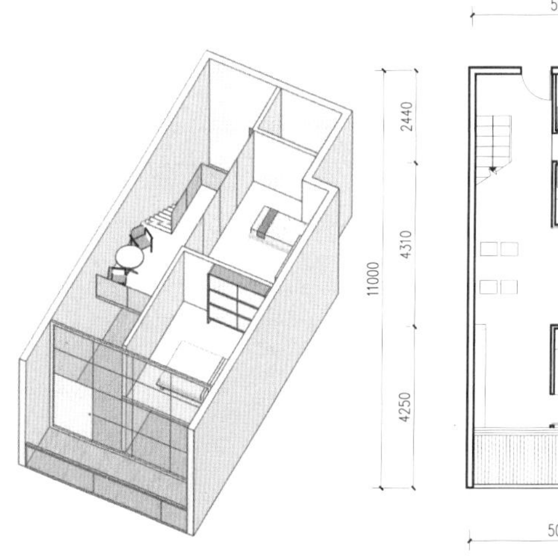

户型 B

布吉环

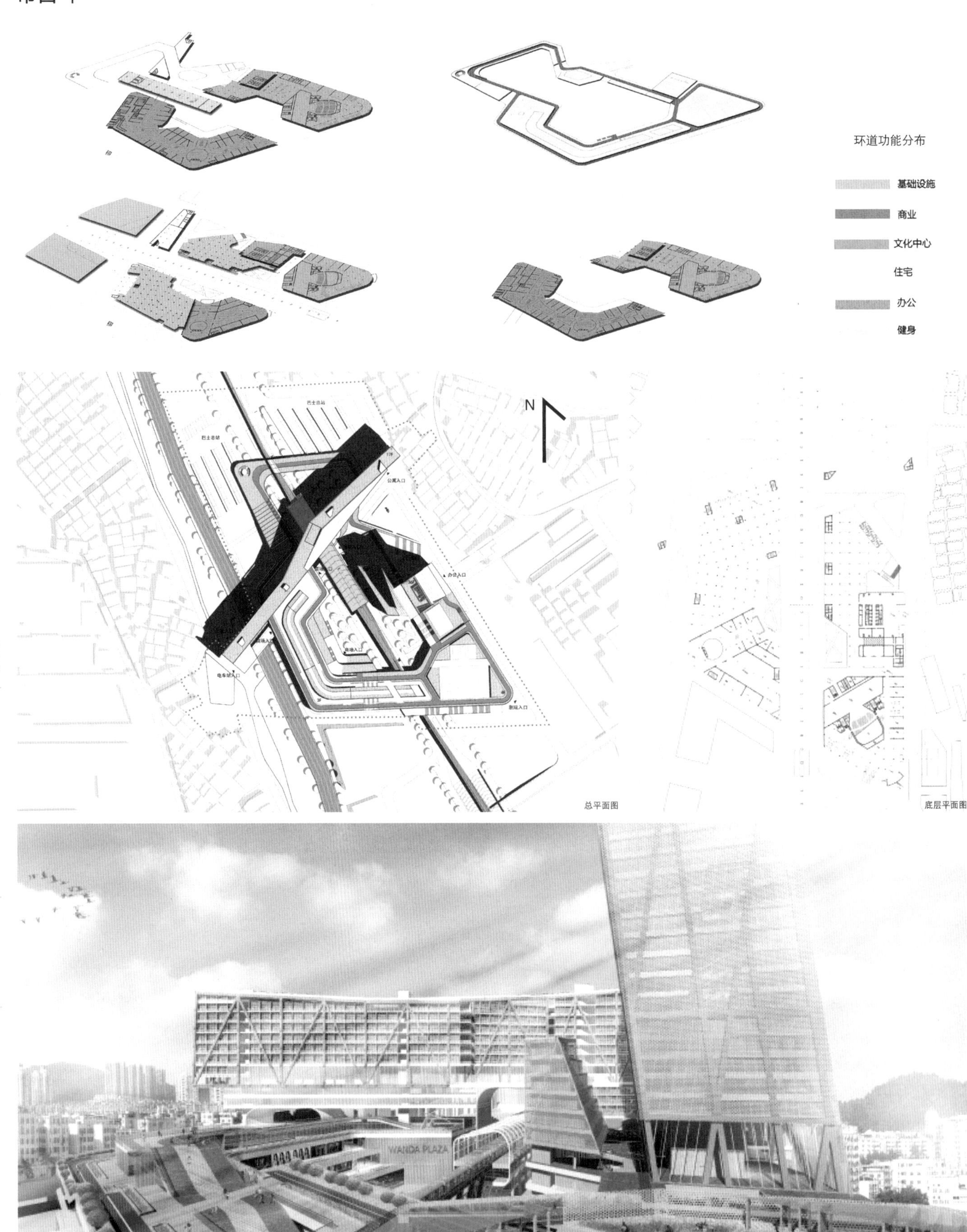

总平面图

底层平面图

室外透视图

布吉塔

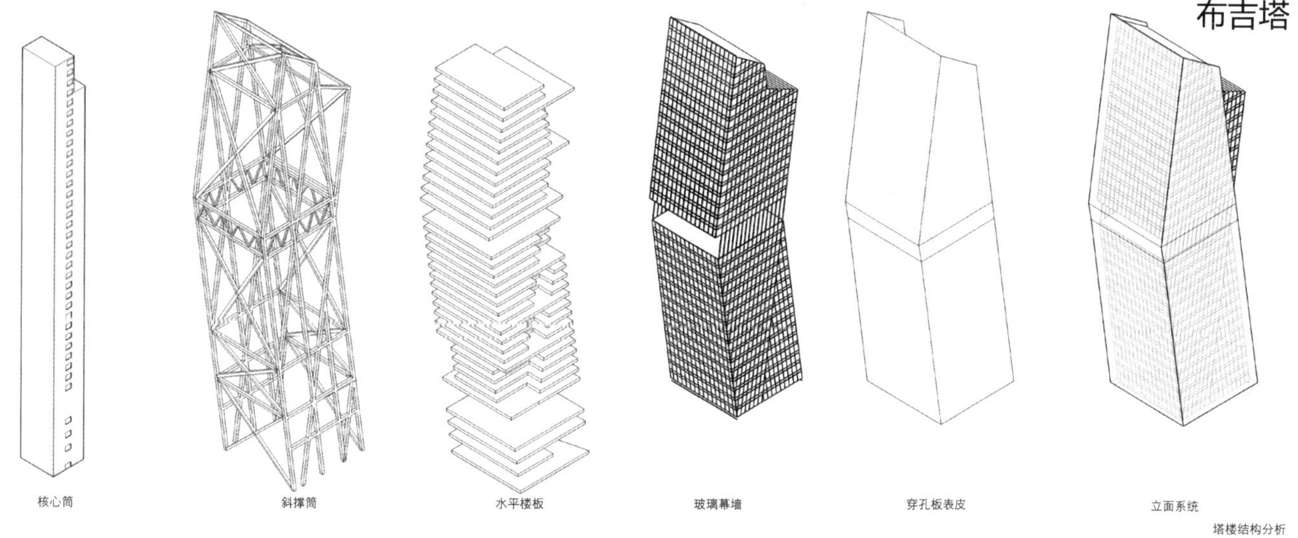

塔楼结构分析

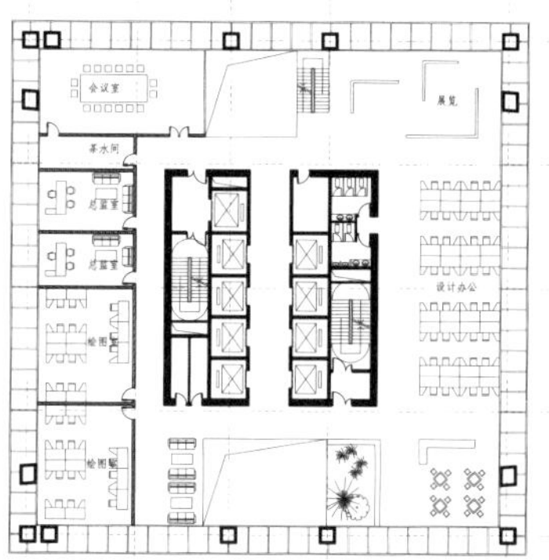

低区标准层平面 1∶350
63.200m

高区标准层平面 1∶350
148.700m

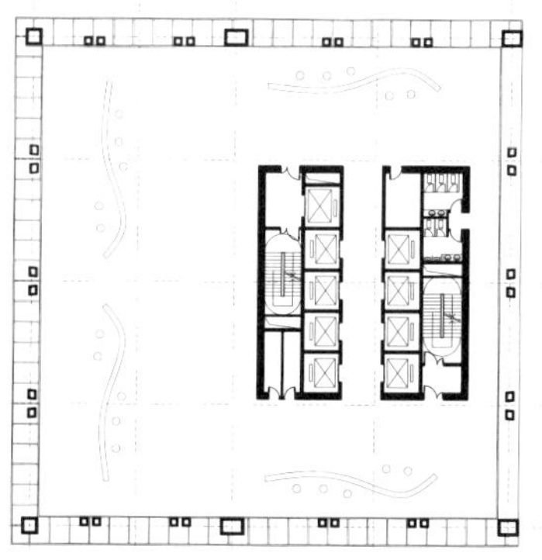

避难层平面 1∶350
112.700m

室外透视图

景·关

Views in Boundaries

东南大学
设计：乔炯辰＼吴昌亮＼管睿
指导：朱渊＼张彤＼李飚＼夏兵

景·关—南头关及周边地区城市设计

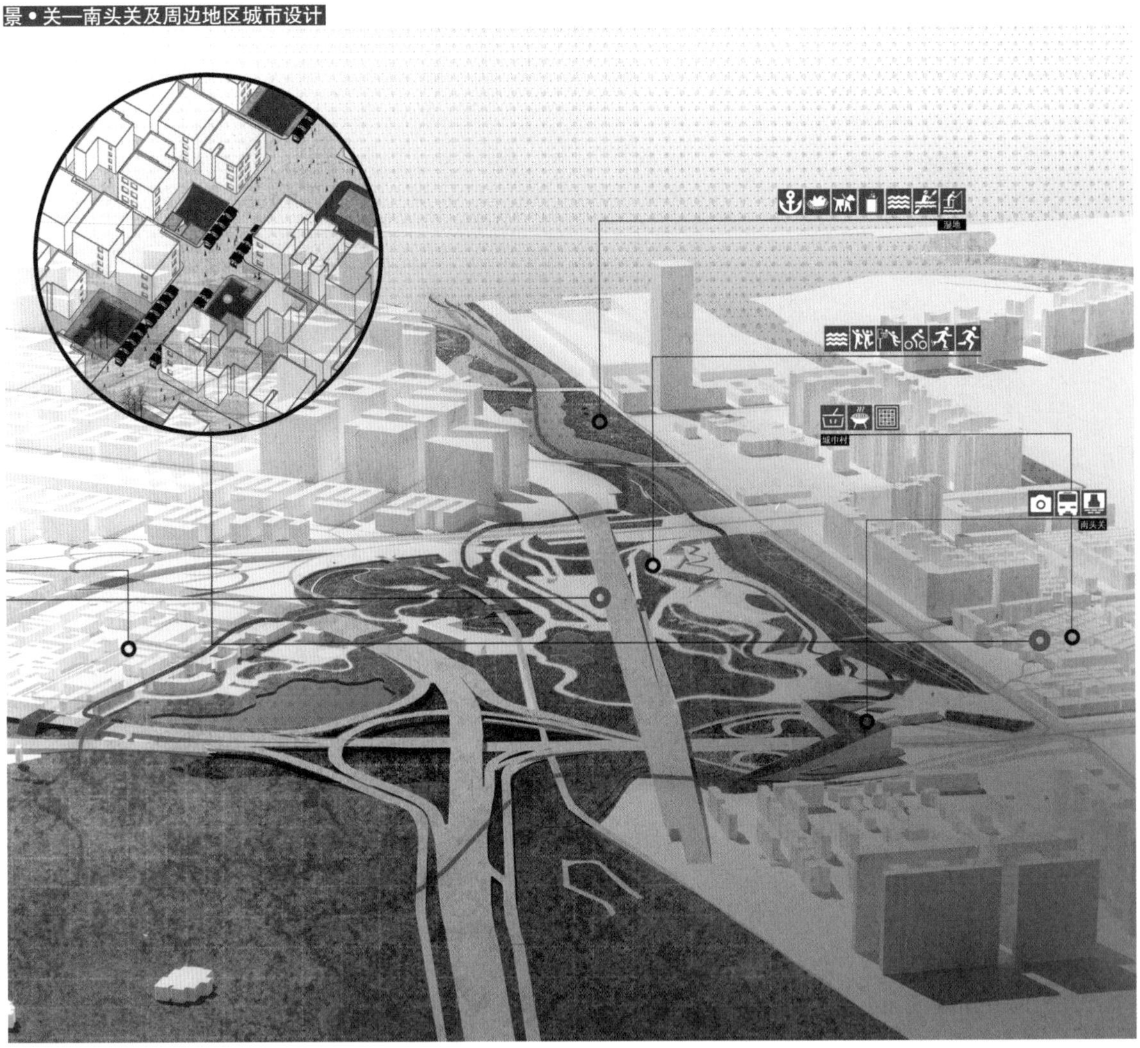

基地调研

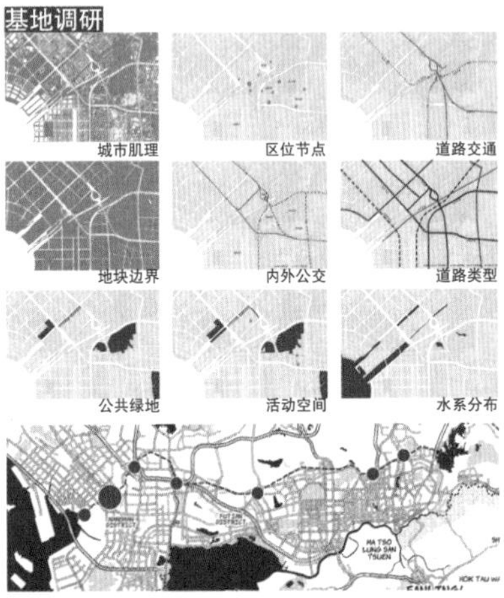

城市肌理　区位节点　道路交通
地块边界　内外公交　道路类型
公共绿地　活动空间　水系分布

概念解析

历史图像

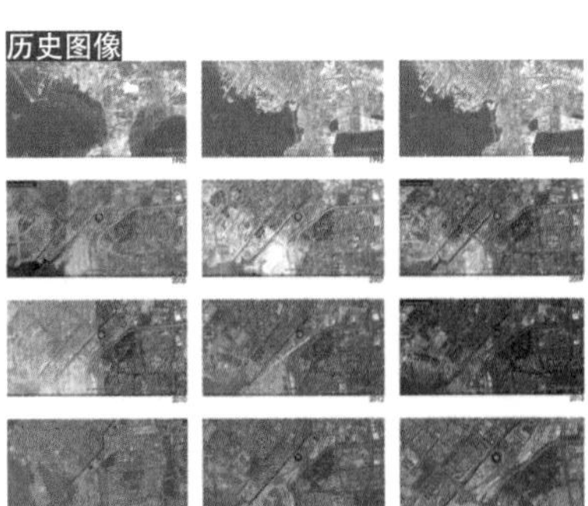

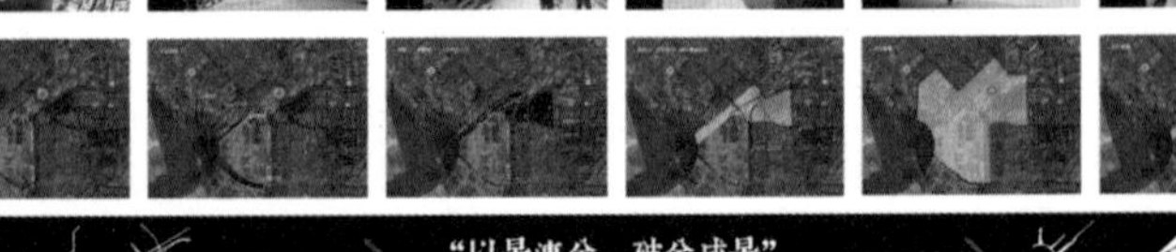

评语：

课题聚焦二线关西端的南头关及相邻的前海湾地块，研究城市结构的织补、公共生活的连续和生态基质的修复。选题具有显著的理论价值和紧迫的现实意义。该毕业设计从规划层面结合总体规划，现状特征以及人的行为，进行“景·关”的设计研究，形成不同类型“关”的整合策略。其次，从建筑层面，着重对不同的“关”的类型进行设计研究，最终形成规划，建筑，行为不同层面“破关”、“立关”的设计研究成果。

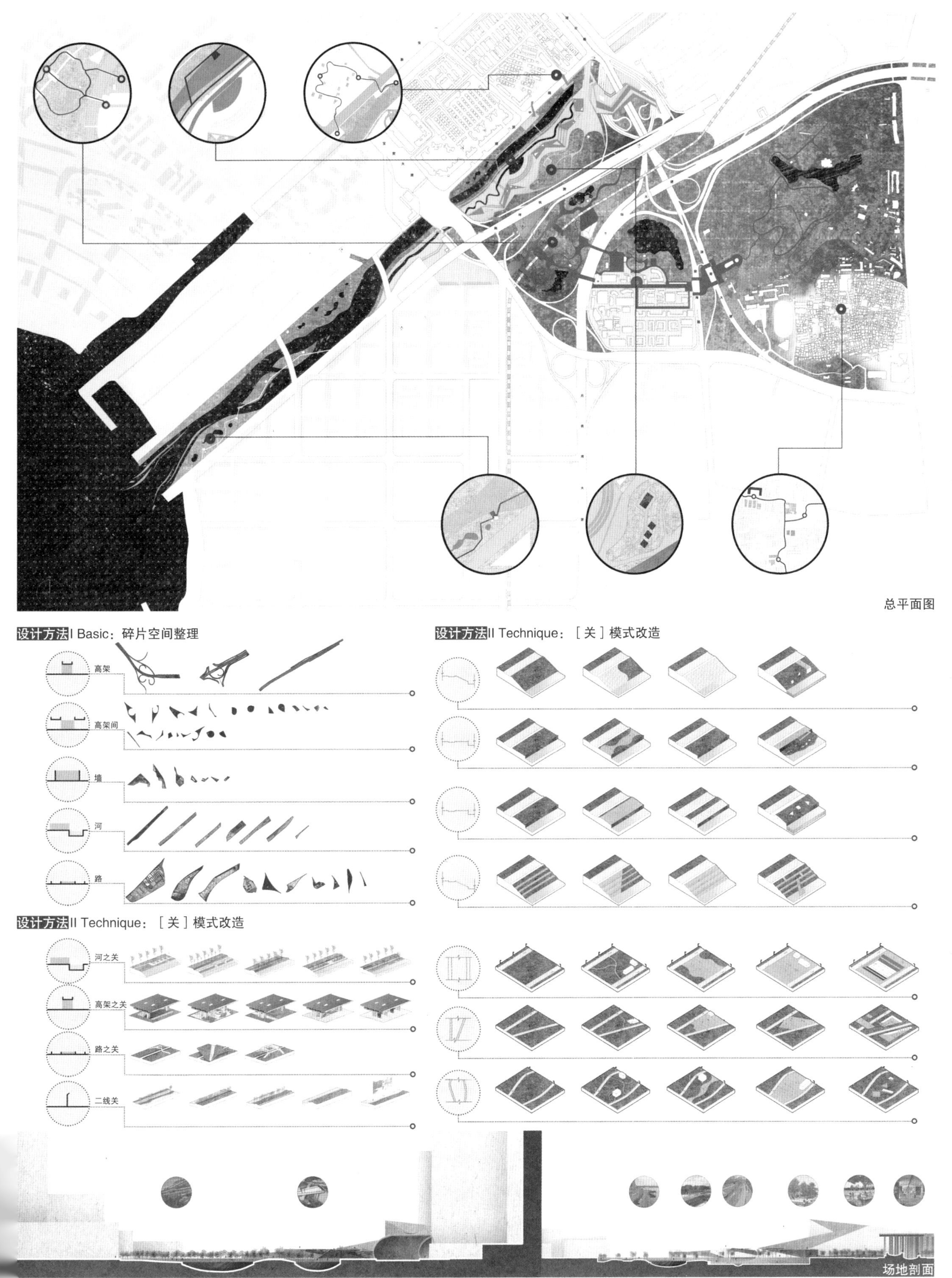
总平面图
设计方法I Basic：碎片空间整理
高架
高架间
墙
河
路
设计方法II Technique：［关］模式改造
设计方法II Technique：［关］模式改造
河之关
高架之关
路之关
二线关
场地剖面

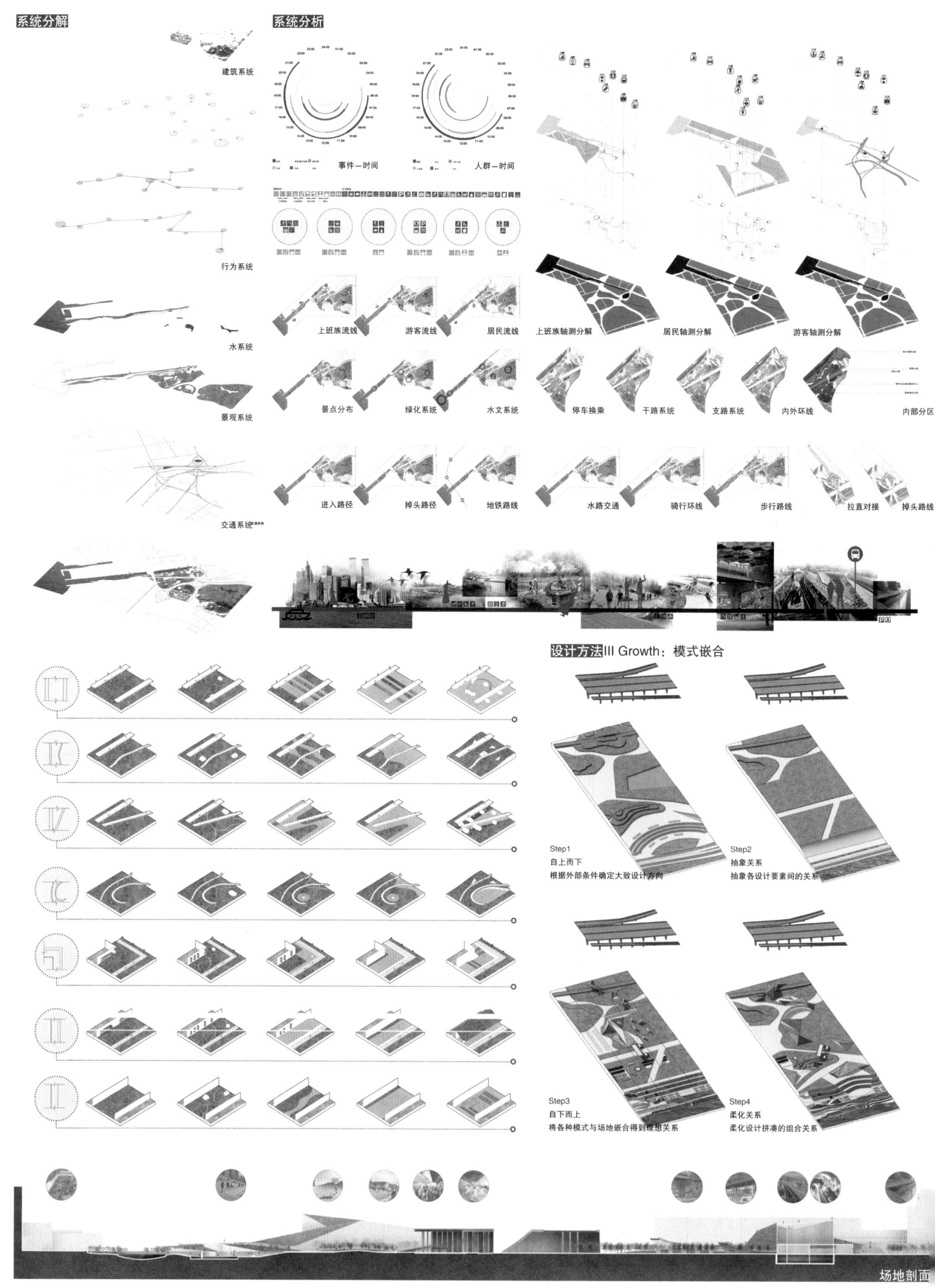

系统分解
建筑系统
行为系统
水系统
景观系统
交通系统
系统分析
事件—时间
人群—时间
上班族流线
游客流线
居民流线
上班族轴测分解
居民轴测分解
游客轴测分解
景点分布
绿化系统
水文系统
停车换乘
干路系统
支路系统
内外环线
内部分区
进入路径
掉头路径
地铁路线
水路交通
骑行环线
步行路线
拉直对接
掉头路线
设计方法III Growth：模式嵌合
Step1
自上而下
根据外部条件确定大致设计方向
Step2
抽象关系
抽象各设计要素间的关系
Step3
自下而上
将各种模式与场地嵌合得到理想关系
Step4
柔化关系
柔化设计拼凑的组合关系
场地剖面

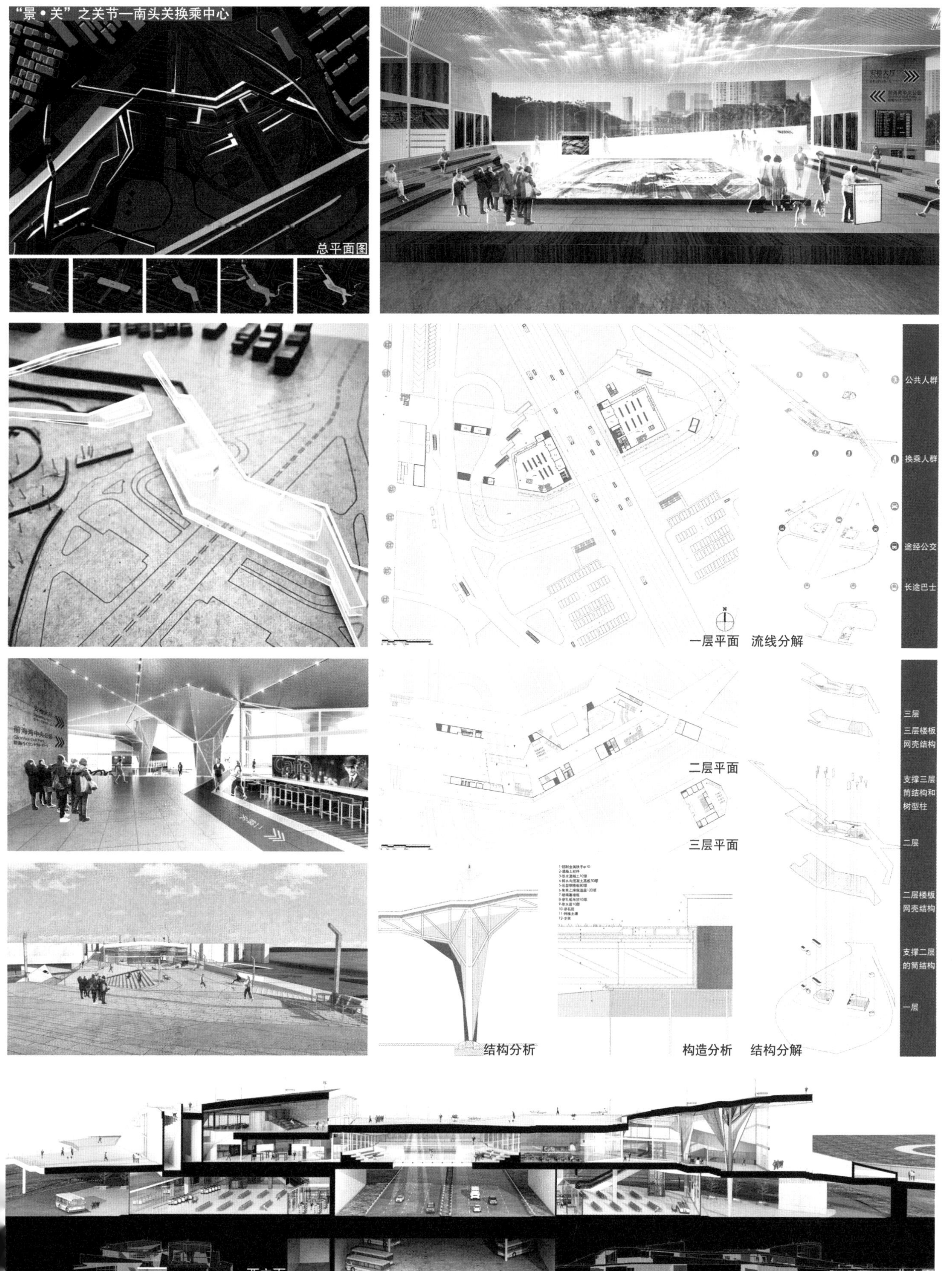

“景•关”之关节—南头关换乘中心
总平面图
公共人群
换乘人群
途经公交
长途巴士
一层平面
流线分解
二层平面
三层平面
三层
三层楼板网壳结构
支撑三层简结构和树型柱
二层
二层楼板网壳结构
支撑二层的简结构
一层
结构分析
构造分析
结构分解
西立面
北立面

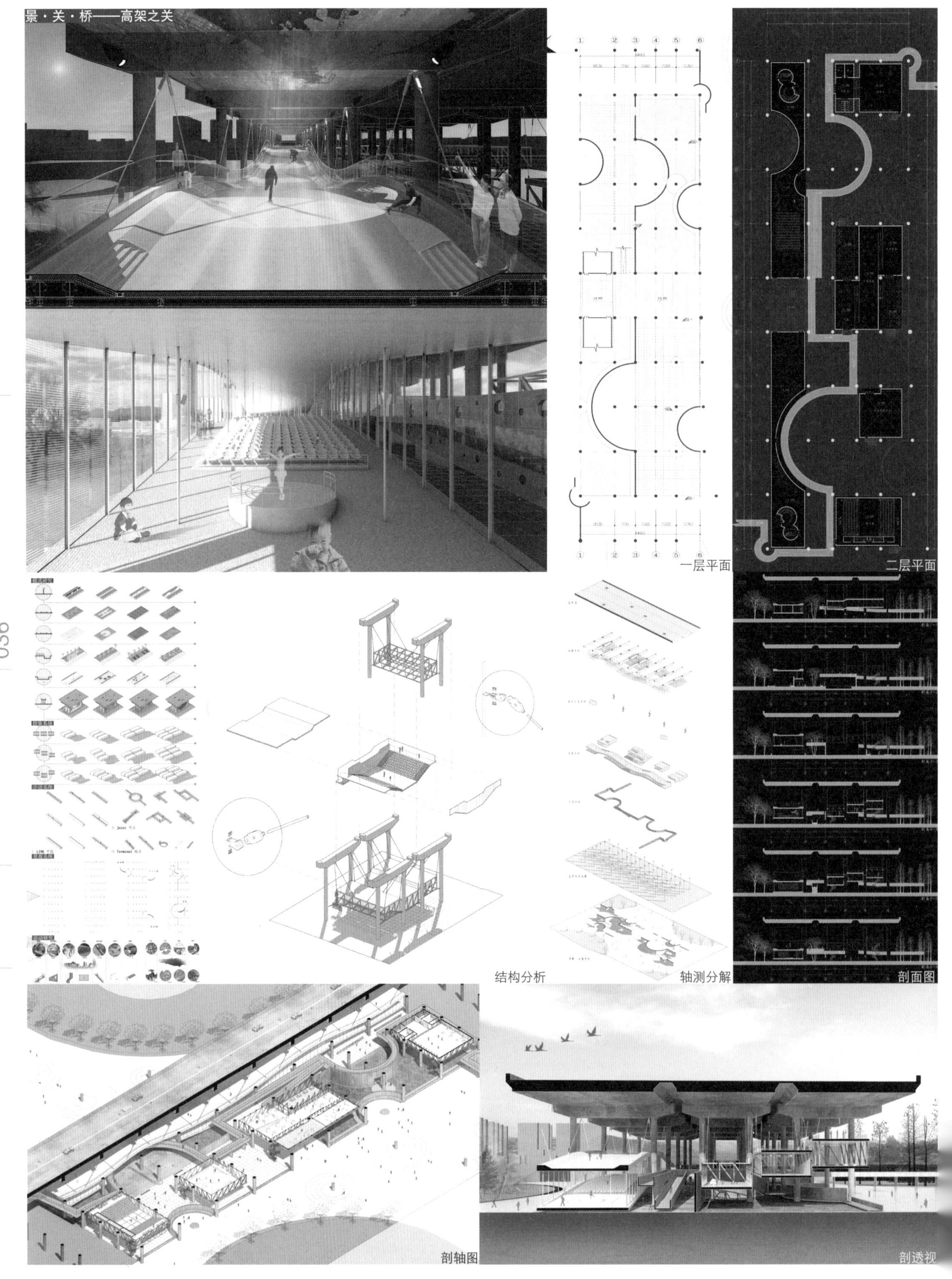
景·关·桥——高架之关
一层平面
二层平面
结构分析
轴测分解
剖面图
剖轴图
剖透视

景·关·联——联系之关

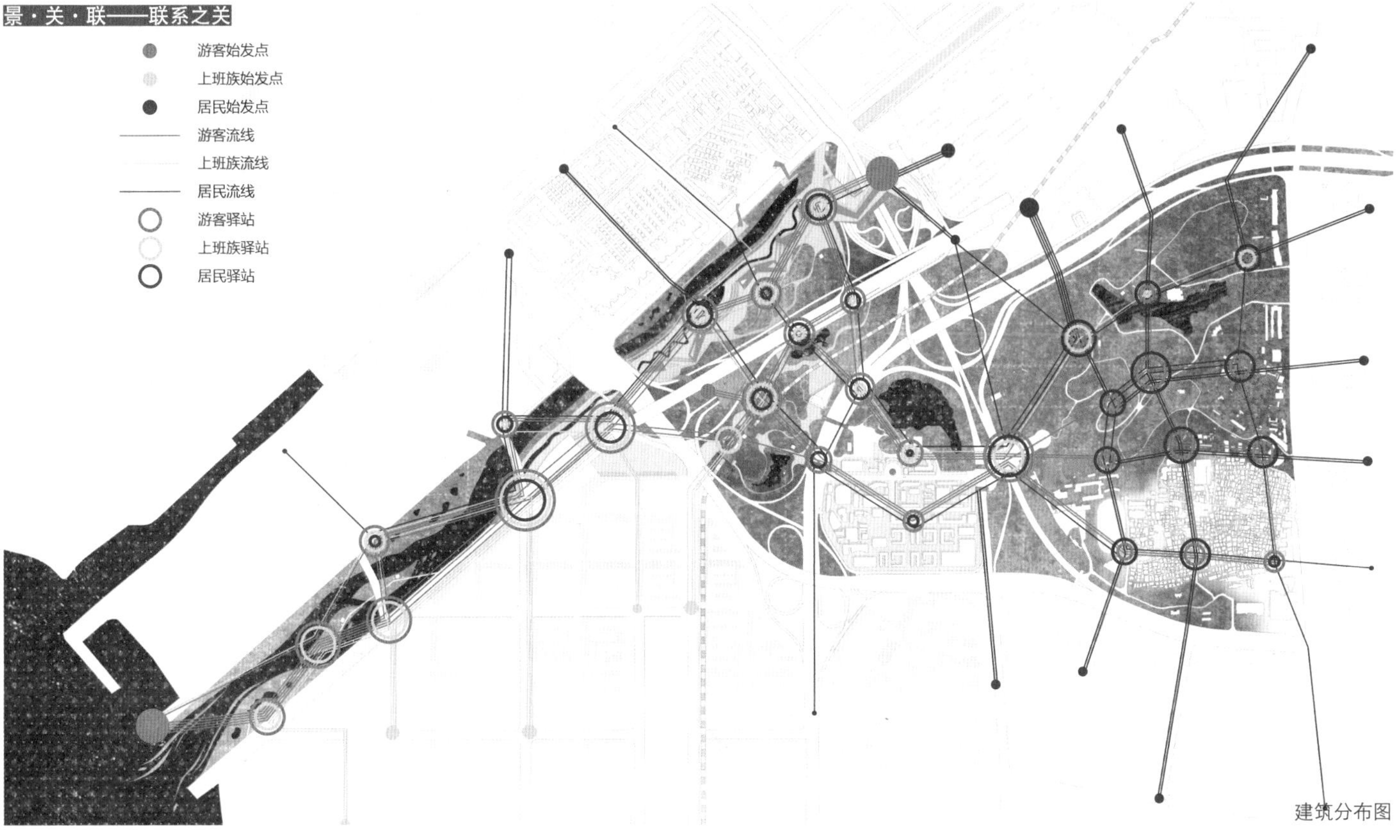

游客始发点
上班族始发点
居民始发点
游客流线
上班族流线
居民流线
游客驿站
上班族驿站
居民驿站

建筑分布图

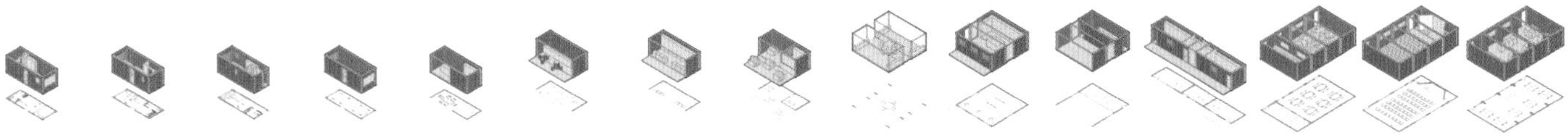

住宿单元 A	住宿单元 B	住宿单元 C	办公单元	公共空间单元	公共空间 A 烧烤店	公共空间 B 比赛看台	公共空间 C 奶茶店	公共空间 D 观景台	办公空间	观演空间	商业空间	大室内空间 A 餐厅	大室内空间 B 讲演厅	大室内空间 C 多功能室
侧开门，内向开窗	侧开门，外向开窗	内向开门，外向开窗	侧开门，双向开窗	半开敞	开敞，附加地板	开敞，附加地板	开敞，附加地板	开敞，附加半跨	围合，附加半跨、地板	半开敞，附加半跨	围合，附加一段、地板	围合	围合	围合

总平面图

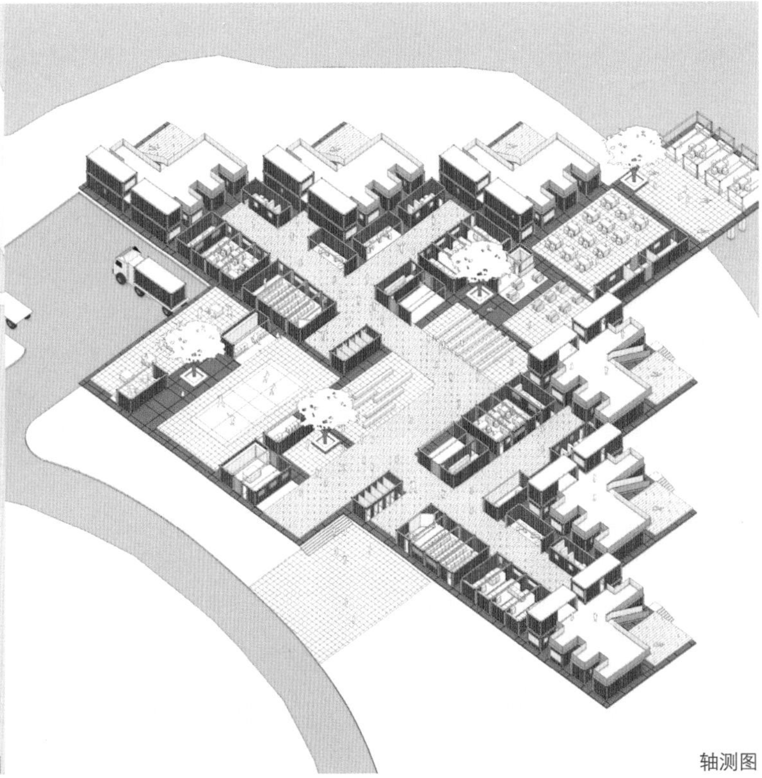

轴测图

1 二线关纪念公园
Erxian guan Memorial Park
潘 胜 刘 擎 赖钊琪

2 遗址重生
Rebirth
冯里锋 黄建接 黄泳三

3 叙述历史的城市漫游
A tread as monument
梁天吉 欧阳凯欣 刘晓津

4 同乐城市公园
Tongle City Park
黄家栋 王 楚

5 街道节点作为城市触媒激活布吉二线片区
Using Street nodes as urban catalysts to renew the Buji district
彭俊熙

覃 力

黎 宁

杨文焱

刘尔明

李 勇

曹 卓

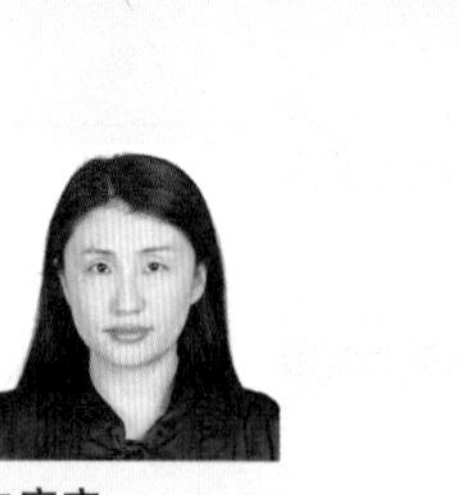
朱宏宇

潘 胜

刘 擎

赖钊琪

冯里锋

黄建接

黄泳三

梁天吉

欧阳凯欣

刘晓津

黄家栋

王 楚

彭俊熙

二线关纪念公园

Erxian guan Memorial Park

深圳大学

设计：潘胜＼刘擎＼赖钊琪

指导：李勇

评语：

我们的教育习惯“就事论事”的解题，而缺失“没事找事”的创造性能力的培养。二线关的选题，以极大的开放态度，进行了突破性尝试。

主场的深圳大学，对全长90公里的二线关进行了实地查勘。本组调研的结论是：二线关正在消亡；二线关内外差异的主因是自然屏障；二线关是线状空间带，有着丰富的市民活动与城市自然景观。

据此，同学们提出“线上”的设计概念，让所有二线遗存在其原址得以保留与展示。同时充分利用二线这世界独一无二的空间廊道，打造“二线关公园”，使二线得以永久地铭记。采用廊道空间系统重构、与城市社区生活融合、线上虚拟互动等城市规划策略完善二线公园的功能体系。

后期三个同学分别选取了二线关上东、中、西三个特色的区段，进行单体深化设计，试图形成其与城市社区生活的融合。由于二线关公园各因子未能深化完善，故后续单体建筑如何有机融入二线关公园系统交接不够清晰。

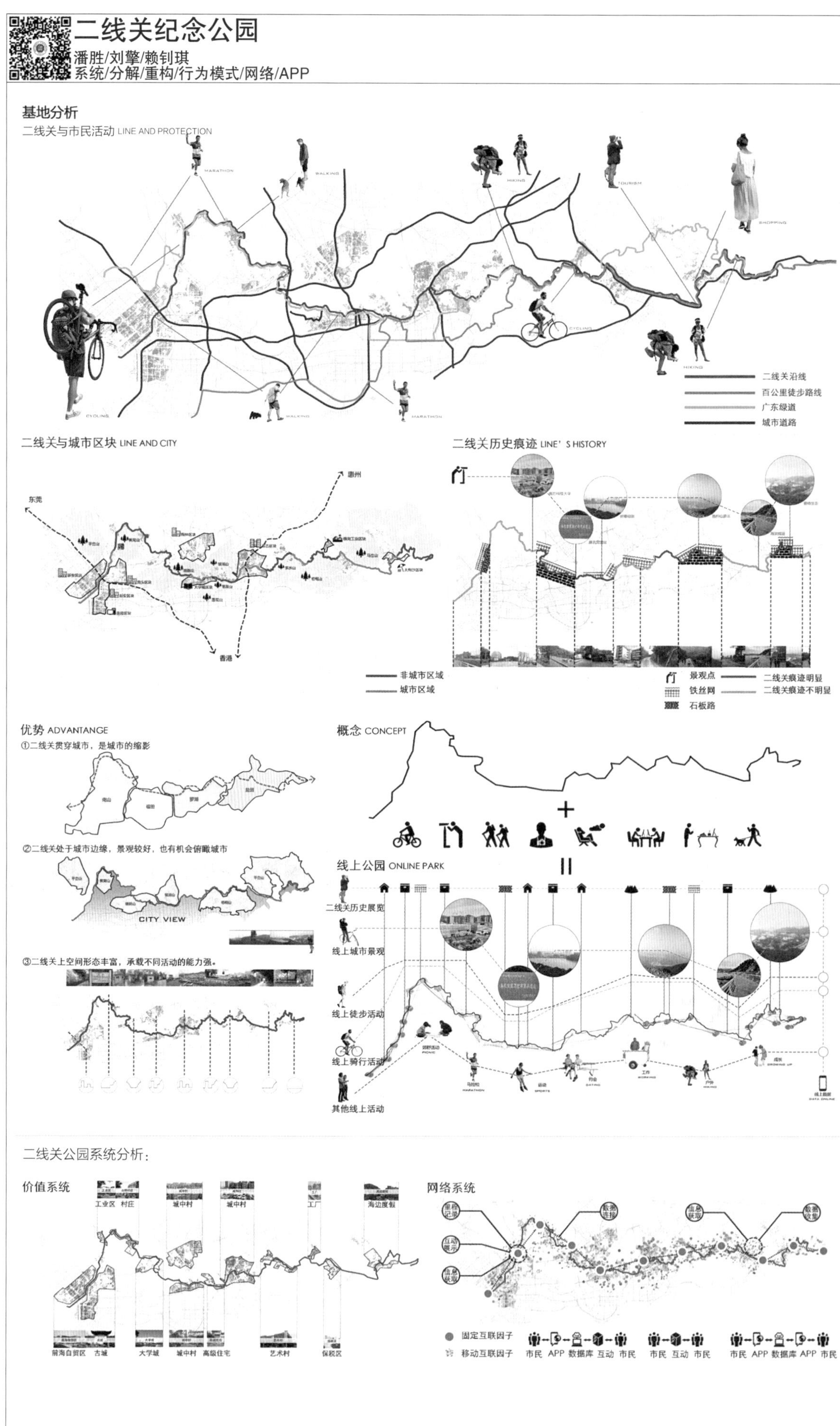

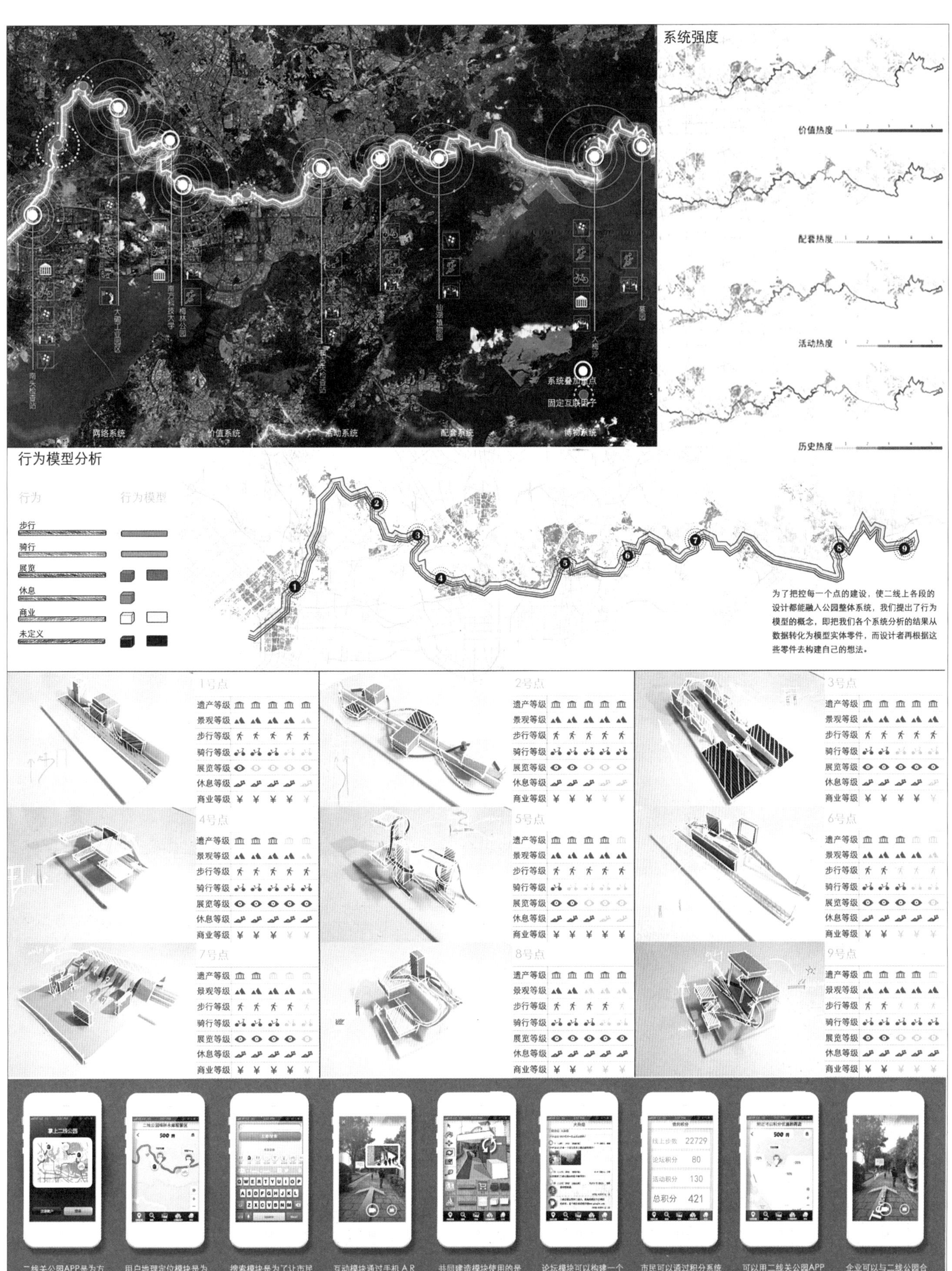
系统强度
价值热度
配套热度
活动热度
历史热度
系统叠加重点
固定互联因子
网络系统
价值系统
活动系统
配套系统
博物系统
行为模型分析
行为
行为模型
步行
骑行
展览
休息
商业
未定义
为了把控每一个点的建设，使二线上各段的设计都能融入公园整体系统，我们提出了行为模型的概念，即把我们各个系统分析的结果从数据转化为模型实体零件，而设计者再根据这些零件去构建自己的想法。
1号点
2号点
3号点
4号点
5号点
6号点
7号点
8号点
9号点
遗产等级
景观等级
步行等级
骑行等级
展览等级
休息等级
商业等级
线上步数 22729
论坛积分 80
活动积分 130
总积分 421
二线关公园APP是为方便市民在二线关上活动而开发。
用户地理定位模块是为了让二线关上活动的市民更方便地与场景互动。
搜索模块是为了让市民更方便地找到自己的所需。
互动模块通过手机AR技术为市民提供更直观的信息引导和互动。
共同建造模块使用的是行为模型的基本逻辑，对市民开放的二线建造平台，倡导全民建设。
论坛模块可以构建一个二线关的网上社区。
市民可以通过积分系统获得二线关上一些活动的福利。
可以用二线关公园APP的积分在二线上的商店获得一定的消费优惠以及奖品福利。
企业可以与二线公园合作，企业提供资金建设二线关，二线关公园则为其提供宣传。

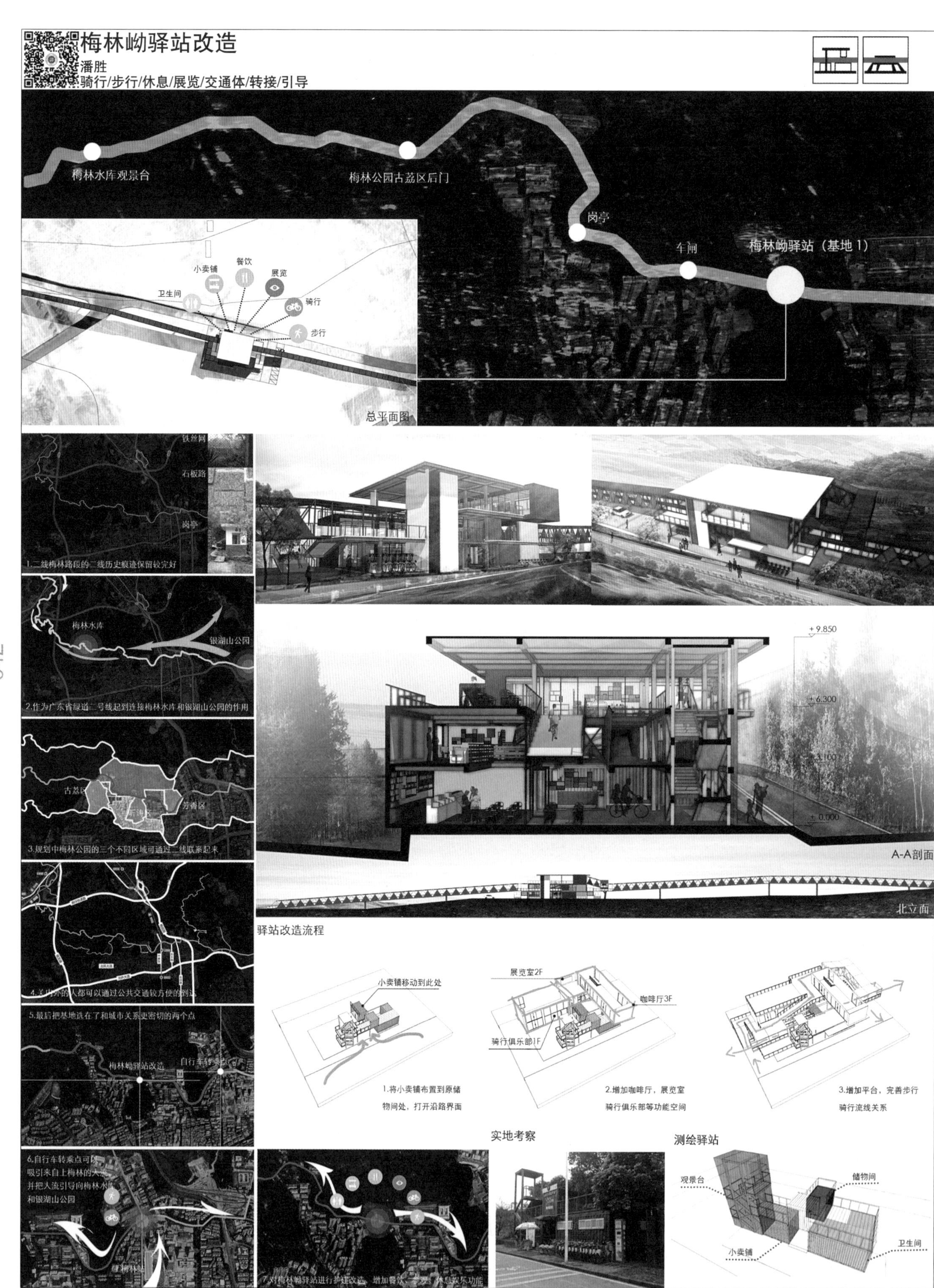
梅林坳驿站改造
潘胜
骑行/步行/休息/展览/交通体/转接/引导
梅林水库观景台
梅林公园古荔区后门
岗亭
车闸
梅林坳驿站（基地 1）
小卖铺
餐饮
展览
卫生间
骑行
步行
总平面图
铁丝网
石板路
岗亭
1.二线梅林路段的二线历史痕迹保留较完好
梅林水库
银湖山公园
2.作为广东省绿道二号线起到连接梅林水库和银湖山公园的作用
古荔区
芳香区
3.规划中梅林公园的三个不同区域可通过二线联系起来
5.最后把基地选在了和城市关系更密切的两个点
梅林坳驿站改造
6.自行车转乘点可以吸引来自上梅林的大流并把人流引导向梅林水库和银湖山公园
+9.850
+6.300
±0.000
A-A剖面
北立面
驿站改造流程
小卖铺移动到此处
展览室2F
咖啡厅3F
骑行俱乐部1F
1.将小卖铺布置到原储物间处，打开沿路界面
2.增加咖啡厅，展览室骑行俱乐部等功能空间
3.增加平台，完善步行骑行流线关系
实地考察
测绘驿站
观景台
储物间
小卖铺
卫生间

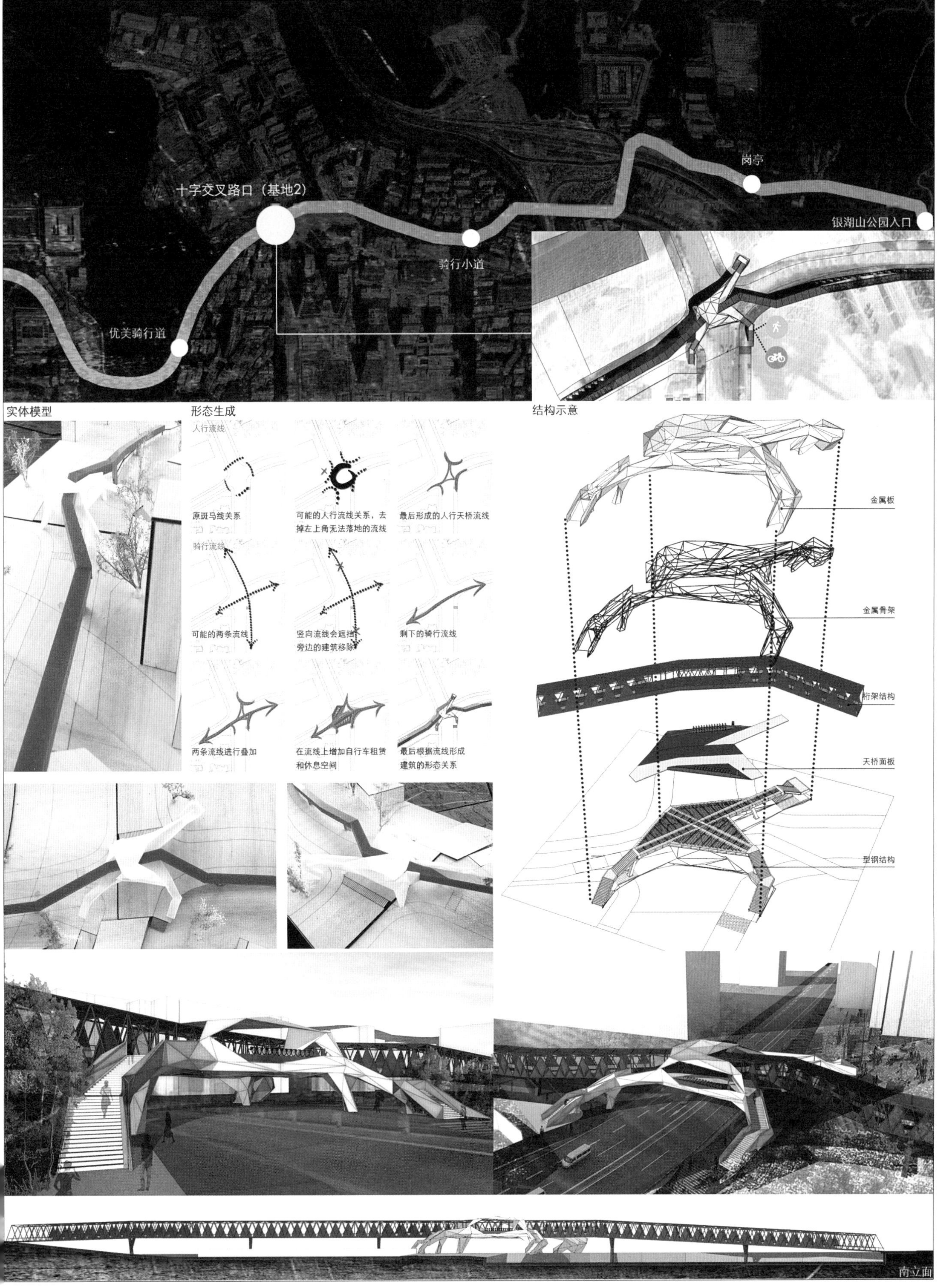
十字交叉路口（基地2）
岗亭
银湖山公园入口
骑行小道
优美骑行道
实体模型
形态生成
人行流线
原斑马线关系
可能的人行流线关系，去掉左上角无法落地的流线
最后形成的人行天桥流线
骑行流线
可能的两条流线
竖向流线会遮挡旁边的建筑移除
剩下的骑行流线
两条流线进行叠加
在流线上增加自行车租赁和休息空间
最后根据流线形成建筑的形态关系
结构示意
金属板
金属骨架
桁架结构
天桥面板
型钢结构
南立面

社区之环
刘擎
系统重构/服务城中村/功能整合/社区中心
地理位置
人口组成
本地居民与外来务工人员比例
年龄结构
受教育程度
调研实景
概念生成
消融：事物之间固有的，确定的关系被消解曾经对立的关系可以相互转化，旧有的界限和等级被颠覆。
M.C.Escher' s picture
限制
分离
限定
明确
冲突
非限制
混合
消解
模糊
融合
command
divide
limit
definate
conflict
voluntary
hybird
eliminate
illegible
fuse
形体生成
内与外
关内
关外
内
外
5f
一层平面 1:300

山上旅馆——绿道服务站&青旅设计
赖钊琪
山景/驴友活动/功能缺失/激活二线
基地分析
基地照片
基地整体规划
基地景观分析
基地与周边活动关系
基地人流关系
体块生成
顺应山形布置，以获得最大景观面
根据不同的功能，上下布置体量
掏出体块，利用体块形成互动平台
利用山形，形成多层退台，形成酒店空间
建筑与绿道相结合，使人更容易进入建筑
细化造型与立面
流线分析
驴友流线
青旅流线
后勤流线
酒店流线
建筑节点
入口平台
共享平台
酒店露台
观景大堂&展览区
模型照片

遗址重生 Rebirth

深圳大学
设计：冯里锋\黄建接\黄泳三
指导：刘尔明\杨文焱\朱宏宇

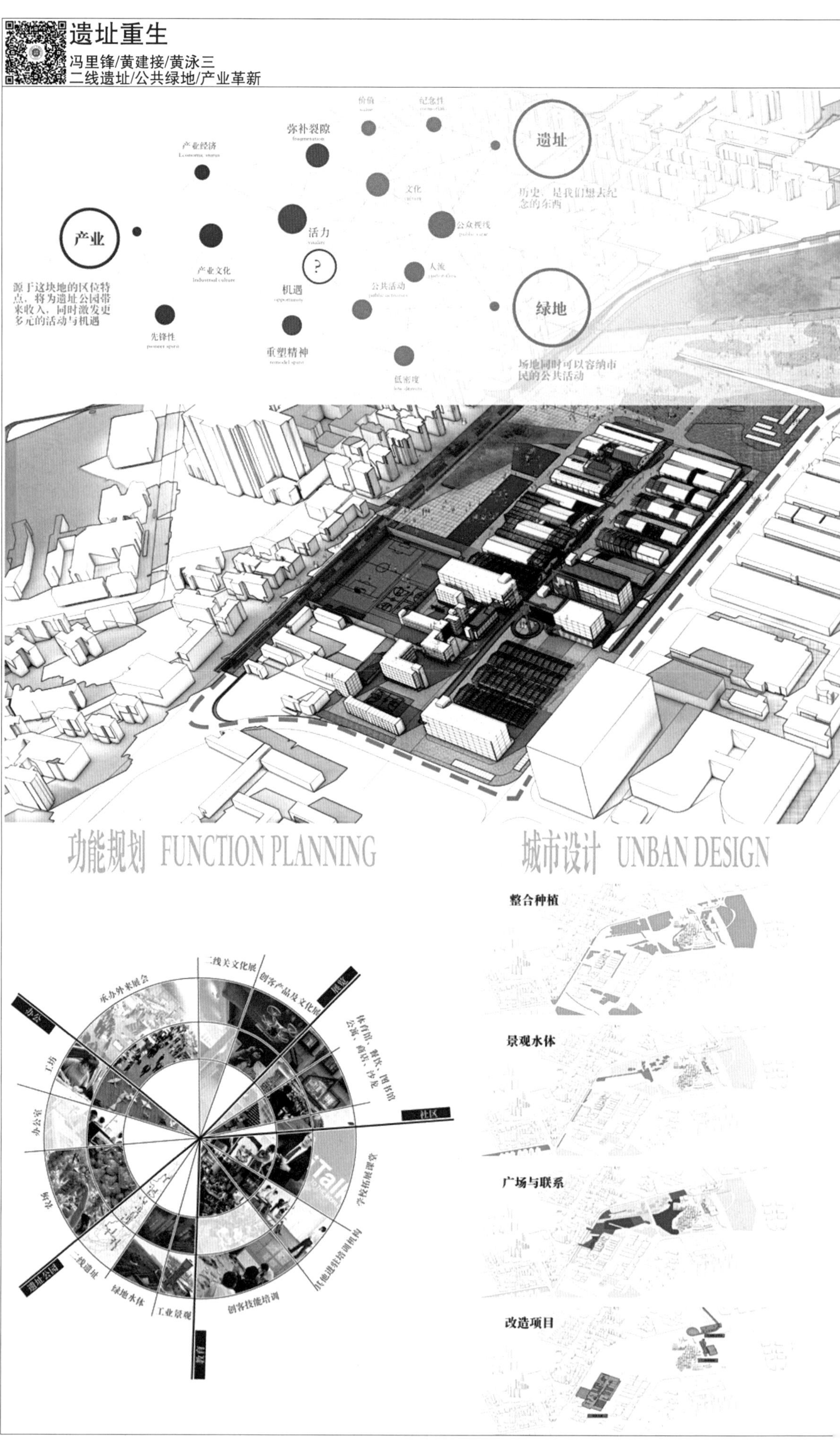

评语：

本毕业设计选址为同乐关及其以西片区。方案以“二线关遗址公园”为主题，既有对二线遗址资源的提炼、再现与整合，也包含了对基地发展成为融合南山和宝安的城市中心公园的思考与关注。反映了设计者在理想与现实，历史与当下乃至未来之间寻求一个发展平衡点的愿景。

建筑单体设计更是在聚焦“二线关遗址”的基础上，结合深圳独特的城市活力以及基地周边的社会结构，巧妙地发展出了以同乐检查站遗址为核心的二线关历史博物馆，以高架桥遗址为交通和景观要素的生态博物馆，以工业厂房遗址的保护和再利用为策略的创客文化中心，共同形成了一组丰富、多元、有机的遗址公园建筑群。

二线关的改造，实际上是深圳城市更新的触媒点。而城市更新最终受益的应是整个城市与所有的市民。

二线关沿线的插花地无疑是急缺建设用地的深圳市的宝藏，然而我们却不认为二线更新是一项大拆大建的建设运动，我们希望更为理性、谨慎地对待这件事情。

我们有两个较为重要的想法：

1. 我们不仅要保留二线关的历史，更要提示它，把它作为城市的历史铭记。所以我们选择了处于城市密集建成区段的前海—同乐沿线，也是二线关记忆即将消逝、城市入口最为密集的地方。

2. 纪念的方式是让二线关再生，而不是让它成为不可触摸的展品。以公众的体验为主，也就是这种纪念应该是与公共生活联系在一起的。

立体改造 3-DIMENSIONAL RECONSTRUCTION

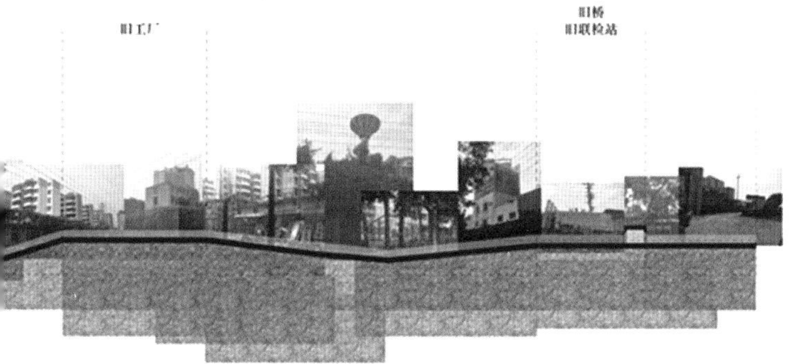

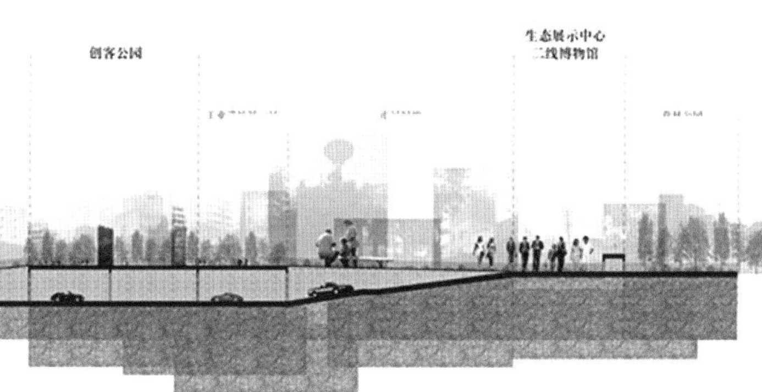

项目定位 PROJECT POSITIONING

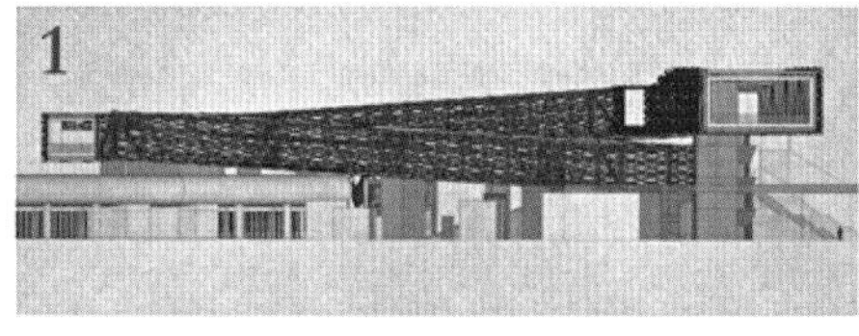

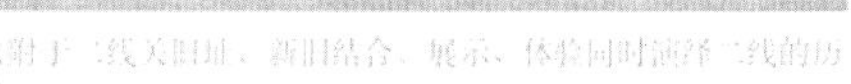
依附于二线关旧址，新旧结合，展示、体验同时演绎二线的历史

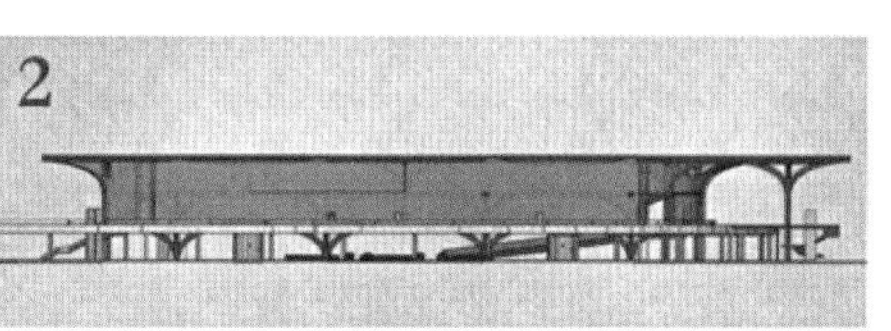

线性建筑平行于遗址桥，形成通行、展示、纪念三位一体的复合体

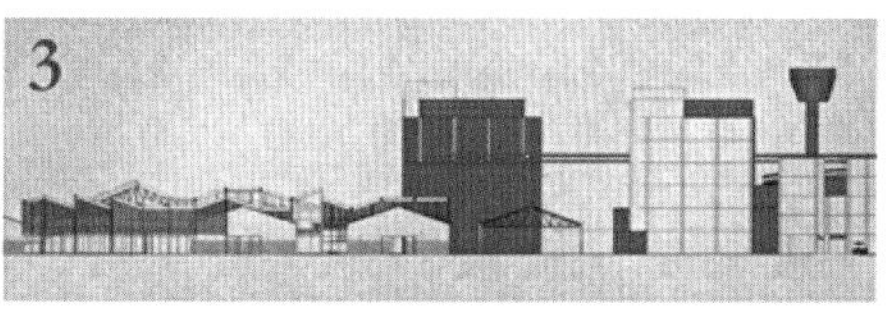

旧工厂转换为新工坊，容纳各种新型生产方式的产业园，承担办公的功能，同时向市民展示它，吸引更多的人加入其中

二线关历史博物馆

冯里锋

复杂多样/历史还原/社区性/连接器

方案生成

1. 基地　2. 体量　3. 架空

4. 视野　5. 交通　6. 结构

在设计中，一方面从城市界面考虑二线关历史博物馆对城市实现的意义。另一方面从区域，社区出发，借此机会活化、激活社区，使其成为区域的连接器，进而实现二线关沿线结构织补与空间弥合的主旨。

该用地组成因素复杂，其中包含的城中村插花地、二线关遗址、交通门户、生态功能，恰恰是二线关的特色所在。因此，通过设计，营造行走的建筑，用脚步去体验，步移景异。

总平面

结构分析

流线分析

首层平面

剖面图

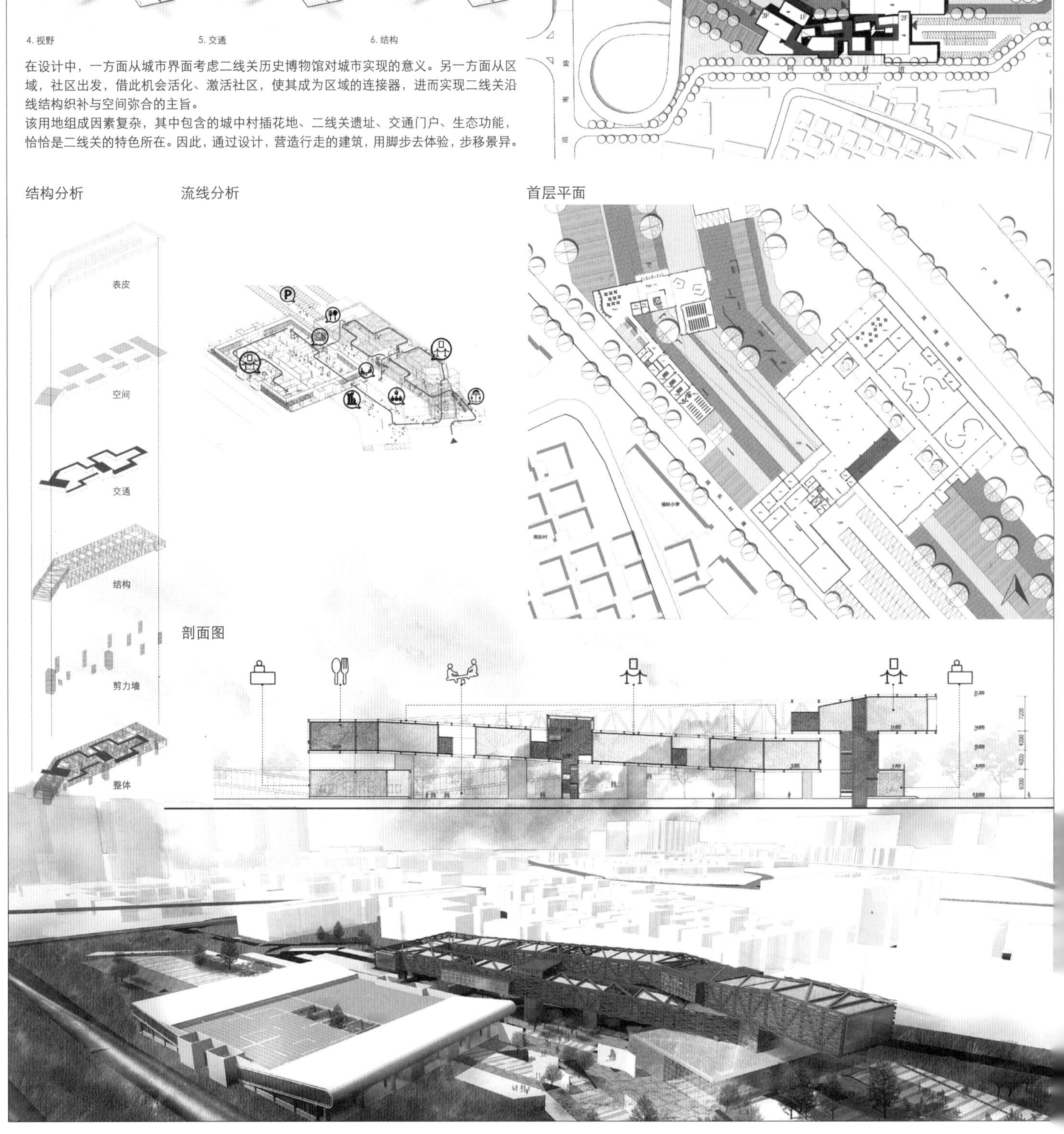

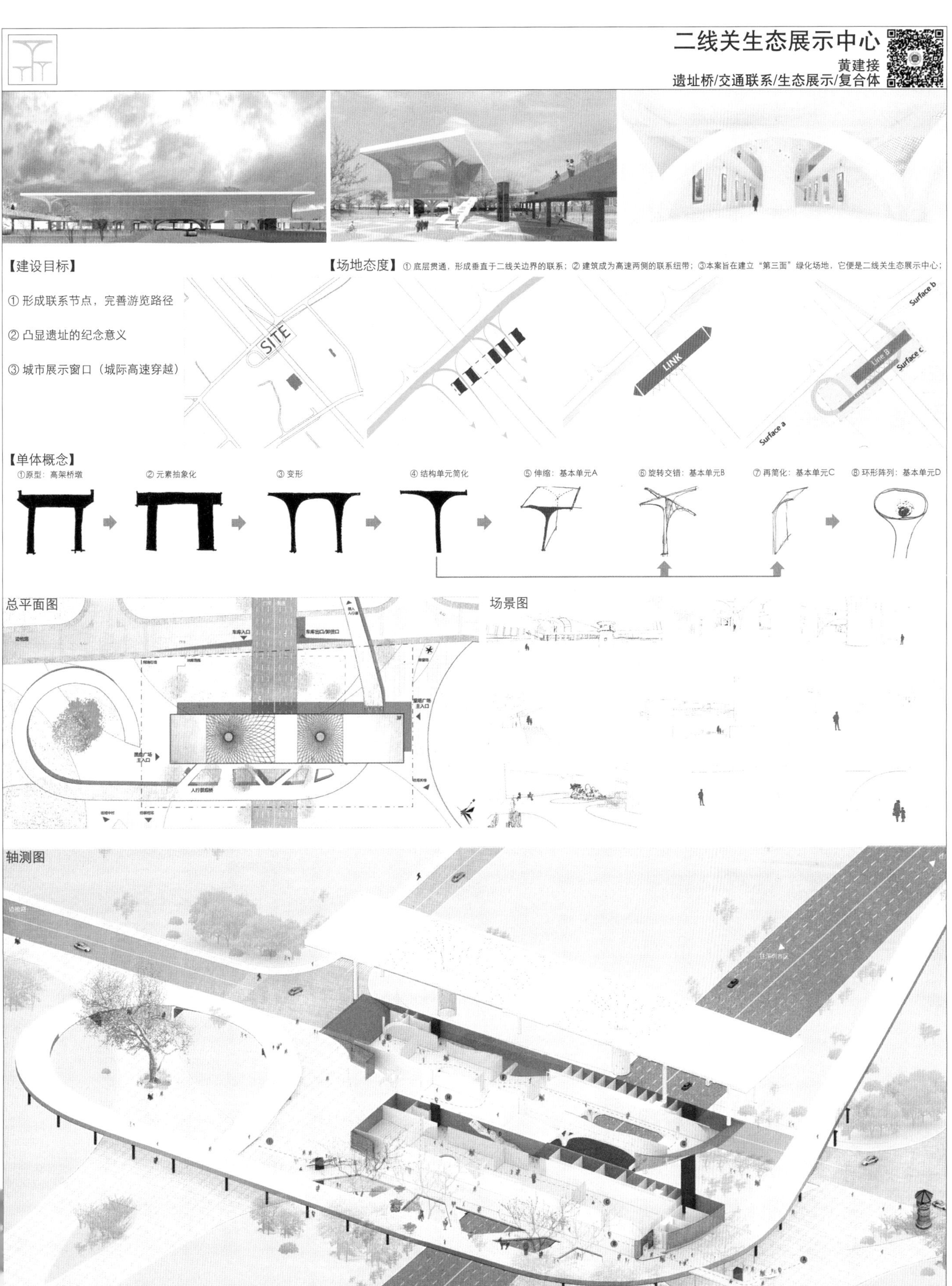

二线关生态展示中心
黄建接
遗址桥/交通联系/生态展示/复合体
【建设目标】
① 形成联系节点，完善游览路径
② 凸显遗址的纪念意义
③ 城市展示窗口（城际高速穿越）
【场地态度】① 底层贯通，形成垂直于二线关边界的联系；② 建筑成为高速两侧的联系纽带；③本案旨在建立“第三面”绿化场地，它便是二线关生态展示中心；
SITE
LINK
Surface a
Surface b
Surface c
Line B
【单体概念】
①原型：高架桥墩
② 元素抽象化
③ 变形
④ 结构单元简化
⑤ 伸缩：基本单元A
⑥ 旋转交错：基本单元B
⑦ 再简化：基本单元C
⑧ 环形阵列：基本单元D
总平面图
车库入口
车库出口/卸货口
人行景观桥
场景图
轴测图

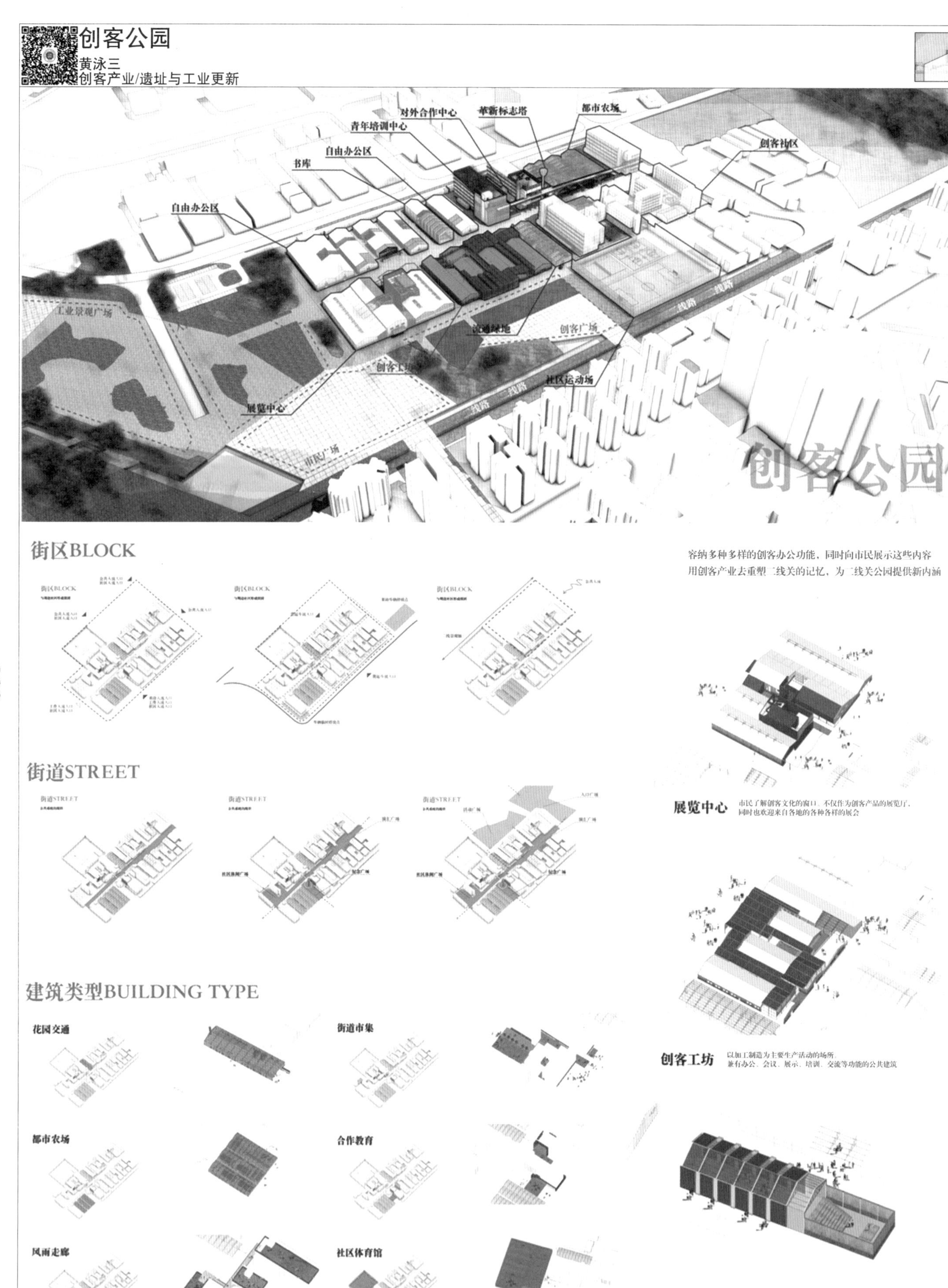
创客公园
黄泳三
创客产业/遗址与工业更新
对外合作中心
革新标志塔
都市农场
青年培训中心
自由办公区
书库
创客社区
自由办公区
工业景观广场
流通绿地
创客广场
创客工坊
社区运动场
展览中心
市民广场
二线路
创客公园
街区BLOCK
容纳多种多样的创客办公功能，同时向市民展示这些内容
用创客产业去重塑二线关的记忆，为二线关公园提供新内涵
街道STREET
展览中心
市民了解创客文化的窗口，不仅作为创客产品的展览厅，同时也欢迎来自各地的各种各样的展会
建筑类型BUILDING TYPE
花园交通
街道市集
创客工坊
以加工制造为主要生产活动的场所，兼有办公、会议、展示、培训、交流等功能的公共建筑
都市农场
合作教育
风雨走廊
社区体育馆
书库
知识的窗口，藏书的机器。供人们从室内或室外借到想要的工具书与影像验证身份证，支付低廉的租金，然后如获至宝。

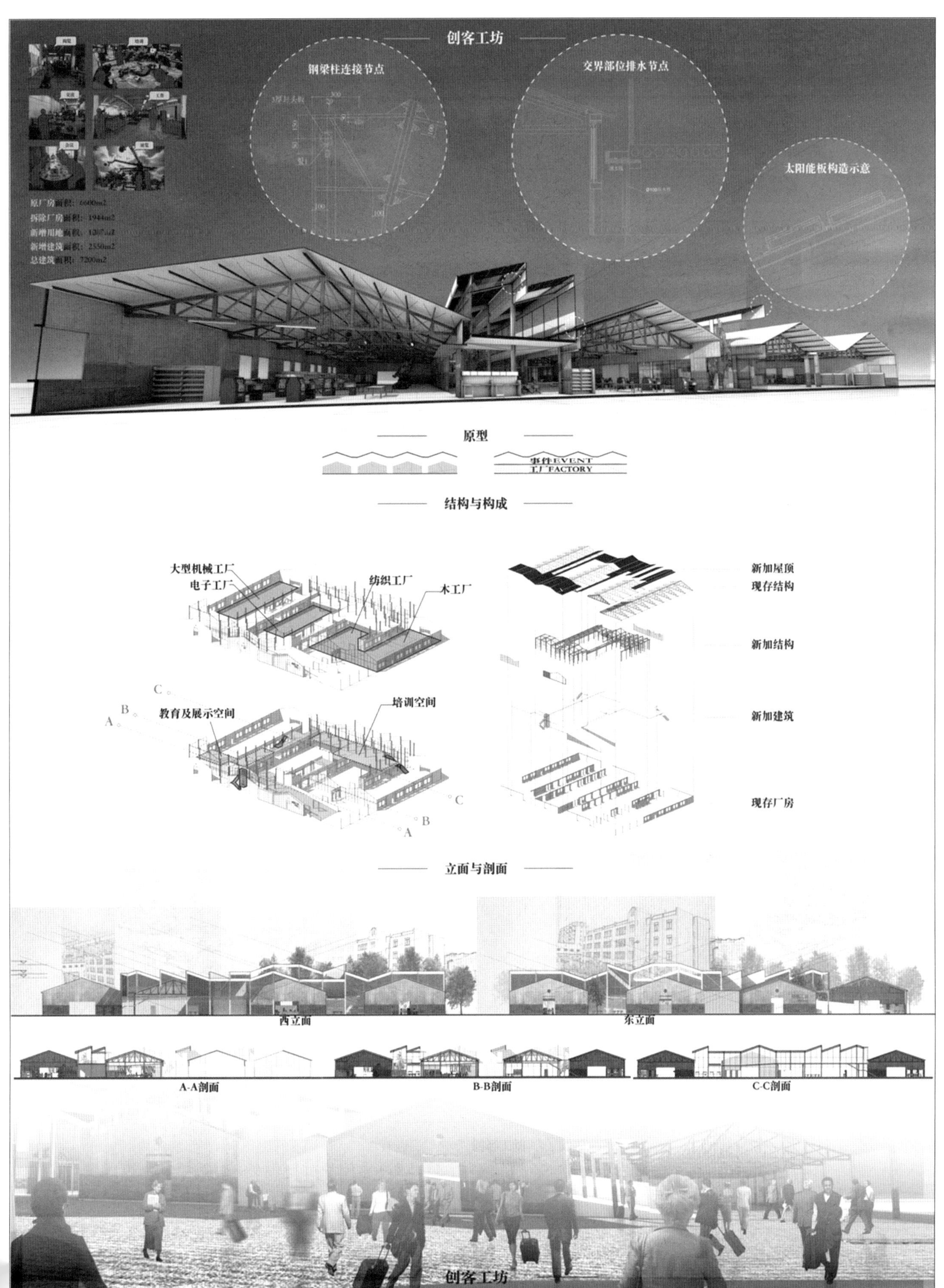
创客工坊
钢梁柱连接节点
交界部位排水节点
太阳能板构造示意
原厂房面积：6600m2
拆除厂房面积：1944m2
新增建筑面积：2550m2
总建筑面积：7200m2
原型
事件EVENT
工厂FACTORY
结构与构成
大型机械工厂
电子工厂
纺织工厂
木工厂
教育及展示空间
培训空间
新加屋顶
现存结构
新加结构
新加建筑
现存厂房
立面与剖面
西立面
东立面
A-A剖面
B-B剖面
C-C剖面
创客工坊

叙述历史的城市漫游

A tread as monument

深圳大学

设计：梁天吉\欧阳凯欣\刘晓津

指导：曹卓\杨文焱

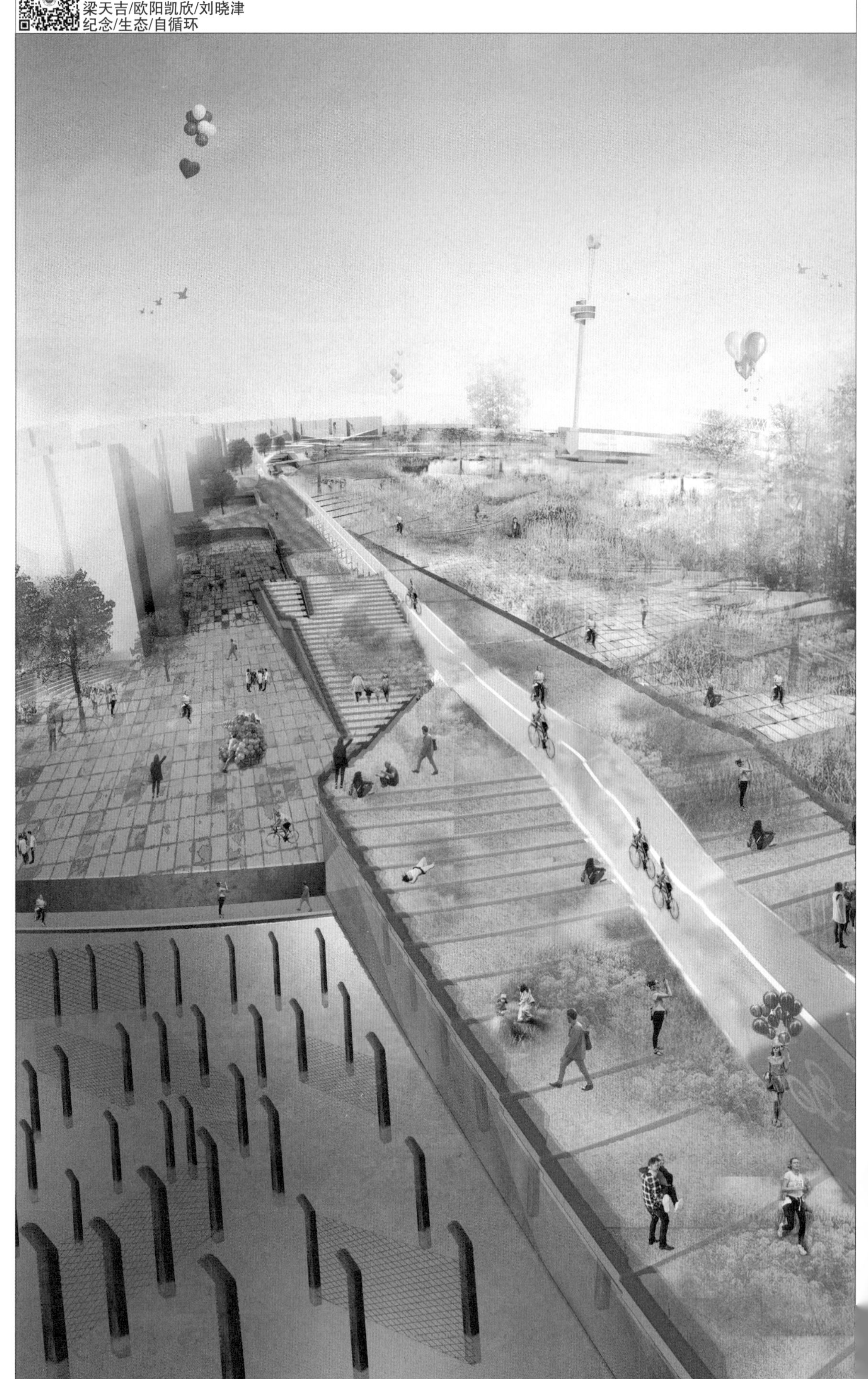

评语：

“二线关”作为深圳特区特有的历史产物，在深圳改革开放三十多年的社会经济发展中承担了一定的历史任务。随着城市更新和发展需求，二线关拆除和改造已经成为必须面对的城市规划和城市设计层面的问题。

通过对该地块研究分析，该组同学决定在城市设计层面上重新对地块进行定位整合。设计中保留了原二线关沿线，将此“线”发展为沿线游览，形成一条有趣味的线形空间。同时将原有同乐检查站改造为同乐关博物馆及社区文化集群，巧妙地将原有功能置换成既有纪念意义，又可为周边社区提供社区文化实践及服务的场所。而地块内原有闲置厂房区域通过对其进行功能和空间改造，打造成植物科普文化中心。

规划设计中尊重历史，通过对地块进行梳理布局及更新，创造性地提出“旧线·新城”的设计理念，使原有地块的地形地貌及装置得到很好的保护，同时也为改造后的地块注入新的活力。

雀跃的巡礼

梁天吉

关线沿线改造计划

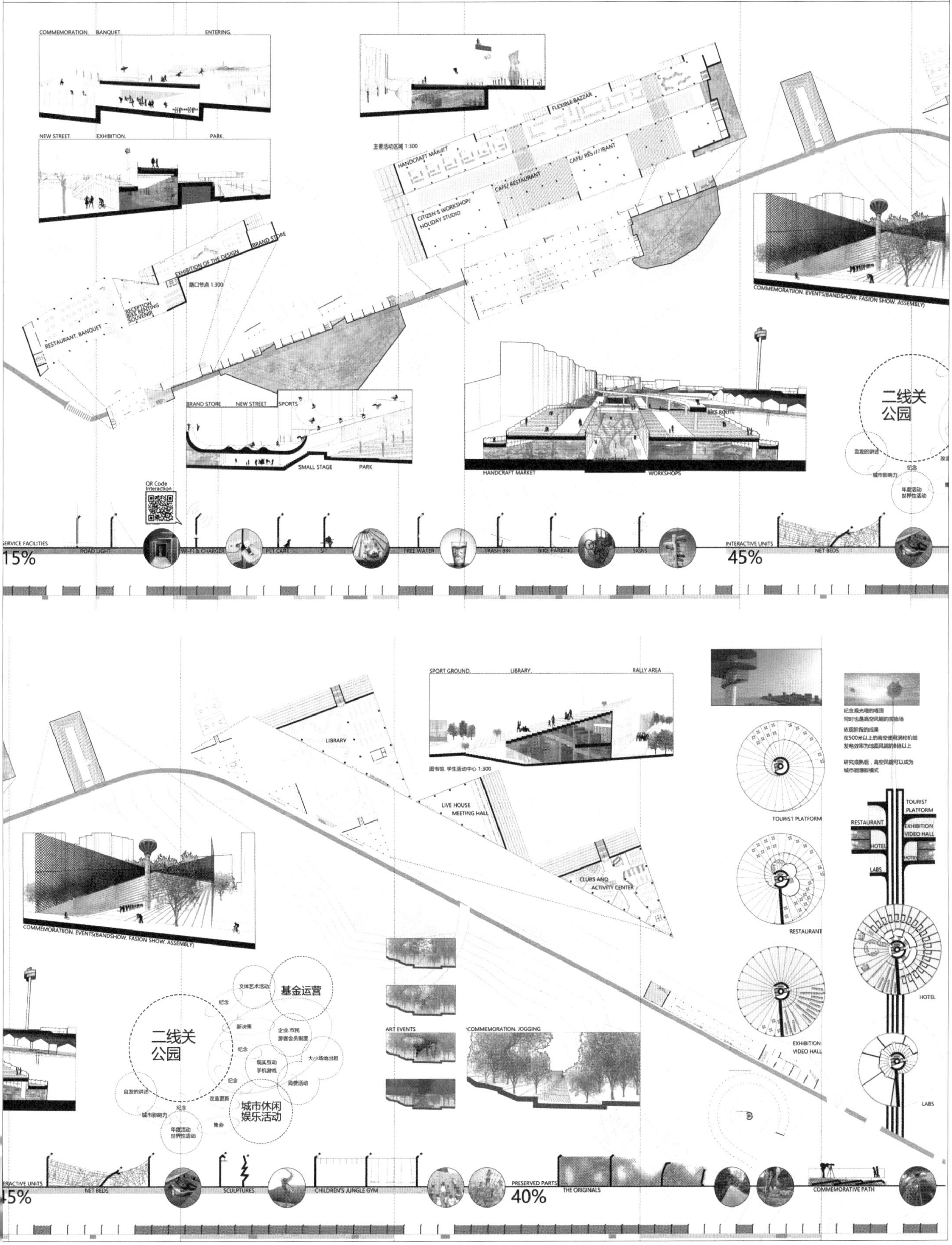

COMMEMORATION. BANQUET. ENTERING.

NEW STREET. EXHIBITION. PARK.

主要活动区域 1:300

FLEXIBLE BAZZAR

HANDCRAFT MARKET

CAFE/ RESTAURANT

CITIZEN'S WORKSHOP/ HOLIDAY STUDIO

EXHIBITION OF THE DESIGN

BRAND STORE

路口节点 1:300

RECEPTION BIKE RENTING SOUVENIR

RESTAURANT. BANQUET

COMMEMORATIION. EVENTS(BANDSHOW. FASION SHOW. ASSEMBLY)

BRAND STORE NEW STREET SPORTS

SMALL STAGE PARK

BIKE ROUTE

HANDCRAFT MARKET WORKSHOPS

二线关公园

自发的讲述 纪念 城市影响力 年度活动 世界性活动

QR Code Interaction

SERVICE FACILITIES 15%

ROAD LIGHT · WI-FI & CHARGER · PET CARE · SIT · FREE WATER · TRASH BIN · BIKE PARKING · SIGNS

INTERACTIVE UNITS 45%

NET BEDS

SPORT GROUND. LIBRARY. RALLY AREA

图书馆、学生活动中心 1:300

LIBRARY

LIVE HOUSE MEETING HALL

CLUBS AND ACTIVITY CENTER

纪念观光塔的塔顶同时也是高空风能的实验场

依据阶段的成果在500米以上的高空使用涡轮机组发电效率为地面风能的倍以上

研究成熟后，高空风能可以成为城市能源新模式

TOURIST PLATFORM

RESTAURANT

EXHIBITION VIDEO HALL

LABS

HOTEL

COMMEMORATIION. EVENTS(BANDSHOW. FASION SHOW. ASSEMBLY)

二线关公园

文体艺术活动 基金运营 纪念 新决策 企业市民 游客会员制度 现实互动 手机游戏 大小场地出租 消费活动 改造更新 城市休闲娱乐活动 自发的讲述 城市影响力 年度活动 世界性活动 集会

ART EVENTS

COMMEMORATION. JOGGING

INTERACTIVE UNITS 45%

NET BEDS · SCULPTURES · CHILDREN'S JUNGLE GYM

PRESERVED PARTS 40%

THE ORIGINALS · COMMEMORATIVE PATH

植物科普中心

欧阳凯欣

历史叙述/更新发展/科普/绿岛

城市绿岛
植物科普中心
历史叙述 更新发展 —— 深圳二线关沿线结构织补与空间弥合

关键字

-极具科普教育意义，弥补西部城市资源不足。

-前海-凤凰山绿带的延伸空间，二线关公园停留节点，激活边线消极片区。

-可保留利用厂房的造型特点，赋予新功能，展示历史。

-公共绿地向城市的过渡缓冲。

园区规划策略

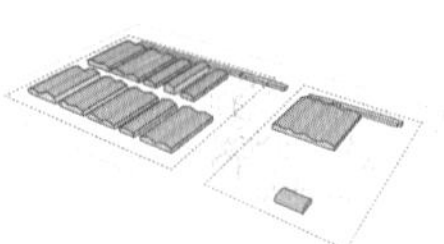

保留具有特点的厂房群体，拆除附属宿舍还原绿地；带状平房作为城市界面过渡及效率流线，串联厂房；根据厂房群体分布及科研特殊用地需求划分区域。

体块推敲

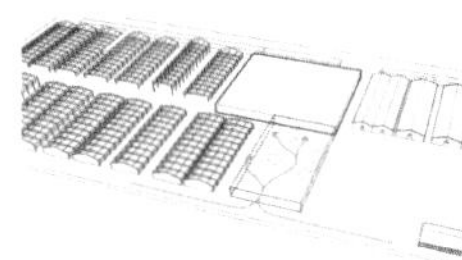

退让前广场，用绿岛引领人流，随地形进入建筑

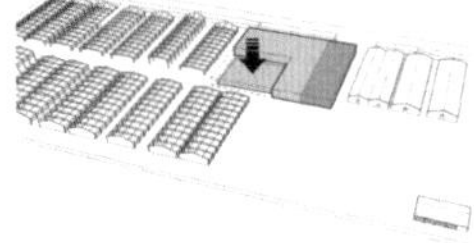

公众功能区与实物展览区域形成围合

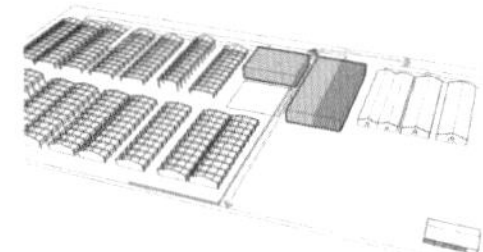

回应连接二线关园区两个主要节点路径，对已有平台进行体块连接

空间生成

纯环状流线可围绕庭院展开展览空间

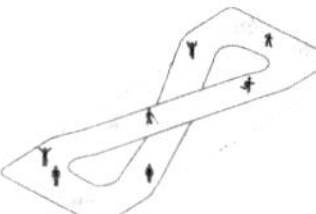

扭动环状流线形成8字形，得到标高更丰富的空间及庭院

流线扭动所带来的围合空间作为绿岛并被流线重复穿过，提高装置利用率

顶层相对独立的功能空间围绕绿岛展开，避免相互干扰，同时共享室外舒适环境

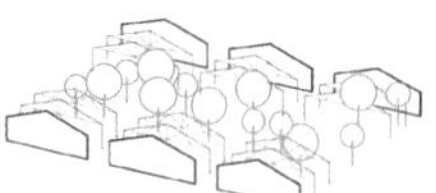

保留山墙与桁架结构，留下城市主界面肌理，成为植物园区的围合界面

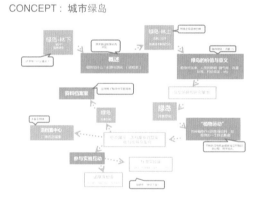

CONCEPT：城市绿岛

通过室外微气候装置与室内展陈互动体验的空间交替，提高科普的趣味性。

位于二线关拆除后地理位置上的中心，周边城市密度日益增大，植物作用是城市热岛气候问题的重要解决手段之一。

激发群众对植物的好奇心与关注度；植物种类、养护的知识普及与互动尝试。

计划发展的科研基地。

通过自然与工业技术，将建筑与环境相结合。

厂房改造示意

剖面示意

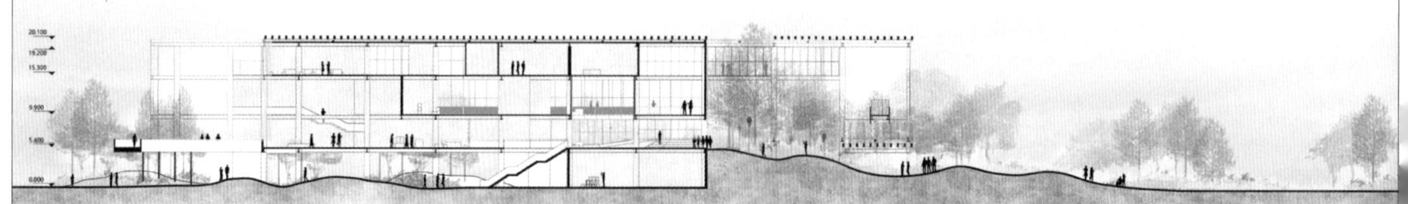

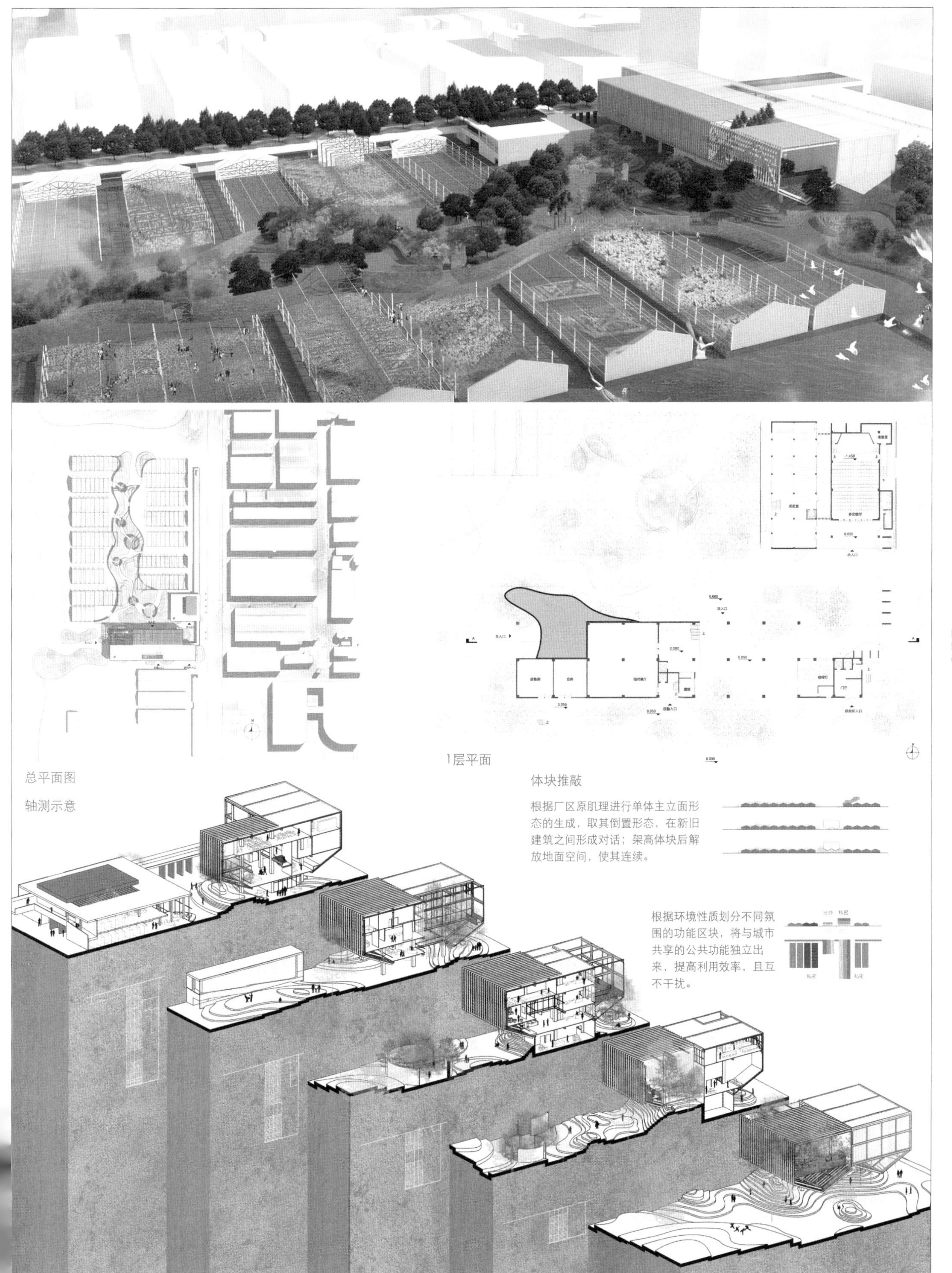

总平面图

1层平面

轴测示意

体块推敲

根据厂区原肌理进行单体主立面形态的生成，取其倒置形态，在新旧建筑之间形成对话；架高体块后解放地面空间，使其连续。

根据环境性质划分不同氛围的功能区块，将与城市共享的公共功能独立出来，提高利用效率，且互不干扰。

同乐关博物馆及社区文化集群

刘晓津

历史保留 /文化更新

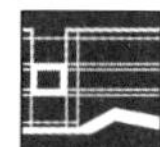

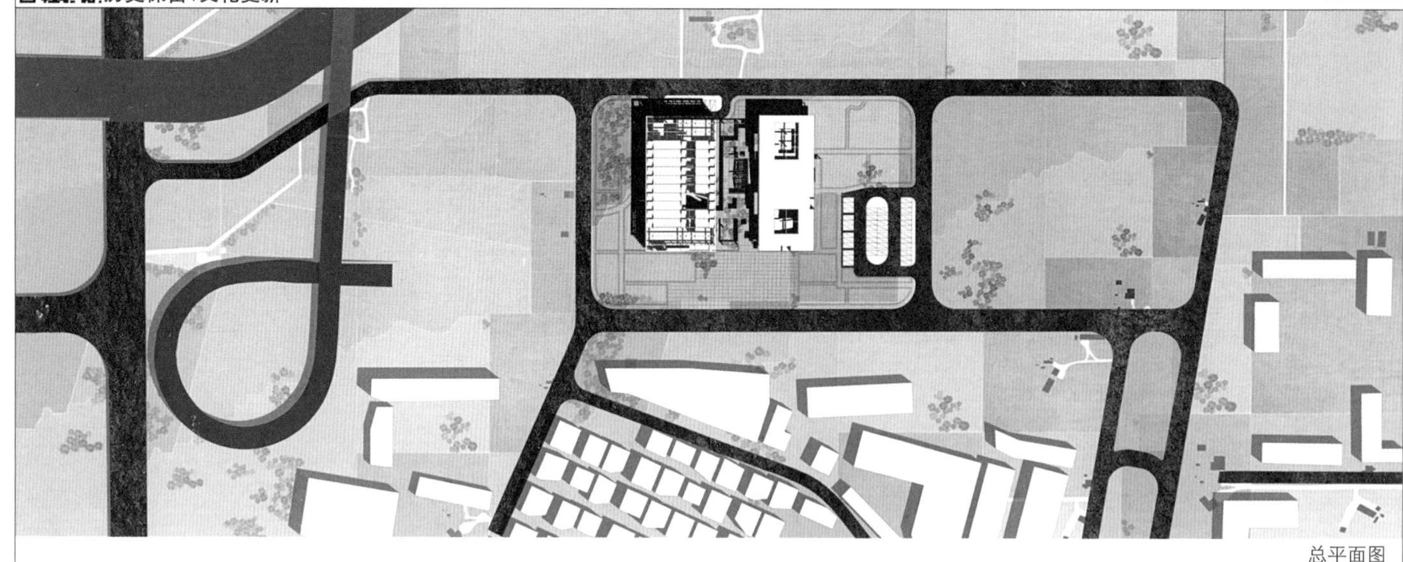

总平面图

同乐关在某种程度上变成了一个城市的分隔带，以同乐关边检大厅中央的边检人员为边界，区分着这片地块的城内与城外。过关人员与边检人员两条无形的流线可以说得上是二线关的独特标志。在拆除二线关的进程中，如何保留城市历史发展的缩影是本次课题的关键，所以我拟定从过关人员的横向流线和定义城内城外的纵向流线出发，对同乐关边界大楼进行一部分保留与更新。

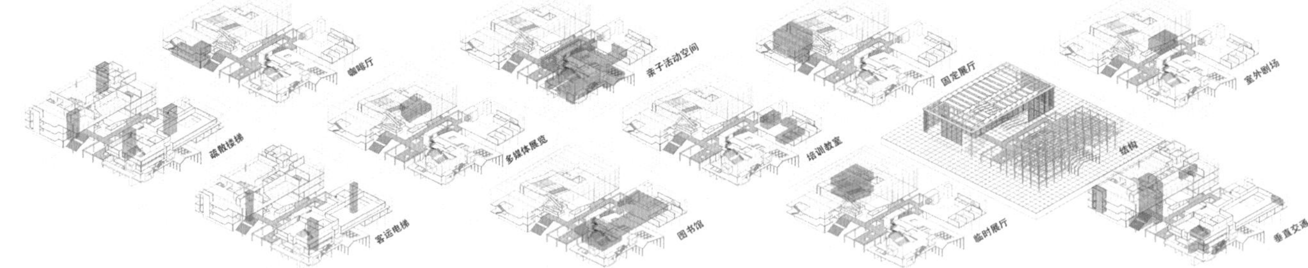

功能区分布

对于活动中心功能区的拟定，我加入了一些互动性更强的功能区块，例如亲子活动中心与室外剧场，并尽可能使建筑体开放，希望能带动社区的生活热情。活动区域与图书馆存在动静的差异，把图书馆设立在活动中心的三四层，而下面两层则为完全开放的活动空间。

博物馆的功能设立分为动静两个区块，静态展区主要设立在封闭的私密空间，展出二线关的固定展品。动态展区主要设立在半公共的开放空间，通过流动性参观和公开文化论坛的方式让游客对二线关有更深入的了解。

规划基地设计意向

博物馆北立面

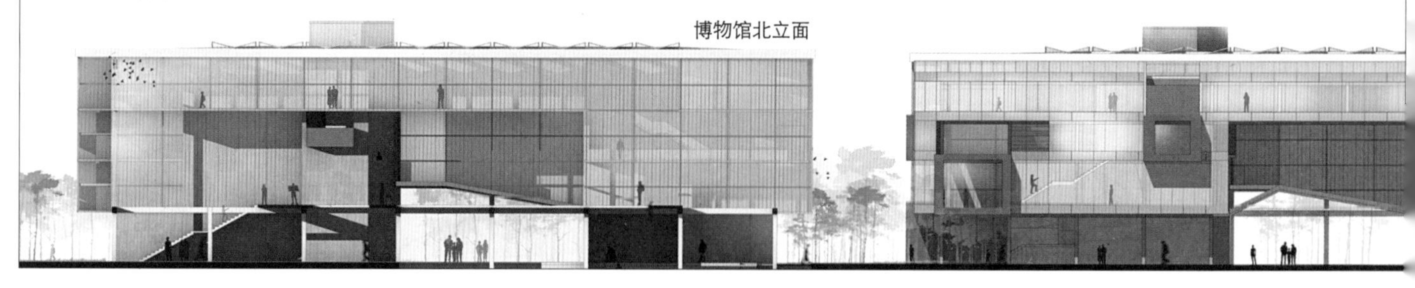

整个建筑形体以减法为主，用原同乐关的规整体块和代表旧工厂的坡屋面体块进行差集，得到一个具有一定灰空间的形体，形成的灰空间可作工厂体验，也可以加入更多的公共活动空间，最大化地收纳各种有趣的社区活动。

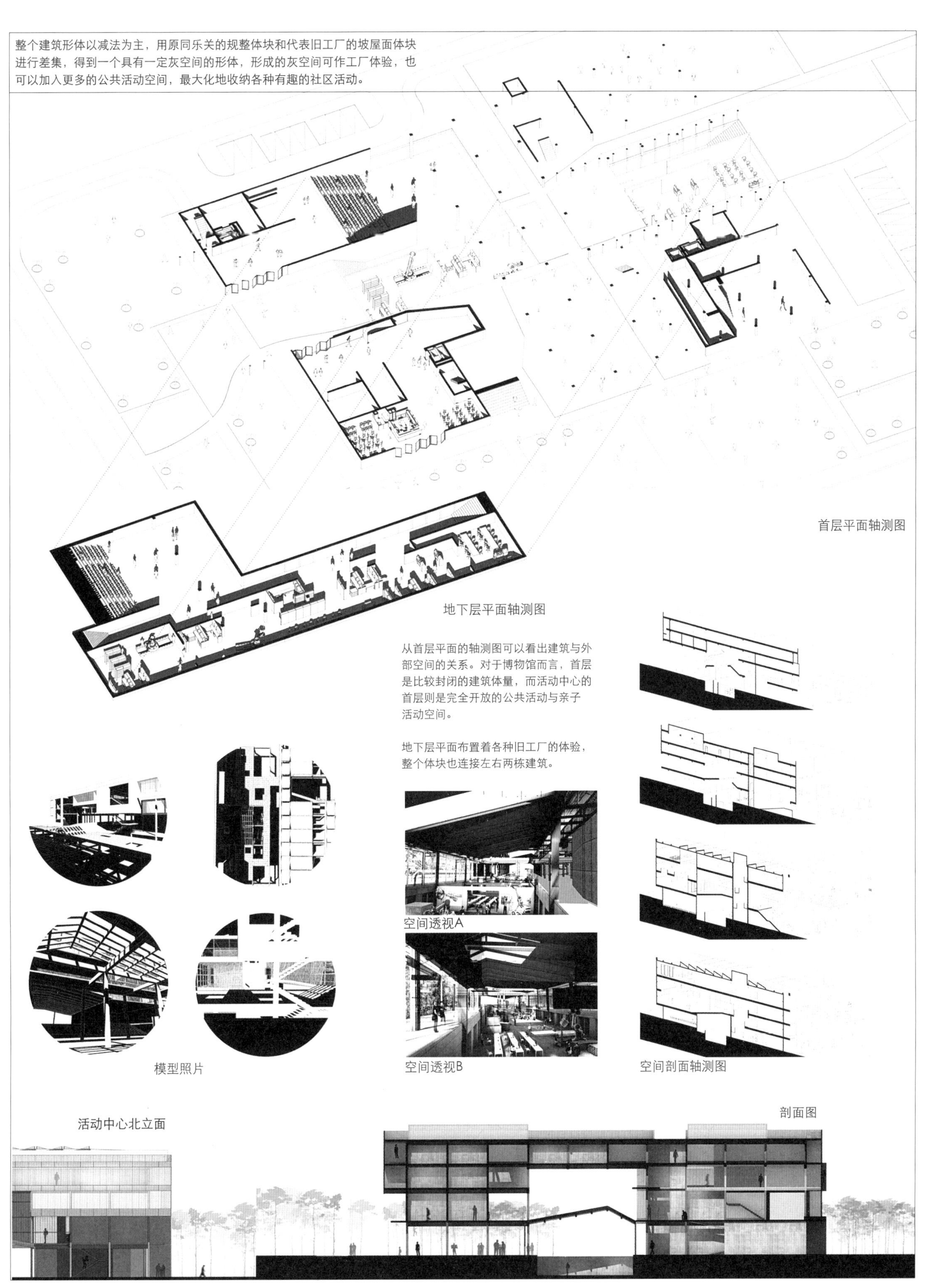

首层平面轴测图

地下层平面轴测图

从首层平面的轴测图可以看出建筑与外部空间的关系。对于博物馆而言，首层是比较封闭的建筑体量，而活动中心的首层则是完全开放的公共活动与亲子活动空间。

地下层平面布置着各种旧工厂的体验，整个体块也连接左右两栋建筑。

空间透视A

模型照片

空间透视B

空间剖面轴测图

活动中心北立面

剖面图

同乐城市公园

Tongle City Park

深圳大学

设计：黄家栋＼王楚

指导：覃力＼黎宁

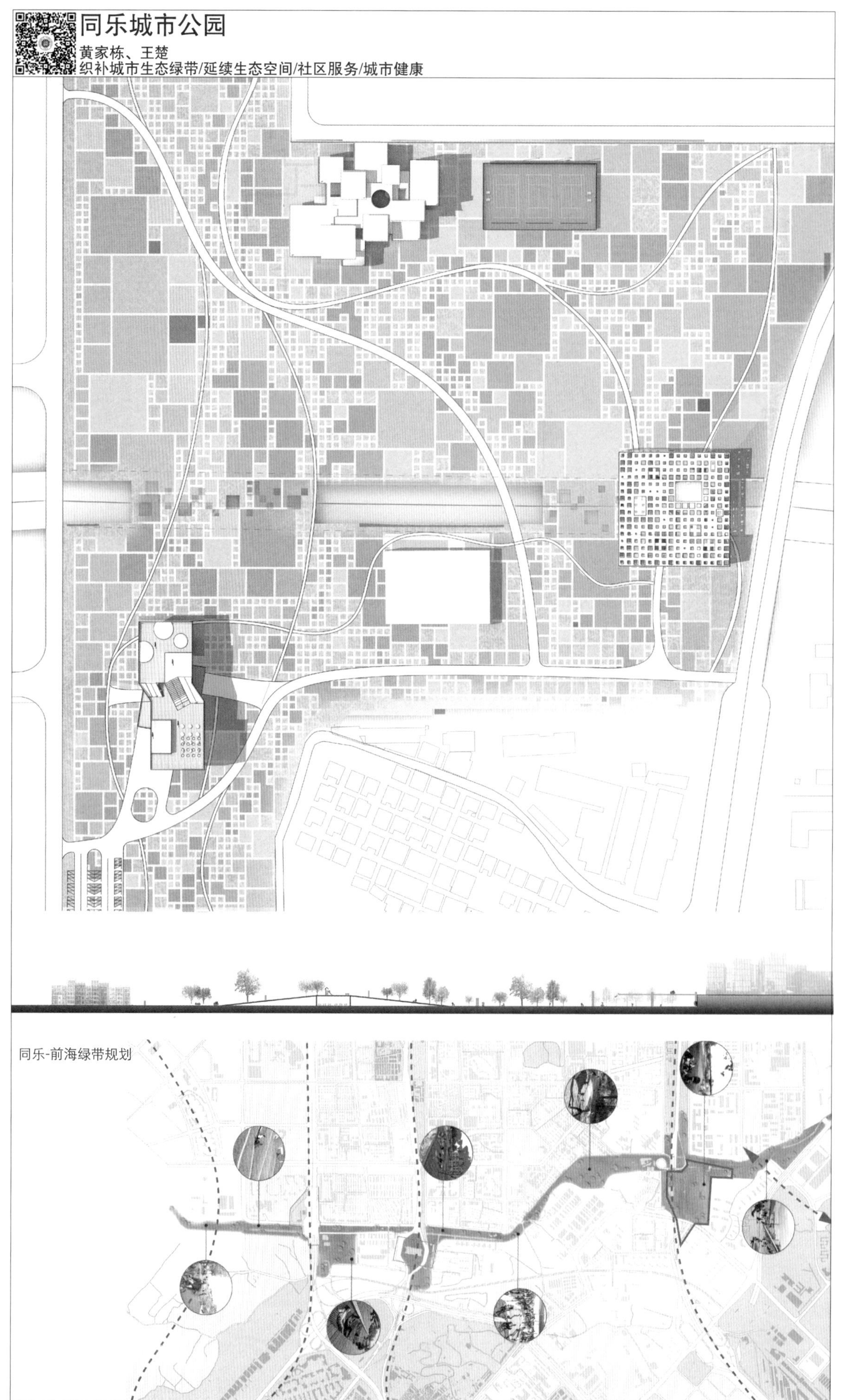

同乐城市公园
黄家栋、王楚
织补城市生态绿带/延续生态空间/社区服务/城市健康
同乐-前海绿带规划

评语：

设计选择了深圳二线关同乐关周边区域的城市更新作为课题，对其进行了深入的调研和细致的分析。对同乐关的大片空地、快速交通线以及周边社区、二线关沿线在未来城市发展中的定位进行了逻辑分析，提出了在关口空地建生态公园和建设少年儿童培训中心的实施方案。

方案将建筑横跨广深高速公路，熟练而有创意地解决了培训中心与高速公路、生态公园、周边社区、道路的相互关系，方案构思巧妙，利用“迷宫”的概念作为设计原形，演绎出一个丰富、活泼，且具有空间想象力的儿童培训中心。打破了以往少儿活动建筑刻板、缺乏童真的形象，为同乐关周边居民提供一个很有活力的儿童活动设施。设计功能合理，空间丰富，结构布置合理，图面表达清晰，体现了作者具有很强的综合解决设计问题的能力和素养。

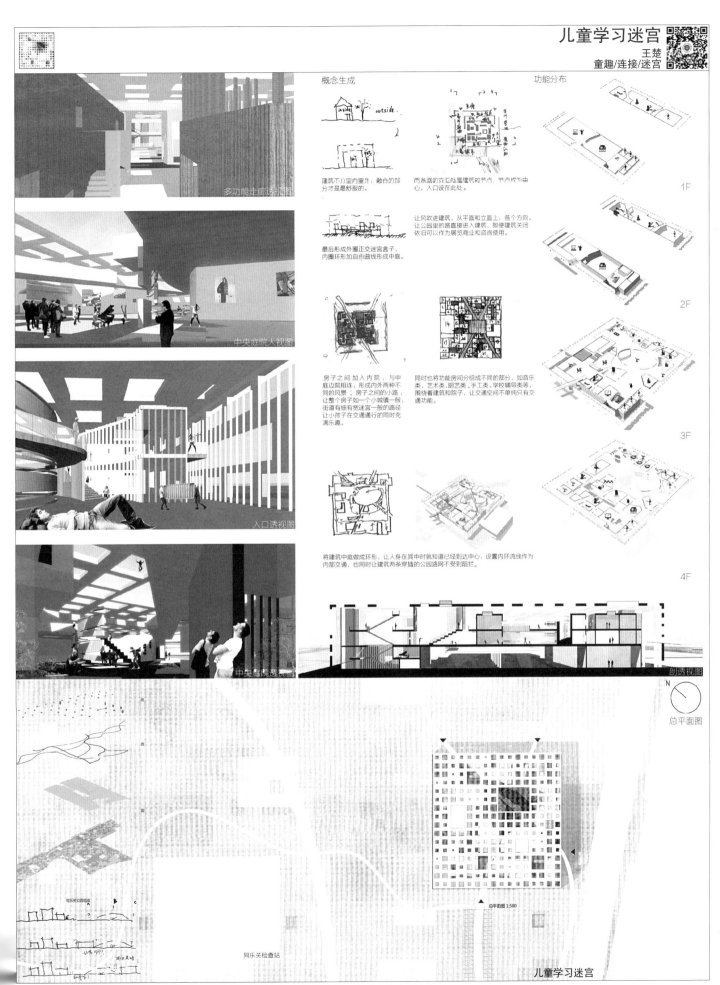

儿童学习迷宫

王楚

童趣/连接/迷宫

多功能走廊透视图

中央庭院人视图

入口透视图

中央庭院透视图

概念生成

inside outside

建筑不分室内室外，融合的部分才是最舒服的。

两条路的交汇处是建筑的节点，节点成为中心，入口设在此处。

让风吹进建筑，从平面和立面上，各个方向。让公园里的路直接进入建筑，即使建筑关闭依旧可以作为展览商业和咨询使用。

最后形成外圈正交迷宫盒子，内圈环形加自由曲线形成中庭。

房子之间加入内院，与中庭边院相连，形成内外两种不同的风景；房子之间的小路，让整个房子如一个小城镇一般，街道有细有宽迷宫一般的路径让小孩子在交通通行的同时充满乐趣。

同时也将功能房间分组成不同的部分，如音乐类，艺术类，厨艺类、手工类、学校辅导类等，围绕着建筑和院子，让交通空间不单纯只有交通功能。

将建筑中庭做成环形，让人身在其中时就知道已经到达中心，设置内环流线作为内部交通，也同时让建筑两条穿插的公园路网不受到阻拦。

功能分布

1F

2F

3F

4F

剖透视图

N

总平面图

总平面图 1:500

同乐关检查站

儿童学习迷宫

街道节点作为城市触媒激活布吉二线片区
Using Street nodes as urban catalysts to renew the Buji district

深圳大学
设计：彭俊熙
指导：覃力＼黎宁

街道节点作为城市触媒激活布吉二线片区

彭俊熙

行人路网更新/独立建筑单体/社区服务/优化城市空间/独立运行

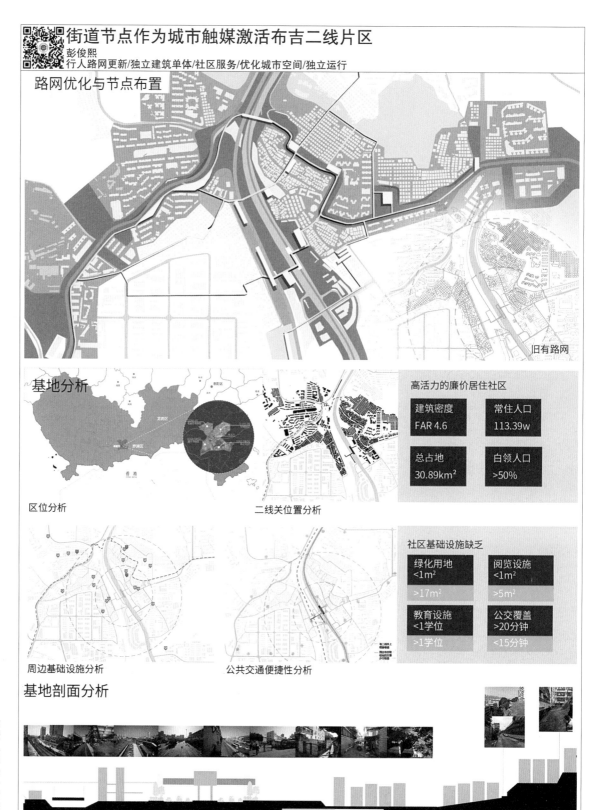

路网优化与节点布置

旧有路网

基地分析

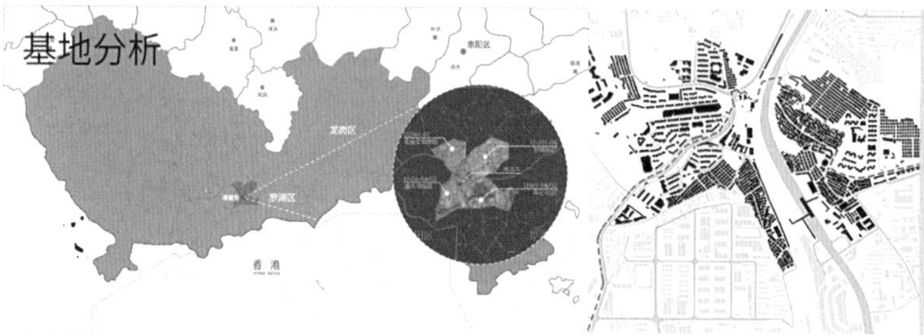

区位分析

二线关位置分析

高活力的廉价居住社区

建筑密度	常住人口
FAR 4.6	113.39w
总占地	白领人口
30.89km²	>50%

周边基础设施分析

公共交通便捷性分析

社区基础设施缺乏

绿化用地	阅览设施
<1m²	<1m²
>17m²	>5m²
教育设施	公交覆盖
<1学位	>20分钟
>1学位	<15分钟

基地剖面分析

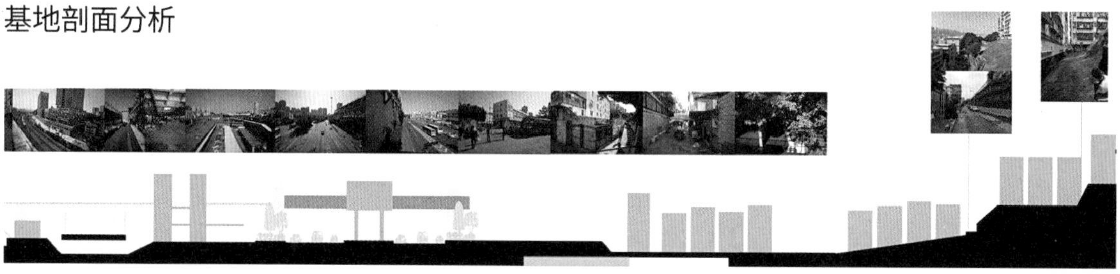

基地现有问题总结与设计策略

基地高差大
基地割裂严重

社区封闭
出入口设置不合理

公共交通到达性差
需要绕路到达站点

城市开放绿色可达性差

城市活动绿色缺乏
教育设施缺乏
阅读设施缺乏
运动设施缺乏

优质人行路网缺乏

城市基础设施缺乏

Catalyzer
城市触媒

行人路网设计
街道设计
街道构筑物设计
街道单体设计

评语：

设计选择深圳二线关布吉关片区城中村的城市更新作为课题，对其进行了深入调研和细致的分析。比较系统地提出了解决二线布吉关片区长期以来围绕居民的一系列问题的路径和方法。对深圳未来二线关区域的更新具有较强的现实意义和参考价值。

设计还对其中的几个城中村节点提出了改造的详细实施方案，方案设计构思巧妙，具有较强的地域特征和现代气息，功能合理，较好地处理了与周边环境的关系，为布吉关周边居民提供了一个很有吸引力的公共活力和交往的场所，设计逻辑性强，表达清晰，结构布置合理，体现了作者具有很强的综合解决设计问题的能力和素养。

章輋村社区中心

彭俊熙

社区功能设施/城中村需求/社交重合点/构建和连接

章輋村社区中心

基地选择位于章輋村入口处原停车场处，设计将原停车位放置于地下，上面设计了新的社区中心。社区中心整体设计开放。通过架空一层平面以及开放三层平面。在利用了原地形的高差的情况下，考虑建筑与周边城中村小尺度、小空间的关系，创造了大量的半室内外的活动空间。在顶层平面布置了社区图书馆，利用木结构的屋顶创造了丰富的室内空间，让整个社区中心与周边建筑形成了强烈的对比，使本建筑有了独一无二的标示性。

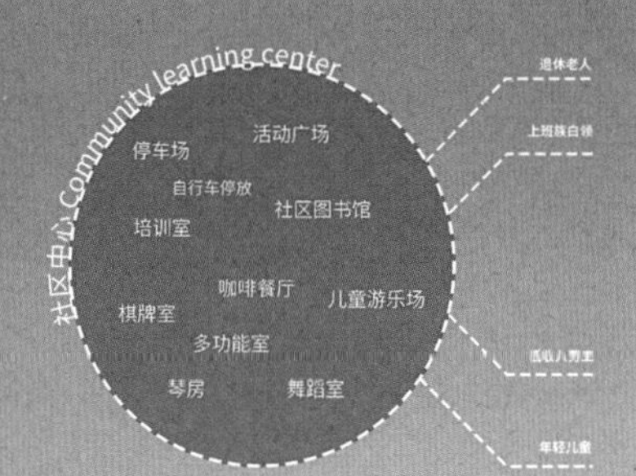

技术参数

建筑总面积：6058㎡　　总层数：4层

建筑占地面积：1945㎡　　停车位：70

绿化率：35%

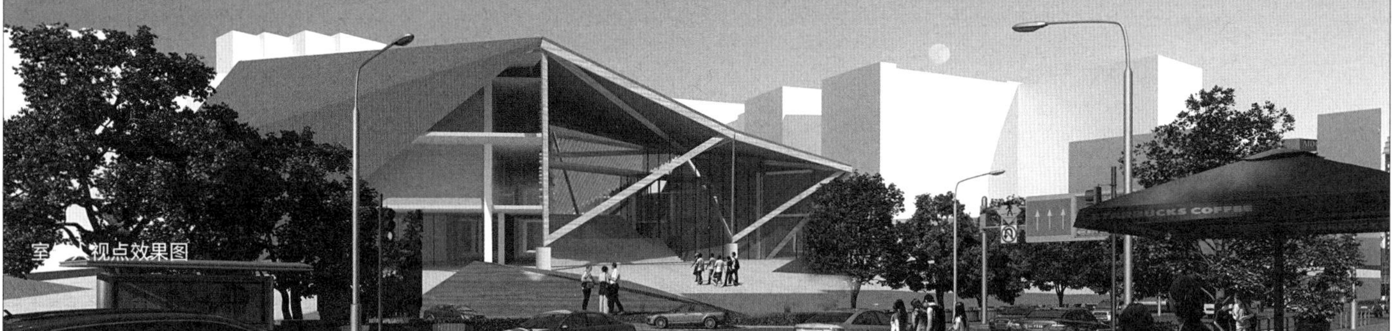

室外视点效果图

总平面

二线关体验馆

建筑总面积：792㎡　　总层数：1层

建筑占地面积：815㎡　　绿化率：30%

本设计提取了二线关折状混凝土柱的元素和折板的手法进行墙面的限定，营造出独特的步道体验空间，希望参观者可以在参观的过程中体验当时扭曲的历史状态。

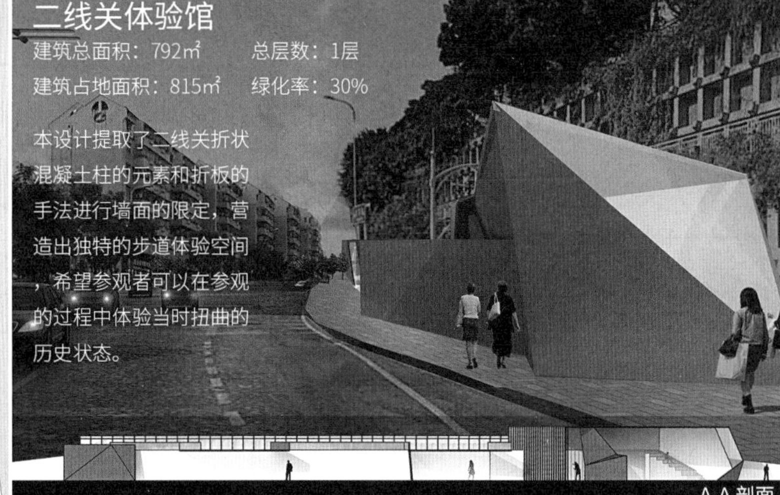

A-A 剖面

体验馆平面图

B-B剖面透视图

体验步道渲染图

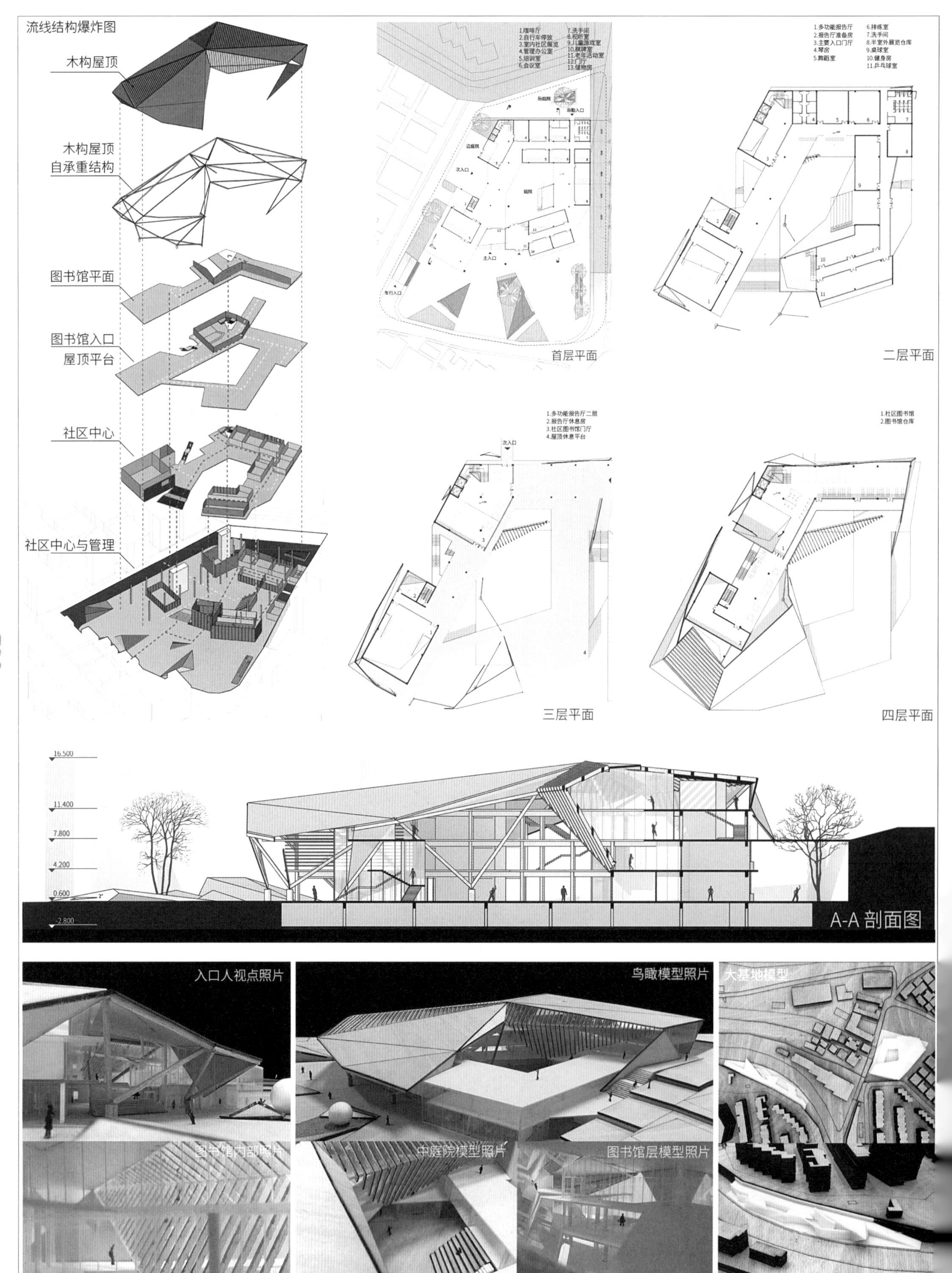

流线结构爆炸图
木构屋顶
木构屋顶
自承重结构
图书馆平面
图书馆入口
屋顶平台
社区中心
社区中心与管理
1.咖啡厅
2.自行车停放
3.室内社区展览
4.管理办公室
5.培训室
6.会议室
7.洗手间
8.视听室
9.儿童游戏室
10.棋牌室
11.老年活动室
12.门厅
13.储物房
后庭院
后勤入口
边庭院
次入口
庭院
主入口
车行入口
首层平面
1.多功能报告厅
2.报告厅准备房
3.主要入口门厅
4.琴房
5.舞蹈室
6.排练室
7.洗手间
8.半室外展览仓库
9.桌球室
10.健身房
11.乒乓球室
二层平面
1.多功能报告厅二层
2.报告厅休息房
3.社区图书馆门厅
4.屋顶休息平台
次入口
三层平面
1.社区图书馆
2.图书馆仓库
四层平面
16.500
11.400
7.800
4.200
0.600
-2.800
A-A 剖面图
入口人视点照片
鸟瞰模型照片
大基地模型
图书馆内部照片
中庭院模型照片
图书馆层模型照片

062

界域内外
Inside & outside of the territory

作者：深圳大学 陈佳伟

延年持续的第十届“8+”联合毕业设计，以深圳二线关为对象。我学院初次加盟即在东南大学的主导下作为联合主办方倾力参与其中，实为难得的一次历时性教学、交流经历，在学院、教师、学生等诸多层面收获良多。

应该说，联合毕业设计机制是一个在相对同等条件和语境下的教学交流平台。也可以说，此机制是一个圈层、一种界域，我们从域外进入域内。借此，在过程性的对毕业设计的课题选择、教学目标、动态把控、评价标准等的讨论、商议乃至“争执”中，来自各优秀创始院校的关于建筑学教学、毕业设计教学的理念、关注点、思路及方法，为我们无偿提供了更为广阔的视野和学习机会。

伴随着城市拓展及大都市问题的显现，深圳二线关已不再是纯粹意义上的“边界”，而成为一种被包裹的聚焦性的场域。她将如何切入未来的城市空间肌理和市民生活？二线关是深圳抹不去的历史记忆，社会各界对其的关注已历时有年，从市民、政府、专业人士到社会名流，从存废之争到交通梳理……。

“超越边界”，让少有思想包袱且热情迸发的年轻建筑学子，在限制条件相对宽松的前提下，探讨深圳二线关的当代和未来演绎。既引导其社会关切，也鼓励思维创新，更拓展专业视野和历练技能方法。同时也就二线关更新为深圳社会提供不一样的学术思路。

在永恒的社会、都市发展变迁中，曾经的城市“边界”总会以某种蜕变的方式嵌入城市生活之中。深圳二线关延绵90公里的边界、13个检查站以及各类耕作管理口，曾经对深圳“关内外”市民及关联人群的生活、工作、心理产生长久而深刻的影响。如今，关的传统边检功能早已不复存在，但其仍保有的多样形态的带状区域及关口如何在拆关后融入不断扩张的城市中，即使在前期教案研制中相对明确以四个典型检查站为聚焦对象，这依然是极为复杂的课题，选项及切入方式也会是非常丰富的。要求学生在调研中发现与此相关的城市问题，寻找可能的技术路径方向。这正是东南大学张彤老师主张的并得到各校导师组认同的开放性课题设置的初衷。

面对纷繁的城市背景，前期资料收集及紧张的一周现场调研是否足够满足学生对二线关的认知？在开营周中，中规院朱荣远老师的《审慎开启的“南大门”》、深圳市规土委张宇星老师的《二线关的二次元遐想》讲座，为开拓各校学生对二线关的认识提供有意味的佐料。

对于初次参与的深圳大学建筑专业的师生，即使拥有主场之利，但基于设置课题的开放性、课题背景的复杂性、提炼问题的多样性，以及对教学理念差异的认知、协作方式的磨合等，都是一种新的挑战和历练。既已进入到一个共享的交流平台，而课题及规则又具有极大的弹性和丰富的可选项。多阶段的交流使我们可以多多观摩学习优秀经验，寻找差异；同时我们也具备足够的自主性。这是界域内外的另一种体会。

非常欣慰于学院老中青组合的毕业设计指导教师团队，以各自丰富的教学经验，结合本次联合毕设的主旨，给予学生的思维激励和悉心辅导。学生们热情的付出也最终展现出丰富多样的成果。

“二线纪念公园”，突破课题设置所建议的对四个关口的关注，而是聚焦于整体的“带状边界”，试图以虚拟互动结合沿线的片段区域线下体验的方式，建立界域廊道空间与都市社区生活的融合。“遗址重生”则体现深圳市民对二线关的眷恋，对极具门户意义的同乐关及周边二线遗址资源进行梳理、提炼、整合和再现，并力图对南山、宝安临近城市空间进行“弥合”。“叙述城市的历史漫游”，以“旧线、新城”的设计理念，把同乐、南头两个关口的沿线改造为日常生活的休闲公园，更以旧检查站改造为博物馆、旧厂区改造为植物科普中心等方式，诠释一种记忆留存和轻改造理念。“街道节点作为城市触媒激活布吉二线片区”，以解决布吉二线关沿线典型地段的城市社会问题为目标，整合城市设施体系，方便居民生活。

过程中发现，我们的学生或说我们的建筑专业教学，在建筑设计与城市设计的衔接等方面，与兄弟院校有一定的差距。而困惑我们的是，视野拓展与建筑本体问题如何才能更恰当的结合？

全过程设计
Whole Process Design

作者：深圳大学 朱宏宇

2016年是建筑学专业“8+”联合毕业设计举办的第十个年头，深圳大学以联合主办方的身份首次参与了这一全国性的教学活动。作为一名年轻的建筑学专业教师，我有幸参与了其中一组三名本科生毕业设计的具体指导工作以及联合毕设中的调研选题、中期考核和终期答辩三个重要环节的评审交流。在这其中，各个兄弟学校、各组学生基于不同的视角和切入点、不同层面的战略性思考、不同的设计方法和不同的表达方式所产生的设计成果呈现出鲜明的差异性和丰富性。在过程中这些“不同”的交流与碰撞是触动学生更具广度、深度、顺向、逆向思维的原动力，其重要价值不言而喻。作为新加入的团队和个人，大家都受益匪浅。

本次毕业设计由东南大学命题、深圳大学联合组织，以“后边界：深圳二线关沿线结构织补与空间弥合”为题，聚焦“二线关”在后城市化时代的地理角色和空间作用，强调在弥补城市物理和心理裂痕的同时，发掘、保护和提升“二线”独有的历史和自然价值。选题难度大，具有极其丰富的层次、广泛的内涵和现实意义。命题以极大的开放态度，由学生自己去发现问题、提出问题和解决问题，是一次全过程的设计课题，设计的发展具有多种可能性。这对于深圳大学建筑学专业的学生而言是比较陌生的，面临极大的挑战。就我个人参与指导的三名学生的整个设计过程和最终设计成果而言，毕业设计比较明显的特点是“两头精彩、中间平淡”。

“两头精彩”说的是设计在对二线关沿线“宏观”层面和具体到一座建筑单体“微观”层面的处理上都还是比较到位的。就宏观层面而言，深圳大学学生对二线全线九十公里范围进行了较为完整、系统、详实和深入的勘查和调研，对目前“二线关”面临的主要问题的共性和特性，对不同区段空间属性和定位进行了梳理和提炼，形成了城市视角下较为完整的二线认知地图，并提出了总体的应对策略。这是深圳大学作为主场在本次毕业设计中呈现出的一个明显优势，这个开头是好的，对下一阶段的深入设计具有较强的指导价值。就微观和个体层面而言，每个学生最终独立完成的单体建筑设计选题恰当、定性定量明确、概念清晰、目标明确、策略适合、设计成果具有较高水准的原创性，并在此基础上呈现出极大的丰富性和多元性。

相比上述的一大一小，“中间层次”的城市设计无论是在中期考核还是终期答辩都是比较薄弱的环节。设计团队尽管在总体调研的基础上对选址用地提出了比较明确的城市设计的主题和发展方向，但是城市设计的整体完成度不高，系统性和控制性不强。从设计的切入过程来看，没能从城市和整体区域各类资源整合的角度思考和完善城市设计的内容，对划定区域内所面临的各种问题的分析和回应不充分。因此，对下一步新建项目如何有机的融入整个城市系统，各栋建筑单体之间的相互关系等问题没有做出很好的控制性设计，造成“大”与“小”之间的衔接过渡稍显突然。这是在全过程设计中明显的缺憾和不足，这在与其他院校的比较中尤为突出。

造成城市设计成果不完善的原因既有客观的也有主观的。首先是时间安排与评价体系的不同。相比其他院校，深圳大学建筑学专业毕业设计整体时间安排上比较紧凑，评价系统要求每个学生必须独立完成一栋完整的建筑单体设计并以此作为最终成果，因此学生在经过小组讨论形成城市设计的发展方向之后就迅速地聚焦到自己的建筑方案设计上去了，城市设计的深化工作暂时被搁置起来；其次，在毕设之前的建筑学专业课程设计中城市设计题目较少，与之相应的设计方法和技术路径的训练不够系统和充分，组员之间强调个性而忽视共性，团队内部合作分工不得力，留有遗憾。

如果说，建筑学专业“8+”联合毕业设计是一种示范性模式教学，这次课题的教学组织对深圳大学来说的确是一次新教学模式的尝试，特别是这种“全过程设计”在题目的开放性，从城市设计到建筑设计的衔接与互动以及从团队协作到个人特色的平衡等方面，是在我们以往的建筑学毕业设计当中较少涉及到的。面对这种“全过程设计”所带来的冲击和挑战，我们要思考的不仅仅是毕业设计课程的特点，而是如何组织和安排好整体本科设计课程教学，以培养学生面对复杂、多元、动态的全过程设计的综合能力。

清华大学

TSINGHUA UNIVERSITY

教师团队 TEACHING TEAM

许懋彦

王　辉

范　路

1 边市中心 From Peripheral to Centre

逄　卓　杨良崧　张启亮　田　莱

2 大众同乐 Happy Together

高　祺　杨隽然　殷　玥　张文昭

3 从村上树到树下城 Trees on Village and city under Trees

左碧莹　吕代越　余　乐　陆逸玮

学生团队 STUDENT TEAM

逄　卓

杨良崧

张启亮

田　莱

高　祺

杨隽然

殷　玥

张文昭

左碧莹

吕代越

余　乐

陆逸玮

边市中心

From Peripheral to Central

清华大学

设计：逢卓＼杨良崧＼张启亮＼田莱

指导：王辉＼许懋彦＼范路

边缘

城市结构的边缘性

在深圳市的整体规划中，地段处于非中心组团的边缘地区，位于罗湖、龙岗两区交界的地段在两侧中心辐射范围之外。

城市主中心　城市副中心　城市组团中心　二线
行政区划线　城市发展轴　设计地段

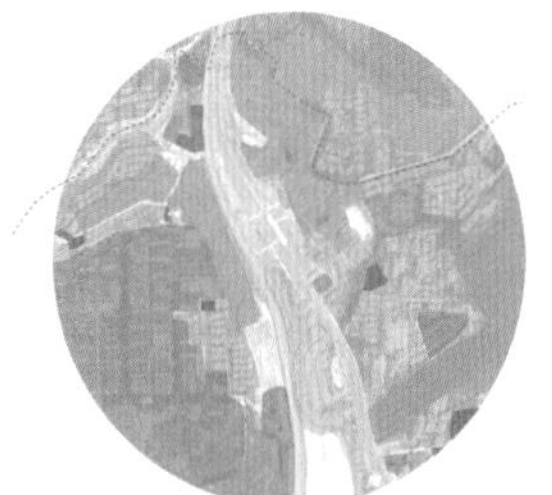

社会结构的边缘性

“二线”和行政边界的不重合带来了城中村这一聚居形态，外来移民是地段的主要人群。他们在深圳仍然是边缘群体。

人口数据统计地为地段上的清水河社区

空间边缘现状

因广深铁路的修建而被掩埋的清水河现已成为雨水、污水汇集的臭水沟。

清水河遗迹

布吉河两岸生硬的护坡和围栏让人们无法亲近河流，而河流正是过去人们公共生活的中心。

布吉河

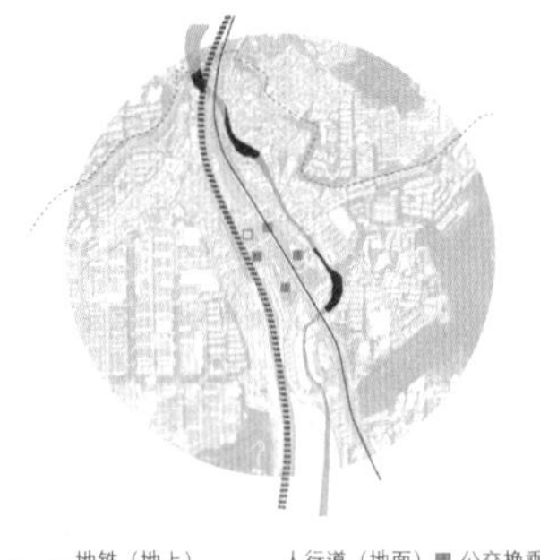

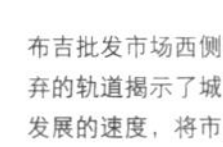

布吉批发市场西侧废弃的轨道揭示了城市发展的速度，将市场与城中村隔离开来。

废弃铁轨

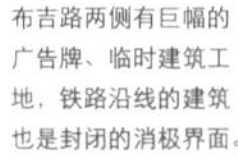

布吉路两侧有巨幅的广告牌、临时建筑工地，铁路沿线的建筑也是封闭的消极界面。

公路和铁路沿线

评语：

设计者从解析深圳城市空间边界和中心的二元属性入手，对地段内被忽视的市井生活与自然要素进行挖掘与重塑，以“边市中心”为概念创造出具有深圳地方特色、同时又面向未来的全新空间体验。方案逻辑架构清晰，很好地诠释了边界与中心、记忆与创新的辩证关系，具有一定的思考深度和创新性。单体建筑设计选择不同类型节点展开。“水市牌坊”从挖掘场地记忆出发探索传统意象的当代表达，在城、村交接的重要节点营造了具有精神内涵的全新建筑；“速度市景”从激发铁道旁较为消极的线性空间活力出发，以不同速度感知为题创造了展现快慢、大小等二元性的双面城市空间；“欢乐水市”营造了容纳体育活动的开放门户与开敞现代的市民空间；“桥上市集”在高密度环境中融合衣食住行的多元体验创造出具有文化意蕴的新桥上空间。

中心

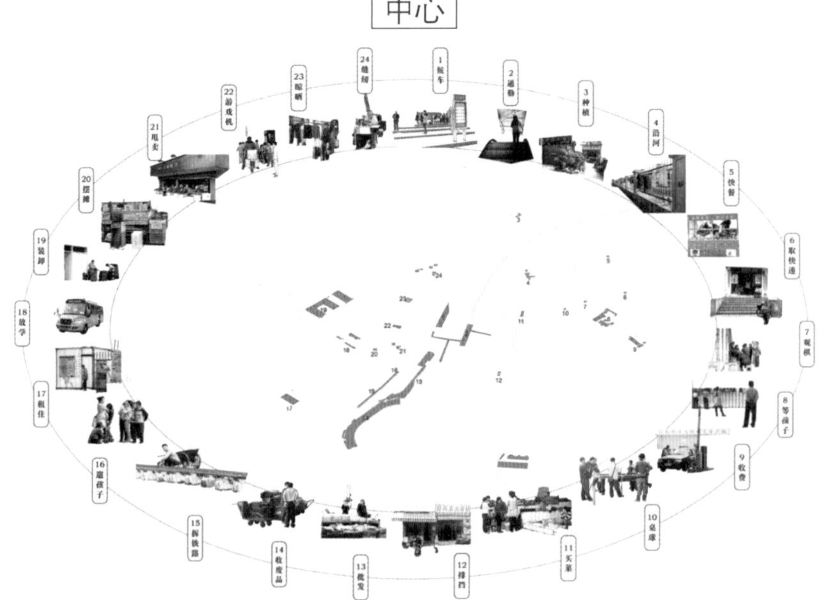

相对于地段的边缘性存在的是地段的中心性。我们认为由于功能、人群混杂和权属不明带来的丰富的市井生活正是地段的中心性所在，是地段在城市中的特色。后边界时代应该是让被边缘的空间获得中心地位的时代。

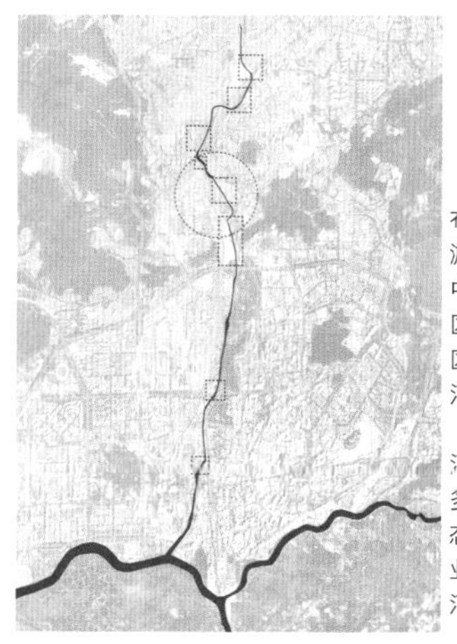

■ 河流水系 　地下河段 　地段

布吉河

布吉河为深圳河的上游，发源于黄竹沥，上、中段流经布吉街道中心区，下游进入罗湖商业区，在渔民村汇入深圳河。

河流在城市区段存在很多地下河段，造成了生态走廊的断裂。上盖物业所排放的污水也造成河流污染现象。

河流与市井生活

河流一直是市井生活的重要载体。人们围绕河流居住、祭祀、集会、娱乐。
现代城市的快速发展使得人们与河流的互动越来越少。

河流串联的门户市景

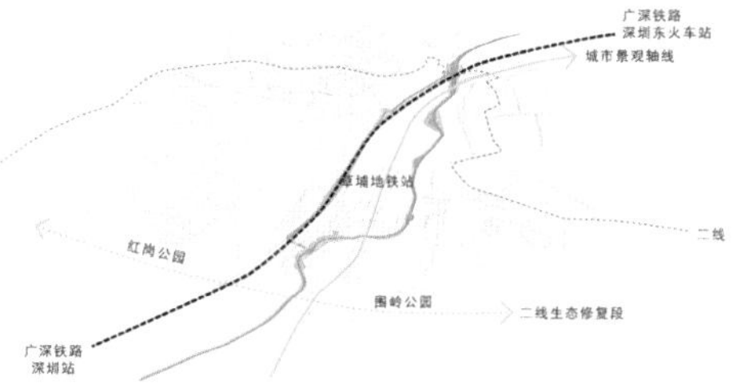

我们选择恢复断续的布吉河形成“一环”，串联丰富的市井生活，赋予其城市尺度上的秩序。

由于二线、广深铁路等要素的存在，设计具有“门户景观”的特性，是布吉在深圳的名片，更是深圳自我展示的一景。

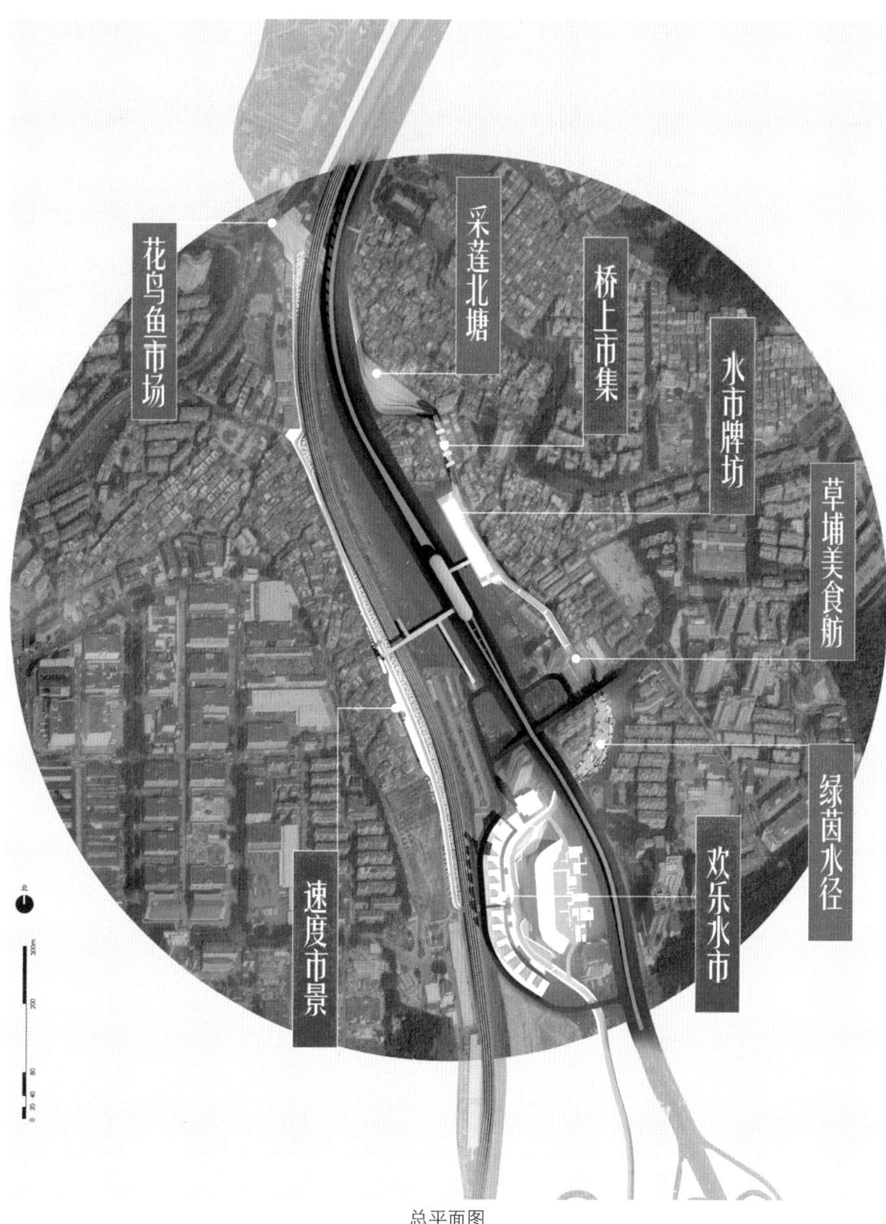

总平面图

选点	速度市景	水市牌坊	欢乐水市	桥上市集
空间要素	清水河社区、清水河、广深铁路	吓屋村、布吉联检站旧址、布吉河	布吉河、布吉批发市场	新屋吓村、布吉河
研究主题	不同速度模式下的市井生活	市井生活与“关”的记忆	滨水公共建筑改造与文体活动	高密度城中村的街道形态
市井生活	买卖、休闲娱乐、服务、出行、城市农业、饮食、教育	休闲娱乐、教育、买卖	休闲娱乐	买卖、休闲娱乐、日常家务、城市农业、饮食、居住
功能定位	社区线性综合体	事件型纪念综合体	水上文体中心	城中村居民生活综合体

边市八景

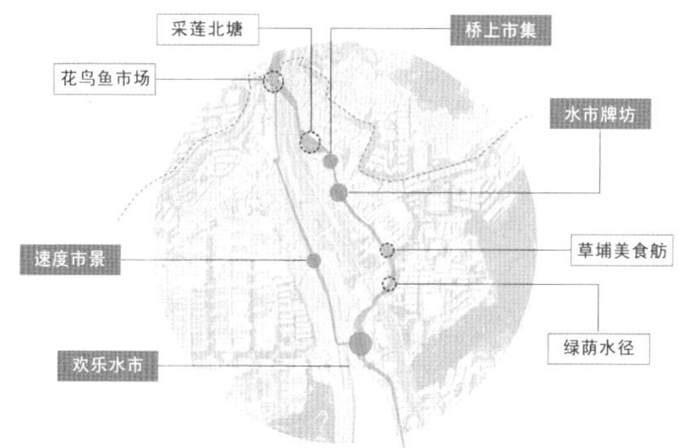

城市设计阶段得到的以布吉河串联的新的市井生活圈成为一个整体的结构。在建筑设计阶段我们四人在八景中各自选取一景，围绕“市井生活”进行发散式的探索，共同完善边市系统。

速度市景

Everyday-life-scape in speed

设计：逄卓
指导：王辉

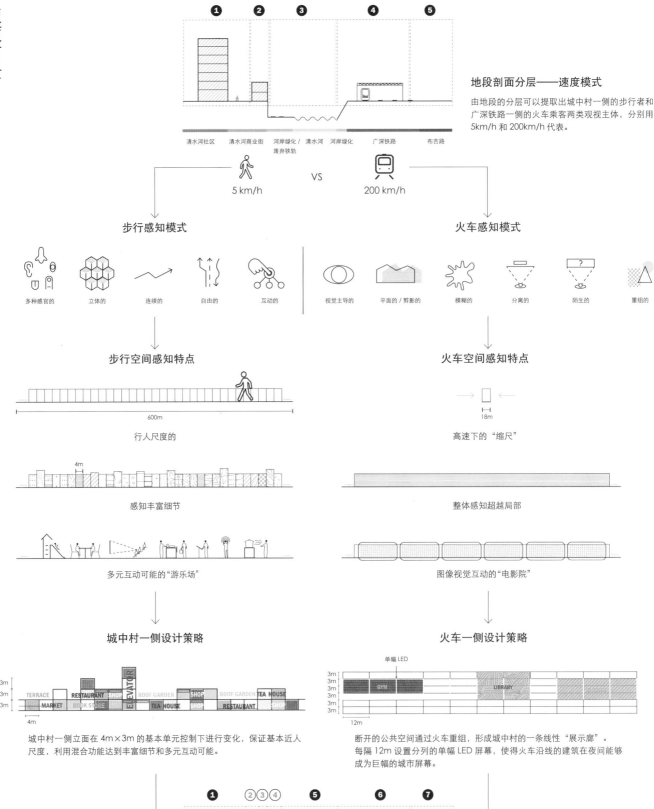

地段剖面分层——速度模式

由地段的分层可以提取出城中村一侧的步行者和广深铁路一侧的火车乘客两类观视主体，分别用5km/h 和 200km/h 代表。

5 km/h VS 200 km/h

步行感知模式

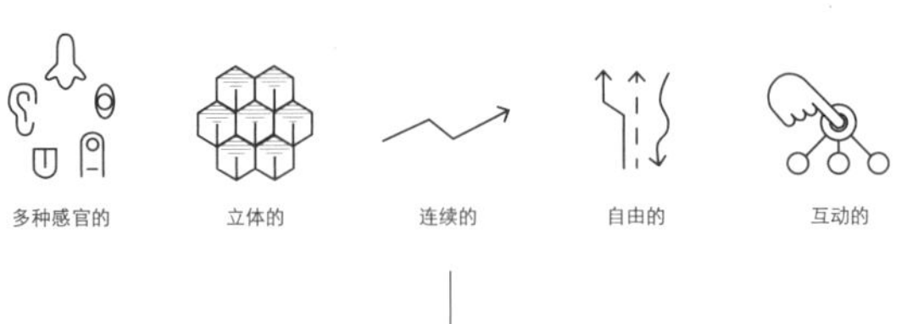

多种感官的　立体的　连续的　自由的　互动的

火车感知模式

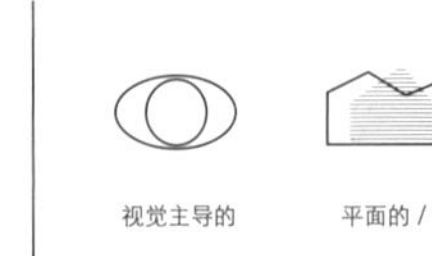
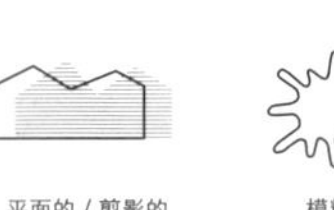
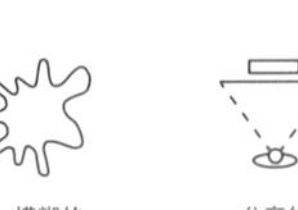
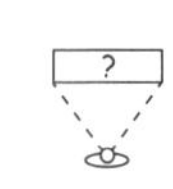

视觉主导的　平面的 / 剪影的　模糊的　分离的　陌生的　重组的

步行空间感知特点

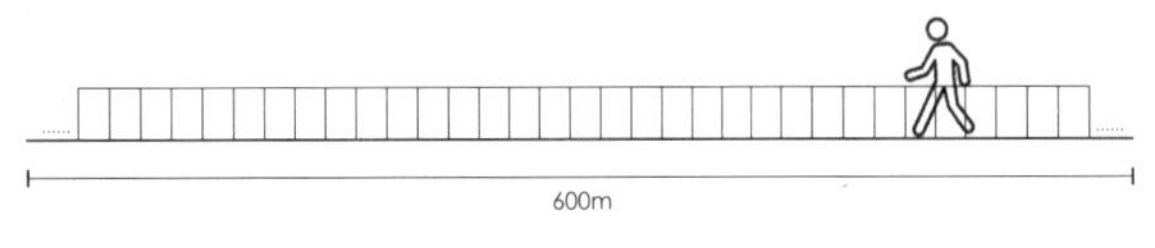

行人尺度的

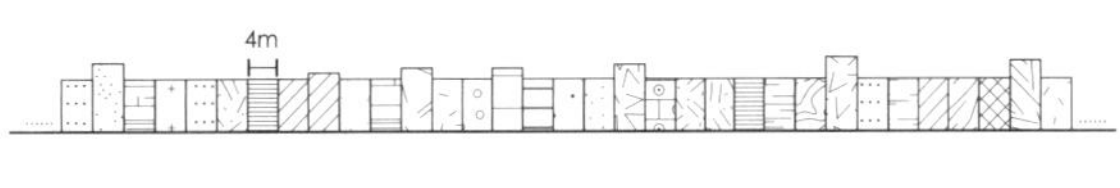

感知丰富细节

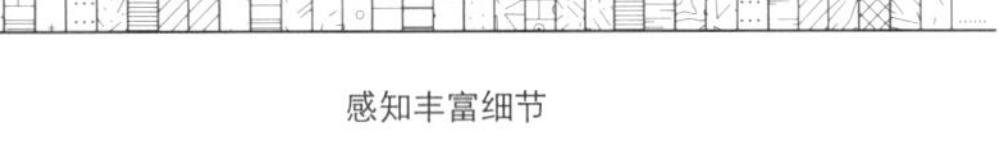
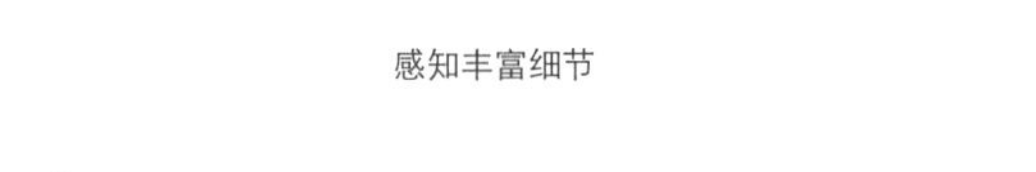
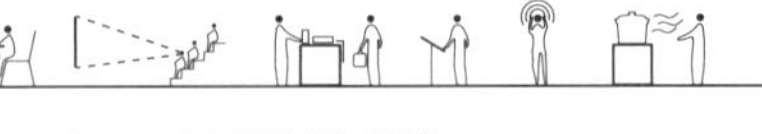
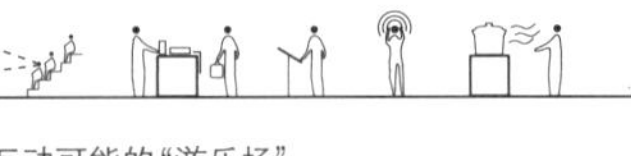
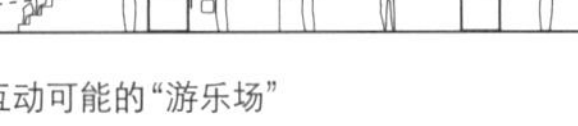
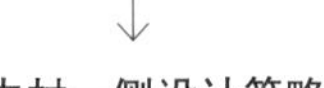

多元互动可能的“游乐场”

火车空间感知特点

高速下的“缩尺”

整体感知超越局部

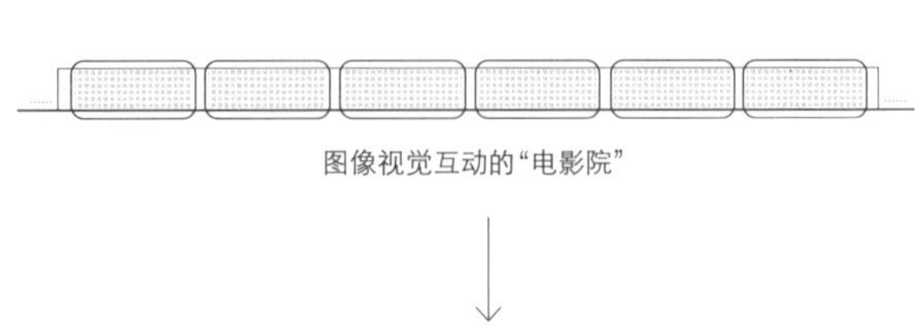

图像视觉互动的“电影院”

城中村一侧设计策略

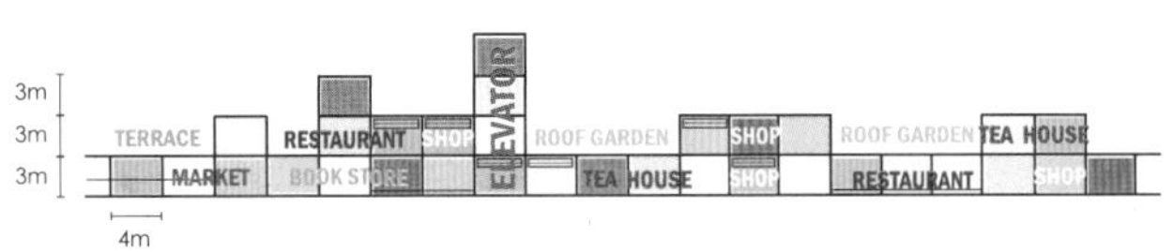

城中村一侧立面在 4m×3m 的基本单元控制下进行变化，保证基本近人尺度，利用混合功能达到丰富细节和多元互动可能。

火车一侧设计策略

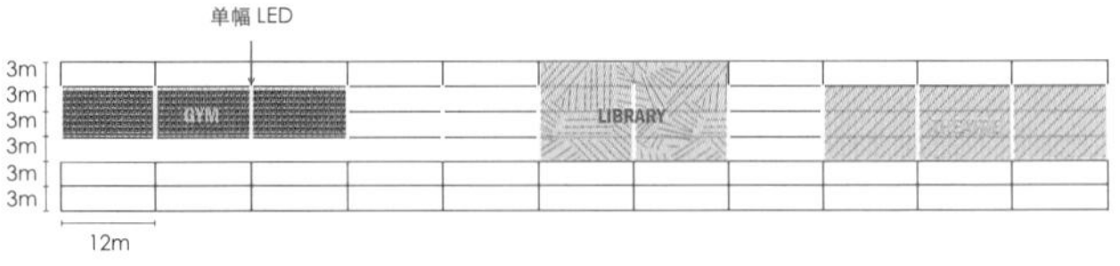

断开的公共空间通过火车重组，形成城中村的一条线性“展示廊”。每隔 12m 设置分列的单幅 LED 屏幕，使得火车沿线的建筑在夜间能够成为巨幅的城市屏幕。

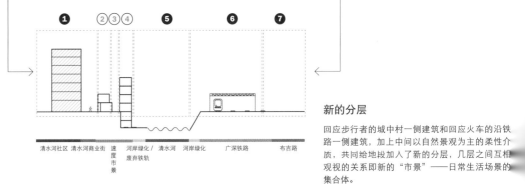

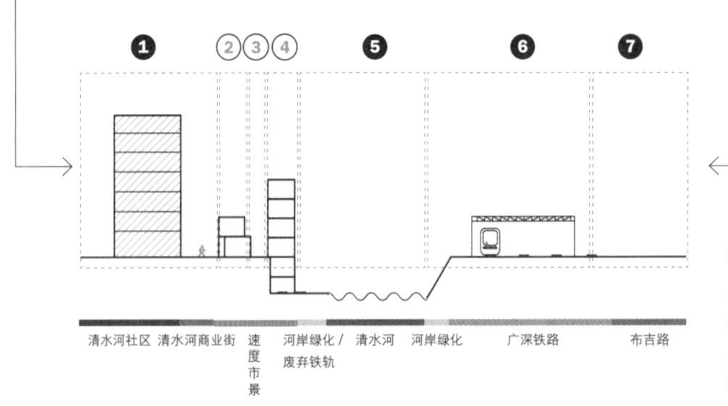

新的分层

回应步行者的城中村一侧建筑和回应火车的沿铁路一侧建筑，加上中间以自然景观为主的柔性介质，共同给地段加入了新的分层，几层之间互相观视的关系即新的“市景”——日常生活场景的集合体。

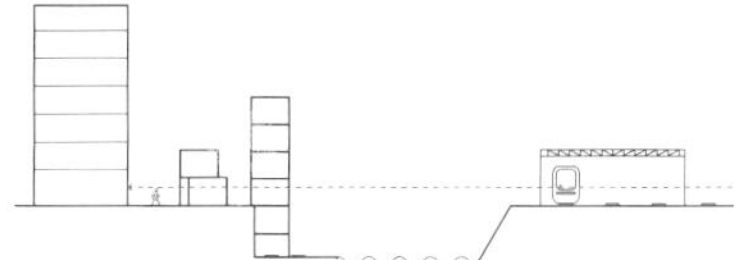

布吉路至城中村

由外界城市看向城中村的视角中，移动的交通工具具有模糊性。大尺度的公共空间显露在线性的绿化之中。

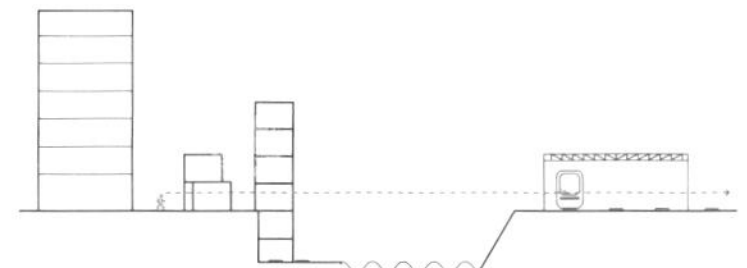

城中村至布吉路市景

城中村一侧是小尺度的、丰富的、与行人具有多种互动可能的沿街建筑。街口下至清水河的台阶激活沿河的公共生活，偶尔经过的火车蕴含地段形成的记忆。

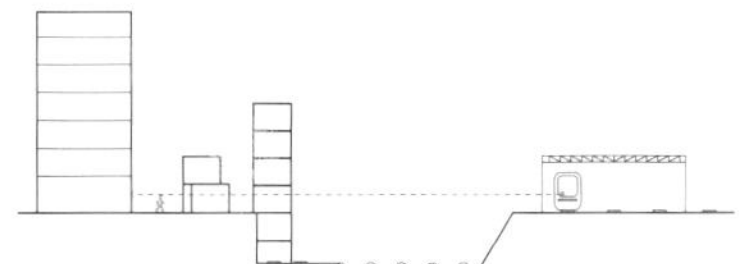

火车至城中村市景

高速经过的火车让设计成为一帧帧的动态画面，放大尺度的公共空间延长建筑在乘客眼中出现的时间，在均匀的山水背景之上公共空间成为动态中的静帧。

火车至城中村市景——夜晚

利用人眼的视觉暂留效应，沿建筑框架设置的分列单幅 LED 屏幕在火车的高速下形成连续的影像，“市景”成为影响和正发生活动的空间叠合。

水市牌坊
Memorial gateway

设计：杨良崧
指导：王辉

关内
关外
村
城

身份的检验关口	形式	村口（牌坊）
身份的质疑	心理	身份的认同
关内关外的区分	物理	在城市和城中村之间植入一个新的入口

关的转译

在宏观的尺度来看，二线关在情感方面普遍造成了关内关外市民心理上的隔阂，体现的是这座城市对市民身份的质疑。它的存在消灭了市民之间的认同感，甚至是剥夺了城市居民与城市原本良好的关系。在物理层面来看，联检站的建设原先缺乏对周边环境的考虑，联检大楼与城中村的关系呈现明显的硬性边界。城中村居民和城市的可达性不强，造成城市步行系统的不连续。如何织补联检站周边现有破裂的城市肌理及情感的裂痕是这次设计问题的着重点。

关在这个地段是独特的空间体验。检查站作为身份的检验关口，体现身份的质疑。在周围城中村中发现另一个关的形式——牌坊。牌坊除了划分城市和村落空间，对村民起到身份认同的作用。该二线关纪念空间的设计原型取自于地段对岸城中村与关口相对应的牌坊。

藉由牌坊的置入，关在这里得到转译。牌坊在心理层面回应一种集体记忆，为被边缘化的城中村居民赋予身份认同。另外在物质层面上牌坊的可达性让城市和城中村之间的关系更为紧密，为该村与城市之间给予一个新的出入口。

水市牌坊作为“一环”的门面，联系各个市井生活节点

图 1 鸟瞰图

外来移民对未来憧憬的美好想象

图 2 屋顶层的蜻水公园

撤关的进程

图 3 直达屋顶公园的楼梯

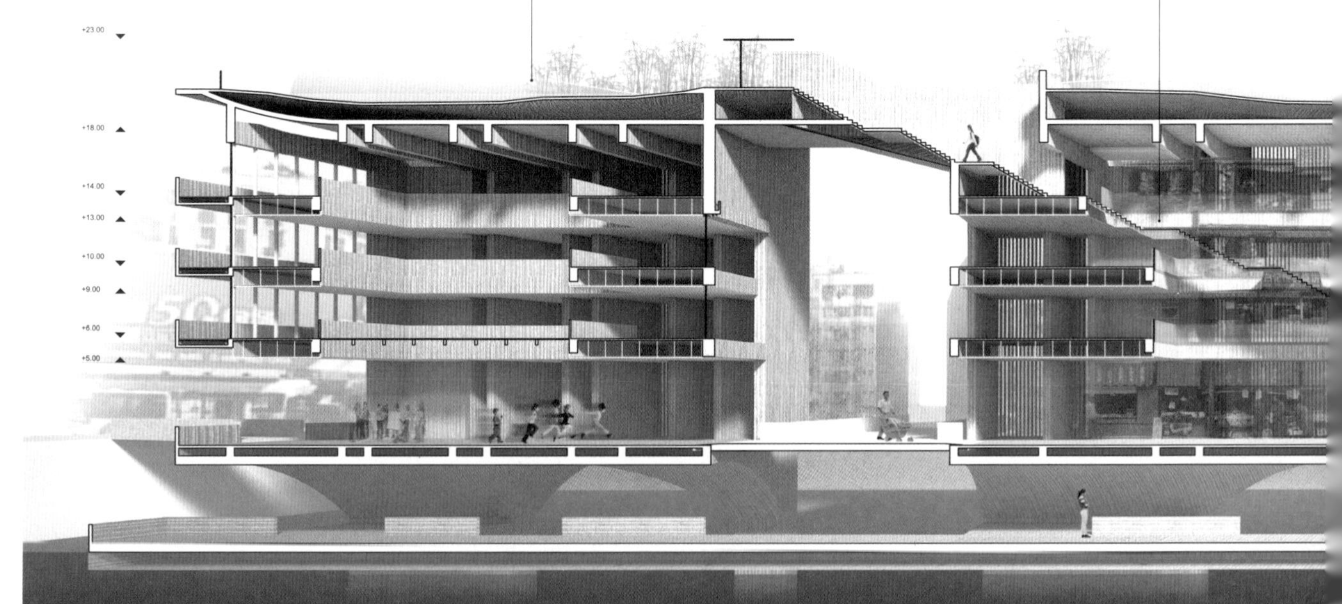

图 4 西立面透视图

水的叙事

纵观来看，二线关的建立、存在和消亡牵动着深圳人的记忆，体现市民情感上的转变。从最初对深圳发展未来的憧憬、身份遭受质疑、交通拥堵的等待、对拆关的期待及日后的缅怀都是他们不可磨灭的记忆。这里试图利用自然元素中的水来叙说情感上的变化，增加空间感官效果，并与纪念空间发生互动。同时水在建筑各个层面的应用是为了与深圳早期沿河而建的村落做出呼应，纪念城市在快速发展下逐渐被遗忘的市井生活。

柔性水幕反衬在城市的快速发展下所产生的硬性边界

图 5 水幕立面

等待的心情隐喻进关的时刻

图 6 联检码头

图 7 剖透视图 1: 400

桥上市集 Market on the bridge

设计：张启亮
指导：王辉

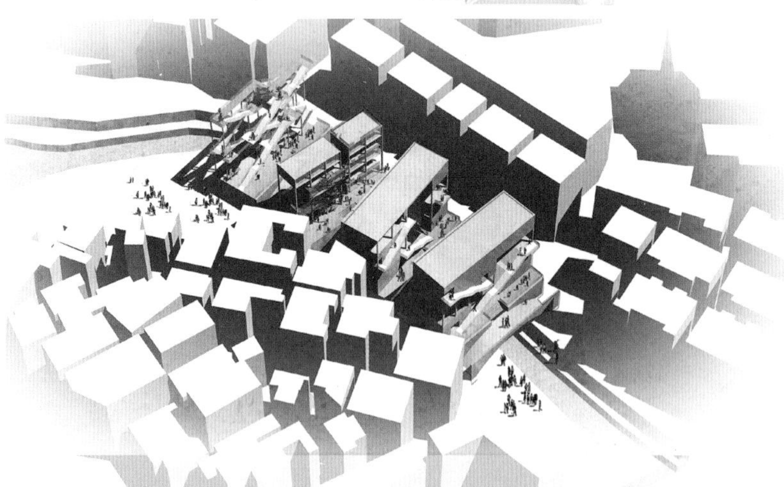

桥上衣市

依也。叠韵为训。依者，倚也。衣者，人所倚以蔽体者也。上曰衣。下日常。常，下帬也。象覆二人之形。

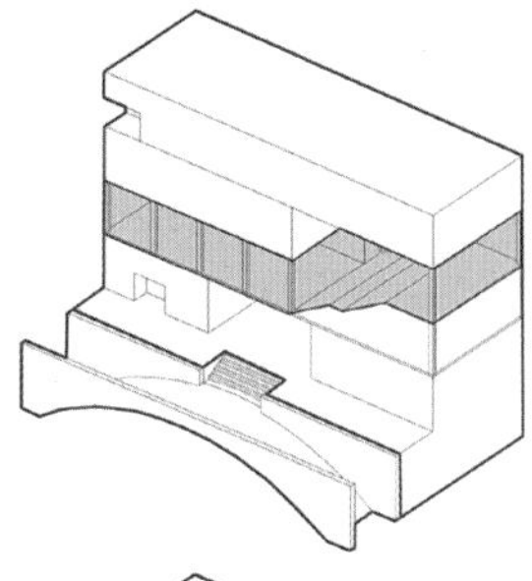

桥上食市

又茹也，啗也。《释名》食，殖也，所以自生殖也。《古史考》古者茹毛飲血，燧人钻火，而人始裹肉而燔之，日炮。

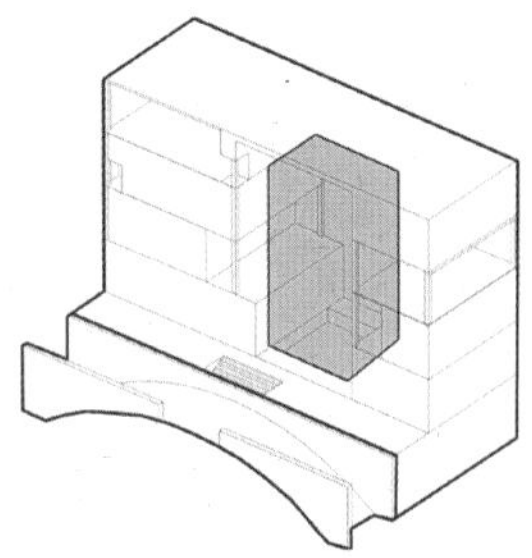

桥上居市

凥处也。从尸，得几而止也。引孝经，仲尼凥，凥谓闲居，如此会意。今文作居。又《广韵》安也。《书·盤庚》奠厥攸居。

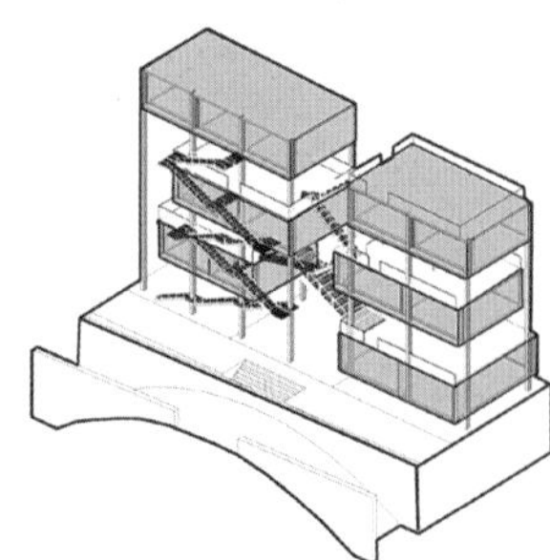

桥上行市

人之步趋也。步，行也。趋，走也。二者一徐一疾。皆谓之行。统言之也。尔雅。室中谓之时。堂上谓之行。堂下谓之步。

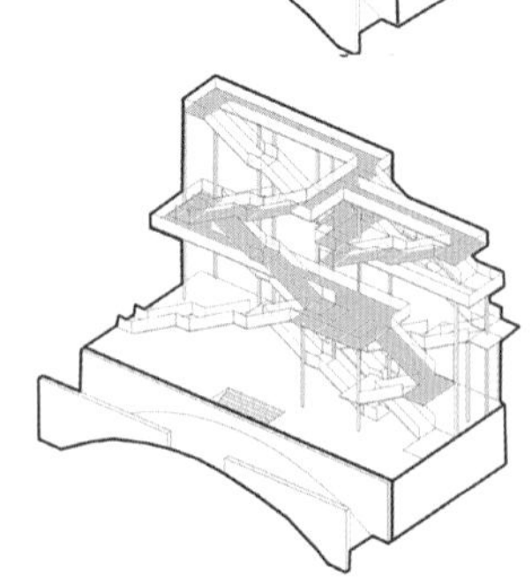

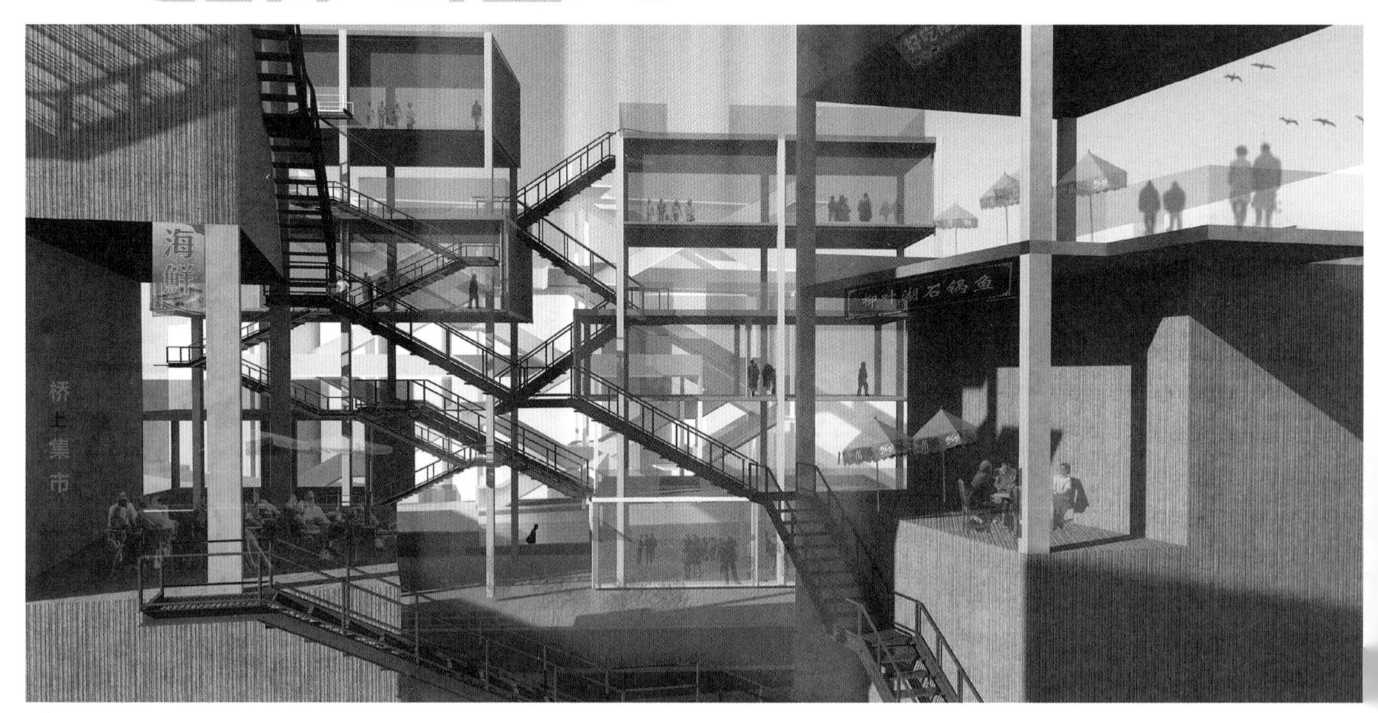

欢乐水市

Happy water happy life

设计：田莱

指导：王辉

歡 樂 水 市

布吉农批市场改造后效果图

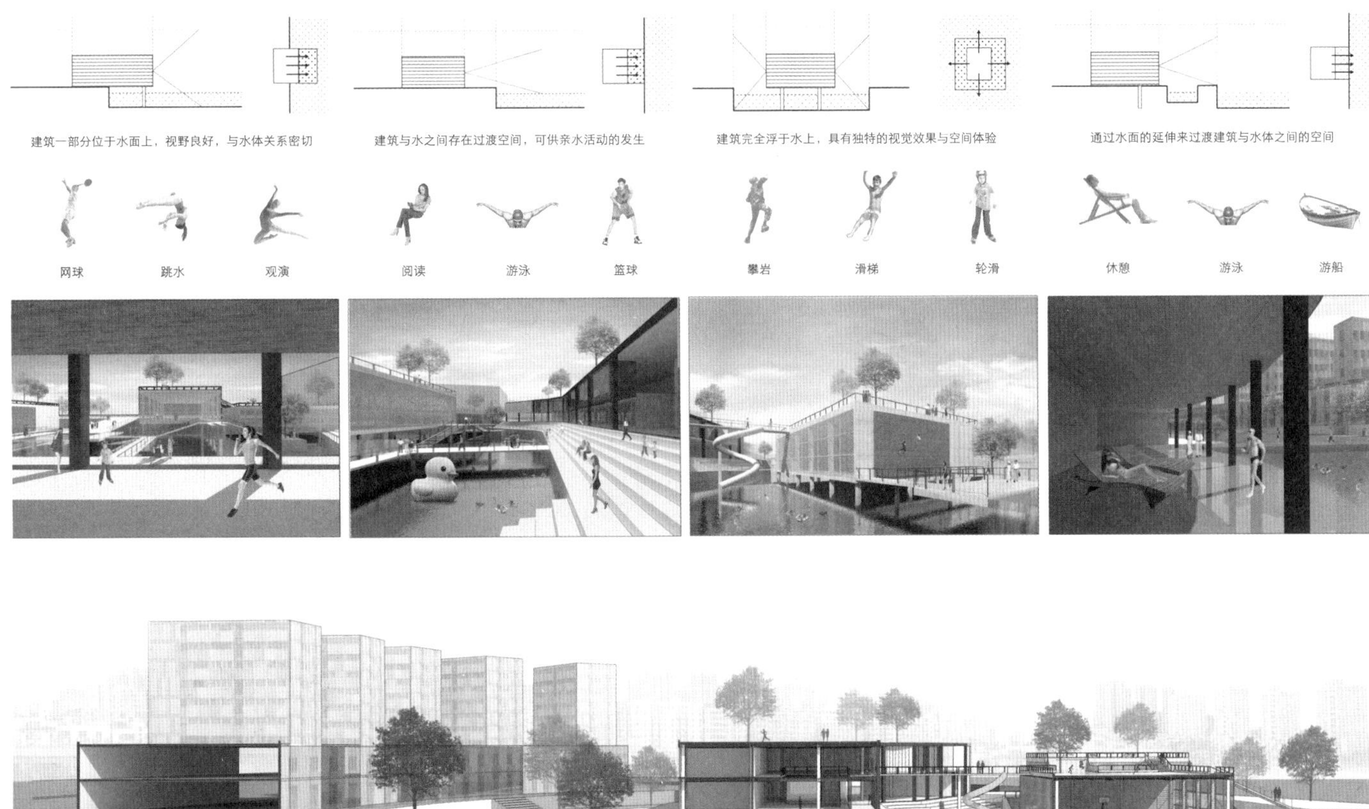
建筑一部分位于水面上，视野良好，与水体关系密切
建筑与水之间存在过渡空间，可供亲水活动的发生
建筑完全浮于水上，具有独特的视觉效果与空间体验
通过水面的延伸来过渡建筑与水体之间的空间
网球
跳水
观演
阅读
游泳
篮球
攀岩
滑梯
轮滑
休憩
游泳
游船

改造后文体中心剖透视图

大众同乐：虚构记忆与日常生活的立体纪念场

Happy Together: A Multidimensional Memorial Place for Fictive Memories and Everyday Lives

清华大学
设计：高祺\杨隽然\殷玥\张文昭
指导：范路\王辉\许懋彦

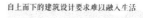

同乐关及周边区域的肌理呈现一种无序的状态。没有一种主导的肌理，也没有一个片区的肌理能够支撑起整个地区的意义。这样有巨大差异化的碎片能够保持平衡，是因为中央有尺度巨大到近乎荒谬的同乐关检查站，它创造了和周边地区的对抗式平衡，有着向周边扩张的边界，使周边区块之间的矛盾转化为和中央区块的矛盾。我们可以从形态上织补这块场地，使其与周围区块的肌理相融。但是我们认为这样无法给予这个区块存在的意义。同时我们认为这个场地的发展在空间和时间上都存在太多不确定性，它的意义也是多变的。所以我们选择了从批判性的角度入手，重新界定我们的设计内容。

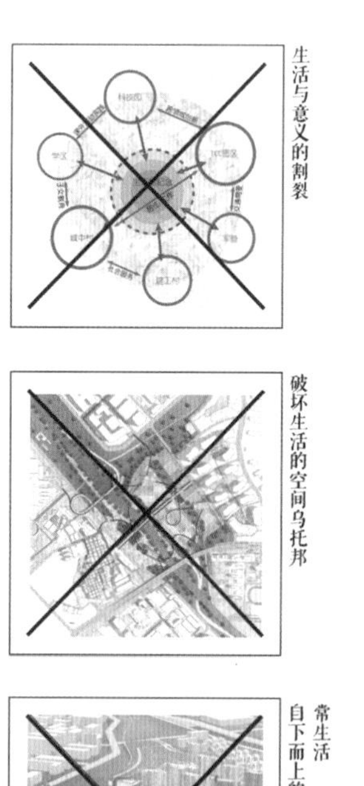

i 构想中的同乐场景

ii 现实中的建筑垃圾荒漠

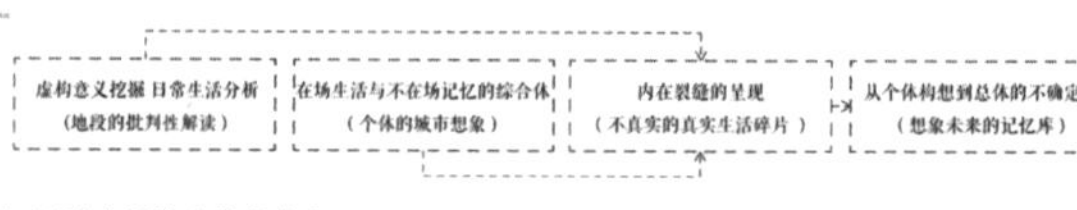

设计任务的重新界定：虚构记忆与日常生活的立体纪念场

感想：

在中期答辩之后，我们进行了重新思考，从批判性的角度解读地段。地段会有很多种解读方式，我们提出的只是其中一种可能性。我们对深圳的总体印象是一个自下而上发展的城市，相对于北京而言，深圳有着更多的混乱复杂和自组织性。而同乐关又处于南山区和宝安区热点的边缘，这种自发生长的特征就更加明显。

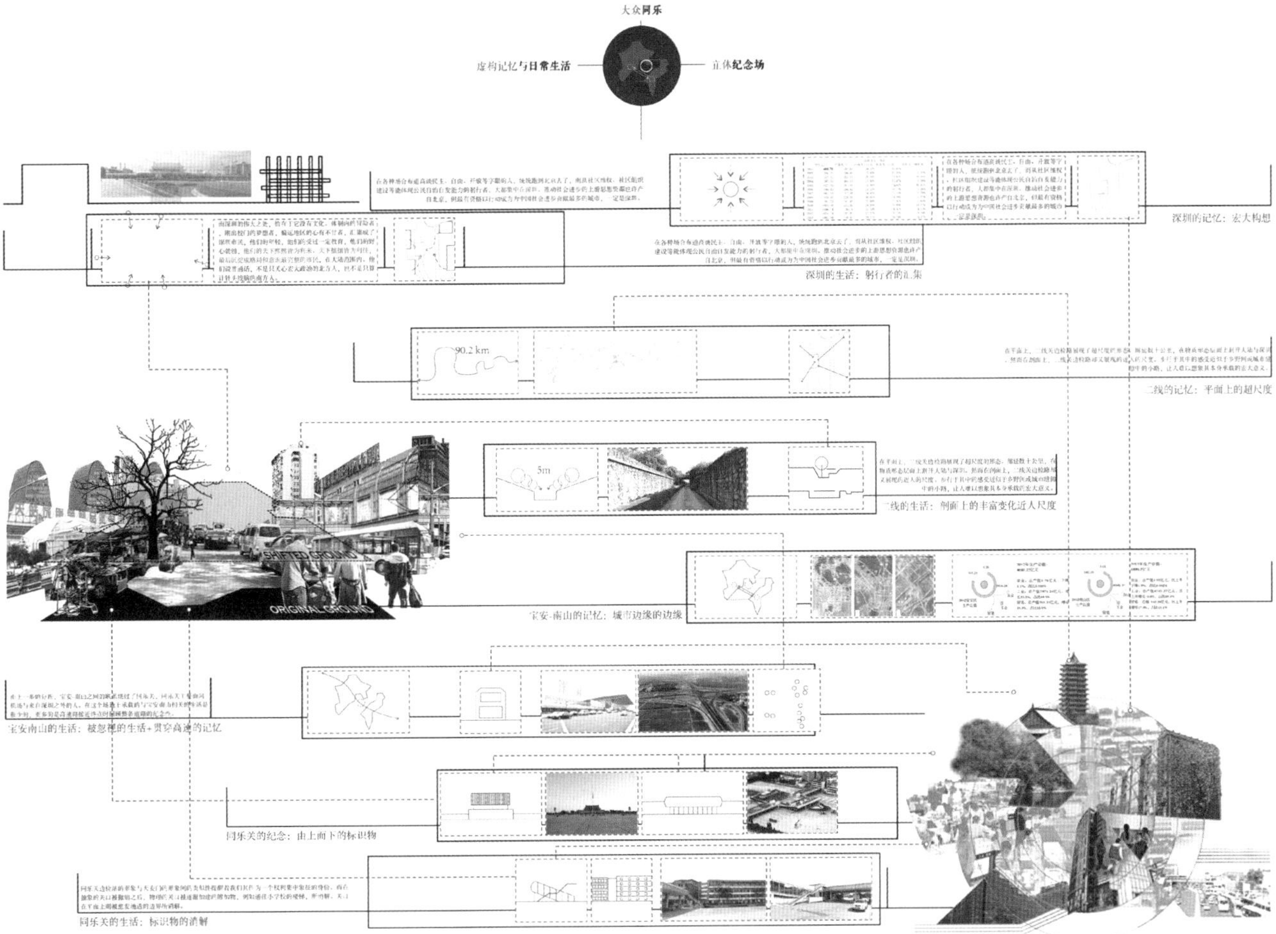

大众同乐

虚构记忆与日常生活 — 立体纪念场

深圳的记忆：宏大构想

深圳的生活：制行者的汇集

90.2 km

二线的记忆：平面上的超尺度

5m

二线的生活：剖面上的丰富变化近人尺度

SHIFTED GROUND

ORIGINAL GROUND

宝安-南山的记忆：城市边缘的边缘

宝安南山的生活：被忽视的生活-贯穿高速的记忆

同乐关的纪念：由上而下的标识物

同乐关的生活：标识物的消解

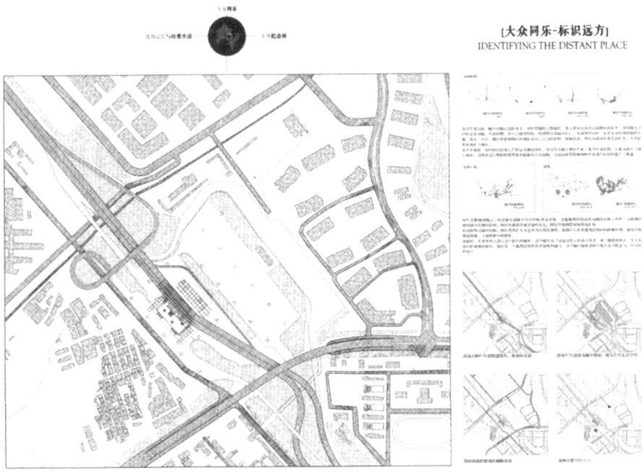

[大众同乐-标识远方]
IDENTIFYING THE DISTANT PLACE

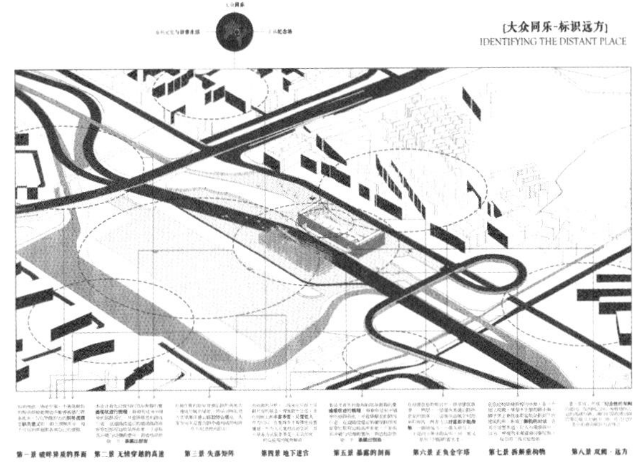

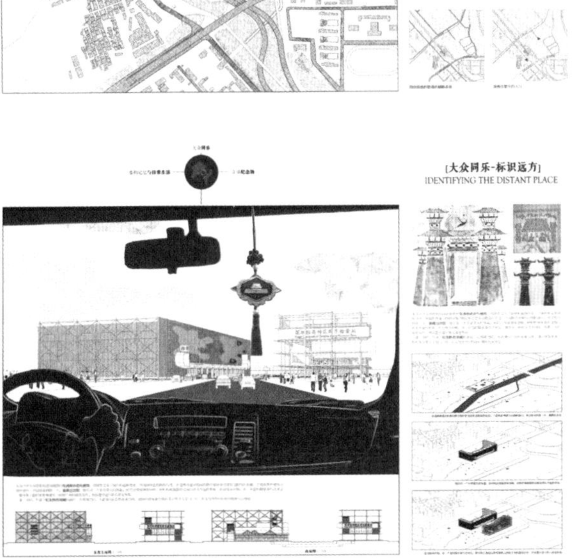

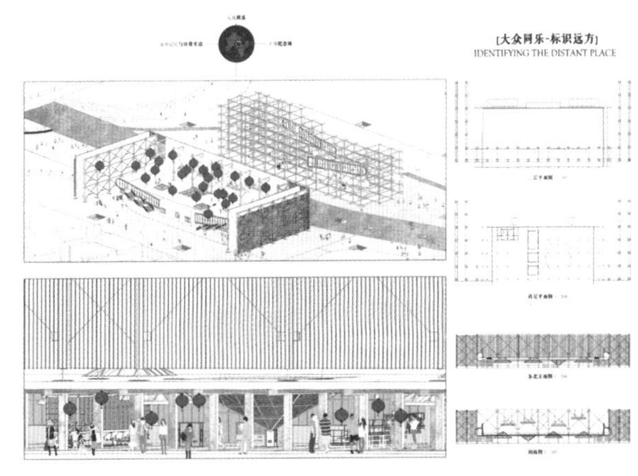

第二幕：到港离港 ACTII: Arrival and Departure

深圳的八个瞬间 Eight Fragments of Shenzhen

清华大学建筑学院 张文昭 Tsinghua School of Architecture Zhang Wenzhao

【虚构记忆】 【日常生活】

【割裂的关卡 - 同乐关 - 虚构记忆】

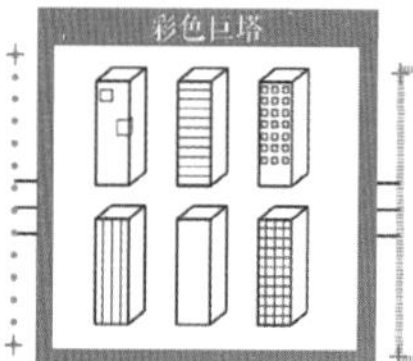

【放学过天桥 - 同乐关 - 日常生活】

【汇上海空码头 - 南山宝安 - 虚构记忆】

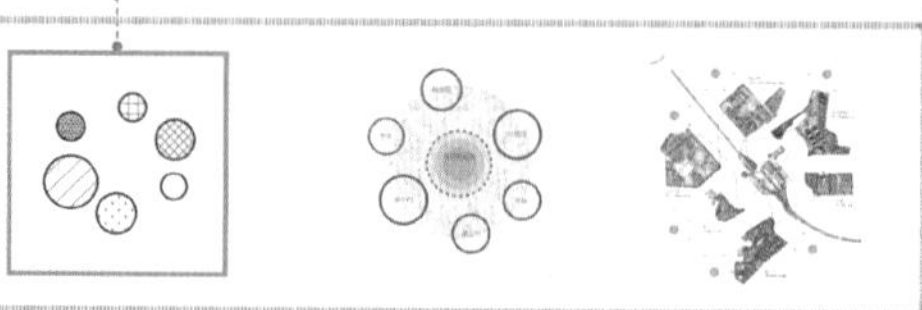

【六种迥异人生 - 宝安南山 - 日常生活】

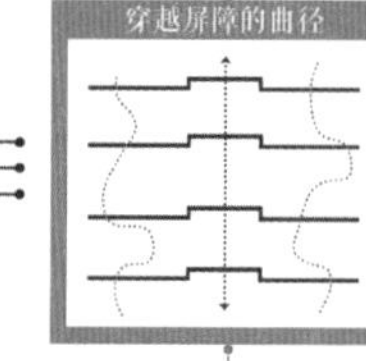

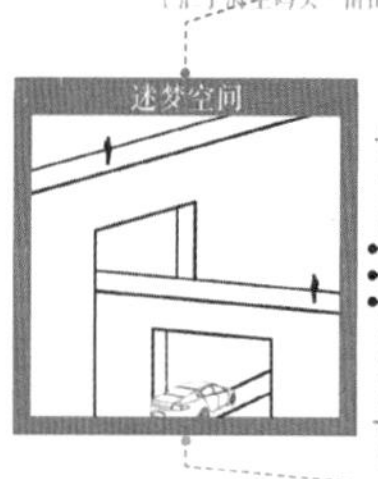

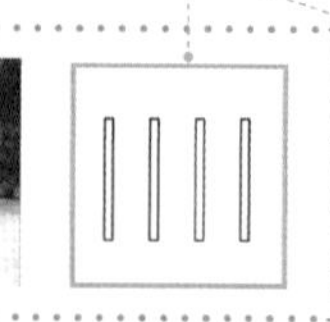

【守卫的柱列 - 二线关 - 虚构记忆】

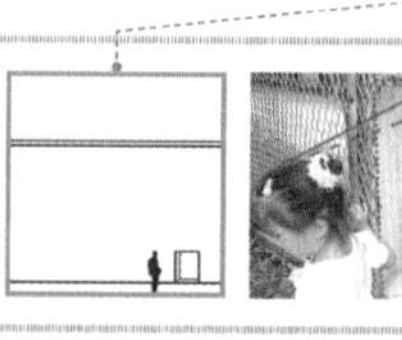

【角落中的穿越 - 二线关 - 日常生活】

【叠加印记迷失其间 - 深圳城市 - 虚构记忆】

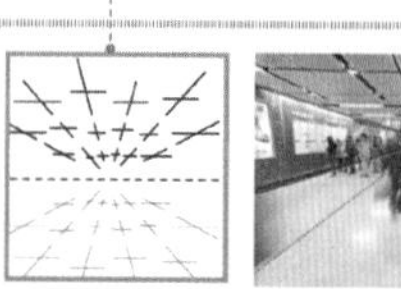

【飞散的地铁众人 - 深圳城市 - 日常生活】

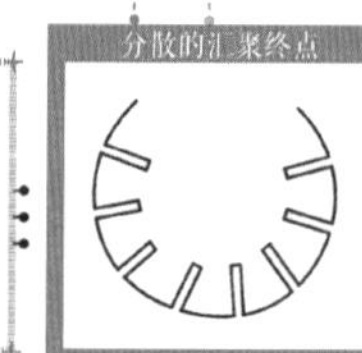

【方案核心图解 - 非中心】

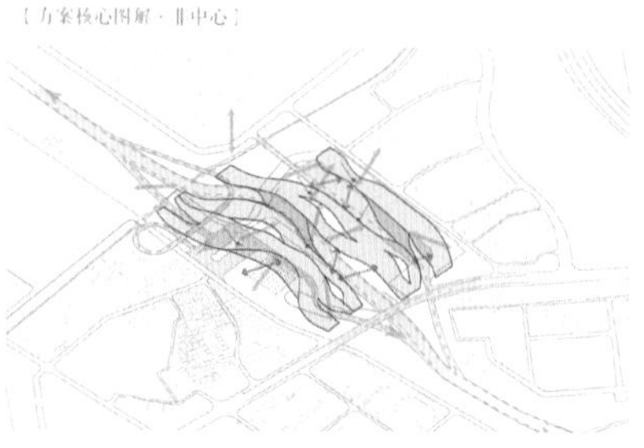

【城市分析】

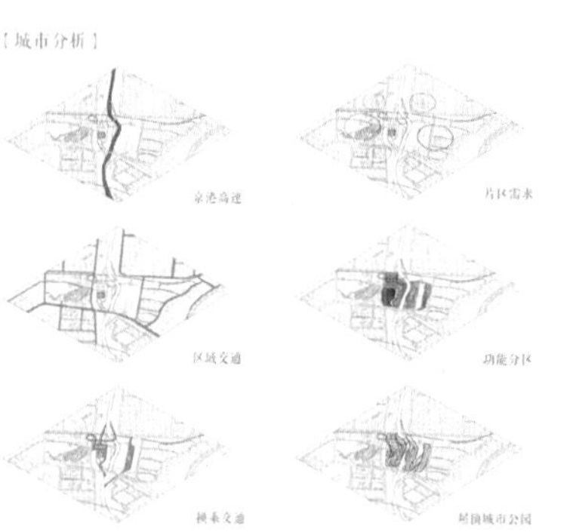

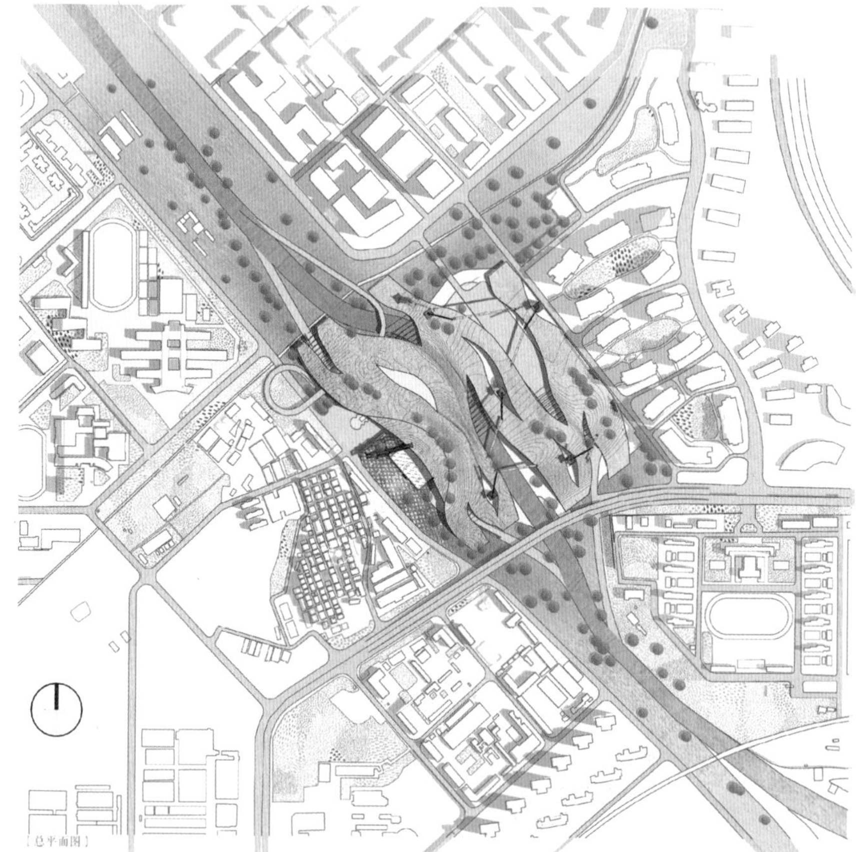

【总平面图】

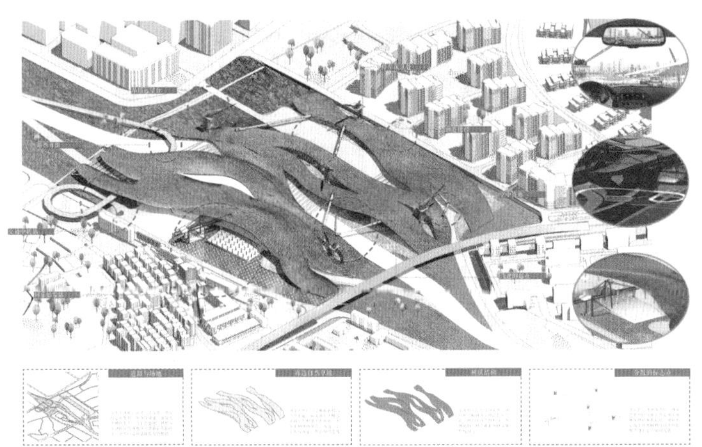

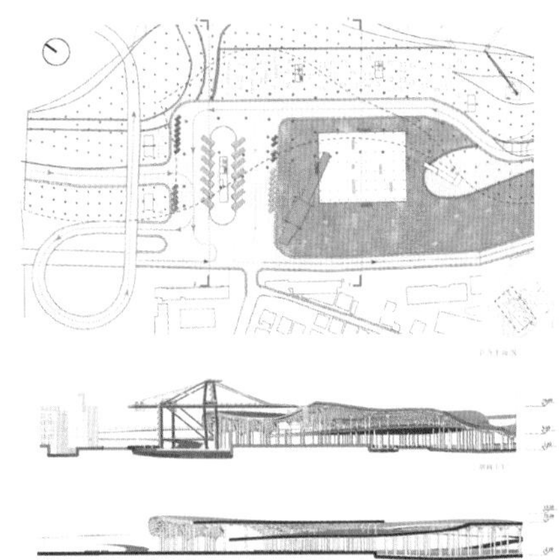

同乐始发站

交通换乘站

【剖面大样】

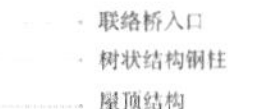

【细节轴测】

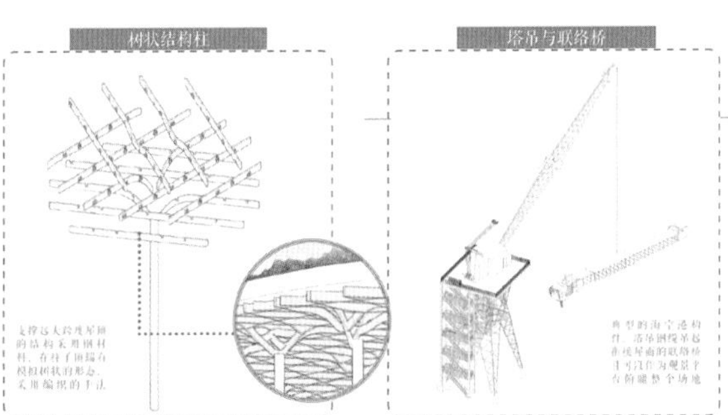

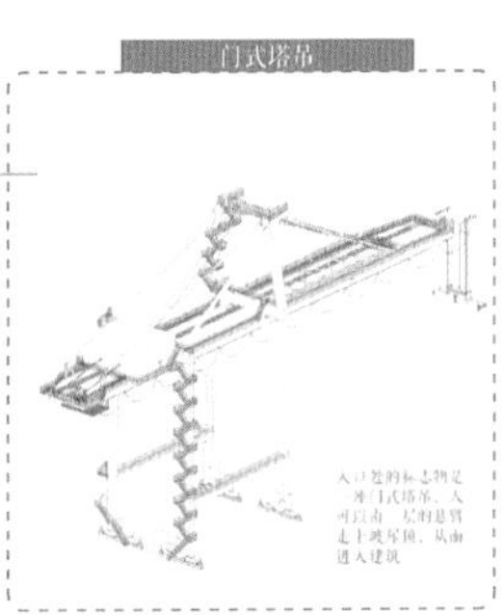

【飞逝的起点】

【模糊现实】

第三幕：编织边界 ACTIII: Weaving Boundaries

关于同乐关的八个碎片

虚构记忆

"矛盾"、"违和"，这是同乐关周边的区块并置在一起是产生的特征。每个区块都是其建成年代和使用功能的真实写照。可以说，它是反映了近代以来建筑和城市设计发展的史书。因而这"矛盾"和"违和"不仅仅是同乐关的，也是深圳、乃至香港的。基于此，总结区域"通感"的特征点，作为地段虚构记忆的片段。

历史的印记（虚构记忆，深圳尺度）
二线关由高速而来，周边片区依靠二线关而生。高速道路上的各种喷涂标识，给予沿着道路发展的周边片区特异性肌理以解答。在深圳和香港，时不时能看见这样的"道路的解读"。因此，道路喷涂标识成为了同乐关"矛盾"和"违和"立足点之一。
深圳 香港

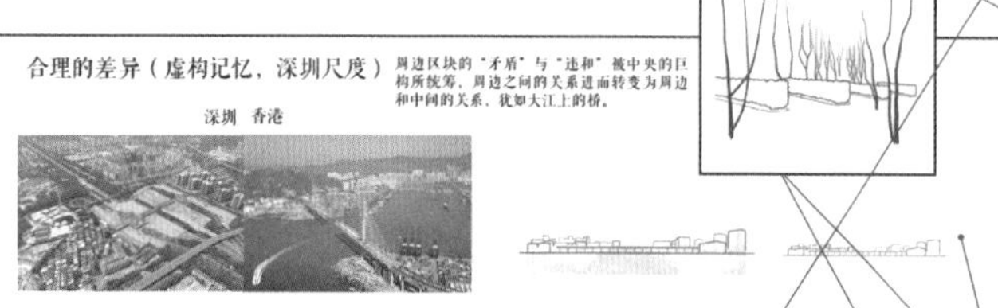

合理的差异（虚构记忆，深圳尺度）
周边区块的"矛盾"与"违和"被中央的巨构所统筹，周边之间的关系进而转变为周边和中间的关系，犹如大江上的桥。
深圳 香港

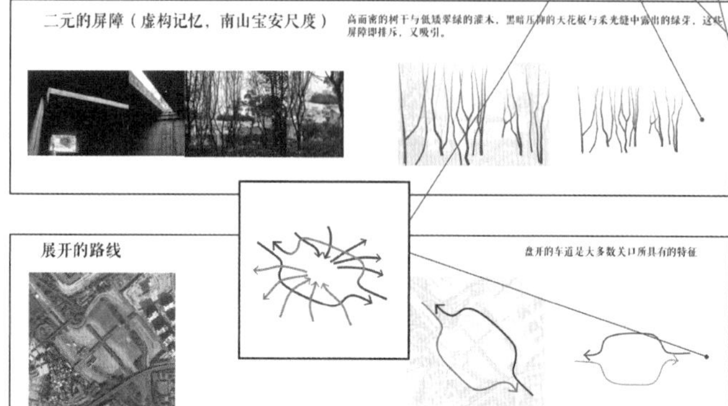

二元的屏障（虚构记忆，南山宝安尺度）
高而密的树干与低矮翠绿的灌木，黑暗压抑的大花板与采光缝中露出的绿芽，这些屏障即排斥，又吸引。
展开的路线
盘开的车道是大多数关口所具有的特征

日常生活

超尺度和人性化尺度
以人类活动为对象的分裂的日常和以土地为对象的统一的日常
在这片区域，有着非生活的日常

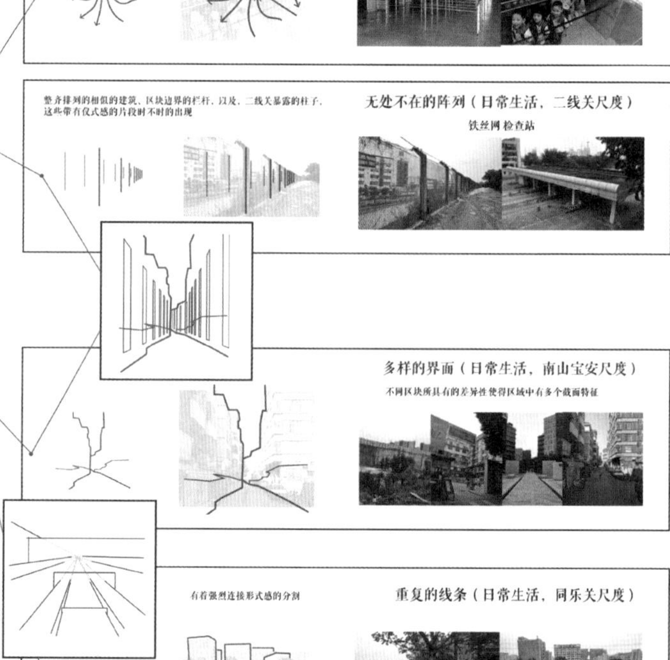

日常生活应该是具有丰富性的，然而，场地中有一群人每天必须经过特定的路线／流程，方可继续自己一天的生活
特定的流程（日常生活，二线关尺度）
整齐排列的相似的建筑、区块边界的栏杆，以及，二线关暴露的柱子，这些带有仪式感的片段时不时的出现
无处不在的阵列（日常生活，二线关尺度）
铁丝网 检查站
多样的界面（日常生活，南山宝安尺度）
不同区块所具有的差异性使得区域中有多个截面特征
有着强烈连接形式感的分割
重复的线条（日常生活，同乐关尺度）

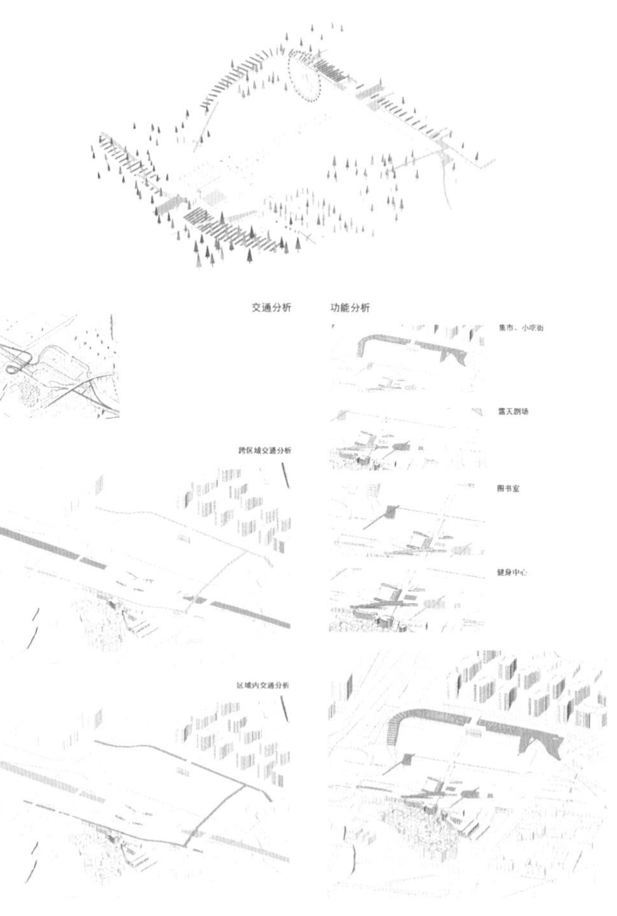

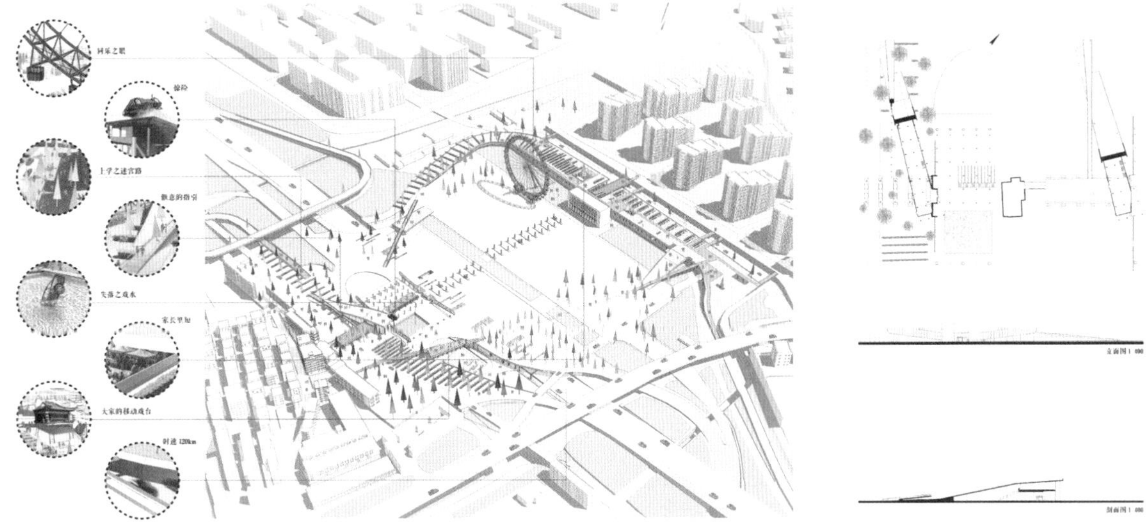

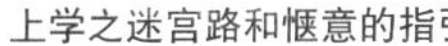

上学之迷宫路和惬意的指引

惊险和失落之戏水

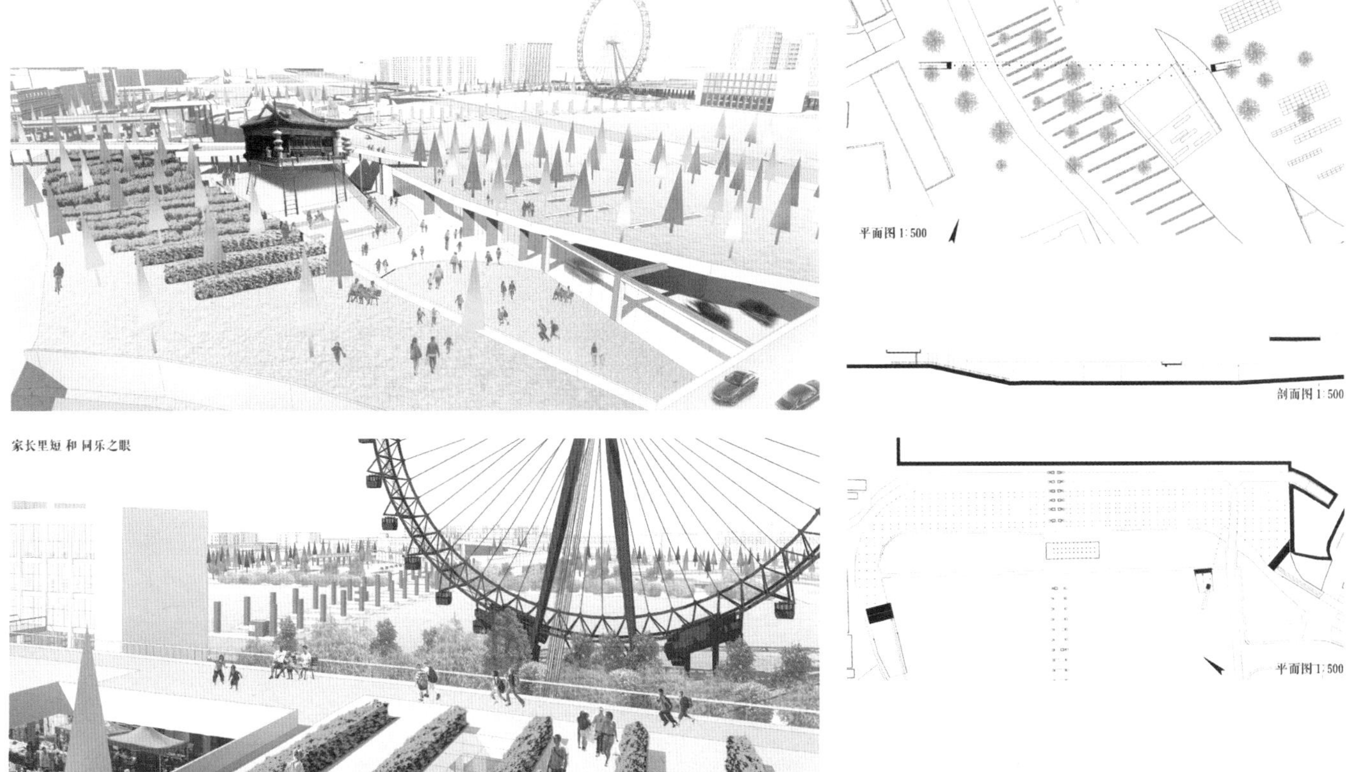

第四幕：跨越魔镜

ACTIV:
Across the Magic Mirror

同乐关虚构记忆与日常生活的八个片段

清华大学建筑学院 高祺 Tsinghua School of Architecture Gao Qi

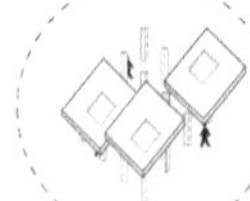

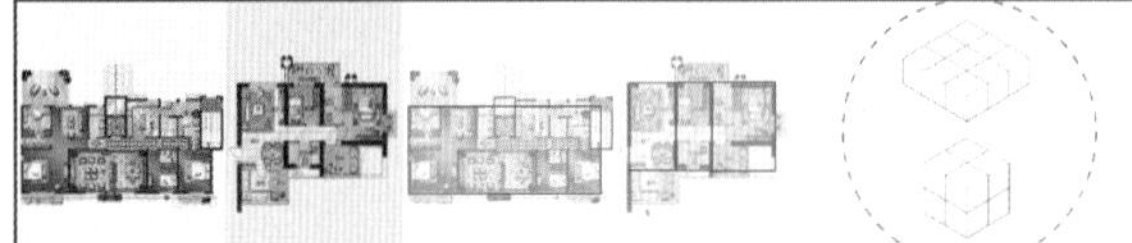

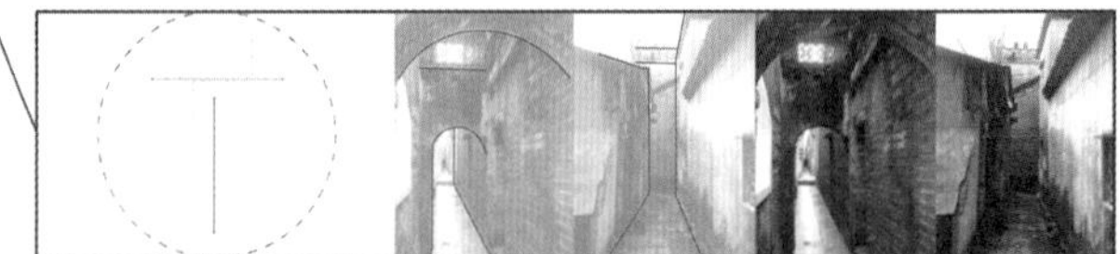

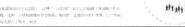

核心图解

最先置入场地的是一片直径为240米的圆形湖面，湖面的尺寸与深圳市民中心暗合。正圆形的湖面宛如一面魔镜，有着数不清的反射面与折射面。魔镜的上下两面分别是高速穿行的高速公路隧道和节奏变换的同乐关日常生活，同时水面与步行桥系统共同构成的立体魔镜又照映着场地内的日常生活与社会隐喻。

交通分析

车行交通：对于原先穿过地段的京港高速，采取部分下埋的手段，在场地的南北两端设置出入口，下埋部分又分地下和水下两部分。

同时梳理周边区块交通，形成环路。

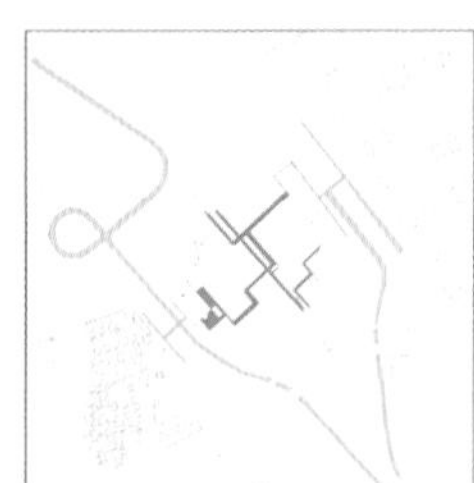

人行交通：设计中人行系统形成了较为完整的体系，将城中村地区和TCL高新科技园区用步行系统连接了起来。

步行系统主要由场地内再利用的匝道、原有部分公路改造的绿道以及湖面的折桥共同组成。

同乐八景

鱼人池

时光隧道

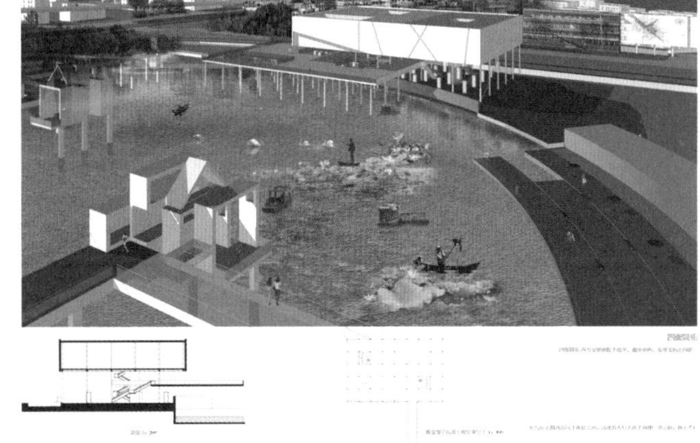

四面同乐

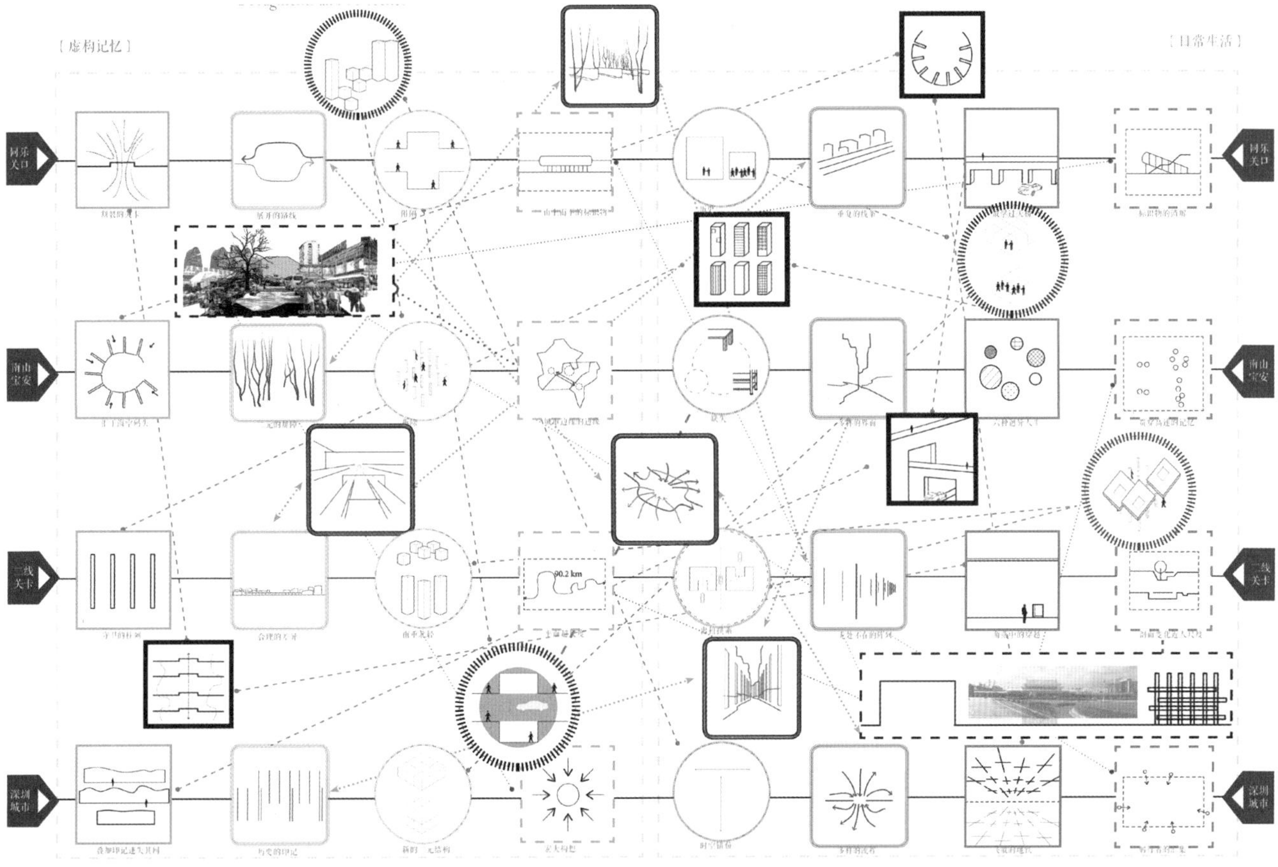

[虚构记忆] [日常生活]

同乐关口 南山宝安 二线关卡 深圳城市

90.2 km

同乐记忆库

村上树 树下城

清华大学
设计：左碧莹/吕代越/余乐/陆逸玮
指导：许懋彦/王辉/范路

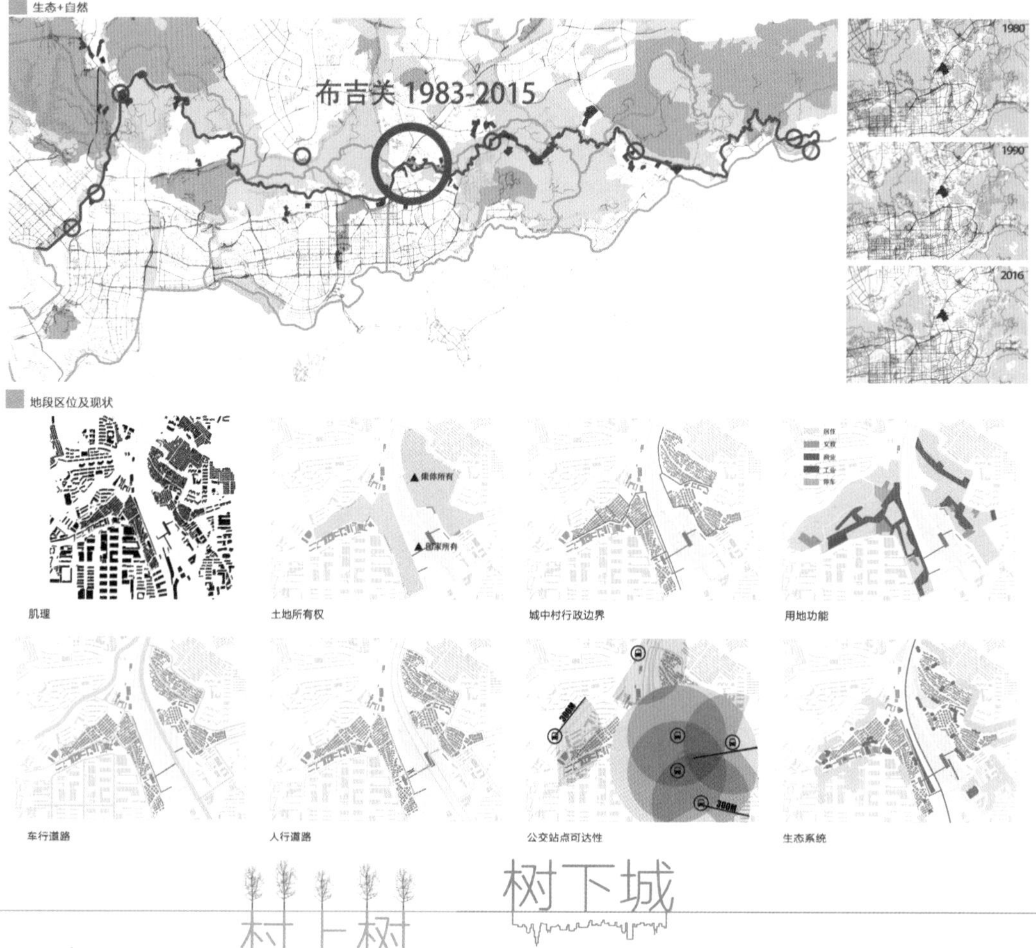

村上树 树下城

设计策略

城中村不拆迁

立足城中村，改善整个布吉关的生态环境

3000万/人

评语：

课题聚焦二线关中段的布吉关，针对布吉关关口及周边城中村问题，提出用生态手法提升整个区域空间品质的策略。选题很有针对性，虽具有乌托邦的理想化气质，但为我们提供了一个不同的思路。第一水平线的空间无法满足城中村居民的生活需求，通过第二水平线的塑造来重新定义城中村的结构。选题同时将城乡二元思想与设计结合，城中村虽处于城市之中，却与城市生活脱离，更多扮演村的属性，而设计则是致力于通过改善城中村的空间品质与功能属性，进一步提高城中村居民的物质和精神生活，使城中村更具有城市属性，真正融入城市之中。

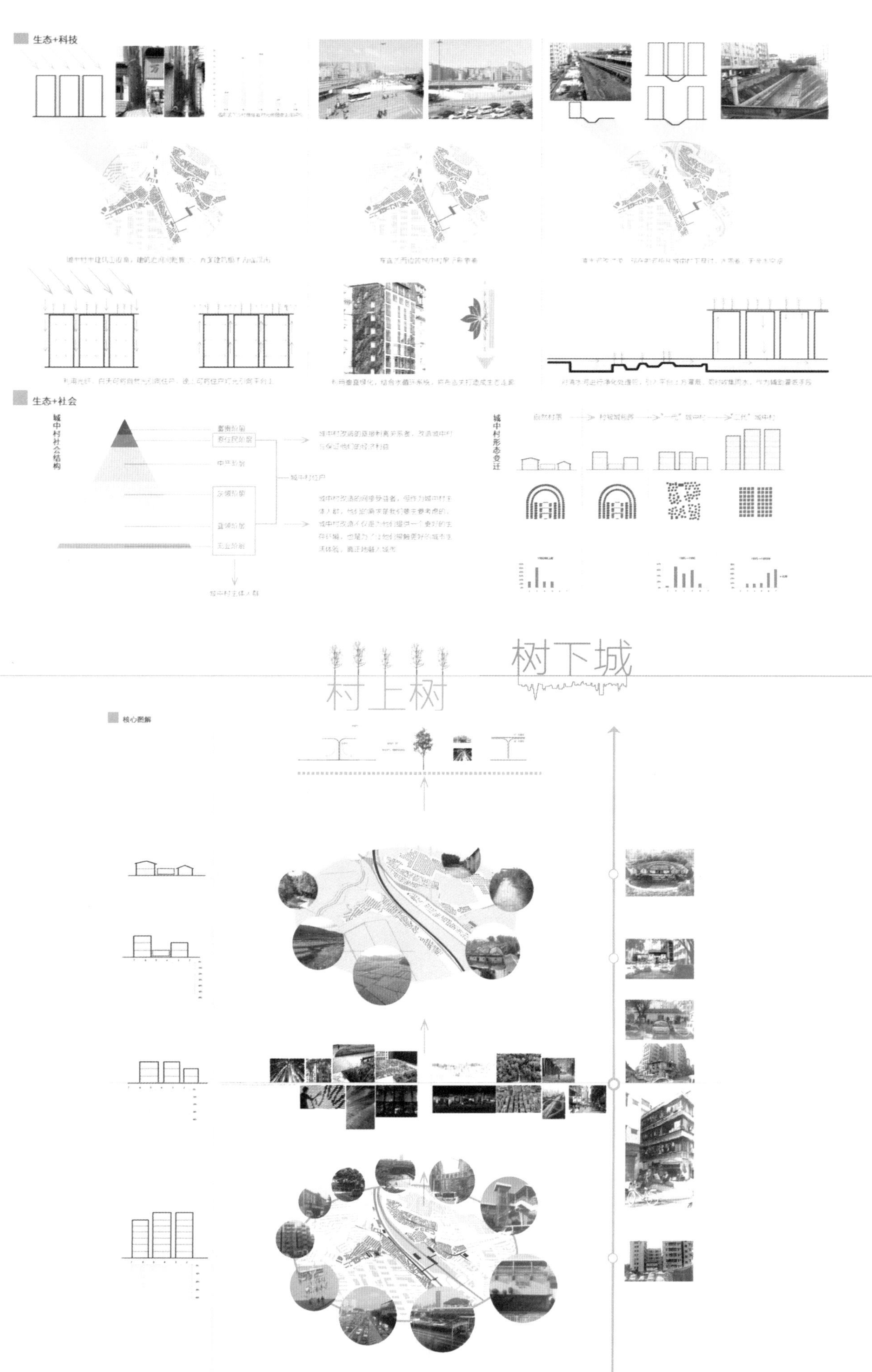
生态+科技
生态+社会
城中村社会结构
城中村形态变迁
村上树
树下城
核心图解

“村上树到树下城”城市设计概念方案生成：

分析城中村当前建筑布局结构，选择一代城中村（所谓一代城中村指城市发展起来前自然村落中遗留下来的村中建筑，一代城中村建筑外观较一般城中村建筑更为古旧，以一二层为主）和城市道路两侧的布吉联检站遗址、城铁站作为第二地平线公共空间的插入点，以公共空间插入点为中心，绿植景观向外扩散，形成概念平面图。在概念系统中，综合了空中廊道系统、水循环系统、光纤及输水管系统、屋顶平台系统以及空中绿化系统。

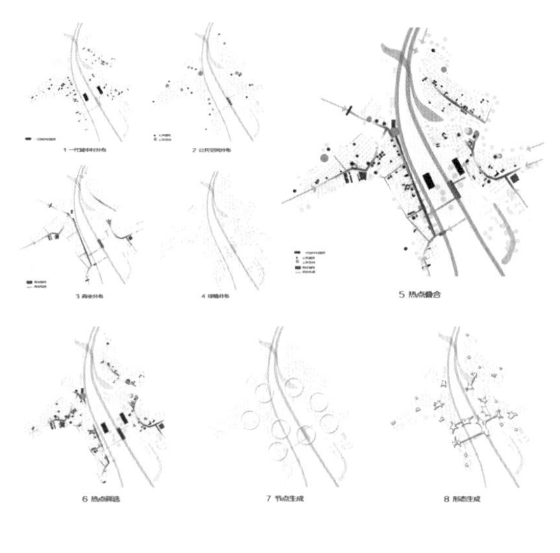

村上树　树下城

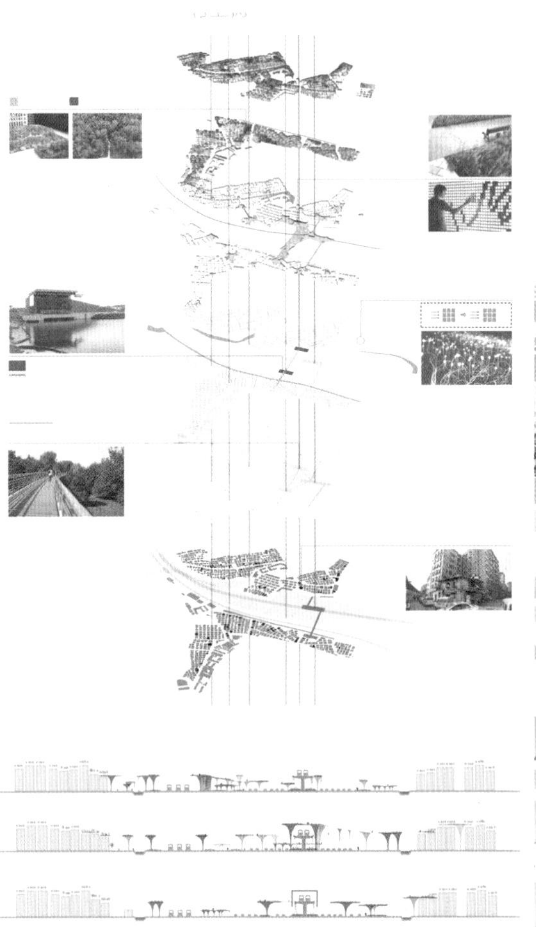

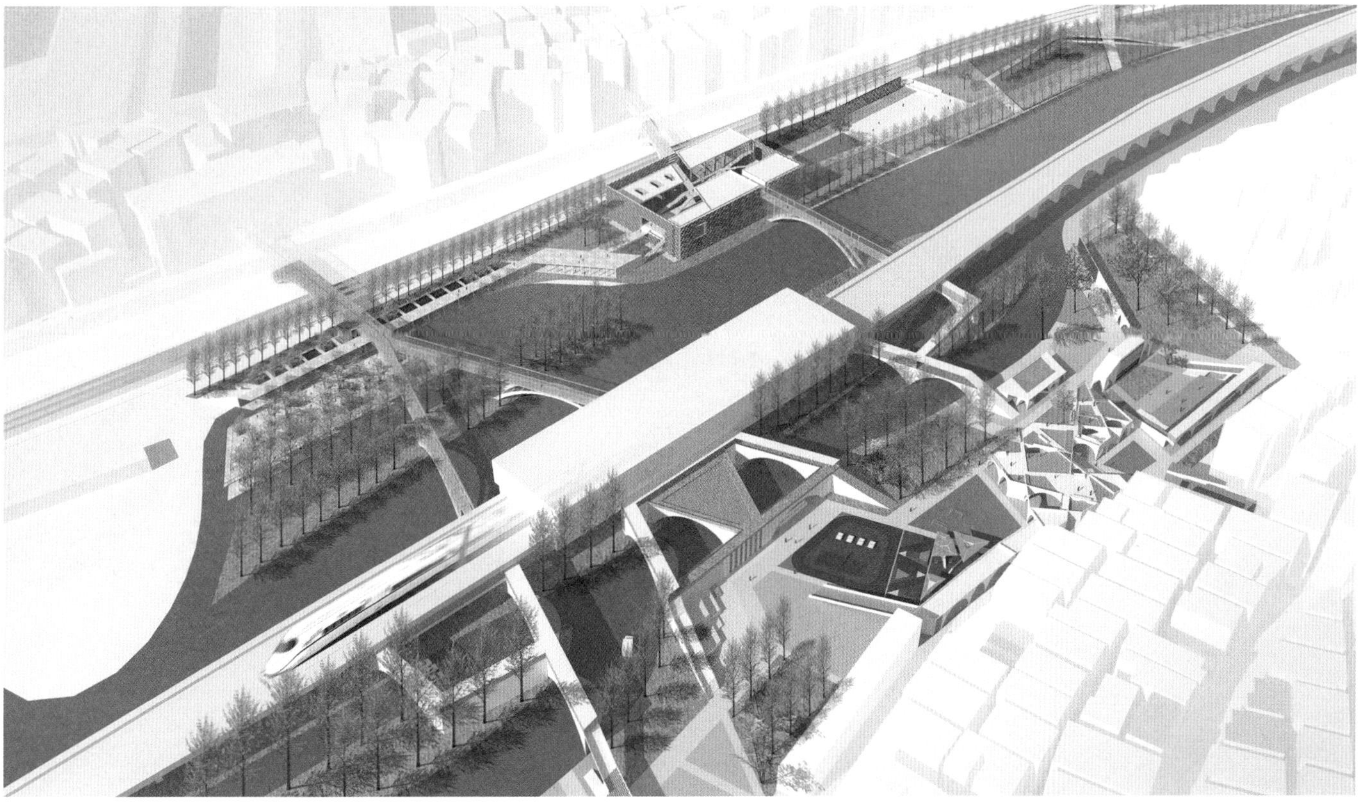

"8+"联合毕业设计之深圳布吉关生态系统改造

清华大学　　吕代越　左碧莹　陆逸玮　余乐

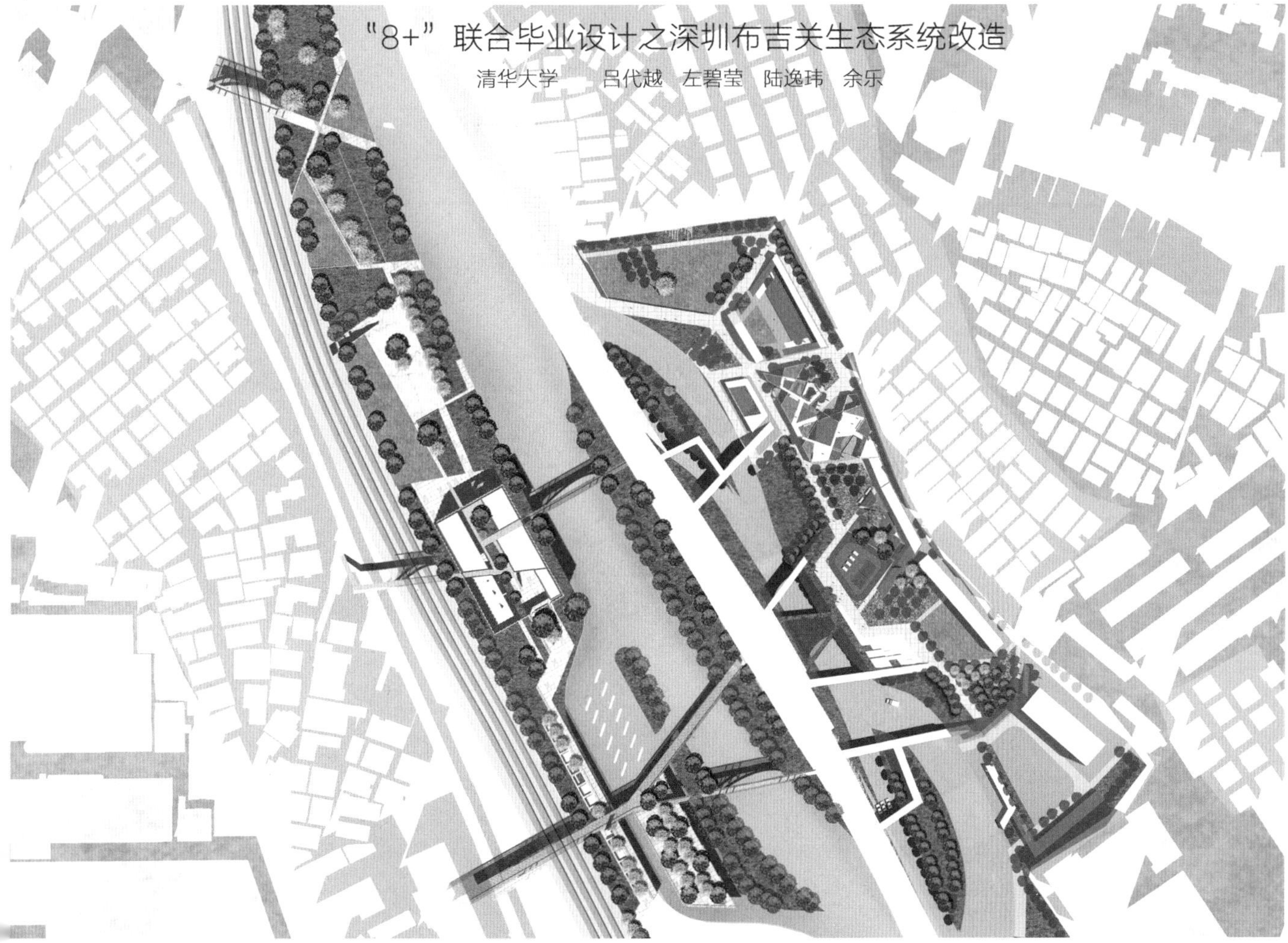

树下绿关

Green Gate under Trees

设计：左碧莹

指导：许懋彦

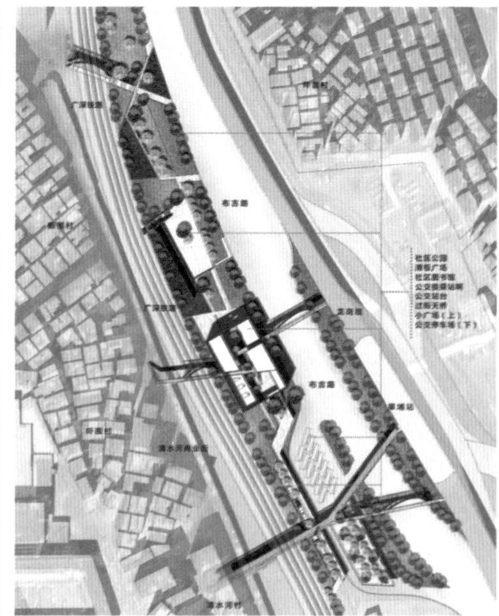

村上树

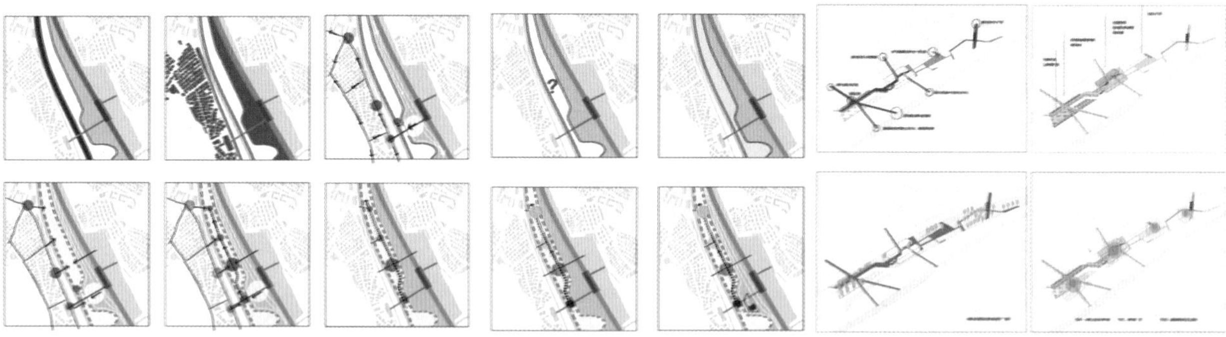

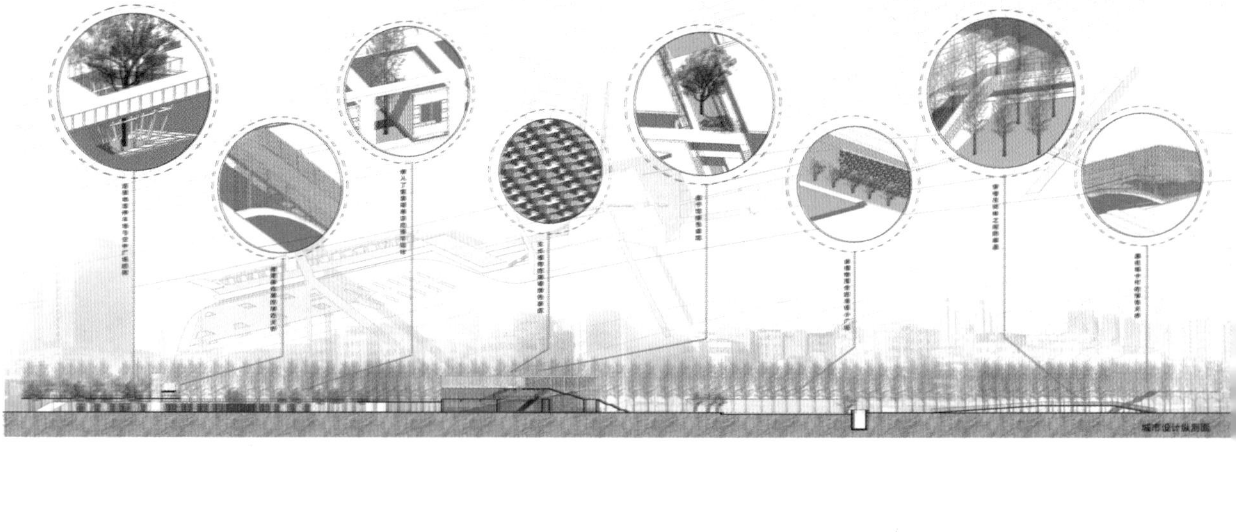

树下城

Community Centre under Trees

清华大学
作者：吕代越

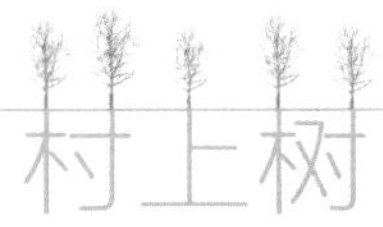

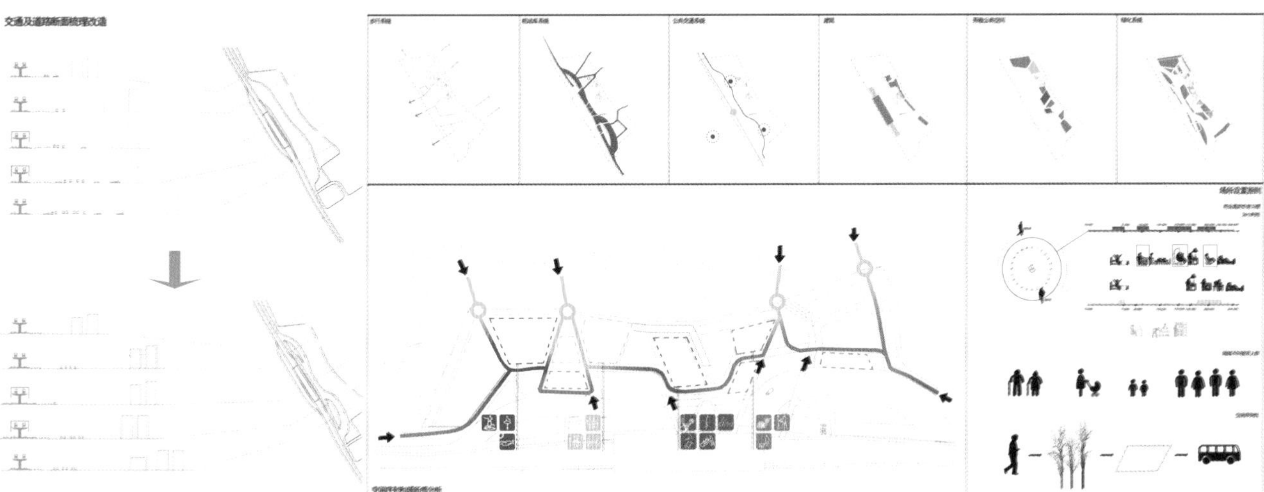

村上树

Trees on the Village

设计：余乐
指导：许懋彦

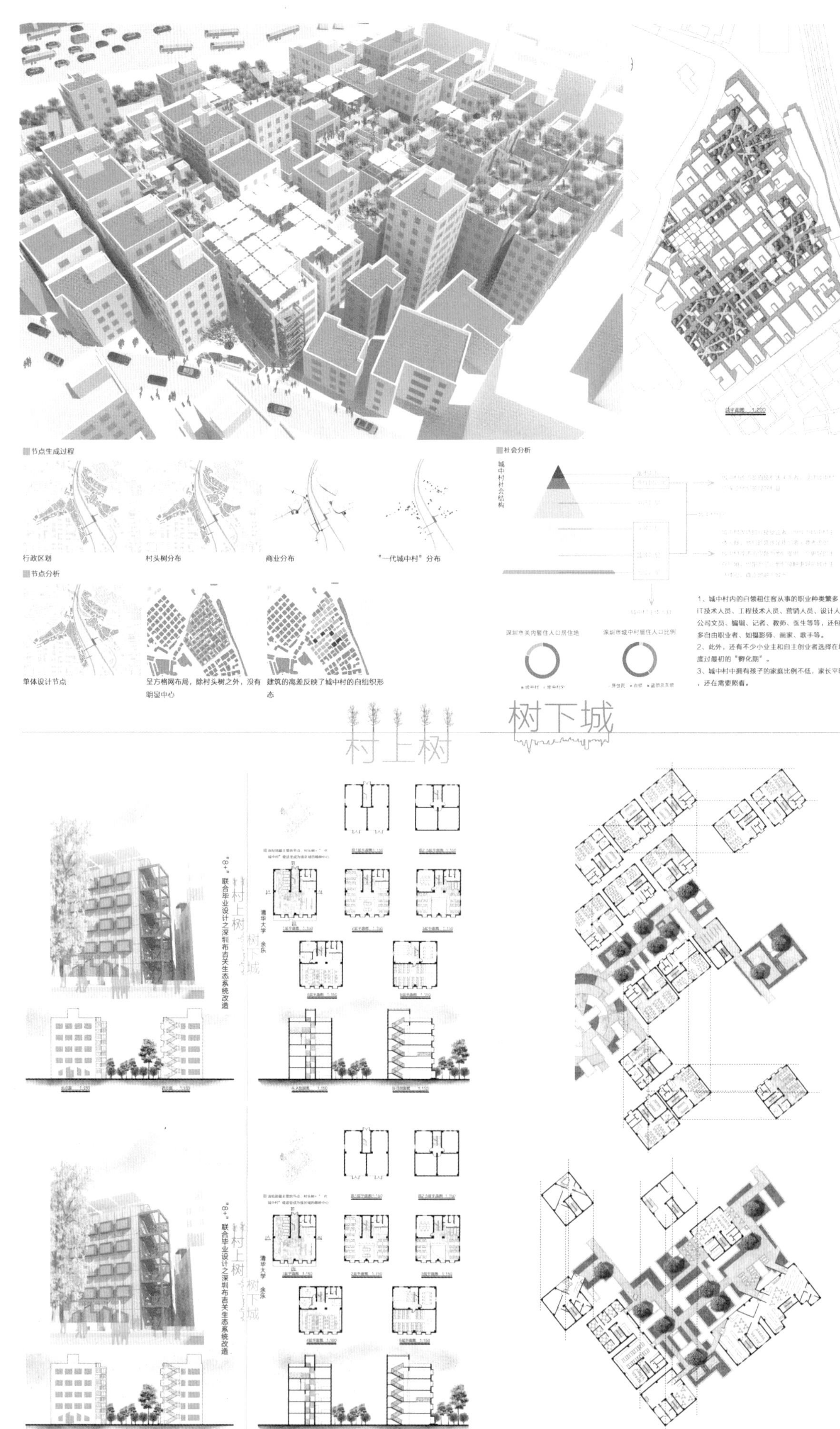

清水河商业街改造

Qingshuihe Comercial Street Reformation

清华大学
作者：陆逸玮

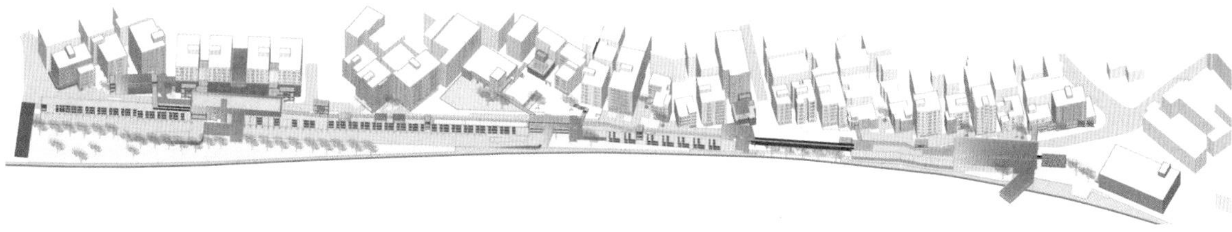

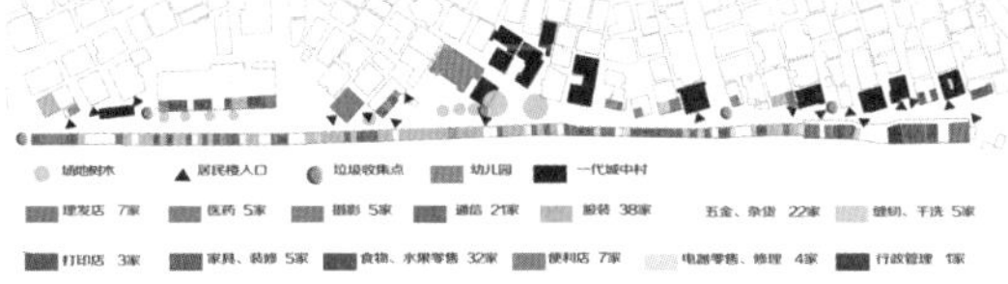

图 2 现状功能分析

商业街现状的首层平面以商业为主，商业类型主要按可达性分为两种，一种是理发店等对可达性要求不高的商业，另一种是食物零售等对可达性要求较高的商业。

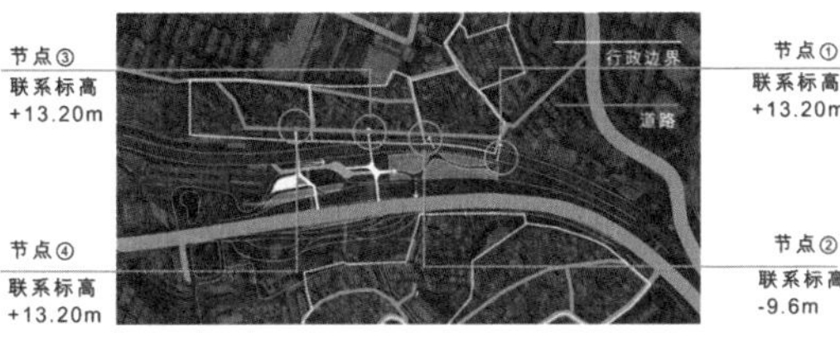

图 3 现状功能分析

在四个节点上建立跨域火车轨道联系城市和城中村的垂直交通体系。节点①城中村创客空间入口，节点②社区活动中心，节点③景观休闲中心，节点④城中村内轻轨站入口 + 购物中心

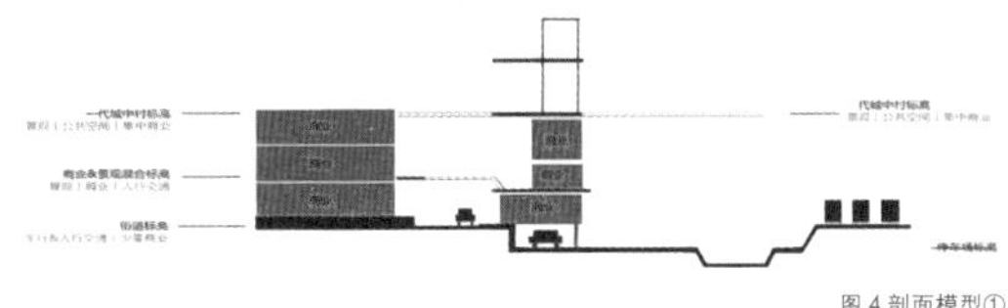

图 4 剖面模型①

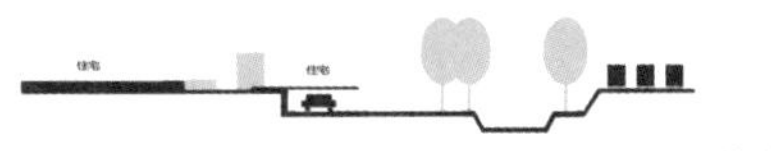

图 5 剖面模型②

城中村内垂直交通节点的建立带动了竖向商业的发展，首层的部分商业优势向上转移，可达性要求不高的商业增加垂直分布，街道商业压力变小，释放出居住和绿化的用地，重塑住宅入口的私密感、公共活动空间、车行道路，利用原本弃用的半地下室作为车库，总体提升首层作为住宅的价值

图 7 节点②社区活动中心

图 8 节点③景观休闲中心

图 9 节点④城中村内轻轨站入口 + 购物

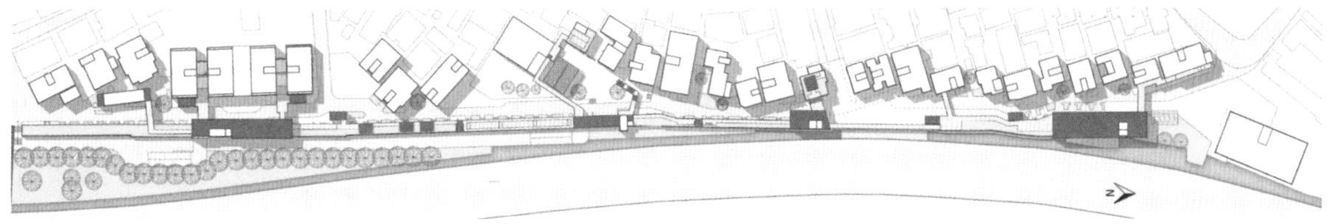

图 10 总平面图

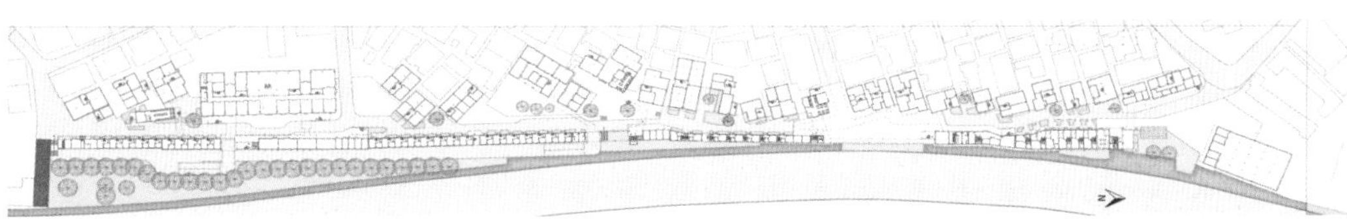

图 11 首层平面图

1 弥·野
Fusion
王子潇 孙 桢 赵艺佳

2 同乐都市学园
Tongle Urban Institute
朱旭栋 赵 曜 姜鸿博

3 生态陶冶
Ecological Cultivation
李颖劼 王卓浩 李曼竹

4 流动工坊
Making on the Way
贺艺雯 饶 鉴 何美婷

教师团队 TEACHING TEAM

孙彤宇

王 一

张建龙

孙澄宇

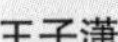

王子潇

孙　桢

赵艺佳

朱旭栋

赵　曜

姜鸿博

李颖劼

王卓浩

李曼竹

贺艺雯

饶　鉴

何美婷

弥·野 Fusion

同济大学
设计：王子潇＼孙桢＼赵艺佳
指导：张建龙＼孙澄宇

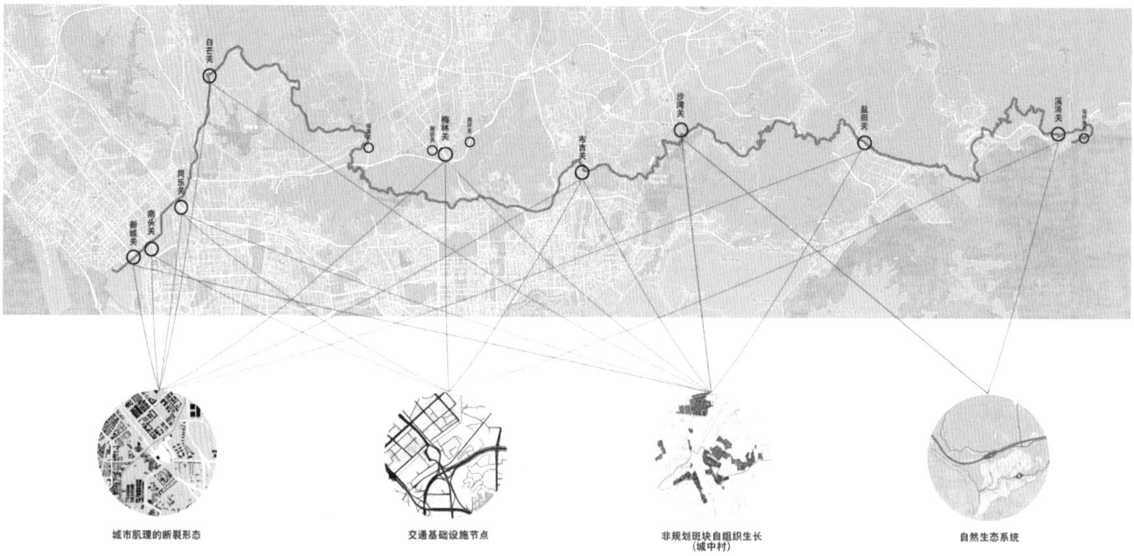

城市肌理的断裂形态
交通基础设施节点
非规划斑块自组织生长（城中村）
自然生态系统

基地分析

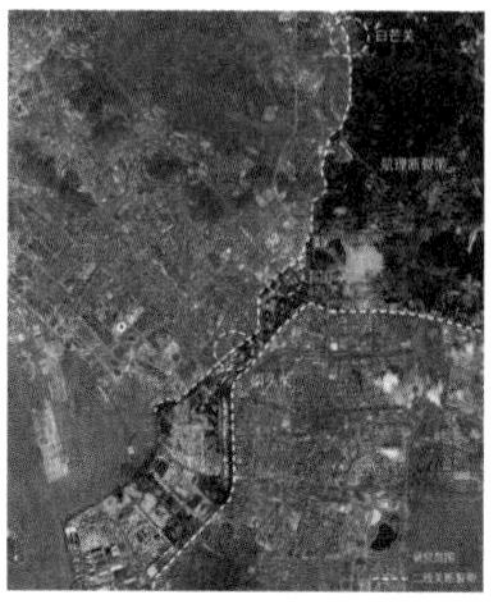

基地特征

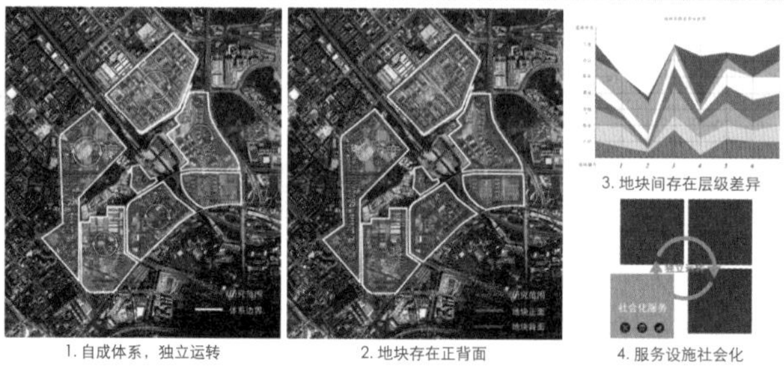

1. 自成体系，独立运转
2. 地块存在正背面
3. 地块间存在层级差异
4. 服务设施社会化
社会化服务

边界策略

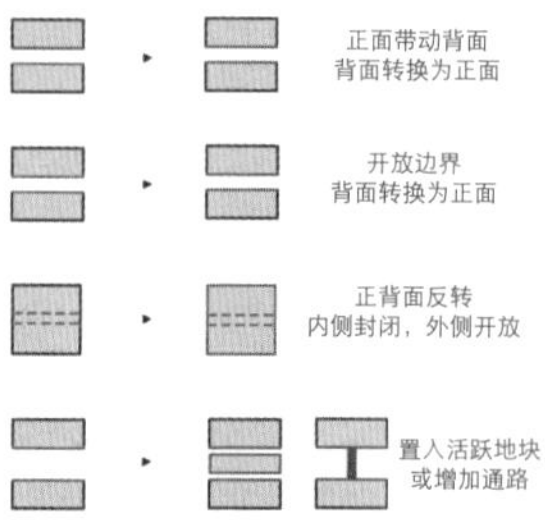

正面带动背面
背面转换为正面
开放边界
背面转换为正面
正背面反转
内侧封闭，外侧开放
置入活跃地块
或增加通路

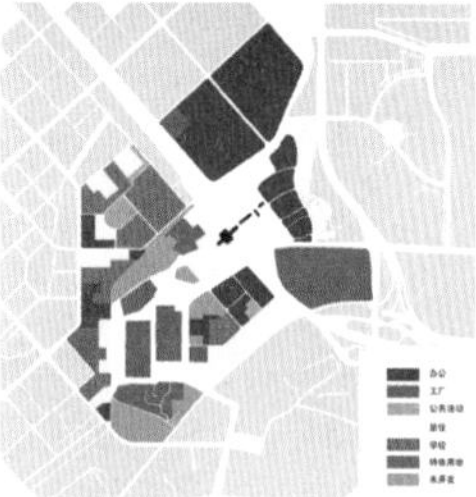

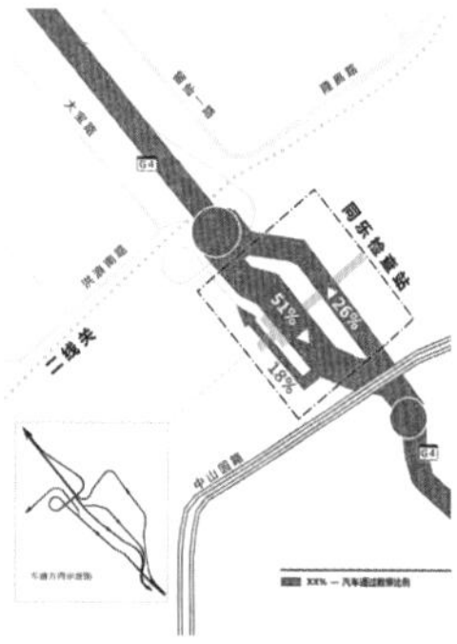

二线关

城市设计模式及推广

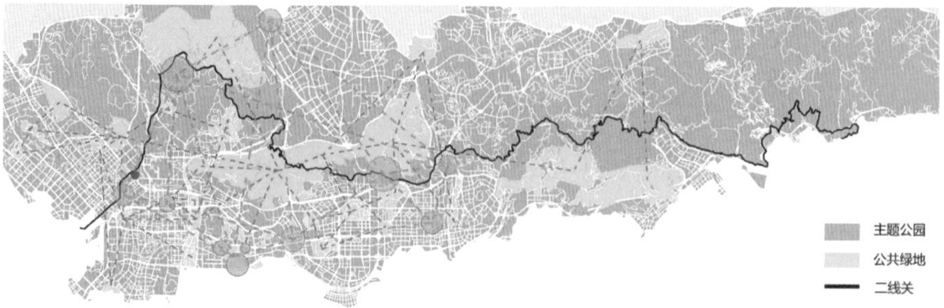

主题公园
公共绿地
二线关

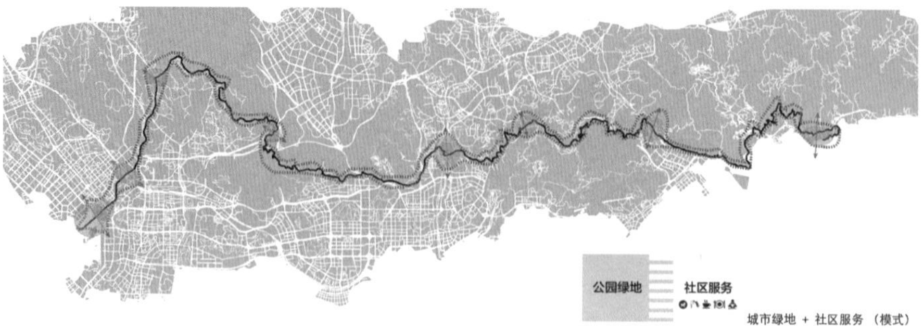

公园绿地
社区服务
城市绿地 + 社区服务（模式）

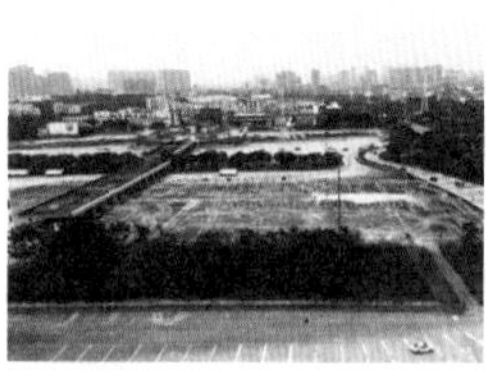

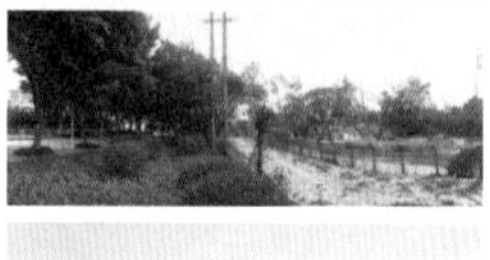

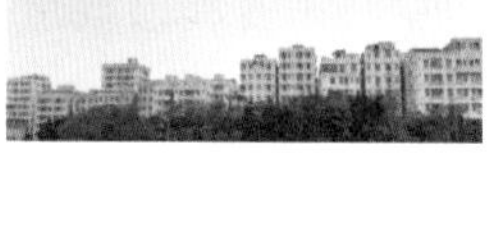

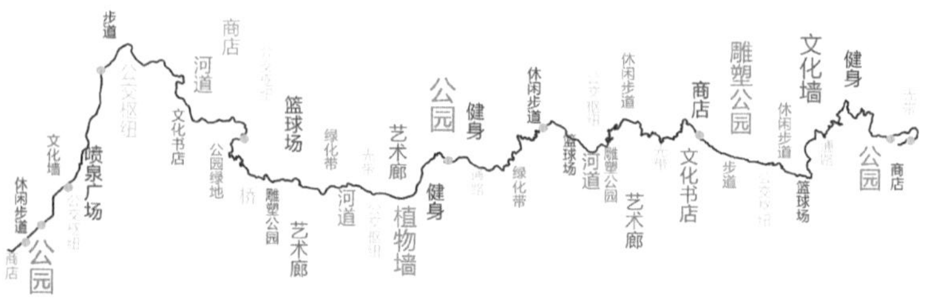

步道
河道
文化书店
公园绿地
喷泉广场
文化墙
休闲步道
公园
篮球场
绿化带
雕塑公园
艺术廊
河道
公园
健身
艺术廊
植物墙
健身
休闲步道
篮球场
河道
雕塑公园
艺术廊
商店
文化书店
雕塑公园
文化墙
健身
休闲步道
篮球场
公园
商店

评语：

小组以同乐关为课题，在城市设计层面着重探讨同乐关地区社会结构的重构。基于同乐关地区不同社会群落公共生活状态的调研，他们以“二线关历史主题公园”为主题，提出了结合城市生态绿地系统的社区服务设施概念——“城市绿地+社区服务”。在组织纪念与展示深圳二线关相关历史与遗迹的城市开放公园空间的同时，结合同乐关周边地区的社区公共生活与社区服务设施需求，从空间布局、业态构成、建筑形态等方面进行同乐关地区城市结构织补与空间弥合。三位小组成员在各自的建筑单体设计中，结合原有同乐关产业遗存建筑进行了建筑更新改造设计。

设计生成

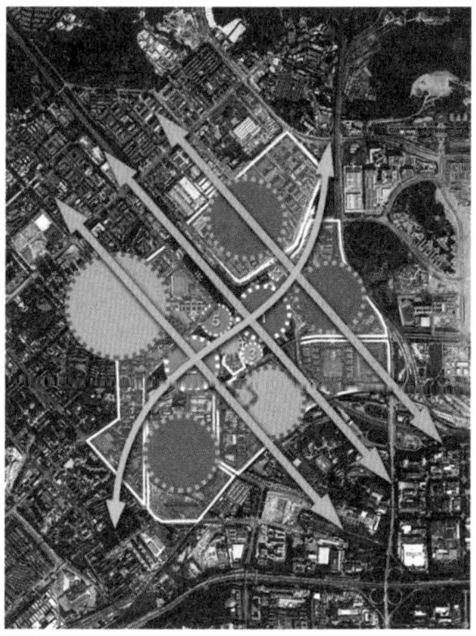

目标：
结构织补，弥合层级差异。
在保证各个体系完整运转的前提下，增强各个体系之间的交流。

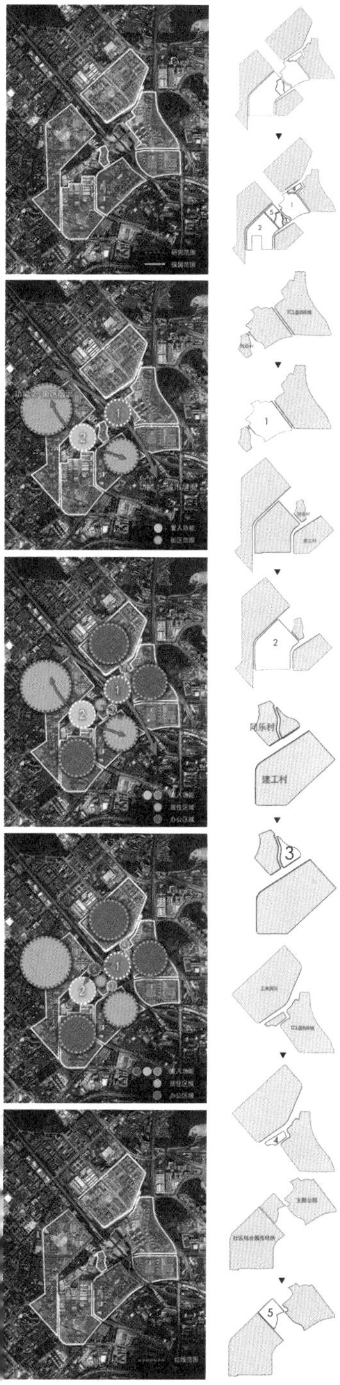

层级分析

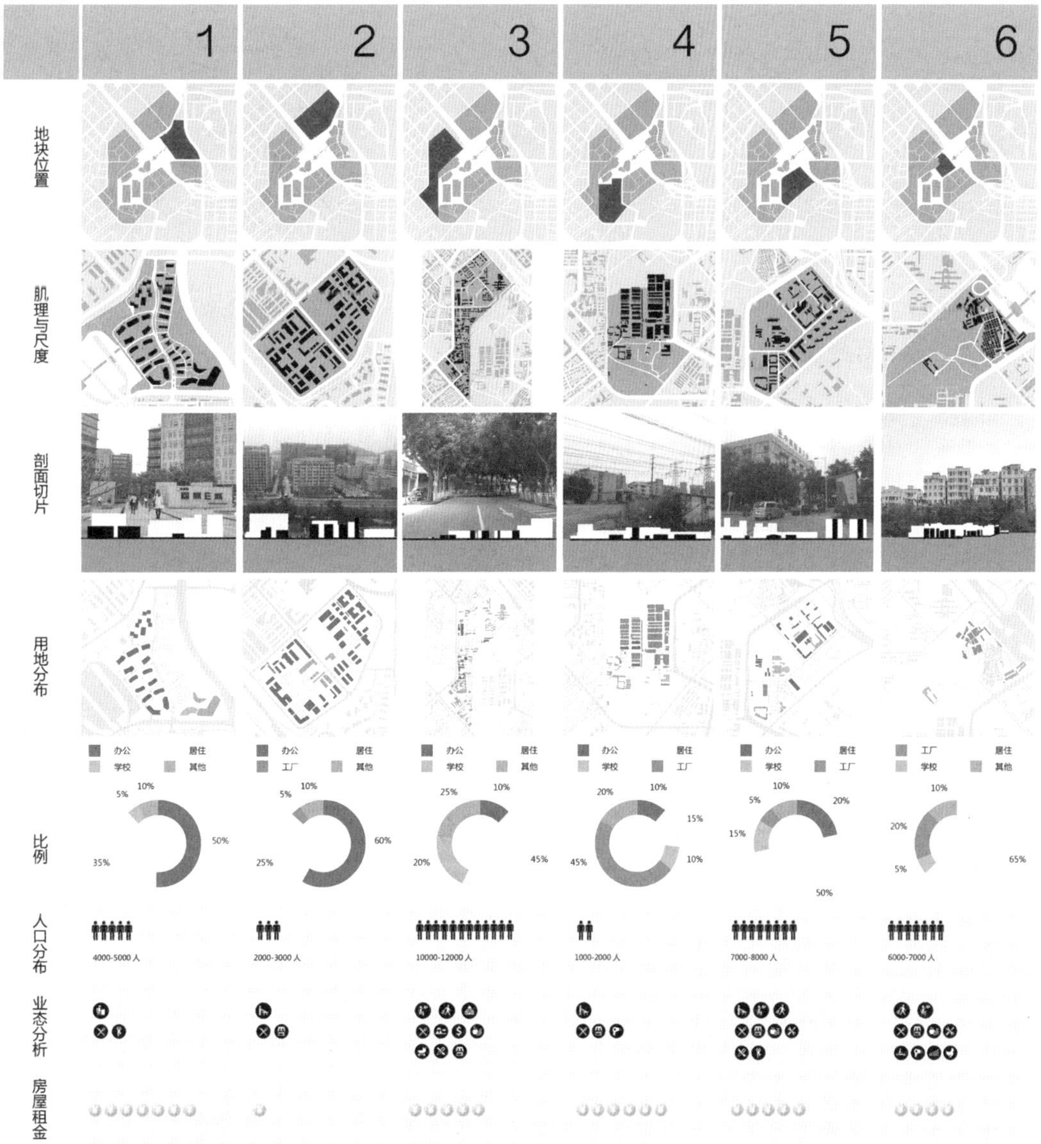

	1	2	3	4	5	6
地块位置						
肌理与尺度						
剖面切片						
用地分布	办公 居住 学校 其他	办公 居住 工厂 其他	办公 居住 学校 其他	办公 居住 学校 工厂	办公 居住 学校 工厂	工厂 居住 学校 其他
比例	5% 10% 50% 35%	5% 10% 60% 25%	25% 10% 45% 20%	20% 10% 15% 10% 45%	5% 10% 20% 15% 50%	10% 20% 5% 65%
人口分布	4000-5000 人	2000-3000 人	10000-12000 人	1000-2000 人	7000-8000 人	6000-7000 人
业态分析						
房屋租金						

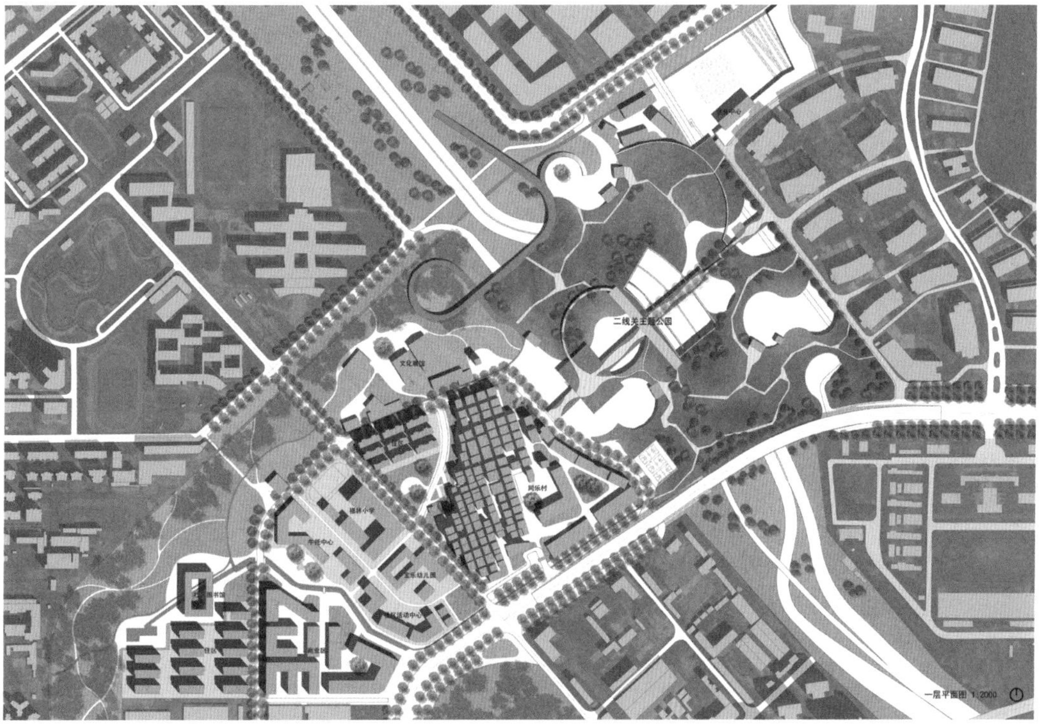

尾乐村

建工村

二线关主题公园

一层平面图 1:2000

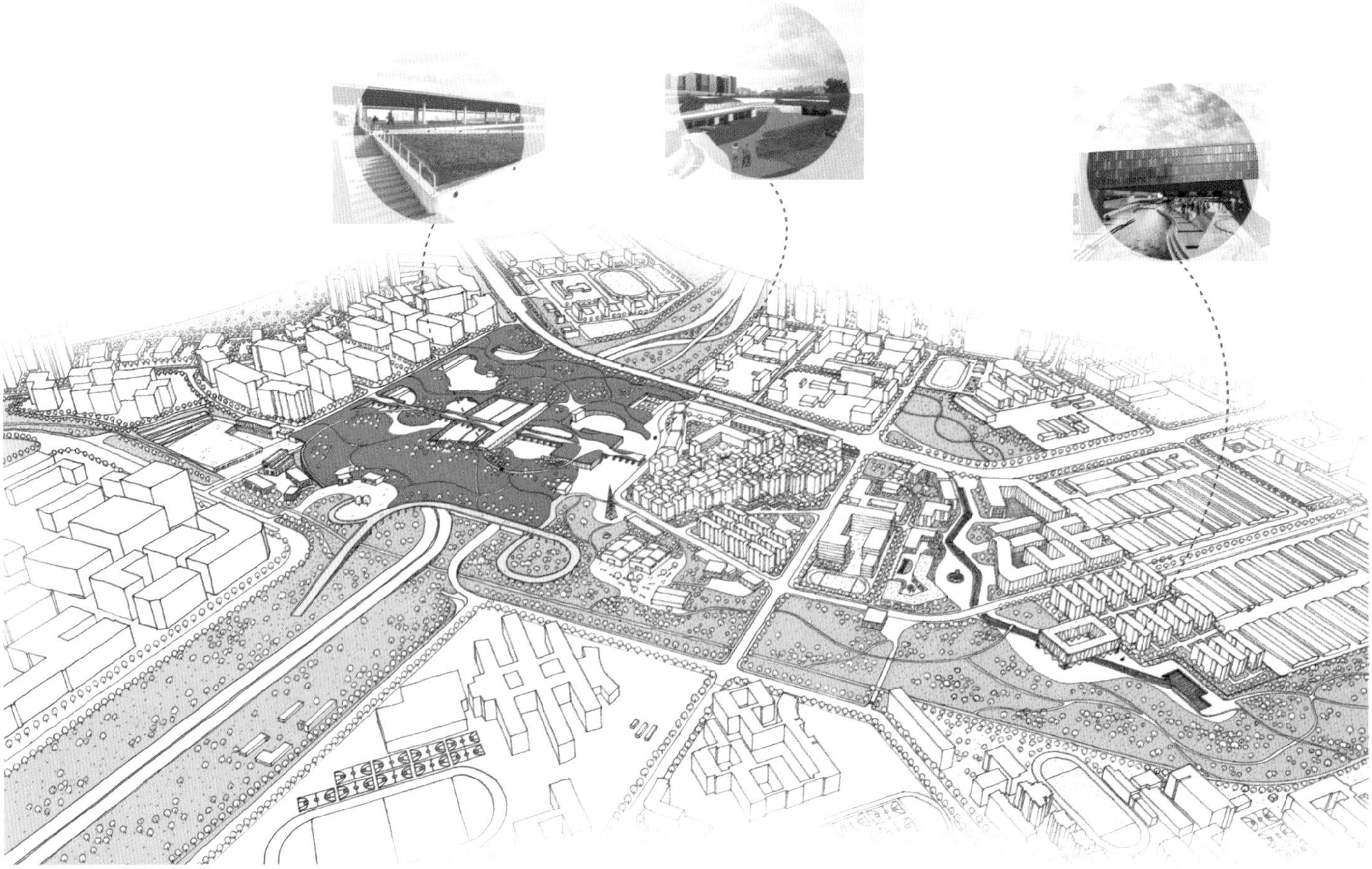

鸟瞰及场景表现图

地面层平面图

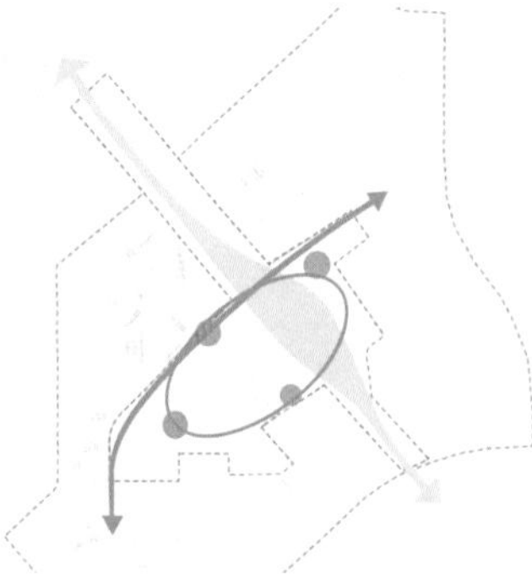

总体功能结构分析

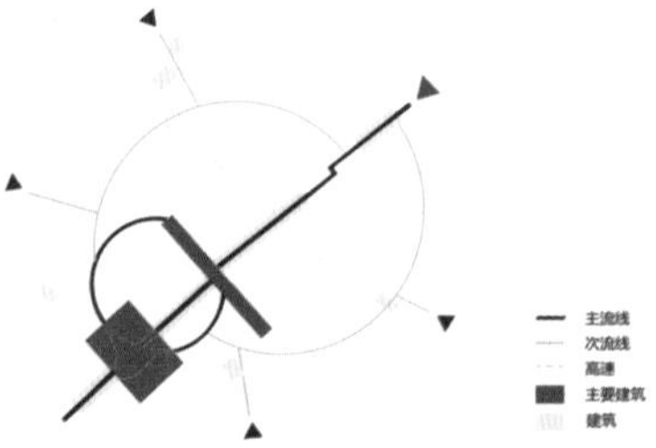

主流线
次流线
高速
主要建筑
建筑

公园流线结构分析

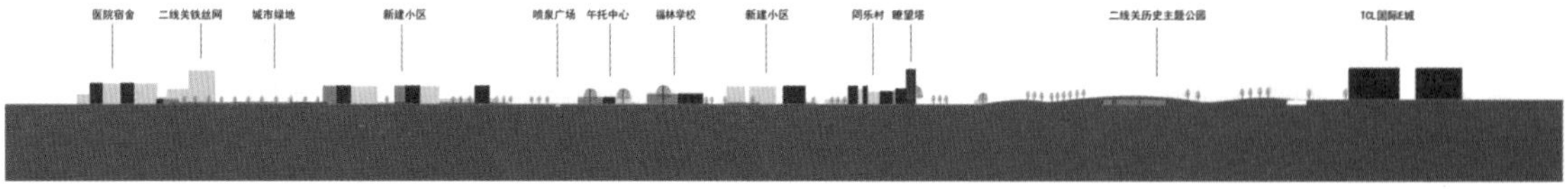

医院宿舍
二线关铁丝网
城市绿地
新建小区
喷泉广场
午托中心
福林学校
新建小区
同乐村
瞭望塔
二线关历史主题公园
TCL国际E城

总体南北向剖面图

总体分解轴侧

公园东西向剖面图

公园南北向剖面图

个人方案选址

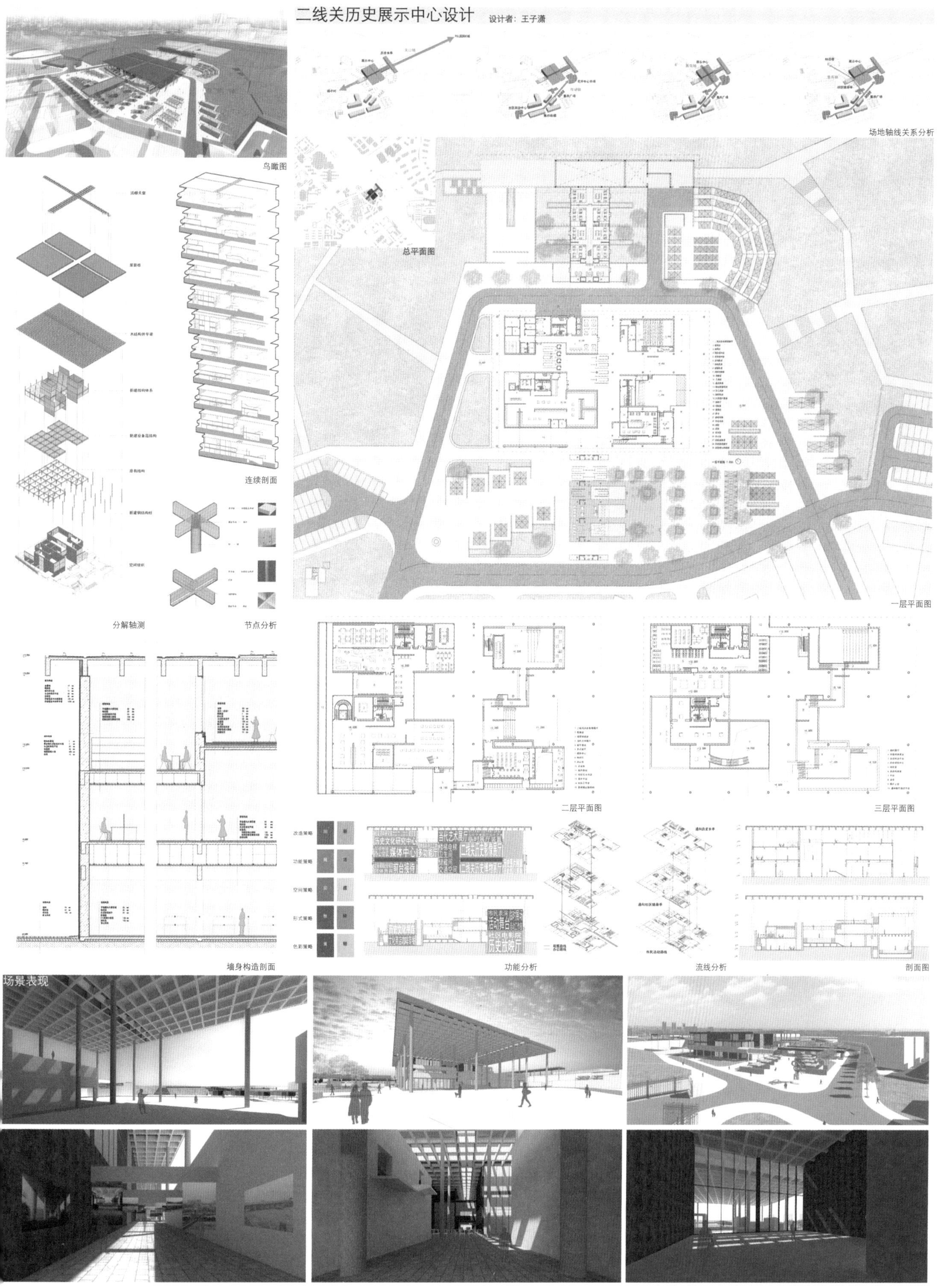
二线关历史展示中心设计
设计者：王子潇
鸟瞰图
场地轴线关系分析
总平面图
一层平面图
连续剖面
分解轴测
节点分析
二层平面图
三层平面图
墙身构造剖面
功能分析
流线分析
剖面图
场景表现
改造策略
功能策略
空间策略
形式策略
色彩策略
历史放映厅

剧场园区设计 设计者：孙桢

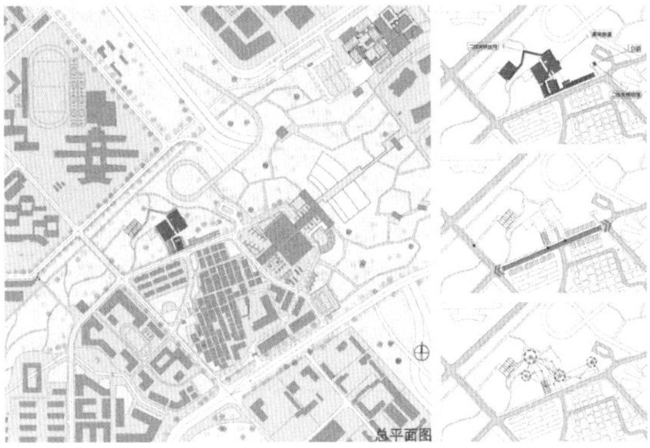

总平面图

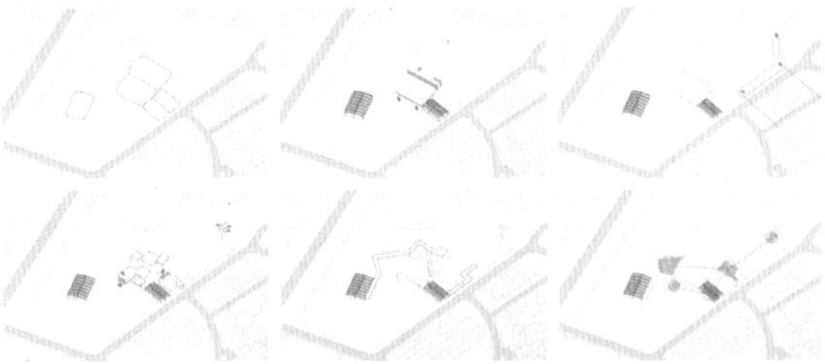

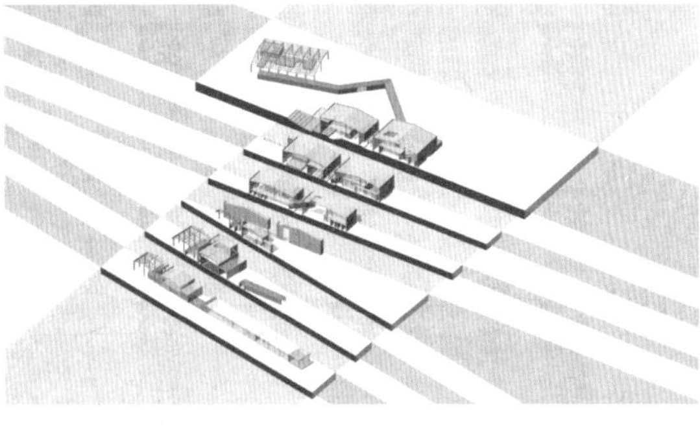

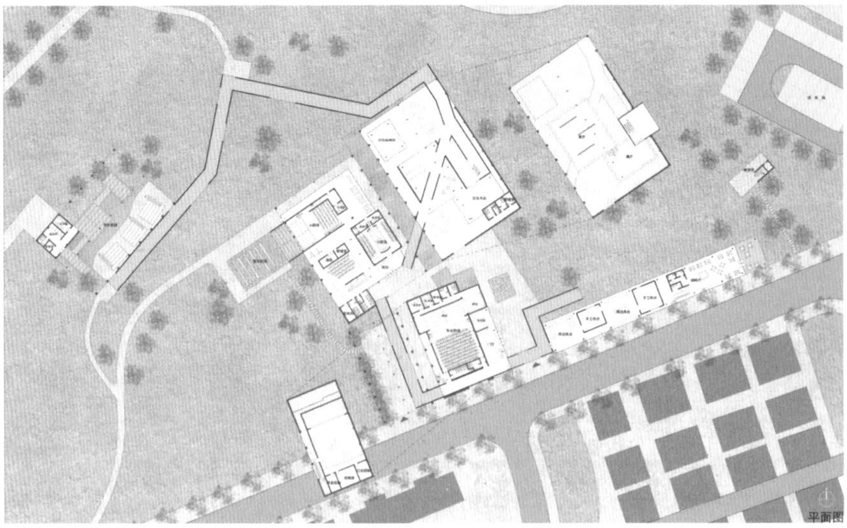

平面图

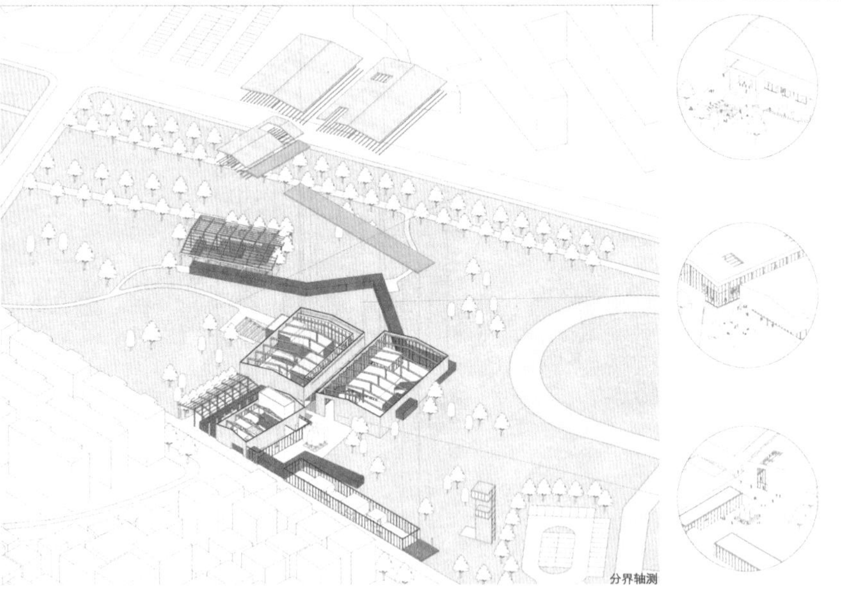

分界轴测

剖面图

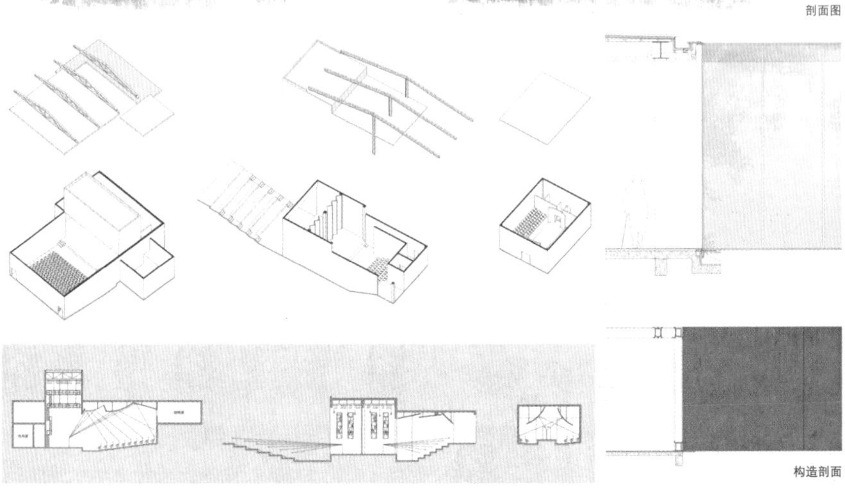

构造剖面

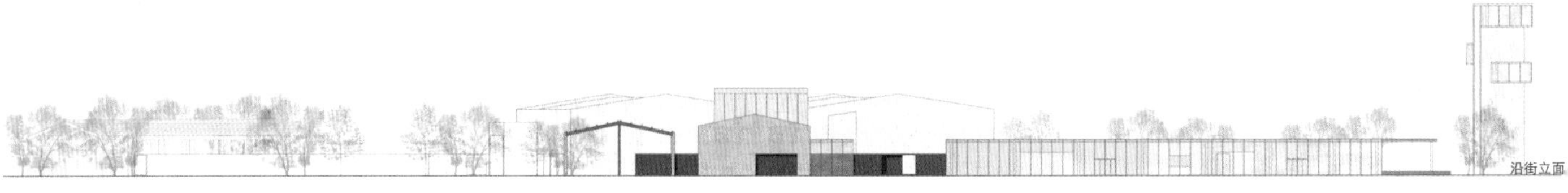

沿街立面

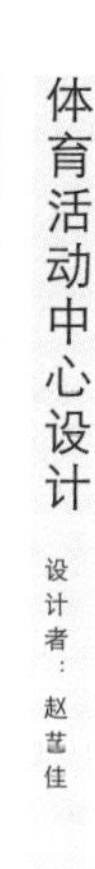

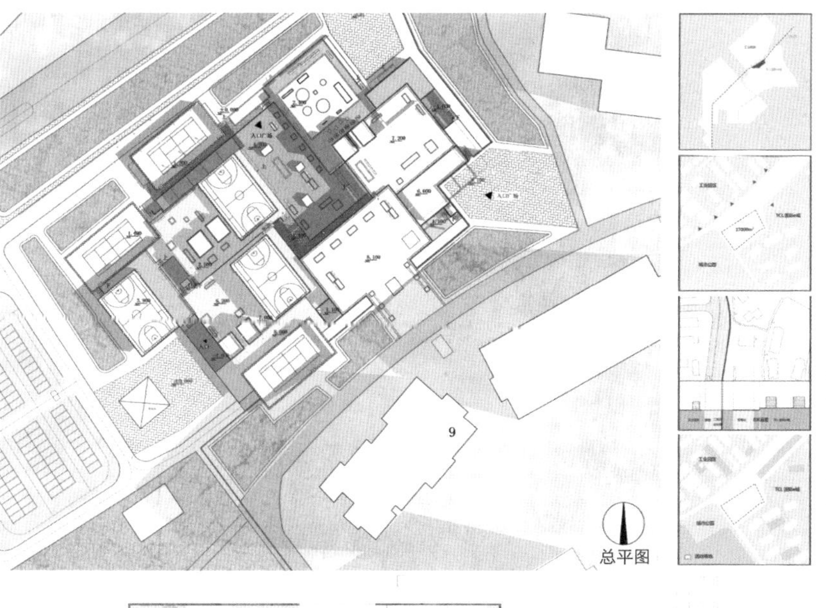

总平图

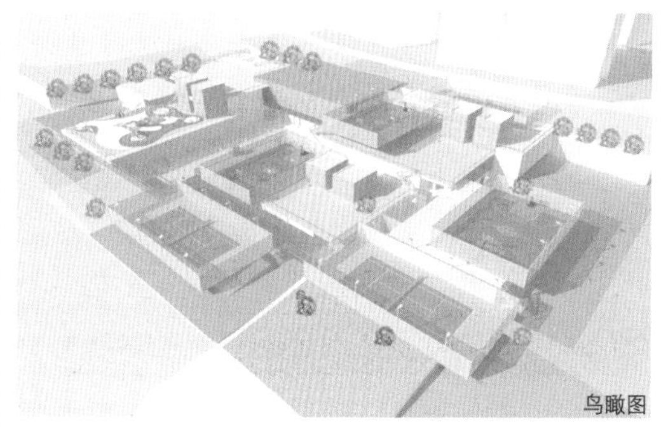
鸟瞰图

建筑群的垂直交通由三个交通核构成，交通核具有不同的开启方式。
通过不同体块的堆砌与错动，创造出垂直方向的微错层空间，以及平面的缝隙空间，由此形成中庭作为次级垂直交通体系。

体块顶部的平台空间作为体育健身的活动场地，通过与交通核的连接可进入室内

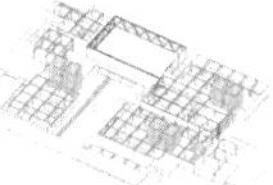
空间结构模型

一层平面

二层平面

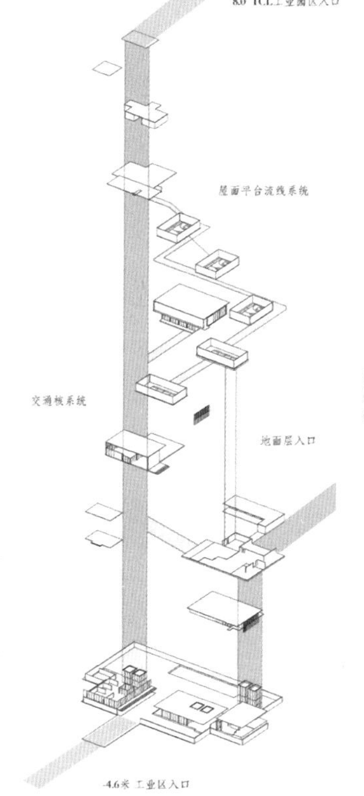

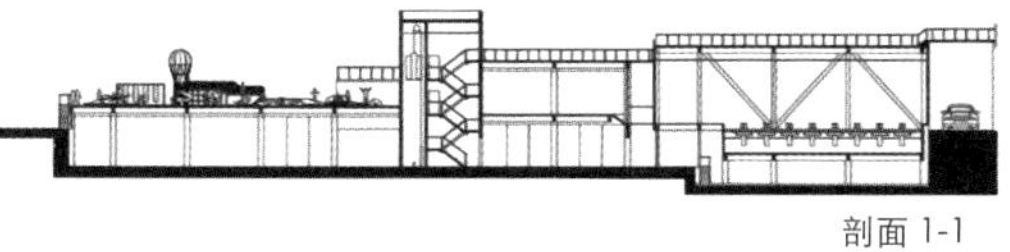
剖面 1-1

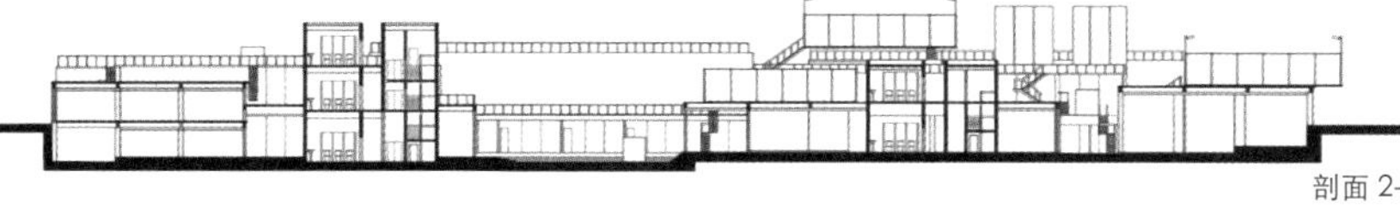
剖面 2-2

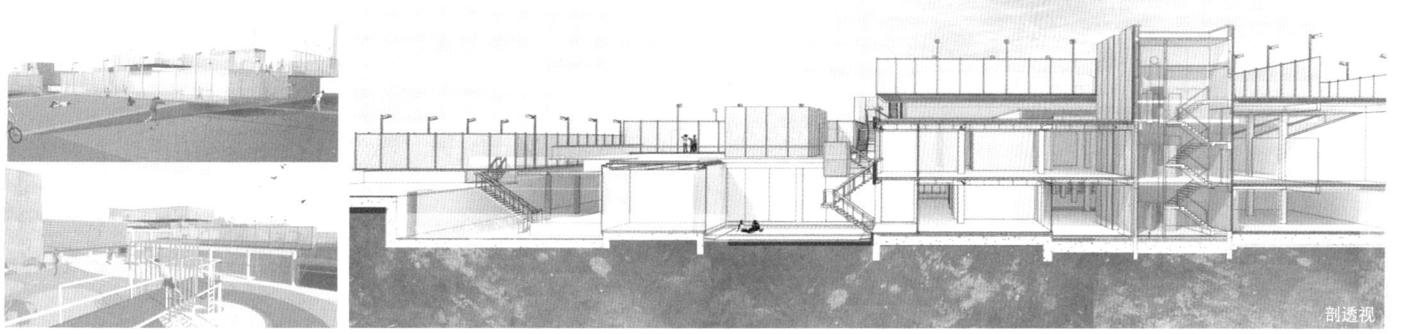
剖透视

同乐都市学园

TongLe Urban Institute

同济大学

设计：朱旭栋＼赵曜＼姜鸿博

指导：张建龙＼孙澄宇

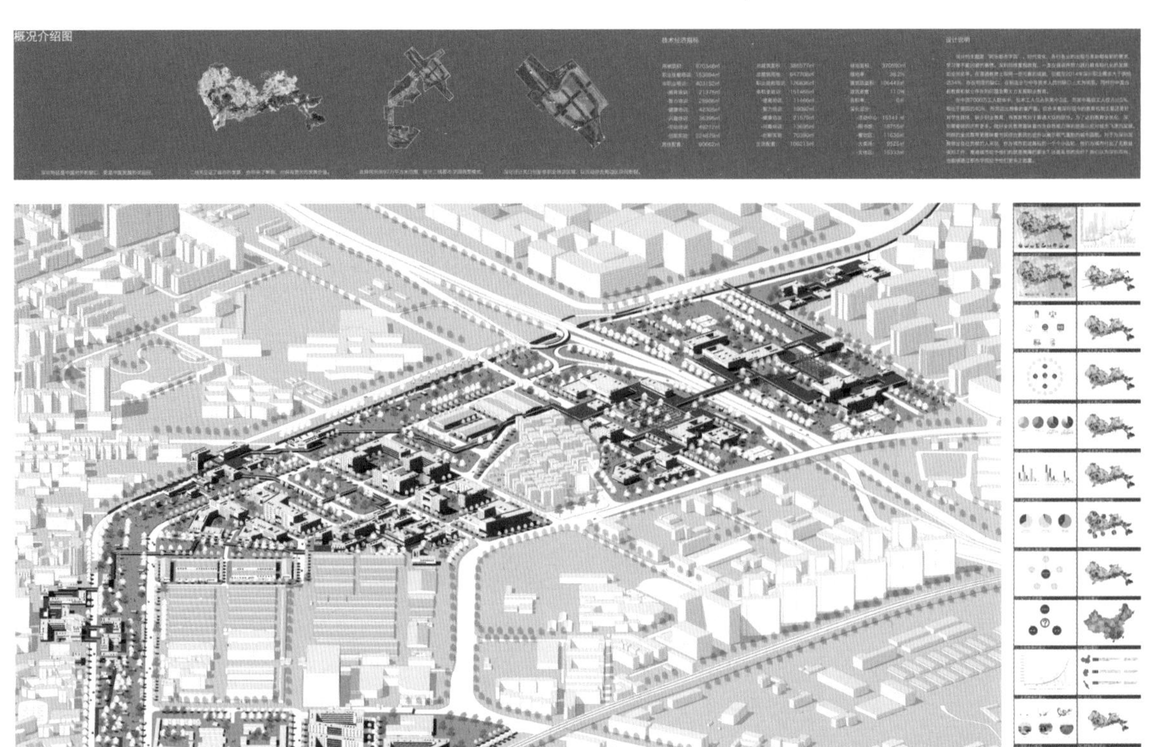

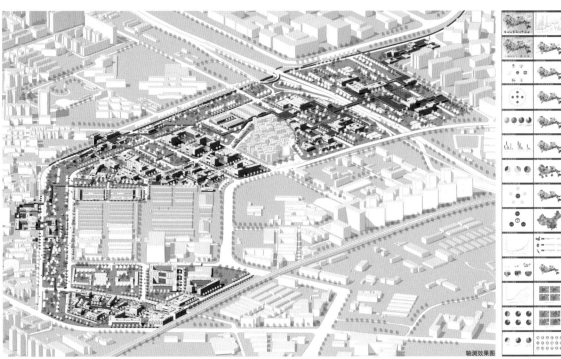

城市设计层面，设计回应了深圳外来务工人口多的特点，针对调研阶段发现并解析的问题，提出了置入都市学园的概念来满足二线关沿线结构织补与空间弥合的目标，并且具体以同乐关为例，试图通过打造同乐都市学园以期成为其余关口的典型范本。都市学园是集聚职业培训、非职业培训以及社区配套活动的开放式校园概念，设计在满足深圳中等职业教育的需求与预期人群的背景下，结合同乐关周边复杂的人群和业态特征提出了相应的解决方案，即在同乐关边检路沿线设置六个非职业教育建筑组团，在周围配以相关职业教育用地和生活配套设施。在满足基本职业教育的前提下能够尽可能地通过非职业培训功能和社区公共活动来吸引周边人群，为他们提供一个公平的学习和活动场地，以达到二线关沿线真正的弥合。

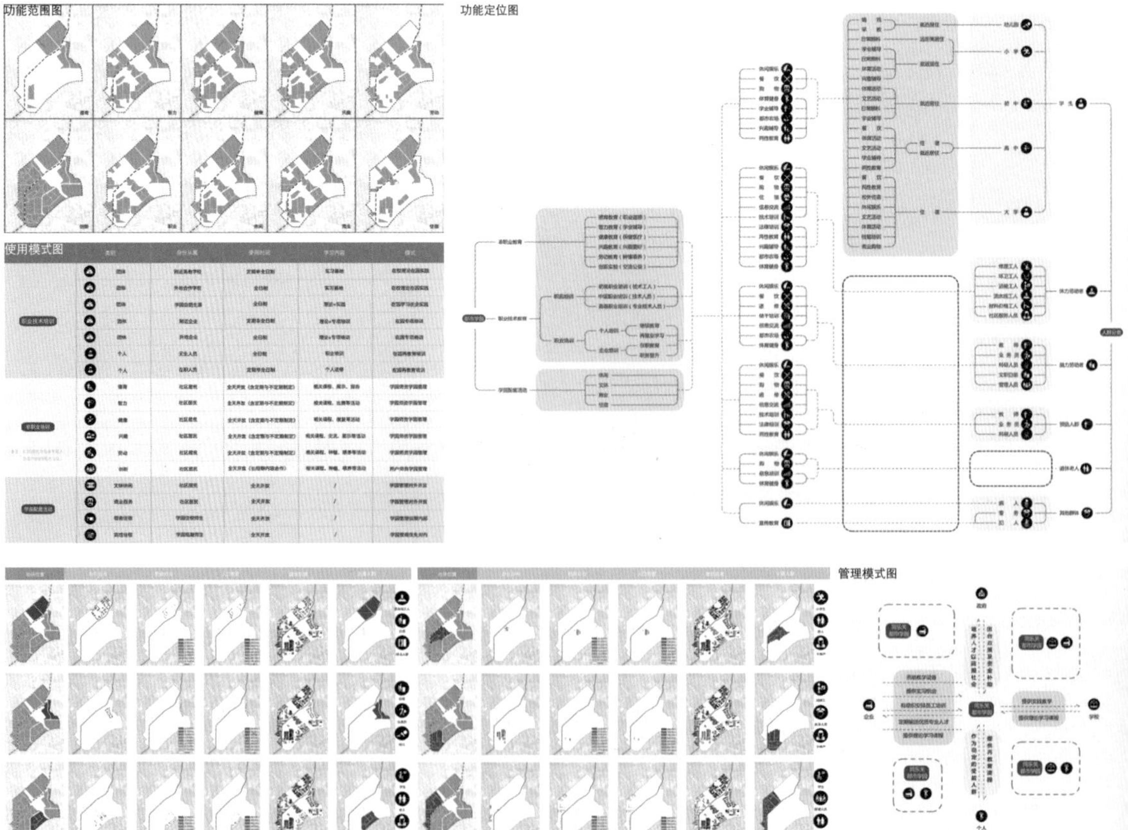

评语：

该小组以同乐关为课题，在城市设计层面着重探讨同乐关地区社会结构的重构。他们通过对深圳教育现状的数据分析，比较研究社会继续教育与社会发展的关系，提出了教育全民化的概念，在同乐关地区规划了以社会继续教育为主题的“都市学园”，希望以此消解同乐关周边社会单元的相互隔离状态。在空间布局中，他们将社区公共空间与社会继续教育空间相结合，规划了多中心、低密度、与周边街区有机对接的同乐关公园建筑群，以期达到深圳二线关沿线结构织补与空间弥合的目标。三位小组成员在各自的建筑单体设计中，都将建筑功能与空间的复合性作为设计策略，将二线关的历史通过叙事空间的方式组织到建筑单体中，提供了建筑空间的新样式。

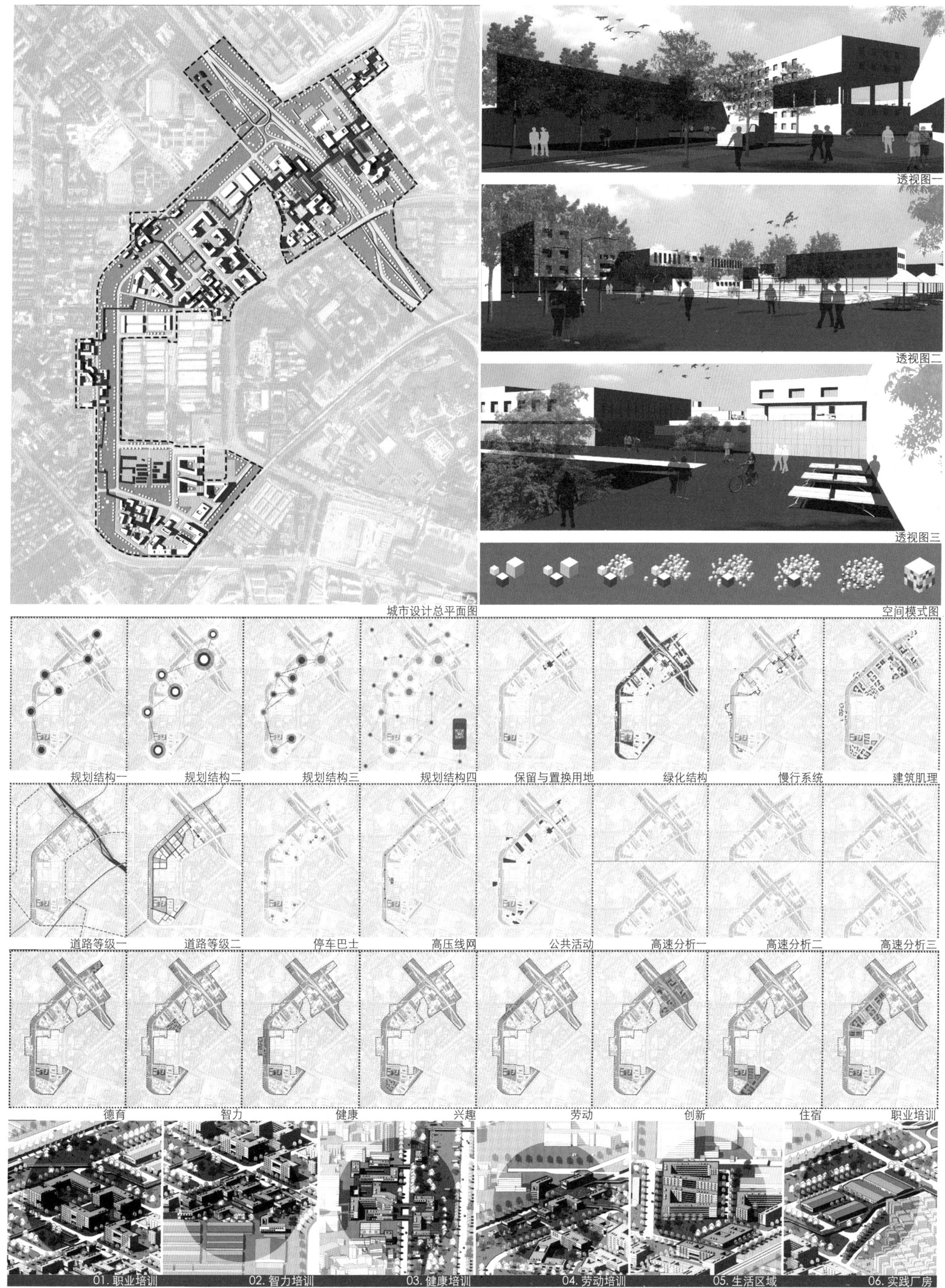
透视图一
透视图二
透视图三
城市设计总平面图
空间模式图
规划结构一
规划结构二
规划结构三
规划结构四
保留与置换用地
绿化结构
慢行系统
建筑肌理
道路等级一
道路等级二
停车巴士
高压线网
公共活动
高速分析一
高速分析二
高速分析三
德育
智力
健康
兴趣
劳动
创新
住宿
职业培训
01. 职业培训
02. 智力培训
03. 健康培训
04. 劳动培训
05. 生活区域
06. 实践厂房

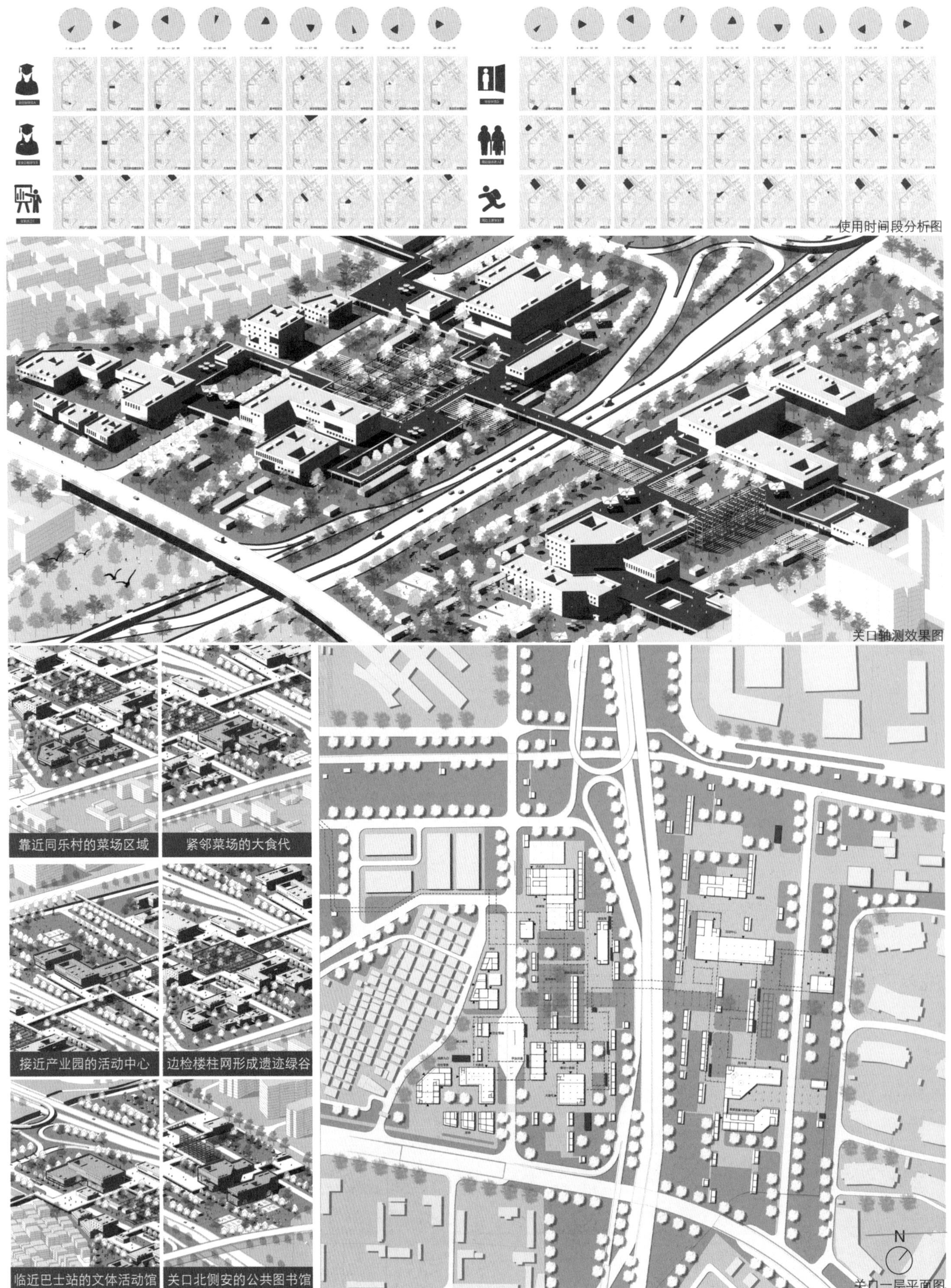
使用时间段分析图
关口轴测效果图
靠近同乐村的菜场区域
紧邻菜场的大食代
接近产业园的活动中心
边检楼柱网形成遗迹绿谷
临近巴士站的文体活动馆
关口北侧安的公共图书馆
N
关口一层平面图

同乐都市学园多功能体育活动中心设计

设计者：朱旭栋

在同乐都市学园城市设计的基础上，我选取了关口处的体育馆进行单体建筑深化设计，在分析了使用人群的多种可能性后将其定位为一个多功能的体育活动中心，它的特性包含三点——功能复合、使用人群复合以及运行模式复合。概念上，我希望设计的不只是一个针对都市学园师生开放的校园体育馆建筑，它更是一个为广大周边居民提供公平享受运动锻炼的场所；空间上，我希望它在城市远处看是有标识性的，但从人的行为体验上又有一些小尺度的正交氛围来回应深圳特有的城市肌理。

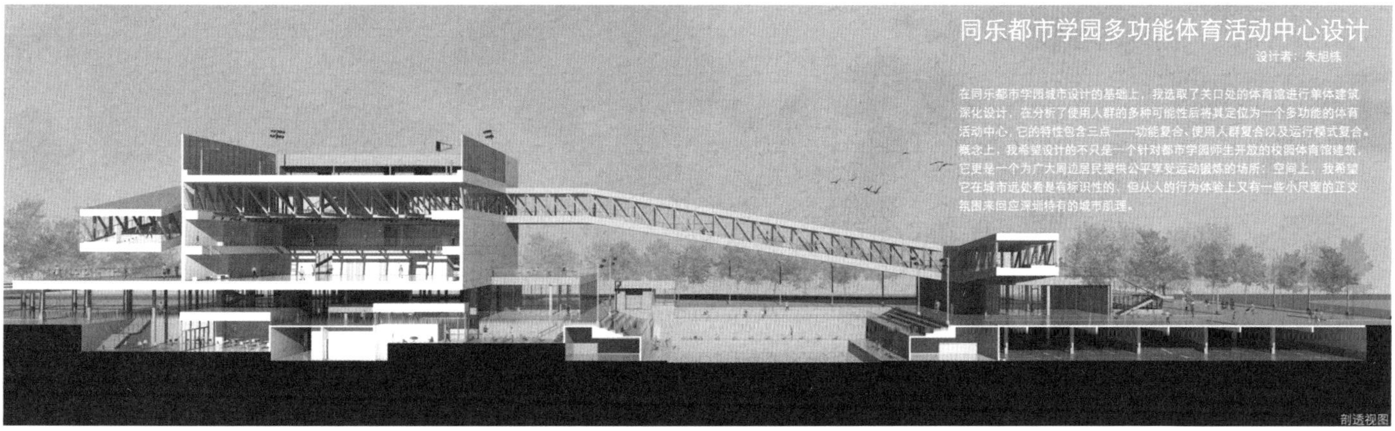

剖透视图

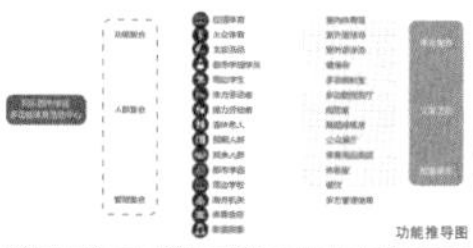

建筑空间本身，它不应该是凭空出现的，我希望它和深圳常见的空间特性是有对话的，所以通过图底关系的分析和空间体验，我总结了三种深圳的空间特性，一是正交的路网建筑肌理，二是小尺度的空间氛围和密集的建筑肌理，三是围合式的建筑空间形态处理手法。

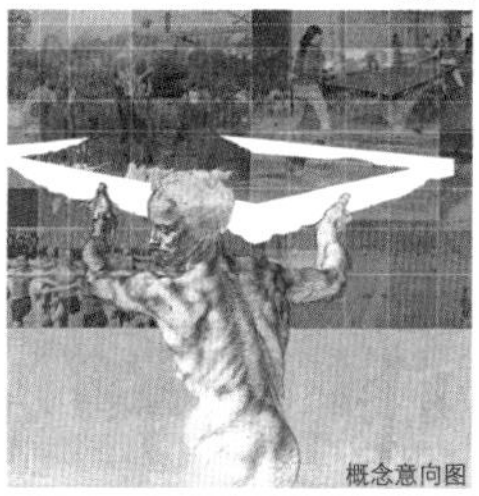

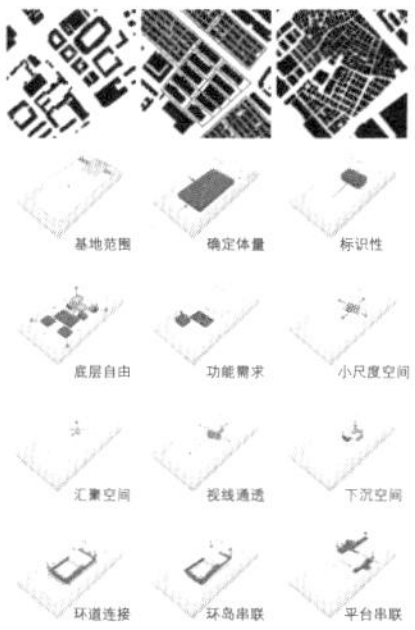

功能推导图

概念意向图

基地范围　确定体量　标识性
底层自由　功能需求　小尺度空间
汇聚空间　视线通透　下沉空间
环道连接　环岛串联　平台串联

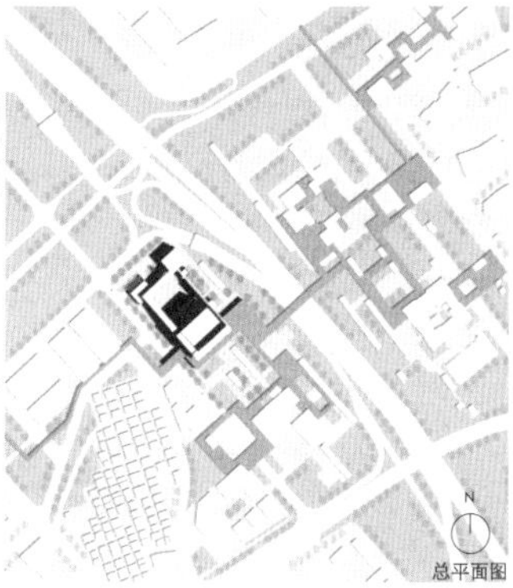

总平面图

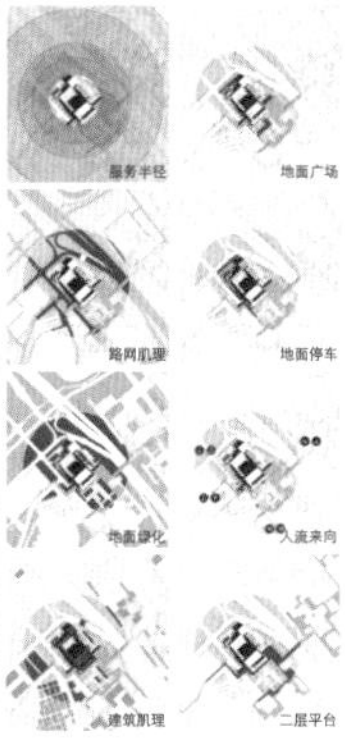

服务半径　地面广场
路网肌理　地面停车
地面绿化　人流来向
建筑肌理　二层平台

功能分区图

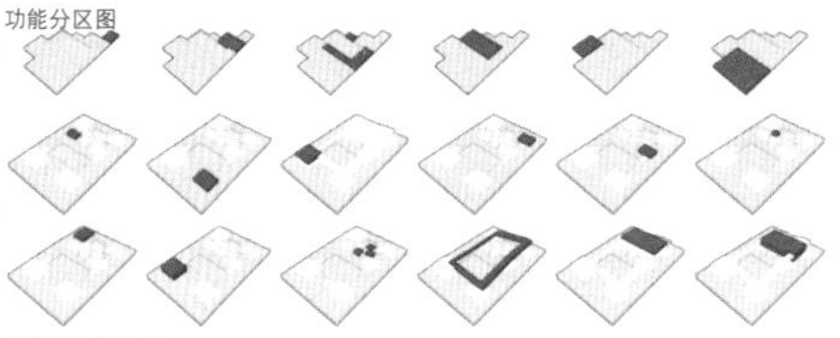

纵向流线分析图

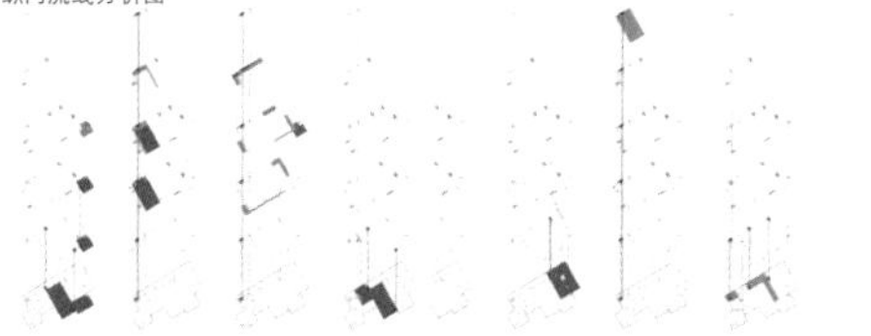

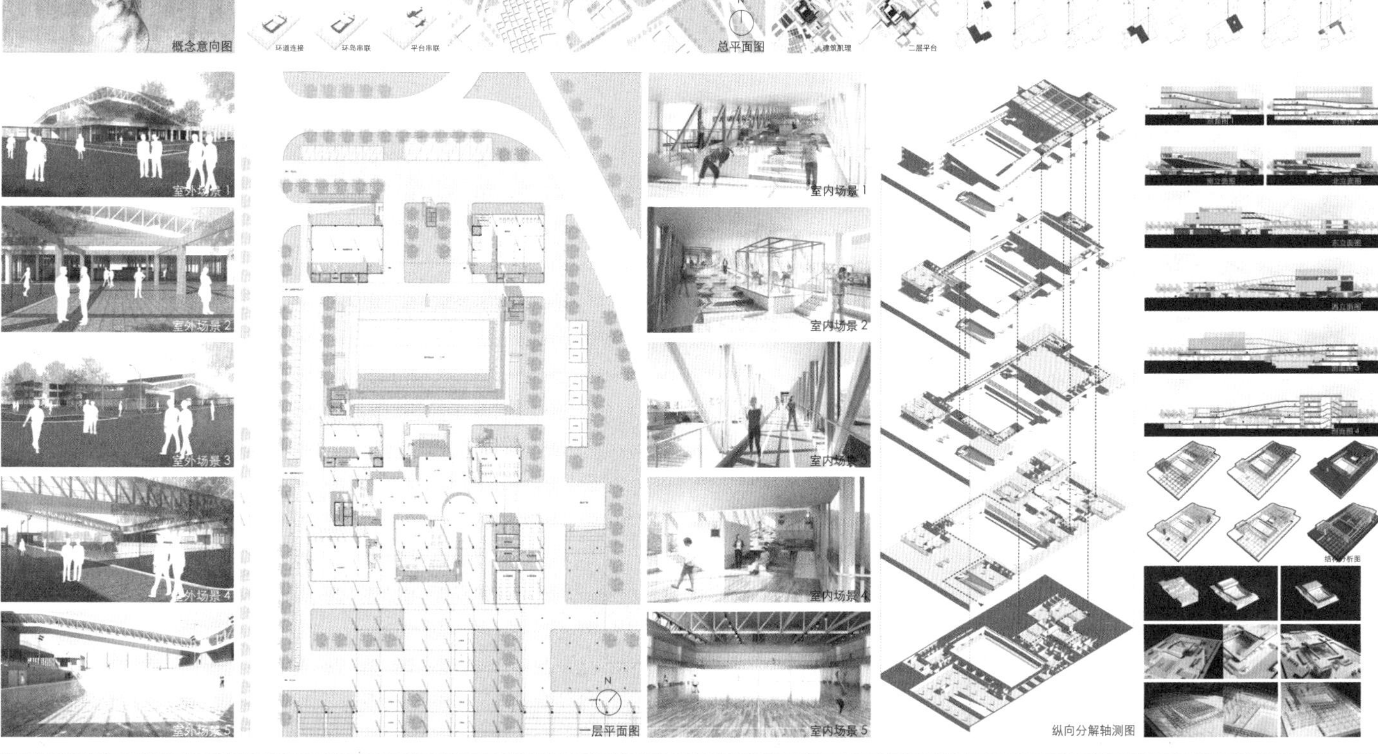

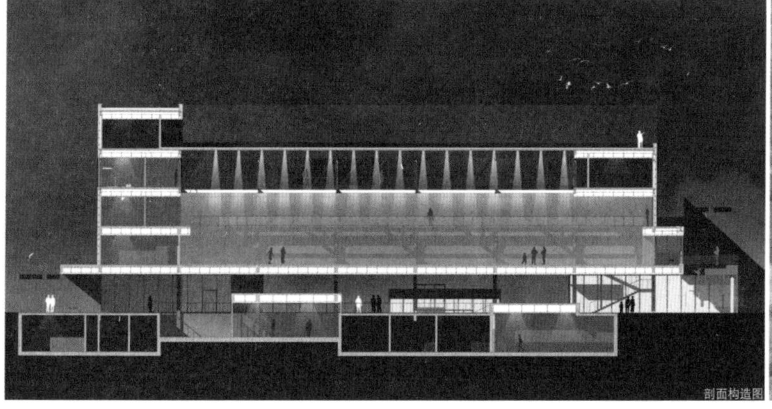
剖面构造图

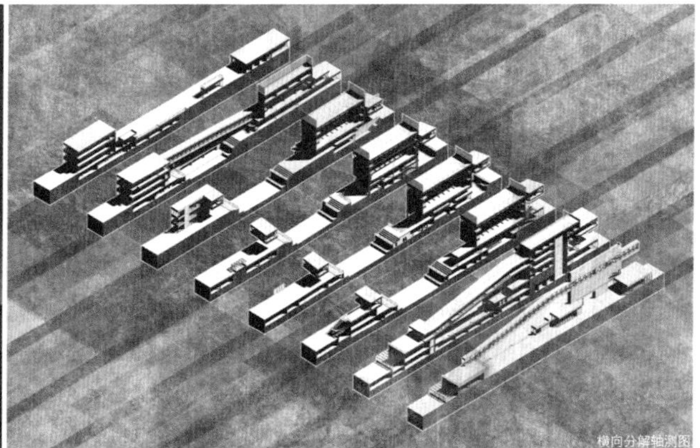
横向分解轴测图

设计说明：

图书馆坐落在同乐都市学园的公共配套区与创新培训区，一方面满足学园的学习辅助功能（自习、研究、教室发展等），另一方面满足大众生活的辅助功能（文化交流、连接高差、公共休息等），因此需要面对复合性这一客观问题。

设计选择在场性的片段式空间意向 ---- 围合、覆盖、坡地，共同构筑图书馆的多义空间（同地、同时或不同时容纳不同事件发生的空间），通过多义空间去联系复合的各个部分。

整个建筑纵向上被连续的坡道划分为三个部分，最下为辅助、办公空间，中间是以坡的界面界定的室内、室外公共空间组成，最上由自由度较高的电子阅览、创新工坊托起公众阅览室、人性化阅览室、学园阅览室和专业阅览室。

经济技术指标： 建筑限高 ---24m 用地面积 ---23922 ㎡
建筑面积 ---14333 ㎡ 覆盖面积 ---3370 ㎡ 绿地面积 ---8851 ㎡
绿地率 ------37% 容积率 ------0.59 建筑密度 ---14%

同乐都市学园社区活动中心设计
设计者：姜鸿博
剖透视
一层平面
负一层平面
A-A 剖面
B-B 剖面
C-C 剖面
D-D 剖面
同乐关关口人群复杂，各自成群，群体间很少交流，基地呈现割裂的状态。要使人在该活动中心中产生交流，需通过活动出发。不同活动所需人群的参与度不同，将受众广的活动设置在活动中心的内部，各个阶层的人都可以参与进来，形成互动，达到交流目的；而受众较为单一化的活动则根据人群分类规划，让人们在互不影响的情况下获得愉悦的交流体验。
空间类型
室外活动区
室内活动区
过渡区
餐饮休闲区
学生活动
职工活动
老人活动
交融区
学生职工平台活动
职工老人平台活动
老人学生平台活动
汇报展览区
场景 1
场景 2
场景 3
场景 4
场景 5
场景 6
场景 7
场景 8
场景 9
场景 10
分解轴测图

生态陶冶：南头关城市设计

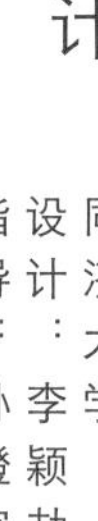

Ecological Cultivation

同济大学

设计：李颖劼＼王卓浩＼李曼竹

指导：孙澄宇＼张建龙

深圳非户籍人口比例

深圳人口年龄组成

深圳是一个年轻的移民城市，大量外来青年一代缺乏城市归属感和认同感。

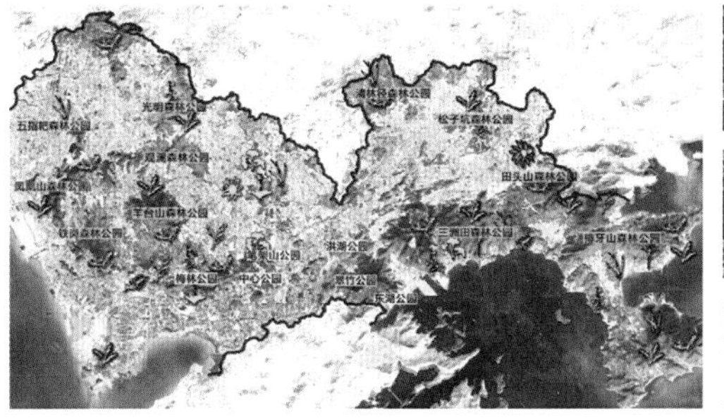

深圳具有丰富的自然资源，分布着大量城市和森林公园，具有深厚的生态文化传统，成为生态陶冶的优良基础。

南头关红线内面积约为 191721 ㎡，按 80-150 元 / ㎡的绿化成本、2万元 / ㎡的土地成本计算，并考虑到需处理的 2 公里公路长度，建设成本约 19.50 亿元。

按照目前房价计算得到南头关周边的三个小区价值约 133.73 亿元，参照宁水花园小区在紧邻的罗湖公园建设前后房价变动，可推知罗湖公园的建设为该地房价带来了 6516 元 / ㎡的房价增长，约增加了 23.9%。可知南头关的生态建设可为周边小区带来可观的生态附加价值。

成本：19.50 亿元 < 收益：31.99 亿元

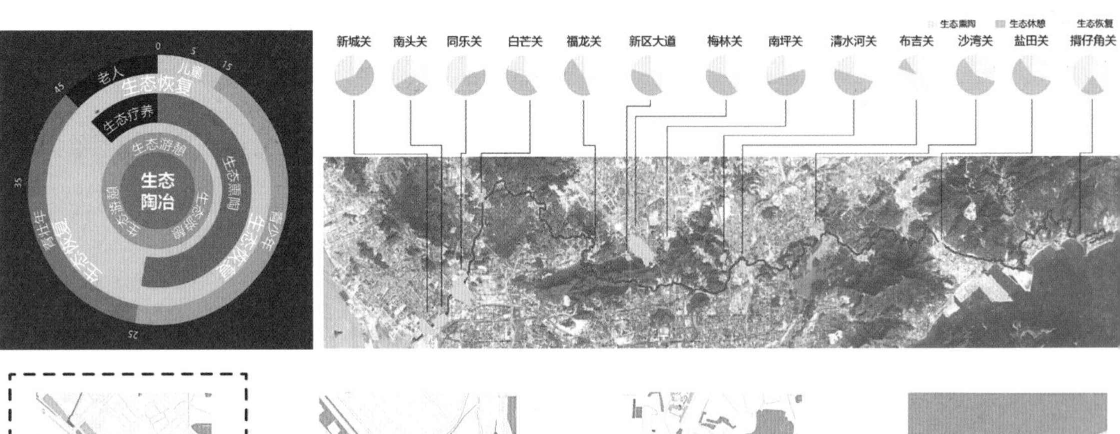

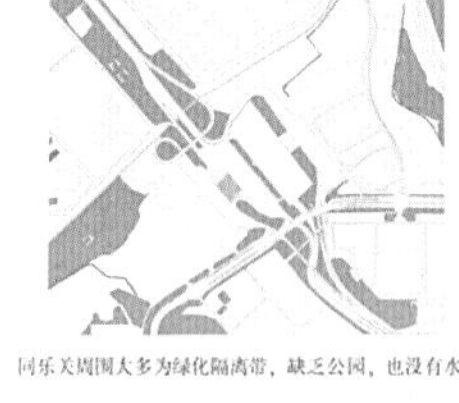

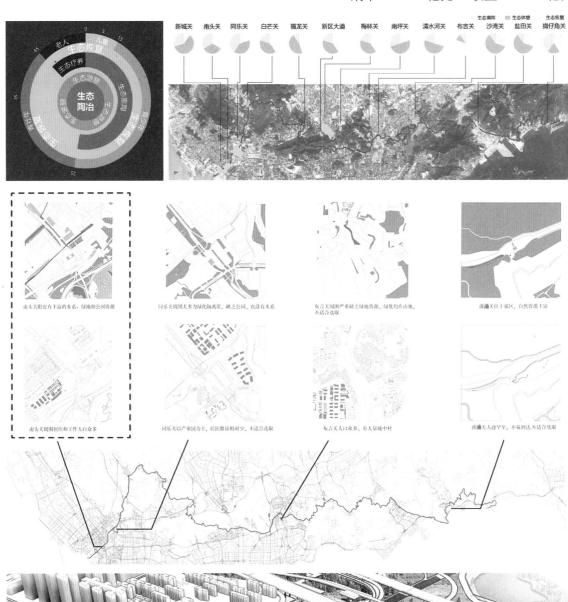

南头关附近有丰富的水系、绿地和公园资源

南头关周围居住和工作人口众多

同乐关周围大多为绿化隔离带，缺乏公园，也没有水系

同乐关以产业园为主，居民数量相对少，不适合选取

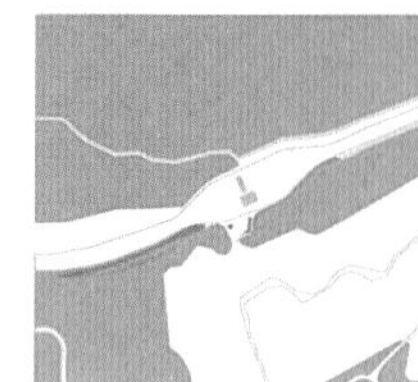

布吉关周围严重缺乏绿地资源，绿化均在山地，不适合选取

布吉关人口众多，有大量城中村

溪涌关位于郊区，自然资源丰富

溪涌关人迹罕至，不易到达，不适合选取

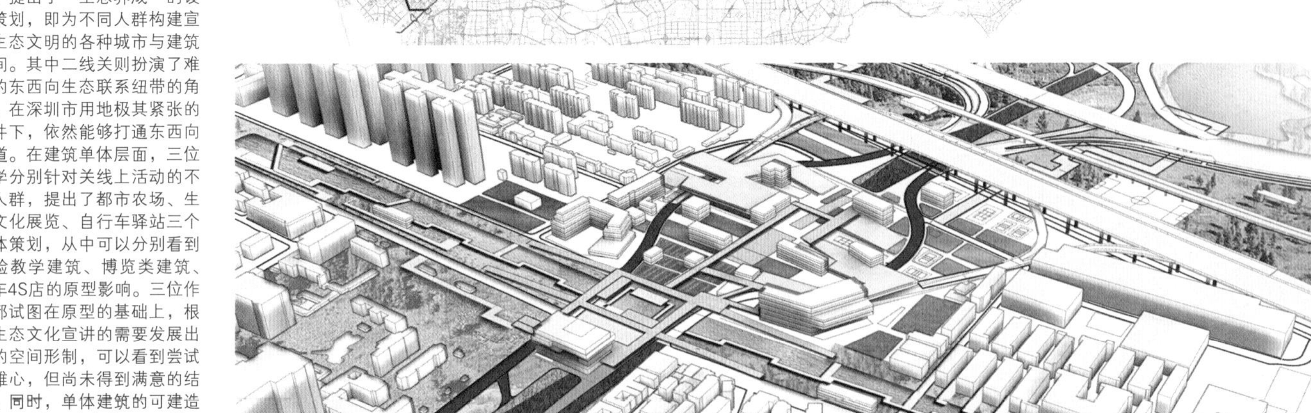

评语：

在城市设计层面，通过对深圳市人口特征的分析，以及城市对“生态文化”的诉求分析，提出了“生态养成”的设计策划，即为不同人群构建宣扬生态文明的各种城市与建筑空间。其中二线关则扮演了难得的东西向生态联系纽带的角色，在深圳市用地极其紧张的条件下，依然能够打通东西向通道。在建筑单体层面，三位同学分别针对关线上活动的不同人群，提出了都市农场、生态文化展览、自行车驿站三个单体策划，从中可以分别看到实验教学建筑、博览类建筑、汽车4S店的原型影响。三位作者都试图在原型的基础上，根据生态文化宣讲的需要发展出新的空间形制，可以看到尝试的雄心，但尚未得到满意的结果。同时，单体建筑的可建造性层面的问题也有待深入回答。

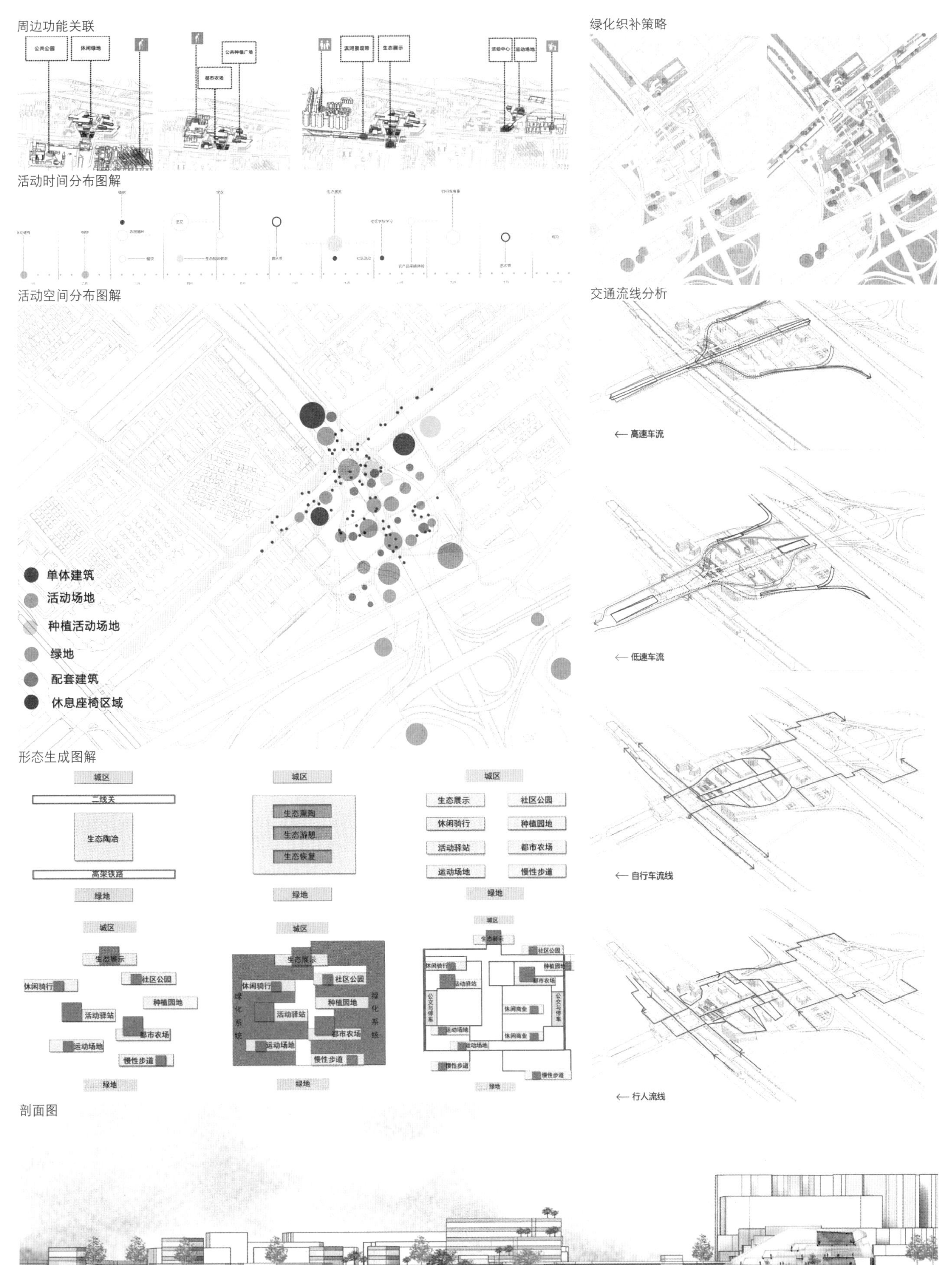
周边功能关联
公共公园
休闲绿地
公共种植广场
都市农场
滨河景观带
生态展示
活动中心
运动场地
活动时间分布图解
活动空间分布图解
单体建筑
活动场地
种植活动场地
绿地
配套建筑
休息座椅区域
形态生成图解
城区
二线关
生态陶冶
高架铁路
绿地
生态熏陶
生态游憩
生态恢复
生态展示
社区公园
休闲骑行
种植园地
活动驿站
都市农场
运动场地
慢性步道
绿化系统
公交与停车
休闲商业
剖面图
绿化织补策略
交通流线分析
← 高速车流
← 低速车流
← 自行车流线
← 行人流线

总平面图 1:2500

城市舞台——生态展示中心设计

设计者：李颖劼

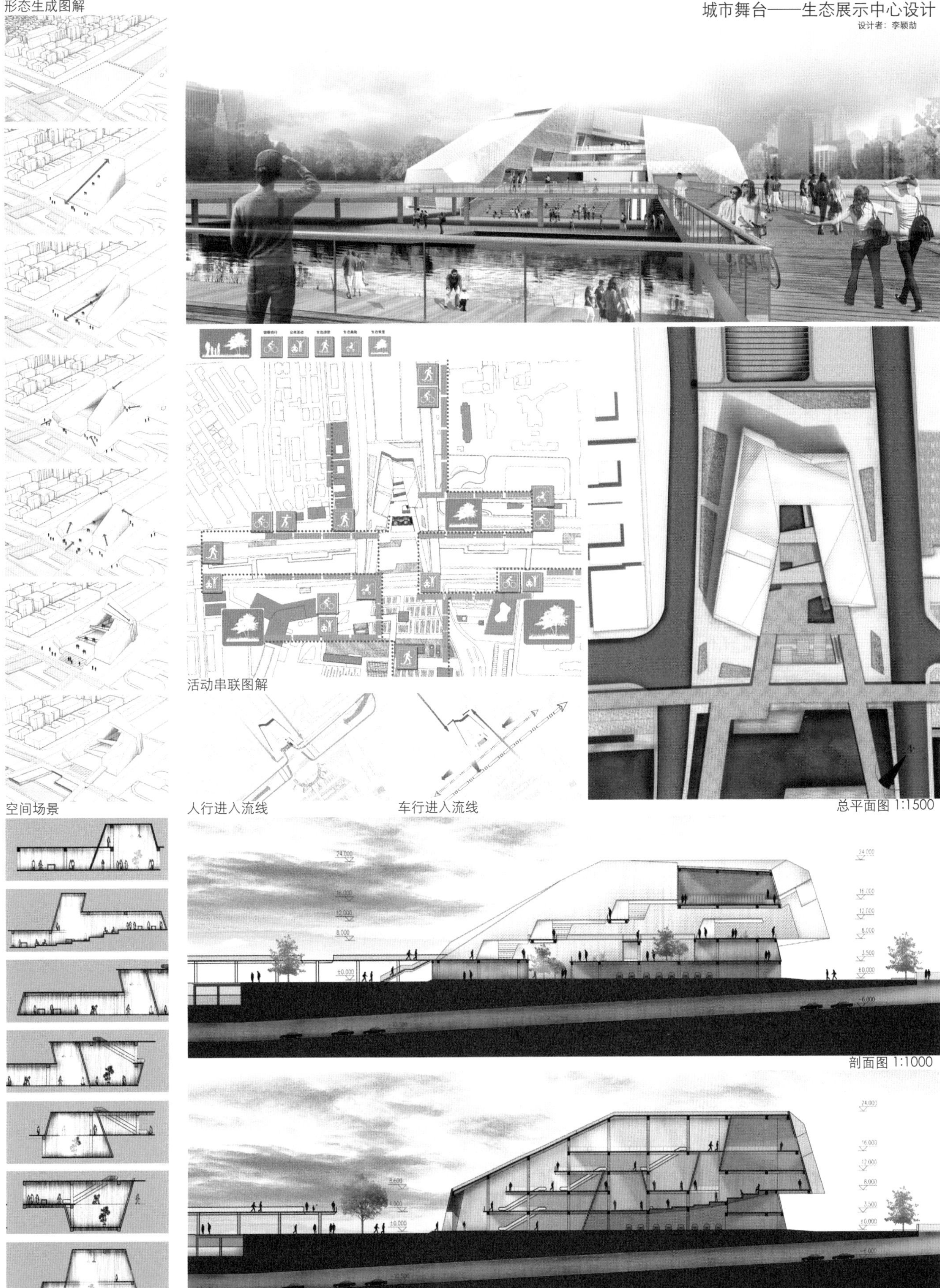

总平面图 1:1500

剖面图 1:1000

剖面图 1:1000

自行车驿站设计 设计者：王卓浩

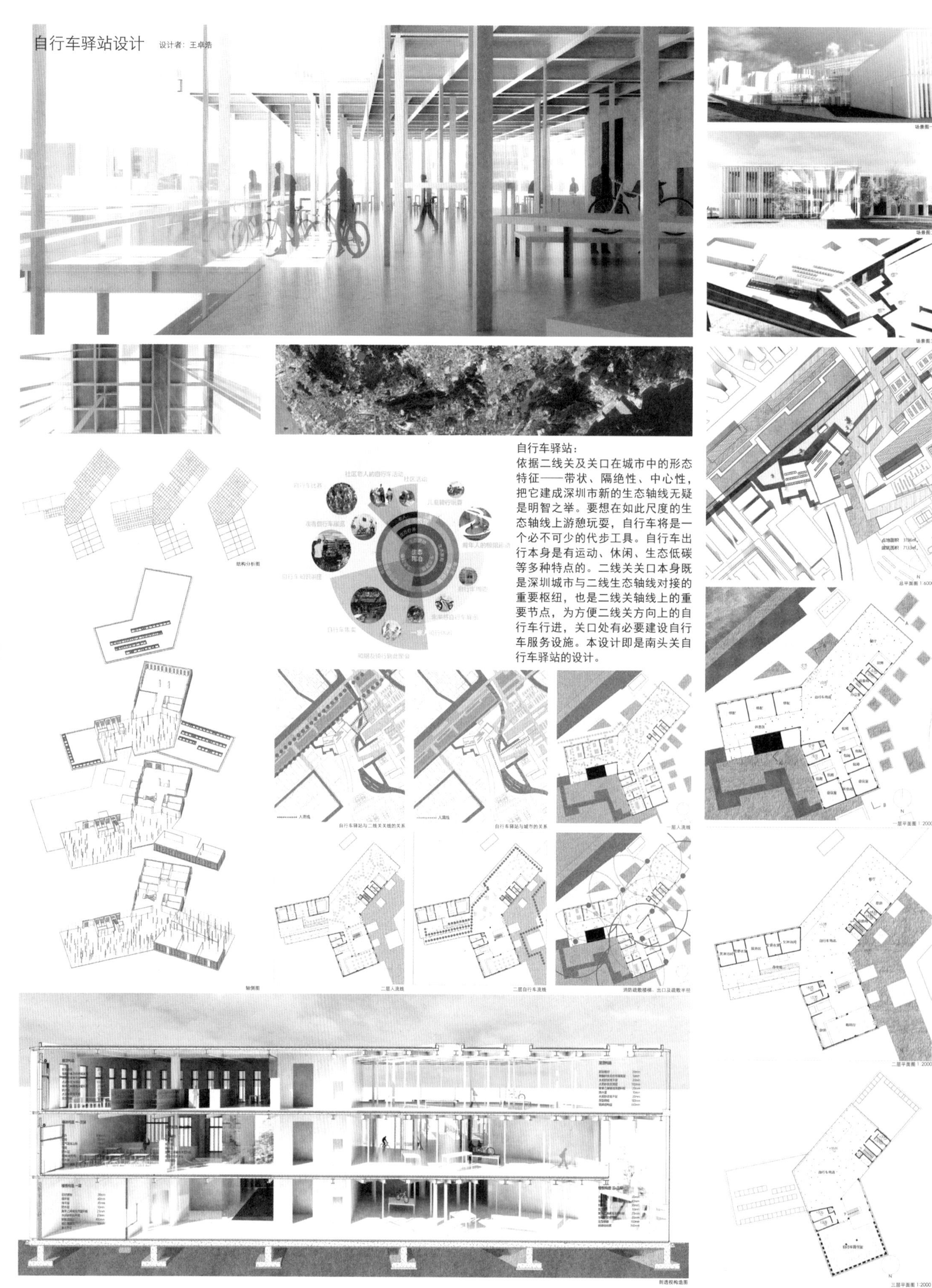

自行车驿站：

依据二线关及关口在城市中的形态特征——带状、隔绝性、中心性，把它建成深圳市新的生态轴线无疑是明智之举。要想在如此尺度的生态轴线上游憩玩耍，自行车将是一个必不可少的代步工具。自行车出行本身是有运动、休闲、生态低碳等多种特点的。二线关关口本身既是深圳城市与二线生态轴线对接的重要枢纽，也是二线关轴线上的重要节点，为方便二线关方向上的自行车行进，关口处有必要建设自行车服务设施。本设计即是南头关自行车驿站的设计。

场景图一

场景图二

场景图三

结构分析图

总平面图 1:6000

自行车驿站与二线关关线的关系

自行车驿站与城市的关系

一层人流线

一层平面图 1:2000

轴侧图

二层人流线

二层自行车流线

消防疏散楼梯、出口及疏散半径

二层平面图 1:2000

剖透视构造图

三层平面图 1:2000

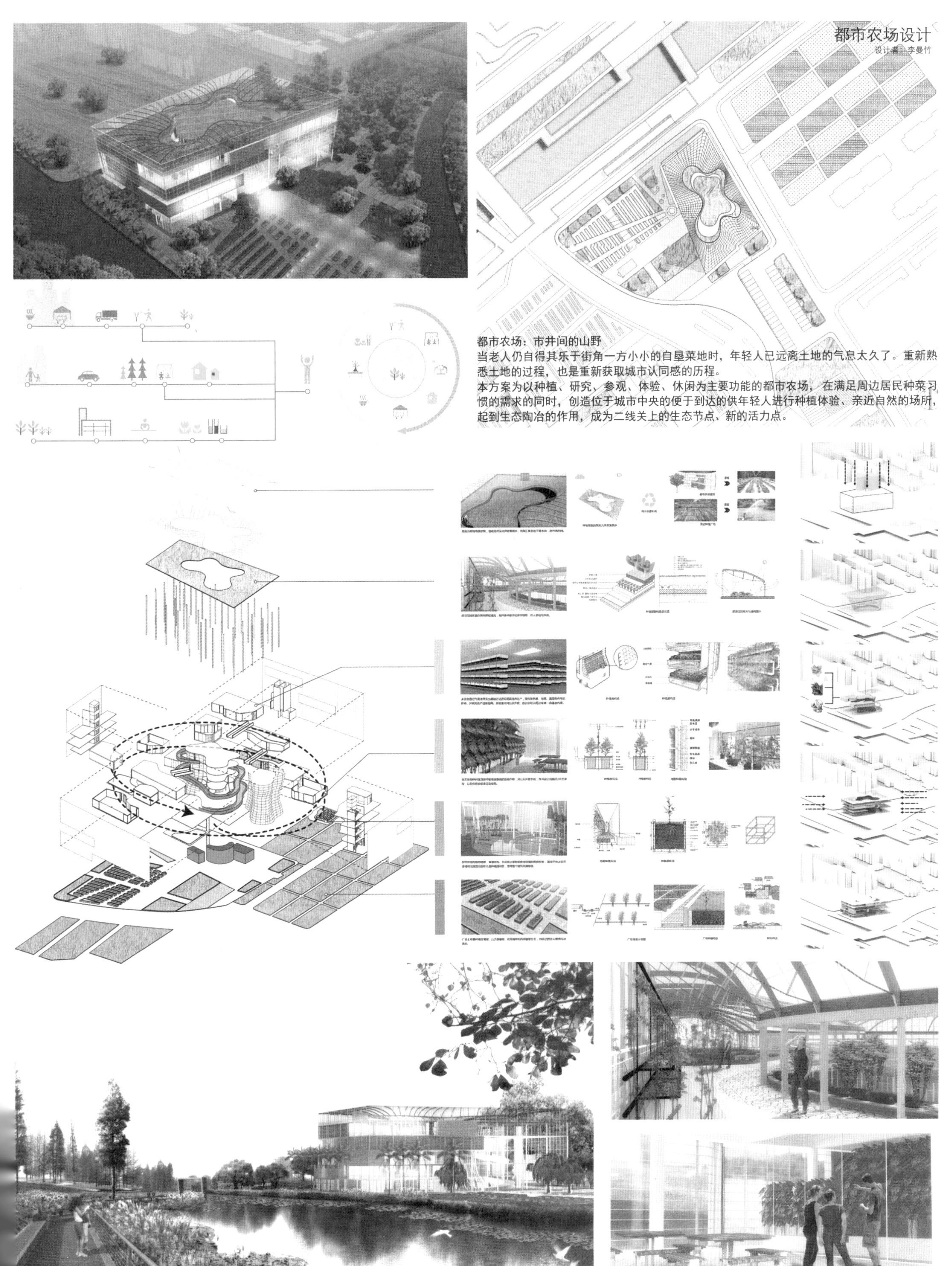
都市农场设计
设计者：李曼竹
都市农场：市井间的山野
当老人仍自得其乐于街角一方小小的自垦菜地时，年轻人已远离土地的气息太久了。重新熟悉土地的过程，也是重新获取城市认同感的历程。
本方案为以种植、研究、参观、体验、休闲为主要功能的都市农场，在满足周边居民种菜习惯的需求的同时，创造位于城市中央的便于到达的供年轻人进行种植体验、亲近自然的场所，起到生态陶冶的作用，成为二线关上的生态节点、新的活力点。

流动工坊 Making On The Way

同济大学
设计：贺艺雯＼饶鉴＼何美婷
指导：孙澄宇＼张建龙

前期城市设计中我们将深圳二线关定位为关内外产业联动的中枢神经，在典型关口可以形成以创客工坊为单元的联动创造基地。产业联动离不开生产资料的运输，在多级物流系统中，二线关属于第二级——城市物流中枢，而在每个小范围地块内可以通过微物流（缆车、电动车平台等）形成工坊间的交流体系。

我们将创客工坊划分为三种组织类型，分别是以学生、市民等零基础创客为主体的学院型创客工坊，以国际创客为主体的社区型创客工坊和帮助创客将产品推向市场的商展型创客工坊。

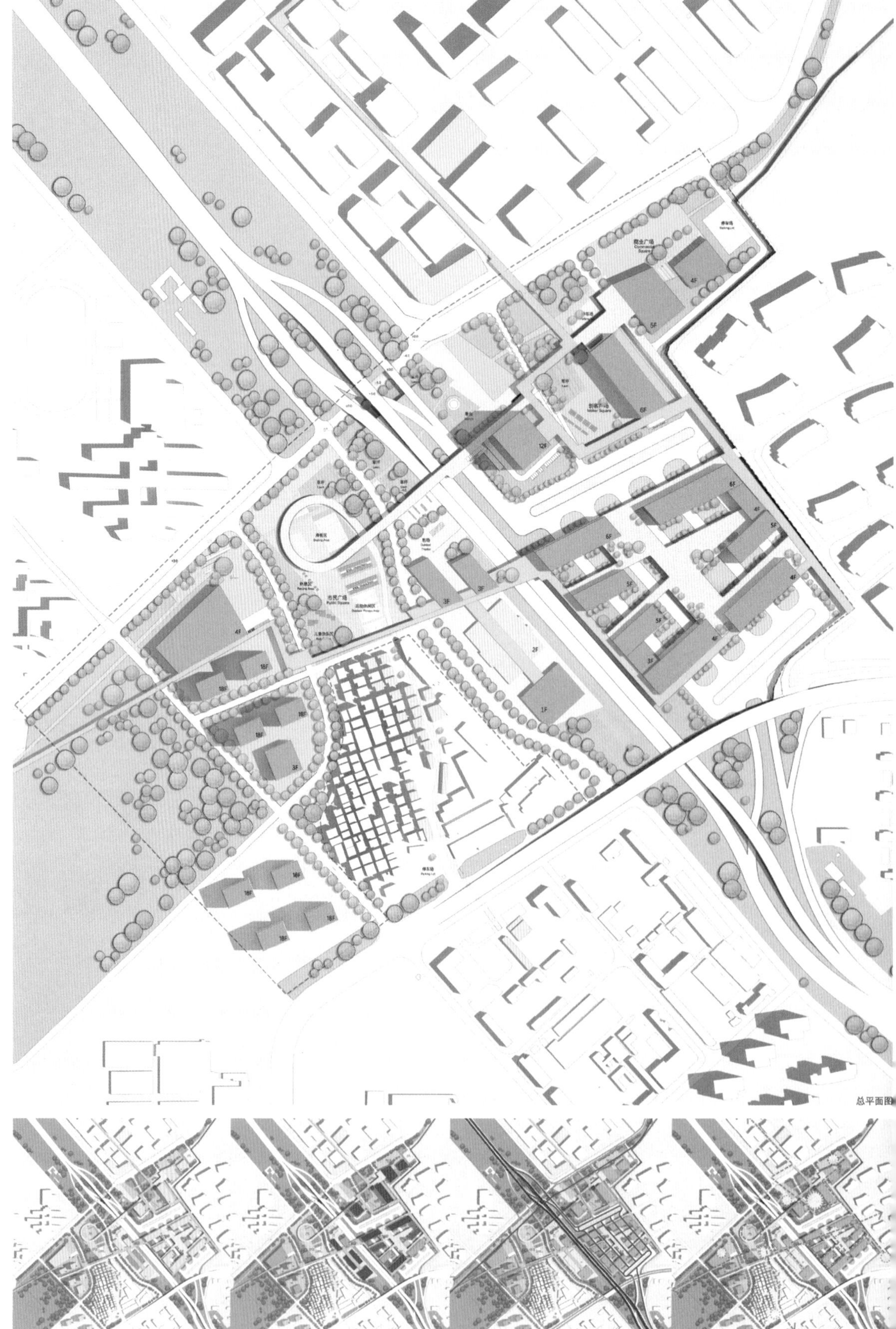

总平面图

新建建筑　功能分布　交通流线　信息流

评语：

通过对深圳市创新经济发展轨迹的预测，提出了扎根于“创客经济”与“物流设施”的各种配套城市、建筑空间策划。二线关在其中扮演了重要的城市东西向“总线”角色，将原有的“阻碍”性边界转化为“联系”性的背脊通道，从而将城市间的物流系统与关线周边的“微物流”网络联系起来，构成了三级物流体系，企图通过物流系统，将周边的各种资源组成系统为“创客”所用，最大程度地为“创客经济”提供支撑。在建筑单体层面，三位同学分别提出了学院型创客空间、商展型创客空间、社区型创客空间，其均以类型建筑的原形（图书馆、展览馆、时租公寓）结合“创客”对于特殊工作空间的需求，具有鲜明的空间特点。这个设计在策划与逻辑推演上较为用功，但在单体建筑层面尚有待加深，特别是对于建筑的可建造性方面的设计与描述。

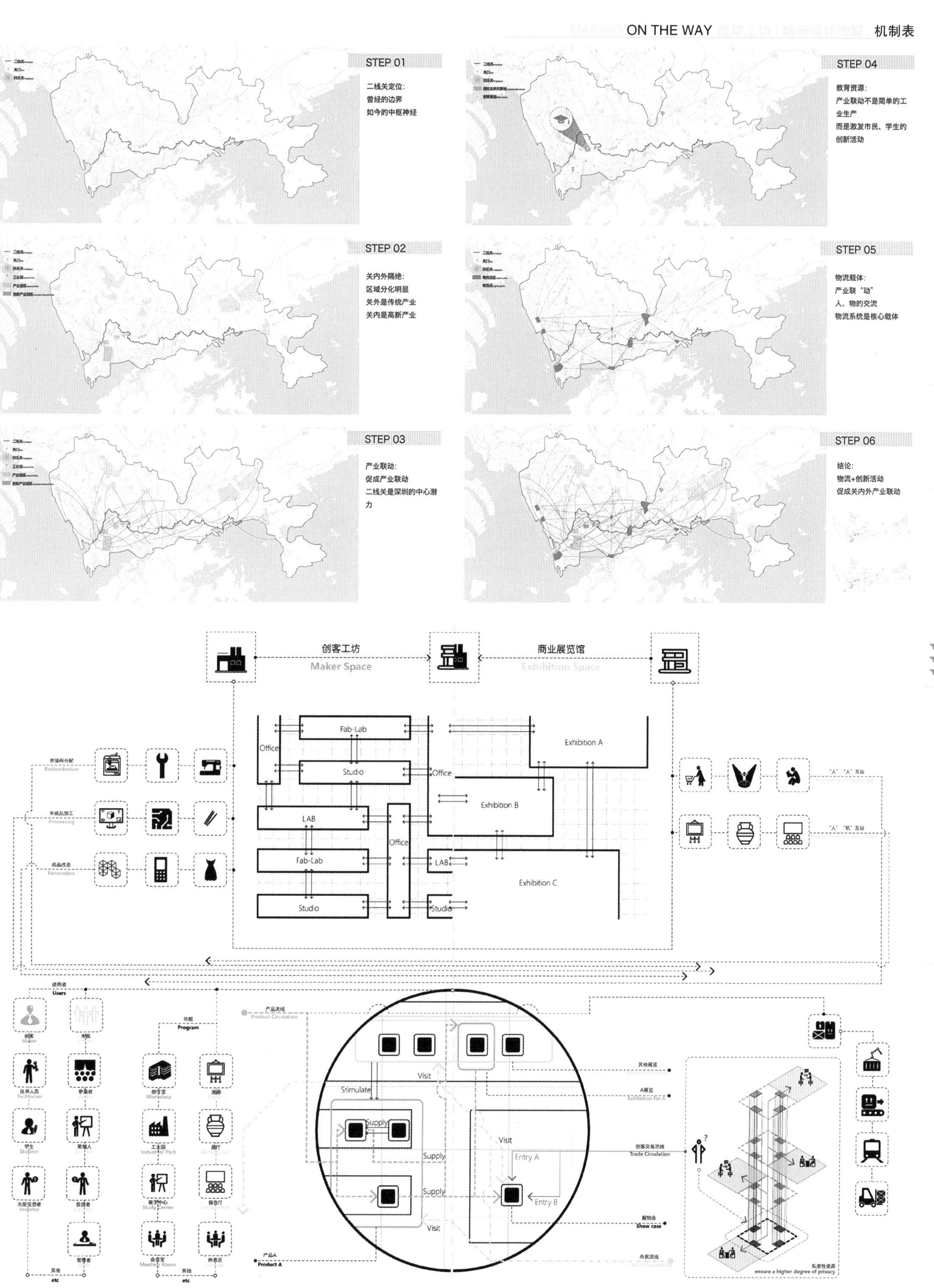
STEP 01
二线关定位:
曾经的边界
如今的中枢神经
STEP 02
关内外隔绝:
区域分化明显
关外是传统产业
关内是高新产业
STEP 03
产业联动:
促成产业联动
二线关是深圳的中心潜力
STEP 04
教育资源:
产业联动不是简单的工业生产
而是激发市民、学生的创新活动
STEP 05
物流载体:
产业联"动"
人、物的交流
物流系统是核心载体
STEP 06
结论:
物流+创新活动
促成关内外产业联动
创客工坊
Maker Space
商业展览馆
Exhibition Space
Fab-Lab
Office
Studio
LAB
Exhibition A
Exhibition B
Exhibition C
Redistribution
Processing
Renovation
Users
Program
Product Circulation
Visit
Stimulate
Supply
Entry A
Entry B
Trade Circulation
Show case
Product A
ensure a higher degree of privacy

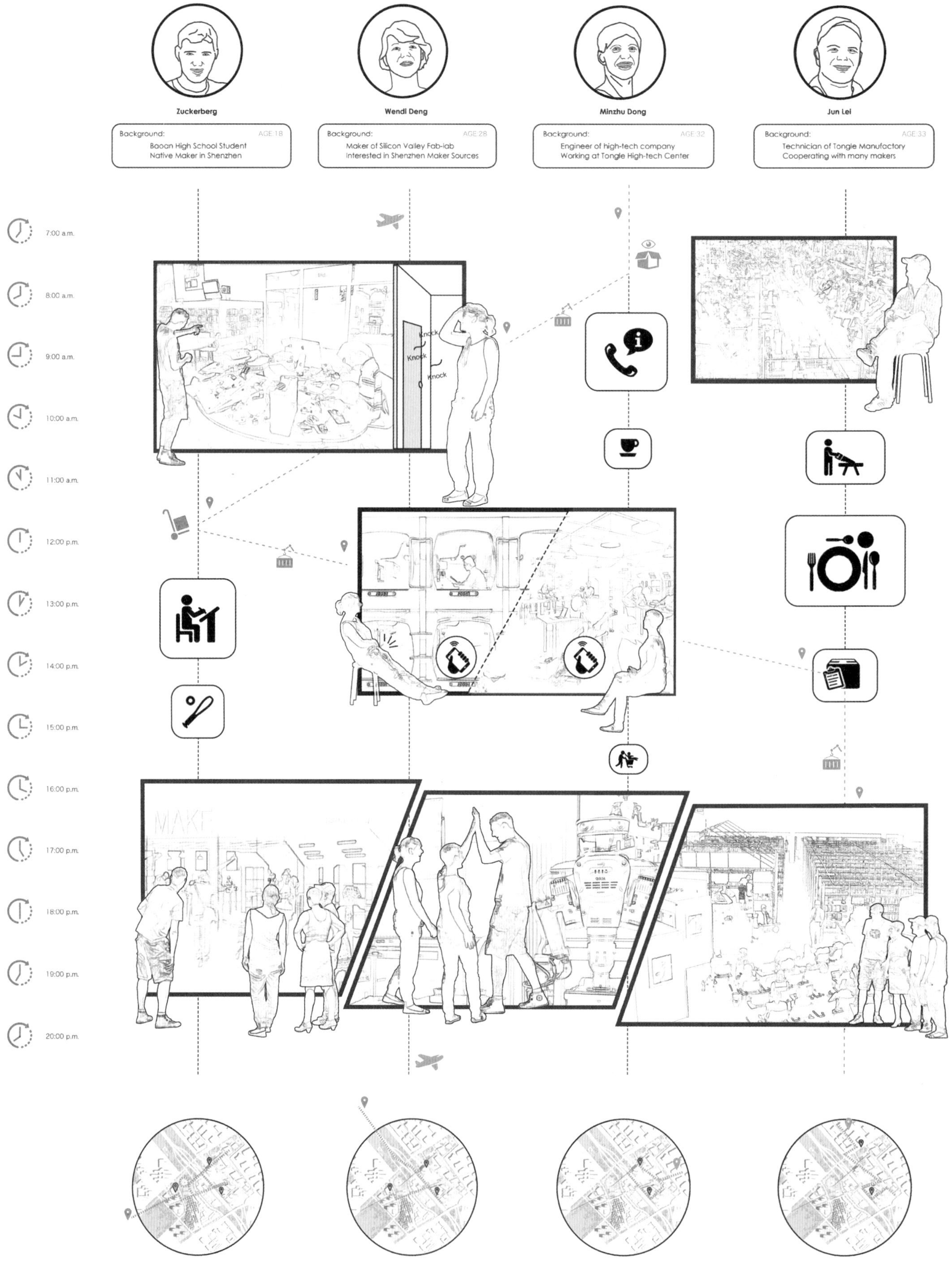

Zuckerberg

Background: AGE:18
Baoan High School Student
Native Maker in Shenzhen

Wendi Deng

Background: AGE:28
Maker of Silicon Valley Fab-lab
Interested in Shenzhen Maker Sources

Minzhu Dong

Background: AGE:32
Engineer of high-tech company
Working at Tongle High-tech Center

Jun Lei

Background: AGE:33
Technician of Tongle Manufactory
Cooperating with many makers

7:00 a.m.
8:00 a.m.
9:00 a.m.
10:00 a.m.
11:00 a.m.
12:00 p.m.
13:00 p.m.
14:00 p.m.
15:00 p.m.
16:00 p.m.
17:00 p.m.
18:00 p.m.
19:00 p.m.
20:00 p.m.

Knock
Knock
Knock

总平面图

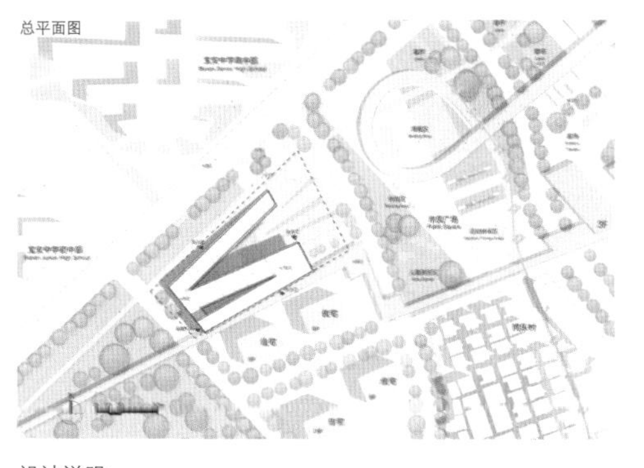

空间原型 & 分解轴测

设计说明：

我设计的建筑单体是学院型创客工坊。它需要具备三种基本空间要素：功能空间、微物流路径和景观庭院。由于周边的地势起伏，我以坡道为空间原型，组织起三条功能空间和微物流坡道系统，并围合成两个景观庭院与周边绿化轴线呼应。

深圳地势起伏，坡道可以藏匿其中，延续使人漫步、巡游的场所精神。它既是交通连接的物流空间，也是促进人群交流活动的开放公共空间。

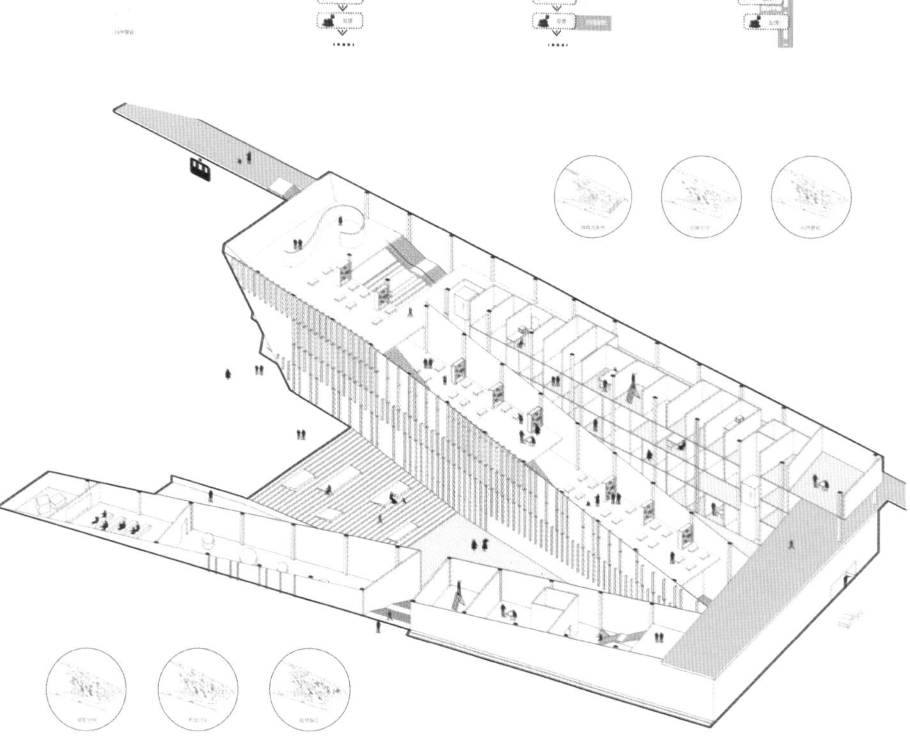

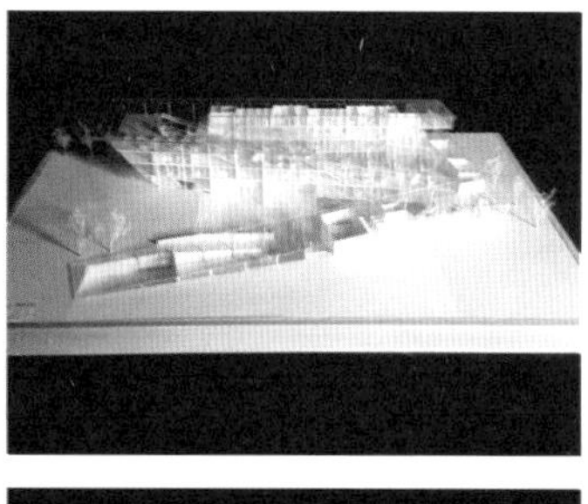

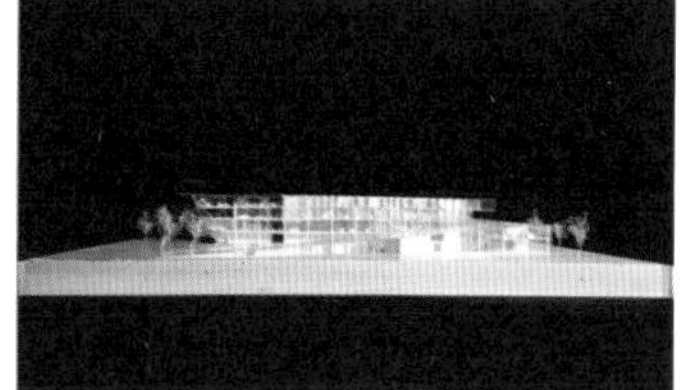

社区型创客工坊 2.5

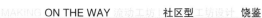

1. 胶囊公寓：结合 3d 打印制造与嵌入式的适应性排布方式，适应不同的创客活动周期
2. 创客工作室：配合胶囊办公空间的灵活排布，大空间与私密空间相互切换
3. 创客工坊：适应机械臂，CNC 大型机械加工的制造空间与 3d 打印，木工作坊等
4. 创客交流：连接胶囊公寓与创客工作室的 提供了最短路径与相遇交流的场所
5. 创客活动：跨越三层的 是创客活动宣传的场所，也是创客工坊的市民参观轴线
6. 微物流：微物流平台与单轨运输系统有效组合了 ，配合垂直货运交通与起重机形成创客社区的物流系统

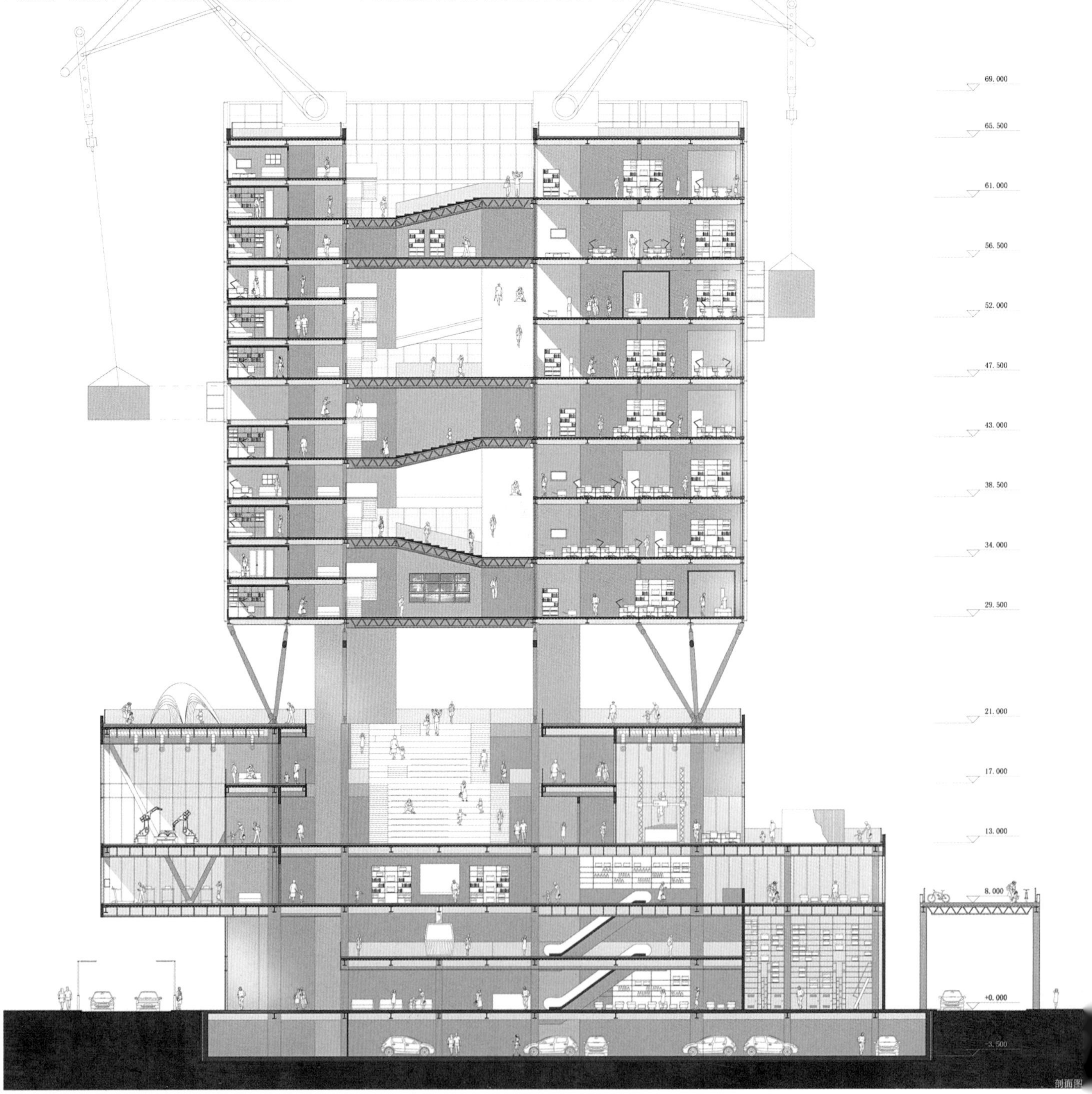

设计分析：

设计将在深圳二线关关口位置，在物流网络系统的基础上，将
等功能垂直布置，同时考虑观展市民、参展创客、加工创客以及投资人的流线，以及不同人群在基地上的视线需求。

沿着物流路网视线方向，为了满足高效的产品制作和加工展销，因此以底层商业作为沿街面满足临时租赁商业的需要，靠近西侧高速路作为私密展销，为国际创客以及投资人提供私密交流的场所，东侧靠近室外展览升降台区域作为加工型制造工坊；夹层会有部分提供指导学习的空间。

利用二层微物流平台，设置开放的市民活动路径（室外）入口以及展览（室内）门厅入口，其中视线连接室外展览与室外公园广场，植入创客咖啡、商业等功能，增强人与人之间的互动；夹层设置微型交流空间，提供创客交流。

三层以体验型、参与型与大装置大空间为主，结合延伸的市民活动平台，形成内外交流。

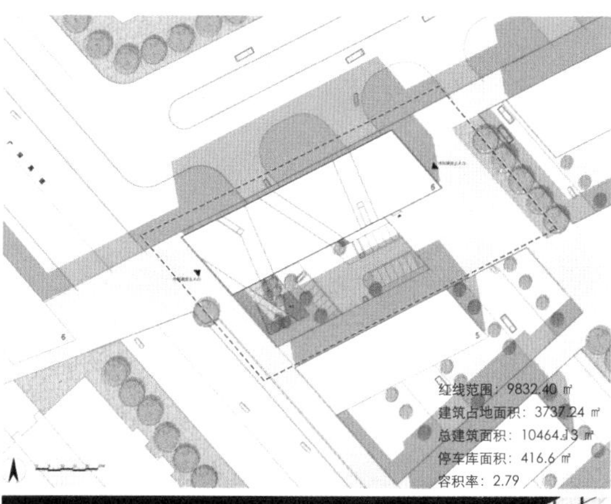

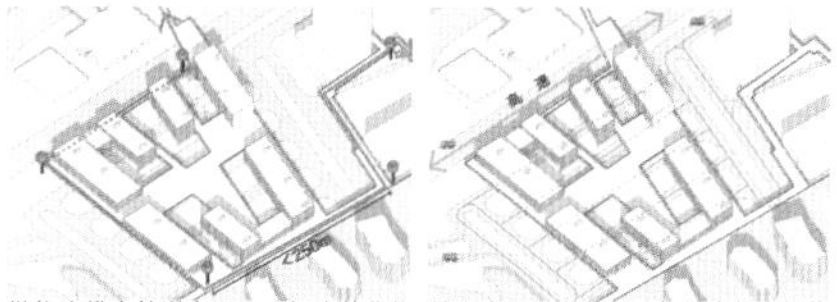

微物流缆车轨道交通：承担小件货物运载，联通周边的电子产业与TCL高新技术产业。

城市交通：多路网平行组合的高效物流网络由高速国道进行分流。

周边环境：基地的西面为同乐关保留改造的检查站，东侧为现有TCL高新技术园区。

微物流园区建筑类型：该物流园主要建筑功能为商业展销、工坊、办公以及餐饮娱乐等。

平台主要活动类型：产业园活动平台一方面为办公创客提供休憩交流，另一方面提供市民游乐。

市民主要来向：市民主要从二线关改造绿地来，也有小部分来自从南侧的居民区。

创客主要来向：周边的加工型创客利用可租赁的加工场地进行制造；参展型创客主要从国道分流。

投资人主要来向：利用分流物流网络抵达商展建筑。

透视图 - 展示空间

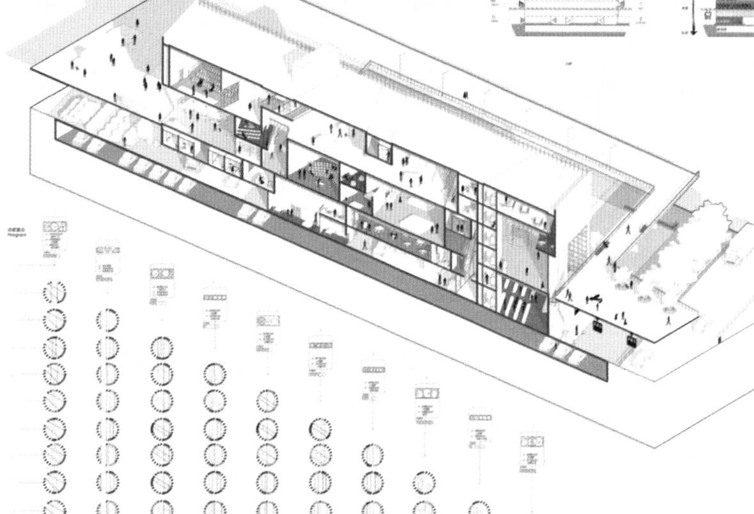

透视图 - 展示空间

透视图 - 展厅

透视图 - 私密商讨空间

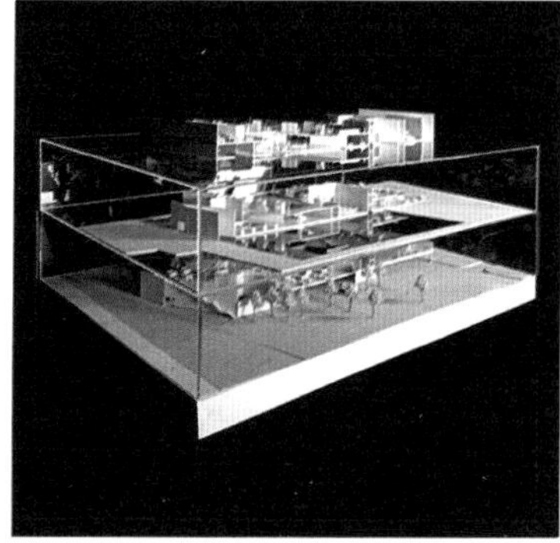

TIANJIN UNIVERSITY

天津大学

1	反叛的边界 The Edge of Rebellion	王雪睿　耿　玥　张　知
2	开轩面场圃 A Village About I and Me	刘二爽　沈　馨　周宇凡
3	万事屋 Shenzhen Border Bridge	刘程明　王莹莹　杜若森
4	记忆的风景 Landscape of Memory	葛康宁　吕立丰
5	城市中的绿洲 Urban Oasis	王立杨

教师团队 TEACHING TEAM

许　秦

孔宇航

张昕楠

学生团队 STUDENT TEAM

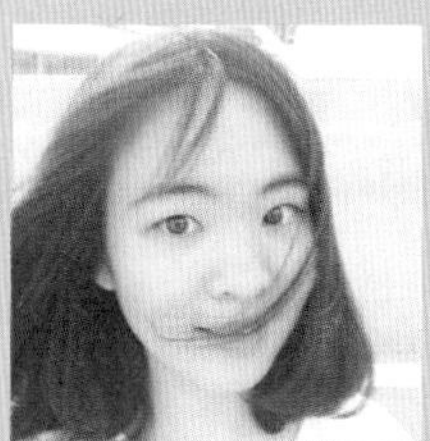
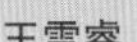
王雪睿

耿　玥

张　知

刘二爽

沈　馨

周宇凡

刘程明

王莹莹

杜若森

葛康宁

吕立丰

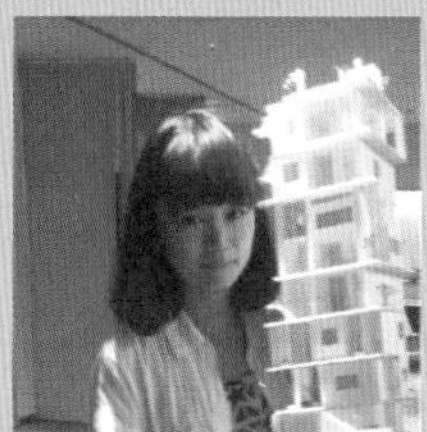
王立杨

反叛的边界
The Edge of Rebellion

天津大学

设计：王雪睿＼耿玥＼张知

指导：孔宇航＼许蓁＼张昕楠

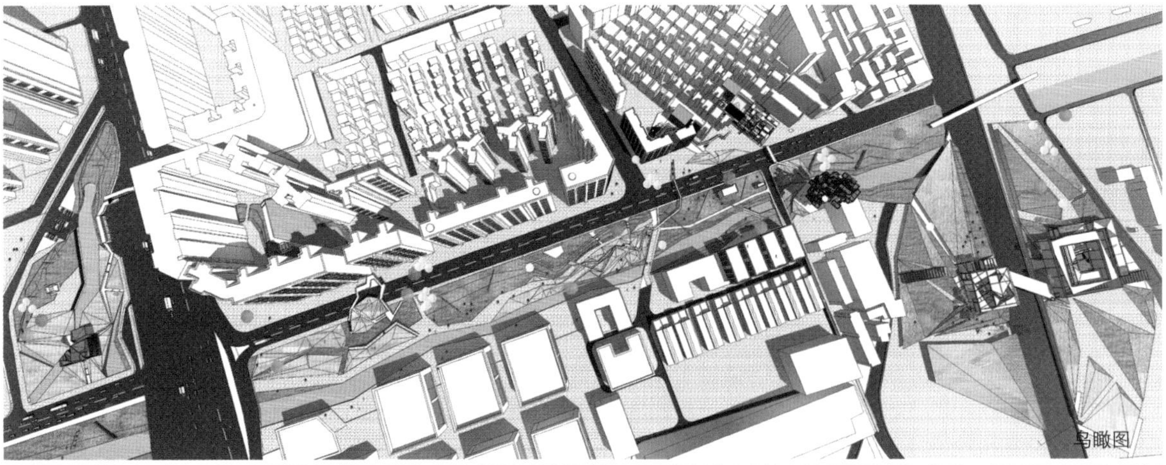

鸟瞰图

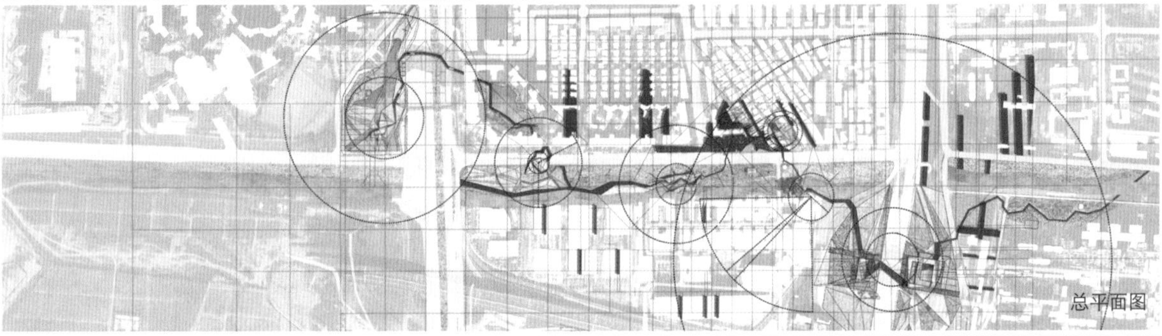

总平面图

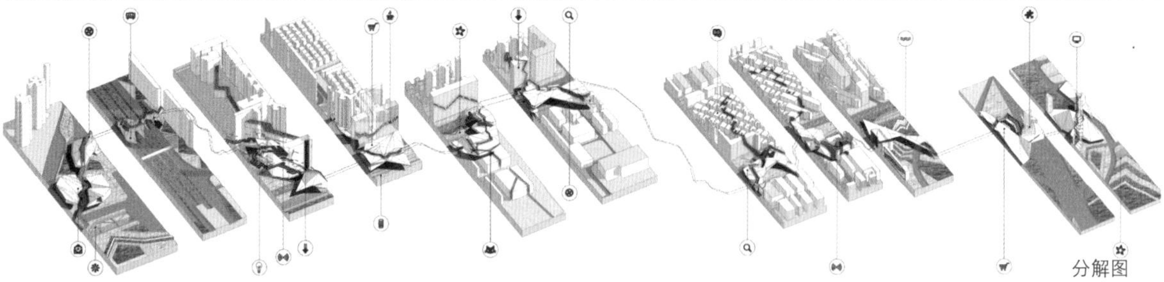

分解图

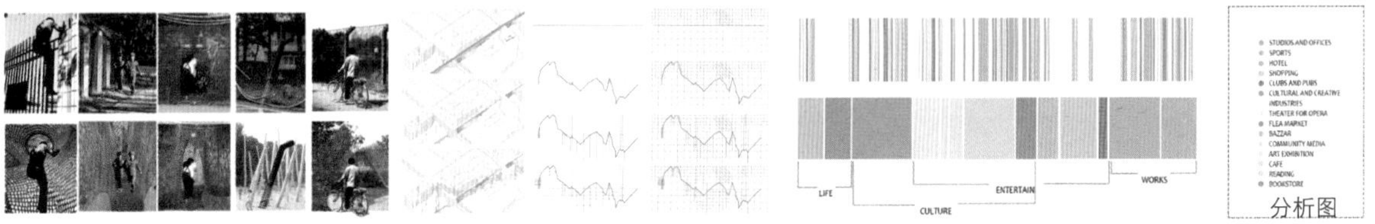

分析图

评语：

选取了二线关中的南头关为题，从交通网络、空间格局、功能系统的复杂性等方面对场地进行了充分的调研及分析，设计前期工作扎实充分，对后续的城市设计阶段做出了充分的铺垫。

在城市设计的策略制定阶段，通过分析二线关对城市造成的肌理断裂、交通拥塞、关内外心理隔阂等问题，城市设计反其道而行，关注不断消失的旧边界本身，并以二线关原有的城市裂痕形象进行尺度缩放置于场地，解构原有的城市界面。

进入建筑设计阶段之后，确定了反讽的意图，以戏谑吊诡的形式反映“二线关”的产生与消亡这一主题，通过装置艺术的形式表达三十年间的城市变化，试图引起参观者的共鸣。

效果图

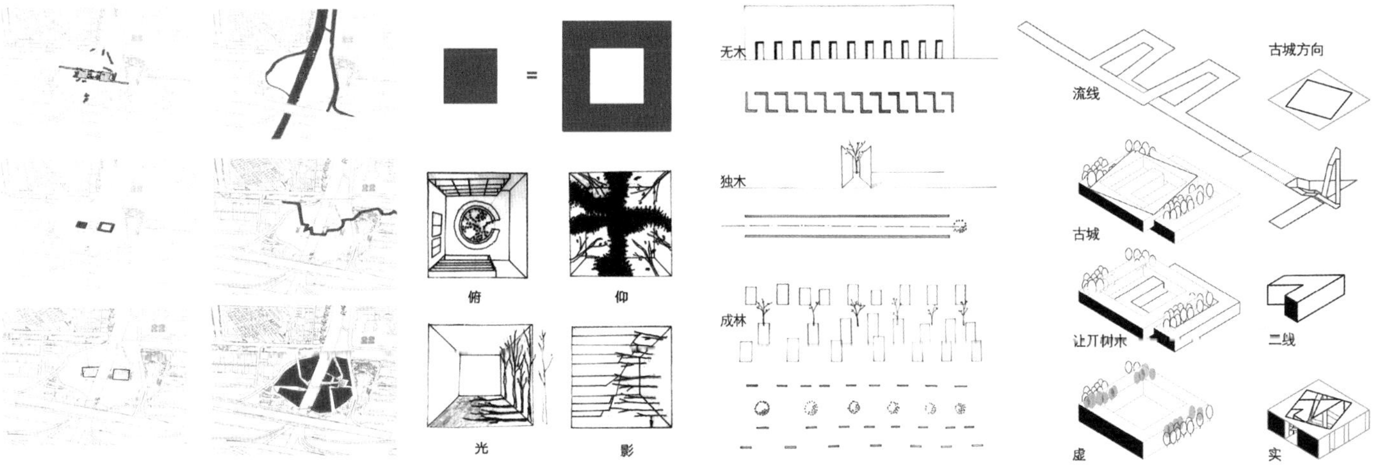

南头关单体设计 窄门· 纪念二线关

东南立面图

西北立面图

延续城市设计的概念，站在南头关，思考如何以裂痕之姿连接人们的城市记忆。曾经的南头联检站本身就是割裂城市的裂痕，如今建筑不再，而人们的记忆并未消失，空旷的场地如何承载连接新记忆？场地上生生不息的树木给了我答案。虽然建筑已经消失，然而场地上的树木依然维持着建筑曾经的形状，但只怕有一天树木被高速公路取代，这份裂痕的记忆就再也不见了。于是用建筑再现南头关裂痕之姿，试图在这片裂痕区域为城市提供产生愉快记忆的场所，以裂痕之姿连接人们的城市记忆。

从消失的联检站和树木开始设计，先拉直高速公路，然后用建筑的虚实回应树木的保存与流失，继而引入城市设计的“二线关”，考虑南头古城的方向，设计出最终的场地。

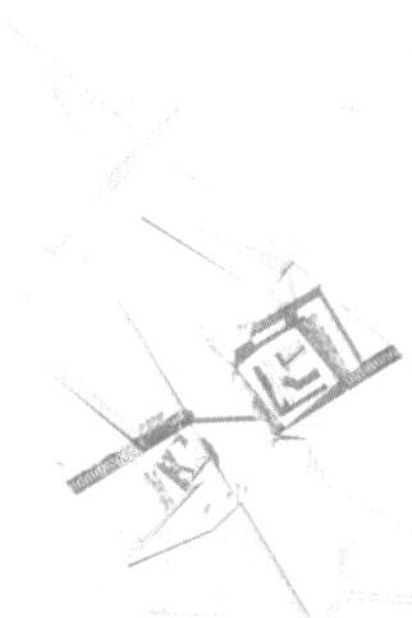

总平面图

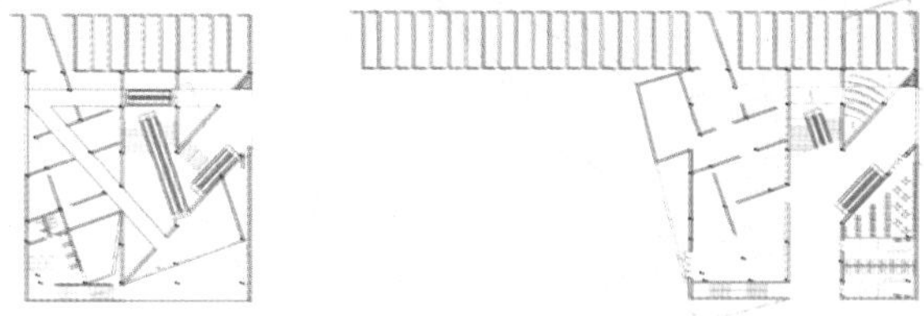

三层平面图

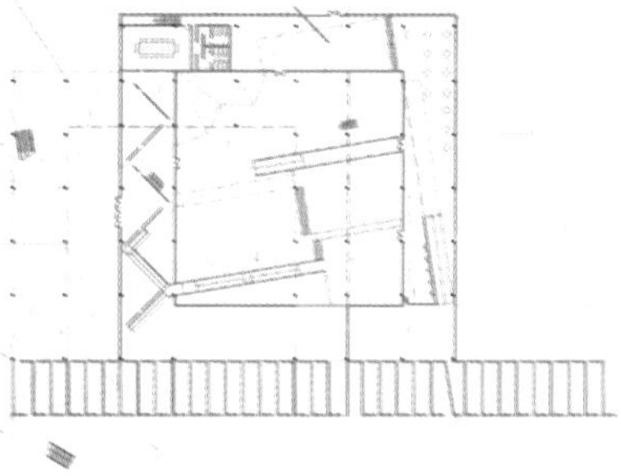

首层平面图

二层平面图

湖滨中路单体设计 寸城 · 演绎二线关

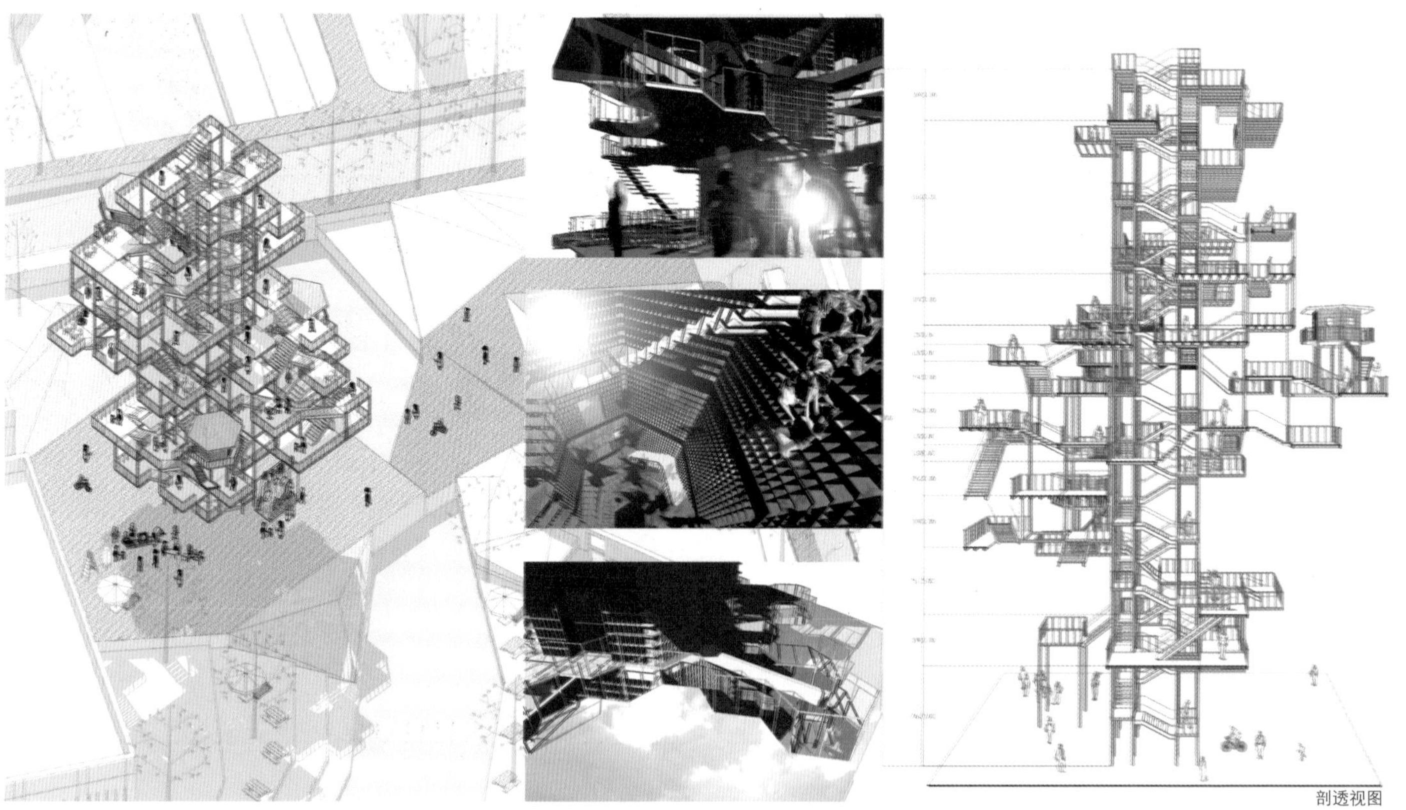

剖透视图

曾经的二线关，是深圳的城市禁区。是岗楼和哨卡守卫的虚空，是南头关前攒动的渴想，是铁丝网编织的秩序和冷。

我们对二线关的所有想象，始于对一次有计划拆除的回溯，一切记忆却也终止于此。

曾经的南头关，定义了“深圳梦开始的地方”。如今，汹涌的人群四散，空气里已无渴望的焦灼。

我想问你，这一切，就这样消失了？

人们之所以欣赏废墟，是因为它们忠实记录了时间的痕迹。一切在此刻停止，一切在此刻得到永生。

如今的二线关，车辆川流、草木自在，一切心照不宣的淡忘中，我们却想激发一股反叛的力量，以裂痕之姿，缝合边界。

总平面图

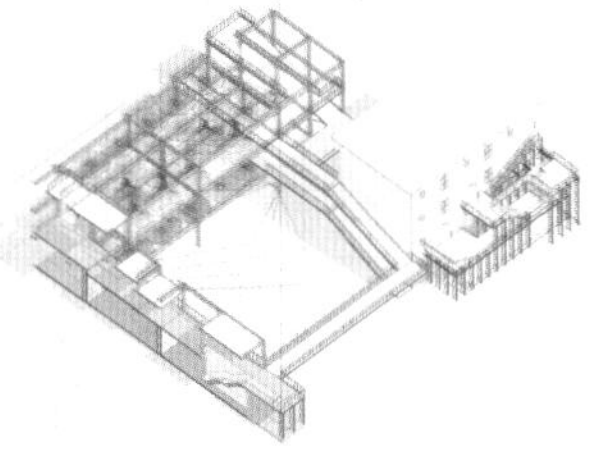

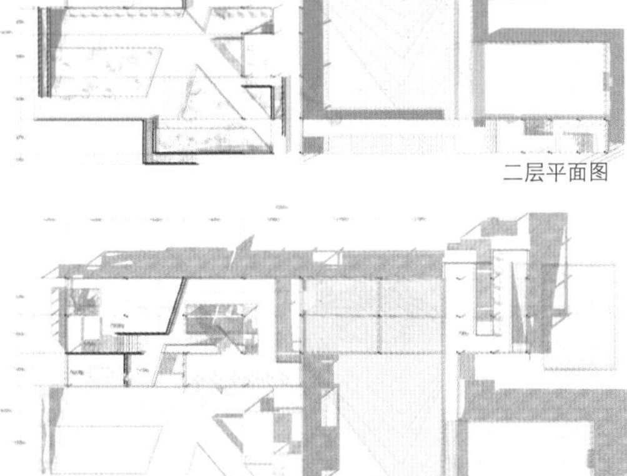

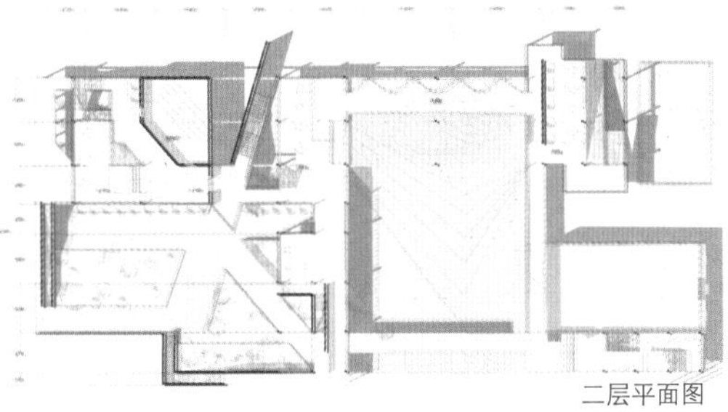

二层平面图

三层平面图

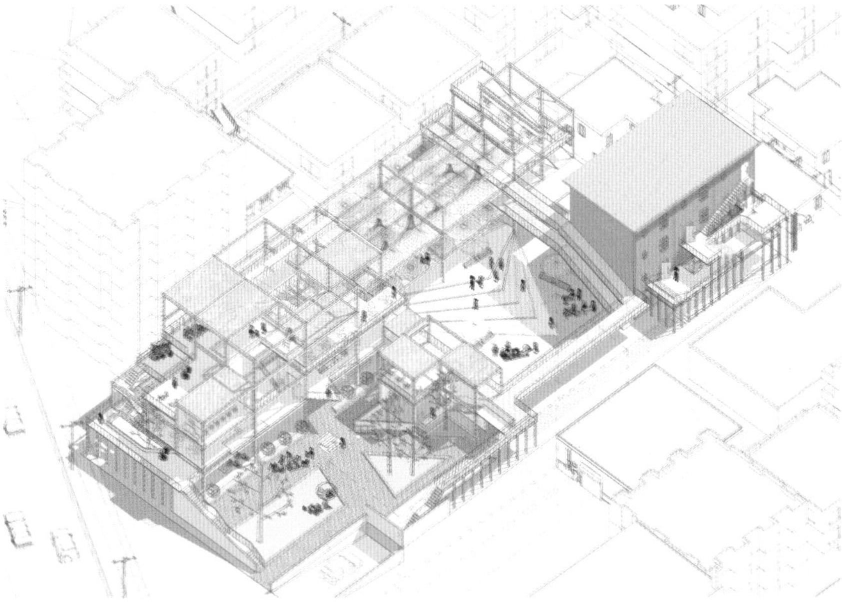

城市轴测图

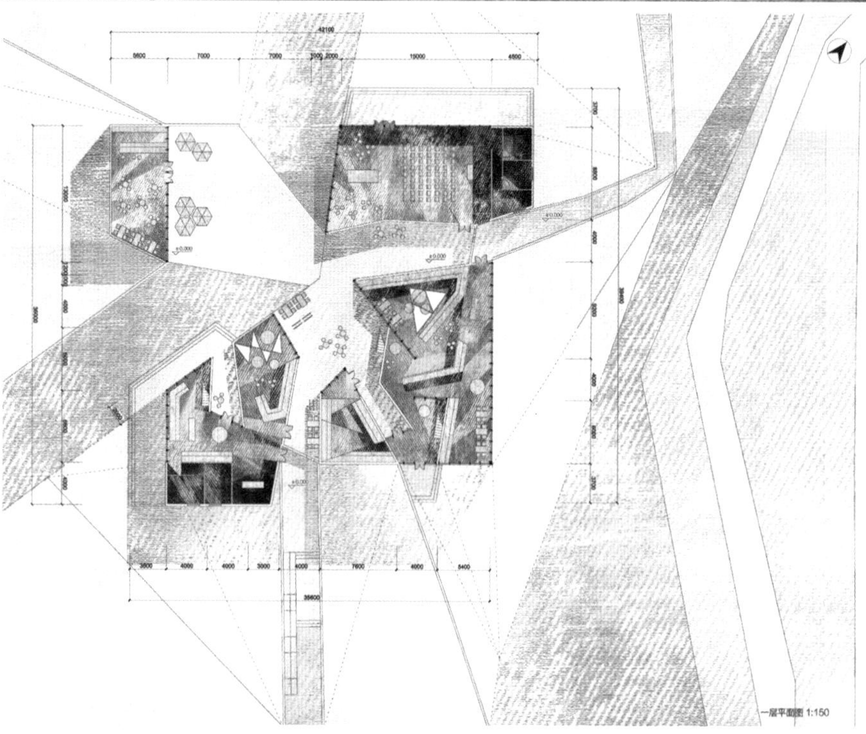
一层平面图 1:150

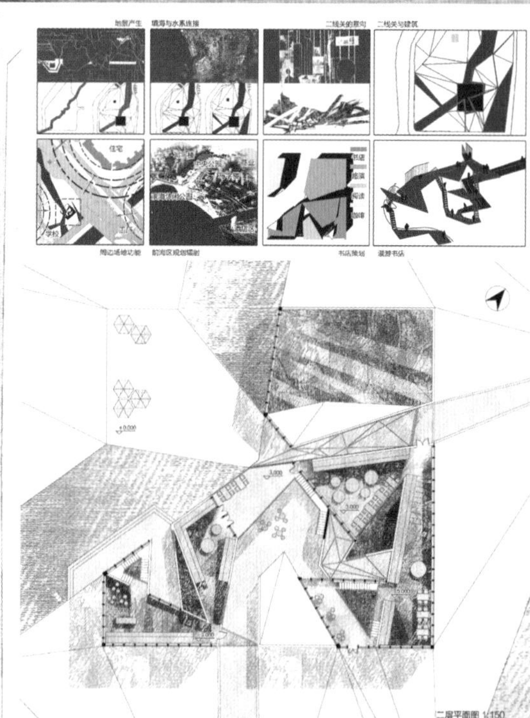

二层平面图 1:150

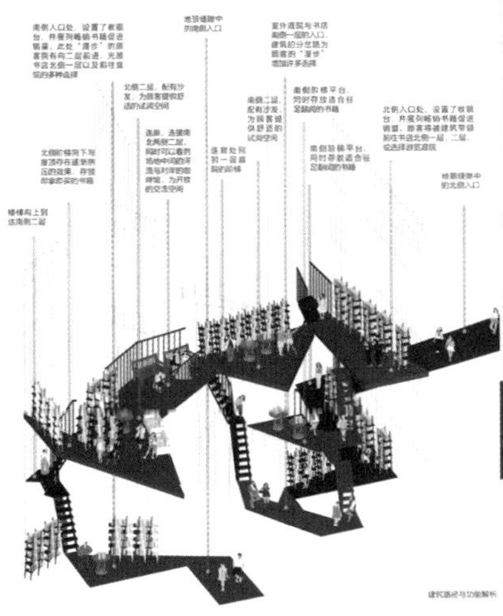

折径

在新城联检站原址处，为了呼唤二线关的记忆，在建筑单体中利用空间手法演绎二线关给予人们或痛苦或怀念的曾经。

场地设计由城市设计演化而来，力求与城市设计达成和谐统一。在场地中挖出的河流形成暗渠，连通双界河及其相邻河流。起伏的地景与城市设计相呼应，而建筑就位于水面之上，地景之中。

铁丝网能见不能触摸，边防线上幽长静谧似渐狭窄的羊肠小径，双界河不再清澈的水流倒映着破败的那一年的回忆刻痕，还有人们心中被挤压折叠的城市与自己，都值得人们再度漫游回味。

折返或探寻，回头或前行，二线关的是与非在建筑中不再重要，重要的是它的过往，是否能在演绎之下有所趣，有所思，有所感悟。

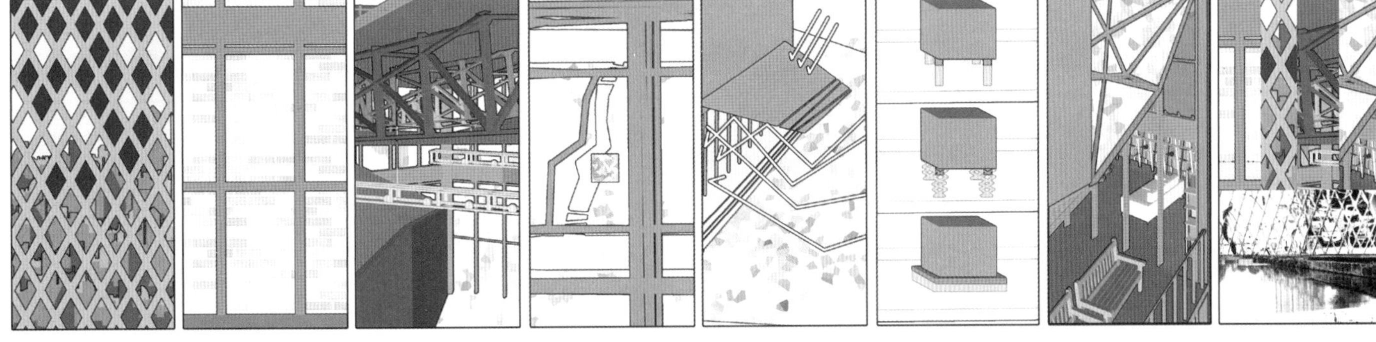

开轩面场圃

A Village About I and Me

天津大学

设计：刘二爽＼沈馨＼周宇凡

指导：孔宇航＼许蓁＼张昕楠

评语：

课题聚焦二线关东端的溪涌关及相邻的大鹏湾公墓地块，研究城市结构的织补、公共生活的连续和生态基质的修复。选题具有显著的理论价值和紧迫的现实意义。该毕业设计包括现状调研、问题剖析、城市设计与景观编码设计策略研究若干阶段，借鉴景观都市学的理论和方法，在地块与周边的整体区域范围内，研究包含结构、组织与元素的景观环境编码系统，着重聚焦斑块、通径和脉流三种组织，提出激发、引导和控制城市空间再兴和景观生态修复的系统而富有弹性的设计策略，并且具有容纳在时间进程中调整变化的能力。

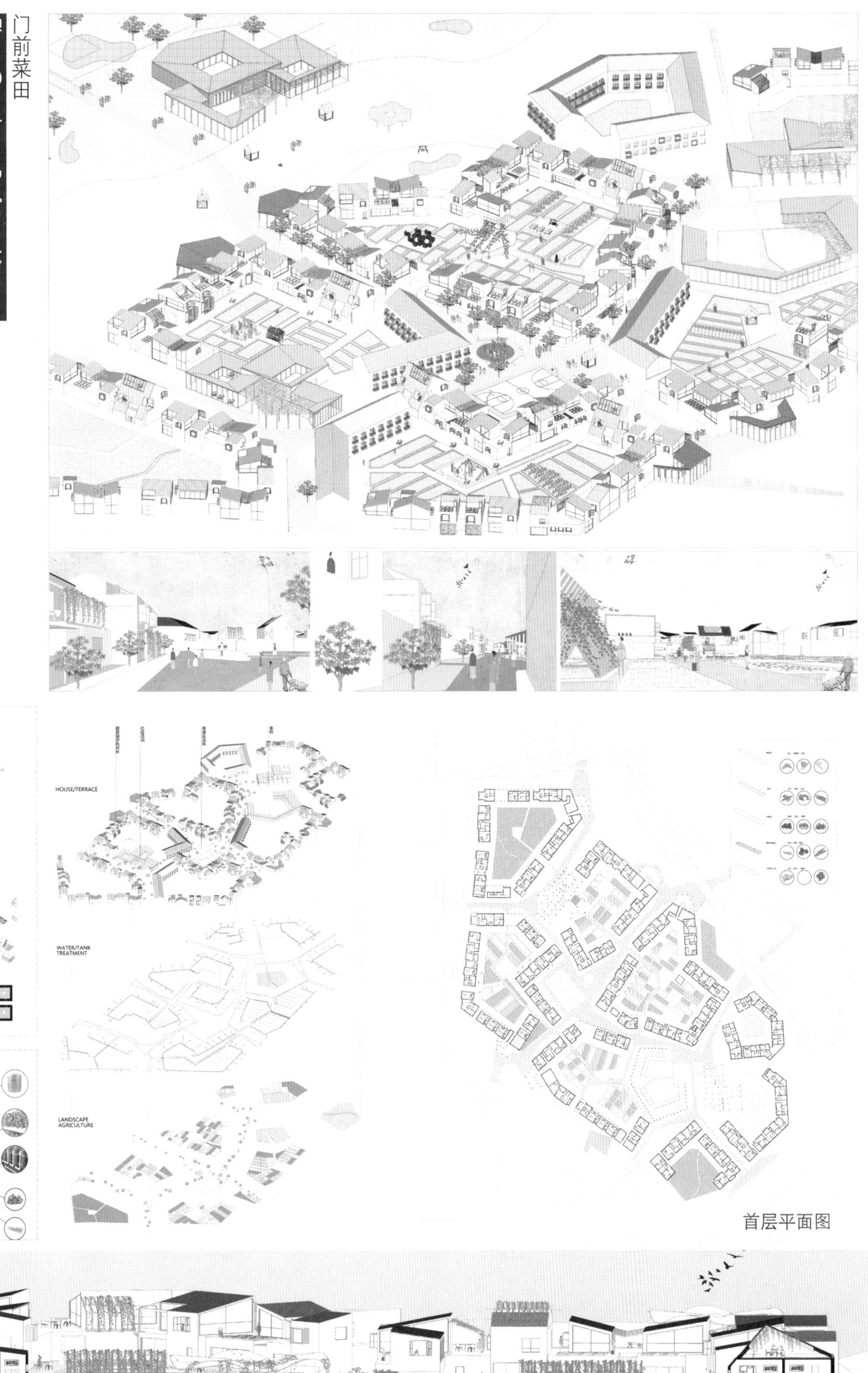
门前菜田
The Gardern Before Home
我们用生活纪念生活
HOUSE/TERRACE
WATER/TANK TREATMENT
LANDSCAPE AGRICULTURE
首层平面图

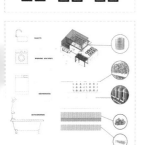

开轩面场圃——集市·边界·社区

建筑生成

单体建筑既要以相对完整的形式对中央居住组团形成围合，又要加入元素，打破边界的桎梏，融合社区于更大的城市范域

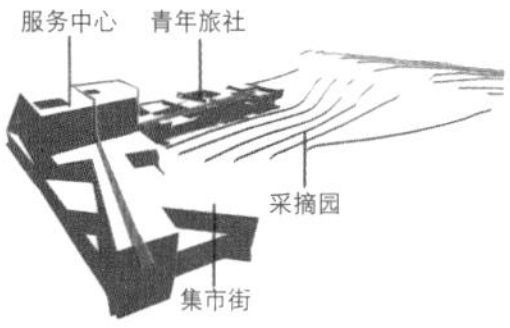

重点聚焦　形成体块　扭转分形　形成街市　整体架构

服务中心　青年旅社　采摘园　集市街

街市连接活动中心与青旅

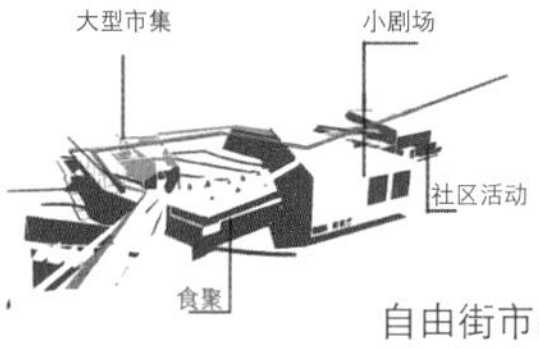

大型市集　小剧场　社区活动　食聚

临近东侧中山园路
由于面向城市主要道路，该部分空间作为整个社区的城市名片存在，斜切体块形成大型公共空间。

自由街市串联大型公共空间

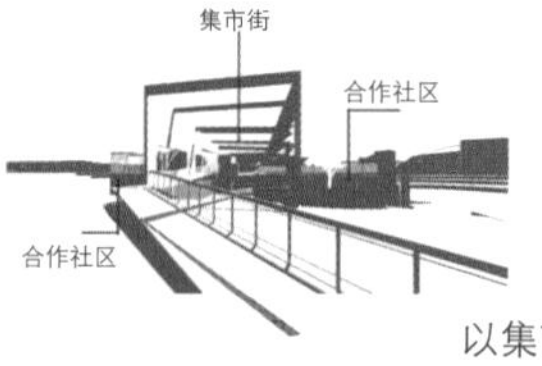

集市街　合作社区　合作社区

临同乐村
由于位处现存的城中村和规划设计的田园合作社区之间的界限上，为了寻求肌理的和谐，将该部分设计为合作社区。

以集市为主的合作社区

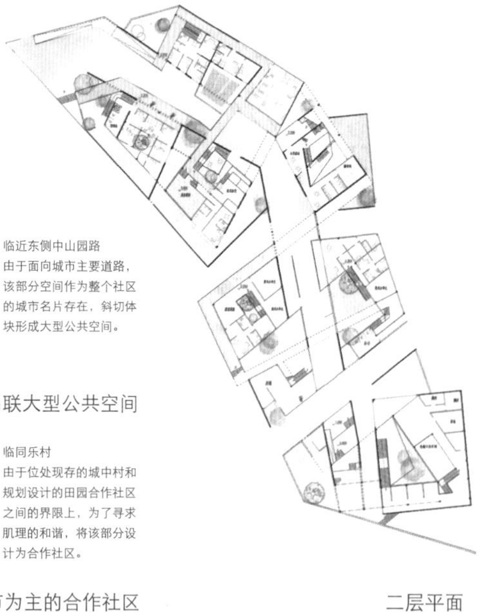

二层平面 　三层平面

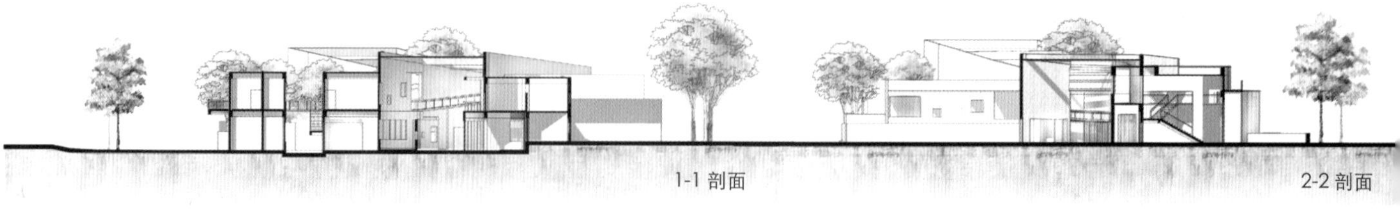

1-1 剖面

2-2 剖面

微种植园

集市街

商业店铺庭院

临时摊贩与菜园

微种植园

入户庭院

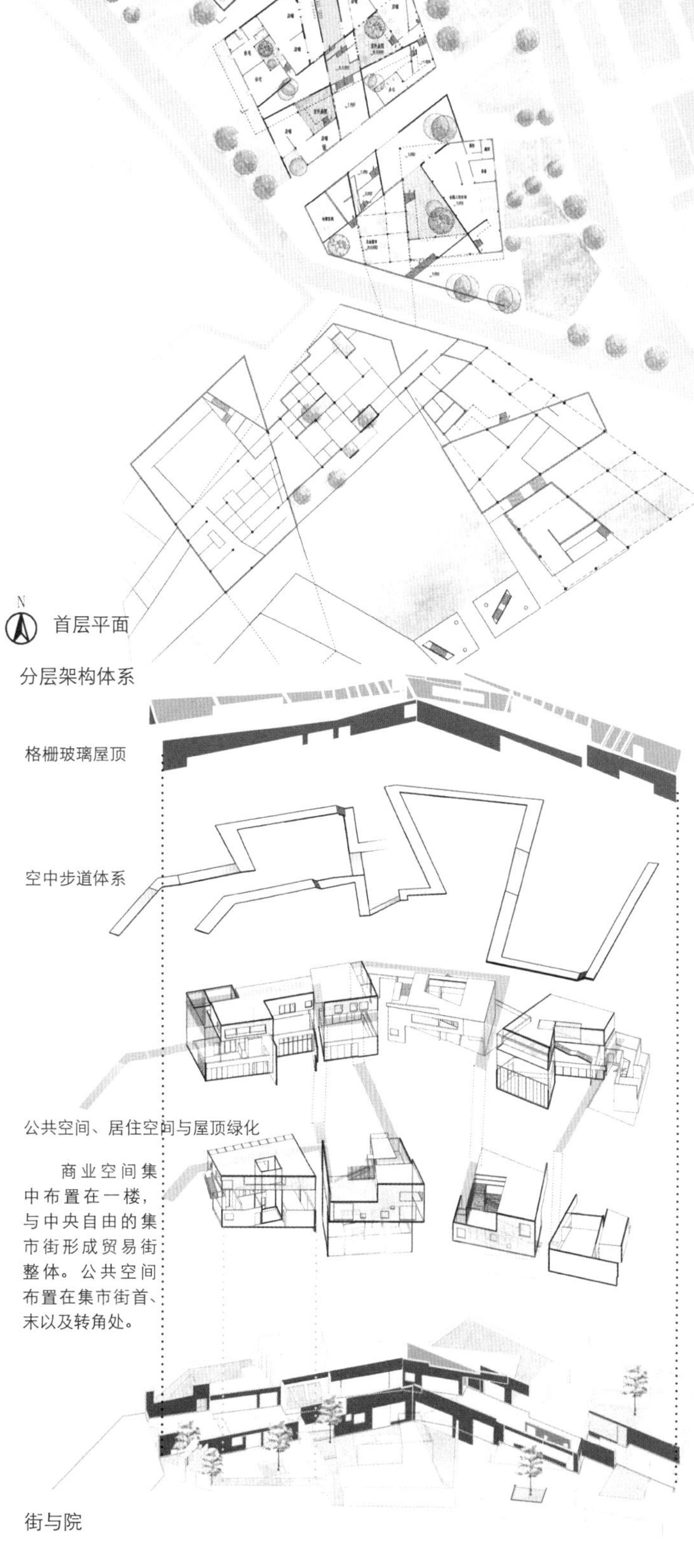

商业空间集中布置在一楼，与中央自由的集市街形成贸易街整体。公共空间布置在集市街首、末以及转角处。

街与院

集市主街·街与院

集市街中的院落可分为两种，一种由后退的体块与街道本身围合形成，作为体验性质的微种植园出现，另一种是各小建筑体块周边的花园式院落，其斜切院墙对集市街有较强的流线引导作用，而院落本身作为住户与商业空间之间的过渡空间，减轻了商业街对住户的隐私、噪音等影响，同时表现出一定的景观作用。

设计说明

个人设计场地包括整体设计的东侧，大致分为三段，三段的场地情况各有不同。其中东北侧毗邻城中村，是沟通新老社区的重要动线。我选择在这片场地上设计以集市为中心的合作社区，一方面集市是田园社区种植体系中重要的一环，另一方面以交易的活动带动社区及各类人群之间的互动。而在场地东南面面向中山园路沿线则选择布置公共空间，活动的集市街串联起以斜向体量伸入场地的公共活动空间，形成社区整体面向城市的名片。

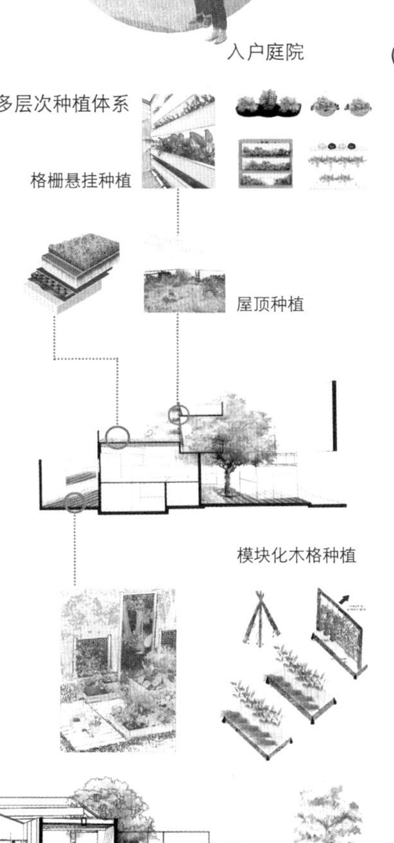

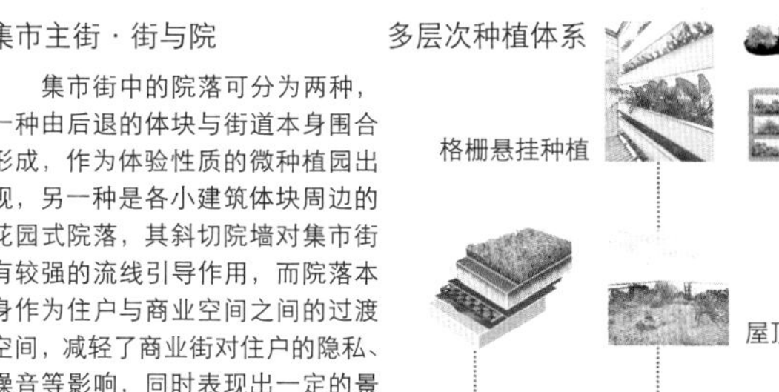

3-3 剖面

基地位于场地的东北角，毗邻两所学校和城中村。在大规划布局中是城市服务的开放区域，在服务社区之余，面向周边环境和人群开放。因此，我选择在这片场地上设计一个种子图书馆和社区图书馆的结合体。面向场地内部居民提供文化娱乐的同时，把场地周边的学生们引入场地。种子图书馆代表着生命、传承和对未来的期望。让孩子们在场地中感受这种氛围的同时，为这片田地注入更多的活力。

开轩面场圃 3
社区种子图书馆设计

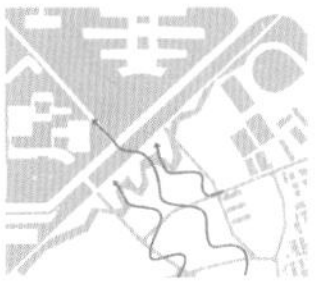

建筑和田地的碰撞

场地内部是绿色的田地，外部面临着高差，路对面是城市和学校。两者在这个角落发生碰撞。同时，结合等高线和场地肌理，决定覆土的形式。

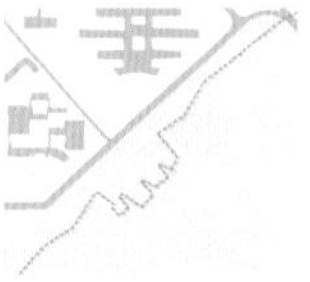

建筑尺度与采光

考虑到消防疏散和周边建筑尺度，以及呼应社区图书馆和种子图书馆的设定，建筑被分为有四个小体块组成的两个大体块，并碰撞出大小不一的院落，以满足采光。

开放的建筑形式

将建筑埋入土内的同时，将建筑如掀开的土地一般向周边的使用者打开。多种多样进入建筑的方式带来更多的活力和更丰富的使用可能。

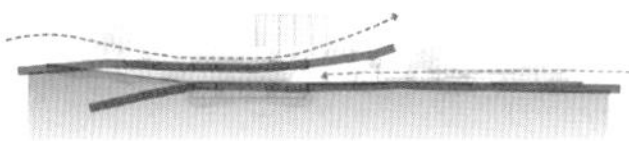

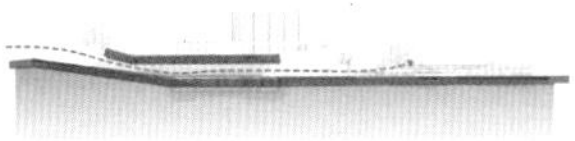

建筑中间留有通道，使得人们可以由城市景观漫步而下，从地下穿越二线关边检道，进入场地。通过阴暗的地下穿越，步入明亮的城市田地，转换心境并亲近土地。

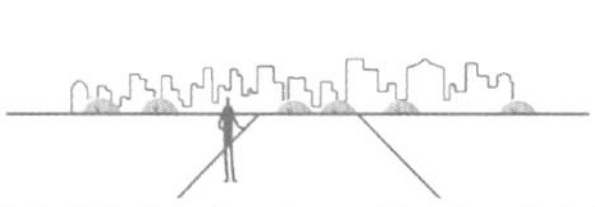

二线关边检道行进至此，两侧原有 5 米左右的高差。这使得通过周边道路走向场地的人们平视时看到的将是远处的楼房而不是场地上的田地。而由场地走向建筑则可以自然地直接步入土地。

场地分析

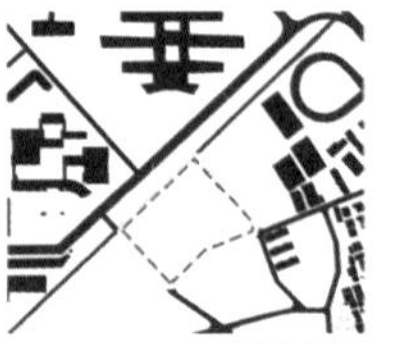

基地位置

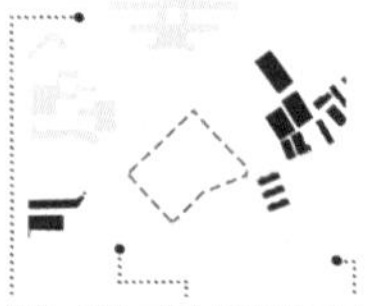

学生 场地居民 城中村居民

场地高差与对景

场地道路交通

剖面图 1-1

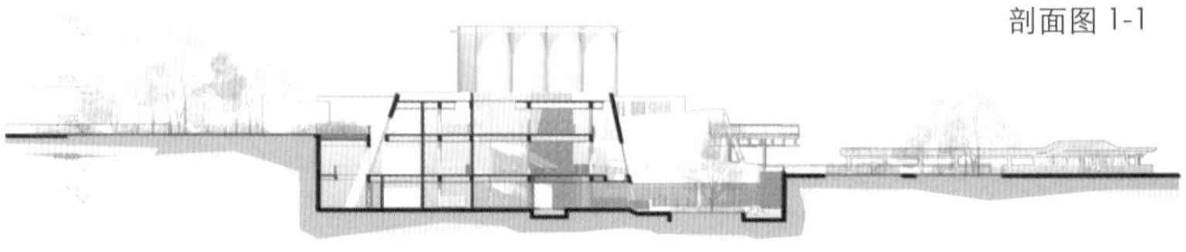

剖面图 2-2

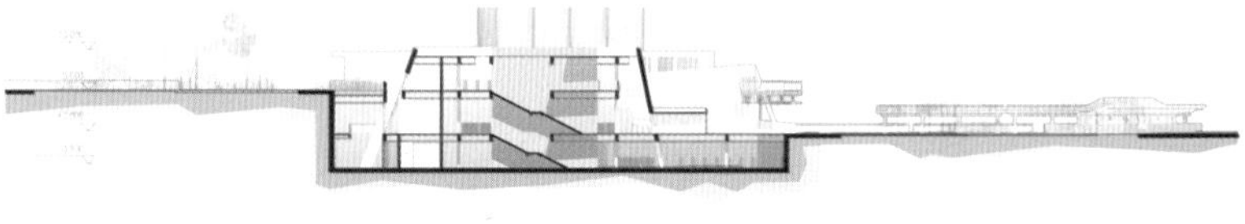

剖面图 3-3

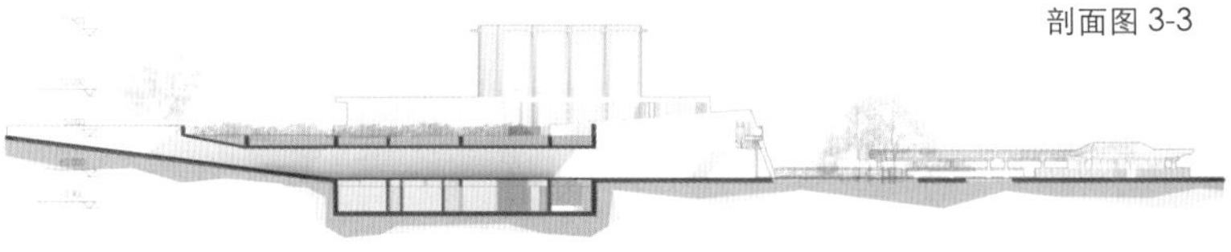

剖面图 4-4

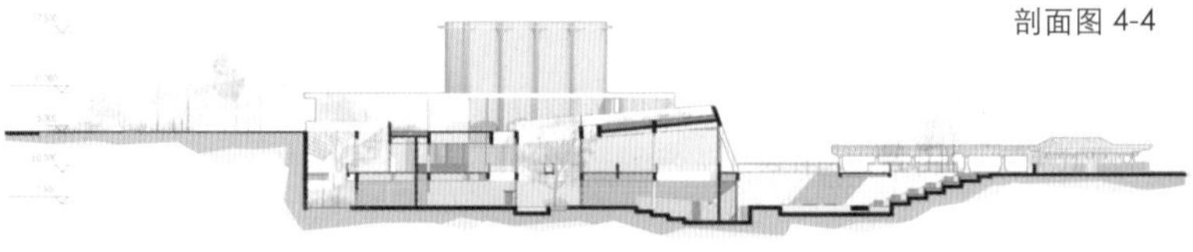

剖面图 5-5

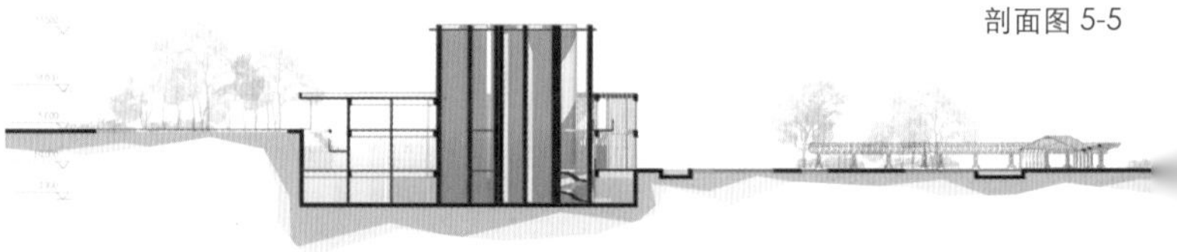

1 影音视听室
2 影音库
3 设备间
4 书库
5 典藏室
6 临时展厅
7 库房
8 报告厅
9 知识沙龙
10 休息区
11 种子展厅
12 下沉庭院

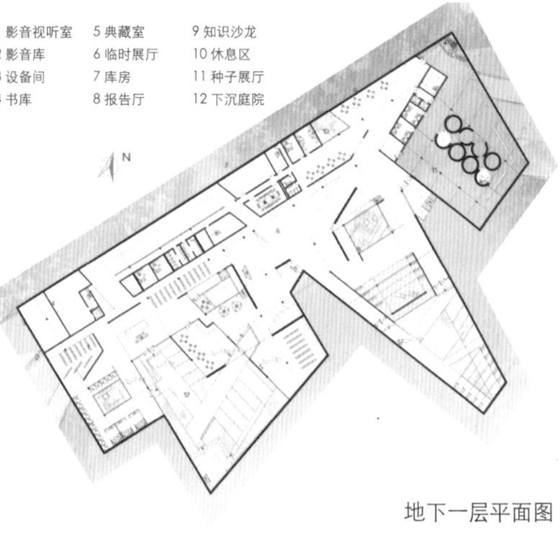

地下一层平面图

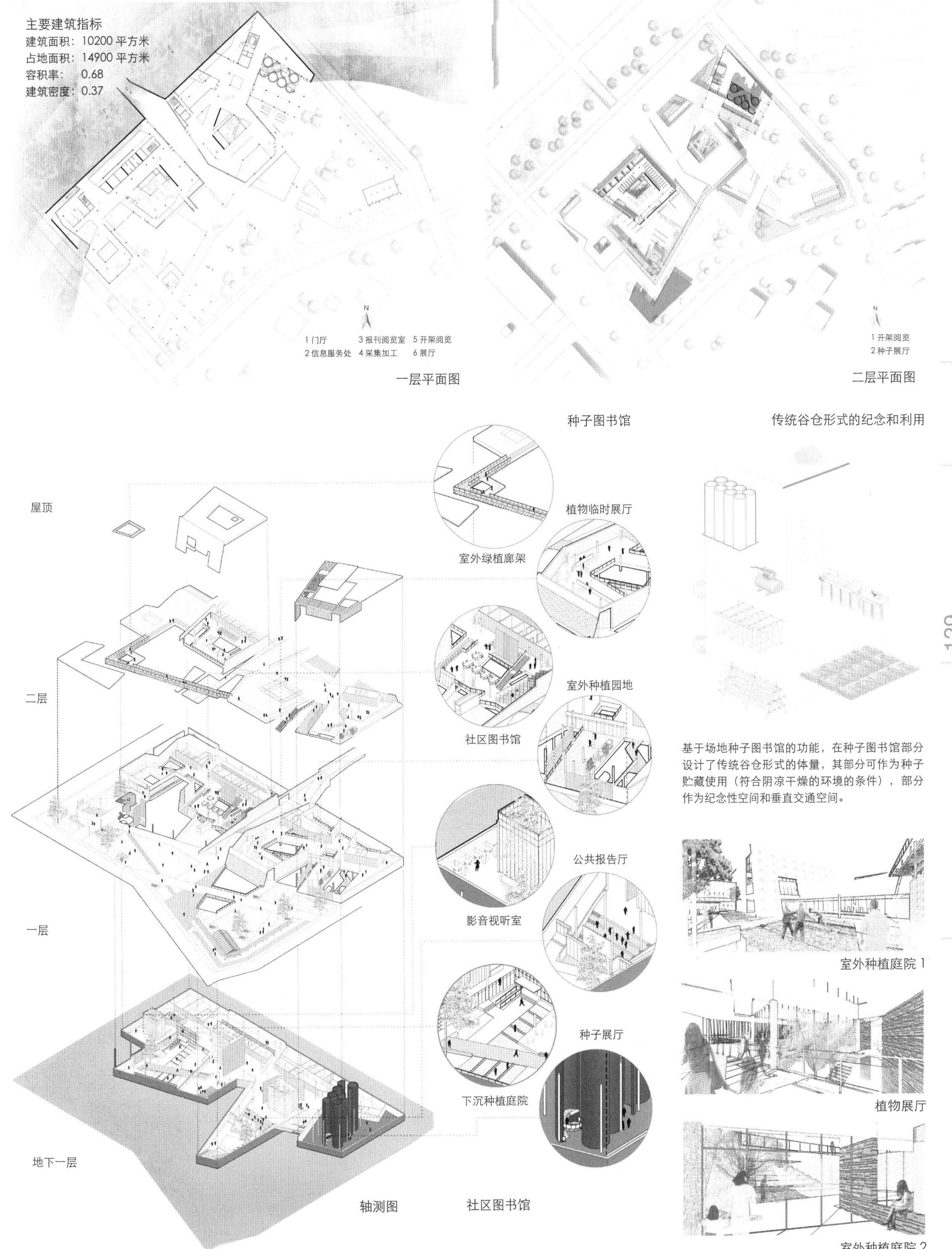
主要建筑指标
建筑面积：10200 平方米
占地面积：14900 平方米
容积率： 0.68
建筑密度：0.37
N
1 门厅
2 信息服务处
3 报刊阅览室
4 采集加工
5 开架阅览
6 展厅
一层平面图
N
1 开架阅览
2 种子展厅
二层平面图
种子图书馆
传统谷仓形式的纪念和利用
屋顶
二层
一层
地下一层
轴测图
室外绿植廊架
植物临时展厅
社区图书馆
室外种植园地
影音视听室
公共报告厅
下沉种植庭院
种子展厅
社区图书馆
基于场地种子图书馆的功能，在种子图书馆部分设计了传统谷仓形式的体量，其部分可作为种子贮藏使用（符合阴凉干燥的环境的条件），部分作为纪念性空间和垂直交通空间。
室外种植庭院 1
植物展厅
室外种植庭院 2

万事屋

Shenzhen Border Bridge

天津大学

设计：刘程明＼王莹莹＼杜若森

指导：孔宇航＼许蓁＼张昕楠

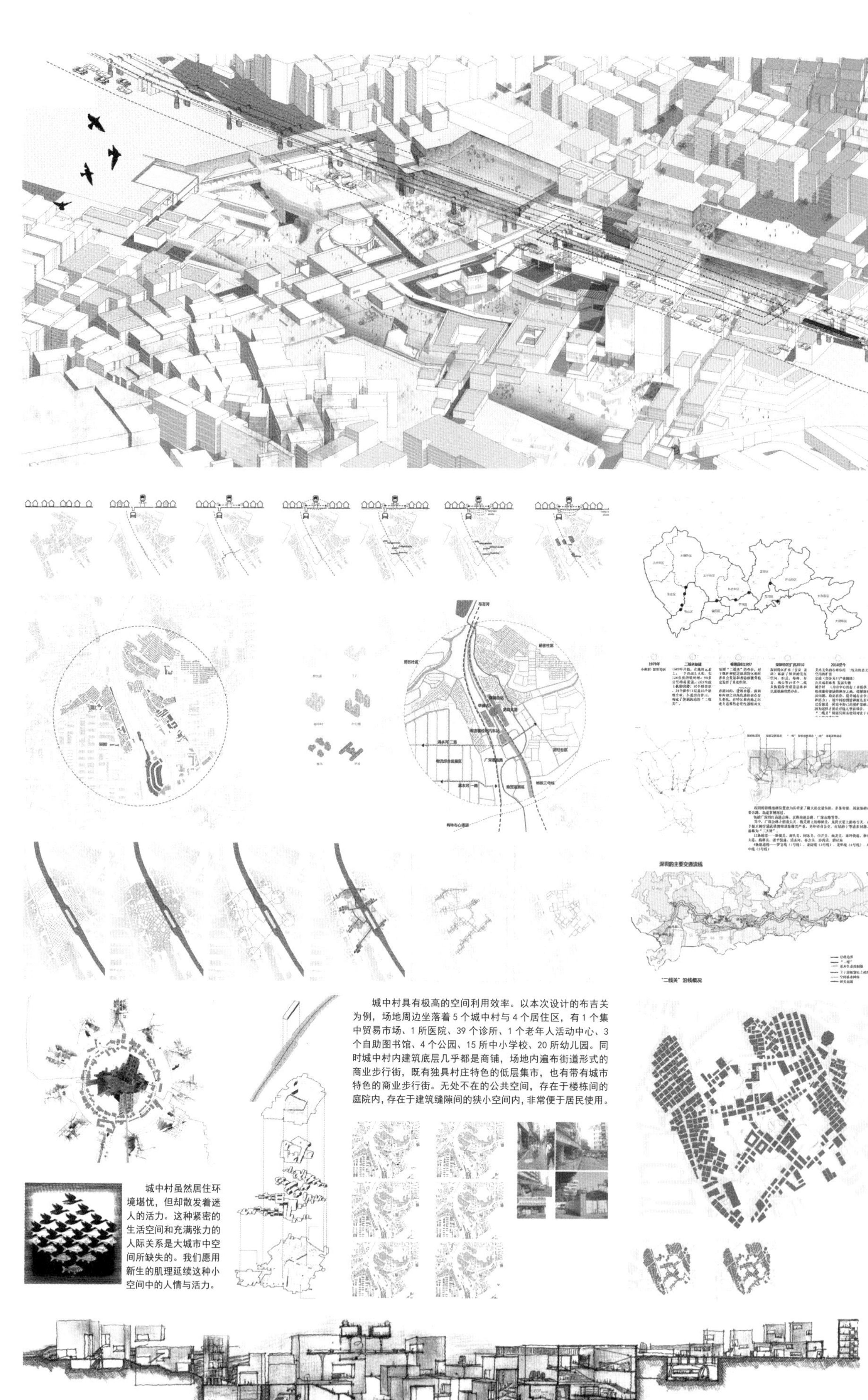

城中村具有极高的空间利用效率。以本次设计的布吉关为例，场地周边坐落着5个城中村与4个居住区，有1个集中贸易市场、1所医院、39个诊所、1个老年人活动中心、3个自助图书馆、4个公园、15所中小学校、20所幼儿园。同时城中村内建筑底层几乎都是商铺，场地内遍布街道形式的商业步行街，既有独具村庄特色的低层集市，也有带有城市特色的商业步行街。无处不在的公共空间，存在于楼栋间的庭院内，存在于建筑缝隙间的狭小空间内，非常便于居民使用。
城中村虽然居住环境堪忧，但却散发着迷人的活力。这种紧密的生活空间和充满张力的人际关系是大城市中空间所缺失的。我们愿用新生的肌理延续这种小空间中的人情与活力。
深圳的主要交通流线
"二线关"沿线概况

评语：

该组选址在深圳市布吉关。两侧的城中村具有独特的肌理和城市生态，从人口结构的流动性和商业业态的多样性看，呈现出明显的增长和活跃状态。同时，城中村也面临许多问题和压力。如何定位城中村在城市中的职能，是对布吉关改造的思考关键。本设计从通联两块城中村出发，试图通过布吉关的作为激发更多可能性的触媒。通过对场地车流、人流、轻轨线的组织，引发场地高差变化，并对由此带来的空间可能进行讨论，力图创造出一种混合使用的城市功能和空间。从街道延伸、肌理自生长、公共空间角度出发，在有限的边缘区内增加边缘长度，用最生动、鲜活的自主方式，引城中村之肌理，以小生活弥合大裂痕。解决了城市快轨、过境道路和人流之间的复杂交通流线关系。

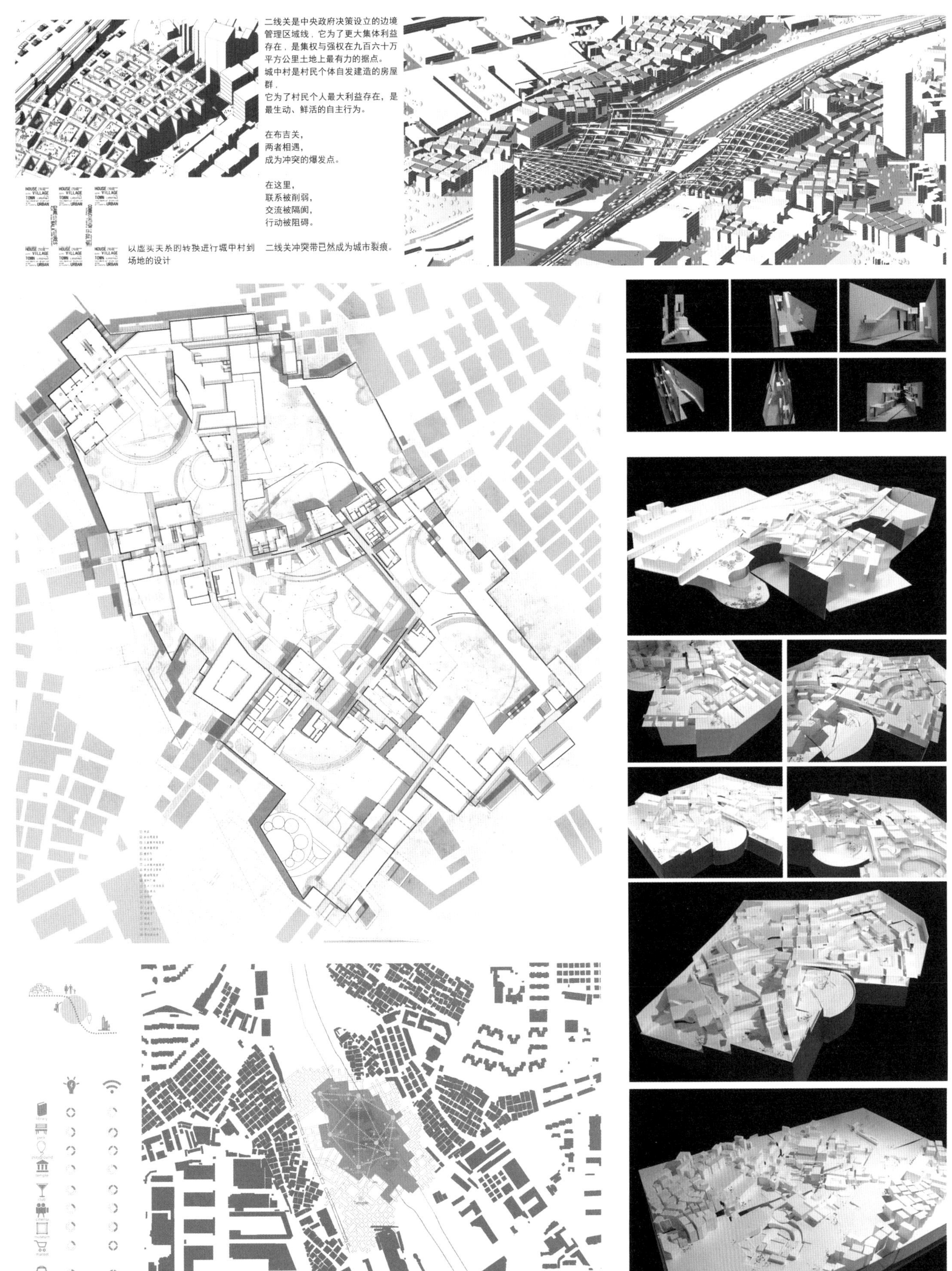
二线关是中央政府决策设立的边境管理区域线，它为了更大集体利益存在，是集权与强权在九百六十万平方公里土地上最有力的据点。
城中村是村民个体自发建造的房屋群，
它为了村民个人最大利益存在，是最生动、鲜活的自主行为。
在布吉关，
两者相遇，
成为冲突的爆发点。
在这里，
联系被削弱，
交流被隔阂，
行动被阻碍。
二线关冲突带已然成为城市裂痕。
HOUSE VILLAGE TOWN URBAN
以虚实关系的转换进行城中村到场地的设计

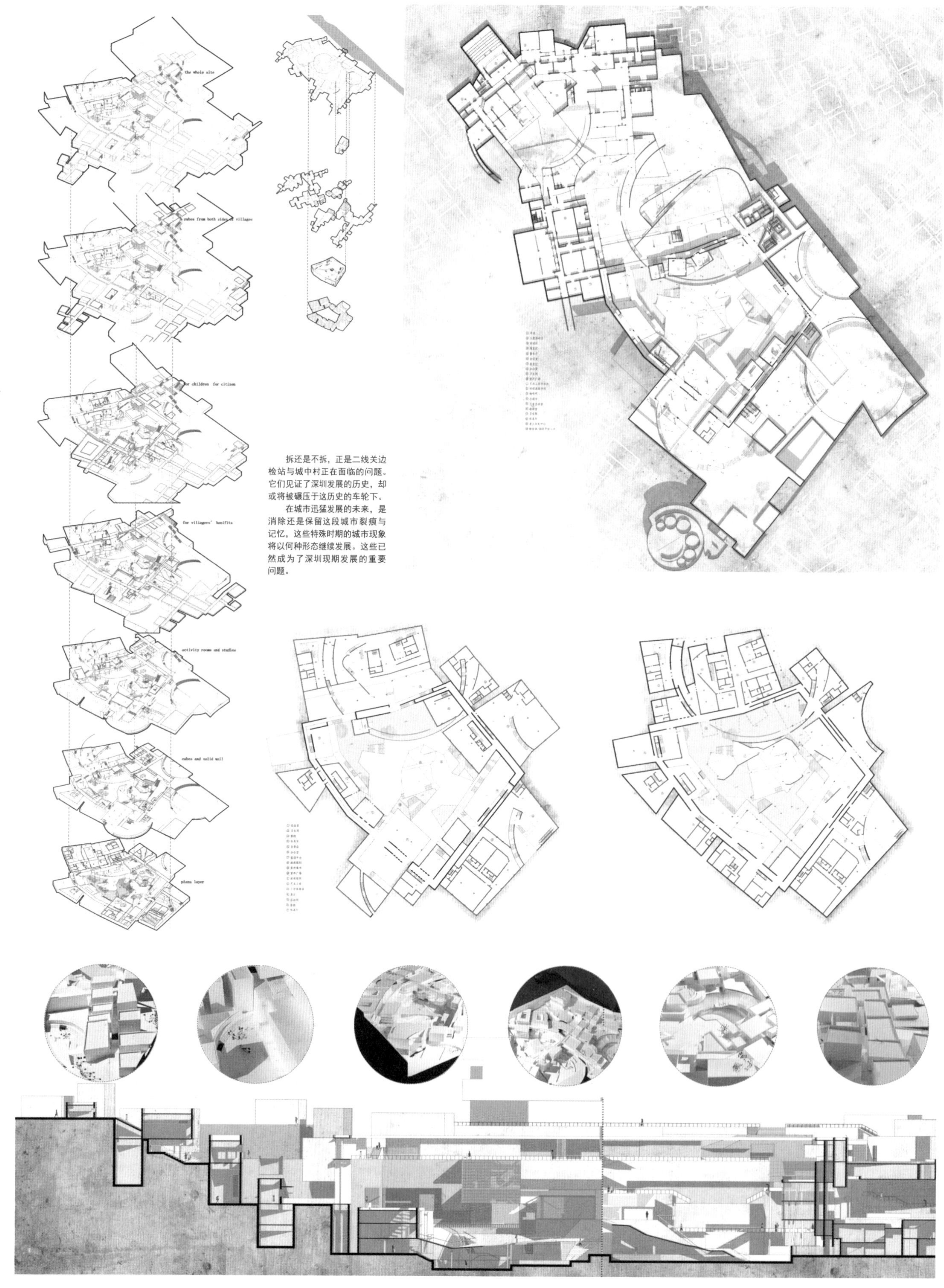

拆还是不拆，正是二线关边检站与城中村正在面临的问题。它们见证了深圳发展的历史，却或将被碾压于这历史的车轮下。

在城市迅猛发展的未来，是消除还是保留这段城市裂痕与记忆，这些特殊时期的城市现象将以何种形态继续发展。这些已然成为了深圳现期发展的重要问题。

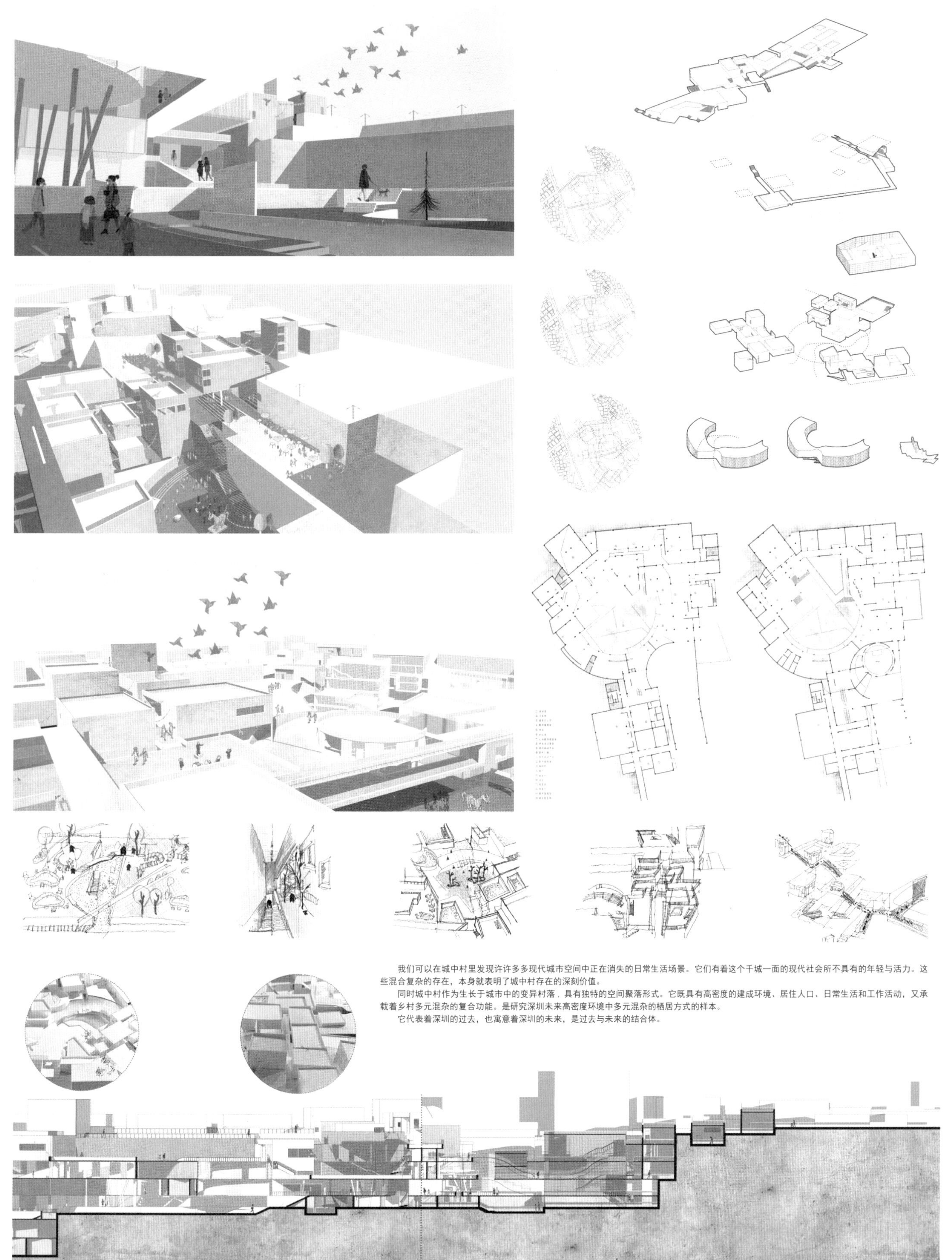

我们可以在城中村里发现许许多多现代城市空间中正在消失的日常生活场景。它们有着这个千城一面的现代社会所不具有的年轻与活力。这些混合复杂的存在，本身就表明了城中村存在的深刻价值。

同时城中村作为生长于城市中的变异村落，具有独特的空间聚落形式。它既具有高密度的建成环境、居住人口、日常生活和工作活动，又承载着乡村多元混杂的复合功能。是研究深圳未来高密度环境中多元混杂的栖居方式的样本。

它代表着深圳的过去，也寓意着深圳的未来，是过去与未来的结合体。

建筑1-1' 剖面图 1：300
希望能在城市设计中寻找合适位置设计一个集宗祠，集会，展览为一体的精神交流空间，使城中村的居民们精神得到慰藉，也使来自相同地区的人们可以借这个空间形成一个团体。
城中村
微型地景
铁路
公共下沉空间
A SECRET AND SACRED PATH
一条隐秘的精神小径

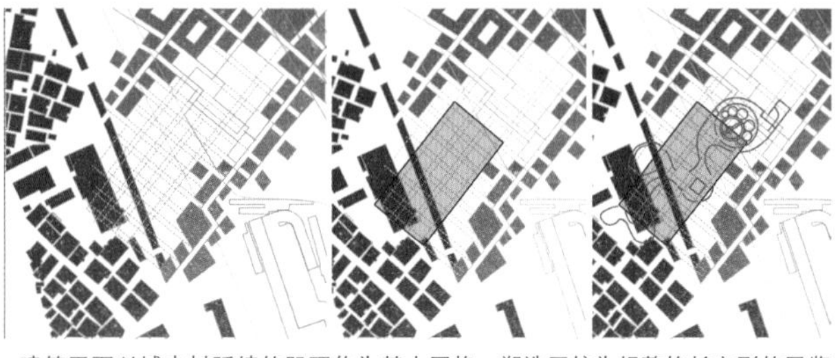

建筑平面以城中村延续的肌理作为基本网格，塑造了较为规整的长方形的展览空间，一条自由曲线路径镶嵌其中，作为这座建筑精神交流的主体空间。

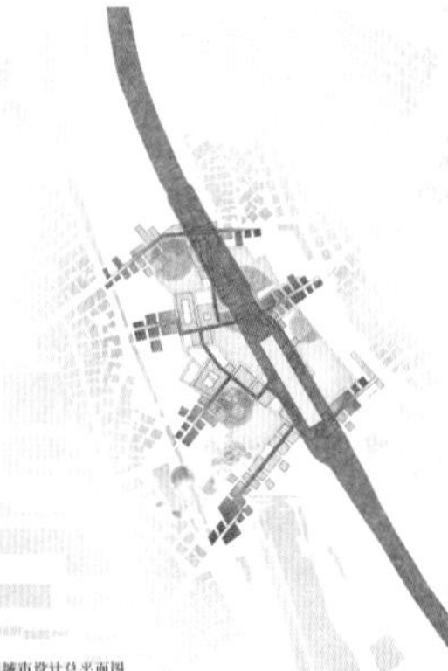
城市设计总平面图

建筑中的展览空间　　自然空间

展览空间进行有关移民家乡、城中村移民历史、深圳二线关及租户艺术创造的展览。

与自然交流

空间上方是一个微型的下沉地景。下沉空间的侧面以玻璃进行围合，将日光有组织地引入建筑。

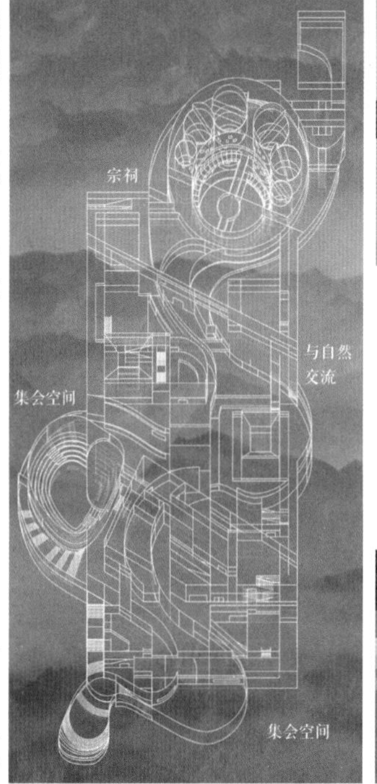

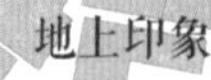

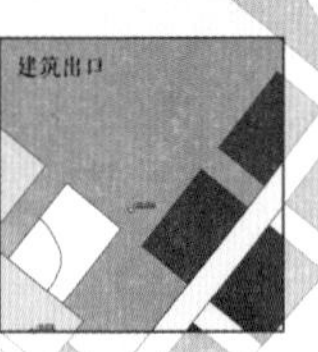

总平面图 1：400

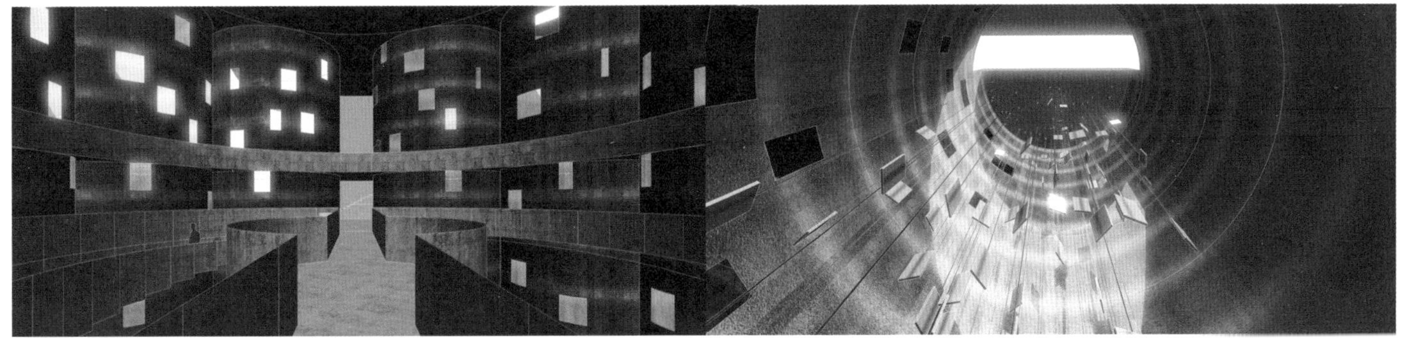

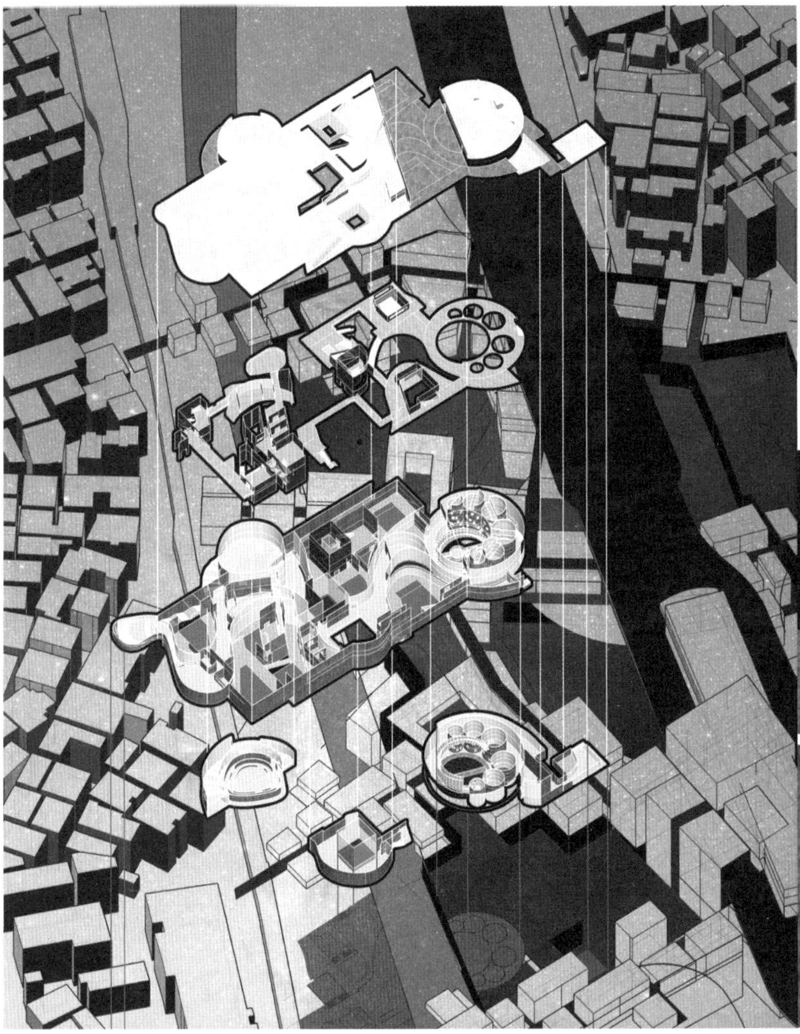

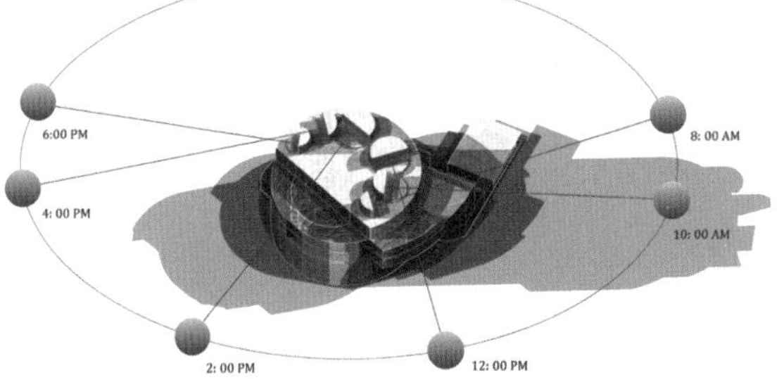

6:00 PM
8:00 AM
4:00 PM
10:00 AM
2:00 PM
12:00 PM

圆筒顶端玻璃的角度设计分别根据深圳在上午八点、十点、十二点，下午两点、四点、六点的日光角度进行确定。圆筒顶部向下在不同高度垂挂着可以反光的金属片，当日光射进圆筒，众多不同角度的金属片就可以把日光反射到圆筒外的中心空间。如此，如果人们在中心空间呆上一整天的话，他可以看到六个圆筒从早到晚由右向左依次亮起来，形成建筑空间与自然日月的互动。

地下感知

-18.5 米截平面 1：400
-2.5 米截平面 1：400
-7.5 米截平面 1：400
-10.5 米截平面 1：400

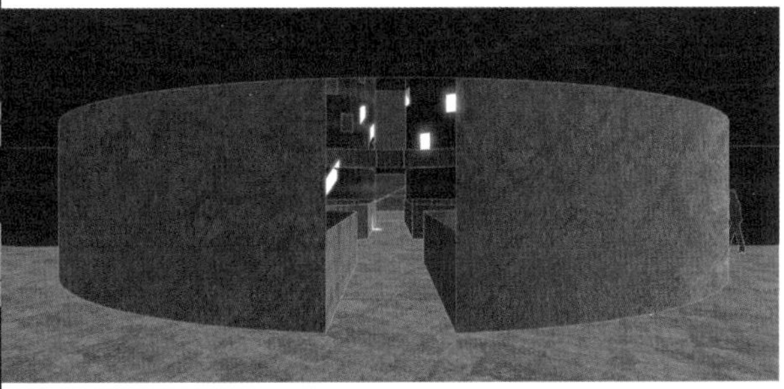

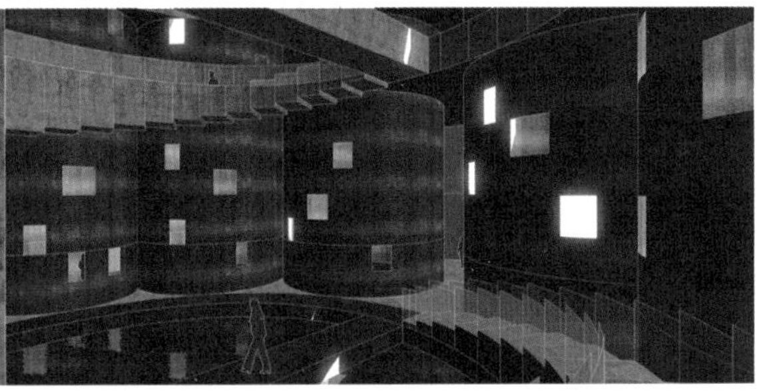

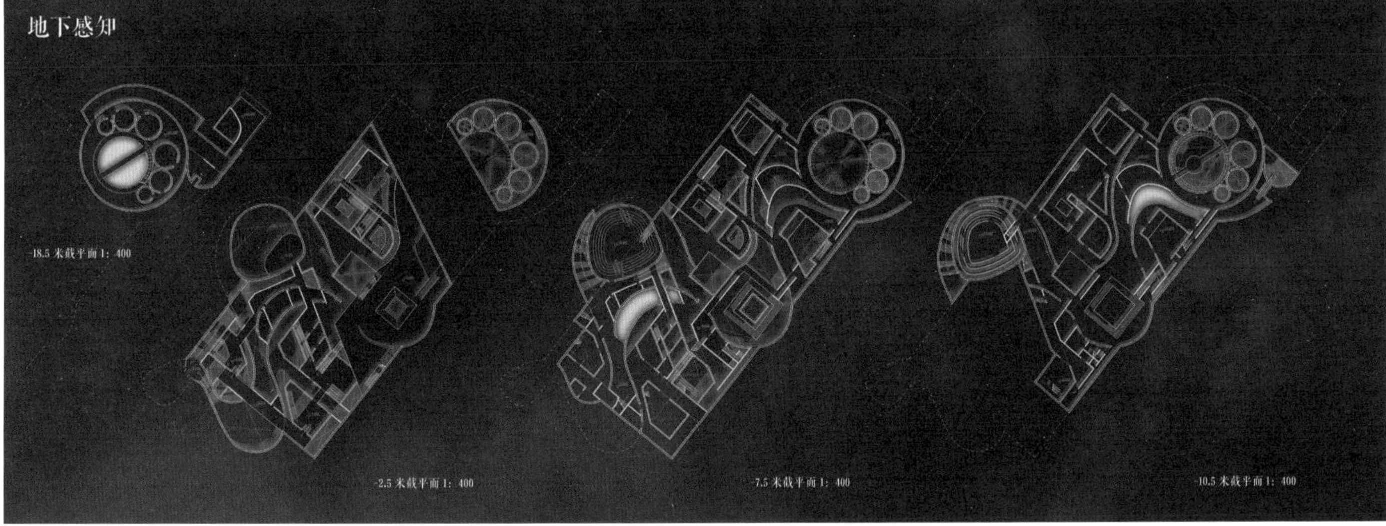

记忆的风景
Landscape of Memory

天津大学
设计：葛康宁＼吕立丰
指导：孔宇航＼许蓁＼张昕楠

二线关——深圳人的集体记忆

二线关是特殊的政治经济发展状态中设立的人为边界，从开始建造到废止直至拆除的几十年里，二线关已经成为了深圳人的集体记忆。正如我们漫画里画的那道彩虹关，将一个个曾经试图通过它的人染成彩虹的颜色。因此这个设计希望将关于二线关的记忆锚固在城市中，成为深圳人生活中的日常，成为深圳这座城市记忆的风景。

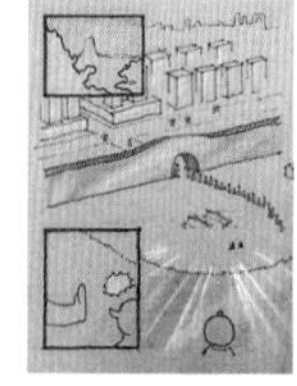

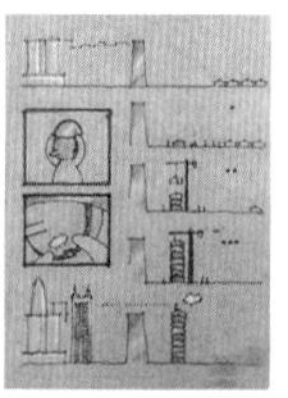
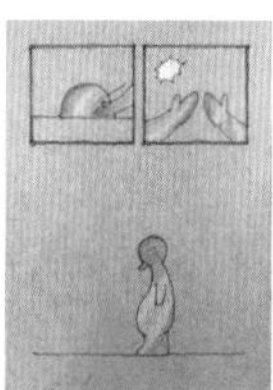
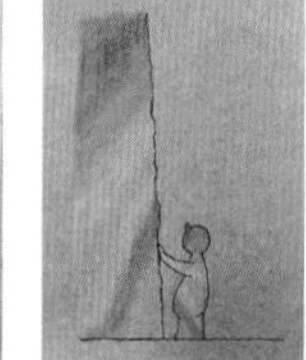

无主之地

在深圳繁华的市区中，
二线关上，我们竟与这片无主之地不期而遇。
寂寥的厂房、废弃的水渠，
木材仓库和废品回收站，
交织在田野、荒草和城市的背景中。
二线关，权力的争夺之地，
亦成为被城市遗忘之地。

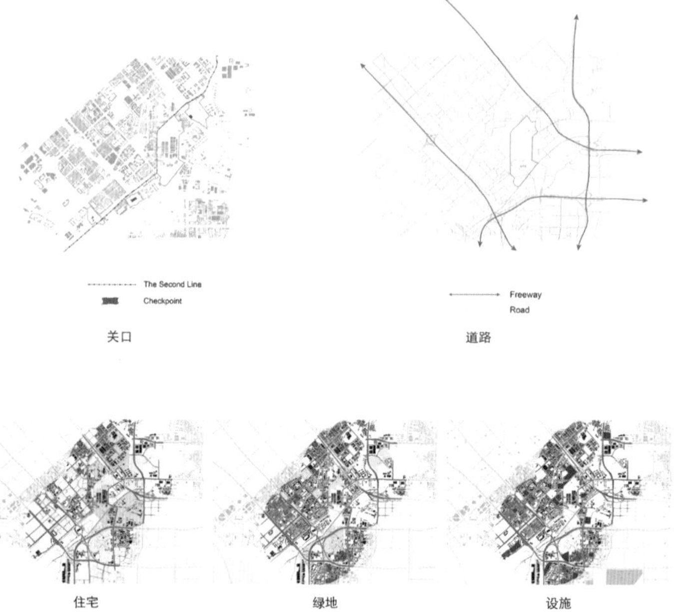

随时间生长的城市绿地

评语：

该设计以“记忆”为切入点，选取了二线关西端同乐关和南头关之间的一片城市真空之地，创造了一个大尺度的纪念性场所。设计者重点关注的是对纪念空间的日常性的探讨。将抽象的记忆叠加于日常的建筑之上，提出了“记忆+”这一概念。日常生活的重复性和规范性决定了日常生活空间相对固定的结构图式，将记忆空间加之其上，可以归纳出一套相对清晰明确的空间图解和逻辑结构，通过这套方法，可以产生一系列和记忆叠合的日常空间。将这些空间分散到城市中，可以产生一系列对城市具有积极作用的公共空间。这种新的建筑和城市空间的营造方法可以是对传统设计方法的某种突破。

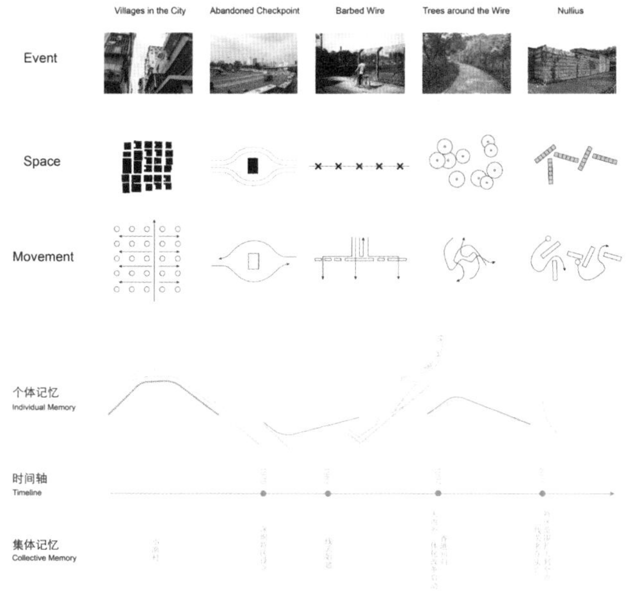

场地概念

关于二线关的记忆大致可以分为两部分，一部分是每个深圳人的个体记忆，另一部分是所有深圳人的集体记忆。考察二线关的历史发展脉络，1979 年深圳特区建立，4 年后二线关设立，1997 年香港回归关内外一体化提上议程，2010 年关内外一体化，二线关拆除，这几个重要的历史时刻可以认为是深圳人最重要的集体记忆。笔者将这几个重要的历史时刻锚固在场地上，通过顺应场地上的高差营造 4 条曲线将这些点连接起来，作为场地上最主要的通道，成为纪念集体记忆的空间。

个体记忆通常是变化的、丰富的、日常的，因此笔者以“记忆 +”为概念，将个体记忆的纪念空间与日常的建筑叠合起来。在场地上表现为散落在公园里的 7 个蛋形场域，每个场域中营造一座日常建筑。这些场域和 4 条主要的曲线或分离，或相切，或重合，集体记忆和个体记忆就这样相互交织在一起。

平面布局

纪念公园在平面布局上可以被分为四个层次——点、线、块、面。点是种植在公园里的各种树木，它们一起营造了安静祥和的纪念氛围。线是连接场地的主要路径，它们顺应地形起伏形成各种构筑形态，成为集体记忆的纪念空间，块是人工营造的凸起或凹陷的蛋形场域，在其中布置具有纪念空间的日常建筑，成为个体记忆的纪念空间，面是整个公园场地的表面，提供道路网、水电等市政设施及必要的社区服务点等，它使得公园不只具有纪念功能，更成为一个开放的城市空间，以及城市整体运行网络的一部分。

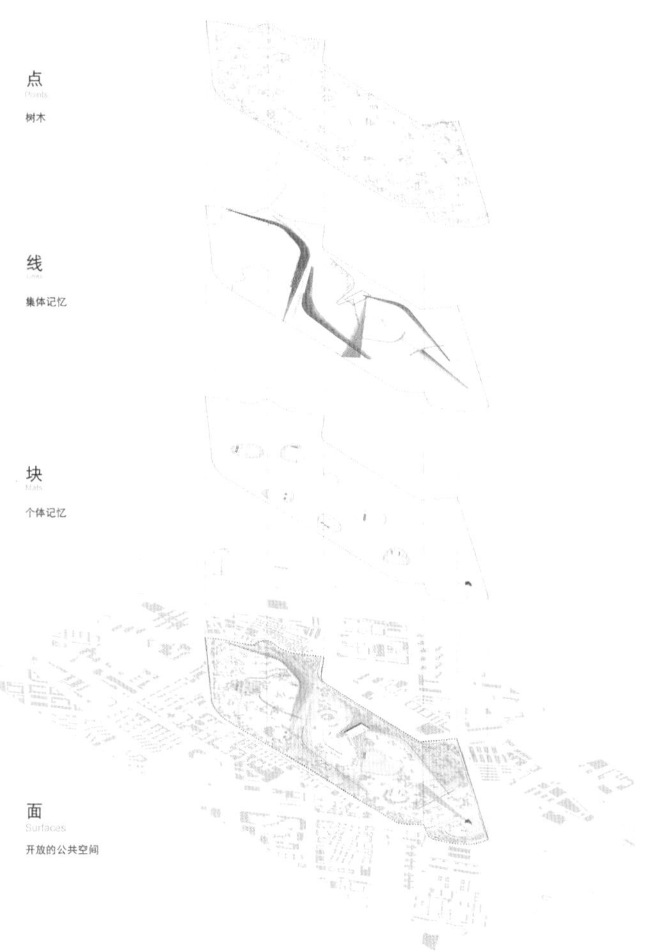

记忆 + 观景框	记忆 + 浴室	记忆 + 运动场	记忆 + 桥	记忆 + 工厂遗迹

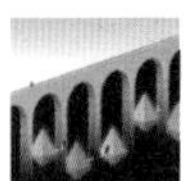

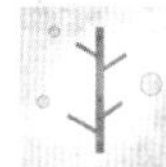

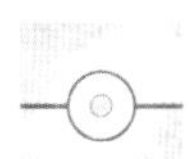

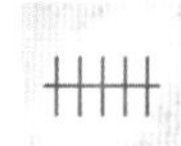

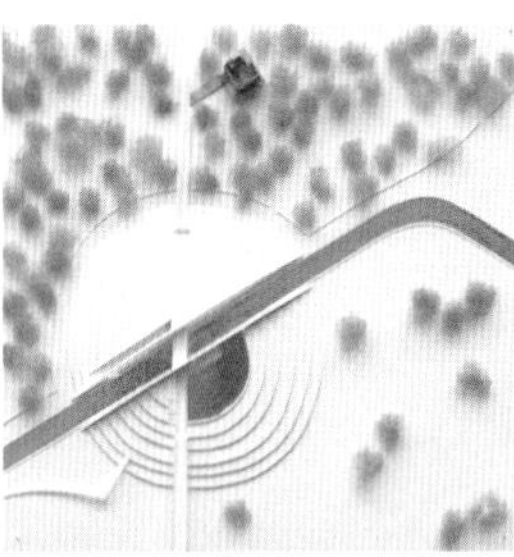
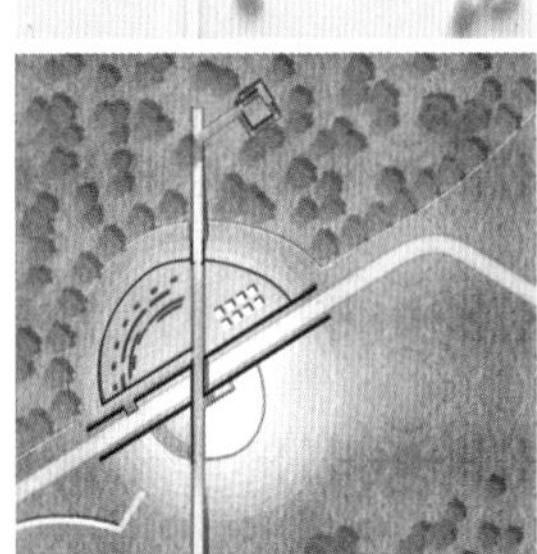
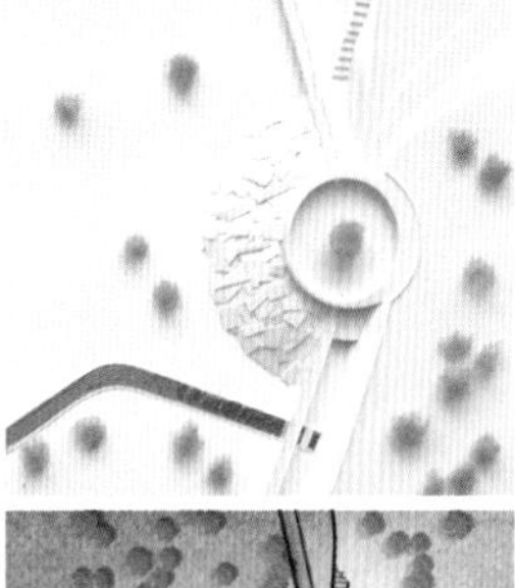
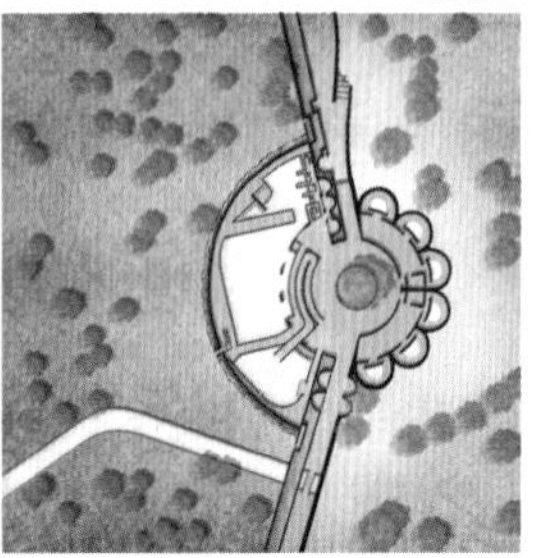

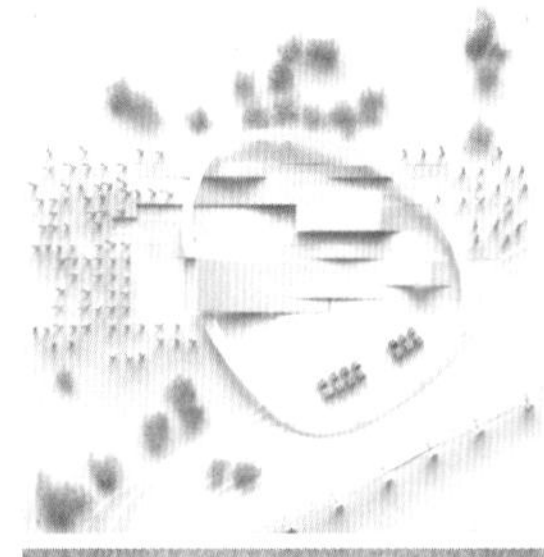
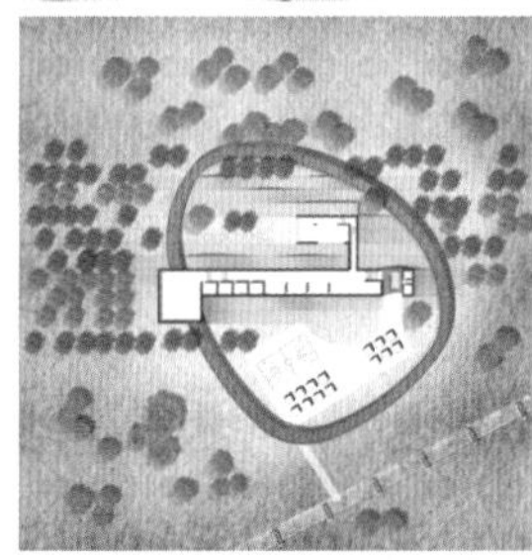

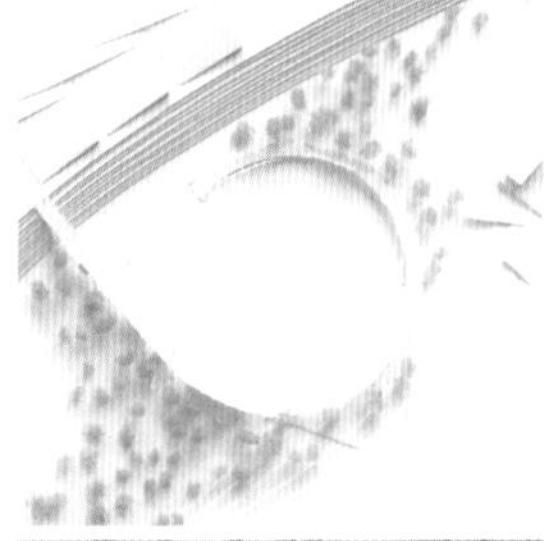
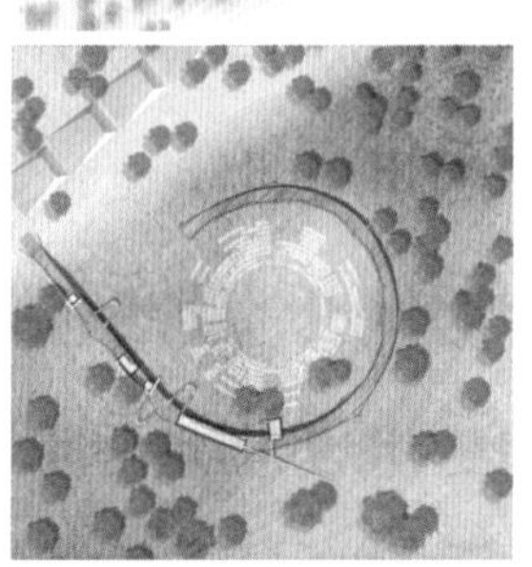

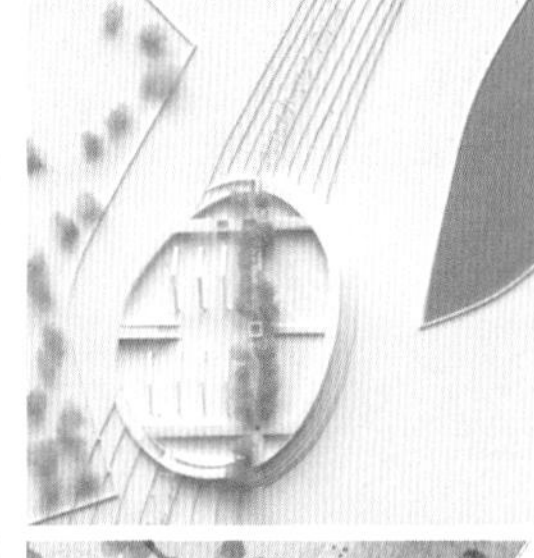
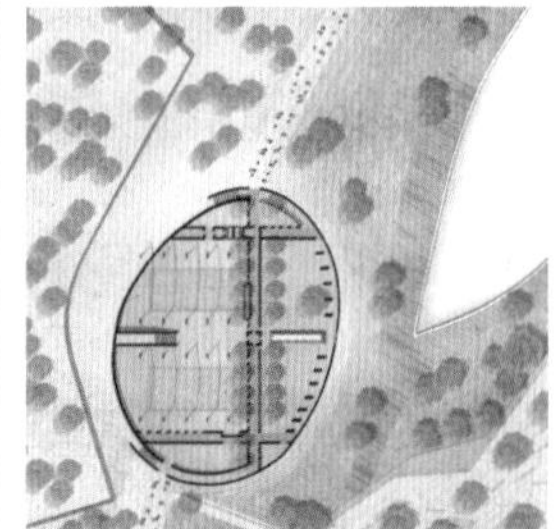

记忆 +

我们不希望把记忆封存在博物馆中，成为凝固的历史，而是希望它因为不同的人，随着不同的时间而承载更真实的生活，成为变化着的城市景观。藉由“记忆 +”的概念，我们寻找日常建筑空间中的可能性，将记忆与日常的建筑结合在一起，成为市民生活中的一部分。这些建筑首先会在纪念公园中建造，接着蔓延到二线关以及城市中的各个角落。

记忆+观景框	记忆+浴室	记忆+运动场	记忆+桥	记忆+工厂遗迹	记忆+木材仓库	记忆+图书馆
[illegible]	[illegible]	[illegible]	[illegible]	[illegible]	[illegible]	[illegible]
[illegible]	[illegible]	[illegible]	[illegible]	[illegible]	[illegible]	[illegible]
模型 1:500	模型 1:500	模型 1:500	模型 1:500	模型 1:500	模型 1:500	模型 1:500
平面图 1:500	平面图 1:500	平面图 1:500	平面图 1:500	平面图 1:500	平面图 1:500	平面图 1:500
扩展 口岸公园	扩展 城中村大众浴室	扩展 社区视听室	扩展 跳蚤市场	扩展 城中村大众浴室	扩展 城市休息站	扩展 冥想记忆塔

书架的背面

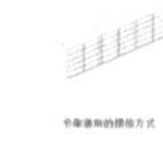
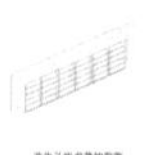
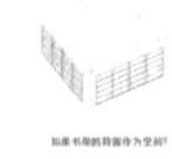

单体深化：记忆 + 图书馆

记忆的空间不仅要保存记忆，更应该成为人们记录书写记忆的场所。书本和报纸是人们记录和传播历史与记忆的重要载体，图书馆则是收藏书报的场所。因此，图书馆与生俱来具有承载记忆的功能。在这个设计中，图书馆成为收藏和书写记忆的空间。连续的书架墙折叠后形成褶皱的空间类型。人们在经典的阅读空间中阅读记忆，在庭院中感知自然，而在记忆塔中的冥想空间中沉思，书写关于自身的记忆。当这一个个记忆叠加起来便成为城市的集体记忆。

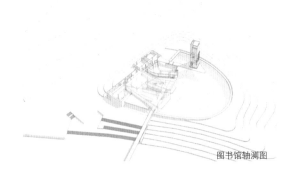

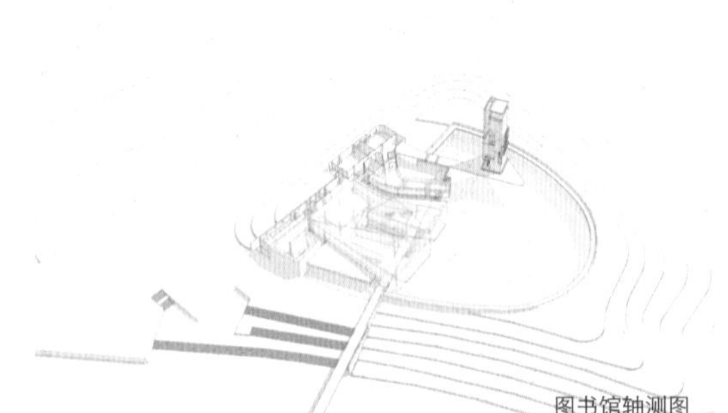
图书馆轴测图

书架背后的三个庭院——感知和回忆

图书馆常规藏阅部分书架的背后分别是光、水、树的庭院，人们在感知自然的过程中触发回忆。

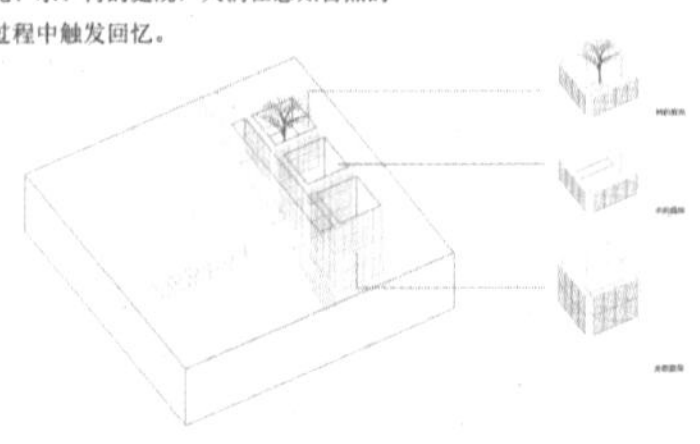

记忆 + 木材仓库

记忆 + 图书馆

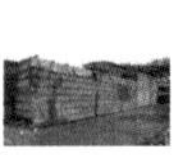
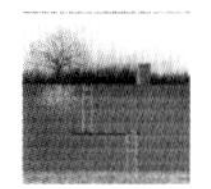

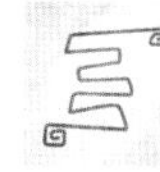

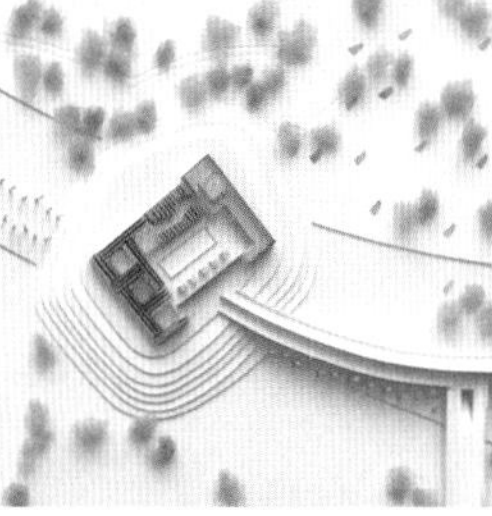
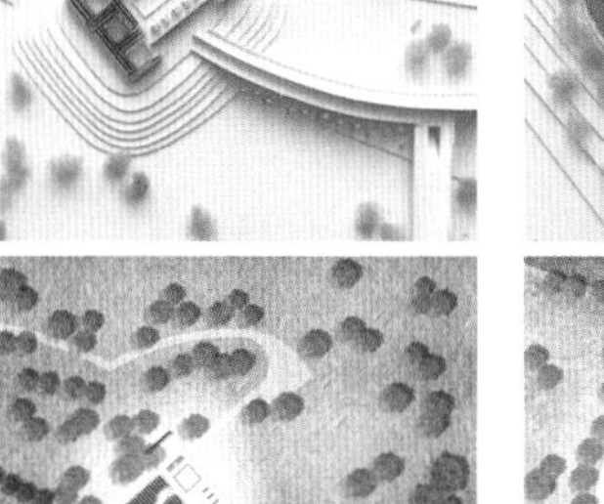
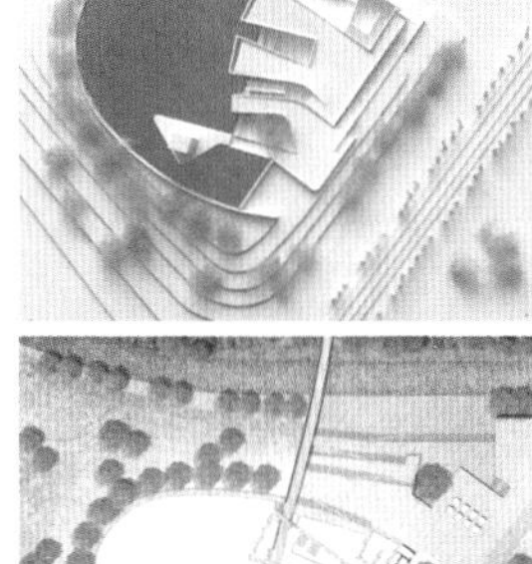
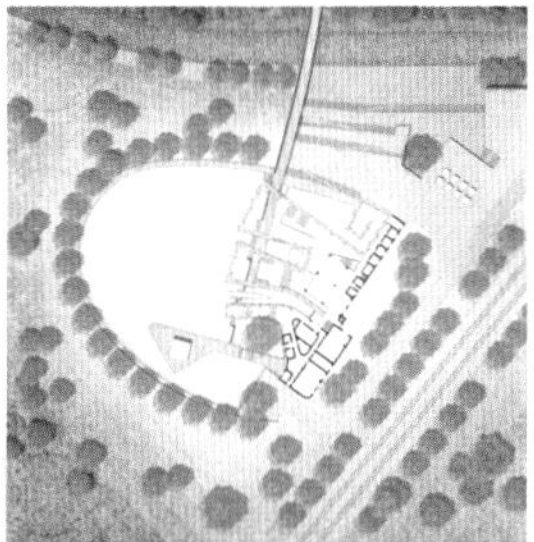

单体深化：记忆 + 浴室

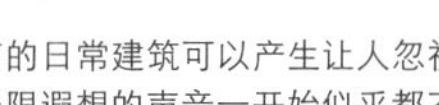

有的日常建筑可以产生让人忽视的空间氛围，这种氛围本身可以创造某种纪念性。鸟鸣、蛙声，这些引起人无限遐想的声音一开始似乎都不是为人所作的，但却提供了人们想象的背景。日常建筑中是否有如鸟鸣、蛙声这样的声音呢？浴室的水声便是其中一种。我们创造了一种椭圆形剖面的空间，利用声音反射的原理，水声从椭圆的一个焦点反射到另一个焦点，并通过平面上的圆形墙体汇聚。这样即使人不在浴室之中仍然可以听见水声。空间类型因为声音的要求而成为圆形。在这种氛围中，人们看到二线关拆除下来的建筑构件堆叠成一个坟冢，坟冢上却生发出新的树木，成为最好的记忆提示物。人在其中感悟时间的流逝、城市生命的更替。

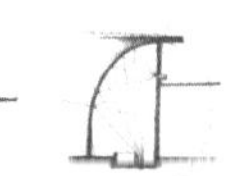

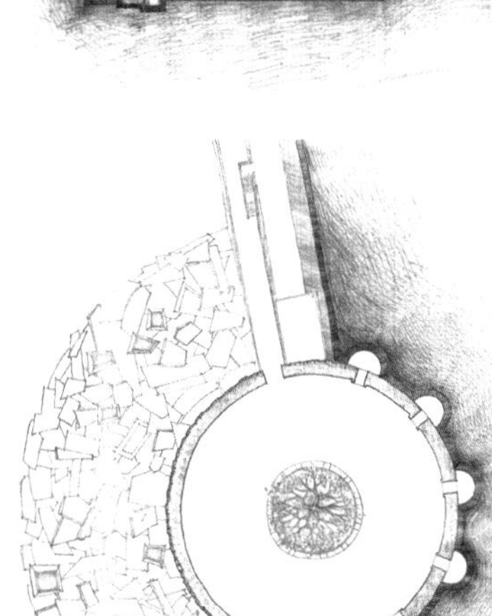
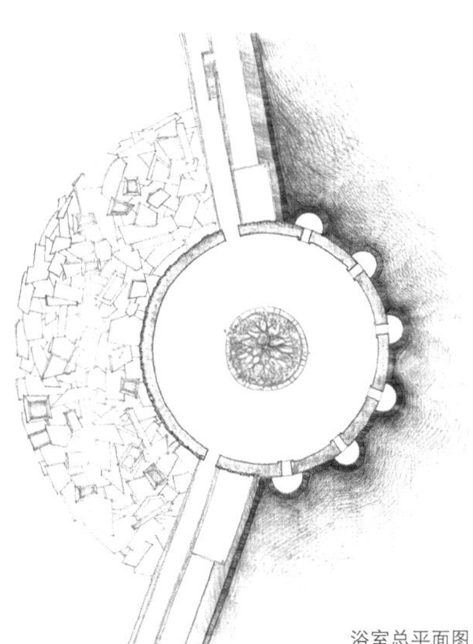

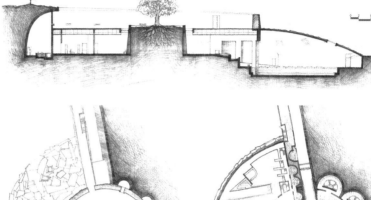

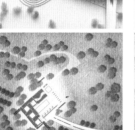

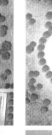

浴室总平面图

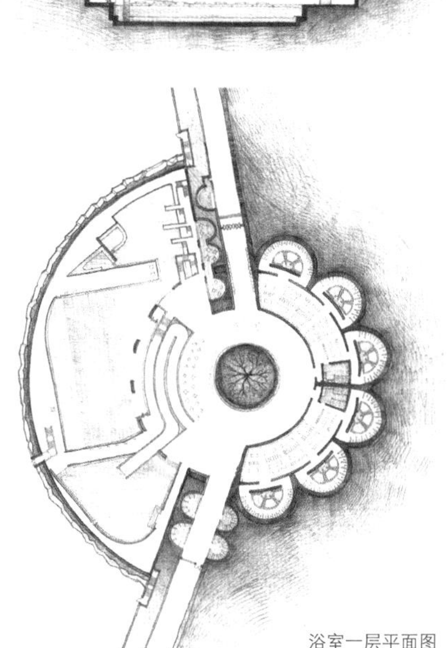

浴室一层平面图

书架背后的冥想空间——纪念和记录

图书馆的另一部分是收集和记录记忆的塔。交叉堆叠的书架的背后分别是四个冥想空间。人们在这些空间中用笔记下自己关于二线关的记忆，最终这些记忆被收集成为城市的集体记忆。

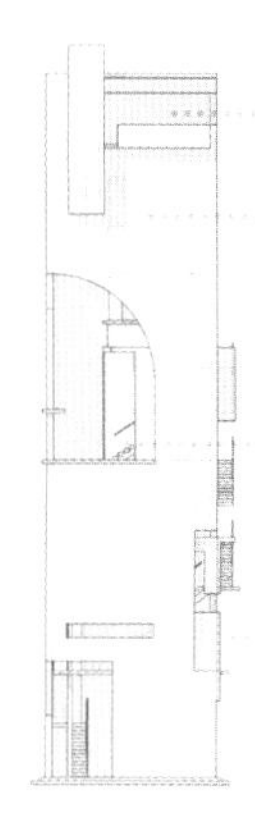

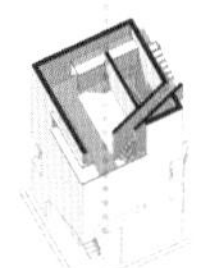

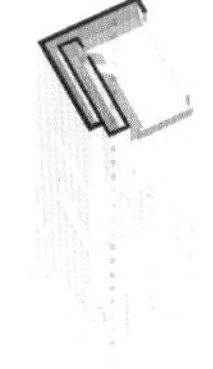

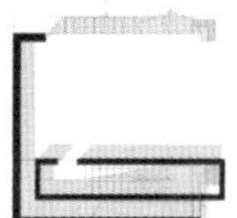
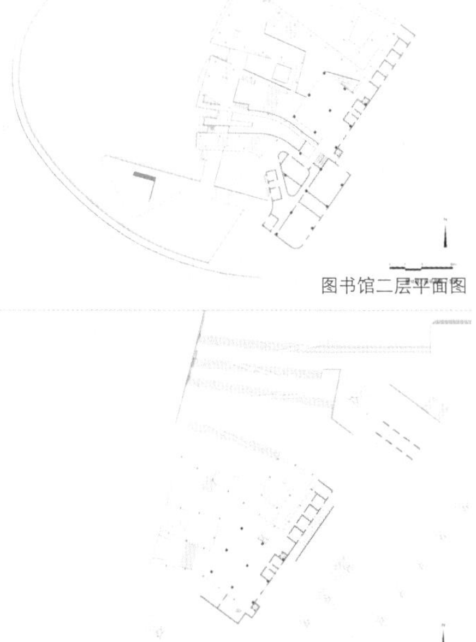

图书馆二层平面图

图书馆一层平面图

城市中的绿洲

Urban Oasis

天津大学
设计：王立杨
指导：孔宇航／许蓁／张昕楠

140

从地图上观察整条"二线"，你会发现它沿梧桐山支脉，从背仔角、大望村、布心、银湖、梅林、长岭皮、黄金坑等地一路连绵延伸至南头，充分利用了天然山脉，形成了"二线"屏障。

城市中的绿洲 拓扑几何修复历史伤痕

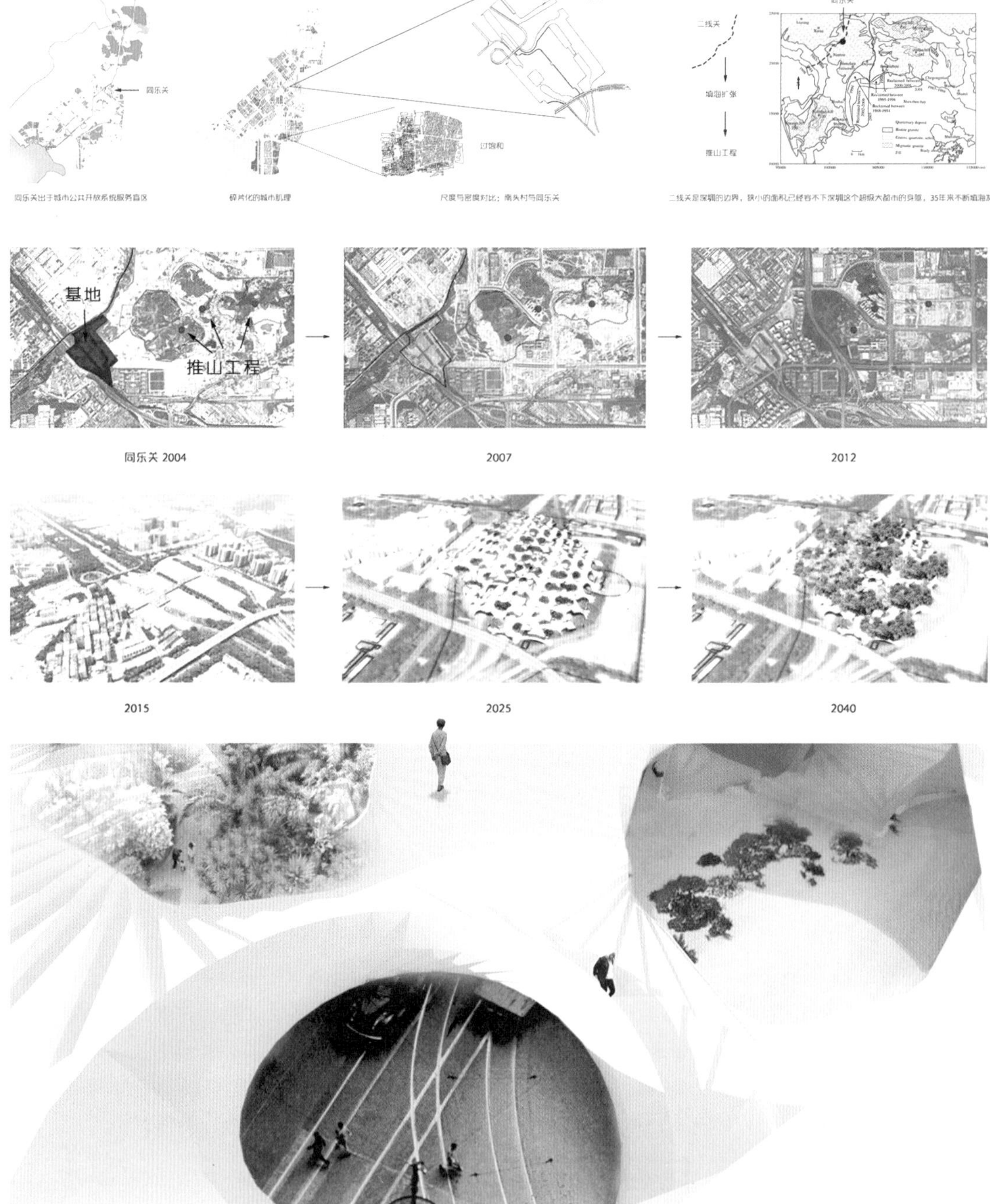

评语：

在感性和丰富想象的背后，不乏有理性和支撑性逻辑的存在。大到城市设计，小到单元空间，在充分探讨可能性的同时，仍有很多值得发展的方向和耐人寻味的地方。这是一个从概念到结果贯穿合理的设计，以非常独特的视角和方式在曾经隔断封闭的二线边界寻找开放的建筑。课题在天马行空与脚踏实地之间取得了很好的平衡点，用进化的思维方式完成了从最简单的单体结构到复杂的空间组合及群落的演化。方案所散发的创造力与勇气，不单单反应了作者对于建筑的理解，更是体现了对于未来、对于生活和对于人与自然和谐相处的追求。

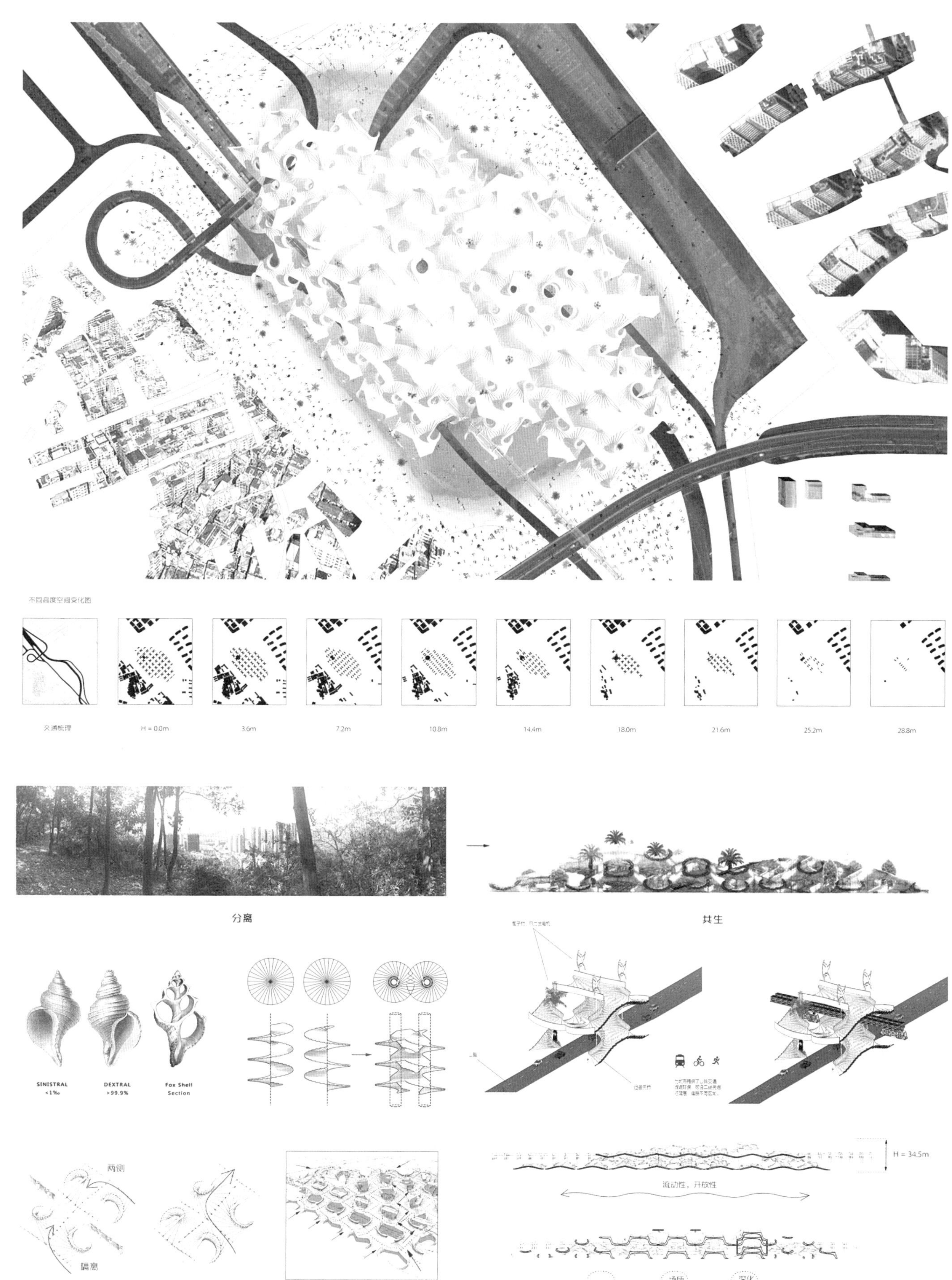

不同高度空间变化图
交通梳理
H = 0.0m
3.6m
7.2m
10.8m
14.4m
18.0m
21.6m
25.2m
28.8m
分离
共生
SINISTRAL
<1‰
DEXTRAL
>99.9%
Fox Shell
Section
两侧
隔离
H = 34.5m
流动性，开放性
场所
场所
深化

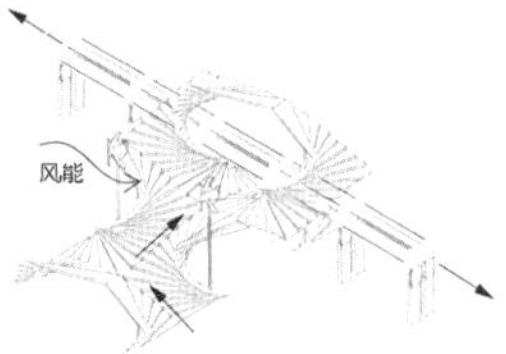

风能

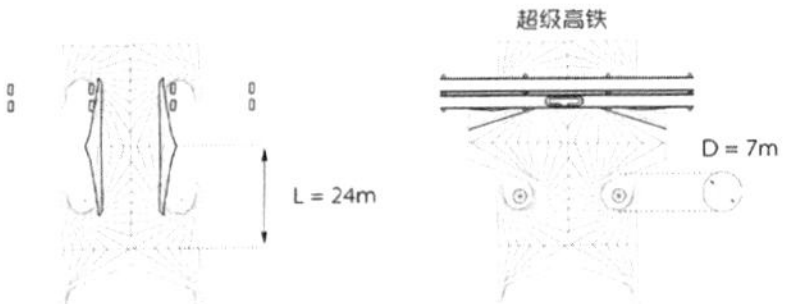

超级高铁

L = 24m

D = 7m

“流动的城市”

在深圳这个流动的城市里，有没有这样一片海让你停留？深圳254公里的海岸线，只剩40多公里岸线保留未开发状态，未来规划的填海面积仍在增加。记忆中消失了的海滨浴场，大人与小孩和海的嬉戏喧闹，能否在城市空间中出现？创造一片公共沙滩，为深圳提供快节奏中的慢生活。

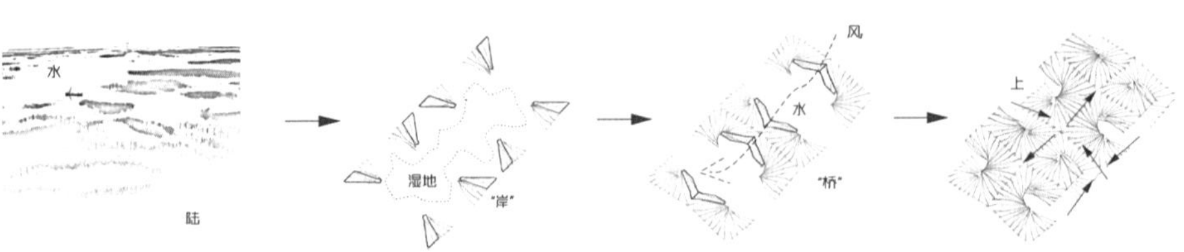

“湿地”

湿地，就在经济发展的巨大声浪中失声，干土覆盖，变成失地。建造纪念性的湿地公园，形成城市公共景观节点，对城市进行生态修复，提高居住、工作、学习、生活质量，与来深建设者形成心灵上的共鸣。

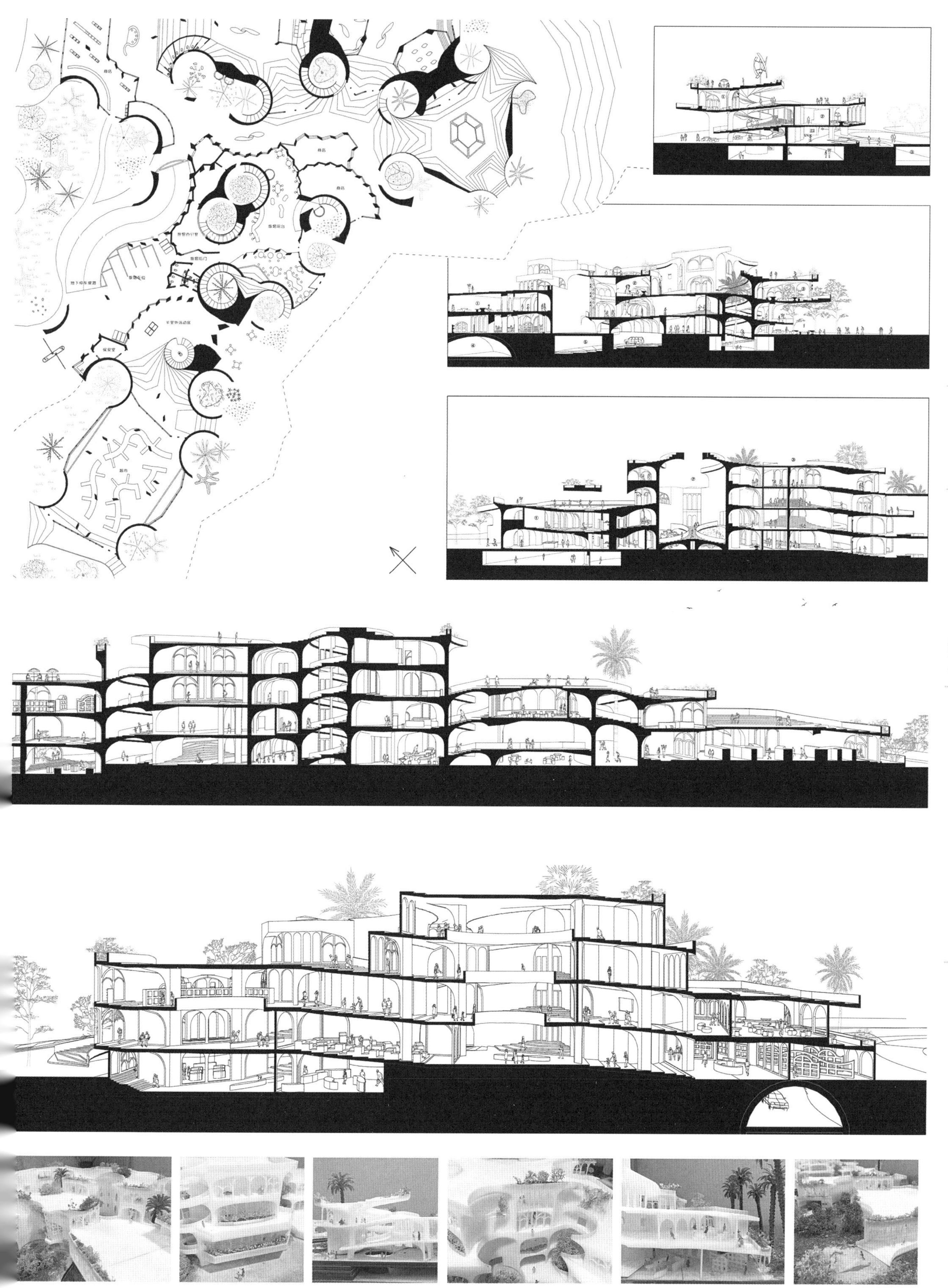
商店
商店
商店
旅馆办公室
旅馆前台
旅馆后门
旅馆车位
地下停车坡道
半室外活动区
保安室

重庆大学

CHONGQING UNIVERSITY

教师团队 TEACHING TEAM

龙 灏

左 力

1 二线理想城 Erxian Utopia

刘译泽 官诗菡 杜丰泽

2 关上闸城 The City Above the Gate

周金豆 原青哲 林 澜

3 乐活微城 LOHAS in the Tiny City

袁丹龙 颜家智 李 媛

4 山海经 The Urban Hiking Base

唐文琪 钟易岑 王新业

学生团队

STUDENT TEAM

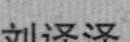
刘译泽

官诗菡

杜丰泽

周金豆

原青哲

林　澜

袁丹龙

颜家智

李　媛

唐文琪

钟易岑

王新业

二线理想城
ERXIAN UTOPIA

重庆大学
设计：刘译泽＼官诗菡＼杜丰泽
指导：龙灏＼左力

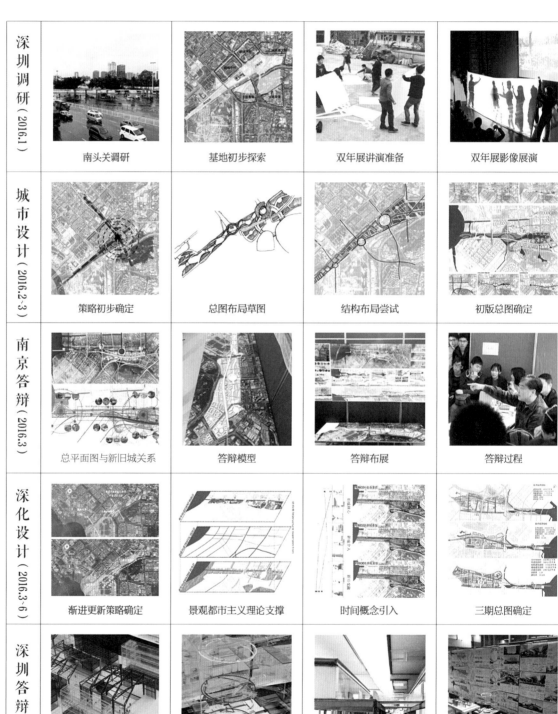

深圳调研（2016.1）	 南头关调研	 基地初步探索	 双年展讲演准备	 双年展影像展演
城市设计（2016.2~3）	 策略初步确定	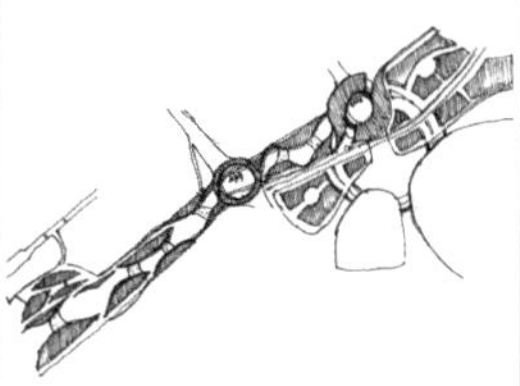 总图布局草图	 结构布局尝试	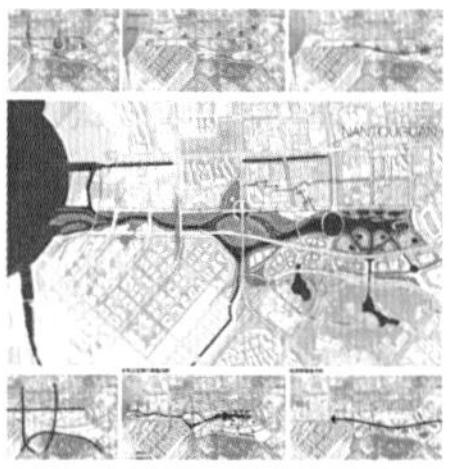 初版总图确定
南京答辩（2016.3）	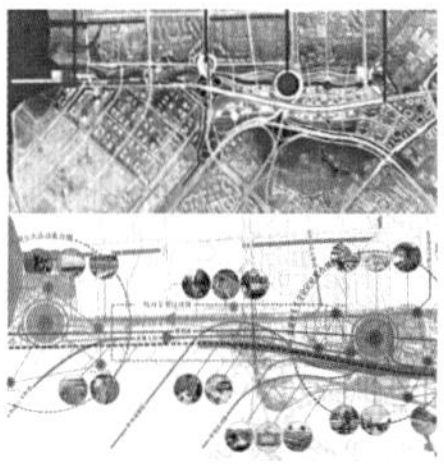 总平面图与新旧城关系	 答辩模型	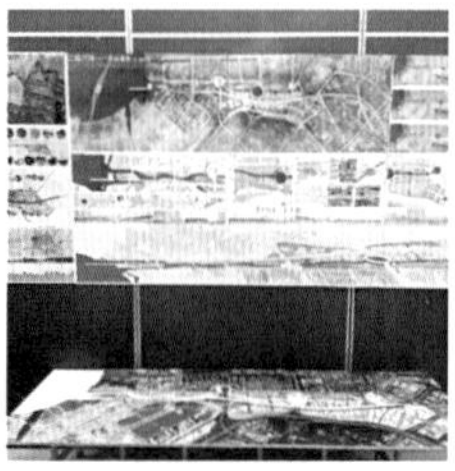 答辩布展	 答辩过程
深化设计（2016.3~6）	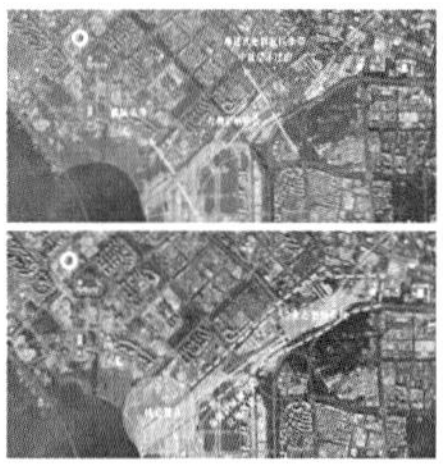 渐进更新策略确定	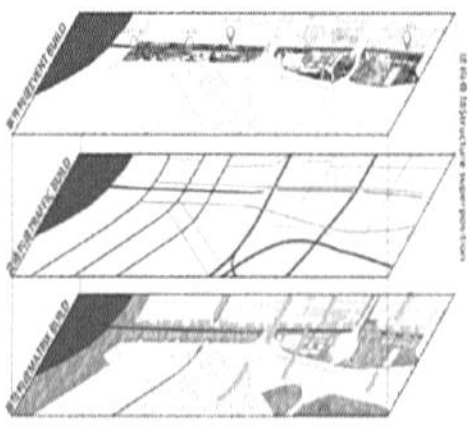 景观都市主义理论支撑	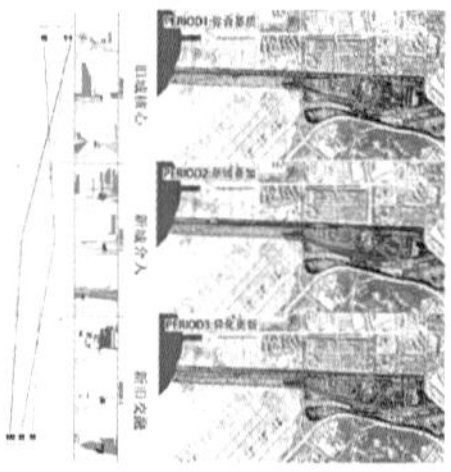 时间概念引入	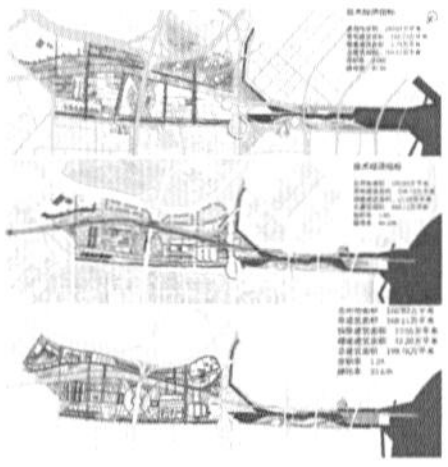 三期总图确定
深圳答辩（2016.6）	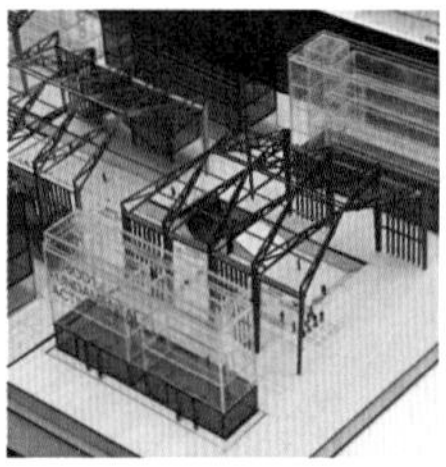 南头关单体模型	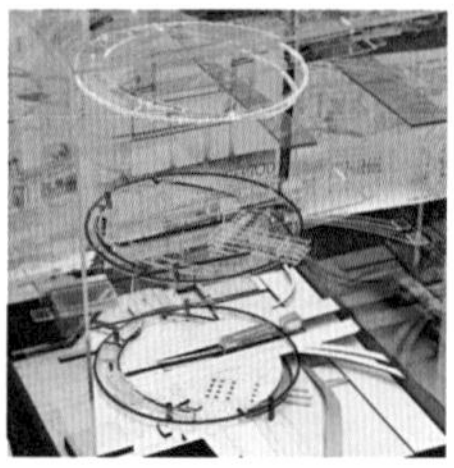 新城关单体模型	 高架桥单体模型	 深圳答辩布展

评语：

重庆大学南头关设计组的同学们以“二线理想城”为题，设计基于对“两边四界”的城市空间割裂状态的研判，采用渐进式更新策略将南头关作为深圳二线关的文化记忆要素融入到城市发展的动态过程。借助景观都市主义的设计视角，方案将城市的空间割裂问题从区域环境的基质构建、交通构建、事件构建三个层面从底到顶逐层梳理，以时间为维度，叠加形成多层次、多维度、动态更新的城市结构系统，重构了南头关城市生活的历史和当下。该方案最大的特点在于设计解题思路不是去追求深圳二线拆关这一宏大叙事背景下城 市所谓的终极蓝图，而是在城市现代性语境下以一种植根于城市日常生活的在地性思考，探讨了生活事件作为联系城市物质空间与社会生活媒介的可能性，以城市人文主义的视野建立了一种关注生活实践的城市空间价值判断，使得设计的构想能够改变城市形态、介入城市生活、干预城市发展。城市设计不仅仅是设计城市，更是设计生活。

PART1：解题

深圳二线关是国家设立的边境管理区域线，特指深圳特区与深圳市宝安、龙岗两区的隔离网和检查站。二线关不仅是深圳一段特殊历史的记忆，更是城市发展过程中不可磨灭的胎记。我们选择的重点研究对象是南头关。南头关本身由于曾经的关口需要形成了一个特殊的道路形态，同时由于之前的关口功能在周边存在着海关大楼、生活区，以及曾经的关线边界——双界河。

二线与南头关

如何用南头关现有的场地要素给场地建立新的秩序，弥补场地周围城市断裂，同时使场地内部的城市空间得到激活，是这次设计的主要目标。

同时，旧城更新一直是一个很复杂的命题，它牵涉到不仅仅是设计层面的问题，更是经济政策层面的问题。当前中国主流的旧城更新，多数情况下是一种自上而下的设计，忽略不同的场地条件带来的不同可能性，抹杀文化和历史痕迹，产生了"千城一面"的城市面貌。我们的设计试图从另一个角度进入城市设计，把城市设计理解为一个过程而不是一个结果，在这个过程中，所有的场地要素都需要被重视，被利用。最终，城市在保留了场所和记忆的同时，具备了更强的生命力，达到自我组织更新目标。

PART2：展开

设计场地最显著的场地特征是"两边四界"，地理空间和心理层面的边界在场地交汇，形成了一个分裂对立的城市格局。这其实是深圳整个城市发展矛盾的缩影。"两边"为原有的二线关（双界河）和前海新城与旧城的边界；而"四界"则代表了由前面提到的两个边界所划分出来的四个城市空间。前海新城的开发，从根本上改变了南头关附近城市片区的城市格局，具体表现在周边老城基本都处在被拆迁以及将要被拆迁的状态。这样导致的结果将会是老城的人口不断流失，向外迁出，进而导致老城文化和记忆的流失。另一方面，基地内以及周边由于二线关的原因分布了大量的城市快速干道、高架桥，这些基础设施带来的分割效应大大的影响了场地本身的可达性。

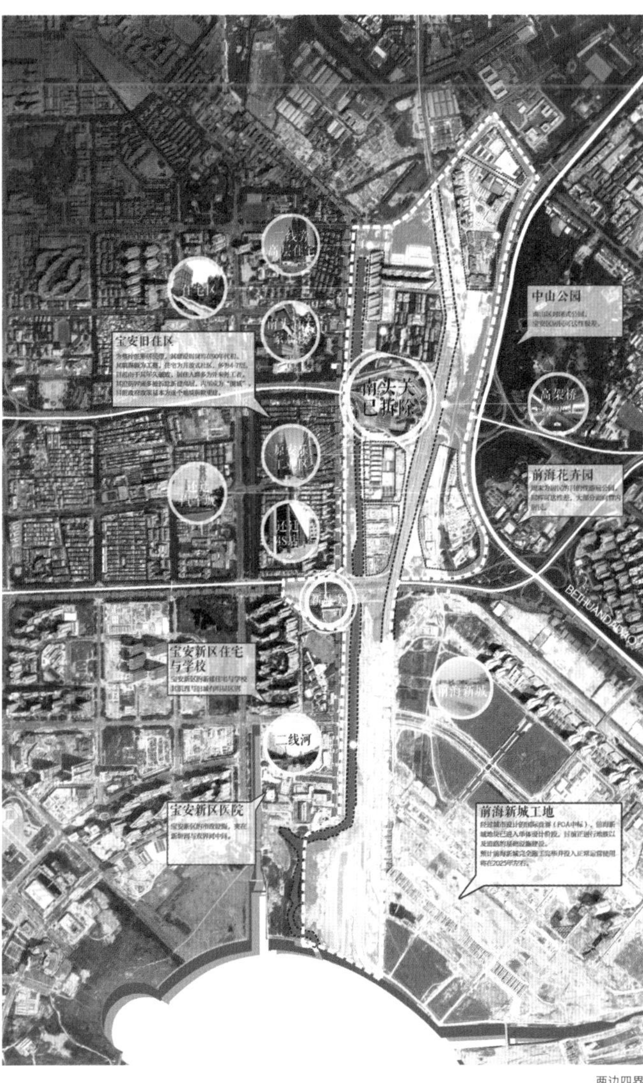

两边四界

目前场地周边的城市开发模式是传统的，经济价值为导向的城市开发模式，大量的旧区面临着拆迁的命运，取而代之的将会是毫无特色的 CBD。对比传统的城市改造模式，我们对基地的定位为"保留原有场地条件和记忆的二线新城"，主要通过渐进式更新的手段完成，包括对于二线记忆场所的强化，居住区的渐进更新改造以及场地内生态景观的修复。

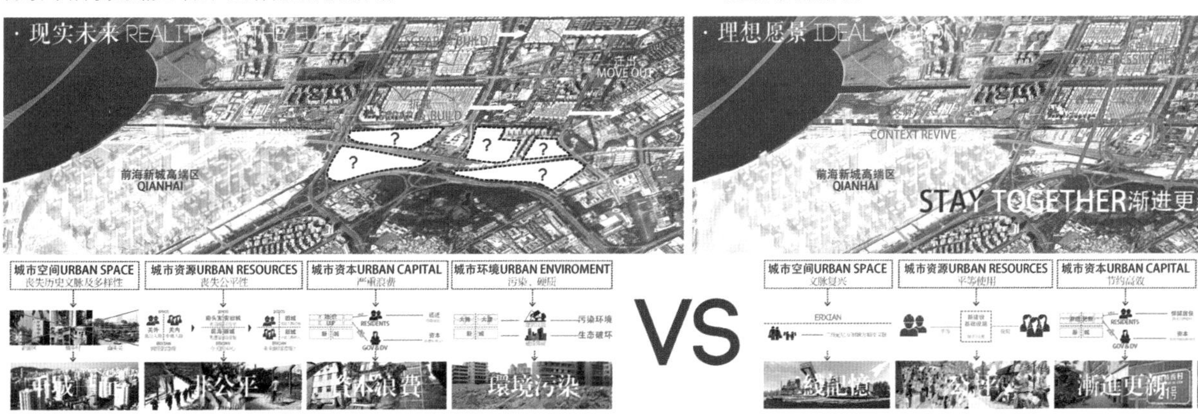

城市更新策略对比

城市设计在分析得出的渐进式更新基础上，采用了景观都市主义的设计理论，将整个城市设计内容分解为三个层级的要素操作：由底层至顶层依次为基质构建、交通构建、事件构建。通过这三个层级的相互叠加完成一个多层次、立体的城市设计。操作策略充分利用了场地原有的基础条件，包括旧的建筑，以及荒废的空地等，同时重点着眼于框架性的体系构建，使一个原本消极的城市空墟逐渐转变为城市体系中的一部分，达到空间织补弥合的目标。

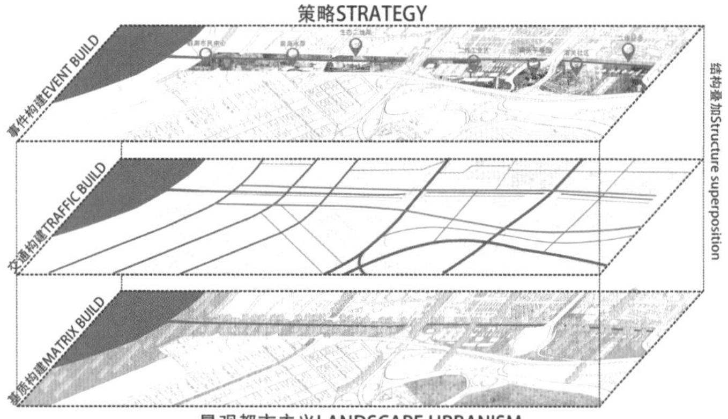

设计策略

设计主要分为三个阶段。第一阶段是现在到 2020 年，时间节点为前海新城的建设完成；第二阶段为 2020 年到 2030 年，时间节点为周边城市渐进式更新完成；第三阶段为 2030 年到未来。

时期一：前海新城施工阶段

这个时期是以景观都市理论为指导的基础设施（无消费）构建操作，主要内容是：1. 弥合真空断裂带交通系统。2. 利用二线河设计唤起文脉。3. 整理南头关旧址，及高架桥。4 整合成统一的临时景观体系。该时期的主要需求对象是旧城居民。

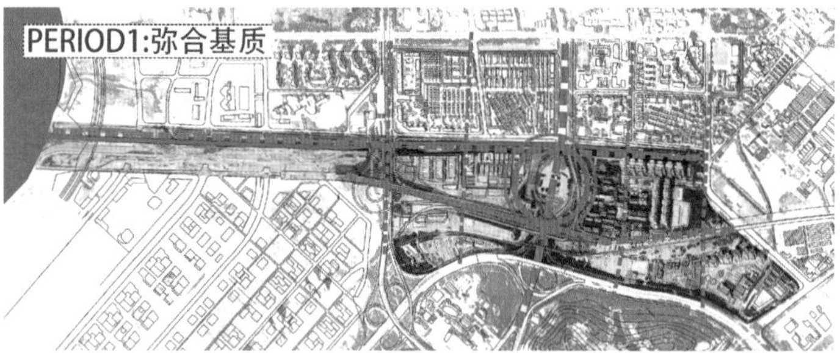

时期一结构图

时期二：前海新城完工阶段

这个时期基于前海新城初步建成的情况，构建引发更新的事件触媒。主要内容的：1. 基于可达性需求构建纵向交通。2. 由前海新城引发经济及空间更新，及初步功能置换。3. 构建事件，及其发生场所。主要需求对象是新旧城居民。

时期二结构图

时期三：新城旧城成熟阶段

这个时期区块继续渐进更新，形成异化斑块。斑块内部形成更新秩序。从这个时期开始，城市设计的基本目标达成：1. 各个层级的人群都能够具有生活岗位以及生存空间。2. 形成稳定的城市生态体系。3. 斑块内部可继续发生功能的置换以及不断更新。

时期三结构图

PART3：深化

第一阶段：弥合基质

在第一个阶段，前海新城还未建成，场地中的主要矛盾表现在基地与周边城市的断裂以及内部的消极空间上。所以，基于城市设计的宏观策略以及景观都市主义中所提到的基质构建理论，在这个阶段最主要的操作是梳理和打通关内到关外方向的交通联系，通过对场地内城市空墟的激活、联系，构建一个以景观和开放空间为主的交通基础设施和基本秩序。

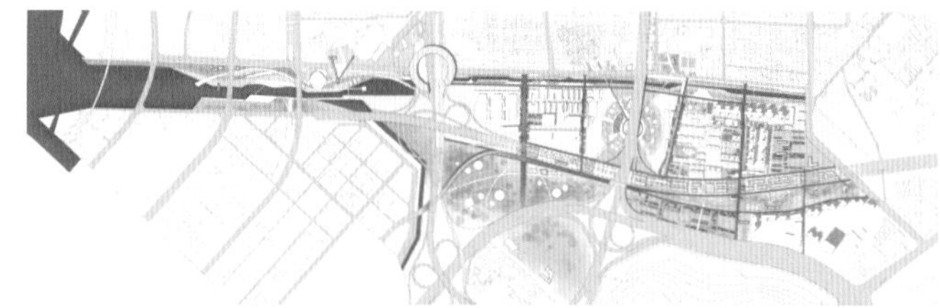
第一阶段总平面图

第一阶段的微观操作层面，主要集中在对基地内二线河进行基础治理，南头关关口交通梳理以及高架桥空间断裂弥合上。这三者作为场地内第一阶段的几个关键节点，代表了第一阶段的主要操作手法和目的核心。

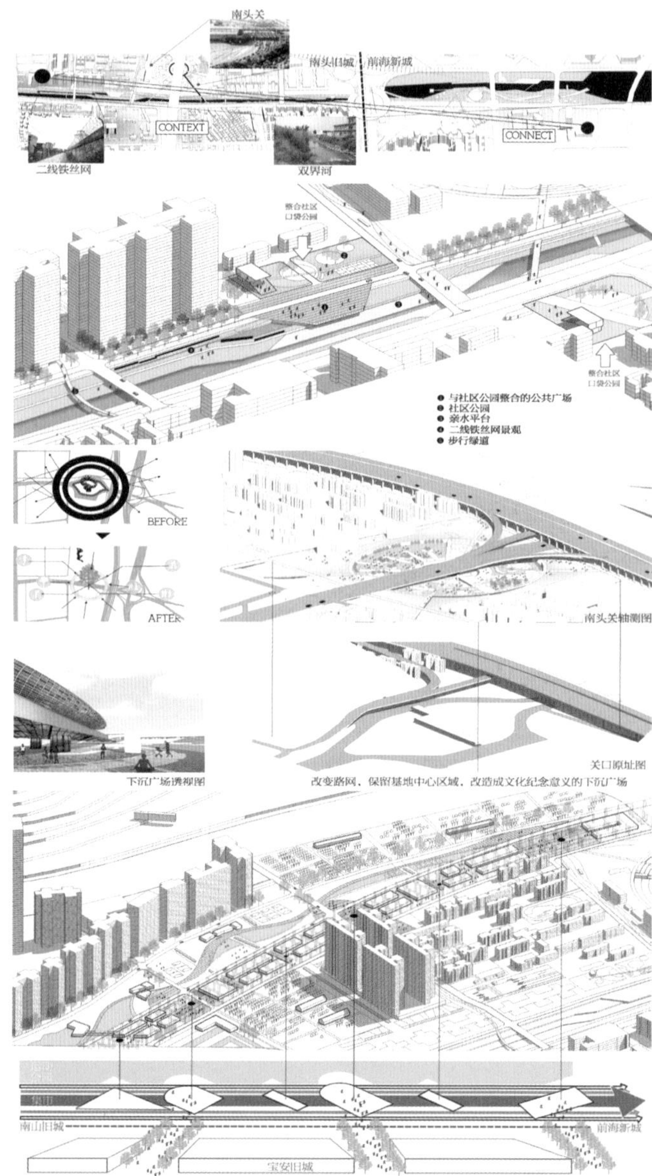

第一阶段节点设计

第二阶段：新城叠加

前海新城建成后，城市设计开始进入第二阶段。在这个阶段中，由于前海新城的建成，场地周围的城市改造开始加剧；同时，前海新城所带来的新的业态和新的消费人群将会给基地内部及周边带来冲击。因此，在这个阶段中，城市设计的重点在于前海新城到旧城方向的联系打通。在第一阶段形成的纵向框架上，第二阶段构建一个以商业活动和城市事件为主的横向框架，将前海新城的人群引入基地内部。

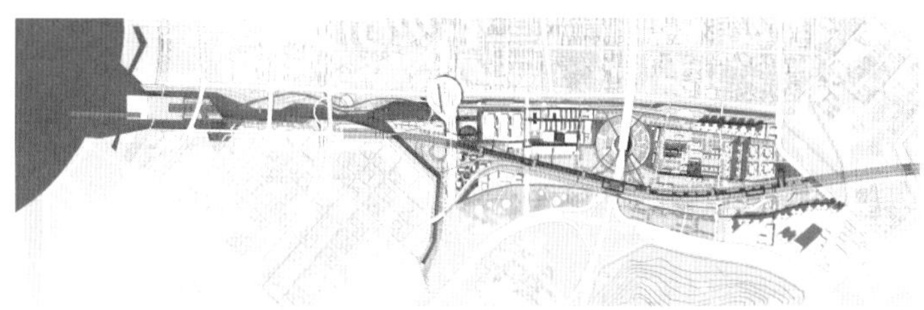

第二阶段总平面图

第二阶段的操作策略是依托人群需求通过事件触媒引发更新。在微观层面设计上，重点在于南头关两侧的居住区和产业园的事件激活。第二阶段对建筑仅进行部分的改造，主要利用片区内的节点性开放空间作为事件的载体。

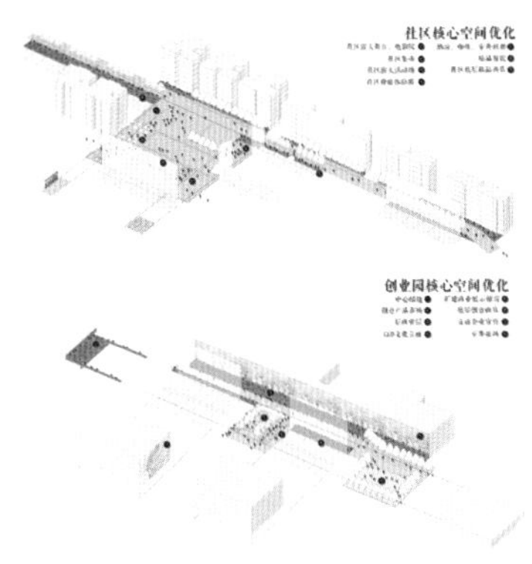

第二阶段节点设计

第三阶段：异化更新

前海新城成熟和旧城的更新都基本完成之后，城市设计进入第三时期。在第三时期中，基地内以及基地外的社区区块在前两个时期的开发模式和体系的引导下形成了以事件为核心的自组织斑块。在这个阶段，前两个时期形成的网格成为了各个斑块的基本构架，而在各个斑块的内部，对于不符合功能或使用需求的建筑进行局部拆除，取而代之的是根据需求产生的新实体空间。自组织的斑块与基础设施网格相结合，形成了一个稳定且具有不断发展潜力的城市系统。

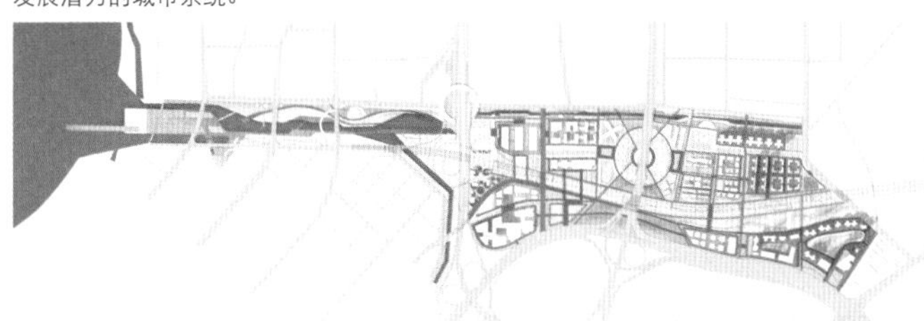

第三阶段总平面图

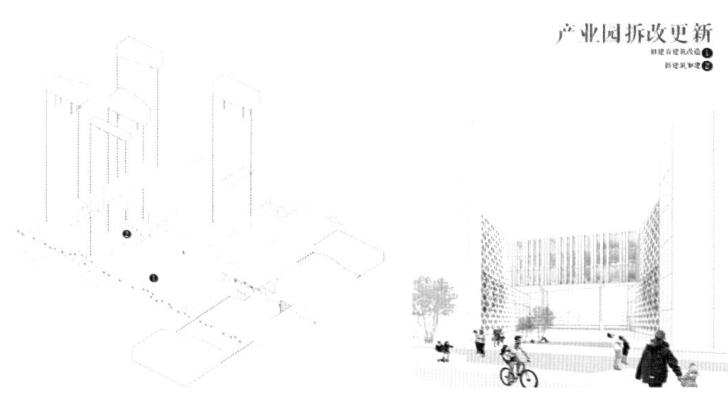

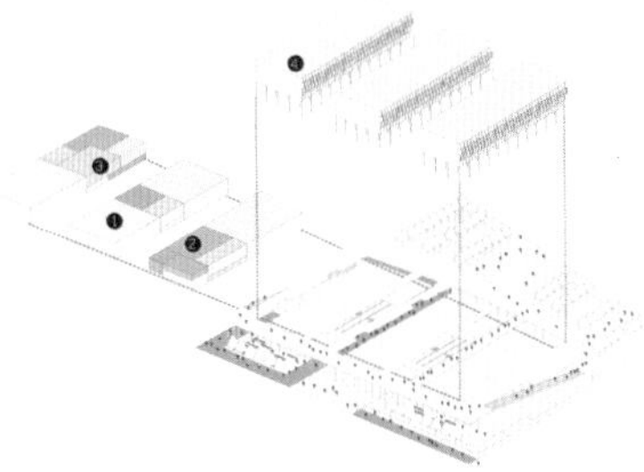

图 13 第三阶段节点设计

建筑单体选址：

基于城市设计基本架构和场地中要素的梳理，小组成员各自的建筑单体选址定为南头关与南头海关区块、高架桥区块以及新城关区块。三个建筑单体代表了场地中三个重要的节点，同时也需要将城市设计渐进式更新的理念通过这三个节点贯彻。

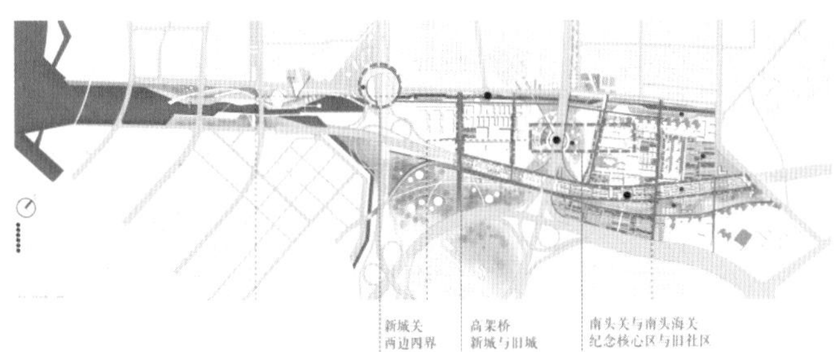

单体选址范围

南头关与南头海关区块代表的是场地中围绕纪念的主题进行的更新模式预想；新城关代表的是在新旧城市交接的边界上通过城市标志性建筑引发的触媒效应；高架桥区块代表的是对于城市基础设施建设带来的消极空间再利用的可能性预想。

	南头关与南头海关片区	新城关片区	高架桥下部空间
PERIOD 1	基质	界标	聚
PERIOD 2	事件	事件	升
PERIOD 3	演变	场所	散

单体时间 / 空间维度列表

PART4：过程感言

这次设计对于我们而言其实是一个探索与自我否定的过程，我们在二草阶段时候的成果与我们最终的成果有着根本的区别。起初我们以一个城市设计者的身份在操作着场地，于是得出的是较为概念的、图案化的设计；而后来经过仔细的思考与讨论，我们将身份转化为生活在场地里的人，从而得出了较为精细化的、渐进式的设计。其实这两者之间并没有本质上的区别，无非就是对场地条件和宏观规划的利用和处理，然而由于视点的不同导致了截然不同的方向。城市设计从来就不会是一个一蹴而就的事情，建筑设计也同样如此，很多问题的概念和定义也是慢慢发展、常常更新，这导致了很多设计实践必然是不断试错、不断学习的过程。毕业设计一方面是本科学习的一次阶段性呈现，另一方面更是对自己所学知识的一次审视和反思，以便在后来的学习阶段中尽快找到合适的方式，尽快进入状态。

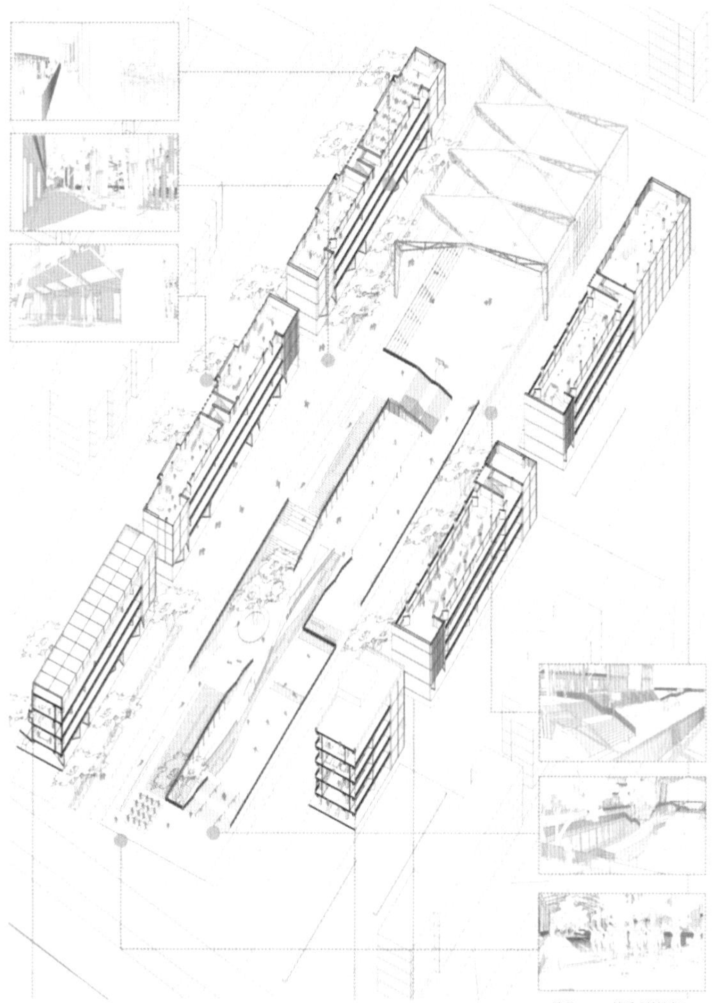

阶段一——基质 剖轴测图

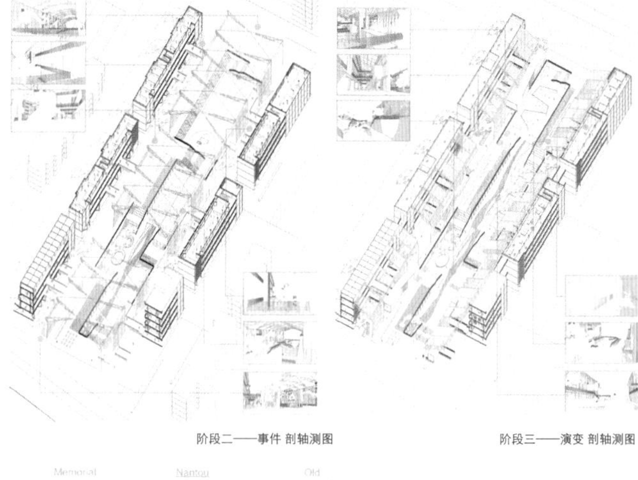

阶段二——事件 剖轴测图

阶段三——演变 剖轴测图

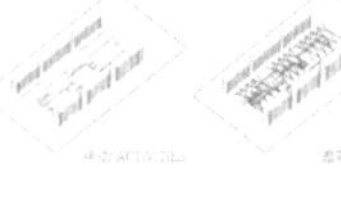

阶段一概念解析

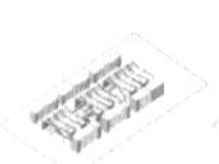

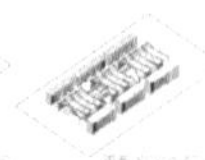

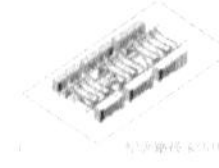

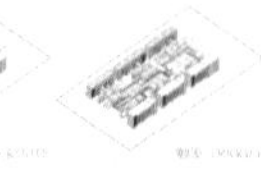

阶段二概念解析

阶段三概念解析

南头海关与南头关片区

单体的选择位于城市设计中的重要节点：原南头关区与南头海关。该区刚好位于旧社区与纪念核心的过渡地带，承载了从南头关纪念核心到旧社区的门户功能，又承担了从旧社区进入南头关核心活动的引导功能。该片区旧有建筑主要为六栋外廊式海关办公楼。我们将着重对该六栋办公楼及其中间场地进行设计和改造。

在三期设计中，旧社区人群的动态变化构成了对于该区域的关键影响变化。

模型照片

高架桥下空间

对于整个城市设计，高架桥原本是其中最为消极的片段，因此，为了能够使得城市设计的愿景成立，必须以一个有效的设计手段和概念，将高架桥从原本消极的状态转变积极。通过对高架桥的具体调研和分析，我提出了模块化的设计概念，在高架桥下不变的空间中置入可以随着时间变化的 v 功能模块，以此完成建筑与城市设计的协调统一。 设计具体展开时，选取了高架桥其中最具有代表性的一个区段，在具体分析该段的高架桥结构特点以及周边城市条件之后，对其三个时期提出了不同的设计策略。

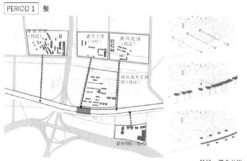

模型照片

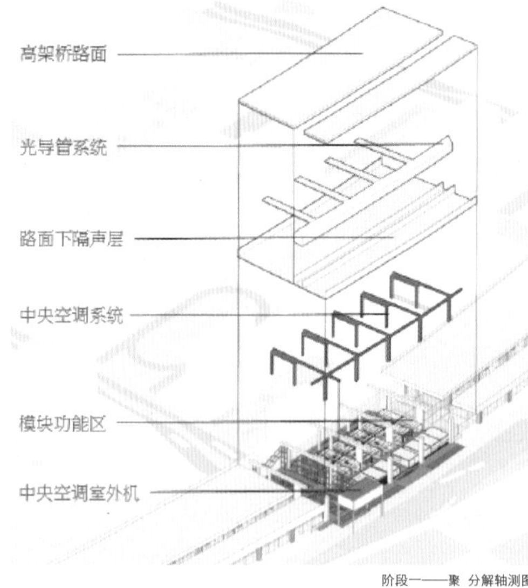

阶段一——聚 分解轴测图

阶段一透视图

阶段一概念分析

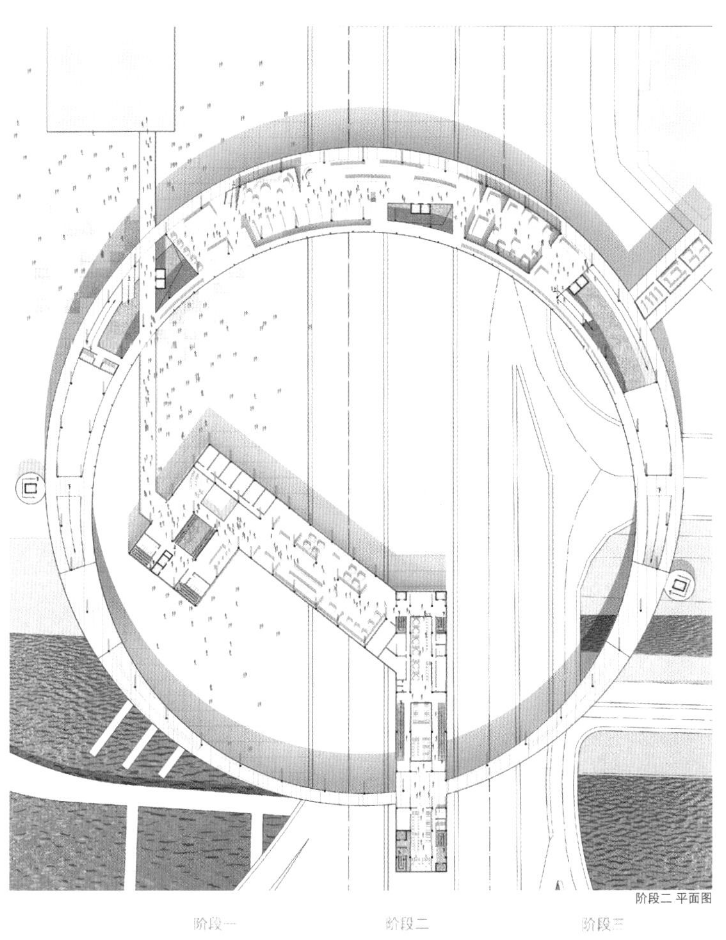

阶段二 平面图

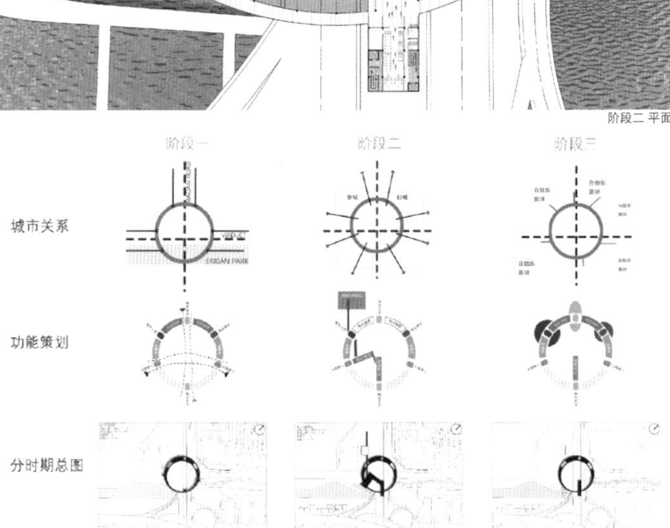

阶段二概念分析图

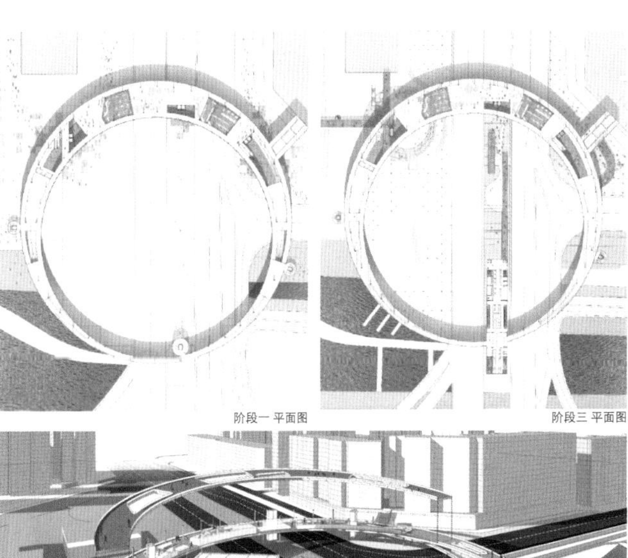

阶段一 平面图　阶段三 平面图

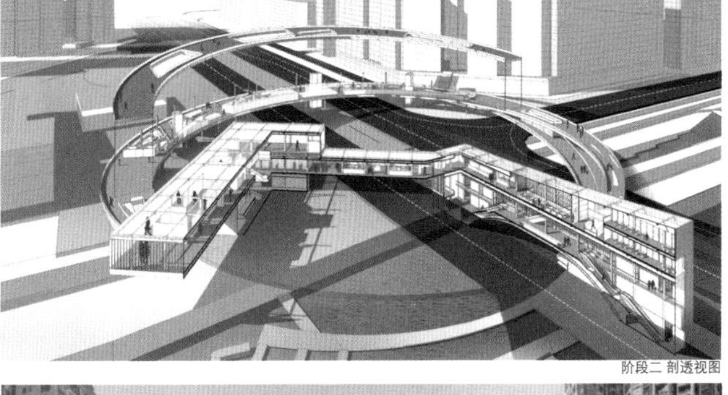

阶段二 剖透视图

阶段一 透视图

新城关

边界的交汇处本是两相背离，这样的城市空间一方面代表着疏离，另一方面又反映着城市的快与慢、资本与贫穷的最真实面貌。“双界环”在此是一个界标，二线关的存在是第一道印记，城市的扩张带来的新旧之辩是它的第二道印记。环形流线的形成，是新城、旧城，关内、关外连接在一起的力量，也是人群活动功能的补充和调整。基于城市设计的总体框架，本单体设计地处城市设计范围的中段——新城、旧城交界处，设计聚焦于建筑在城市空间演变的三个时期，从宏观到微观的层面对城市空间所产生的影响。

模型照片

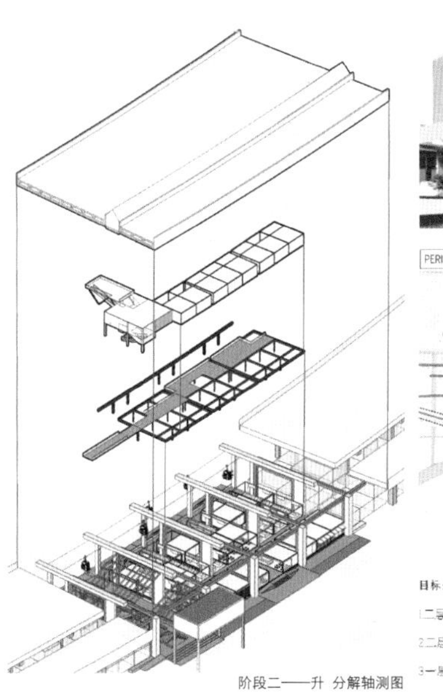

阶段二——升 分解轴测图

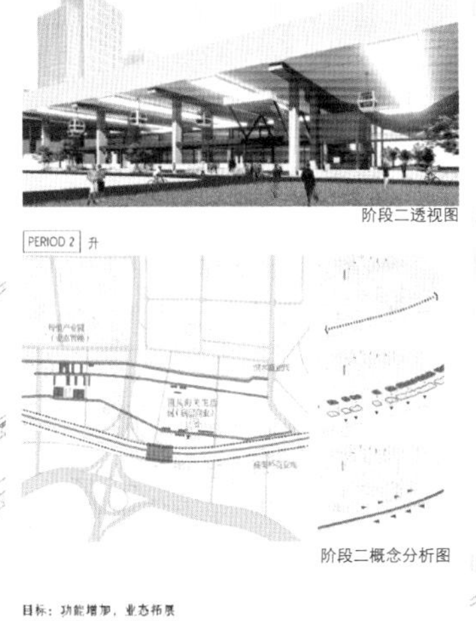

阶段二透视图

阶段二概念分析图

目标：功能增加，业态拓展

1二层骑车系统引入，创造前海新城至老城的快速流通线路

2二层商业系统引入，结合骑车系统以及一层集市的独特商业环境吸引人流

3一层集市模块业态置换，满足新消费人群

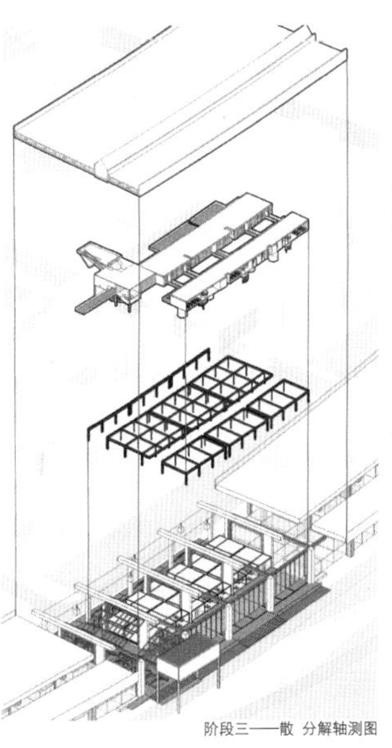

阶段三——散 分解轴测图

阶段三透视图

阶段三概念分析图

目标：功能迁出、空间释放

1原本的社区服务功能迁出至各个新社区中

2对部分模块空间进行改造，释放成为公共环境空间

3周围存在较多居民，环境较好，将二层转化为社区图书馆，提升空间品质

关上闸城——P+R 城市触媒

The City Above the Gate

重庆大学
设计：周金豆＼原青哲＼林澜
指导：龙灏＼左力

· Part1 设计历程

深圳二线，当第一次初涉这个题目时，的确内心是充满了疑惑和期待。作为中国发展最为前沿的实验城市，二线的存在和历史即是深圳的存在和历史。然而，历史的抉择让二线及二线关最终走向了消失的命运——对即将消失的二线及二线关以及深圳这条特殊的边界进行设计，老实说，对于我们这些并非久居深圳的建筑学学生而言，设计的原点陌生又模糊。而整个设计历程也可谓是一次波折不断但也十分充实的挑战。

前期经由较为系统而基础的资料调研工作，对整个二线、二线关各个关口以及整个深圳市发展均有了大致的了解和认知。整个的设计原点也和过往一般的教学设计有很多不一样的地方。除了基础的场地调研（也可谓是学生生涯以来路程最长的一次调研历程，从南头关到溪涌关，从同乐关步行至南头关），还参与了一次有趣的借深圳双年展机会展开的开题汇报，也可谓是耗费了不少脑细胞，参与过程生动而有趣。

现场调研记录

回归到设计之初，整个调研过程也给予了我们极为深刻的印象。尤其是从同乐关出发，沿二线铁丝网、联检路步行至南头关，那时恰逢雨过天晴，仿佛一切阴暗拨云见日，甚至有几分朝圣之路的意味。一路上，我们路过了生存空间有限却充满生活气息的同乐城中村，询问了依然在废旧的工厂为生存而奋斗的居民，看到了依然坚守在二线边界训练奔跑的年轻军人，废弃的房屋、漫长的高压线、荒芜的土地、自然生长的苔藓杂草……一路走过，感慨良多。这段寂寥的边界需要一种方式去诉说和阐释，而绝不是完全抹去；无论是纪念这段历史，亦或是利用边界激活其价值和新生，其实都是可行而具有意义的。

随后以深港双年展 UABB 大讲堂“边界，作为城市的原点”为契机，更让我们通过多样开放的方式展现了我们初涉二线关的认知、思考。数天时间的编剧、排练、资料搜集、制作、绘制图册，大家的共同努力最终也顺利得到丰硕的成果。我们通过情景剧的形式展开了我们对二线和深圳的观察和思考：由“關”（关）到“門”（门），再到关口的打“開”（开），二线关沉浮的历史和生活在这样的主线中通过皮影戏的形式缓缓到来，仿佛一曲悠然的史诗，为我们缓缓道来一段过去、现在和未来的二线故事。

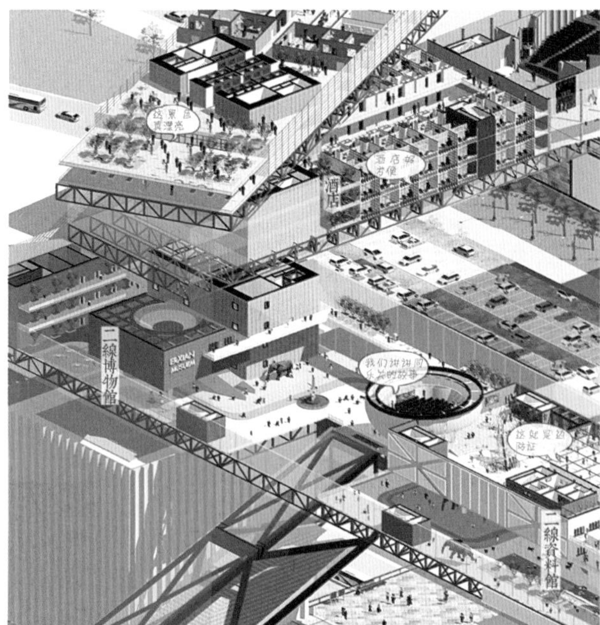

评语：

同乐关设计组的同学们把设计的关注点聚焦到二线关交通基础设施对城市形态、功能、空间的影响层面。从场地环境的核心要素出发，设计最大化利用G4高速、轨道换乘和同乐关的交通优势，打造跨越宝安、南山两区的重要城市触媒。城市空间形态回应了城市发展公共化、集约化和复合化的趋势，生长出以交通为先导的巨构城市。设计以技术理性视野和“关上闸城”的巨构城市意向，关注了城市交通基础设施与城市空间融合垂直发展趋势下，城市居民生活回归到社区群体和日常状态的可能性，描绘了深圳未来都市核心区城市空间追求“高技术与高情感”共生的发展图景。

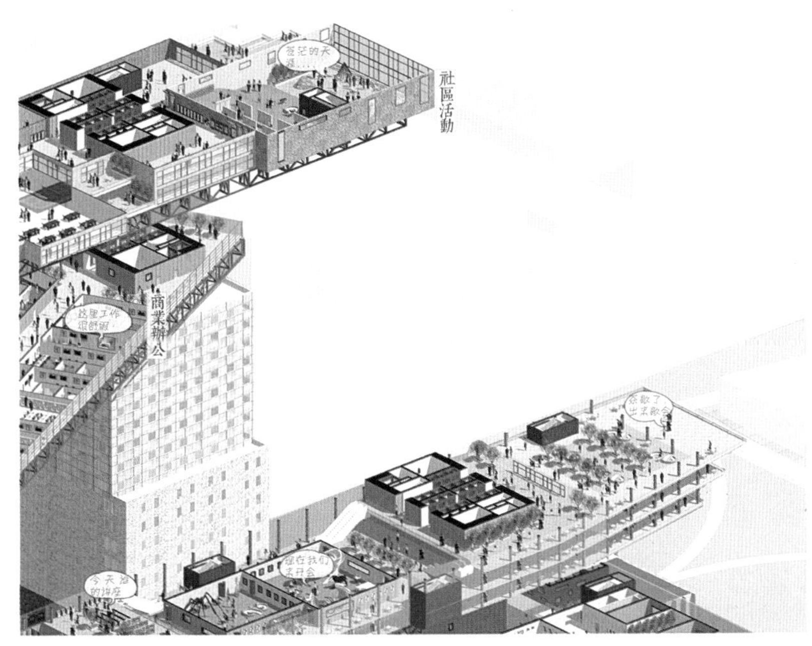

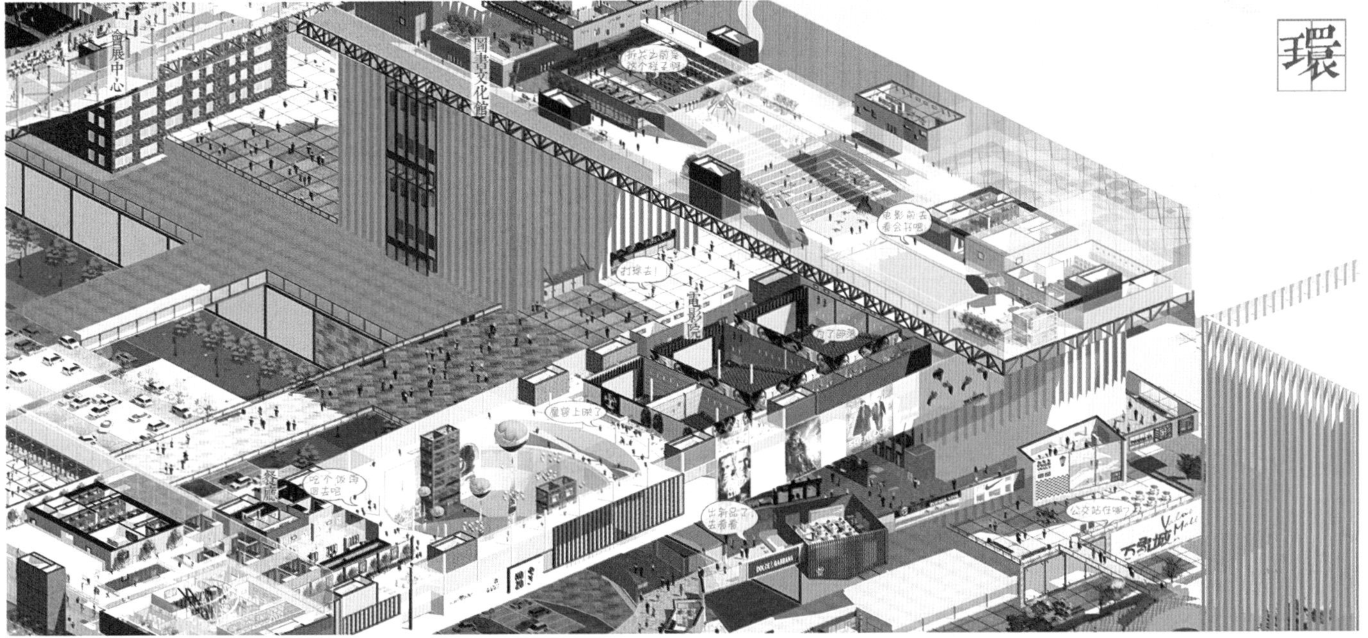

環

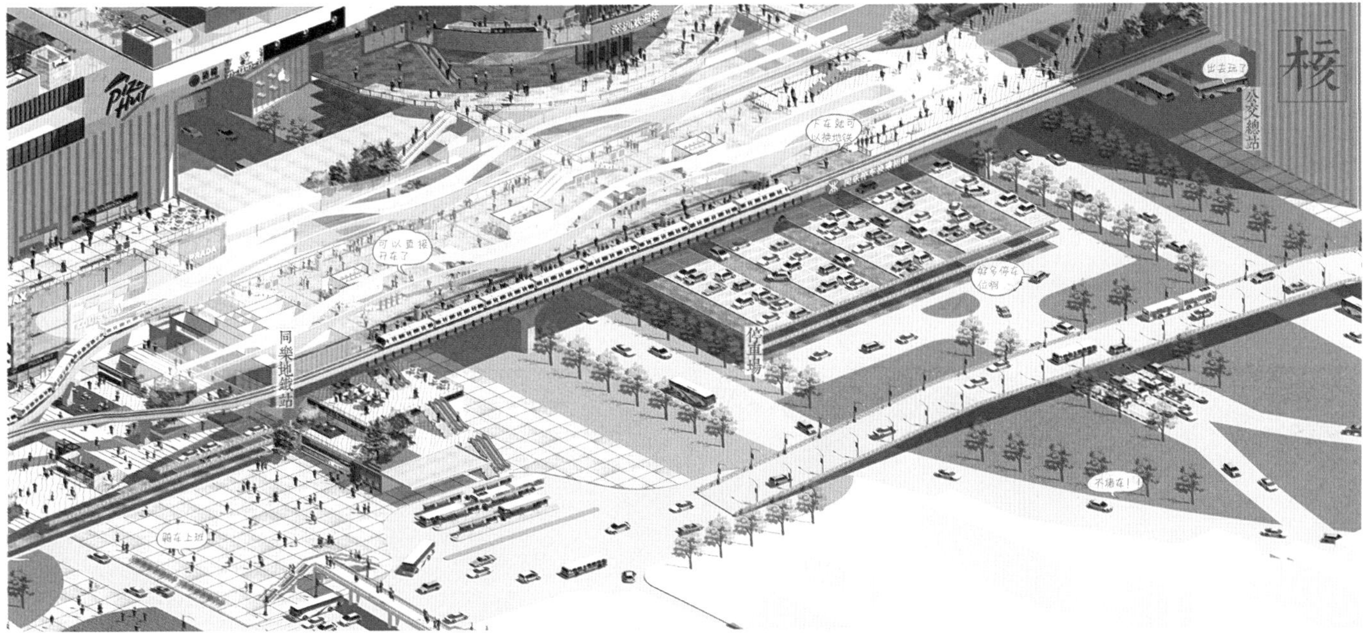

核

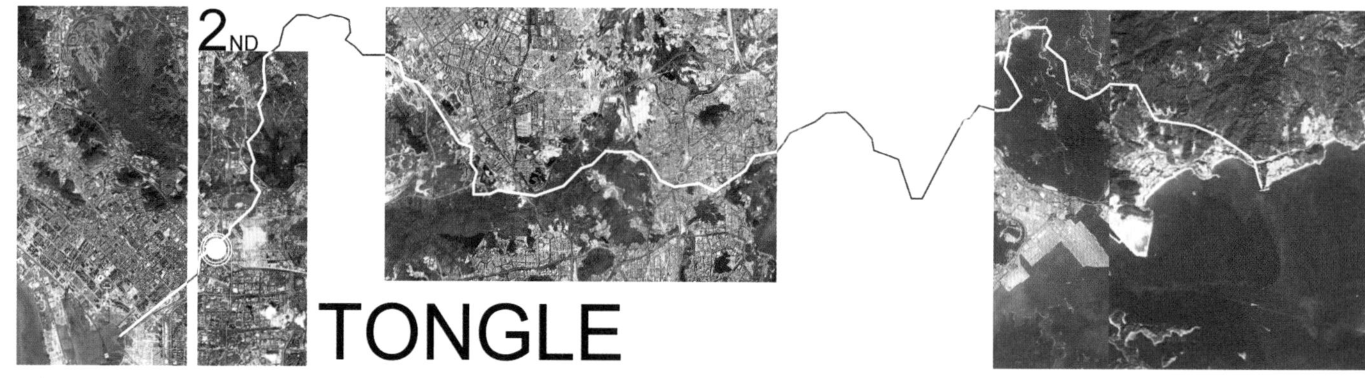

工作记录

整个设计的出发点也由此而生。过去的关口，作为通过型性质的重要城市节点；现在拆除后的关口一片空白，打开了过去封闭的门户；然而，未来的关口能否挖掘其新的潜力和价值，从而真正意义上打开关口、超越历史，并回归到二线和关口本身？

我们将这样的设计过程归纳为：解题—展开—超越—回归。

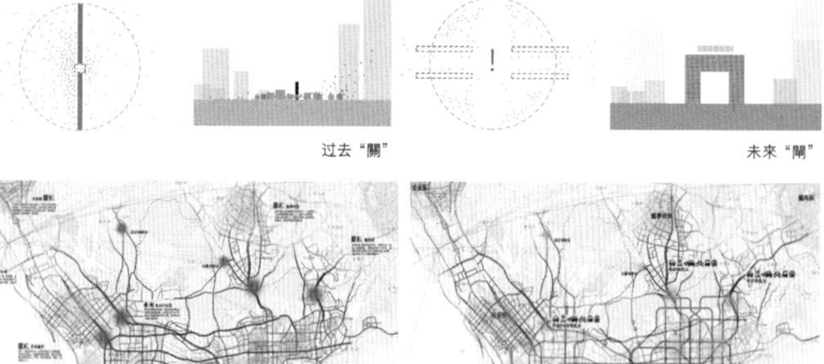

过去“關”　　未來“關”

深圳市未来交通公共交通系统变化设想

· Part2 解题——抓取同乐关场地特质

同乐关作为深圳的门户，可谓是关口的典型代表。它既保留了关口建筑，成为具有历史纪念的物质载体，同时周边又有城中村、二线、铁丝网等要素。最终我们选择了从同乐关所拥有的其他几个关口不具有的特质——交通型城市触媒 + 城市门户的潜力入手。同乐关被深圳最高等级道路 G4（广深高速）贯穿，为深圳市区和同乐关带来了巨大的交通流量。同时，同乐关位于深圳两大重要片区宝安区（居住）和南山区（商办）的交界处，是重要的城市节点。利用其门户特点，我们希望能够从其交通性入手，挖掘同乐关潜力。

这个设计从审题和解题也可谓是一波多折，经历了往复和多角度的思考与论证，并和指导老师进行了多次讨论。初期阶段，对于同乐关，我们思考过历史文化纪念、商业综合体开发、二线生活的重构呈现、产业开发等多种发展的可能性。最终，我们决定利用同乐关独一无二的 G4 交通、宝南交界优势以及门户地位等要素，以交通为原点，作为整个同乐关片区城市设计的起点。

过去的深圳，其交通因关口的存在，在关口处及上下游呈现出明显的拥堵趋势，而关口拆除后的交通状态并没有得到改善；而未来，我们希望能够利用关口本身的交通属性和通过性价值，建立交通城市触媒节点，并能够改善城市核心区的交通系统。对此，我们根据多方理论的学习，决定从峰值地价理论和 P+R 城市交通系统，对同乐关进行改造和设计。

方案：从一草、二草、正模的不断推进

设计原点的确定，使整个设计的推进有了方向和目标。尽管整个方案在推进过程中变化较大，但原点不变。非常感谢在此过程给予我们诚挚客观意见的评委老师，对最终方案“关上闸城”的呈现给予了相当大的帮助和建议。

最终，我们构筑了一座 G4 上的 P+R 内核巨构“闸城”。处理手法看似大胆、夸张，但也是根据我们设计的原点和在地性探讨后得出的一种解决方式，且听我们娓娓道来。

场地特质：G4（交通资源）+ 宝南交界线

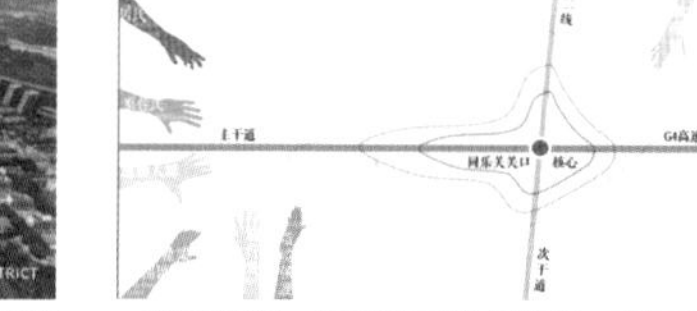

· 峰值地价理论：同乐关关口土地价值最大，反映了诸多人群诉求

SHENZHEN INTERNATIONAL AIRPORT
BY CAR：16MINS
BY SUBWAY：1HOUS10MINS

SHENZHEN

LONGGANG DISTRICT

TO HUIYANG

SHENZHEN NORTH RAILWAY STATION
BY CAR：15MINS
BY SUBWAY：50MINS

10KM

NANSHAN DISTRICT

SITE

GATEWAY RIBBON

LUOHU DISTRICT

YANTIAN DISTRICT

TECHNOLOGY PARKS
BY CAR：10MINS
BY SUBWAY：34MINS

NORTH RAILWA STATION
BY CAR：10MINS
BY SUBWAY：56MINS

FUTIAN DISTRICT

LUOHU DISTRICT
BY CAR：34MINS
BY SUBWAY：1HOURS40MINS

PACIFIC OCEAN

FUTIAN DISTRICT
BY CAR：21MINS
BY SUBWAY：1HOURS20MINS

SHEKOUPORT
BY CAR：21MINS
BY SUBWAY：1HOURS10MINS

HONGKONG

SITE TONELE
16 DISTRIBUTION OF URBAN COMPLEX
CITY ROAD
UNDERGROUND TRANSPORTATION
0 1 5KM

· 深圳市概况、同乐关和周边联系与车行情况、深圳城市综合体分布

· Part 3 展开

通过前期对同乐关的特质分析得出，G4 高速是同乐关最明显的特质。深圳的城市现状中，车辆入关也是目前难以解决的社会热点和难题。所以我们的课题也是通过对 G4 高速的联想演绎展开的。通过对城市道路的演绎、深化、创新，改善宝安区到南山区的交通现状，同时联通同乐关周边片区。

如果把城市的道路网络看作地貌上的河流网络，那 G4 高速就是一条川流不息、充满活力的主流。正如应对洪涝汛期的水坝一样，我们预想的未来的关上闸城能够如同水坝对江河般，对巨大的交通人车流进行拦截、集中、转换和调节，从而改善交通问题。

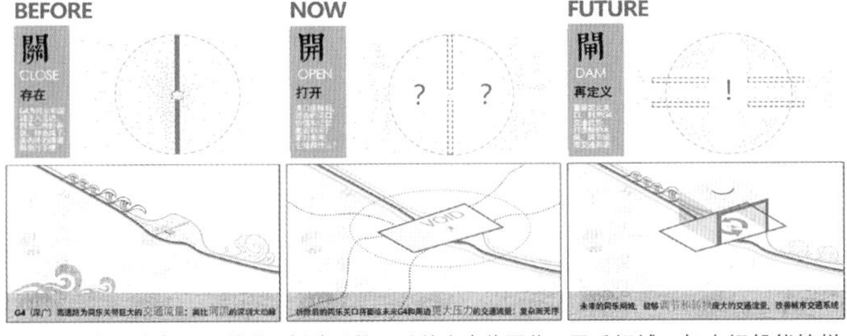

G4 高速路为同乐关带来巨大的交通流量：类比河流的深圳大动脉。

拆除后的同乐关未来将面临更大的交通压力。

同乐闸城，如水闸般能够拦截、集中、转换庞大的交通流量，改善城市交通系统。

综述：在重要的交通主导策略上引入"P+R"城市交通体系，即利用二线独有的边界优势、交通属性和空置土地，建立同乐关上"P+R"，即"停车＋换乘"的城市体系，缓解车行交通，强化公共交通，从而建立"P+R"城市交通体系。改善宝安与南山之间的交通联系，为区域创造新的交通和出行方式，如水闸般对交通进行调节和换乘，赋予关口新的交通含义。

· Part 4 超越

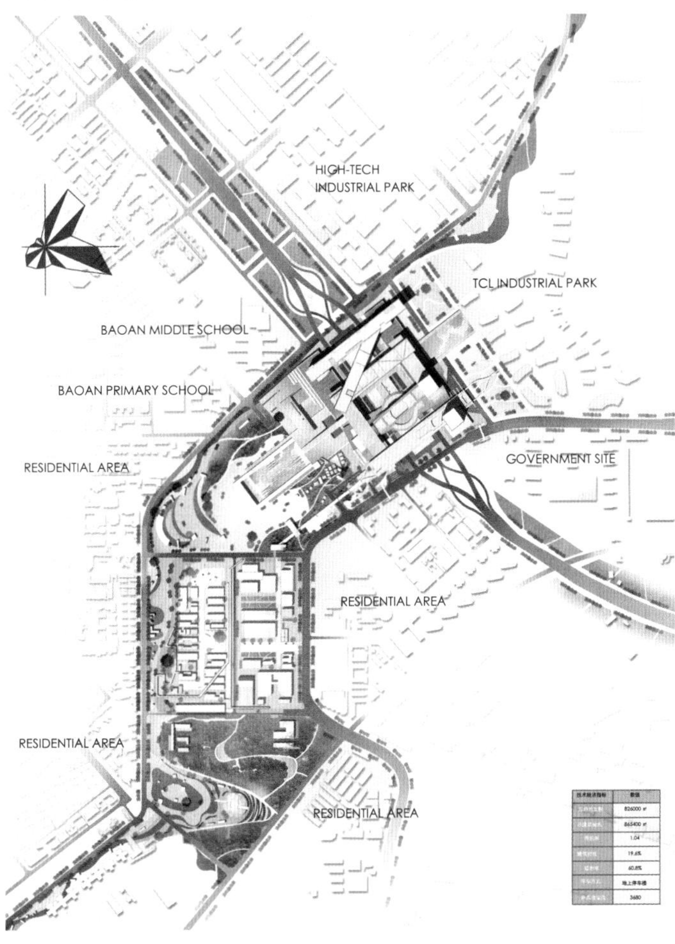

我们欲建立、完善和联系周边的功能体。根据对周边功能的梳理和对 G4 高速路存在的考虑，来演绎建筑形体，并对深圳的气候进行回应。

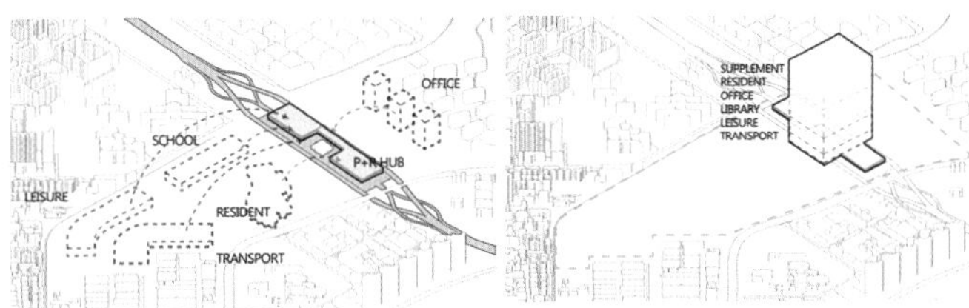

1. 把更多的功能需求集中到"P+R"内核，充分发挥 G4 高速路和同乐关关口的价值，同时退还更多的绿地给城市，以供周边居民和人群公共活动使用。

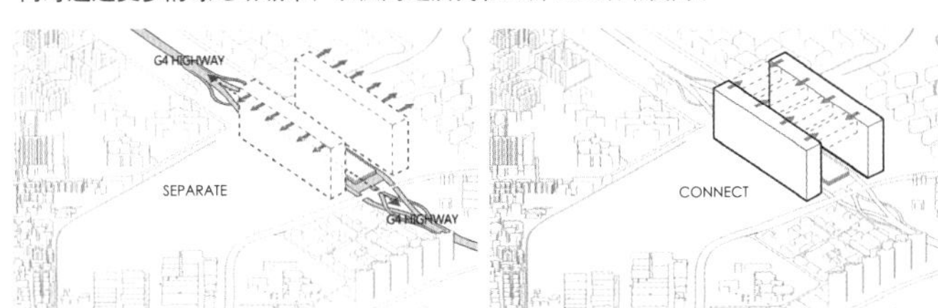

2. 由于 G4 的存在，建筑被中心 G4 道路及内核区分割成两部分，为增强高速两侧可达性和联系，在高速上部插入连接体。

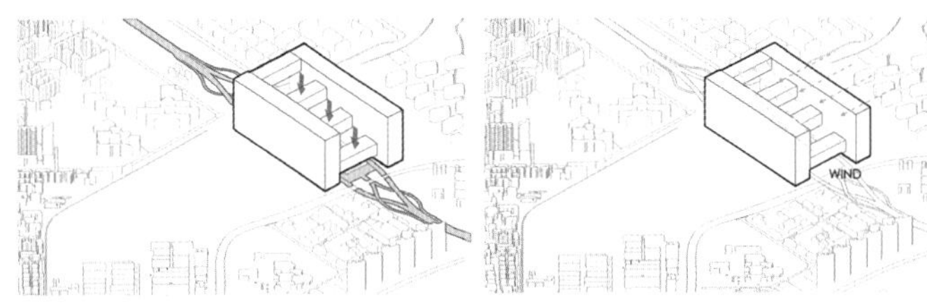

3. 在 G4 上的"P+R"内核上构筑巨构城市"闸城"，并根据深圳光照和风向，对建筑连接体的高度及分布进行技术性调整。

我们把关上闸城集中在 G4 高速上，是希望能够最大化利用 G4 高速带来的价值。同时，把交通价值不高的土地作为城市绿地或者城市待开发土地，最大化利用南山片区土地。城市设计大开大合、虚实相应、功能明确。

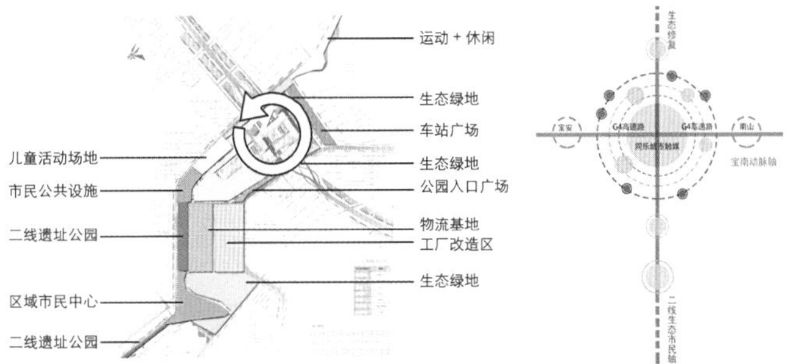

整体的城市设计有两个策略：1、中心巨型触媒，即通过我们的巨型建筑，整合周边的功能，并激活周边和城市。2、纵横结构，场地位于二线沿线与宝安——南山连线的交叉点，其功能为承接二线历史，并疏导宝安南山片区的交通拥堵问题。

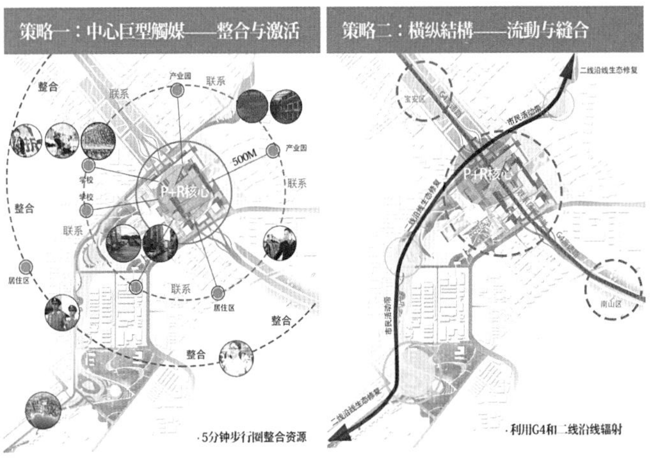

· Part 5 回归：在地性分析

通过对城市设计整体策略的分析，我们使用了巨构综合体的设置及大面积退换城市公共土地等策略来利用土地，并提出了我们对深圳同乐关未来改造的构想。该构想的实现是建立在在地性和可行性分析之上的。下面，我们对此部分进行阐述。

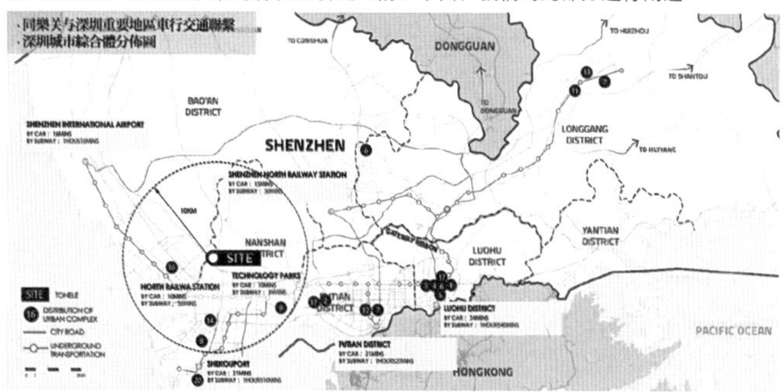

通过对深圳现存城市综合体的分布的研究，我们发现，由于特区的存在，深圳的城市综合体一般分布在福田和南山区中心地带，导致了城市功能集中、流向特区人群集中等问题，并加重了市区内的交通压力。我们在同乐关设置城市综合体，可以一定程度上缓解人们进入特区的需求，从而减少进入特区的私家车数量。

同乐关交通优势明显，15 分钟车行圈内连接城市周边重要区域，行驶畅通。

城市综合体功能完整，包括建筑、公园、广场、街道等城市要素。

根据其车行和地理位置，同乐关定位属于核心区域，其建设总量可达 100 万。

预期减少同乐关进特区私家车数量的 5%，平均每天静态车辆 4000 辆。

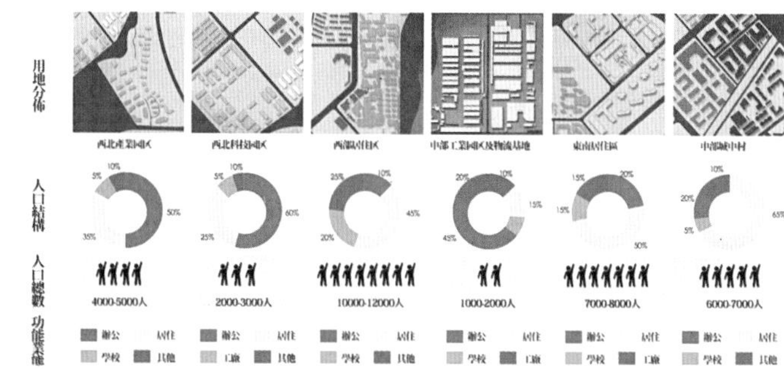

综合体除了对宝安南山片区的补充与交通转换及调节功能，对于同乐关周边的功能需求同时进行了补充与联系，弥补了因 G4 高速带来的对关口的割裂问题。通过对场地各斑块内的人群分析，我们总结出需求和配比，作为建筑功能设置和分配的基础。

500米範圍服務40000人左右常駐市民

預估一公里（5分鐘）服務8萬人左右

提取共性需求，再構區域功能配比：

辦公 25%-30%　居住 15%-20%　休閒娛樂 15%-20%

商業 18%-22%　酒店 8%-10%　交通 7—10%

结合周边（步行 500 米范围内）所服务的 40000 人左右的常住居民需求状况及预估 2 公里（车行 10 分钟范围）内的所覆盖的 80000 人的需求，提取共性需求，重构区域的功能配比，再结合经典国内外案例，得出建筑总量的最终配比，即：办公：居住：商业：文娱休闲：酒店：停车=30:15:10:15:10:20

· Part 5 回归：整体建筑分析

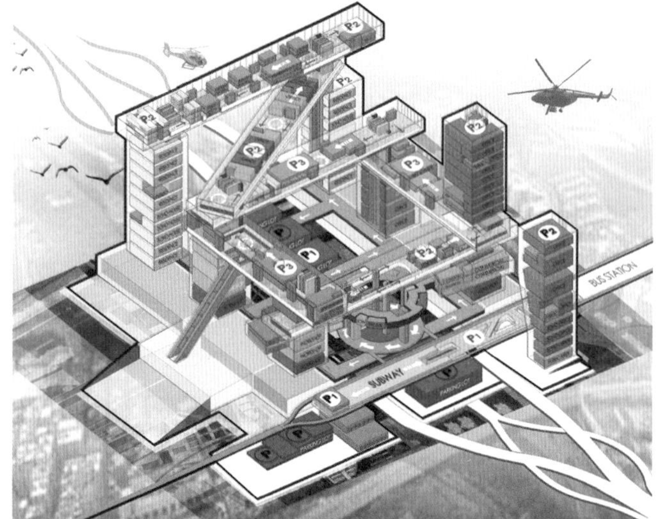

在论证了巨构建筑在同乐关的发展可行性和在地性后，我们对这样一个建设总量达 100 万平方米的超级城市进行了整体设计，使其不成为一个空中楼阁。其中包括："P+R" 核心体（停车与换乘）设计、整体流线系统设计及各个功能分区设计。

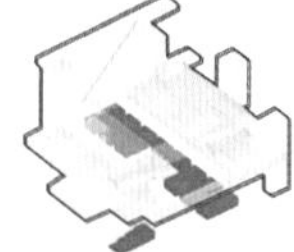

P+R 综合体（停车楼部分）

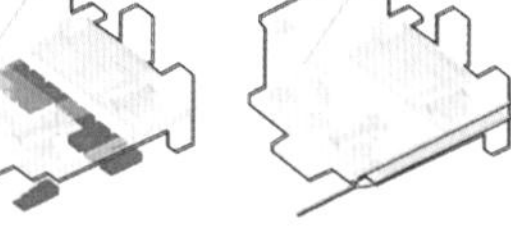

P+R 综合体（换乘站：地铁、公交部分）

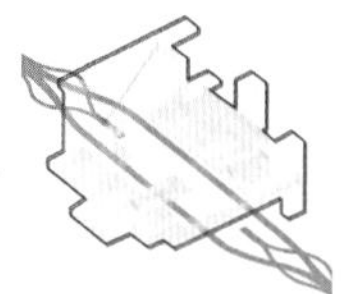

交通动脉（G4 高速路贯穿整个建筑）

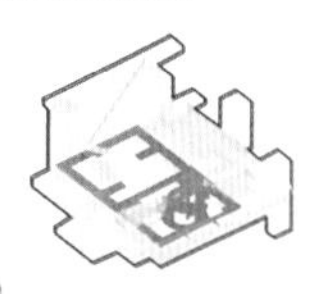

闸城基础：整体环形流线系统

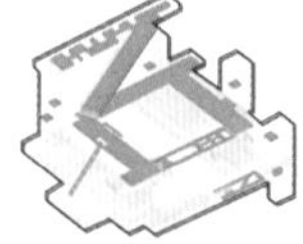

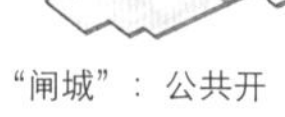

"闸城"：公共开放功能分布

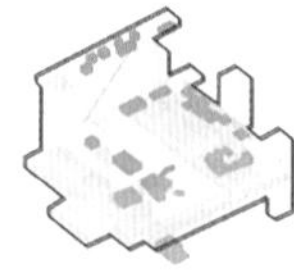

"闸城"：文化服务类功能分布

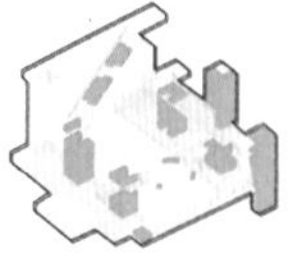

"闸城"：办公类功能分布

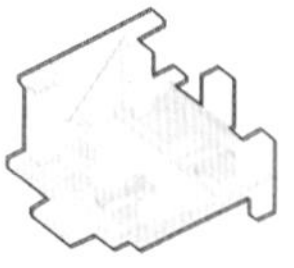

"闸城"：居住住宅类功能分布

Park & Ride 功能体成为建筑及城市的核心空间。其功能流线架构如下图所示。

主要流线：人经由 G4 高速等周边干道进入 "P+R" 核心功能体，然后在 "P+R" 核心体中进行转换。从 "P+R" 分流，可转换公共交通进入市区或到达建筑各功能体和进入场地。

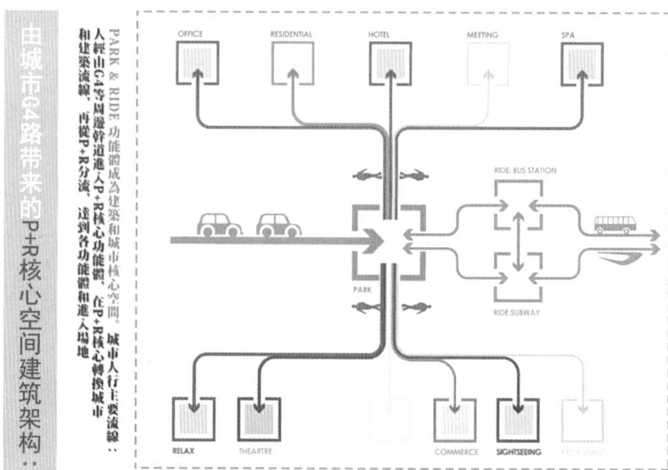

设计同时也对建筑设计规范和技术性等方面进行了回应。如在消防疏散、结构设计等都有思考和设计，强化建筑可行性。

设计目标——打造同乐关的综合式 "P+R 2.0"：以 "P+R" 交通体为核心，实现功能复合化与集约化，建立以交通为主导的城市综合体，从而调节交通、强化错峰、缓解拥堵，并完善周边功能配套。

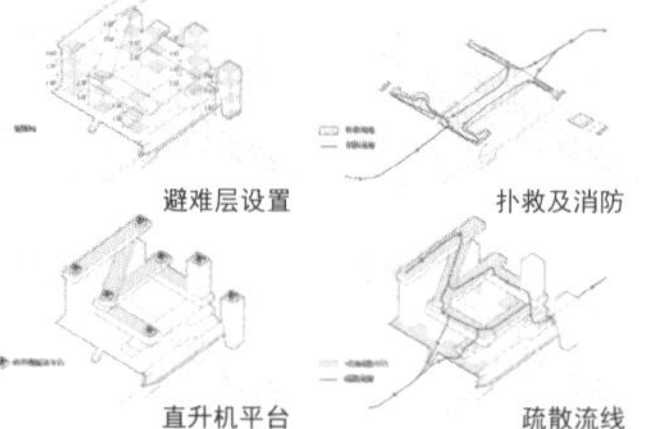

避难层设置　扑救及消防

直升机平台　疏散流线

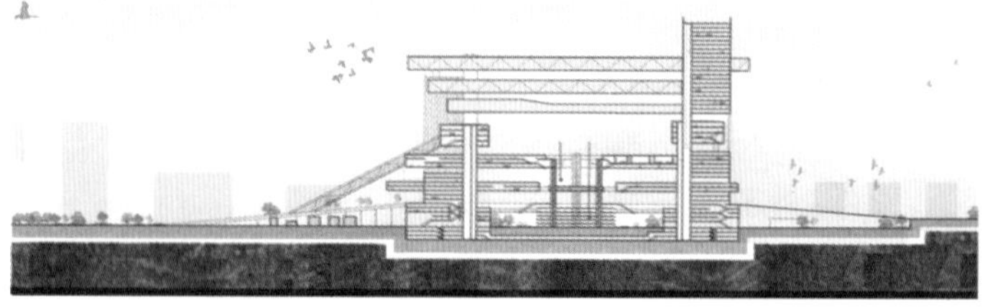

· Part 5 回归：单体建筑设计

回归到单体设计，为了让整个超级城市能够运转起来，我们首先置入交通枢纽转换功能，包括轻轨、公交、自行车、电动车以及各种私家车的停车及换乘服务功能体。然后，我们依附原有的联检大楼形成了公共文化核心圈，包含购物餐饮、阅读、文化展览以及会展中心。最后，为了保持整个超级城市 7X24h 的运转，我们植入了大量办公及居住功能，并在其中加入大量的公共空间以激活整个社区的活力。

一．核：交通枢纽转换中心。

基于即将建成的同乐地铁站，我们为其植入大量的 P+R 停车位，确定低价甚至免费的停车换乘政策，以吸引更多的入关通勤人群将私家车停在此处，选择其他公共交通方式入关，借以减轻市区内的交通压力。同时丰富换乘的选择，如丰富的公交车线路、自行车及电动车等绿色出行方式。希望能够在减少大家工作路上用时的同时上实现更多的绿色出行。

枢纽站的建立是基于深圳市的轻轨线路规划之上的——2020 年前南线将会建成，并途径同乐关站点，同时数十条公交线路通过同乐关，也为此地提供了丰富的公共交通资源。

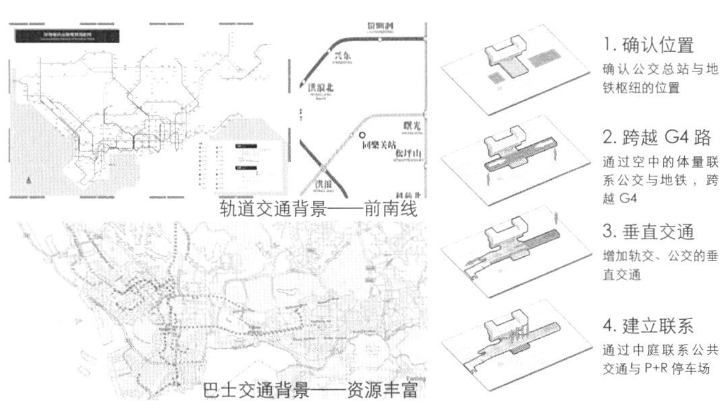

轨道交通背景——前南线
巴士交通背景——资源丰富
1. 确认位置
确认公交总站与地铁枢纽的位置
2. 跨越 G4 路
通过空中的体量联系公交与地铁，跨越 G4
3. 垂直交通
增加轨交、公交的垂直交通
4. 建立联系
通过中庭联系公共交通与 P+R 停车场

二．环：市民文化圈。

枢纽中心的存在将带来大量人流，我们不希望这只是一个通过性的地方，而是希望人们通过的时候会想要停留在此，并进行更多的购物、娱乐、餐饮等活动。这样不仅能激活超级城市，更能够实现人们错峰出行，从而缓解交通拥堵和出行压力。

文化圈内，我们首先保留原有的联检大楼，在四个方向分别置入餐饮购物、当代艺术中心、二线文化博物馆、会展中心及酒店四种日常生活所需的公共功能单体。目的是在此描绘更多的生活场景，让更多的人愿意来此娱乐、消费和生活。

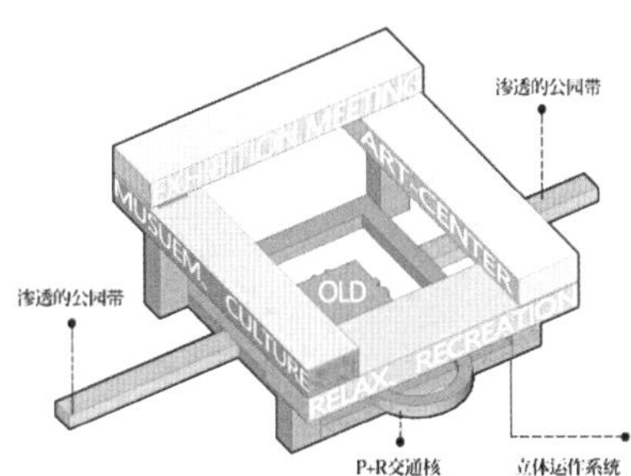

整体功能结构系统：

整个系统呈现出新与旧、垂直与水平的立体空间关系。餐饮购物、当代艺术中心、二线文化博物馆、会展中心及酒店四个建筑体公共空间完整而连续，并与二线公园带互相渗透，形成有机的整体。

二线纪念博物馆入口

当代艺术中心交流空间

休闲观景台

三．户：同乐住区中心

有了能带来大量交通方式以及人流的交通枢纽和满足人们娱乐及精神生活的市民文化圈，最后我们置入了大量的办公、住宅以及相应的住区服务中心——同乐住区中心。该中心位于同乐住宅区的核心连接体部分，连接和服务整个同乐住区。

住区中心提供各种与市民生活相关的功能服务：健身房、图书馆、医疗区、超市、儿童活动区域、公共运动区域、餐厅、观景活动平台等等，并与整个超级城市有机地联系在一起，共同打造一个 7×24 不间断运营的超级城市。

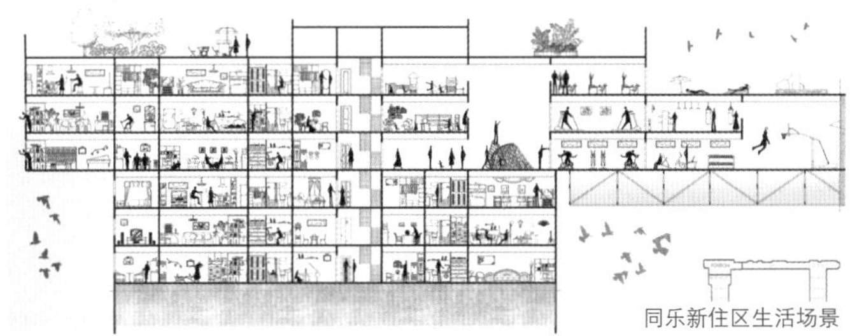
同乐新住区生活场景

住宅设计策略解析：通过将传统底层公共空间上置，植入大量的公共活动空间，利用景观步道将其串联起来，与超级城市相连接形成一个有机整体。

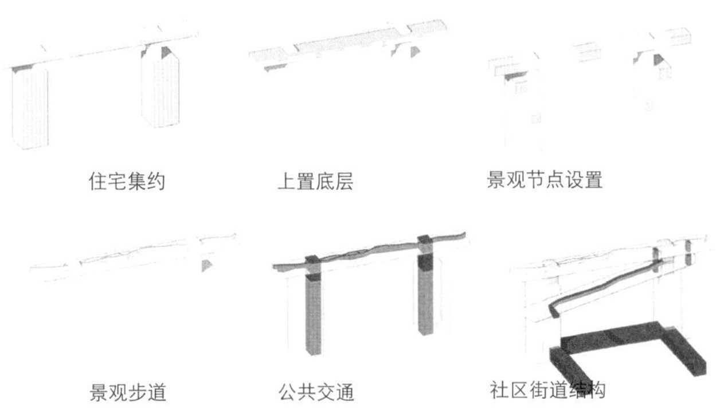

功能策划：增加大量的活动休息空间，通过绿色步道串连整个公共空间，端头布置大空间用于公共观景活动，在各个节点加入绿色空间提升整个住区品质。

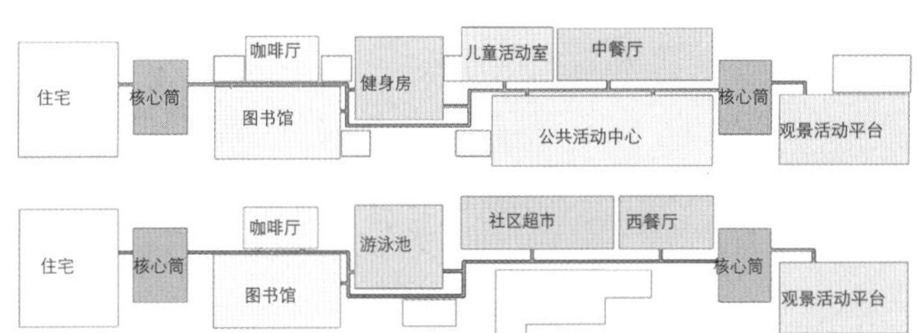

乐活微城 LOHAS in The Tiny City

重庆大学
设计：袁丹龙＼颜家智＼李媛
指导：龙灏＼左力

调研过程记录

布吉关口

深圳东站

布吉农批

中观生态系统

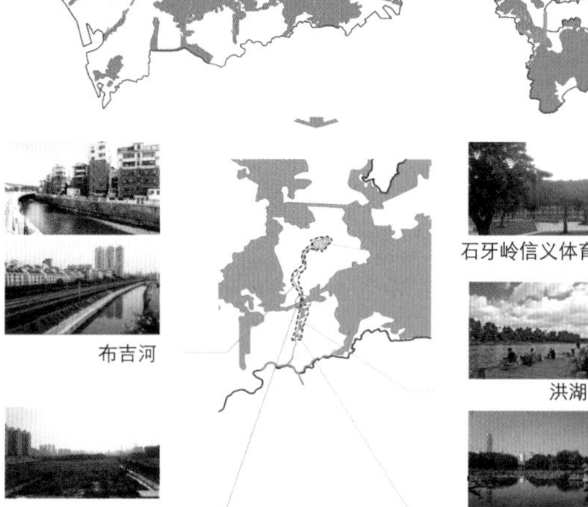
布吉河

场地

石牙岭信义体育公园

洪湖公园

人民公园

通过深圳为期7天的调研，对场地矛盾进行最终提炼：1.交通问题 2.割裂问题 。我们尝试以生态作为契机，切入题目，通过重塑纵向生态廊道织补曾经断裂的东西片区，并以城市视角用减法的策略解决交通问题。

城市设计结构

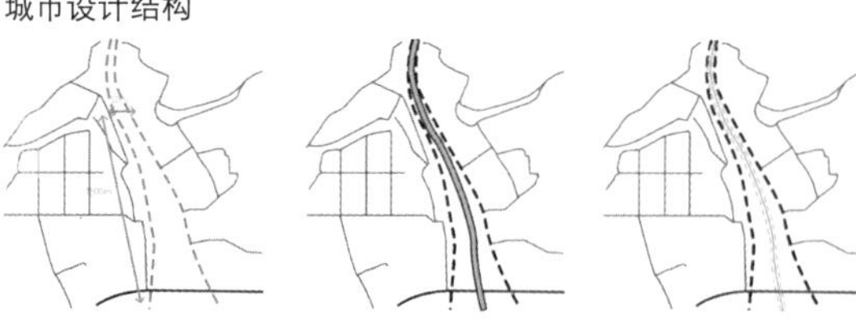

布吉关是连接深圳市罗湖区和龙岗区的重要交通枢纽，是深圳建立之初为了限制关外大量人口涌入关内的产物。本设计重点讨论布吉关的交通问题以及割裂问题，以宏观城市框架到微观尺度进行专题研究，针对性地提出解决策略。

中观区位

布吉关是联系罗湖和龙岗的枢纽，区位优势明显，周边性质为生活区。

布吉关具有良好的交通条件，贯通南北的龙岗大道为交通动脉。

场地周边现有产业以休闲商业和文化产业为主。

拼贴场景

评语：

布吉关设计组的同学们从二线关更大范围自然环境的自然本底出发，以生态化设计的理念，修复了联通城市南北的生态廊道，呈现了一幅绿意盎然的“城市微生活”画卷。“微”其实是一种城市渐进更新的态度，它代表与原来大拆大建的更新方式的决裂，“生”表达生机，用生态化的处理方式恢复并更新二线割裂后野蛮生长的城市空间，“活”表达活力，城市的活力是一个动态的过程，就在不同活动和行为状态的转换过程中得以呈现。

交通混乱原因

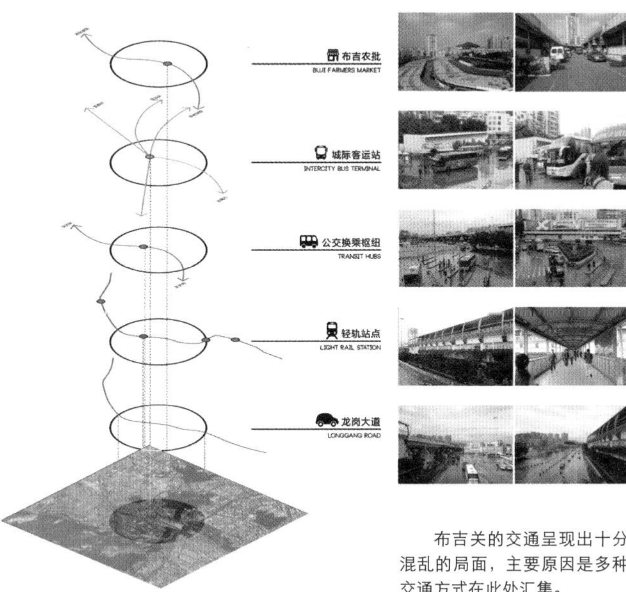

布吉关的交通呈现出十分混乱的局面，主要原因是多种交通方式在此处汇集。

交通减法策略

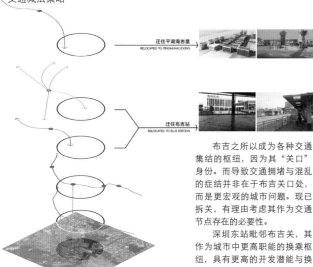

迁往平湖海吉星
RELOCATED TO PINGHUHAIJIXING

迁往布吉站
RELOCATED TO BUJI STATION

布吉之所以成为各种交通集结的枢纽，因为其“关口”身份。而导致交通拥堵与混乱的症结并非在于布吉关口处，而是更宏观的城市问题。现已拆关，有理由考虑其作为交通节点存在的必要性。

深圳东站毗邻布吉关，其作为城市中更高职能的换乘枢纽，具有更高的开发潜能与换乘效率。设计希望通过对布吉关的交通进行梳理，减少交通节点设置，将部分换乘节点迁至深圳东站，缓解布吉关交通压力。

公交站点迁移可行性分析

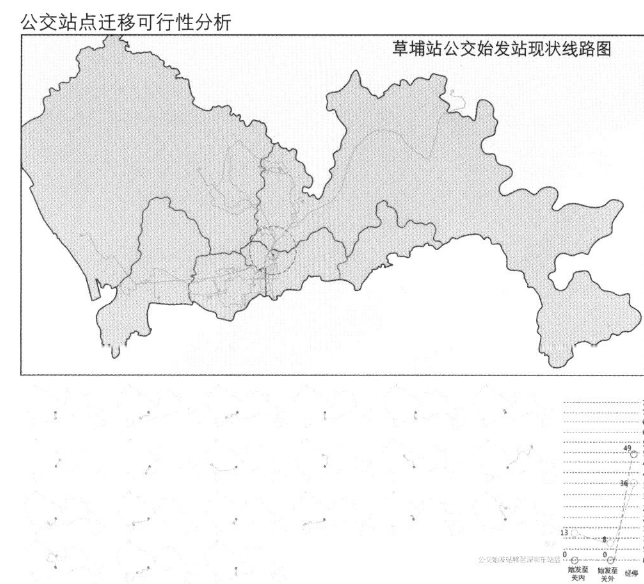

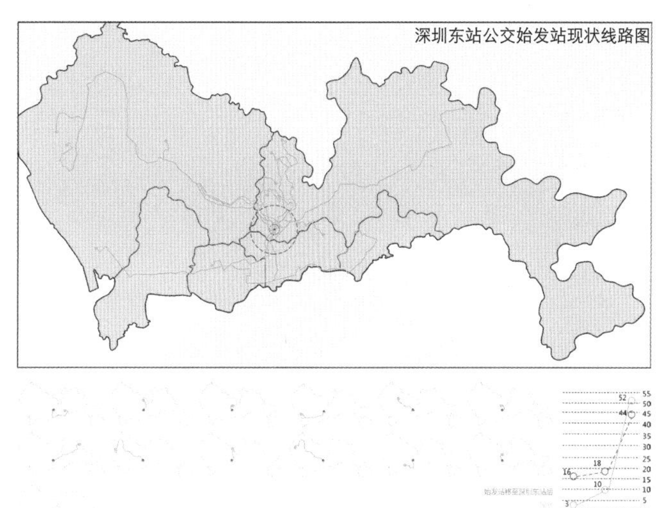

通过对比公交始发站点草埔站（布吉关口所在位置）与深圳东站可以发现，从草埔站始发的公交车虽数量大于深圳东站，但从深圳东站始发的公交车线路辐射范围更为广泛，运输可达性更高。设计将所有在草埔的公交始发站点迁至深圳东站，保留经停站点，减少草埔站的公交换乘，提高深圳东站换乘效率。迁出后，居民若乘车出行至关外，可通过在草埔站乘坐轨道交通或公交车至深圳东站；若出行至关内，则可乘坐在深圳东站始发在草埔站经停的公交线路，不会对市民出行造成影响。

深圳东站承载力分析

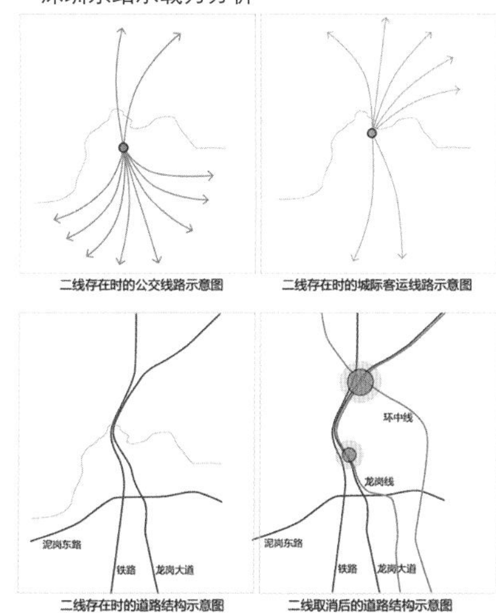

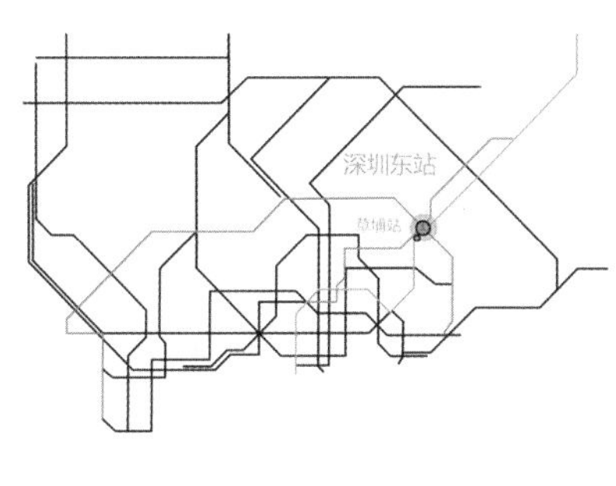

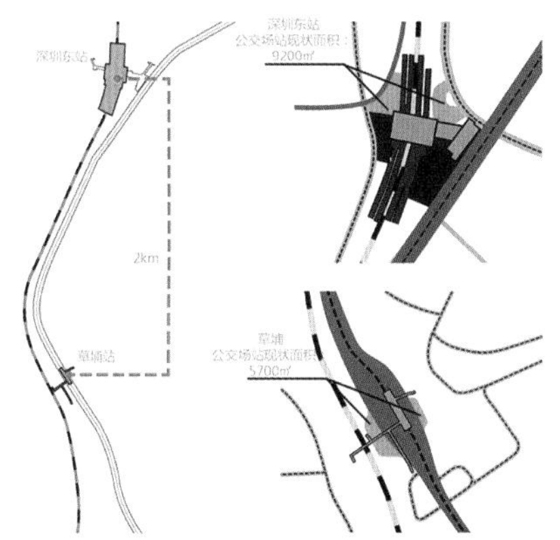

设计考虑，深圳东站作为未来规划中更高级别的换乘枢纽，更具交通发展潜力，适合作为综合性换乘节点，提高交通换乘效率。

深圳东站与布吉关口的草埔站距离 2.0 km，连续设置交通换乘枢纽的必要性不大。深圳东站具有较为成熟的基础设施配备与空间场地，具有承载更高级别交通换乘枢纽的能力，缓解草埔站的换乘压力。

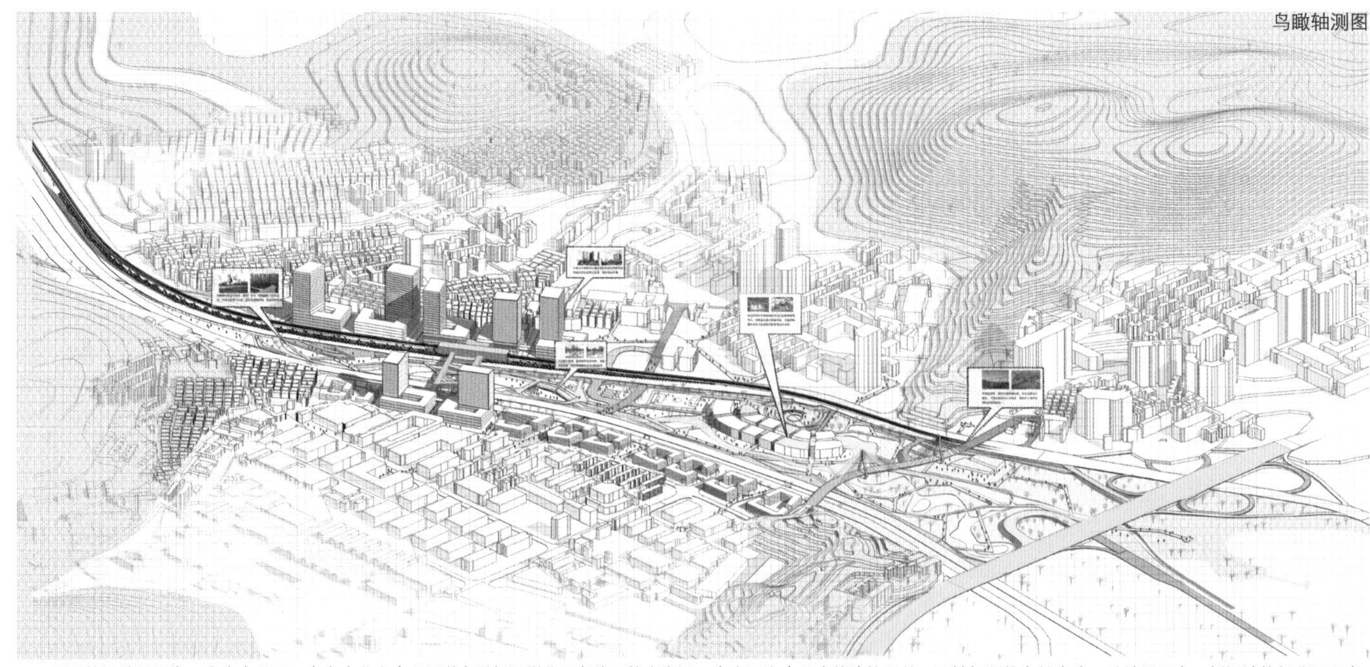

最后的设计呈现为一个生态公园，它在南北方向以河道串联起深圳北罗湖片区的水资源，在东西方向以山体连接因关口而被打断的自然山脉。从结果而言，新设计的部分呈现出比较轻松的状态，与周边现状呈现出较大的反差，我们希望这样一个生态公园能够为市民提供一个轻松愉悦的环境。

公园入口视点

布吉农批视点

二层天桥视点

下沉广场视点

有关

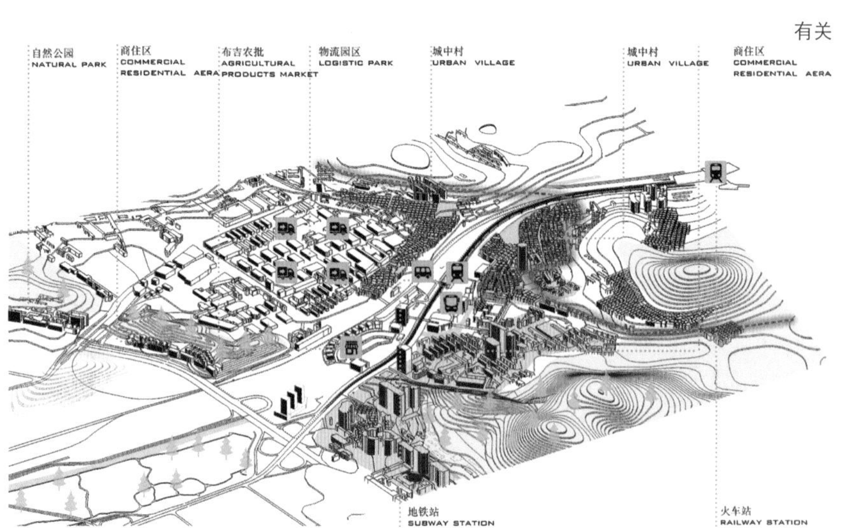

布吉关存在时，由于受到地铁、公交换乘、客运换乘、布吉农批物流园等因素影响，加之周边密集的城中村，整个关口片区呈现出十分混乱拥挤的状态。

无关

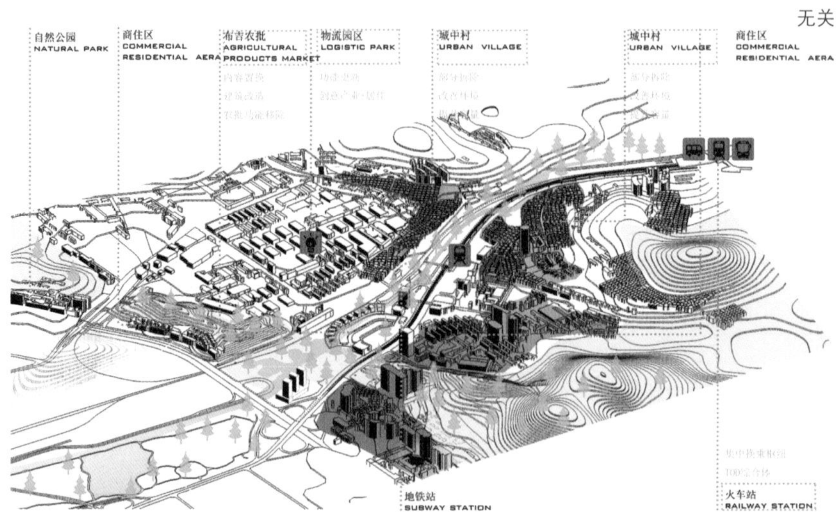

布吉关拆关以后，在二线内设置交通换乘枢纽的必要性消失，布吉农批依照政府规划迁移至平湖海吉星，原先的物流园区进行产业升级。在这样的条件下，通过建立生态廊道，旨在创造公共空间，重新联系被割裂的社区。

轴测分解图

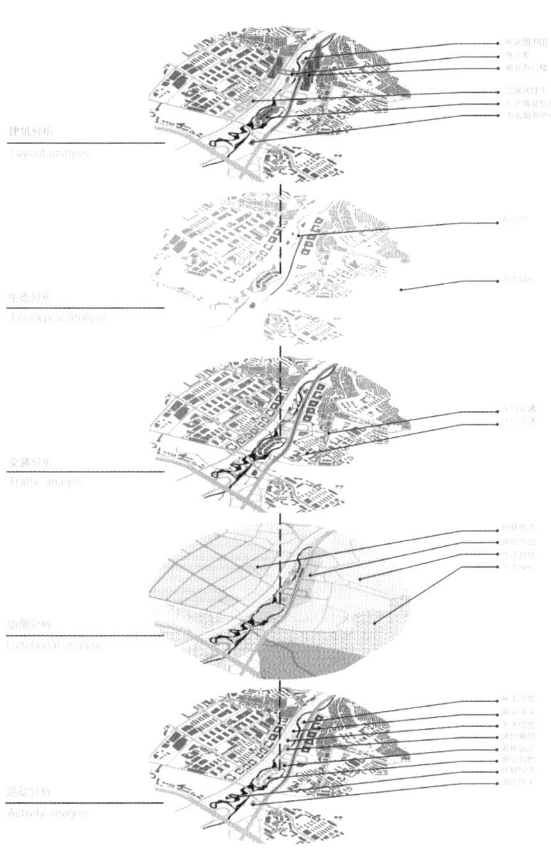

生态修复步骤

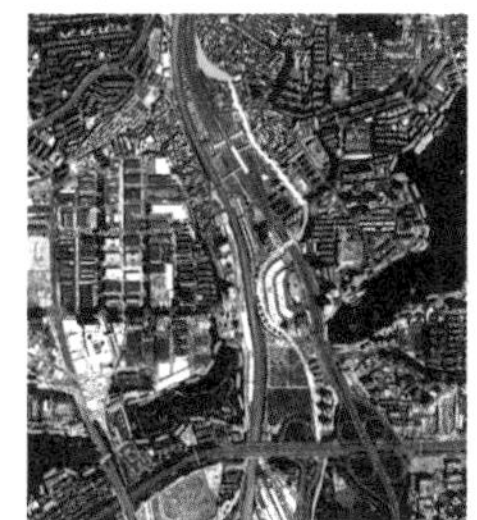

生态原状

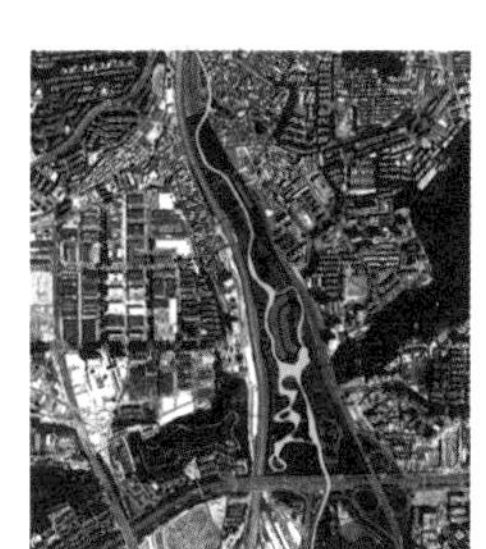

河道改线与修复

河流廊道修复

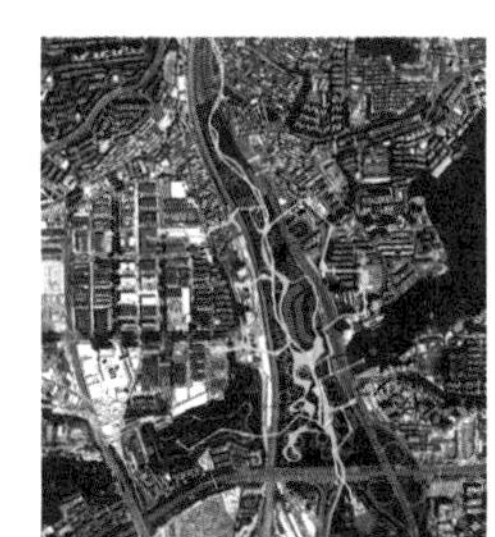

建立公园林荫道

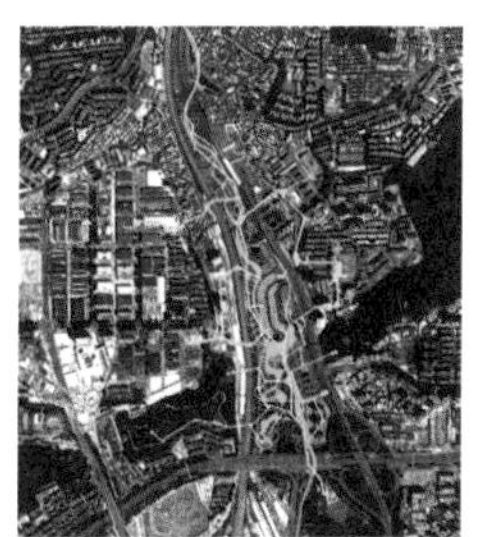

建立游憩绿道

整体生态修复

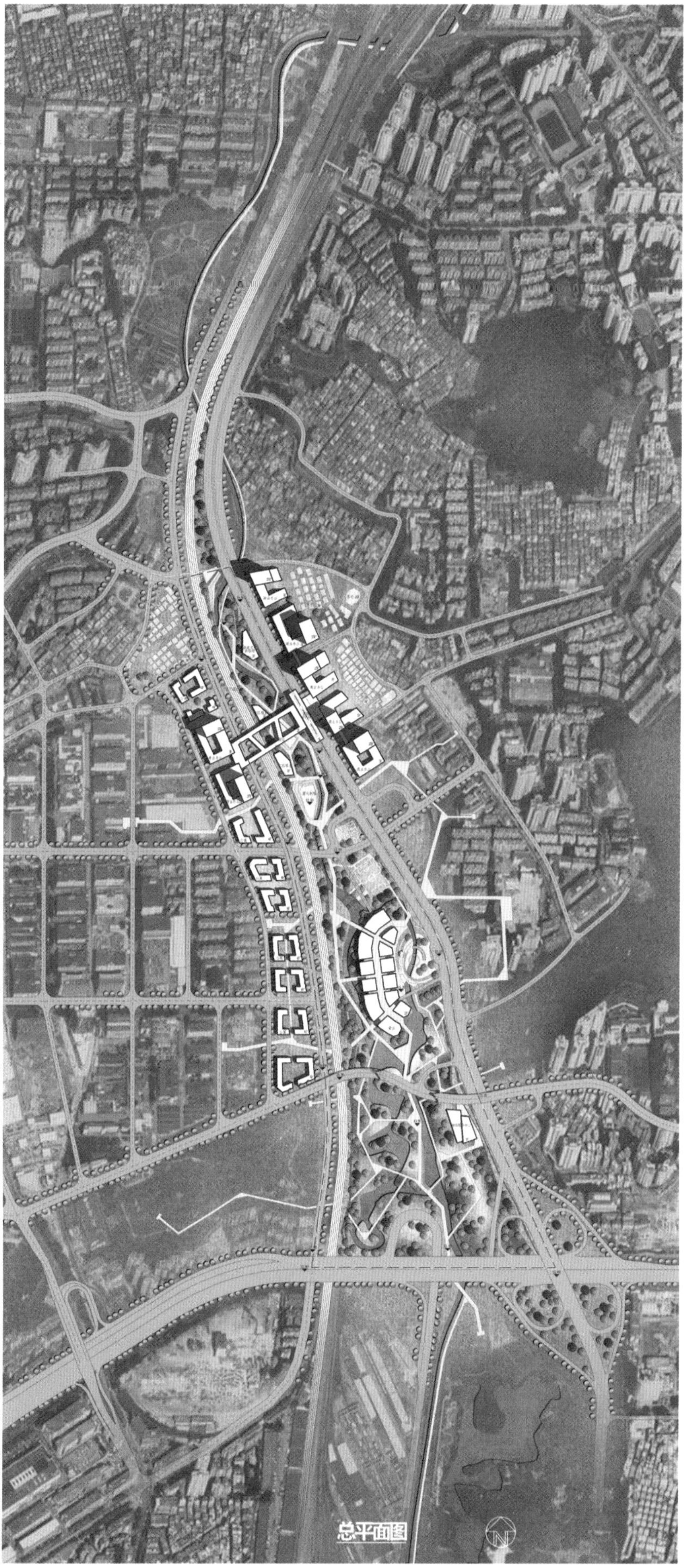

总平面图

设计从整个深圳的生态背景入手，最后希望通过对山水的修复来重振社区活力，恢复过去的文脉场所。设计后的布吉河蜿蜒穿越整个罗湖区，本设计重点研究并设计了带状绿廊，设置了作为城市触媒的若干节点。

布吉农批历史场景片段

城市设计指导框架

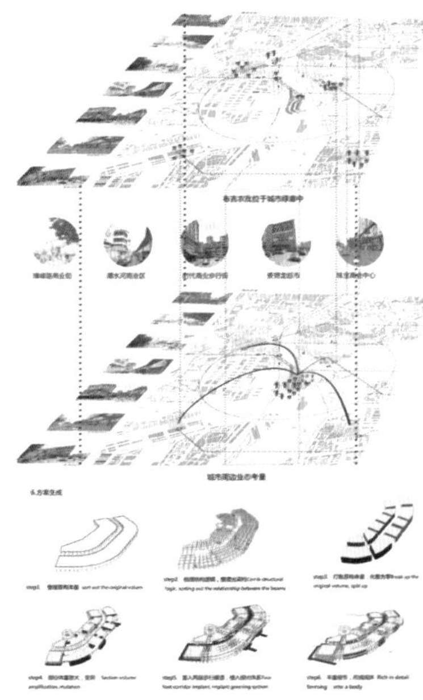

布吉农批位于城市设计绿色廊道中，是有深圳历史发展记忆的旧建筑，有保留价值。通过城市设计确定了对其的改造策略，即通过打散原始体量、生态介入的手法，期望打造出具有活力的“生活 + 配套”——“乐活布吉”。

布吉农批在城市设计的指导方针下，确立了改造原则：1. 化整为零；2. 生态策略；3. 原始框架内的更新改造。经过历史价值评估，保留具有价值的片段，容纳新功能的同时保留历史记忆。

透视场景

利用布吉农批前驱空间，引入的布吉河，打造下沉广场，激发各种活动的可能性。既是露天剧场，又是休闲广场，同时作为集散场地，缝合各种片段化的行为。

布吉农批在立面改造方面的逻辑是：
1. 整理原始立面，选取有特色、规整的部分保留；
2. 在原结构上加构件，立面绿化，生态渗入。

平面图示意

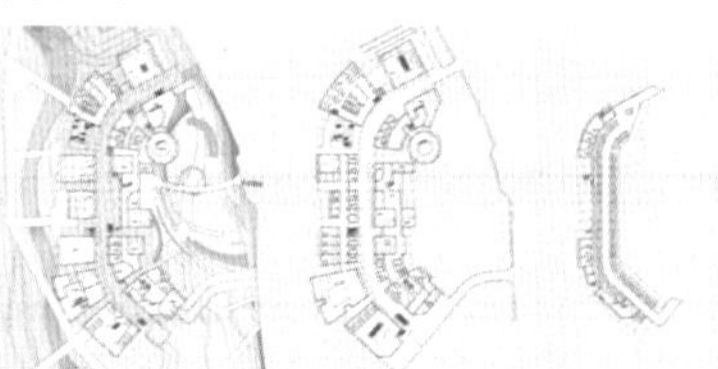

布吉农批在平面布置中，采取的原则是：1. 保留有历史印记的车道、天井、及部分商铺模式；2. 功能与环境相互渗透，与生态相融；3. 利用原有高层高，挖掘夹层的可能性。

剖透视

模型呈现

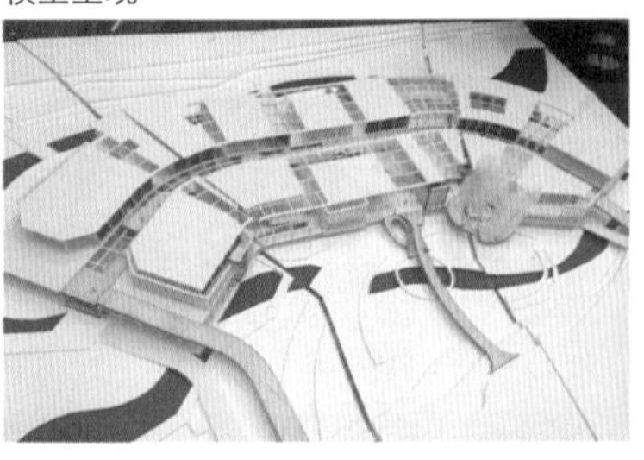

布吉农批改造后场景片段

系统轴测

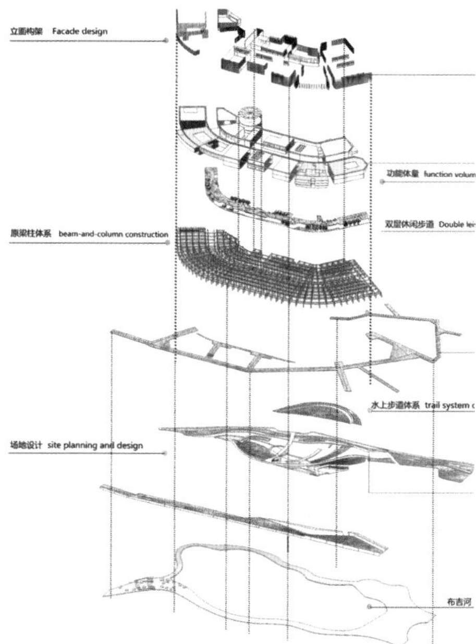

剖面空间图示分析

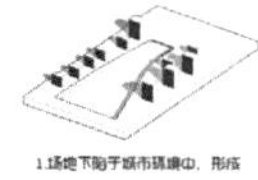

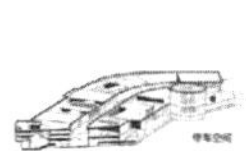

在剖面设计中有两个层面：1. 城市关系；2. 单体内部剖面。中心绿廊下陷于城市道路 4m，呈现出"孤岛"状绿色系统，建筑与道路接洽。内部空间改造后大空间与夹层空间相呼应。

技术分析

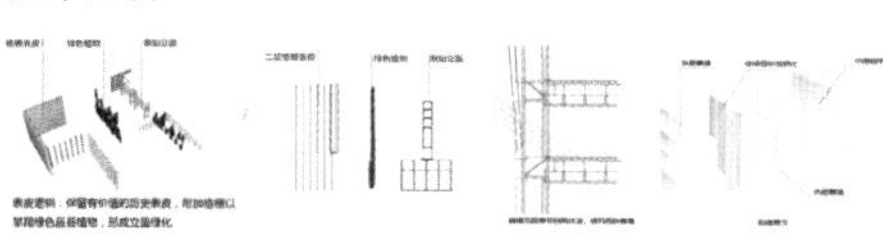

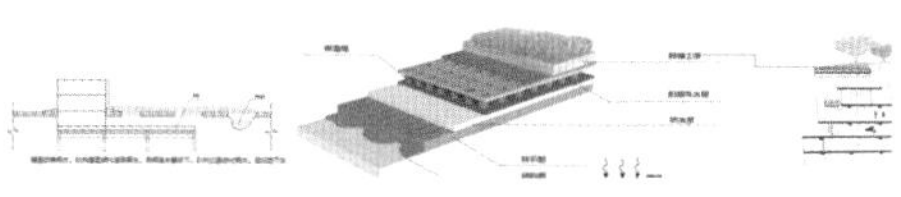

剖透视

该建筑联系起现有草埔轻轨站和城市设计中的生态公园。接驳轻轨的天桥作为城市基础设施，是理性的代表；接驳生态公园的体量作为休闲娱乐场所，是感性的代表。该剖透视体现了两种关系在此处的交融与碰撞。

生成步骤

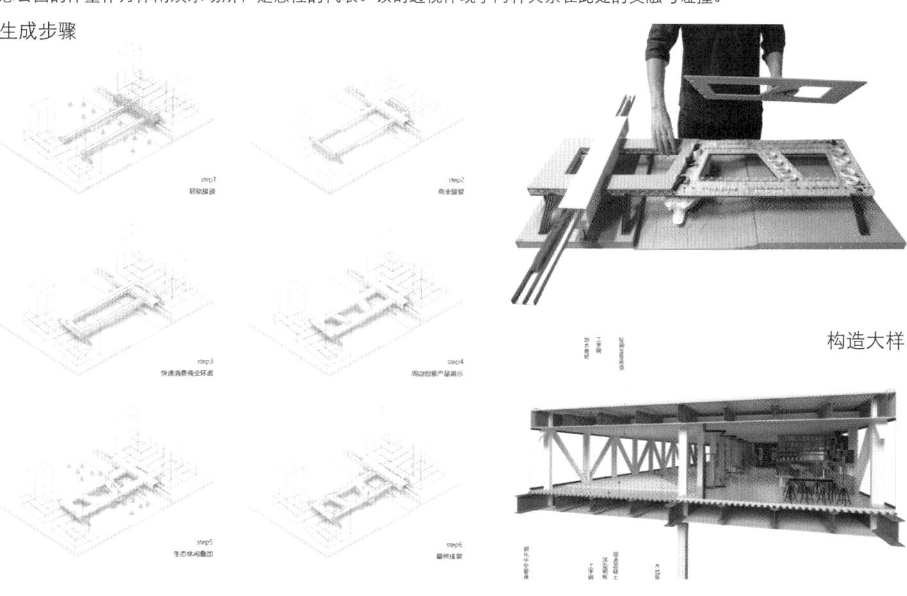

整体区位

山海经

The Urban Hiking Base

重庆大学

设计：唐文琪＼钟易岑＼王新业

指导：龙灏＼左力

设计过程

深圳调研阶段 2016.1	开题报告 2016.1	城市设计阶段 2016.2~3	中期答辩 2016.3	深化与单体设计 2016.3~6	终期答辩 2016.6
抽签决定关口溪涌关	讨论四关整体改造意向	草图与定位阶段	打包模型图纸	小组互评城市设计	单体一模型制作
3 天时间实地调研	深圳双年展汇报表演	空间关系确定	东南大学中期汇报	城市设计优化修改	单体二模型制作
场地所在区域徒步	蛇口港留恋合影	中期成果绘制	大佬们开会总结	单体设计开始	单体三模型制作

设计选址

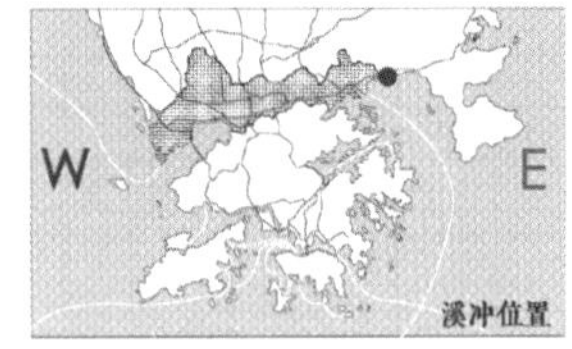

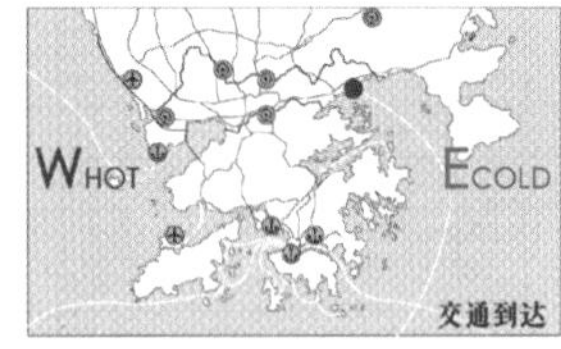

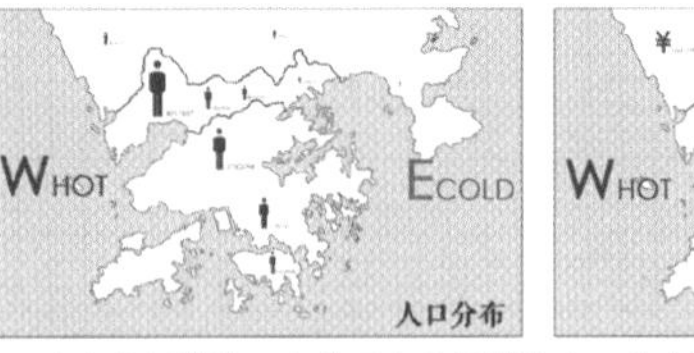

深圳西热东冷的经济发展趋势

深圳的发展是自东向西发展经济，自西向东发展旅游，由此而来的深圳市人口分布和产值分布均呈现出东冷西热的现状。我们选择的关口溪涌关位于以旅游发展为核心产业的深圳东部，它的位置主要依附于深圳市盐田区小梅沙组团的滨海城市功能带。我们设计的起点便是将二线拆关用地解放的契机与深圳东部滨海城市带的旅游发展相结合。

东部旅游发展的巨大潜力

深圳东部的优异自然资源是其旅游产业得以良好发展的基础与核心。233.57 平方千米的森林覆盖面积占到了深圳大鹏半岛总面积的 76%；其每天产生的 1635 万千克的氧气可以供 51 200 人（50% 大鹏新区人口）呼吸一年；133.22 千米的海岸线长度承载了深圳最优秀的滨海娱乐资源，41 个沙滩点每年接待各类游客 293.1 万人；连接这些滨海城市带的唯一快速通道是一条 45.6 千米的双向六车道高速路，各类交通混杂，时段性拥堵明显。

设计问题

自驾出行主导的旅游交通现状

深圳东部沿海吸引了大量的市内外游客，市民的到达方式以自驾为主，造成了盐坝高速的时段性拥堵。数据显示，以大梅沙高速收费站为计算基点，旅游旺季每日进入东部滨海城市带的自驾车辆高达 2.8 万。非自驾游客进入该区需换乘多次，严重削弱了市民的休闲体验。深圳东部的旅游交通系统急待更新。

二线边界割裂的旅游资源现状

深圳东部的旅游资源主要以大小梅沙滨海组团、大鹏新区组团以及马峦山脉为主。其天然依山面海的地理位置潜藏各种城市休闲生活的可能性。二线拆关前，深圳东部的旅游发展聚焦滨海资源的开发，整个海岸沿线的城市组团都在强化沙滩与海，同质竞争的现状明显，形成了山冷海热的极端。

评语：

溪涌关在整个二线的设计题目中最为特别，选址用地远离城市建成区域，被理解为一个“无中生有”的题目。设计组的同学们以产业策划的视角聚焦溪涌关，关注深圳东部旅游发展的整体现状，借助旅游换乘节点功能转换的契机，以点带面，通过旅游交通换乘站、华侨墓园纪念公园和水上巴士站三个建筑项目的打造，将曾经被二线割裂的山海资源以海、陆、空联动的方式，融入深圳市民的日常生活，将曾经被二线割裂的城市孤岛重新纳入到城市生活中来，与深圳东部独特的海山资源共同演绎出了新的“山、海、经”。

设计概念

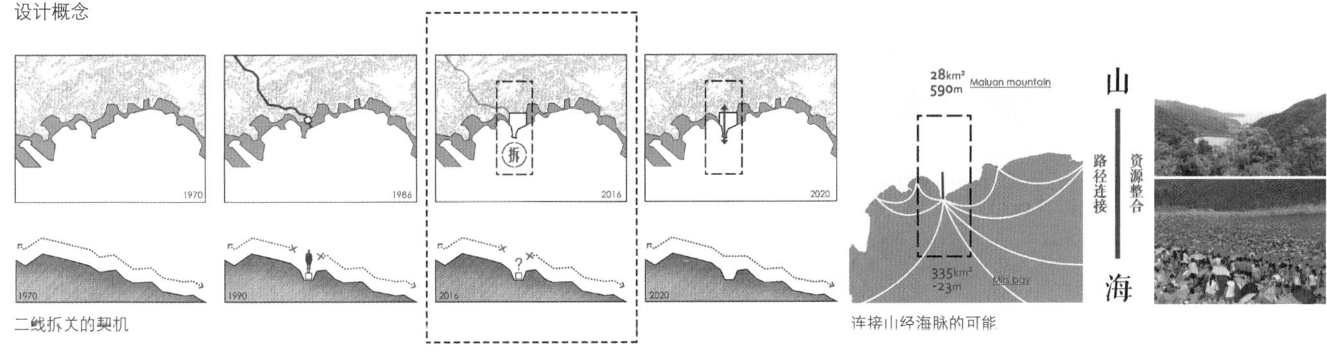

二线拆关的契机

连接山经海脉的可能

设计框架

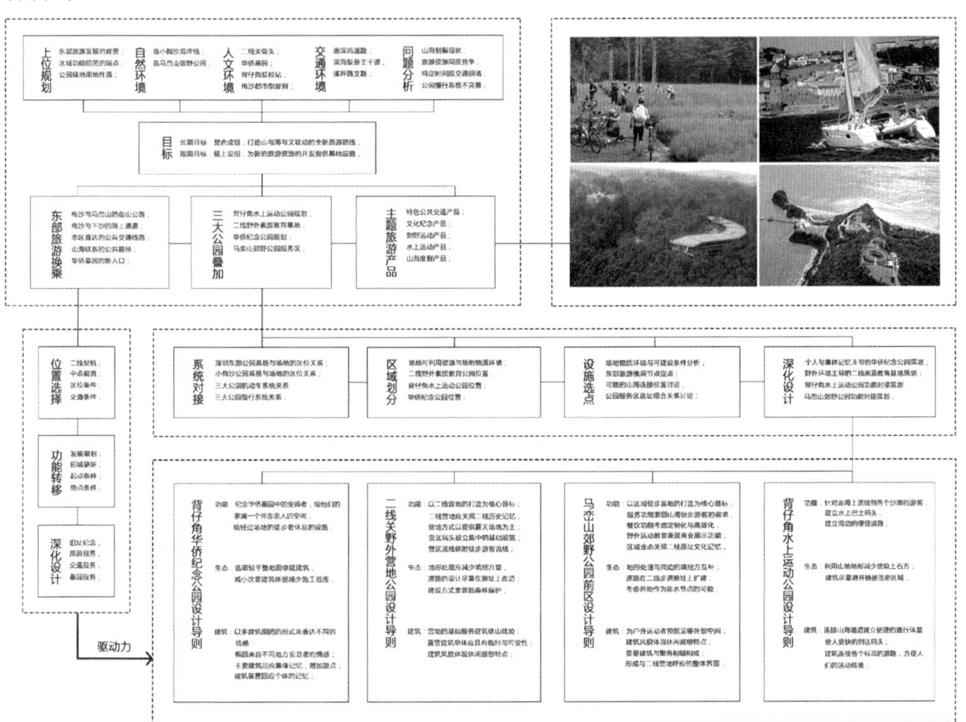

小梅沙公交站场的功能转移

溪涌关周边的用地被包含在小梅沙滨海组团的整体功能范围内，二线拆关的契机，溪涌关旧址的功能变化将以小梅沙的旅游产业发展为基础。设计首先对小梅沙的旅游发展现状进行了调研，发现小梅沙的旅游发展与其用地的局限性相关。城市功能的低效单一让其中的旅游产业难以更新出更加融入市民生活的休闲旅游功能，我们将通过小梅沙旧城中的一处功能置换来探讨溪涌关区域旅游发展的可能性。

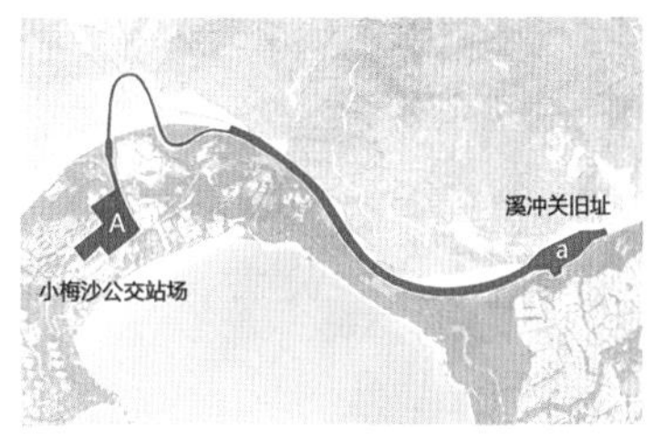

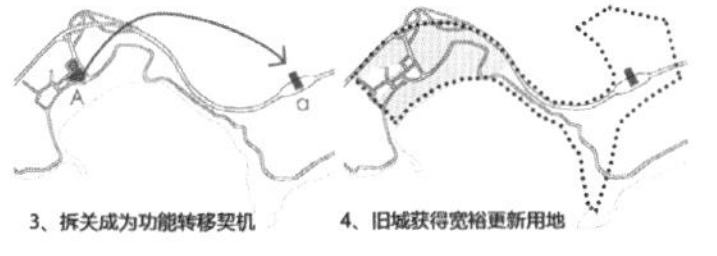

3、拆关成为功能转移契机
4、旧城获得宽裕更新用地

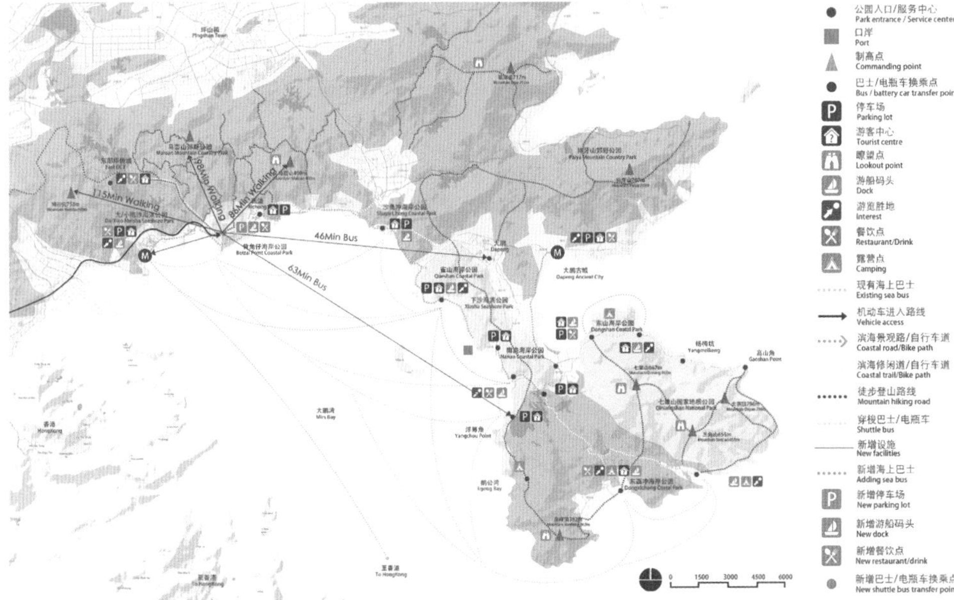

串联山海资源

溪涌关旧址的区位是依附于小梅沙旅游产业的城市近郊，它的周围存在有二线步道、马峦山郊野步道、小梅沙滨海步道等各种便于市民徒步与骑行的生态休闲路径，1 小时车程范围内也有七娘山国家自然公园等优秀徒步骑行资源。关口旧址的功能被置换后，成为东部旅游交通系统中的一个公共站点，我们希望这个站点能够串联起这些山海资源，为徒步骑行的市民们提供优质便捷的交通服务，让“山海经”成为深圳市民近郊休闲的有效途径。

溪涌关作为旅游换乘结点的可能性

深圳市区与东部滨海城市带的唯一快速通道是一条六车道的高速路。过境交通、旅游交通、滨海城市带的内部交通三股力量交织在这条公路上，造成了特定时间内交通瘫痪的常态。在整理现有公共交通设施的基础上，我们发现这条高速路按照滨海城市带的组团现状可以分为三个区，分别是盐田的城市生活集中区，大小梅沙的热门近郊旅游区以及大鹏方向的滨海远郊度假区。其中旅游交通的拥堵主要因为自驾的市民过多且集中在大梅沙高速收费排队处。在 2016 年盐坝高速大小梅沙路段取消收费的背景下，我们希望功能置换后的溪涌关旧址能够以中点结点的状态分担东部旅游交通系统中的一部分压力。根据具体的区域旅游功能定位，它将作为一个功能性站点为具有相关需求的游客提供基础服务。

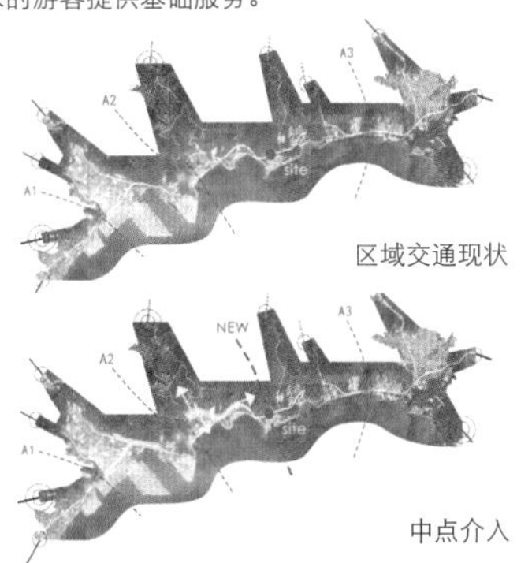

区域交通现状

中点介入

系统生成

动力来源——小梅沙徒步基地生成

二线生态步道

郊野生态步道

滨海生态步道

连 要联系山海资源，具体到溪涌关选址周边，我们分析了自然山地的高程现状，依山就势，通过一座跨越城市高速路的山海桥的方式完成了路径的连接。在具体的环境中，这条联系山海的路径将同时串联起现状相对独立的三大步道：位于背仔角海岸线的滨海步道、位于二线沿线的巡逻步道和位于马峦山郊野公园的生态步道。我们设想这被山海通径串联起的三大步道将被环境衍生的三大公园锚固在场地中。溪涌关旧址改造的旅游交通节点为区域提供动力。近郊徒步的市民的需求能够在区域内得到满足，远郊野游的市民也能通过旅游交通换乘的方式到达位于大鹏新区的目的地。整个东部滨海城市带的徒步资源都被改造后的溪涌关周边区域串联起来，融入了市民的日常生活。

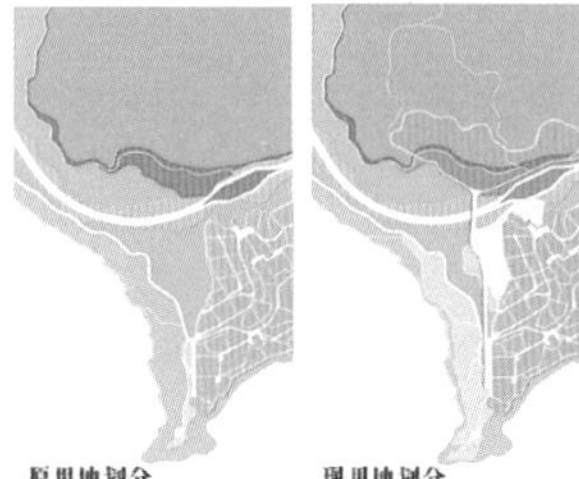

原用地划分　现用地划分

连 原用地的三大功能块被设想中的山海通径串联，沿途我们根据这三种不同的功能环境又设立了三大公园，让路径与场地锚固。

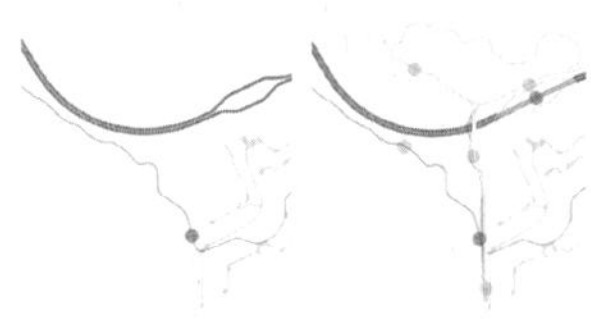

原机动车系统　现机动车系统

增 深红色的点代表城市交通站点，浅红色的点代表电瓶车站点。设计后的机动车系统增加了城市交通到达场地的方式。

原慢行系统　现慢行系统

聚 原慢行系统中的景观节点与骑行节点散布在各大步道的重要位置，彼此独立。设计后的系统将各类慢行节点聚集，互相通达。

原建筑肌理　现建筑肌理

点 建筑系统的更新在现有基础上通过散点的方式布局在设想中的公园内，形成联动的公共服务体系，为自然资源带来人文属性。

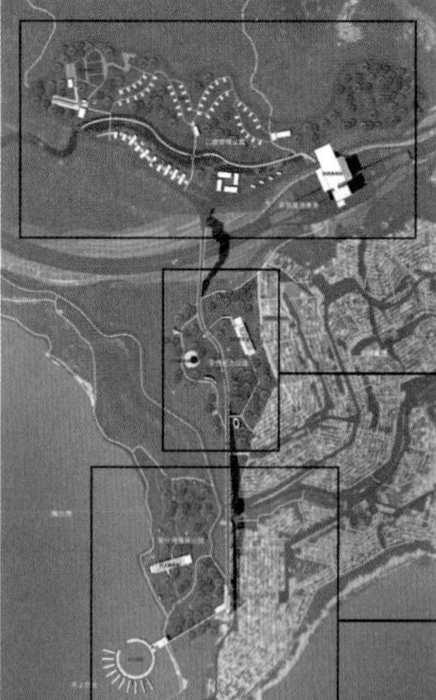

A 地块功能环境

B 地块功能环境

C 地块功能环境

单体环境

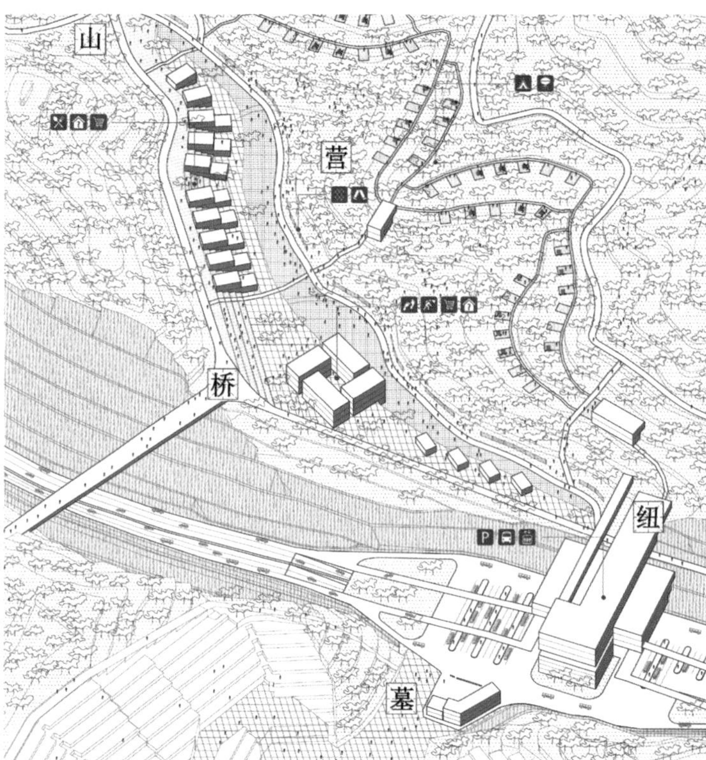

第一个建筑单体是溪涌关旧址的改造。其所在的功能环境是二线生态步道与马峦山郊野步道的起点。区域内将包括一个旅游交通站点、一个徒步大本营综合服务区、一条主营野外装备的工作室带、一个提供野营场地的二线营地以及一条二线文化的纪念带。旅游交通站点的功能将包括公交停车场、巴士站台、立体停车楼、电瓶车换乘处以及一个二线纪念博物馆。

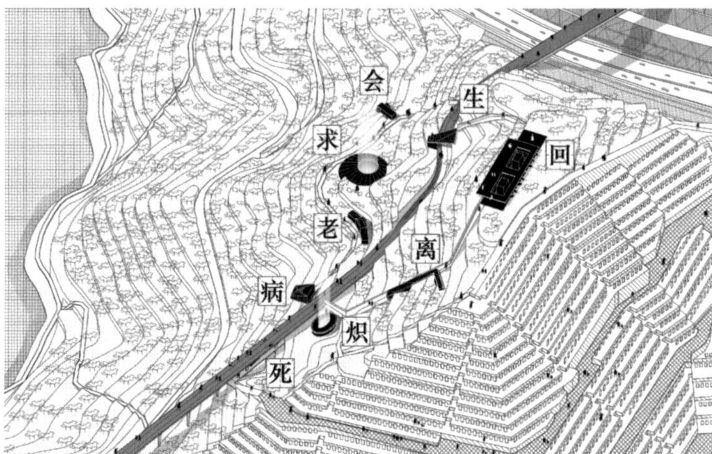

第二个建筑单体是华侨墓园纪念博物馆。其所在的功能环境是连接三大步道的山海通径。区域内将包括一个华侨墓园纪念公园、一个华侨纪念博物馆、若干慢行系统的节点。华侨纪念博物馆的功能将依托华侨墓园的文脉，探讨集体记忆与个体记忆的叙事。

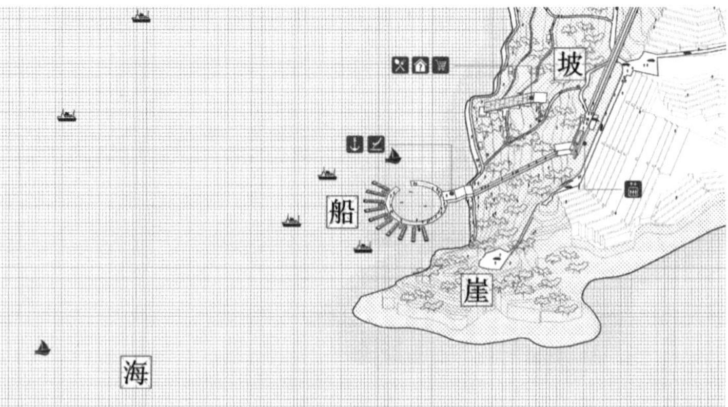

第三个建筑单体是水上巴士站点。其所在的功能环境是小梅沙滨海生态步道的终点。区域内将包括一个背角仔水上运动公园、一个水上巴士站点、若干慢行系统的节点。水上巴士站点的功能以旅游交通换乘为基础，远郊野游的市民可以换乘水上巴士到达目的地。

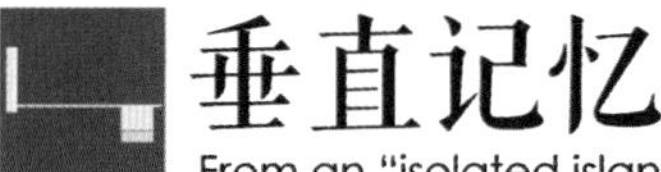

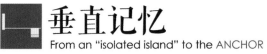

垂直记忆

From an "isolated island" to the ANCHOR

A 地块高速路上的旅游交通站点与二线纪念馆设计

溪涌关旧址位于一个梭形场地中，两面被 20m 高的护坡围合，是一个非常极端的孤岛环境。单体以城市设计阶段提出的功能要求为切入，通过定量公交站场功能转移的面积确定了建筑与场地三大功能块的基本布局，并以旧址空间为原点，水平打通为旅游交通站点服务，垂直发展为纪念馆展厅服务，让孤岛变成锚点。

示意总图

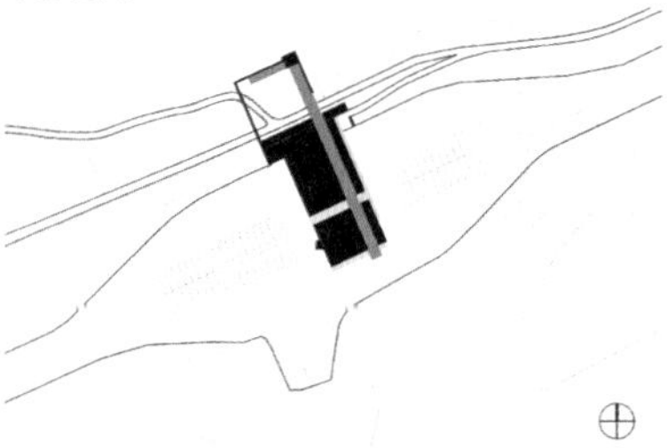

布局生成

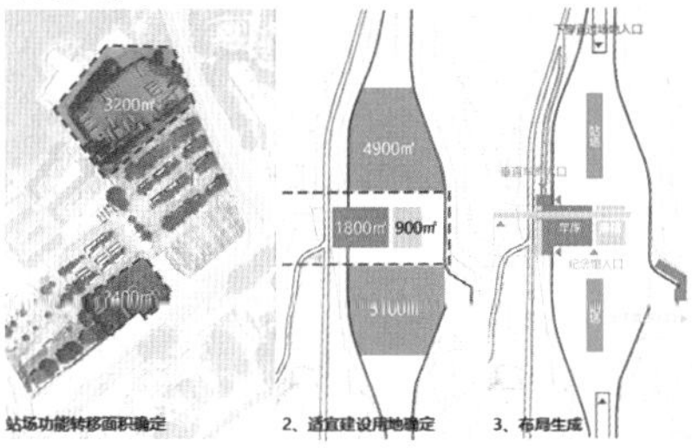

站场功能转移面积确定　2、适宜建设用地确定　3、布局生成

旧址分析

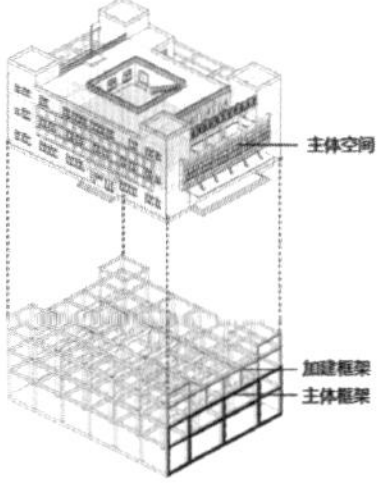

主体空间　加建框架　主体框架

改造策略

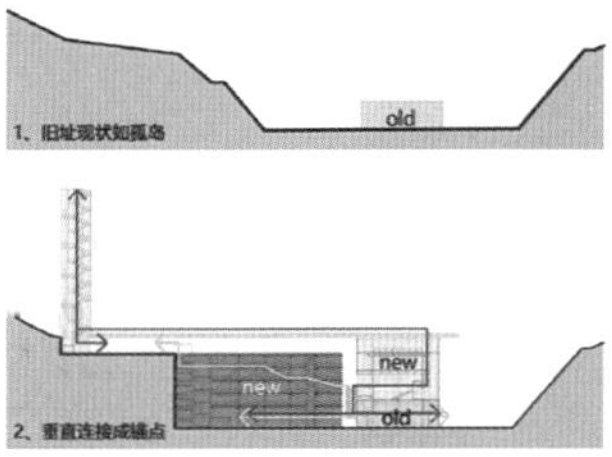

1、旧址现状如孤岛　old

2、垂直连接成锚点　new　new　old

功能流线

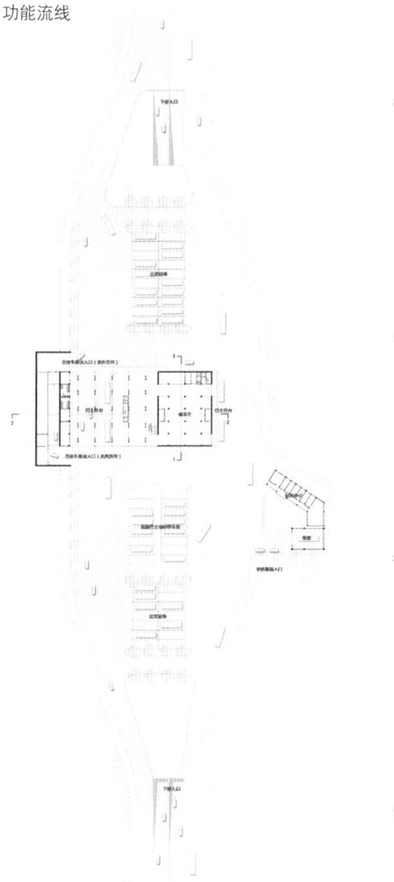

Ground Plan 1:600

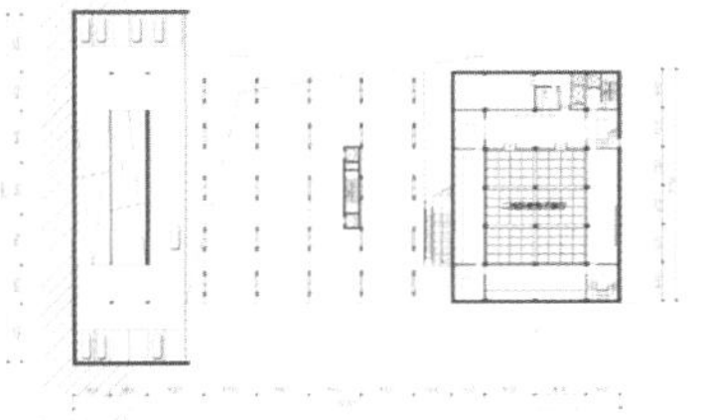

2nd Floor Plan 1:300

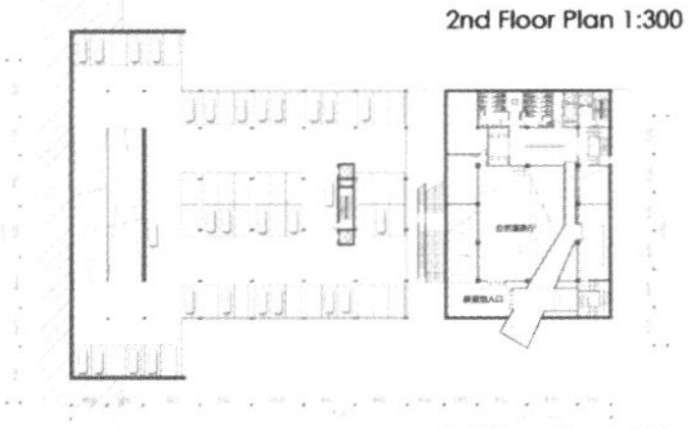

3rd Floor Plan 1:300

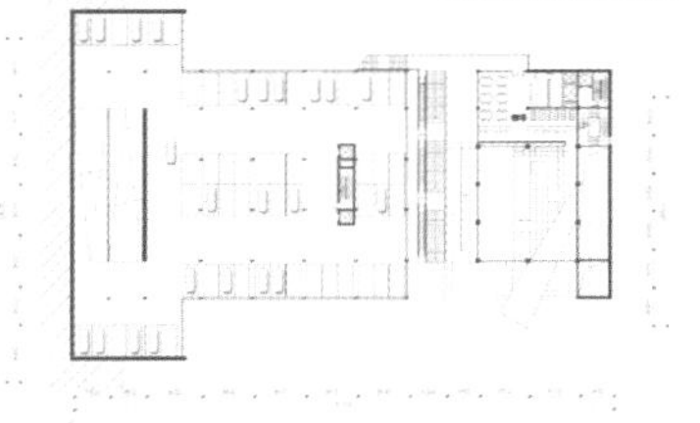

4th Floor Plan 1:300

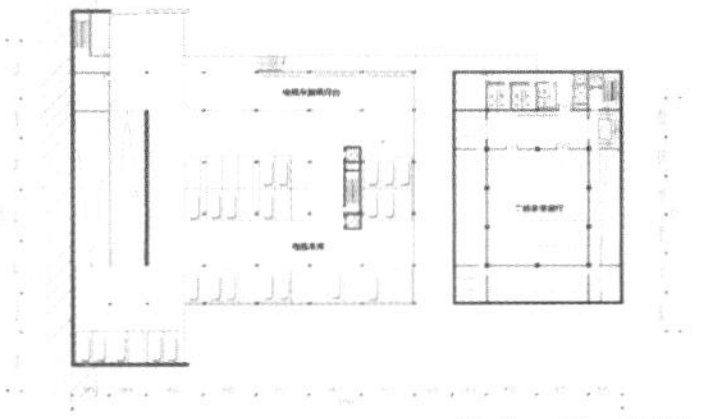

5th Floor Plan 1:300

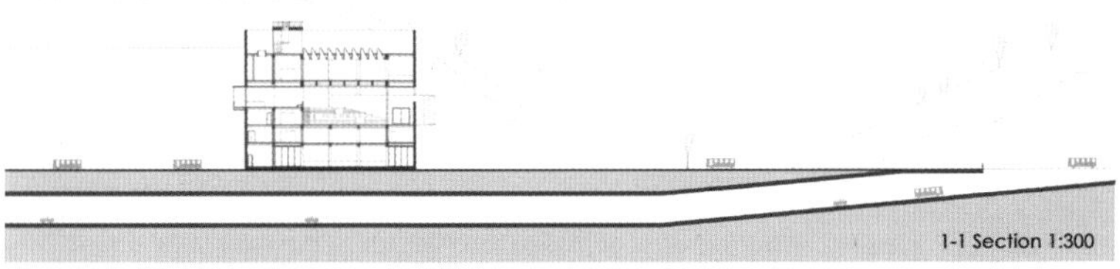

1-1 Section 1:300

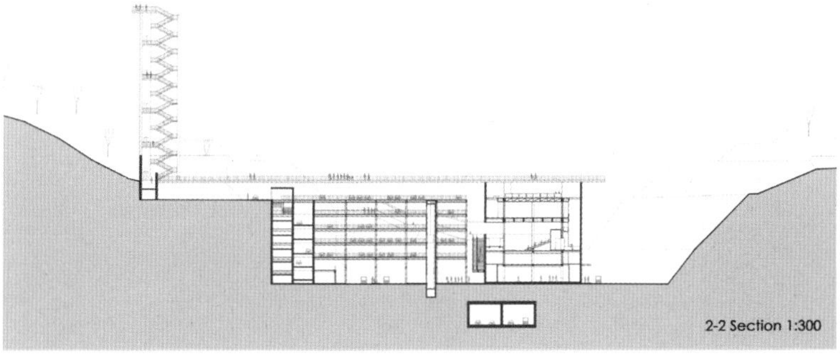

2-2 Section 1:300

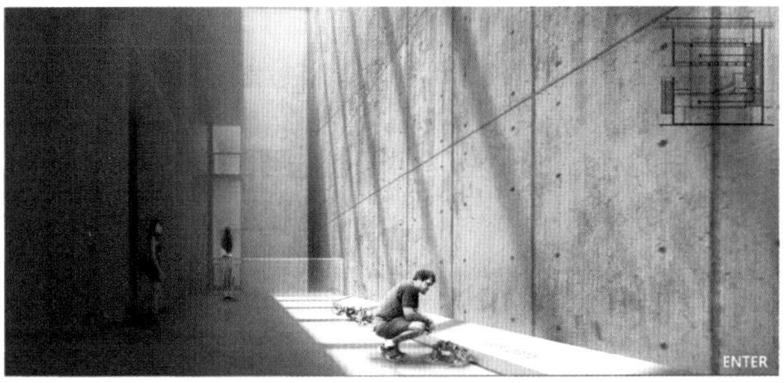

ENTER

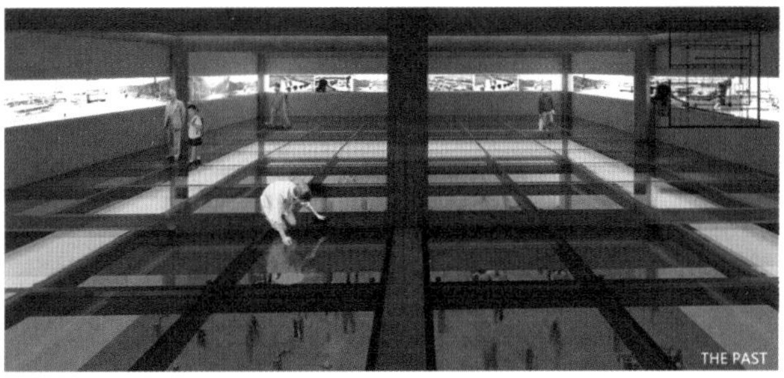

THE PAST

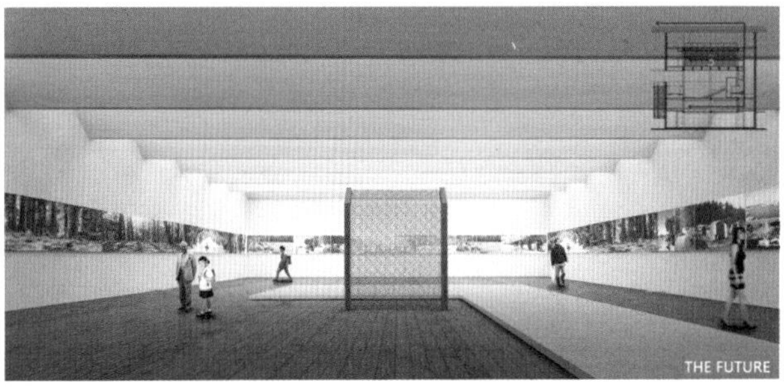

THE FUTURE

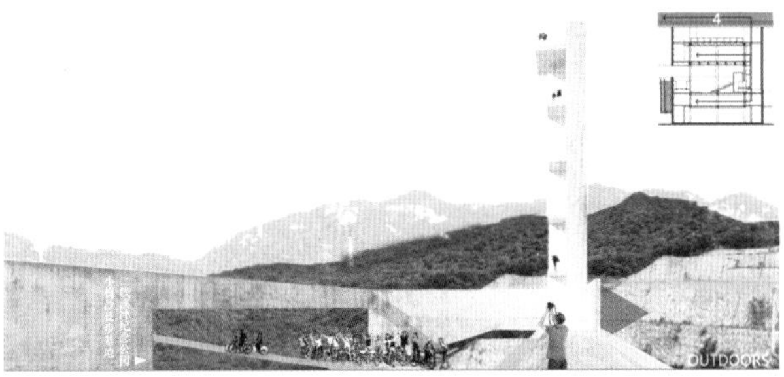

OUTDOORS

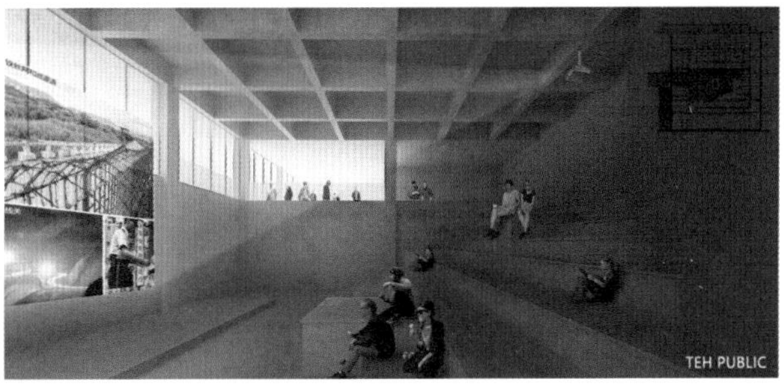

TEH PUBLIC

分界岭

The RIDGE between sea &cemetery

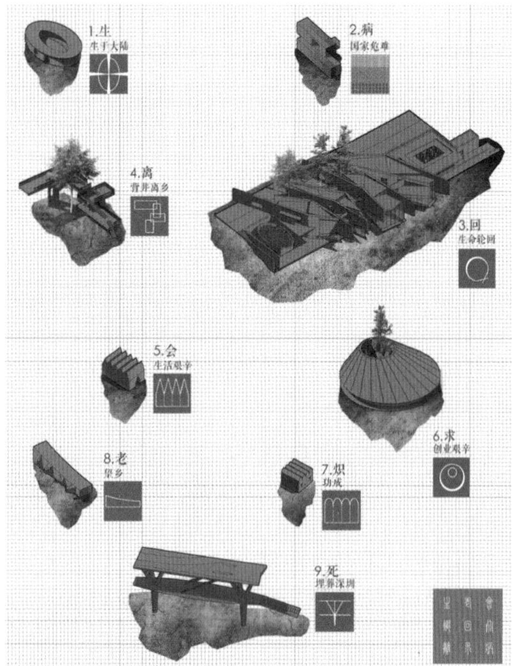

建筑空间叙事的可能性是这一次毕业设计我最希望尝试挑战的，因此选择做溪涌关墓园旁边的这一块场地。对于墓园纪念馆来说，记忆的激发和控制是建筑的关键，对于墓园使用者的家属来说，深圳华侨墓园是一个象征着大陆，象征着故乡的地方。在这一个特殊的地点，建筑的特殊性将会非常重要，每一个建筑的外部空间和内部空间都会对建筑产生重大影响。因此我从哈布瓦赫的《论集体记忆》中提取了三个设计要点 1. 建筑不是单个而是群体共同作用。2. 建筑意向分表里两层。3. 建筑叙事由抽象叙事和具象叙事相叠加。

我主要选择设计的是其中轮回堂这一处在山顶的建筑，这个在山顶的建筑一面朝着香港，一面朝着大陆，同时根据上位城市设计，一面朝着生机勃勃的海滨公园，一面朝着华侨墓园，是一个非常特殊的位置，建筑的两个面可以很好地去适应两面的环境，朝向生的一面是建筑望港的一面，这一面的设计是巨大的混凝土墙面深远的挑出，每一面墙都会指向香港的一些具体的地点，如香港的码头、地区和标志物；朝向死的一面由之前的墙转向，指向大陆的各个地点，但是这时墙面根据地形不再挑出，而是附于大地下半部分插入土中，形成一种相对平和的姿态。

B 地块华侨墓园纪念博物馆设计

分界岭轮回堂是沿山脊线所修成的一条分界线，一端指向香港，一端指向大陆，暗示着深圳华侨墓园的逝者虽然来自祖国各地但是并没有完全落叶归根、魂归故土。游人感受由空间大小变化、光线变化和材质变化所影响。空间节奏为安定稳定、动态变化、安定稳定、开阔明亮四部分，暗示着从出生到死亡再到解脱的过程。

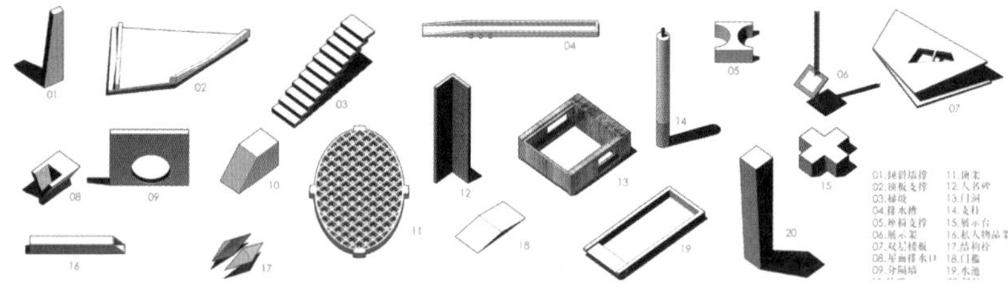

建筑的细部设计主要是以空间语汇抽象而成，每一个构件的尺度和几何形状都在一定程度上控制了光线、空间感受以及材质，使建筑在大的空间环境下还有二次空间表达，以更加贴近人的尺度影响人的精神状态。

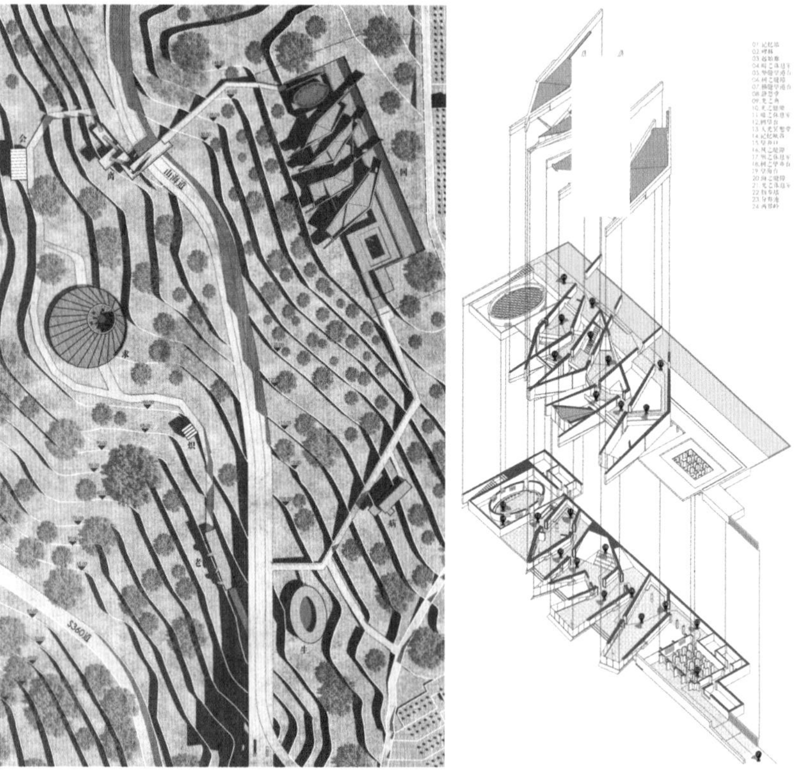

在整个轮回公园中，一条穿越而过的山海道将山坡分为上半坡和下半坡，公园的环形路径重新将山坡连接起来，九个建筑在环上分别布置，以生、病、回、离、会、求、炽、老、死的顺序来回顾墓园使用者的一生，其中分别代表了生在大陆、遭遇国难、赴港离乡、生活艰辛、创业艰辛、功成、老而望乡、埋葬深圳的人生轨迹。游客以及墓园亲属在游览的过程中通过建筑空间的变化来暗示心理变化，最高的建筑是轮回堂，在每一个展厅中，人可以看到下面各种各样的代表苦难的建筑，背景是整个大海和香港，在回望中激发对于逝者的怀念。

海山 百舸争流

The WHARF between sea & mountain

C 地块背仔角水上巴士站点设计

基于城市设计内容，以深圳城市为背景，分析背仔角和小梅沙附近的滨海栈道的重要性，确定该码头的定位。对于该场地栈桥作为建筑主要到达方式，但距离海面有较大距离（5m）的问题，通过架设楼梯，将主要码头设施置于海面，既解决了功能问题，又为游客提供一个亲水的平台。

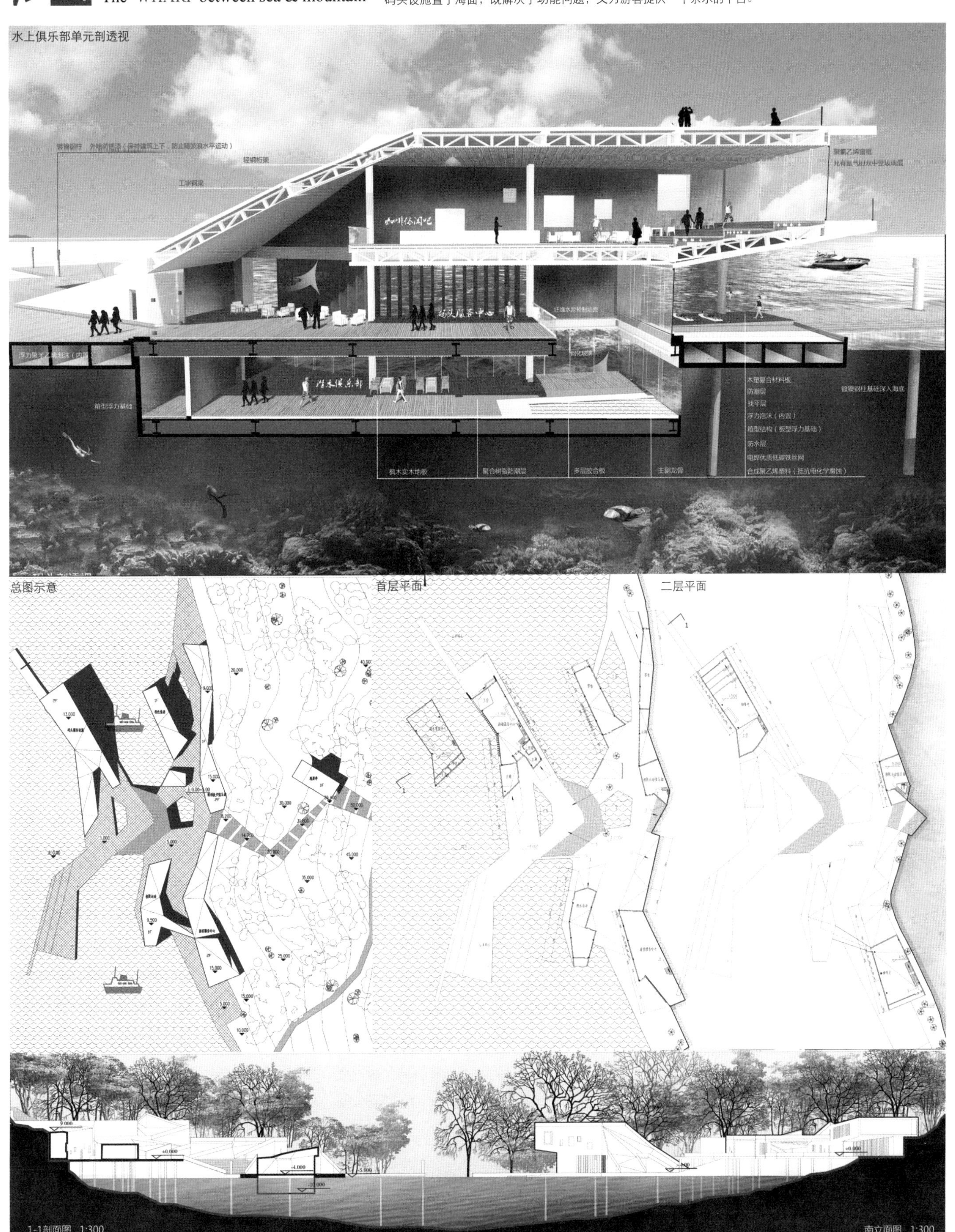

1 共生城市 Symbotic City
王露露 吴宜谦 徐欣妍

2 城市线脚 City Architrave
李相宜 周雪吟 朱广吉

3 边界重生 the Reborn of the Boundary
冯颖洁 陈积琪 楼丹阳

4 广亩城市 Broadacre City
夏馨 孔梓 陈睿昕

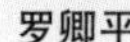
罗卿平

贺勇

王露露

吴宜谦

徐欣妍

周雪吟

李相宜

朱广吉

冯颖洁

陈积琪

楼丹阳

夏　馨

陈睿昕

孔　梓

浙江大学师生间的对话
——寻找有着共同基础的深入联合与交流

引言

转眼之间，今年盛大的“8+ 联合毕业设计”又结束了。源于一个特别的题目以及精心的组织，今年的毕设呈现出了很多新的特点。浙大的同学普遍表示在拿到题目之初都很兴奋，可是随着设计的进展却逐渐茫然，毕业设计最后在很大程度上又一次成为“很水”的过程。对于国内大多数理工科院校的建筑学专业的毕业设计，或多或少也许都存在这一问题。诚然这与我们的课程设置，乃至“中国国情”有着密切的关系：在 5 年的建筑学本科学习之中，现在的同学们忙于国际交流、实习、考研、找工作、出国申请，能够安安静静地坐在教室里设计画图的时间实在不多了。几乎所有同学都必须按时毕业，甚至找到工作的“中国式教育模式”之下，是不是在很大程度上就决定了毕设如今的状态？也许，还有更多的原因？坦诚的交流是解决问题的良好开端，为此，浙大师生展开了一场关于毕业设计的对话，旨在分析、挖掘背后的各种缘由，为破解这一难题给大家提供一些参考与启发。

老师问同学

老师问题 1：老师们普遍都感觉这是一个很有意义、极富挑战的题目，也有非常丰富的值得探讨的内容，但是在调研以及设计的过程中，很多同学似乎把握不住问题的焦点，结果也呈现出“无感”的状态，你觉得是什么原因呢？你如何评价这个设计题目？

陈睿昕：在过去的建筑设计过程中，基地调研是大多数同学忽略或者是草草应付了事的一个环节，而老师们在最终评图及答辩过程中，往往也是对于新颖的概念及方案的表达深度会给予更多的关注，导致许多同学忽视设计的前期过程，只在最后交出一个酷炫方案或者图画得所谓“高大上”，就能得到一个中等偏上的分数。而这一次的联合毕设，从选址到任务书拟定到个人设计，每一步都是由学生自己决定的，而这样的环环相扣的推理及调研的能力是我们所缺乏的，所以迟迟难以抓住问题的焦点。场地上看似有很多问题可以作为解决的切入点，但是结合大量的调研之后，会发现很多事情都是存在即合理的道理。

周雪吟：这样一个复杂而“有趣”的课题，无疑是让我们兴奋的。正因为其复杂性，在调研过程中，我们感到迷茫。值得讨论的太多，而一旦说太多，就会失去焦点，变得杂乱无章。同样的，面面俱到，往往会失去深度。

冯颖洁：正是由于这次的设计题目具有很大的可能性，我们在做设计的过程中花费了更多的时间关注“做什么”，而非“怎么做”，总是希望能想到更好的点子，导致后期的设计没有充分的时间完成，成果粗糙。

夏馨：这一题目似乎在告诉我们作为一个建筑系学生，不应该只会在既定的框架下玩空间、玩概念，建筑是应该有思考的。这是一个值得深入讨论的课题，但是从未认真接触过城市设计的我们也会陷入歧途，不知如何下手。

朱广吉：仅仅从建筑设计的角度上显然不足以体现这个题目的内涵，而从城市设计的角度去看，我们又缺乏足够的阅历和知识去站在一个合适的高度审视这个问题，也缺乏足够的时间去思考、深究这个现象。

李相宜：二线关的确是一个极具挑战性的题目，由于尺度过于宏大，作为本科生在感到新鲜和挑战的同时，更多时候是难以把控全局。另外，毕业设计似乎一定要做到多大体量才有资格毕业一样，所以不谈单体设计深度与程度，单纯就解决现实问题这一点考虑，这个题目可能过于具有挑战性。

王露露：就我们小组而言，在设计切入点的选择上就思考了很久。在前期调研时，我们一直难以确定一个能够达成共识的设计方向。像是盲人摸象，大家对二线关的认识都显得片面，一直未能下定决心找到适合的切入点。

老师问题 2：设计过程中，以小组为单位的总体概念完成之后，大家各自的设计成果一直无法有效深入下去，是什么原因？你认为你在毕业设计中最大的困惑是什么？

周雪吟：原因有很多，首先，我们大部分人无法全心全意专注于毕设，我们中间起码一半的人都在大四出国交流过，因此许多课程需要补修，占据了我们很多时间，还有同学需要准备出国、考研、复试等等。建筑的形态应该有逻辑有线索可言，如何寻找以及确定这些线索，以及如何与概念相融相通，这大概是我在毕业设计中最大的困惑。

陈睿昕：我在毕设中最大的困惑其实是中期与终期这段时间设计的衔接，可能是我们组最开始城市设计范围太大，因此落到个人设计的时候又花了非常长的时间确定项目的设计主题，到后期落实设计深化的时候就没有足够多的时间了。

冯颖洁：毕业设计的过程中，我遇到了很多问题和困惑，最大的可能还是城市设计。自己没有相关学习的基础，场地现状又十分复杂，另一方面又无法进行现场深入调研，导致整个城市设计都是很虚的。

夏馨：我觉得我们组的原因是我们每个人的选址都很大，每个人在自己的那块地上相当于又做了一次规划设计，所以一直很难深入下去。

图 1 深圳市的照片

吴宜谦：因为小组概念设计完整性、深度以及设计概念的清晰度上的不足，个人设计显得无处依存，无法对这个巨大而复杂的场地现状提出一个合情合理并有深度的解答，因此在对个人设计的推进上显得进度缓慢而无力。另外，如何拟定任务书——包括任务书所针对的问题、服务的半径与人口、提出的功能与规模，这一系列指导后续设计的条件在以不同视点、不同切入点、不同理论为基础进行解读时完全不同甚至相互矛盾，似乎对于具体应该选择怎样的方式进行规划设计在很大程度上也是建筑师的个人选择，这样是否合理是我现在的一大困惑。

王露露：如何从小组的大概念到个人建筑设计，在实际操作中，小组成员之间的设计往往联系甚微，大多是各自选择一块地便开始着手设计，最后呈现的结果可能各具特色，但实际上分崩离析。这种个人与团队组合的设计模式似乎极大的考验着团队成员的默契。

老师问题 3：在长达半年的关于深圳“二线关”的调研、思考之后，能否用几句话概括你对于“二线关”的理解？

周雪吟：深圳的包容性和开放性一直是它引以为傲的，因此二线关的拆除可能是必然的，这不仅让深圳这个城市变得完整，也修补了许多人心中的裂痕和落差，但这并不意味着所有痕迹就荡然无存。建关以来的这几十年，深圳已经被打上了深深的烙印，在关口处的城中村问题、交通问题、环境问题等等，都需要在关口的改造中一一解决，这大概也是这次联合毕设的目的吧。

陈积琪：在今天，这道关线已消弭于信息、财富、资源的巨大流动之中，它只存在于深圳最初的那批建设者们的记忆中，也许只有堵车的时候，人们才会回想起被关卡支配的往昔。用各种方式，把令人不悦的历史记忆，转化为促使深圳人不断进取的精神力量，增强地区自豪感，是对父母青年时代，对我的童年时代最好的纪念。

陈睿昕：二线关是个很大的课题，我觉得二线关本身带来的政治、经济、社会上的问题是建筑师无法短时间内解决的，可能留下的更多也是感性的线索。二线关确实是很多关口地区现状问题的起始点，但是也很容易蒙蔽设计师的双眼，真正解决当地问题时我们的目光不能径直转向二线关，弱化二线关的具象存在反而可能能发现区域性的解决方法。

夏馨：二线关是非常有潜力的一块区域，那些遗留下来的问题，那些城中村，是问题也是特色，换一个角度想，那些未被开发的空地不都是未来可以进行城市更新的有效场所么？未来的二线关或许可以成为深圳发展的另一个开端。

李相宜：边界划定后的沿线自由生长的城市斑块，是劳动人民智慧的表现。不动声色的改造与再生，会不会是对二线关最质朴的纪念？

孔梓：在我们实际的考察中，其实场地上很多问题是和二线关无关的，很多都是场地本身的环境、条件决定的，而最初二线关的具体位置也是利用了原来地理上的自然边界确定的，所以二线关这个关于空间织补的题目似乎也变得有点奇怪了。

吴宜谦：这是一条充满了矛盾与故事的旧边界，交织着各方面的欲望，因而针对它的解决方式也势必从某个角度切入以尝试解决特定问题。

老师问题 4：在本次“8+”的联合教学活动中，你与其他九个学校的同学和老师有过比较充分的交流吗？是否认识了一些志同道合的朋友？如果没有，你认为是什么原因造成的？

周雪吟：没有，大概与组织方式有关系。首先，我们并没有适合的相互联系与沟通的渠道，例如十校所有师生的微信交流群等。其次，大家来自不同的省份城市，唯一可以见面的机会就是三次答辩会，而每次的时间安排都十分紧张，组织方也没有安排学生之间的讨论交流会。互为陌生人的各校学生，在没有第三方组织促成的情况下，确实比较难进行有效充分的交流，而这些交流不正是交朋友的必备条件吗。

陈积琪：呃，很遗憾，并没有任何交流，有的只有来自老师们的评价，并没有同学之间互相的评价。

陈睿昕：没有什么交流，相较于同学来说，图纸和模型之间的成果的交流更为直接。从初期开始，各校同学之间就是独立合作的，既没有共同的在线交流平台，也没有线下合作的机会，只是听了各组的答辩，自然就没能有非常充分的交流。如果没有线上交流平台，或者是开题调研阶段能进行多校合作，可能同学们之间才能有更加深入的交流。

冯颖洁：在本次联合教学活动中，我与其他九所学校同学交流的很少。就个人而言，也只在同行调研的路途中认识了一两个同学，交流的深度不足以评价是否“志同道合”。在三次答辩的集体活动过程中，我们对其他院校的理解停留在他们所展示的成果上，至于他们如何实现这一成果，有过怎样的困惑，甚至他们怎么理解“二线关”这个题目，我们都从未谈起。

朱广吉：除了几次答辩的时候可以了解其他建筑系同学的成果、并被其它学校所付出的汗水和努力的程度震撼一下，其它性质的交流并不多，即便是茶点时间大家也不过三五成群自顾自与本校同学老师交流。当然并不是说答辩层面的交流不够好，相反真的觉得学到了不少，无论是他们看待事物的角度、剖析问题的方法、成果的表达、以及模型的展示，可以清晰的看到差距，也能意识到自己的东西做的还不够好，某些角度上可以说激励自己继续努力吧，但是也会想，如果不同学校之间的学生能够有更多合作性质的活动和交流会不会更好呢？

李相宜：本次 8+ 联合设计活动中，可以听到不同学校老师对于设计的点评，这是很好的交流沟通。然而除了三次答辩以外的设计时间，不同学校的学生之间在设计过程中几乎没有任何沟通，更多的像是十校老师之间的茶话会。

孔梓：所谓的联合毕业设计更像是联合毕业答辩，除了在每次答辩展示的过程中有互相学习的可能性，其他时候完全没有交集。整个联合毕业设计的活动中，没有任何联谊性质的活动，也就不太可能发展出什么友谊。

吴宜谦：有过一定的交流。交流主要还是需要自己有积极的交流意愿，包括在等待答辩时，在餐厅偶遇时，在打印店等图纸时，只要有意愿交流还是很能相互沟通的。

老师问题 5：在完成本次毕业设计之后，你如何评价自己的设计成果？你对于自己的表现满意吗？你觉得本次教学活动对于你未来的学习与设计实践会有哪些启发？如果几乎没有提升作用，是什么原因呢？

周雪吟：第一次接触这么复杂的课题，我认为对自我的提升还是有许多帮助。前期的城市规划阶段是小组合作，相互之间的想法碰撞可以激发很多灵感，同样也考验了大家的合作精神。而在老师的教学过程中，也纠正了从前的一些错误的学习习惯，例如过于依赖电脑建模，不擅长通过手绘简单的剖立面来推敲方案等等。对于最后的成果，我并不是特别满意，因为感觉设计的深度没有达到理想的程度。究其原因，前期太拖沓，导致后期时间不够。而前期拖沓的原因，我感觉我很长一段时间都没有进入设计状态。

陈积琪：说实话，我确实对自己的设计成果不满意，这主要是因为缺失很多研究性的内容。在本次设计中，我认识到了自身的不足，拓宽了我的视野，激发了我的思考。通过这次活动，让我从曾经一个极其失败的演讲者、总是回避所有公共演讲场合的人，变得勇于面对听众和众人的质疑，并坚持着自己的真实想法。

陈睿昕：完成本次毕业设计之后，我认为我的设计成果算是大学里我所做过的最大胆的设计，虽然对于设计深度的表达不尽如人意，但是在设计概念和设计表现的方面基本做到了我所期望的程度。我认为同建筑设计一样，设计成果的规范也不应该束缚学生对于自我方案的表达，这种表达可以是图纸，可以是模型，更可以借助影片、排版、表演等各方面来表达我们的思想。

冯颖洁：说实话，对自己的毕业设计很不满意，主要是前期城市设计阶段不清楚城市设计是什么，应该怎么做，也没有得到有效的指导，而后期个人设计深度不到位，图纸的表现也很欠缺。
如果说提升，可能更多的是关于如何从建筑师的角度处理像“二线关”这么复杂的社会问题的思考。

夏馨：我对我自己的设计成果不算特别满意，其实本次的题目对我的启发很大，不仅帮我打开了以前局限的思路，让我认认真真思考建筑存在的意义，思考为什么这样做建筑；同时也让我对城市设计产生了浓厚的兴趣，我开始学会从城市的角度去发现一些问题，去寻求一些解决办法；同时与其他老师之间的交流对我的启发也很大，九校老师给的建议与本校答辩时候老师给的建议有不同的侧重点，九校老师侧重思考性，本校老师侧重实践性，但是合起来就反映了我整个设计的问题，给了我很大的启发。

李相宜：可以毫不犹豫地说，本次毕业设计是大学以来做过最难的设计。课题尺度、难度、牵扯到的社会环境问题、地形交通的错综复杂，都是对五年学习成果的挑战。对于最终成果，就设计本身而言基本上达到了个人预期目标，也成功地完成了概念设想及其深化，对于节点和一些结构方面还有些问题需要解决。

楼丹阳：我认为几乎没有提升，甚至比以前做的差。主要原因是自己花的精力不够多，后期身体出现问题也添了一大障碍，其次就是期待大家一起探讨、互相启发、互相长进的做设计的方式并没有办法实现，感觉是自己一个人在思考，结果就会比较狭隘。

孔梓：说实话，之前几年的设计课程，我真的没有学到关键，更多的是各种规范和出图技巧这种零散的知识，对于建筑的认识也有缺陷，没有完整的理论体系和方法，所以在做设计的时候感觉就是在摸着石头过河。这次毕业设计算是我知道设计该怎么进行情况下的第一次设计，对我来说还是有一定意义的。

王露露：虽然这次设计过程是最为煎熬和痛苦的一次，但是设计成果是最不满意的一次。虽然这半年来一直在思考，在探索或努力做设计，然而就像无头苍蝇一样，其实并没有找对方向。中间的设计过程中做了很多尝试，从关注建筑形式到关注建筑影响，会思考很多，但由于跟老师缺乏有效的沟通，总是感到一种无力感，似乎总是在寻找设计的方向，就这样飘飘忽忽地完成了这次设计。

老师问题 6：毕业设计似乎成为大家最不重视的课程设计，以本次设计任务为例，该项目从一月份就开始进行调研了，可最终大家的设计成果似乎依然集中在最后几周草草完成，你认为是这样吗？如果是，是什么原因造成的呢？

周雪吟：一是我们的专注度和拼劲确实欠缺，被各种各样的事情绊住脚，对毕设的投入不够。二是大家对建筑设计还是有一些困惑吧，这些困惑没有解开，耽误和浪费了许多时间。

陈积琪：我并不认同这种说法，毕业设计是我最重视的课程设计，我也从中认识到了和其他同学相比，我缺少了什么。我初期浪费了大量的时间在对自己的各种思考的不自信上，到最后终于对自己的想法有自信了，时间却不够了。

陈睿昕：选择联合毕设组的同学应该都是对毕设抱有极大热情的，但是之后组内几乎所有同学都还在补其他的课程，这种课程设置不合理是引发大家投入度不够的主要原因。另外，也是大家前几年建筑学习养成的惰性。

冯颖洁：大家并非不重视毕业设计，只是这次的题目跟以往给定明确任务书的设计不同，需要更多的前期分析、调研，但关于做什么这个问题总是不能敲定，导致最终用来做单体设计的时间非常紧张。

夏馨：大部分同学的设计成果确实是集中在最后几周完成。主要原因我认为有如下几个：首先，从城市设计推进到各自的建筑设计，大家的思维一下子转换不过来，私下里我们有开玩笑说感觉自己都不会做建筑设计了，这反映了大家还没有习惯这种融合了城市设计、建筑设计甚至景观设计的设计题目。

李相宜：我认为说毕设是大家最不重视的课程设计是不够准确的，应该说，毕设是大家最想重视却又到最后最难以坚持下去的课程设计。刚刚从升学与就业的玩命式工作强度中解脱出来，很多人早已累感不爱，一边心里也还有对毕业设计的情怀和执念，一边又后劲不足想着早日解脱，一边又要为出国或者就业做着很多准备工作，一边还有出国交流后不能换学分的课程要补，心里念想着毕设，却又无法做到绝对的专注，所以才表现为这样一种矛盾纠结的状态。

孔梓：首先，我认为这是浙大建筑系整体氛围的问题。在毕设之前，我就一直被灌输着浙大毕设很水的，随便做做就好了，之前看学长学姐的毕设展也有这样的感觉。不仅学生不重视，老师对于毕业设计的重视程度也值得商榷。从一开始部分课题的设置到之后对于毕设的指导，都让学生感受不到毕业设计的重要性和该有的重视程度。毕业设计合格的低标准也是现在学生和老师对于毕设态度的原因之一。

老师问题 7：本次设计过程中，老师们感觉大家一直没有呈现出较强的团队精神，同学们似乎一直忙于各自的事情，不太关心他人的设计进展与成果，彼此的沟通与交流很少，为什么会这样呢？

周雪吟：其实前期城市规划阶段，各个小组内部的沟通与交流还是很多的，毕竟是团队合作，而到了个人设计阶段，相互之间的了解确实变少，这个大概跟我们以往的教学模式和习惯有关系吧，以往的设计课基本也是以个人为单元，老师会在周一、周四的上午待在专教，需要讨论方案的同学在这个时间段过去即可。

陈积琪：可能是因为这一届学生从来就没有真正组成一组做设计。也许我们可以从开题至提出概念的时候，两人一组，中期老师们筛选出发展方向更好的概念，被筛掉的小组成员并入被选中的小组，这样概念不仅吸引人，后期工作也可以更加深入。

陈睿昕：其实就本小组来说，三个人还是非常有凝聚力也有充分的交流的。但是说到联合毕设的整个大组，团队精神确实不明显，一个是因为开题阶段大家有太多其他事情要完成，再进行合作每个人都觉力不从心；二是后期大家分为两个小组，组与组之间的交流除了在专教的时候碰面，其余也没有什么时间有机会交流，这可能跟以往的建筑设计课一样，不是同一个老师组内的同学就会很缺乏设计交流，并不是只有联合毕设才有出现这样的问题。

冯颖洁：我们在整个过程中确实缺少团队精神，这可能不是这一次课程的问题，而是五年来虽然大家在同一个专业，但彼此之间的关心了解很是缺乏。这次设计课程的时间跨度比较大，同学们有的去实习，有的在申请学校，能够一直聚在一起做同一件事的可能性不大。

李相宜：整个设计过程中，我们三人的小组团队合作是比较顺利愉快的。小组成员三人从大二进入专业开始便一起合作，四年的磨合让我们彼此之间比较了解各自的风格和个性，因此在整个过程中少有摩擦，稳步推进，也有互相帮助。

楼丹阳：在以往的设计中，我们从来没有团队做设计的经历，对于团队的工作方式我们还是有很多的不适应。

孔梓：我觉得我们还是挺有团队精神的，老师所了解、看到的并不是百分百的真实。小组内从一开始的概念设计到之后的单体设计，我们都一直在交流讨论，一直保持着小组的状态。

吴宜谦：因为大家对于概念设计部分并没有达成深度的共识，所以对于共同的概念设计并没有很深的共同推进的欲望，反而还是希望在各自的设计中完成各自希望研究的议题。

王露露：在这次设计中，前期我们对毕业设计还是抱有极大的热情的，在逐渐的迷茫和一贯的惰性的影响下，我们慢慢分心，开始忙于其它事情。作为一个团队性质的作业，当小组内部的交流变少，分部的东西停止不前，整体的进度自然难以推进。另外，我们这一届在设计课上对于团队设计或者是合作设计的培养似乎没有那么完善，相比设计过程，我们更注重结果。同学之间对于建筑设计的探讨一直非常少，慢慢的我们似乎就此养成了独立完成设计的习惯，每个人都很独立。

老师问题 8：关于毕业设计，你对于今后的学弟学妹们有何建议？

周雪吟：大学最后一个设计，为了不辜负自己和五年的学习，用心完成吧。

陈积琪：对自己的想法要有自信，抓紧时间，不要浪费在无尽的纠结中。

冯颖洁：与其说是建议，不如说如果能重新选择，我希望不要这么狼狈地结束大学最后一门课；如果可以，希望能够有明确的计划表并有实施的行动力；如果可以，希望自己能在确定设计主体时候更加果断，然后就一路做下去；如果可以，希望自己能够提前学好软件，避免各种各样的 bug。最重要的是，养好身体，才有奋斗的基础。

夏馨：首先是要选一个真正有意义、有意思、自己感兴趣的题目，不要想着选一个轻松的题目轻松地毕业，以后等迈入工作岗位，再遇到这样有意思的带有研究性的课题的几率很小，不要给自己留遗憾；毕业设计不单单是你拿毕业证书的一个作业，它是对你这五年学习的一个总结，希望你们能够做出让自己让他人都感动的毕设。

朱广吉：希望未来同学们能够认真看待珍惜这次机会，虽然面临很多困难，但能够见识不同学校的同学的设计内容和设计风格，也是能够学到不少的。希望下一届能够为我校争光吧！

李相宜：要对你的专业有最起码的情怀，很多知识是要主动争取而不是被人灌输的，而这主动的动力，源于你对专业的热爱。不要寄希望于未来的教育或者工作能够给你多少知识，如果不珍重当下，你就会又一次失去锻炼自己的机会。

吴宜谦：毕业设计并不是一个可以水的设计，希望端正态度，认真对待，可以在这个大学阶段最后一个设计课中完整地总结自己五年所学。

同学问老师

同学问题 1：对于“二线关”课题，老师们是否觉得用半年的时间完成一个设计方案节奏过快？是否觉得对问题的研究还没有达到一定的深度就开始了设计？是否觉得这样做出的设计过于仓促而缺乏现实意义？还是说仅仅作为一个毕设题目考核一下学生五年来的学习成果就够了，现实意义不重要？

老师回答：一般的建筑设计似乎都没有“完成”的时候，除非交图那一刻的到来，何况对于“二线关”这样一个复杂的题目！同学们的这些疑惑，我想大部分老师应该都会有同样的感受。因为“二线关”已经不是某几个关口和“二线”的问题，而是涉及到整个城市，其问题更多是源于政治、经济与社会，其解决的途径自然也应是这几个方面，建筑师能起的作用其实很有限。根本上，“二线关”不是建筑学，至少不是传统建筑学能够解决的问题。但这并不妨碍“二线关”成为一个毕业设计的题目，而且在老师们看来，包括前面同学的反馈中，大家都普遍认为这是一个很好的题目，因为可以从“二线关”这一“非常事件”入手，引发大家对于深圳这座城市在快速成长过程中的复杂特征与问题的广泛思考，这种思考本身对于建筑学的同学具有非常重要的意义。

作为一个开放、研究性的“毕业设计”，又不同于单纯的研究课题。因为毕业设计是有着明确时间节点、以及相对明确成果要求的教学活动，所以在城市层面调研、分析的仓促是不得已的事情。至于设计成果缺乏现实意义，我觉得其实不是问题，因为在这个设计任务中，认识、理解这个城市，或许比设计一个酷炫的房子更加重要。何况如何判断一个房子的“现实意义”，也是一件非常困难的事情，我认为在一个单体建筑的层面，只要它回应了那个场地以及周边相关人群的需求，就是有现实意义的，另外，毕业设计主要还是一个学习的过程，一个学习解决问题和专业技能的过程，和直接解决现实问题还是有比较大的差别。

同学问题 2：老师如何评价我们的表现？老师期望我们的成果应该达到怎样的水平？浙大的作业未进入前六组的优秀作业，作为同学的我们心里有一个很模糊答案，但依然想听听老师们的想法。

老师回答：联合教学之中，讨论“人家的孩子”是师生之间挥之不去的话题，尽管我经常提醒自己尽量少做比较，但总是避免不了，就像批评自己的孩子之后，往往也会后悔自己在头脑冲动之下一些过分的言辞。一个教育的真正成功，要看的是 10 年、20 年之后一个学生的状态，所以在一次设计教学中，同学们的设计成果能否被选为“优秀”，其实对于老师来讲，根本不是问题，何况老师们当初选择的标准就并不是最优，而是在不同方面最具有代表性的方案。而且对于二线关这样一个如此复杂、开放的课题，每个方案的基地、背景、针对的问题以及目标人群往往都不一样，方案之间是不可能真正进行客观比较的，在那么短的时间内，老师们注重的更多是切入问题的角度与方法。就我个人而言，并不在意设计最终图面所呈现的成果好坏，更在意过程之中大家是否开始养成直面问题、分析问题的态度、习惯与能力，还有学习过程中是否呈现出对于将设计做到极致的决心。我希望的是你们能投入地、努力地、尽情地展现五年建筑学学习后的自我并有超越自我的冲动与激情。

同学问题 3：老师们是如何衡量一份优秀的设计作品？在学生眼里，图面表达酷炫、方案切入点新颖、答辩表达技巧强、逻辑缜密等等可能都是能成为高分设计作业的要素，那老师们认为的主次应该是如何的？关于工作量与出图数量，似乎老师们拟定的依旧是比较传统的平立剖面大样、技术图纸之后效果图的表达方式，但是对于一个完全自由发挥的任务书背景下有没有可能进行一些替代，改变传统的出图纸的内容的要求以期更加符合设计内容？

老师回答：就毕业设计以及其他设计课程而言，最近几年大家似乎过于追求成果所呈现的外在形式：超炫的图面、超大的模型……。总之，设计成果表达出一种强烈的“我要做什么”的决心与信念，可对于建筑教育本身而言，“我为什么要做”、“我该如何做”或许更加重要。图面、模型只是设计的过程，而非结果。当下，我更欣赏一份图纸看起来普普通通、但是对于问题的分析与解决有着足够深度的设计，因为建筑学的真正目的，不是让建筑师为自己或他人树碑立传，而是创造一个安全、舒适、宜居的生活空间与场所。本次联合教学中，给我印象最深刻的是东南大学做溪涌关的那组同学，他们所关注的焦点是场地本身，即认识那块场地“究竟是什么”，提出的也不是一个地标性的建筑或景观，而是一套发展的策略，这种面向场地的分析与引导式的设计值得赞赏。不过，图面表达酷炫、方案切入点新颖、答辩表达技巧强、逻辑缜密等等，这本身就是一个优秀建筑师应有的基本素质。

同学问题 4：在个人设计过程中，感觉前期概念阶段老师的指导缺乏针对性，没能很好地引导同学的方向，老师们怎么看？对于像二线关这样的挑战性太大的题目，指导教师究竟扮演怎样的一种角色才合适？是像家长一样手把手教下去？还是像大师一样对关键问题点拨一下主要激发学生自主解决问题能力？

老师回答：对于教学，究竟是手把手的教，还是“点到为止”，着实是个难题，或许因老师、因学生情况的不同而异吧，就我个人而言，觉得对于低年级的同学可能更适合手把手地教，对于高年级的同学则应更多的是引导和启发。学设计有时候就像人生，或许有些错误一定是要犯的，因为有些经验甚至教训只有从错误和失败中才能够汲取，但是如何启发、引导又是一个问题：过于定向可能会束缚同学的思路，过于自由，又似乎是不负责任。一个好的引导与启发效果，依靠教师与学生之间良好的互动。对于“二线关”这样一个复杂的题目，我相信没有哪个老师可以完全胜任对于这个题目的指导，在前面说过，因为它在很大程度上超越了传统建筑学的范畴。老师们在“二线关”面前同样也是“学生”，只是一个不亲自做设计的学生，主要任务是在前期研讨的过程中引导大家发现问题、质疑问题、确定问题，然后促使大家拿出信服的答案，到了最后一些技术和技巧的问题可能是手把手的。这个过程也应该就是常说的“教学相长”吧。

同学问题 5：老师如何评价自己的教学？对毕设期间作出的指导满意吗？除了同学们的拖延之外，老师们若再进行毕设指导，认为自己除了把控进度外，有什么需要改进的地方吗？

老师回答：就我个人而言，这是一次有着极好的题目，却非常不满意的教学经历。而且这种不满意主要不是源于设计成果，而是过程之中相互“无感”的那种状态。我时常想起 2011 年“重庆十八梯”那次愉快的教学经历，那组的 5 个同学从不迟到，而且每次上课时都能对于前一次课程中老师的问题进行极好的回应，在那种相互积极的互动与交流中，一些同学的方案尽管也多次反复，但总体上始终在逐步深入，师生彼此都感受到了设计过程中的激情与快乐。这次设计过程中，老师们反复强调进度，其实更多源于大家令人着急的工作状态。诚然，每届同学、每位同学都是不一样的，如果再进行毕业设计指导，或许会采用更加灵活高效的组队方式、更为清晰的设计阶段与相应任务要求，同时，也需要系里更加合理地融合多个方向的指导教师组成团队。

结语

时代已经发生了巨大的改变，如今知识传播与发展的途径已经与过去完全不同，学校昔日那种“象牙塔”式的地位早已不在，而我们的教育理念、模式其实并未有很大的改变，具体到每个老师来讲，我们到底有什么东西可以传授给学生？这对于我们老师而言似乎开始成为一个问题。传统的建筑学好像有点像中医，讲来讲去就是那几个概念、方法，理论似是而非，判断模模糊糊。单从城市设计而言，究竟什么是城市设计？该如何做？或许本身就是没有清晰的答案。对于同学而言，落到最后拼的也许只能是模型与图面，成为说服大家、获取高分的“王道”。

每个人的设计是各自价值观的表现，如何认知与定位日常的大世界、自我的小世界，在很大程度上就决定了设计中所采取的态度、策略与手段。在我们的建筑教育中，或明或暗地以“培养建筑大师”作为一个重要的目标，绝大多数学生也以此作为自己未来的人生追求，可事实上，这一目标或方向根本上也许就值得怀疑。随着社会的发展与转型，无房可造的年代已经逐渐到来，地标式建筑、英雄般建筑师的年代已经过去。面对新的时代，如何重新定义建筑学的概念与内涵，如何引导、塑造同学们在空间形态背后所秉持的价值观念，成为建筑教育中一个重要问题。如果说建筑不再主要局限于物质形态与空间的塑造，而充分扩展为介入社会生活的媒介与手段，那么本次深圳“二线关”这个题目无疑给我们在这方面的探讨提供了极好的条件和诸多空间。回想起十个学校 100 多个同学的众多方案，就呈现出了极大的多样性与差异性，但是对于一个真正意义上的联合设计，应不仅是组织上的联合，成果的展示与讨论，也应是师生间共同价值观念的塑造与共享，唯有如此，才可以进行真正有效深入地交流，差异化的设计与表达也才有可以讨论的前提与基础。

正如有些同学所言，开放题目也需要开放的成果表达，现在对于毕业设计成果的评价方式还相对单一，或者说“传统”。如果建筑学需要创新，建筑教育需要改革，那么需要更为开放的毕业设计评价与“出口”的标准，比如能否基于某些最基本要求上的多元形式：一个模型、一段视频、一篇论文是否就可以成为一个建筑学本科毕设的成果？毕竟对于不久的将来，建筑学的主要任务或许不再是建造房子。“8+”联合教学在这个方面或许可以进行更多大胆的探索与引领。

注：老师的回答由贺勇与罗卿平两位老师的观点整合而成

共生城市 Symbotic City

浙江大学
设计：王露露＼吴宜谦＼徐欣妍
指导：罗卿平＼贺勇

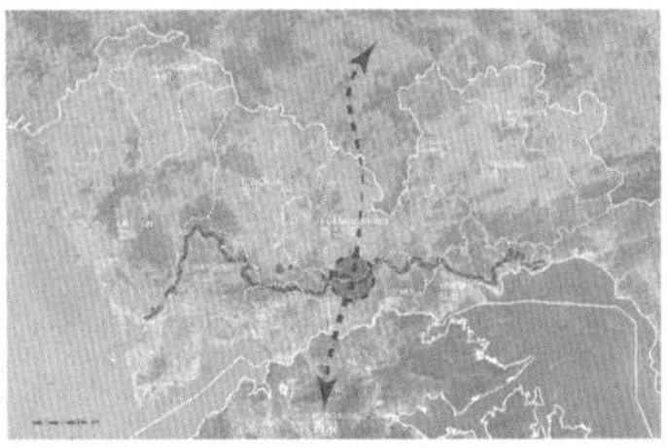

基地区位：
布吉关地处深圳北部，是深圳沟通内地与香港的重要通路。

地理条件：
深圳北部山脉蔓延，布吉关口为北部山脉仅有的平坦区域。

关口位置自然地势示意图

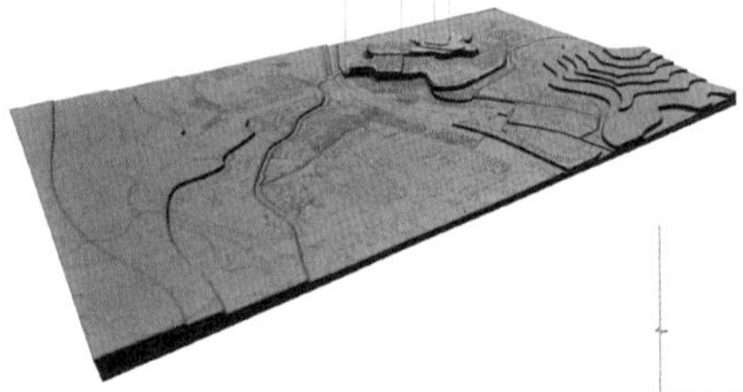

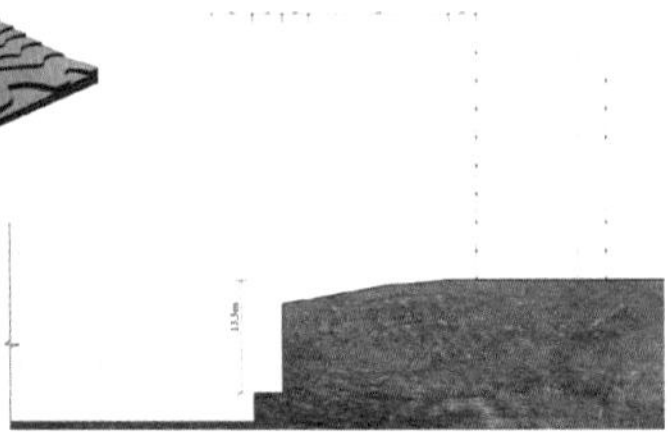

关口位置自然地势示意图

关口周边
0.67平方公里
现住人口5万余人
居住密度7.5
流动人口92%

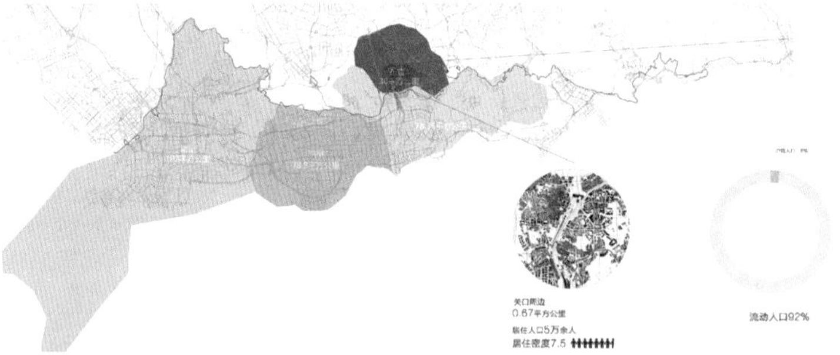

关口位置人口构成示意图

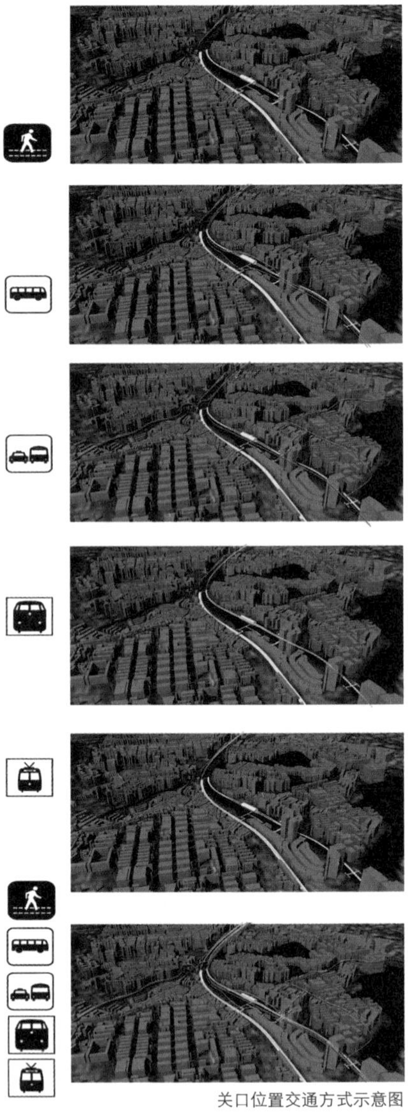

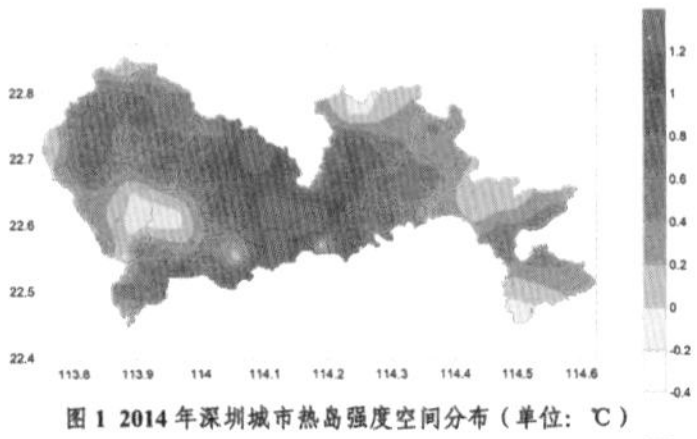

关口位置交通方式示意图

图1 2014年深圳城市热岛强度空间分布（单位：℃）

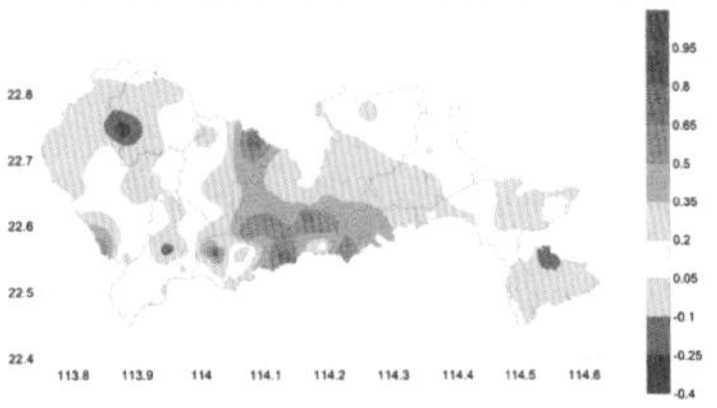

图2 2014年与2013年深圳城市热岛强度差值空间分布（单位：℃）

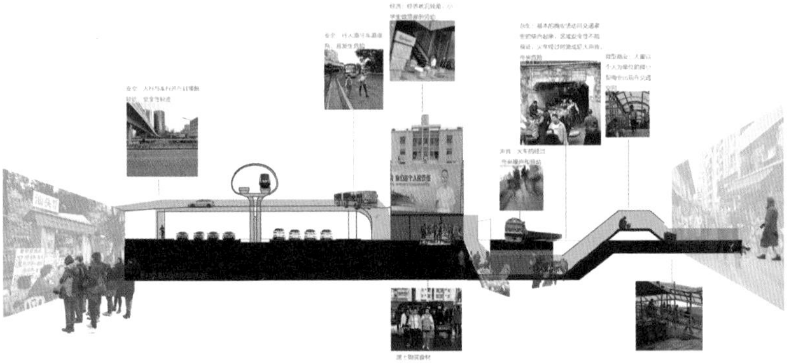

关口位置东西向人行沟通经历场景环境示意图

评语：

设计团队面对着关线复杂的历史背景、地形高低、庞大而错综的交通，以及社会城市发展所形成的城市空间形态和内容的复杂组织，似乎陷入了茫然。设计中不断变化概念和想法，反而失去了最早的一些敏锐，要想提出一个全面解决问题的方案应该不是建筑师职权、能力和有限时间内所能企及的，学生们开始却有些热衷于此。最后提出织补城市的概念应该算抓住了问题的关键，但附会的气候、绿色想法却十分勉强，而且缺少后续的设计跟进和支持。三个同学最后的设计各有特色，但缺少整体的关联度，缺少设计和表现的深度。

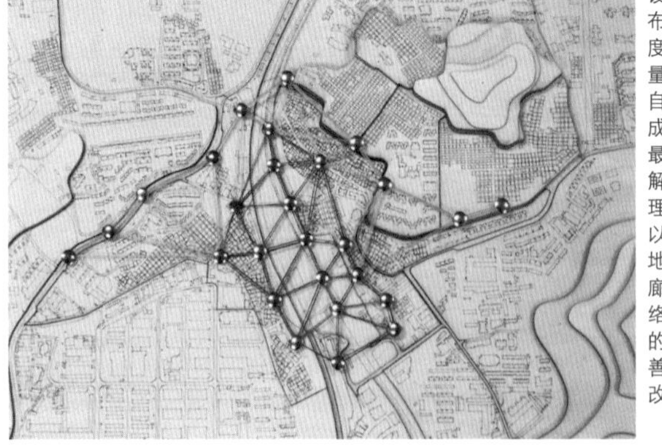

设计策略与概念：
布吉关口区域由于超高密度的城中村汇聚，超大流量的城市交通穿越以及各自片区独立发展缺乏规划，成为了深圳地区热岛效应最为严重的地区。参照缓解改善城市热岛效应的处理方法，我们提出了建构以中央绿地、周边小型绿地以及贯穿其间的绿色通廊共同构建的绿地生态网络，在保证城市交通通畅的同时植入绿地系统，改善周边居民的生活条件并改善热岛效应。

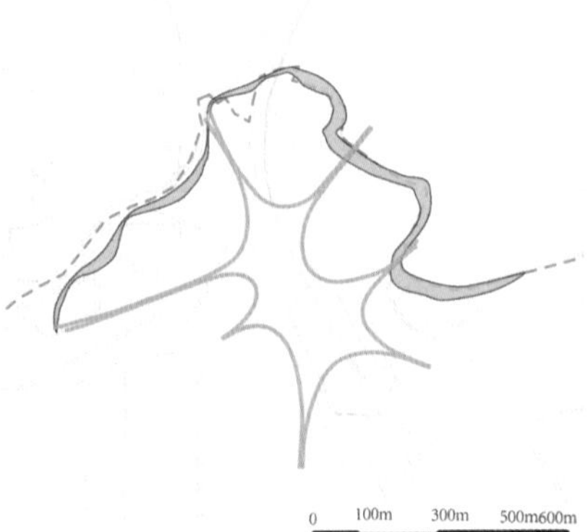

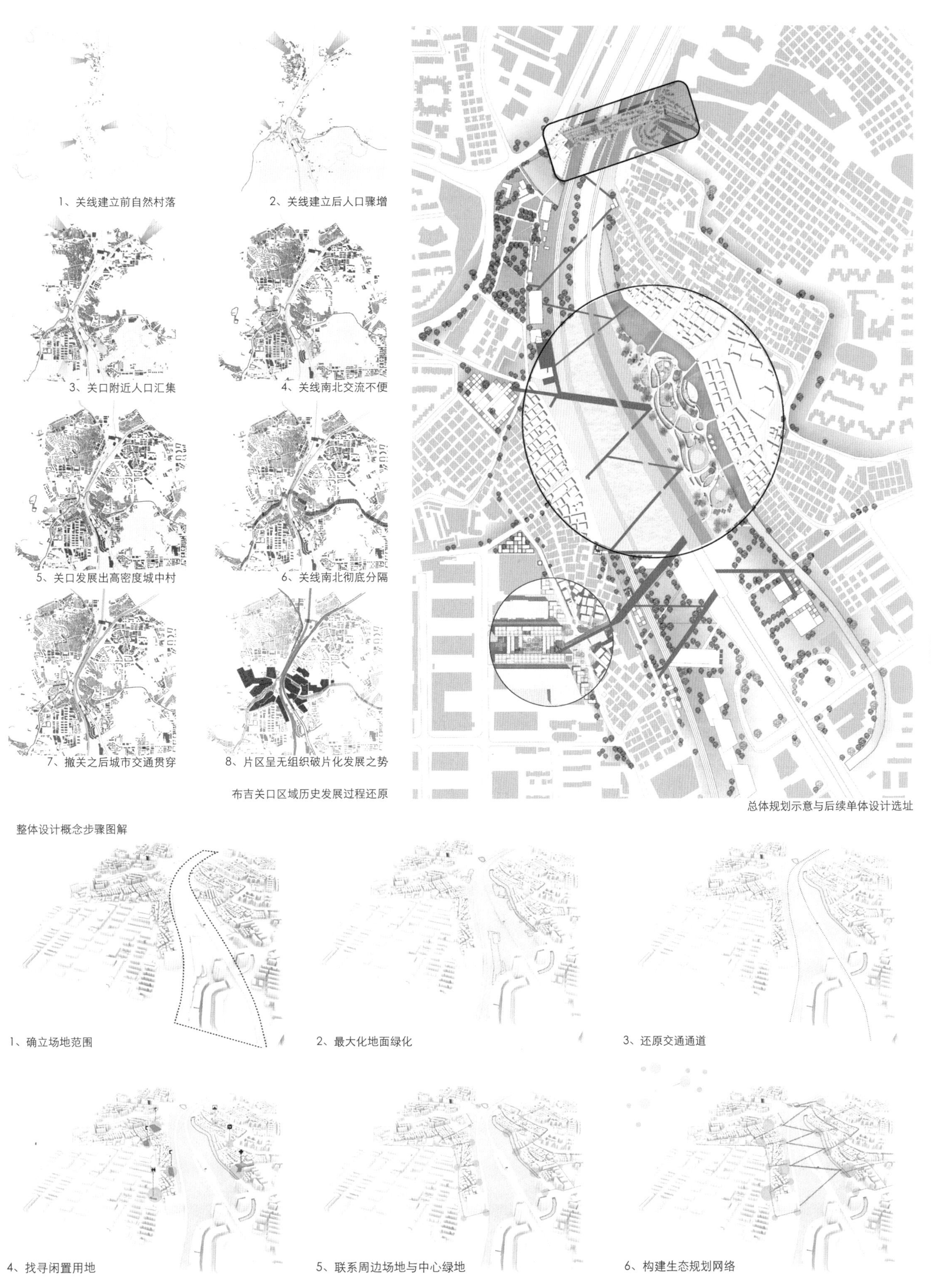
1、关线建立前自然村落
2、关线建立后人口骤增
3、关口附近人口汇集
4、关线南北交流不便
5、关口发展出高密度城中村
6、关线南北彻底分隔
7、撤关之后城市交通贯穿
8、片区呈无组织破片化发展之势
布吉关口区域历史发展过程还原

总体规划示意与后续单体设计选址

整体设计概念步骤图解

1、确立场地范围
2、最大化地面绿化
3、还原交通通道
4、找寻闲置用地
5、联系周边场地与中心绿地
6、构建生态规划网络

生长的建筑
The growth of the building

浙江大学
作者：王露露
指导：罗卿平

基地区位

基地位于布吉关口西侧的清水河街区，现有的状况是拥挤的城中村被高速的铁路分隔，另一边则被巨大体量的现代物流园区所挤压。

设计策略

城中村内部需要公共活动空间来释放生命力并与城市交流。因此在设计上，首先对街区建筑进行梳理，在保留街道景观连续性的情况下，尽可能地为居民提供公共活动空间，并试图通过塑造城市生活发生器——活动广场来联系各街道，为居民提供聚集场所，其次通过建筑改造打开物流园区同城中村之间僵硬的边界，在物流园区产业更新的前提下，通过建筑更新来更好地利用片区资源，提升街区活力。

设计概念——绿色生长

在发展最为迅速的城市社区，城中村居民的更新换代是城市活力的最显著的体现。自二线关建立到关线拆除，城中村的居民人口职业分布从无知识的劳动者逐渐向具有中等文化水平的年轻务工人员转变，作为城市新鲜劳动力的大熔炉，在高房价的城市环境下，城中村的角色暂时无从替代。“变化”是这里最常见的词语。因此，在需求不断变动的情况下，我希望能够通过建造的可变性来调整建筑的功能状态，按需而建，以结构体系与功能单元分离的方式，通过不同功能单元体的置入来满足不同时期的多种活动需求。

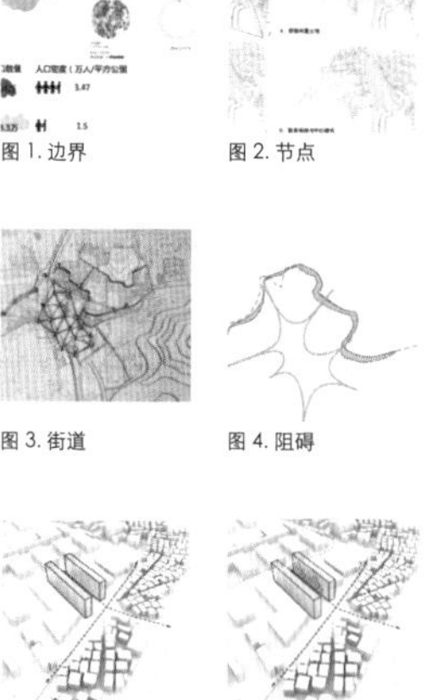

图 1. 边界　图 2. 节点

图 3. 街道　图 4. 阻碍

图 5. 打破　图 6. 交流

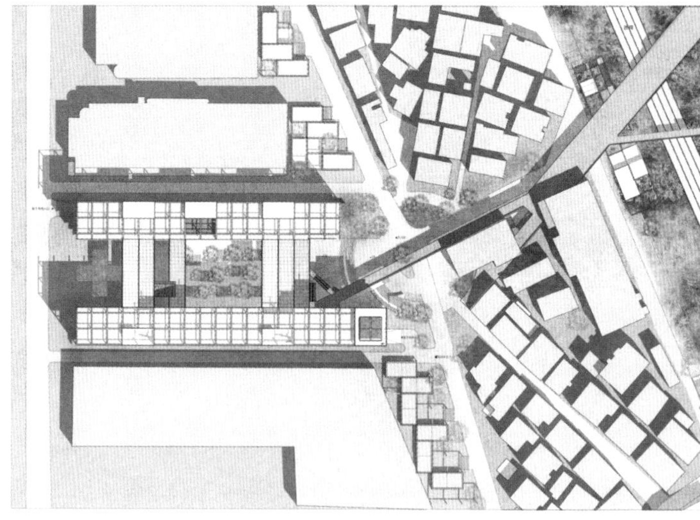

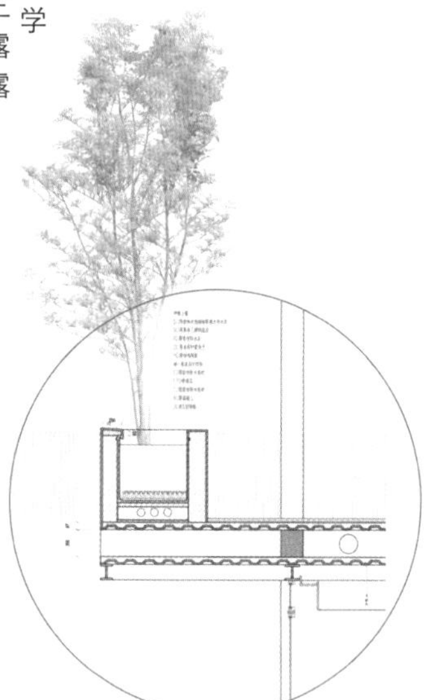

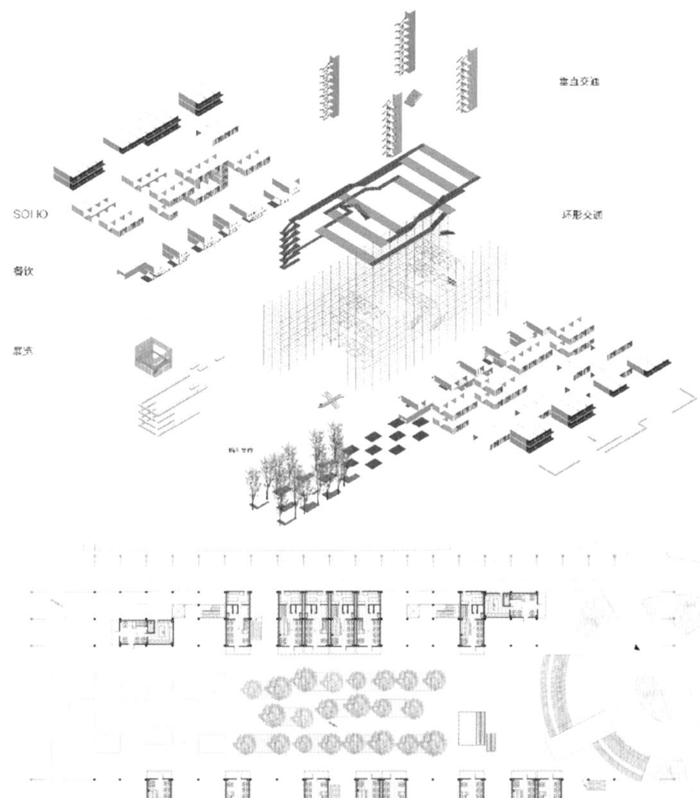

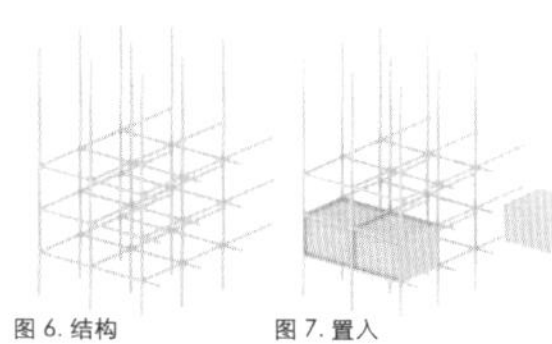

图 6. 结构　图 7. 置入

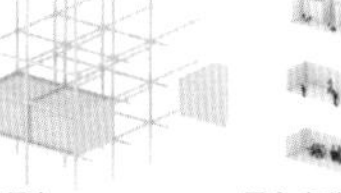

图 8. 多种单元

图 9. 多种活动并存　图 10. 功能变化　图 11. 一层平面

一平桥
A Bridge For Public

浙江大学 作者:吴宜谦 指导:罗卿平

设计策略与概念:
针对现场城市交通复杂、人行交通不便导致本就十分稀缺的公共空间对于部分城中村而言难以利用的现状，以及城中村难以甚至于无法拆改的事实，提出在城市道路上方设计满足交通需求同时补足区域稀缺的公共活动空间。
在满足保证城市交通的前提下，尽可能方便步行交通的出行与利用，并详细考虑结构与细部构造的可行性，以期完成完整的设计。

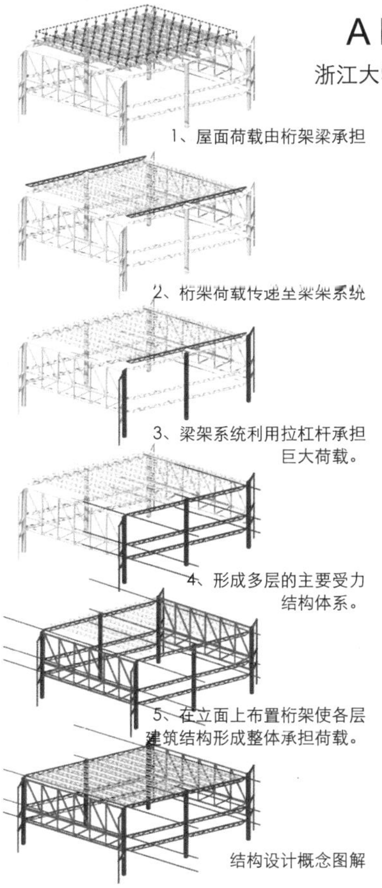
1、屋面荷载由桁架梁承担
2、桁架荷载传递至梁架系统
3、梁架系统利用拉杠杆承担巨大荷载。
4、形成多层的主要受力结构体系。
5、在立面上布置桁架使各层建筑结构形成整体承担荷载。
结构设计概念图解

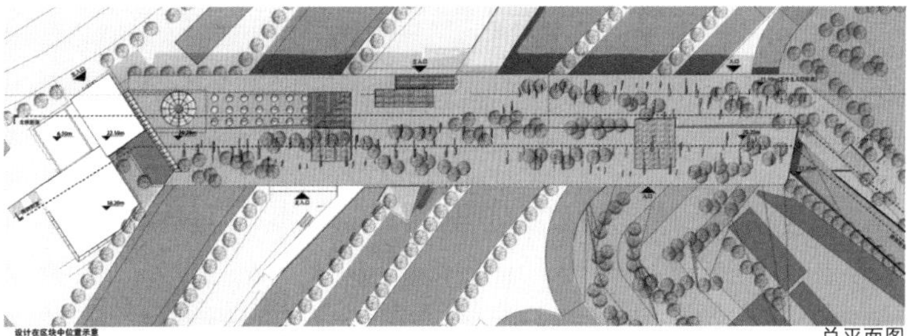
总平面图

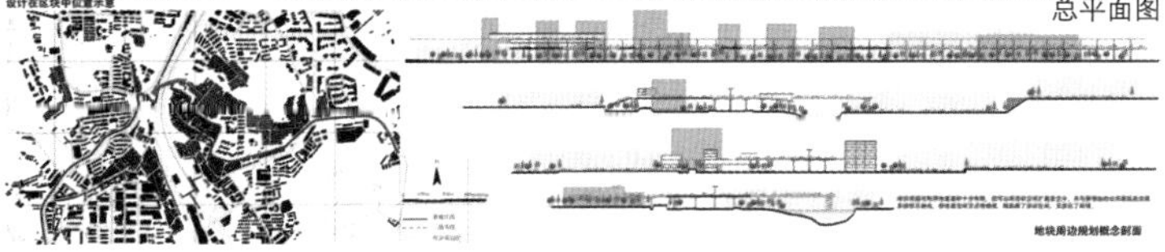
设计在区块中位置示意
地块周边规划概念剖面

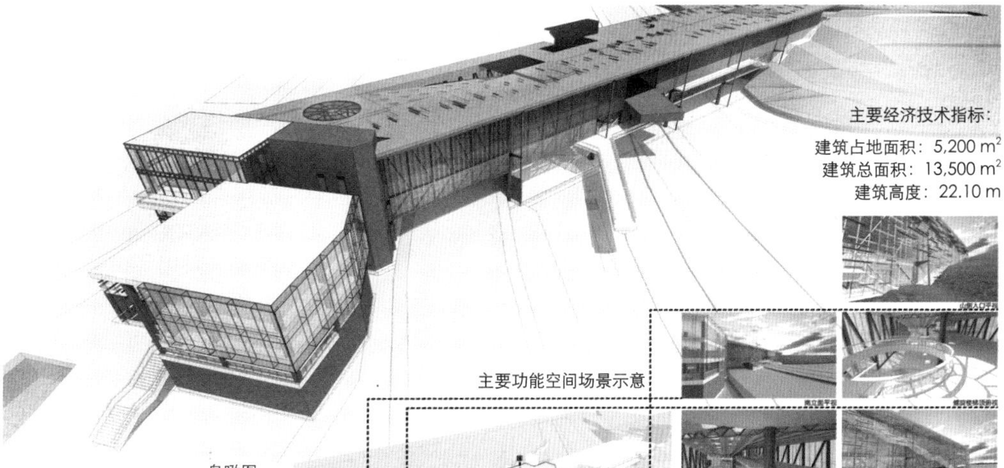
鸟瞰图

主要经济技术指标:
建筑占地面积: 5,200 m²
建筑总面积: 13,500 m²
建筑高度: 22.10 m

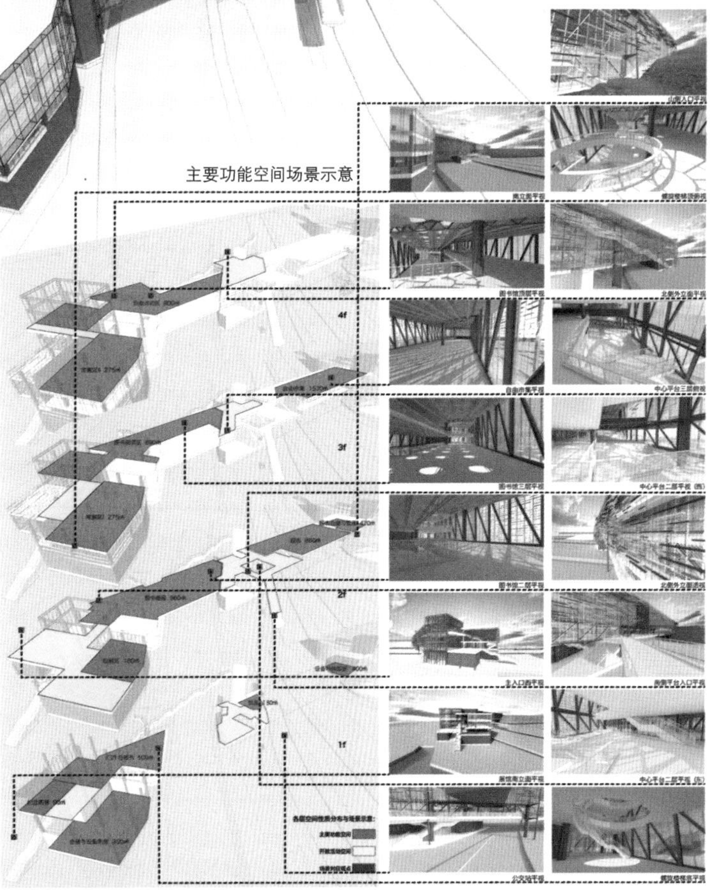
主要功能空间场景示意

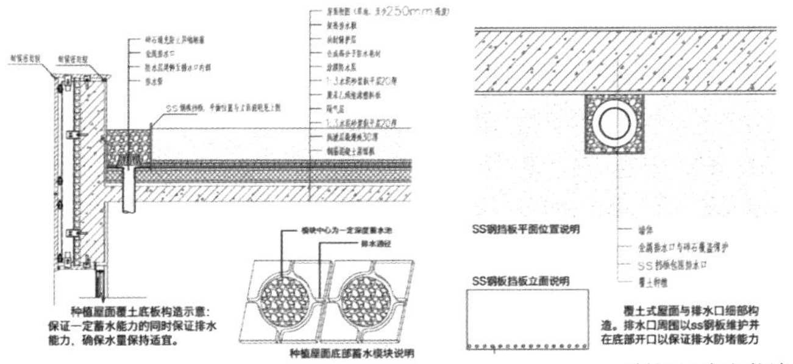
种植屋面覆土底板构造示意:
保证一定蓄水能力的同时保证排水能力，确保水量保持适宜。
种植屋面底部蓄水模块说明
SS钢挡板平面位置说明
SS钢板挡板立面说明
覆土式屋面与排水口细部构造。排水口周围以ss钢板维护并在底部开口以保证排水防堵能力
种植屋面细部构造

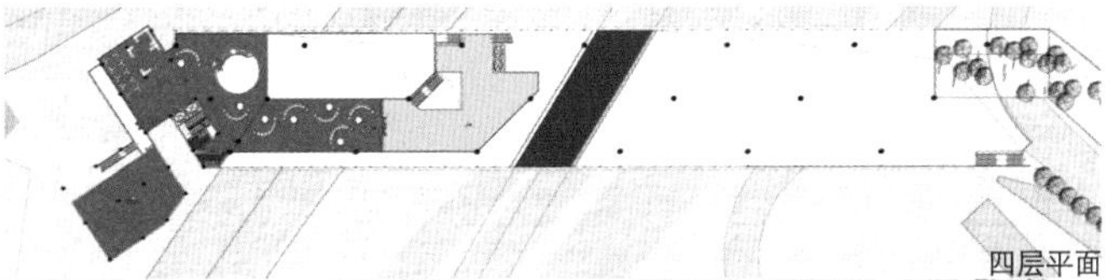
四层平面

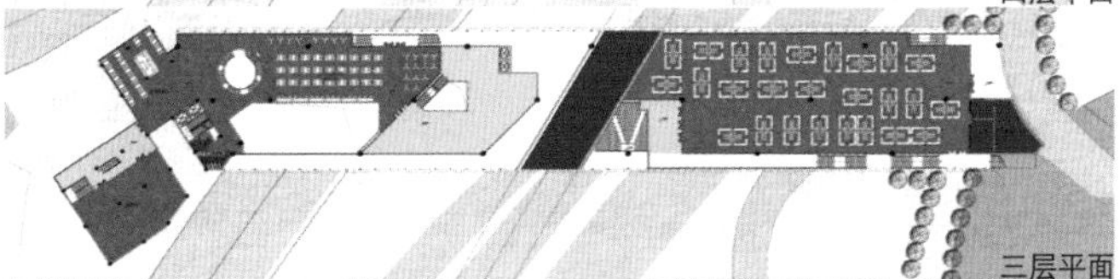
三层平面

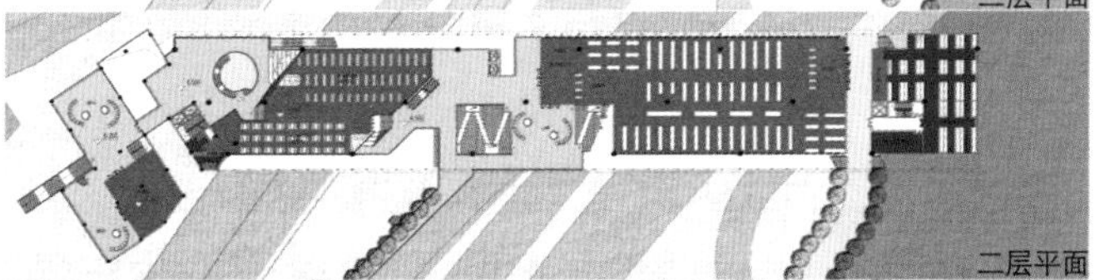
二层平面

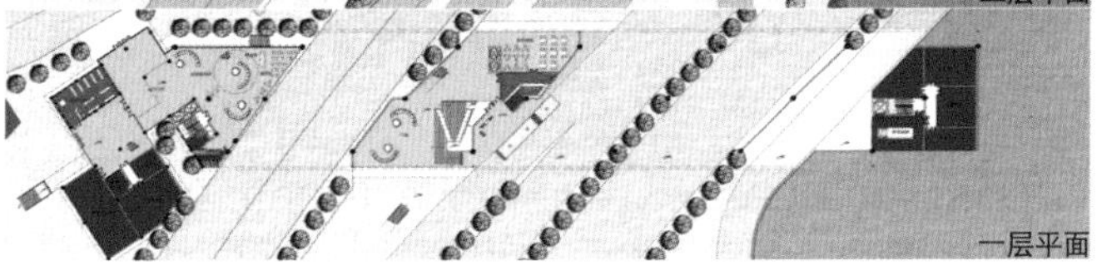
一层平面

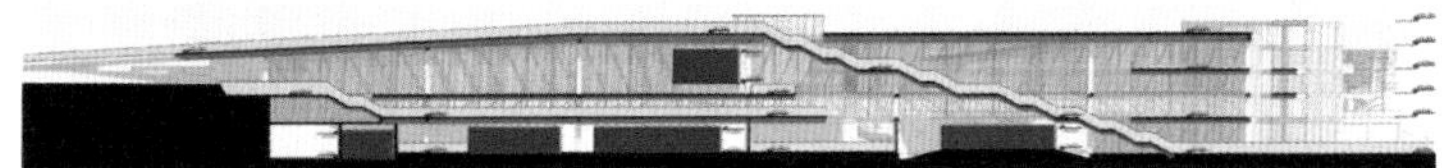
北侧立面

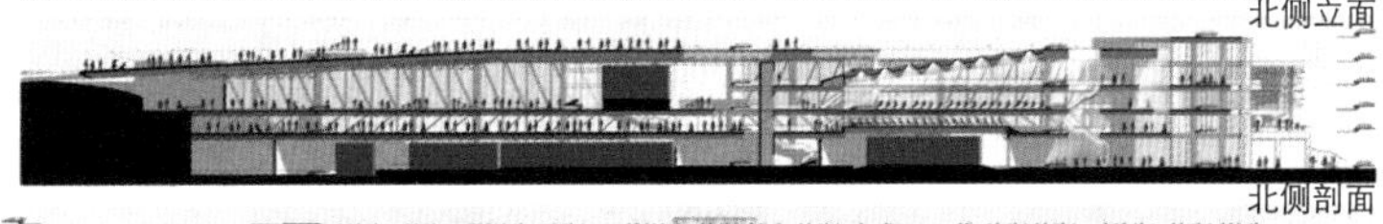
北侧剖面

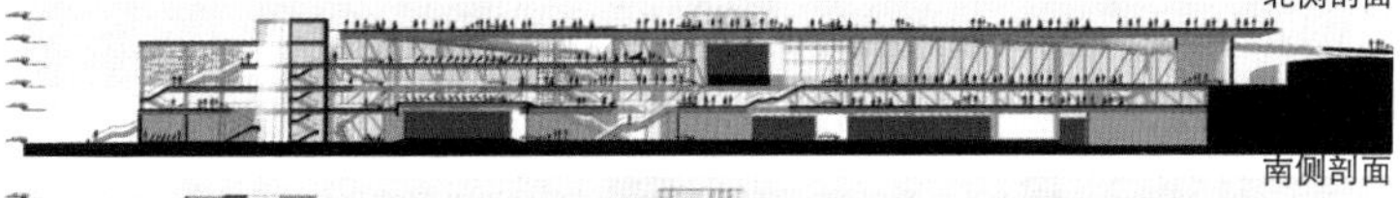
南侧剖面

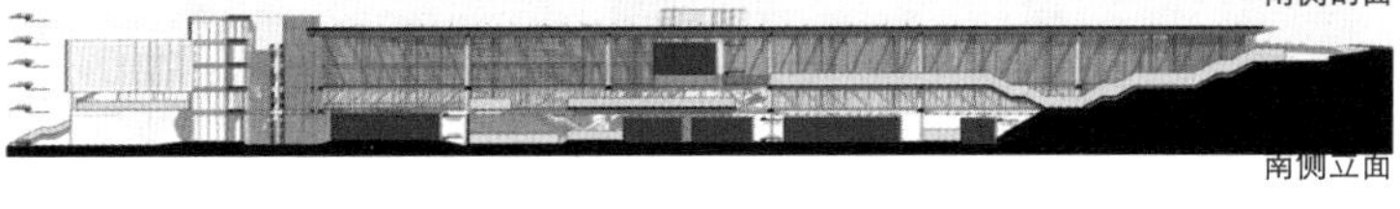
南侧立面

中心枢纽——城市的肺部
Center Junction

浙江大学
设计：徐欣妍
指导：罗卿平／贺勇

室内轴侧

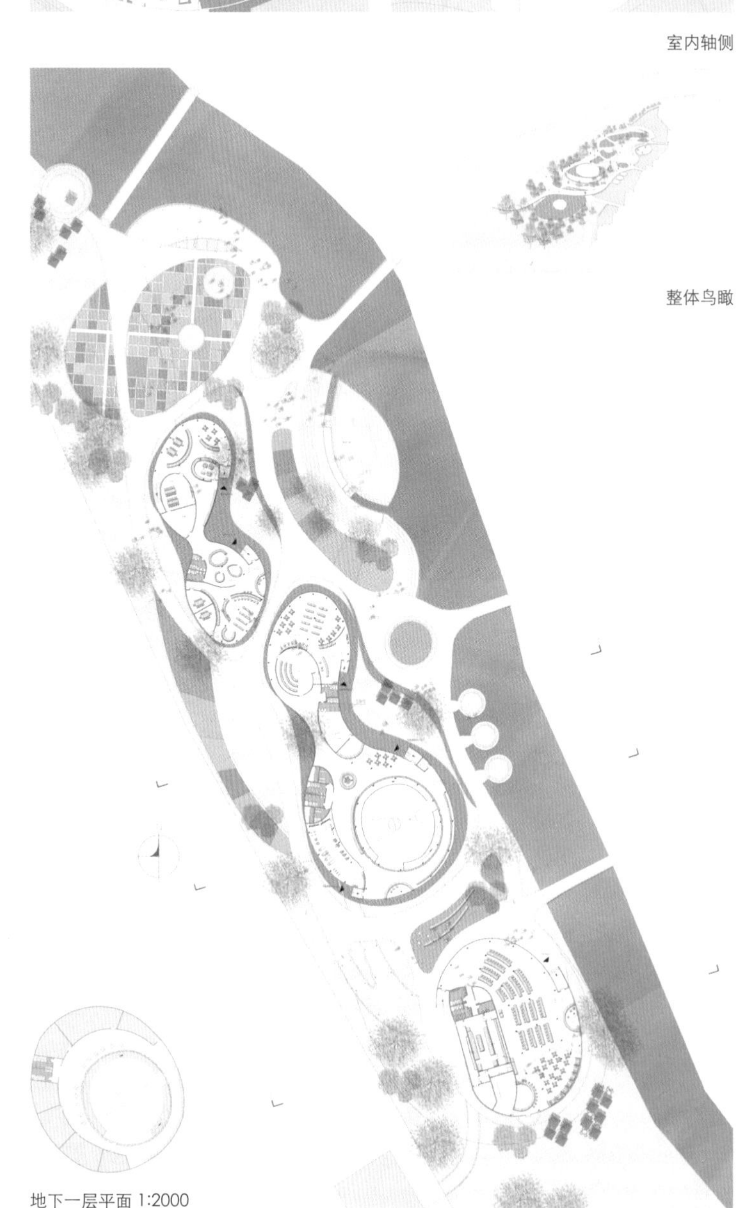

整体鸟瞰

地下一层平面 1:2000

一层平面 1:2000

概念卫星图

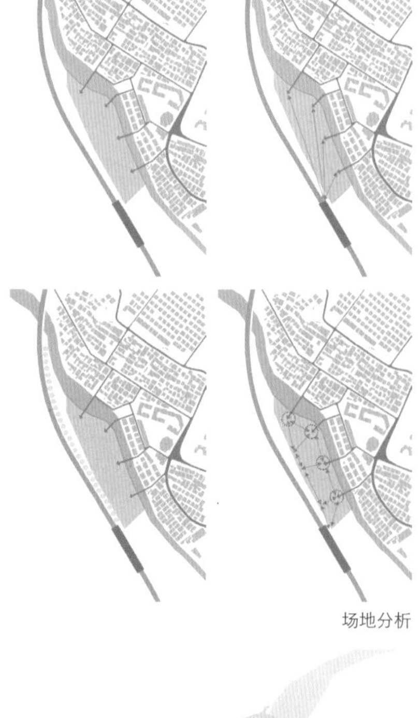

场地分析

场地人流方向分析

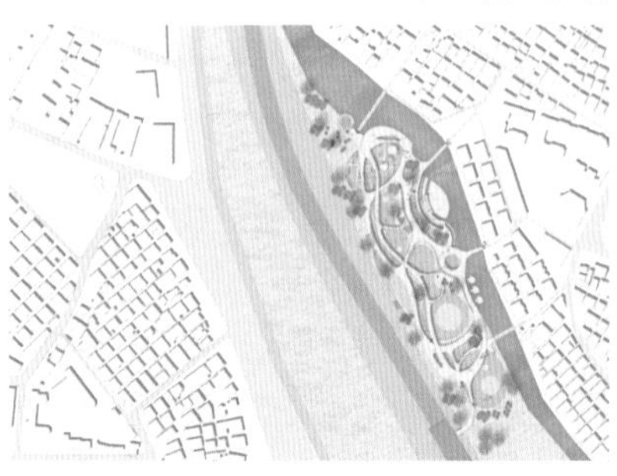

总平面 1:10000

设计说明：

将平坦的土地做成山丘，将场地做的像公园，使气候得到改善，舒适度得到增加，人们可以自由地坐下、躺下、站立行走。城市花园是粘着剂，是社交重地，可以把有意思的人集合起来，并产生衍生品，比如小吃摊、卖艺人、活动书店等等。除了人类，其他动物、鸟类、昆虫、猫狗，都有机会在城市花园中找到栖身之所，让人与自然有机会和谐相处。如此一来，我们就有机会依靠自然的力量找到发泄口。以前民众是以市集为交际中心，而城市发展壮大，居住密度增加会导致花园这种私有需求变成公共需求。

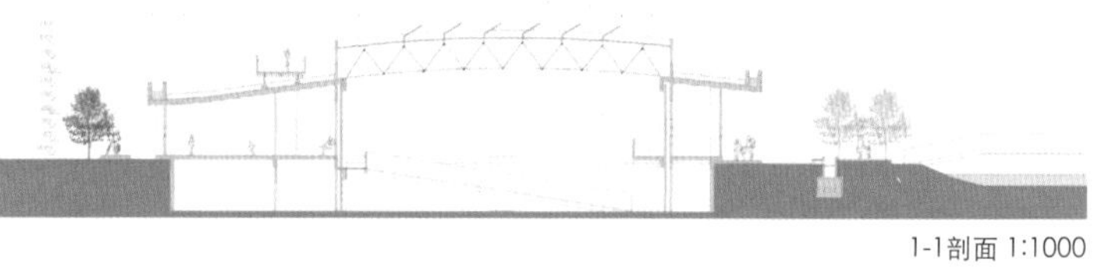

1-1剖面 1:1000

2-2剖面 1:1000

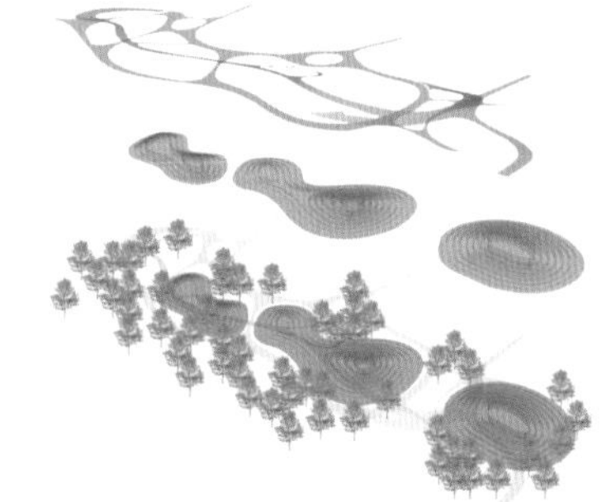

景观概念

城市线脚 City Architrave

浙江大学

设计：李相宜／周雪吟／朱广吉

指导：罗卿平

设计说明：通过为期一周的深圳布吉关调研，我们发现由于关线、交通与复杂的地势带来的不同区块间相互独立、公共服务设施无法共享、公共活动空间不足质量差等问题，因此从这些问题入手，提出了用景观生态步道来织补城市裂痕的“城市线脚”设计概念，并提出了三级网络式织补模式，激活城市空间，整合公共服务设施，提供更好的可达性。

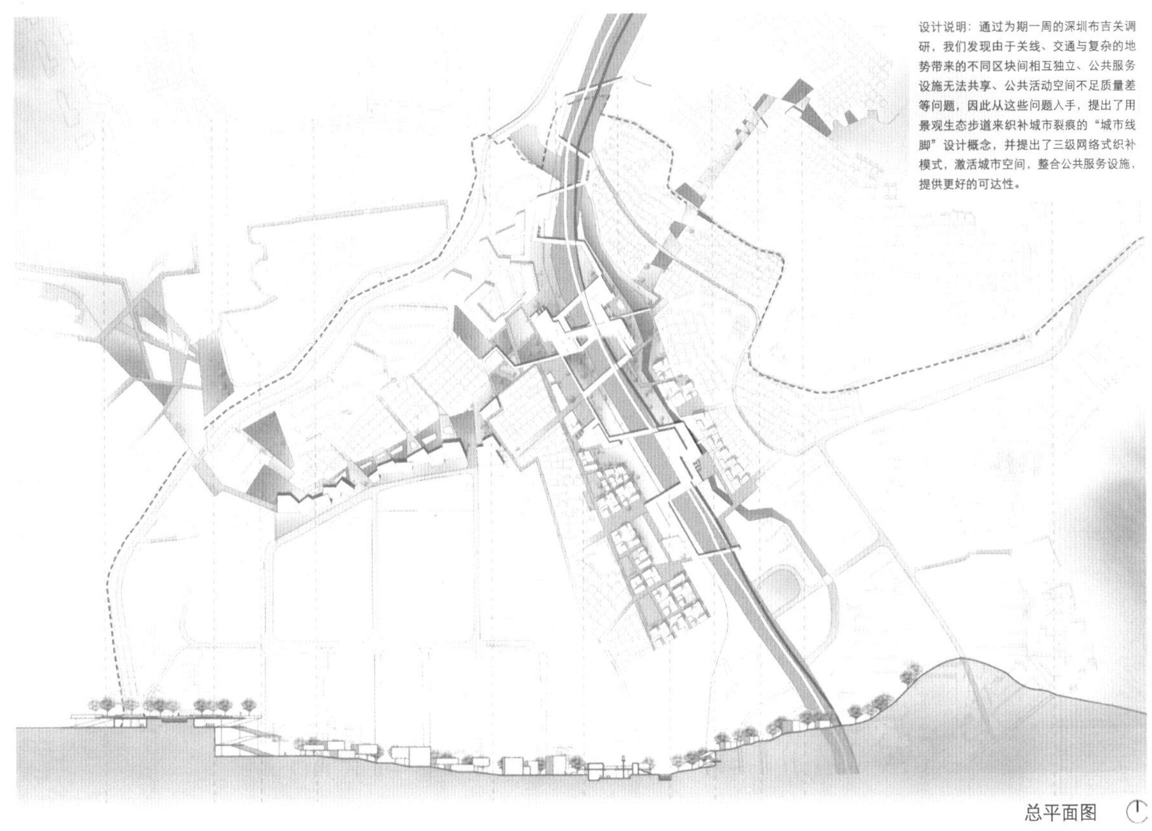

总平面图

城市线脚设计概念

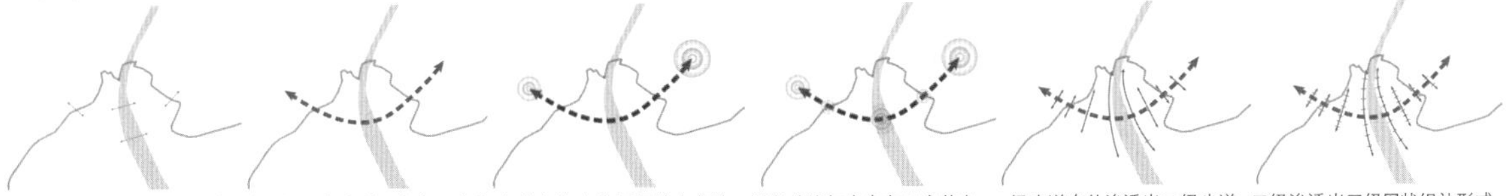

地块存在东西南北四个方向的割裂　一条步道贯穿东西南北　起点与终点选择场地内空地　贯穿关线与中央交三个节点　一级步道向外渗透出二级步道　二级渗透出三级网状织补形式

布吉关历史沿革

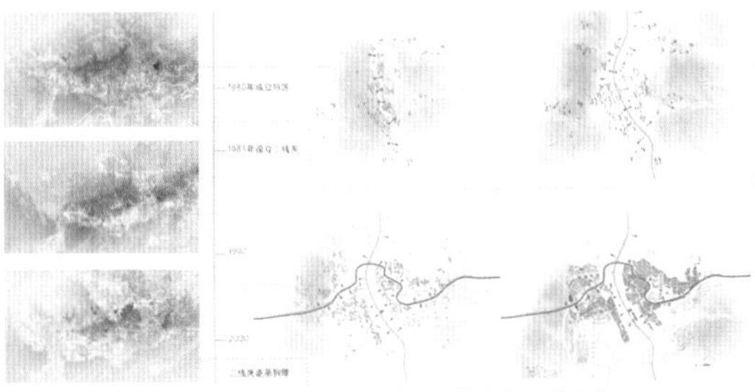

核心问题：公共设施可达性弱

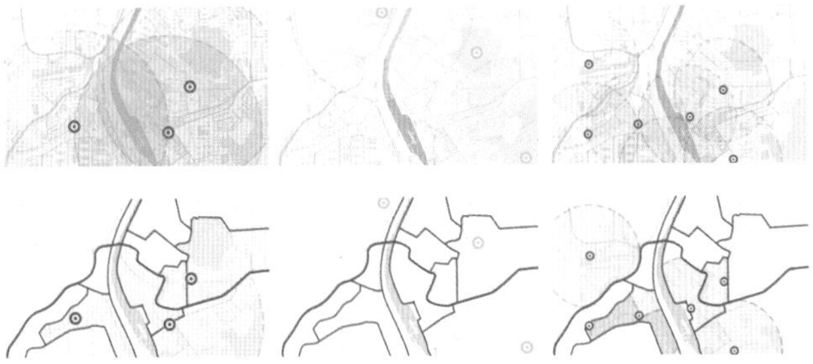

布吉关公共服务空间分布

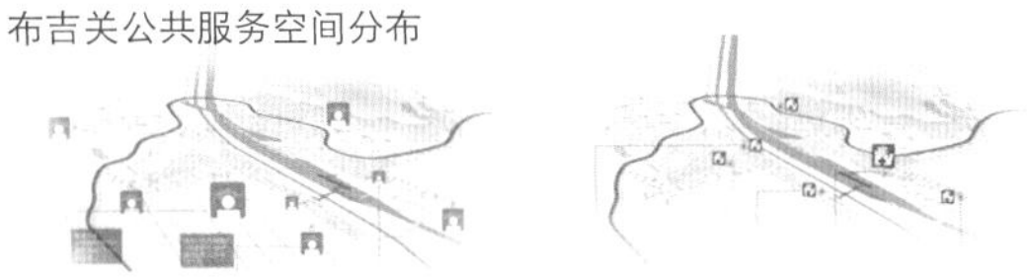

三种形式的地块割裂

核心交通的梳理

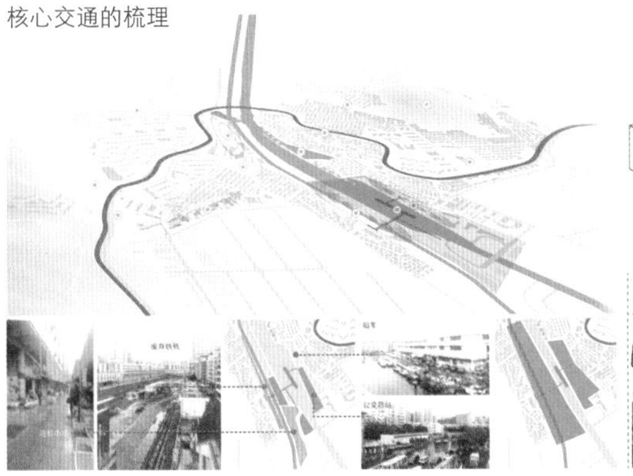

南北向交通问题

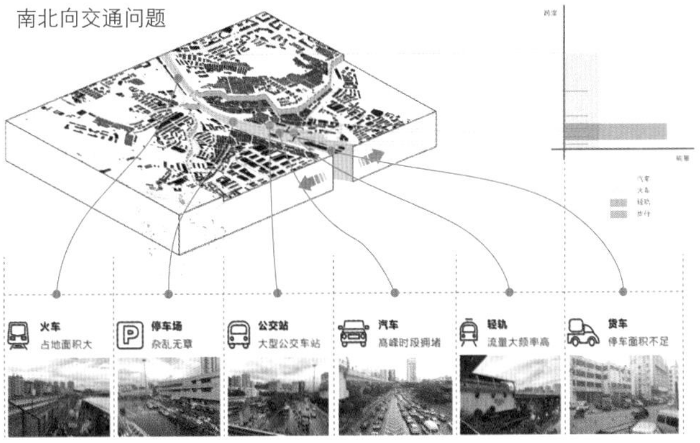

火车 占地面积大

停车场 杂乱无章

公交站 大型公交车站

汽车 高峰时段拥堵

轻轨 流量大频率高

货车 停车面积不足

评语：

没想到相同关线的选择，最后解决问题的概念却又这么相似。同学们对城市问题的分析以及从历史发展脉络的解读奠定了设计概念形成的基础，水平加垂直板块的嵌入对该区域发展能有各方面的促进，提出了良好的介入方式。可惜的是，在总体设想的同时缺少后续具体深入中要解决问题的认识，除去其中的科创中心和初始的概念保持着关联外，其他设计在定位和场地的结合度上都显得勉强。最后让我感到遗憾的仍然是缺少设计和表现的深度。

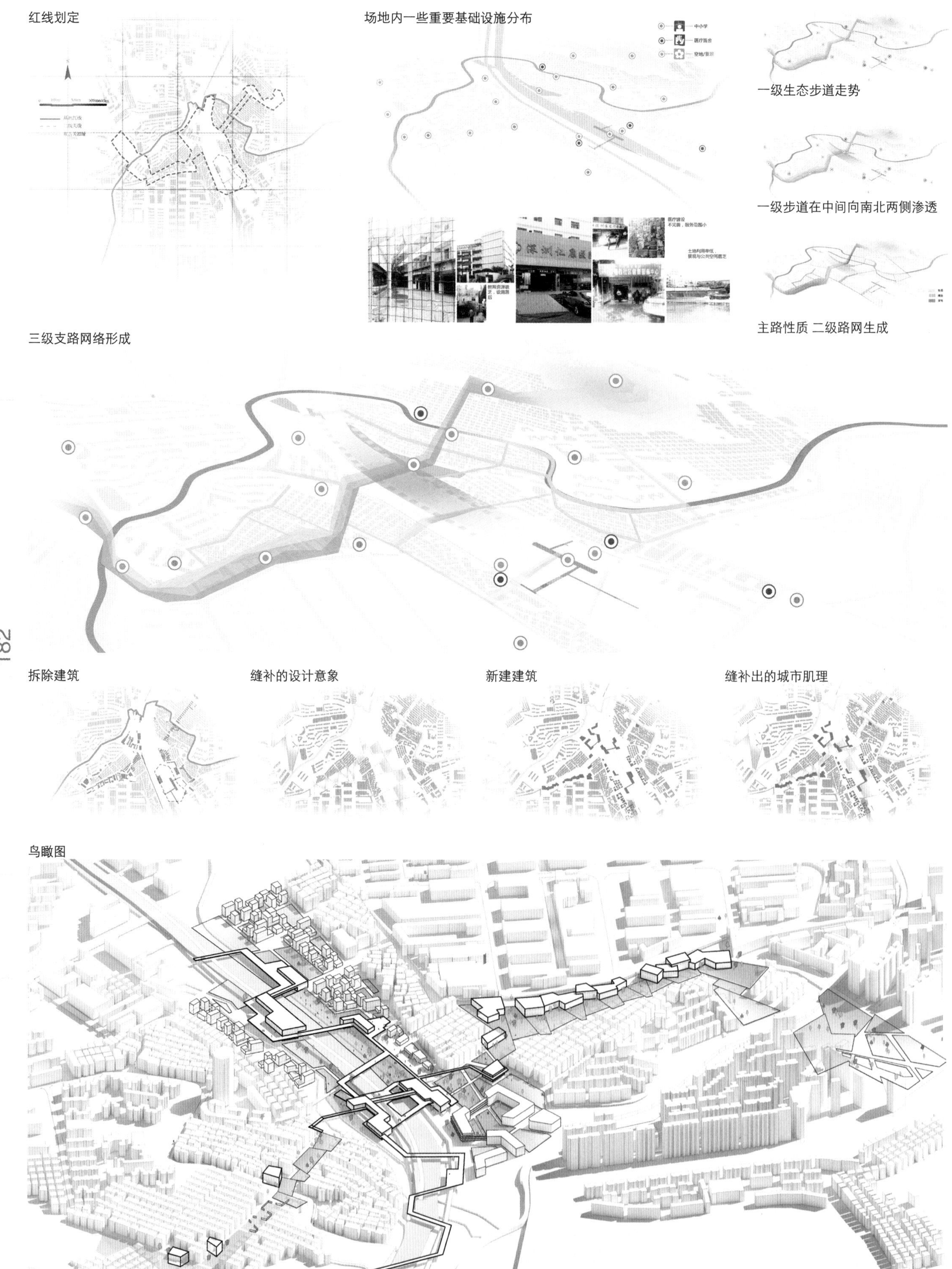
红线划定
场地内一些重要基础设施分布
一级生态步道走势
一级步道在中间向南北两侧渗透
主路性质 二级路网生成
三级支路网络形成
拆除建筑
缝补的设计意象
新建建筑
缝补出的城市肌理
鸟瞰图

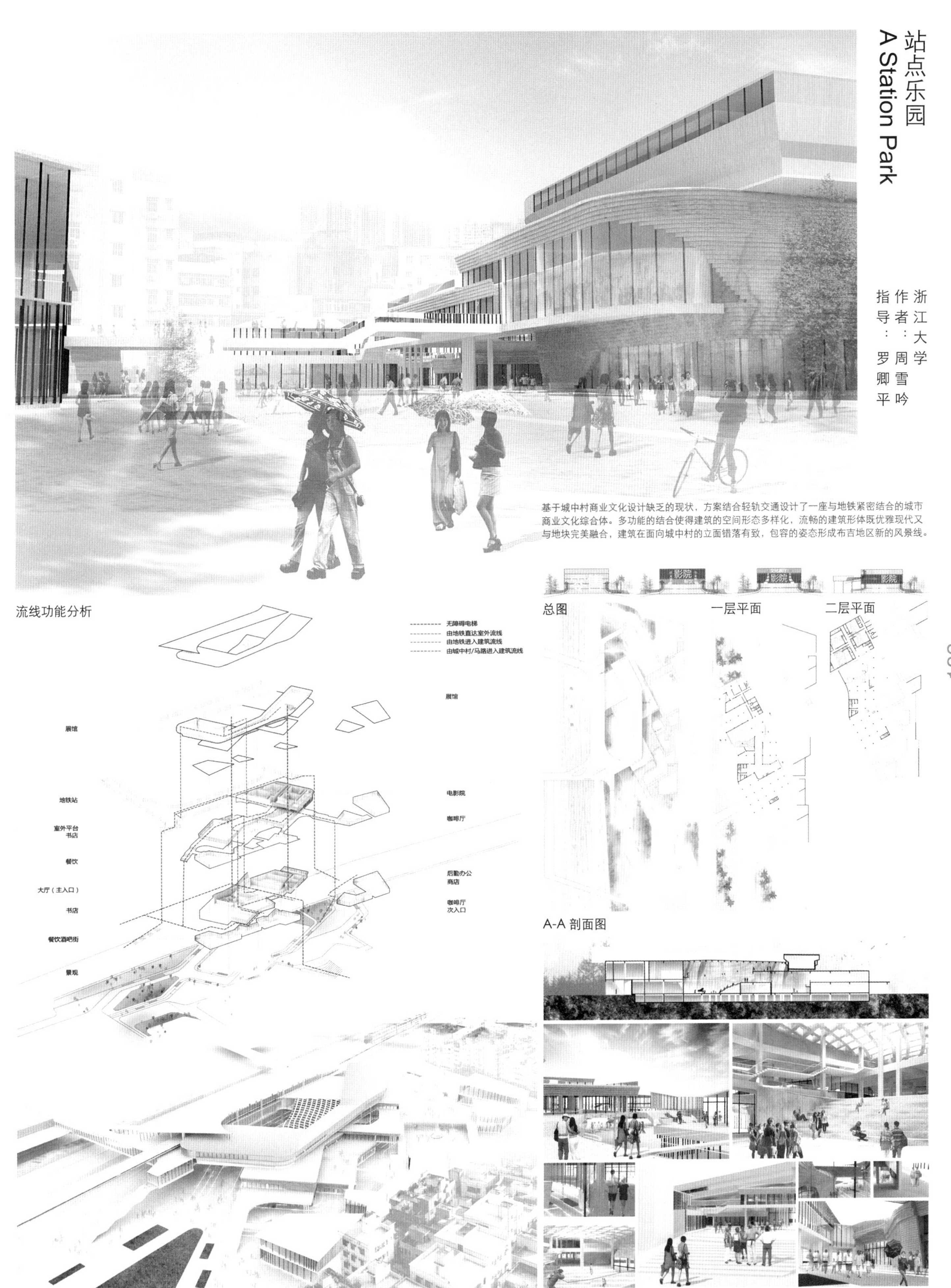
站点乐园
A Station Park
浙江大学
作者：周雪吟
指导：罗卿平
基于城中村商业文化设计缺乏的现状，方案结合轻轨交通设计了一座与地铁紧密结合的城市商业文化综合体。多功能的结合使得建筑的空间形态多样化，流畅的建筑形体既优雅现代又与地块完美融合，建筑在面向城中村的立面错落有致，包容的姿态形成布吉地区新的风景线。
流线功能分析
无障碍电梯
由地铁直达室外流线
由地铁进入建筑流线
由城中村/马路进入建筑流线
展馆
展馆
地铁站
室外平台
书店
餐饮
大厅（主入口）
书店
餐饮酒吧街
景观
电影院
咖啡厅
后勤办公
商店
咖啡厅
次入口
总图
一层平面
二层平面
A-A 剖面图

镜像城市
Image City

浙江大学
设计：李相宜
指导：罗卿平

设计说明：设计地块选在生态走廊城市设计的东半部分，北侧为城中村住宅区，南部为深圳中部的笋岗 - 清水河物流园区。设计以文化创意产业园为主体，功能上打造展销 - 洽谈 - 生产 - 工作 - 物流一条龙服务。形式上在城市肌理的控制下表现为悬浮的小方块，悬挂下来的部分作为上部工作室作品的展示空间与休息空间，整体上底层打通，加强地块南北两侧联系，小方块作为互联网电商的工作室，在设计上可以按照功能需要多个单元组合出售，满足不同规模电商的需求，创造更好的工作环境，

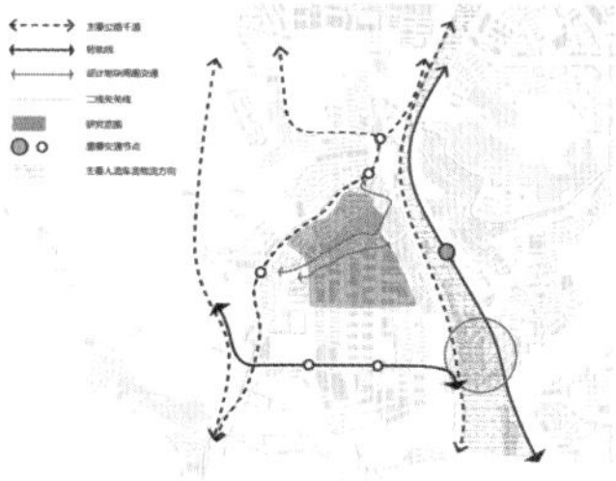

地块性质

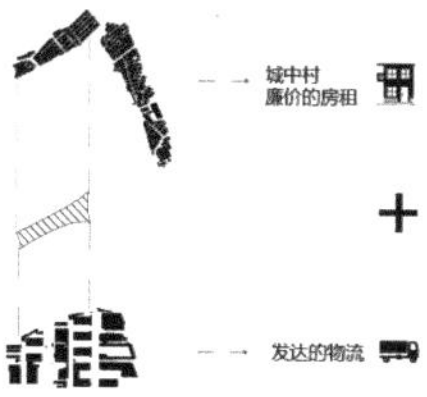

城中村
廉价的房租
\+
电商创意产业园区
发达的物流

C2F 营销模式

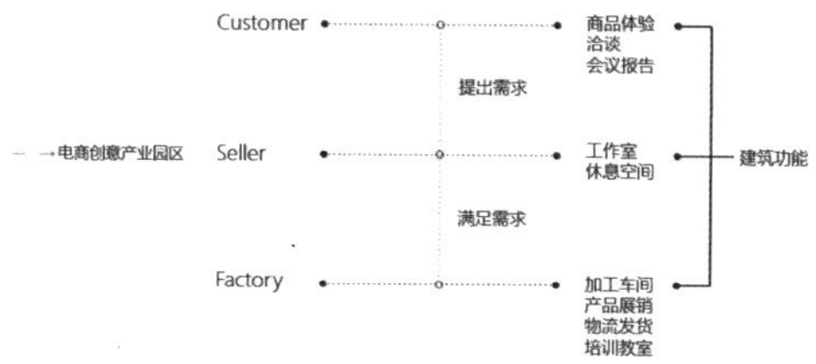

Customer — 商品体验 洽谈 会议报告
提出需求
Seller — 工作室 休息空间
满足需求
Factory — 加工车间 产品展销 物流发货 培训教室
建筑功能

功能序列

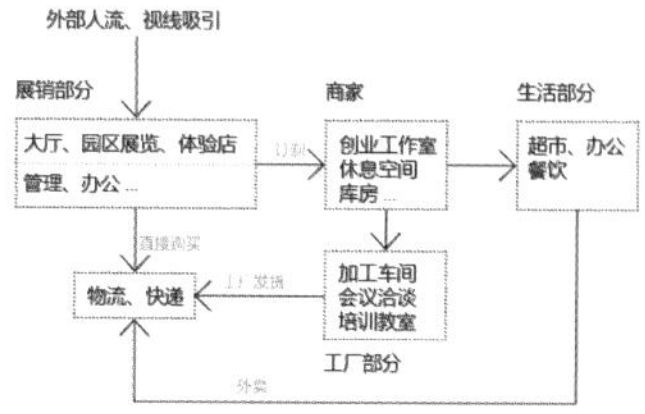

外部人流、视线吸引
展销部分：大厅、园区展览、体验店；管理、办公
商家：创业工作室 休息空间 库房
生活部分：超市、办公 餐饮
物流、快递
工厂部分：加工车间 会议洽谈 培训教室

交通梳理

展销
物流
创业工作室
工厂车间
生活

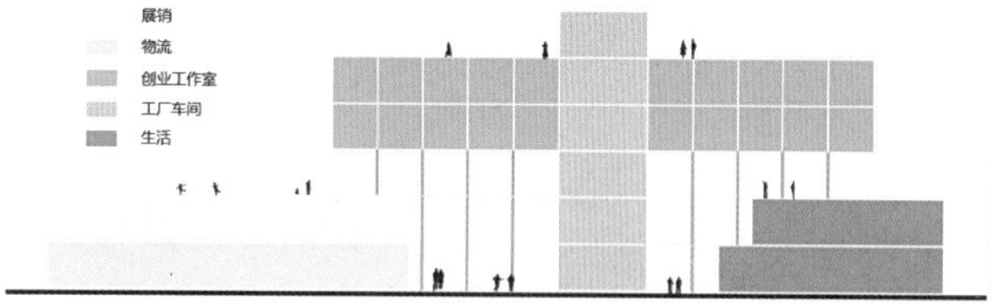

设计概念

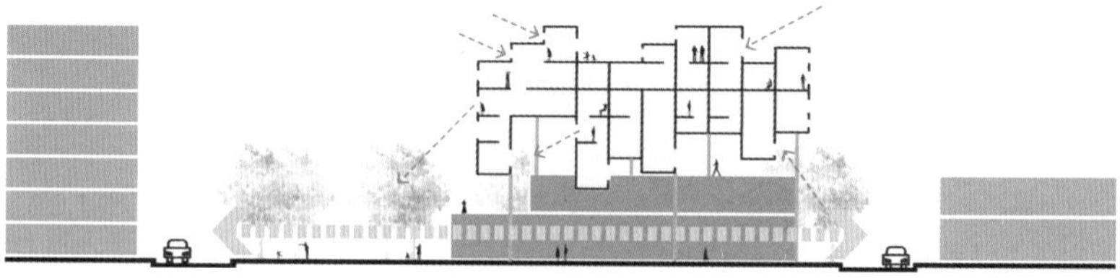

总平面图

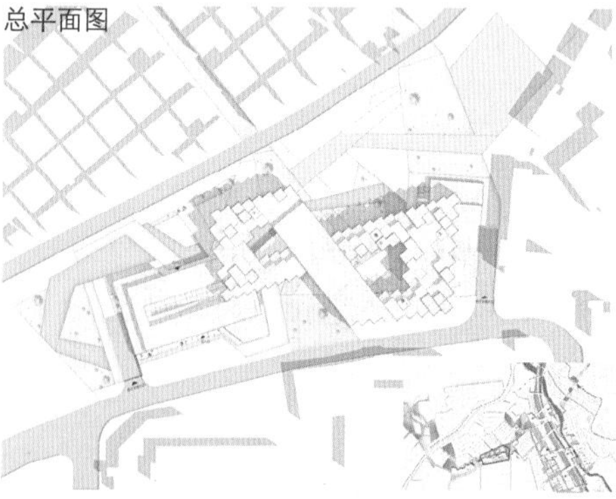

一层平面图

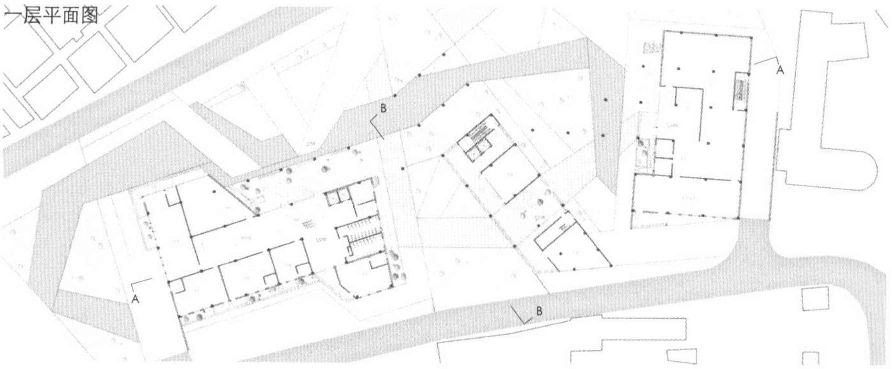

北立面图

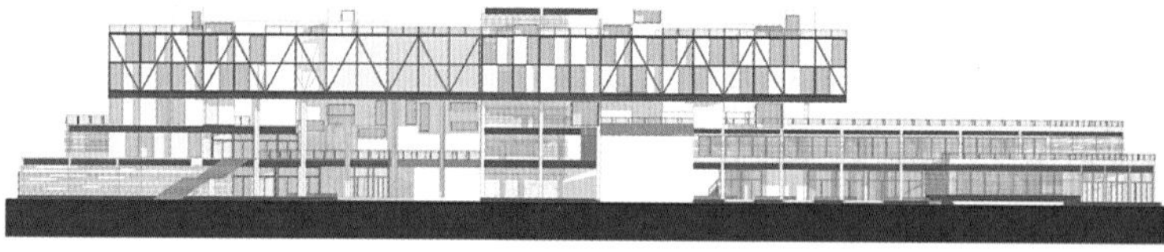

B-B 剖面图

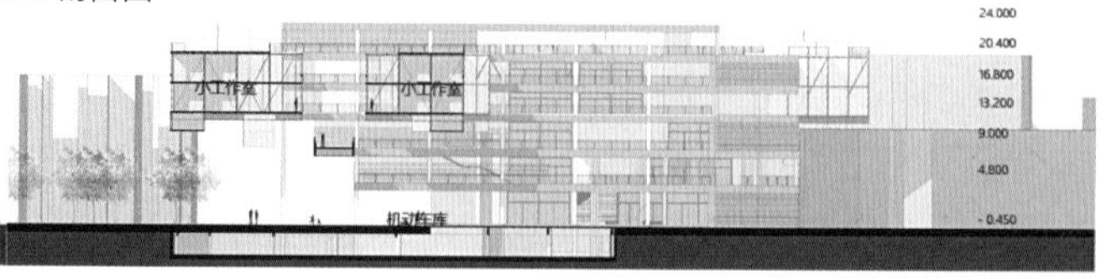

小工作室
机动车库
24.000
20.400
16.800
13.200
9.000
4.800
-0.450

A-A 剖面图

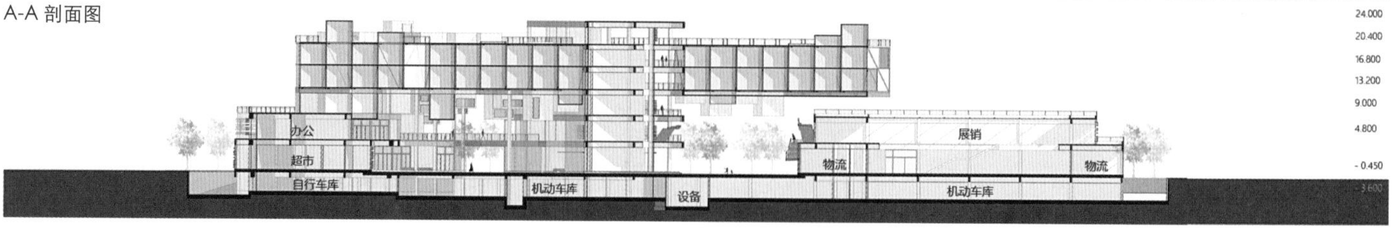

办公
超市
自行车库
机动车库
设备
展销
物流
24.000
20.400
16.800
13.200
9.000
4.800
-0.450
-3.600

城市浮岛
Floating Island

浙江大学
设计：朱广吉
指导：罗卿平

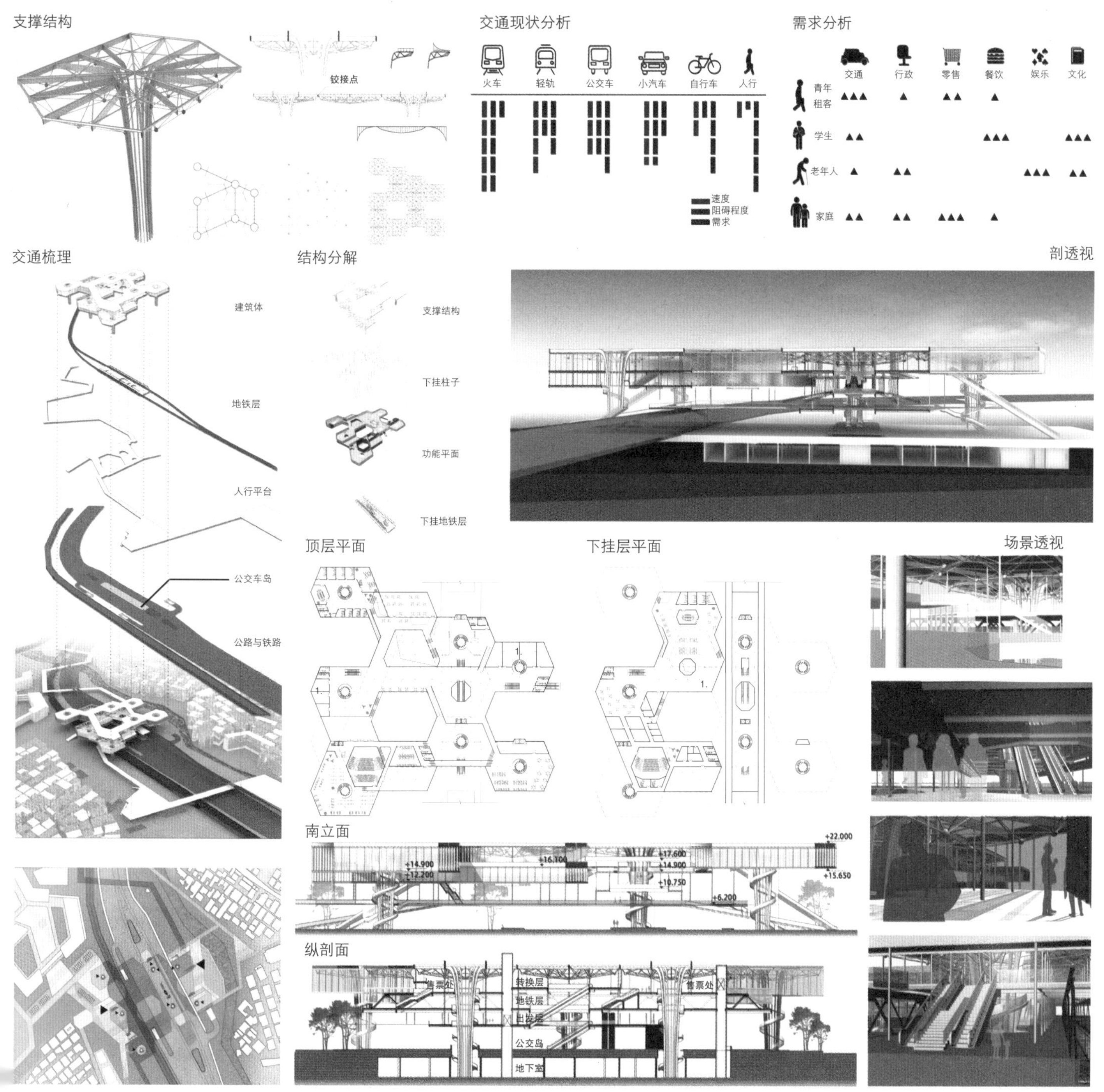

边界重生 The Reborn of the Boundary

浙江大学
设计：冯颖洁\陈积琪\楼丹阳
指导：贺勇

评语：

面对布吉城中村的极其复杂的问题，特别是密集的流动性人口所带来的安全问题，该组同学聚焦其公共空间的梳理以及公共设施的建设，旨在创造更加系统、完善的公共空间及场所，通过人的活动彼此“监督”，给城中村带来更加安全，也相对更加宜人的城市空间。三位同学各自的方案中，则选择了上下村的连接、清水河街道沿线的“琐碎空间”、幼儿园这种小型、零散的空间作为深入设计的对象，通过这种微小介入、针灸式的方式，激活这些节点区域的活力，视角独特，策略与手段也具有足够的可实施性。

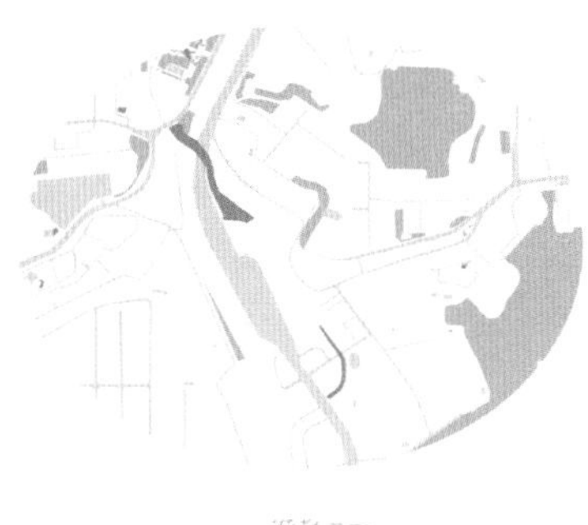
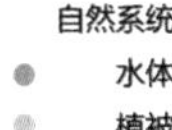

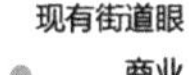

图 1 布吉关地理分析

杭州	14.10
上海	13.19
北京	10.64
深圳	10.04
哈尔滨	9.34
成都	8.92
天津	8.36
南京	8.36
重庆	8.35
西安	7.43
长春	0.85

深圳犯罪人口中，非户籍人口占有率为 98%，直接发生在出租屋的刑事案件达到 44%，加上住在出租屋而在外面犯罪的超过 80%。

以出租屋为主要居住形式的城中村内人口结构复杂，出租屋成为滋生犯罪的温床。

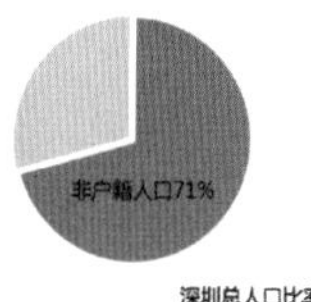

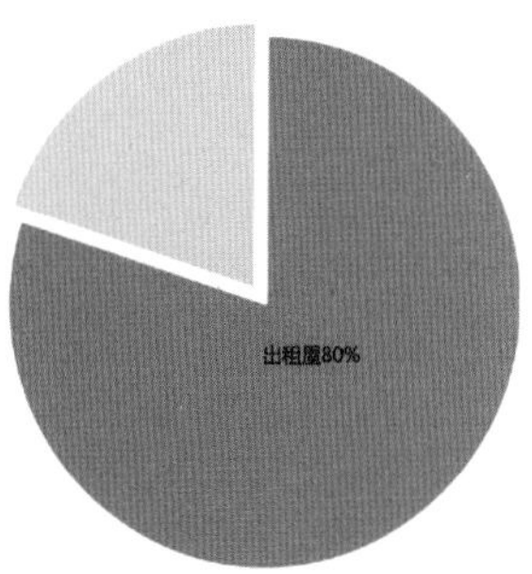

图 2 深圳犯罪率调查

图 4 城市眼分布

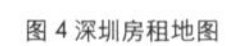

图 4 深圳房租地图

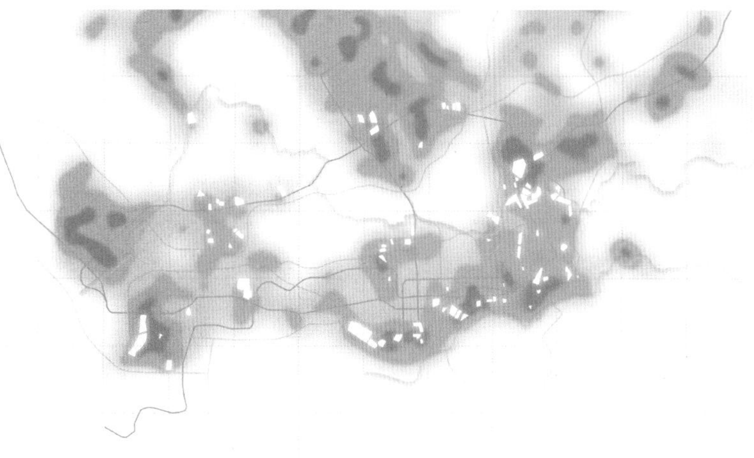

图 5 深圳居住密度

空间再生

The Reborn of The Space

浙江大学
作者：冯颖洁
指导：贺勇

▲总平面图

设计说明

作为布吉关上一点，马山新村和吓屋围村被二线关进行了绝对的割裂，由此导致在居住形态、人群分布等方面的差异，也造成了两者在交通等方面的不便。对于城中村而言，空间弥足珍贵，在调研过程中我们明显发现城中村在提供公共停车和公共活动空间方面的缺乏。因此本着创造公共活动空间、优化生活环境的目的，本方案提供公共停车，创造连接上下两个村落的交通体，并拆除原本马山新村社区服务中心的简易平房，在其原址上建立一个社区图书馆。

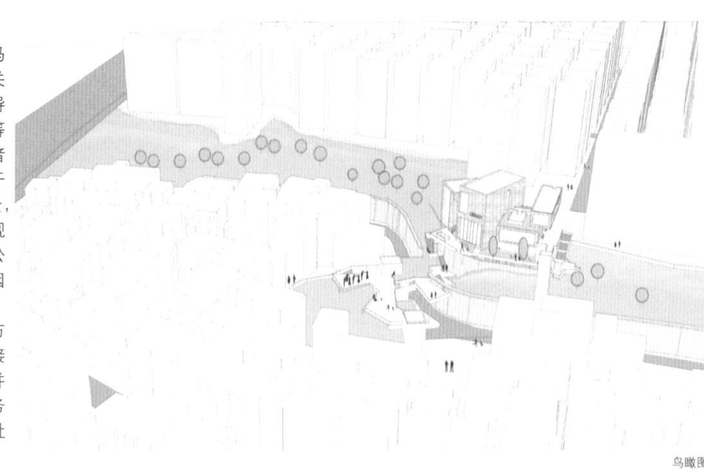
鸟瞰图

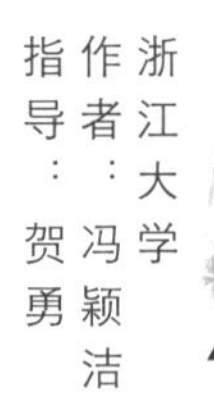
▲停车库地面层平面图

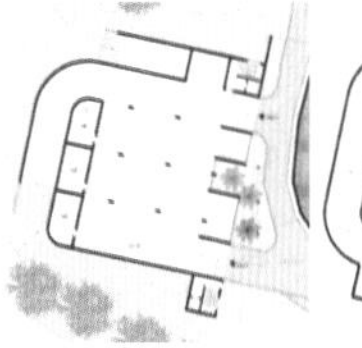
▲地下停车库负一、二层平面图

二线遗址公园场景示意图

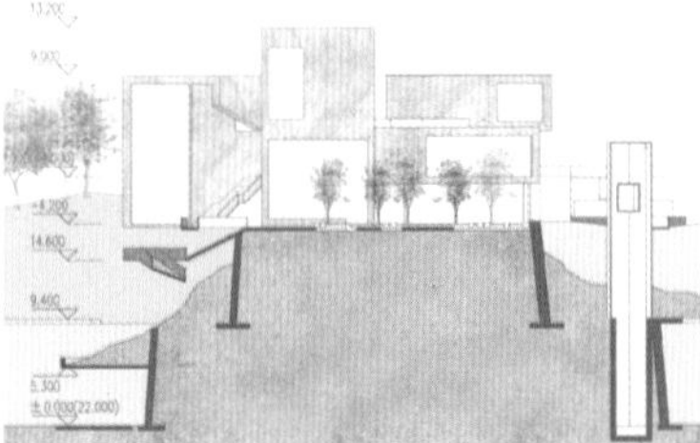
▲图书馆剖面 2-2 图

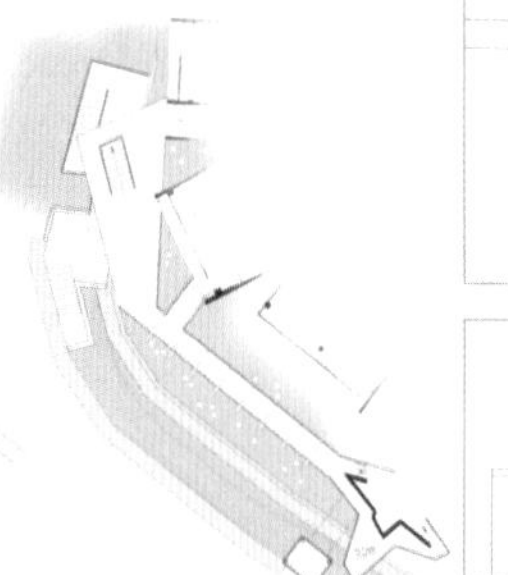
▲二线遗址公园平面图

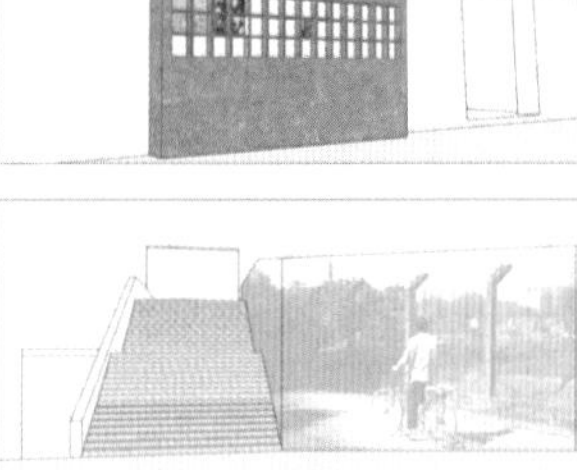

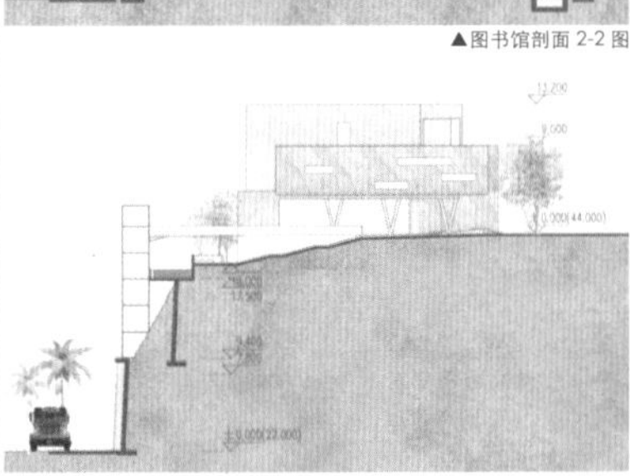
▲图书馆剖面 1-1 图

▲图书馆入口区透视图

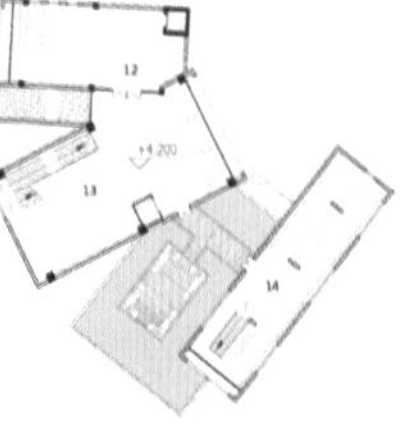
▲图书馆负一层平面图

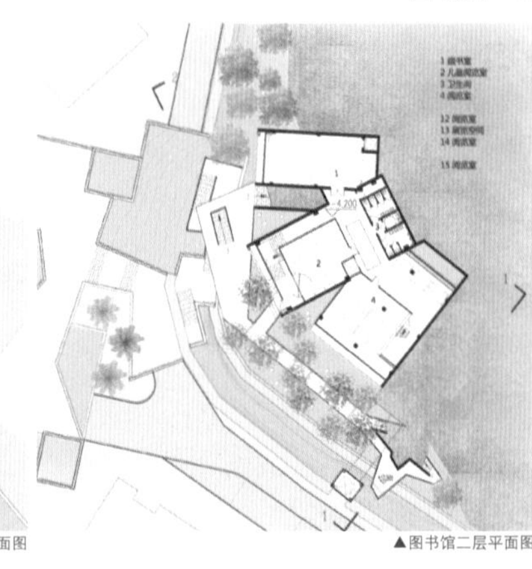
▲图书馆一层平面图

▲图书馆二层平面图

▼交通分析及改造计划

停车现状：
车辆停靠多沿道路两侧分布，影响道路的正常使用；地面停车缺乏规范和管理，利用率低；人车混行影响行人安全。
拆除部分小体量建筑，创造安全的步行舒适空间
改进措施：
在地面原址加建地下停车库，地面部分作为广场使用；利用二线关墙体做垂直交通，连接上下两个村落以及上面村落到公共交通的路线。

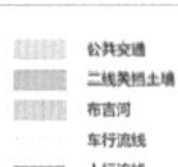

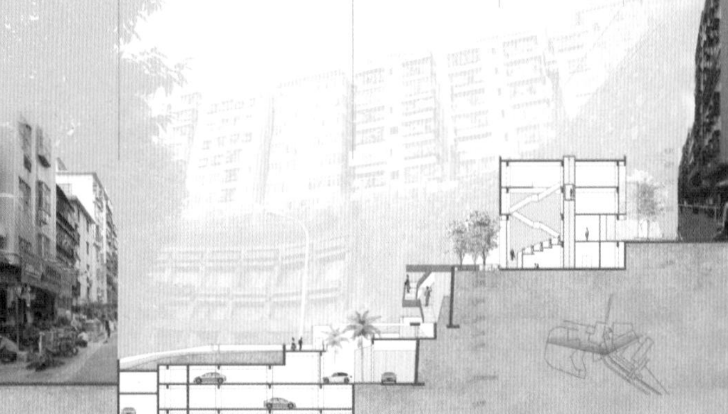

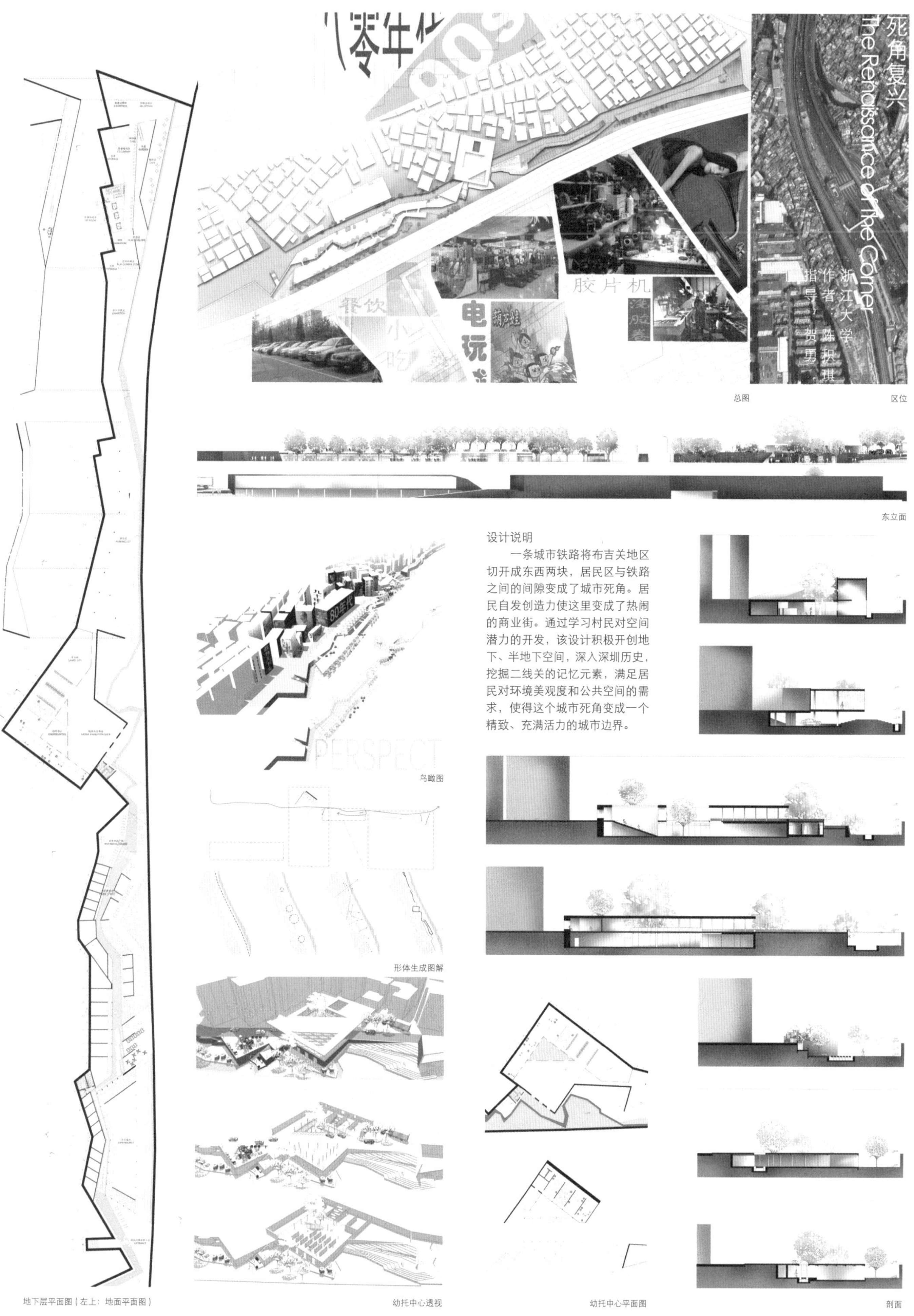

总图

区位

东立面

设计说明

一条城市铁路将布吉关地区切开成东西两块，居民区与铁路之间的间隙变成了城市死角。居民自发创造力使这里变成了热闹的商业街。通过学习村民对空间潜力的开发，该设计积极开创地下、半地下空间，深入深圳历史，挖掘二线关的记忆元素，满足居民对环境美观度和公共空间的需求，使得这个城市死角变成一个精致、充满活力的城市边界。

鸟瞰图

形体生成图解

地下层平面图（左上：地面平面图）

幼托中心透视

幼托中心平面图

剖面

缝隙求生 The Survival of The Gap

浙江大学
作者：楼丹阳
指导：贺勇

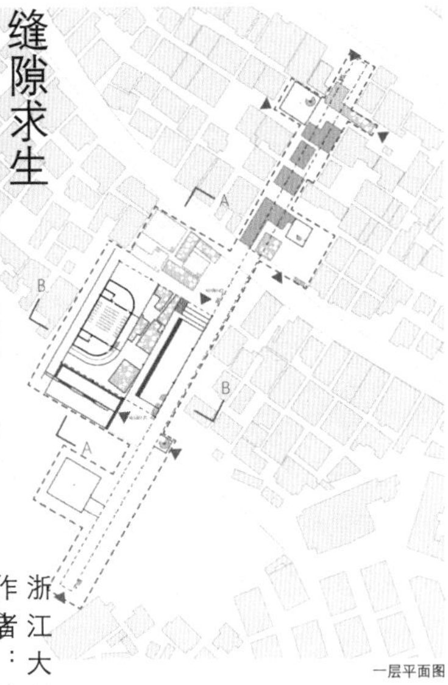

一层平面图

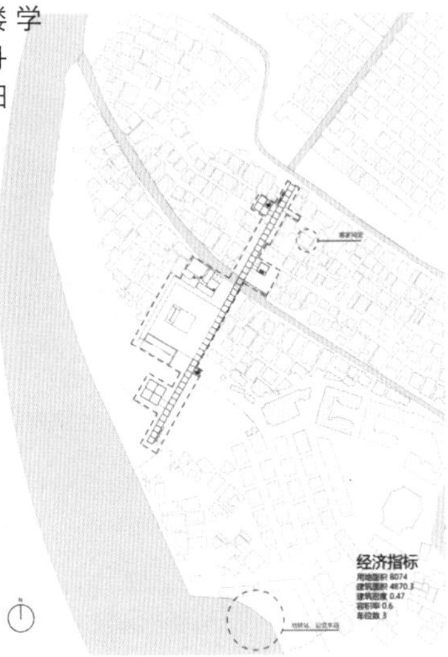

经济指标

总图

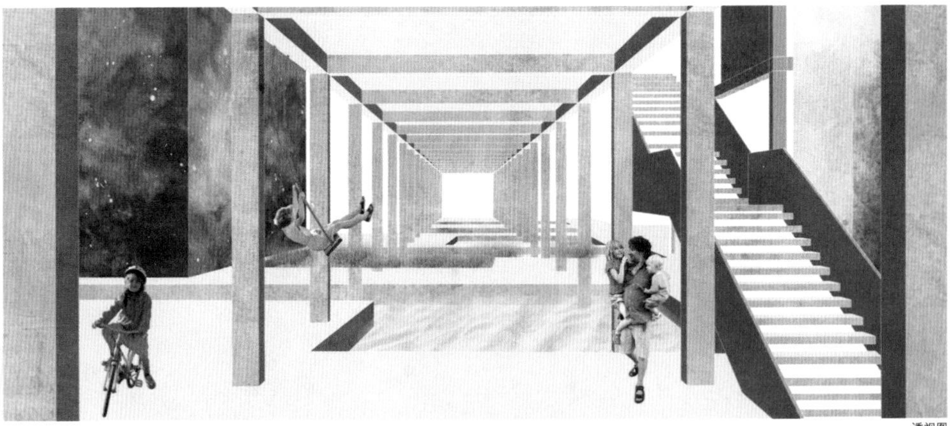

透视图

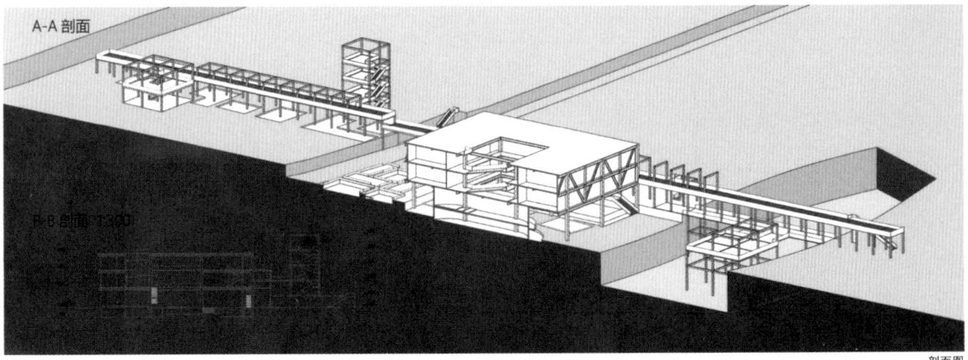

A-A 剖面

剖面图

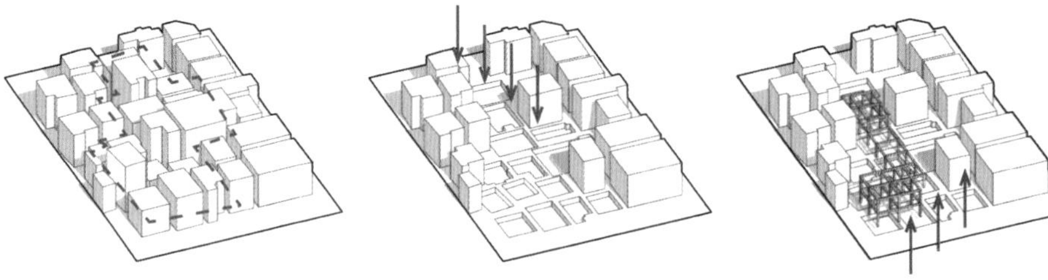

生成概念

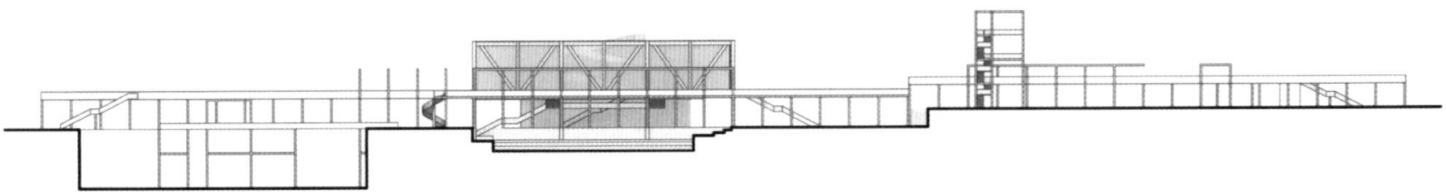

东立面图

鸟瞰图

布吉幼儿园

在对布吉地区进行详细调研之后，发现附近幼儿园存在较大隐患。为了优化幼儿园，开辟新街道眼，在城中村中选取最优路线开辟街道并建幼儿园。旧的危房被拆除，保留基坑，作为儿童活动的沙坑或是花坛，旧的建筑以新的方式再生。其他一些旧建筑保留框架，为街道活动创造更多可能。在幼儿园的设计中，为了留出更多活动空间，采取架空的方式，把主要的功能空间置于二层与三层。架空层白天为幼儿园，晚上则为市民活动广场。

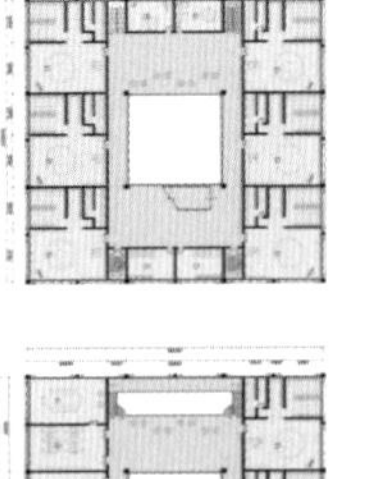

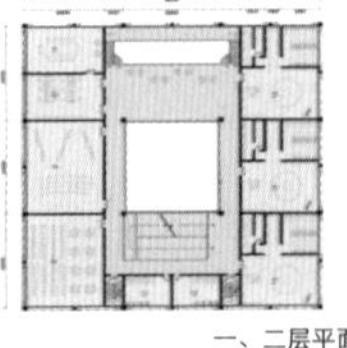

一、二层平面图

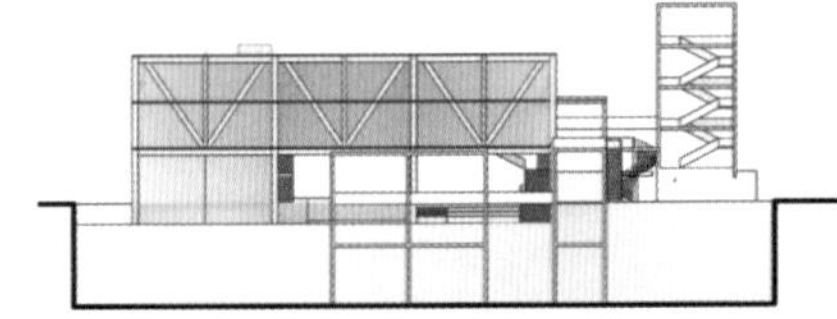

南立面图

广亩城市 Broadacre City

浙江大学
设计：夏馨＼孔梓＼陈睿昕
指导：罗卿平

· 课题介绍

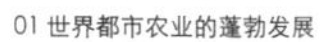

通过实地调研，我们小组选取了二线关上我们最感兴趣的布吉关。提及布吉关，大家想到的都是那里众多的城中村，然而在实地调研中，我们发现布吉关这里有块很特殊的肌理，那就是它有一个活力低下的仓库物流园区。于是，我们从产业转型与城市更新的角度出发，引入都市农业的概念，响应全世界都市农业发展的趋势，利用这片仓库物流园区创造一个农业高新科技园，服务于布吉地区、深圳、广东甚至香港。

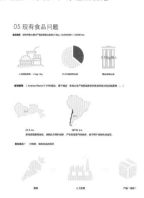

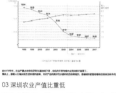

· 背景介绍

01 世界都市农业的蓬勃发展

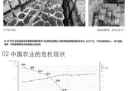

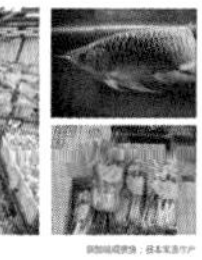

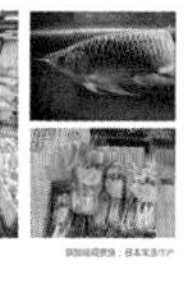

02 中国农业的危机现状

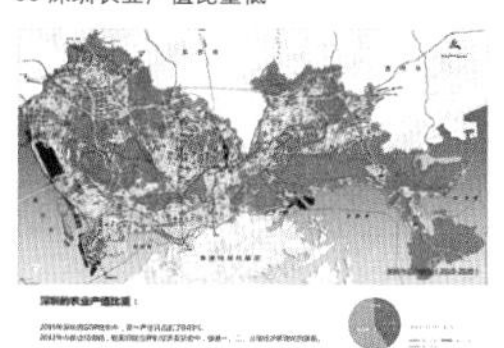

03 深圳农业产值比重低

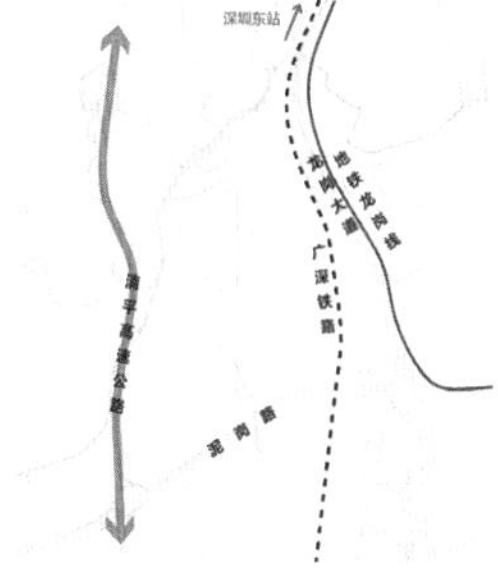

04 深圳土地短缺

05 现有食品问题

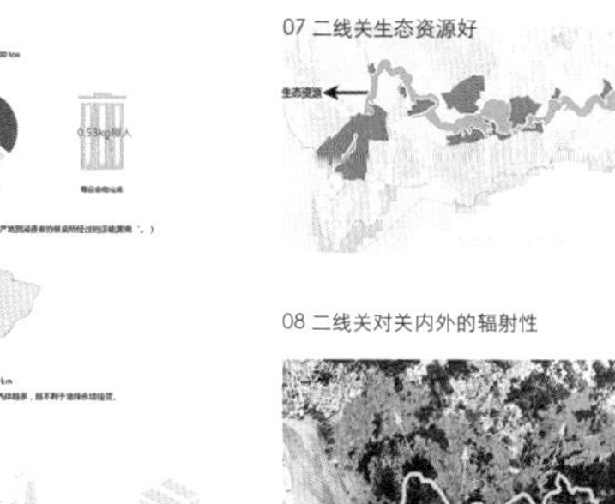

06 特区内耕地面积减少

07 二线关生态资源好

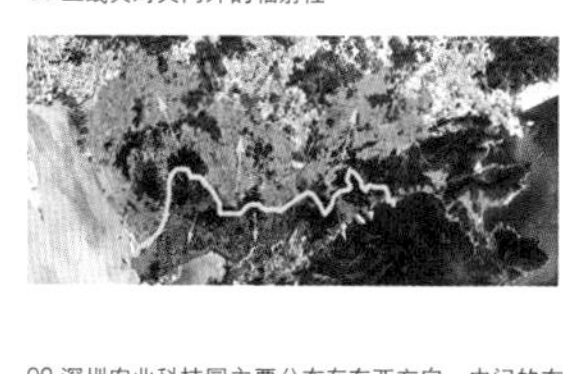

08 二线关对关内外的辐射性

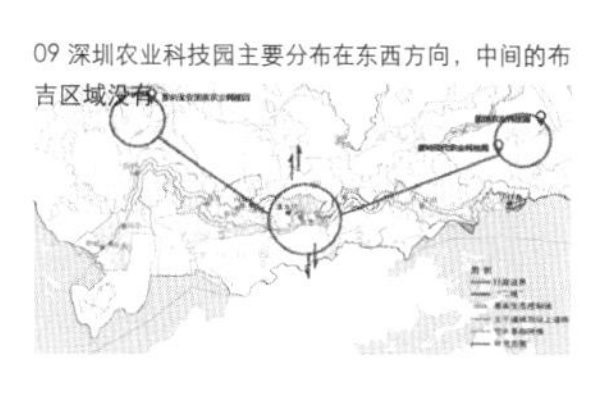

09 深圳农业科技园主要分布在东西方向，中间的布吉区域没有

· 布吉现状分析

01 交通发达

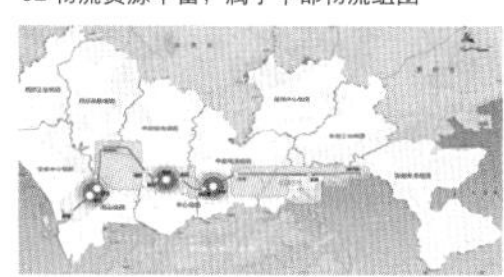

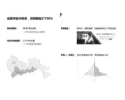

02 物流资源丰富，属于中部物流组团

03 地价在整个深圳区域内偏低

04 城中村活动区域狭窄，公共设施不完善

05 缺乏景观资源

· 方案优势分析

01 区域优势

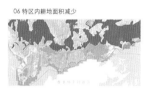

02 为城中村居民提供活动场所

03 为城中村注入景观资源

04 给居民提供耕作体验的区域

05 形成闭合的生态环，节约资源

· 基地分析

01 用地分析

02 基地现有元素分析

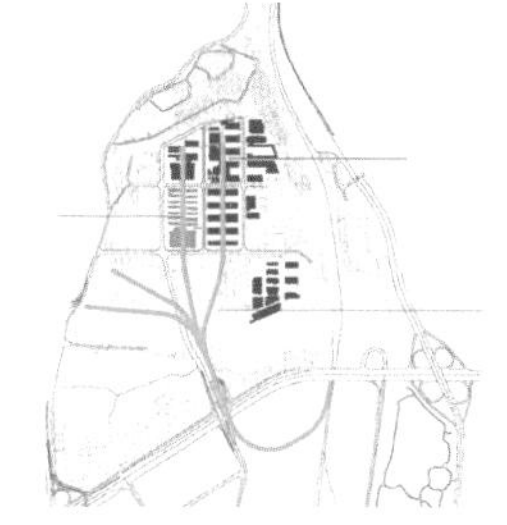

03 基地现存功能分布

04 基地现存建筑的改造难易度分析

仓库以及活口仓

仓库肌理

废弃铁轨位置

铁轨现状照片

评语：

设计题目中的一个关键词是“后边界”，“后”表示着时间上的一个节点，也暗含着未来的一种转向与可能。二线关沿线地区，“后”在何方？在对布吉关地块详细的调研之后，该组同学通过设定发展目标与策略，让建筑在此成为某种“触媒”，催生出更有活力的产业，也同时营造出更为宜居的城市环境。具体方案则是将布吉关的那片仓储物流园区作为基地，从产业转型的角度出发，响应未来都市农业发展的趋势，利用这片使用率低下的仓储物流园区创造了一个高新农业科技与体验园区，服务于深圳以及周边地区。它的出现不仅能够给深圳提供新鲜果蔬和其它安全的有机食物，也能够给布吉城中村居民提供工作机会、活动场所，同时给城市创造新景观，为布吉的未来发展带来新的机遇。

· 规划设计

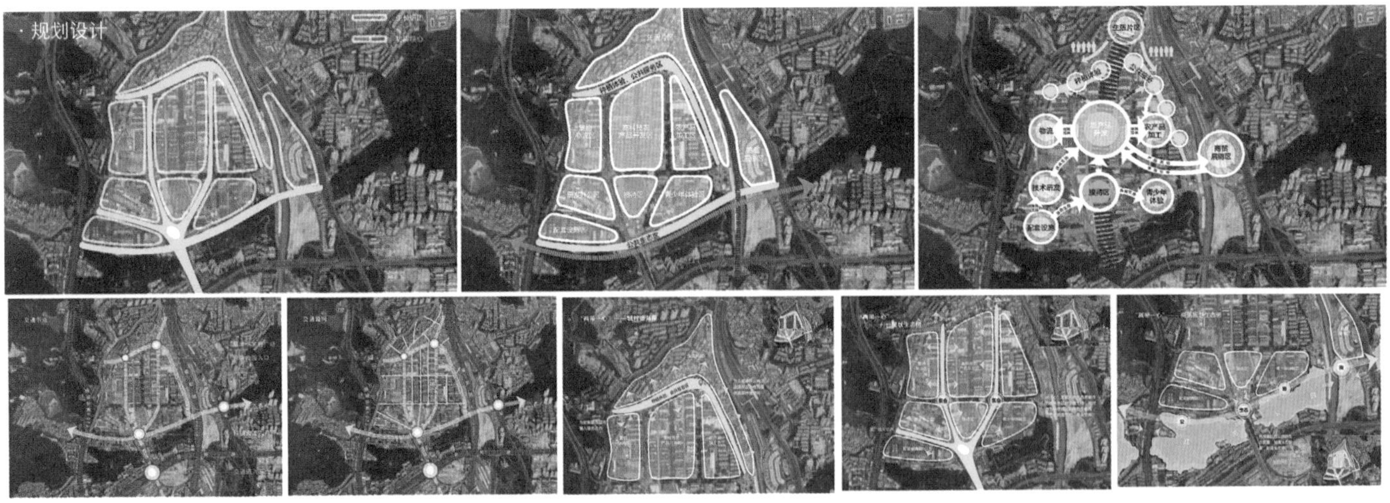

· 城市设计总图

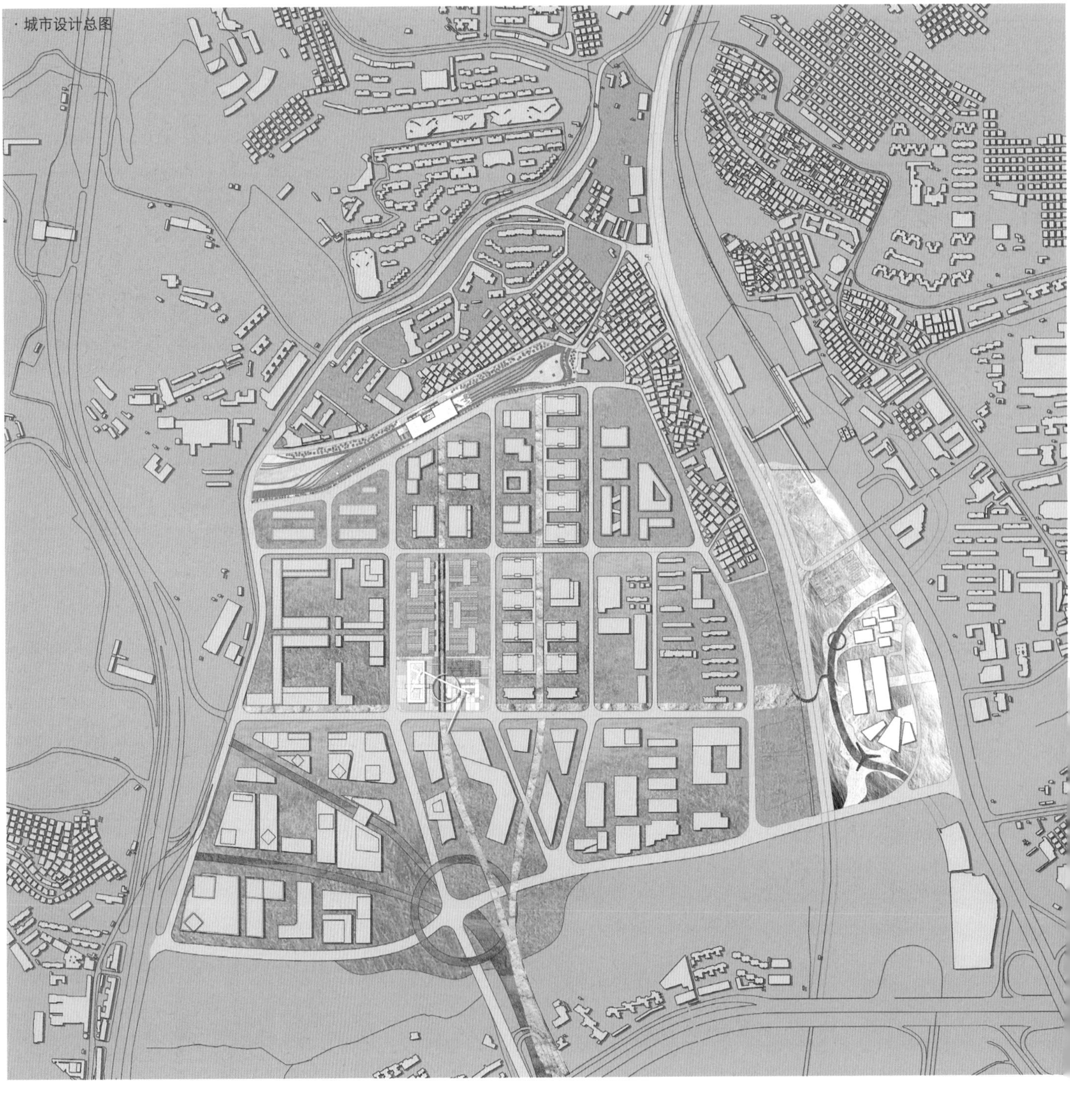

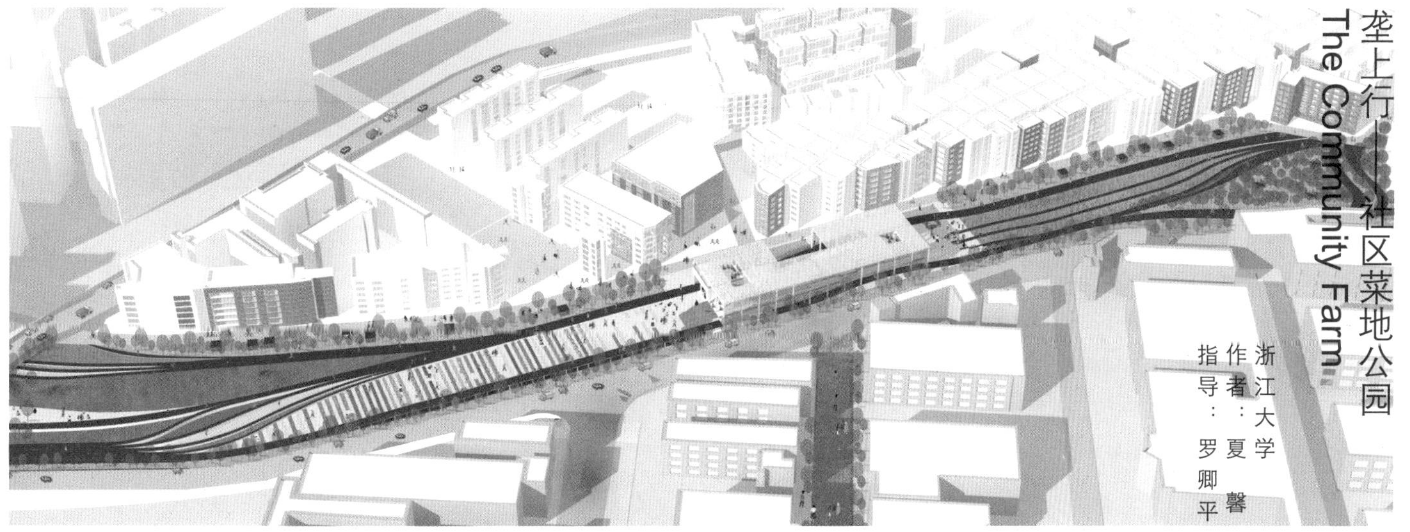

垄上行——社区菜地公园
The Community Farm

浙江大学
作者：夏馨
指导：罗卿平

基地分析

基地周边有密集的城中村和仓储物流园区，现有建筑主要是质量低下的物流临时建筑，改造难度低且改造意愿强烈。

设计说明

选择将原有建筑拆除，设计一个社区菜地公园供居民活动并体验种菜的乐趣。
在菜地公园中引入田埂的概念，通过田埂这一元素组织公共空间，儿童在田埂上奔跑，农户在田埂上交流。希望人们能够在田野中跑步，跑过水稻田，荔枝林，菜地，菜市场，广场，看到了丰富多彩的景观及空间。
建筑本体是菜市场与社区活动中心，建筑是开敞的，与环境融为一体。

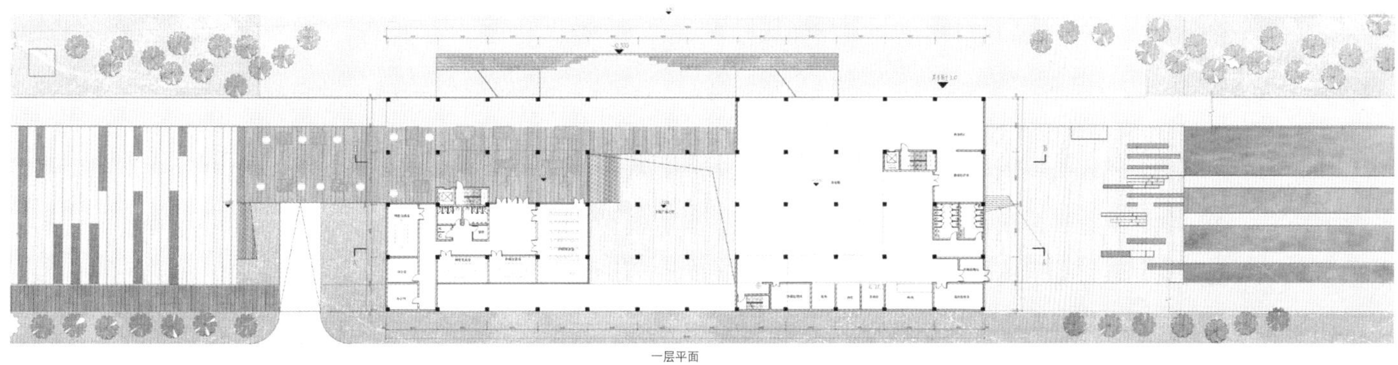

一层平面

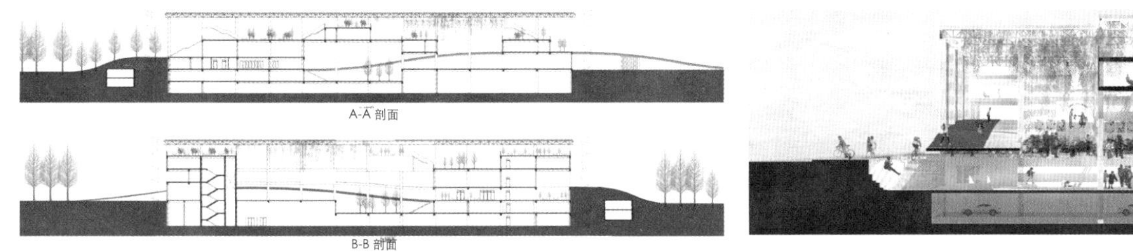

A-A' 剖面

B-B 剖面

· 跑步场景示意图

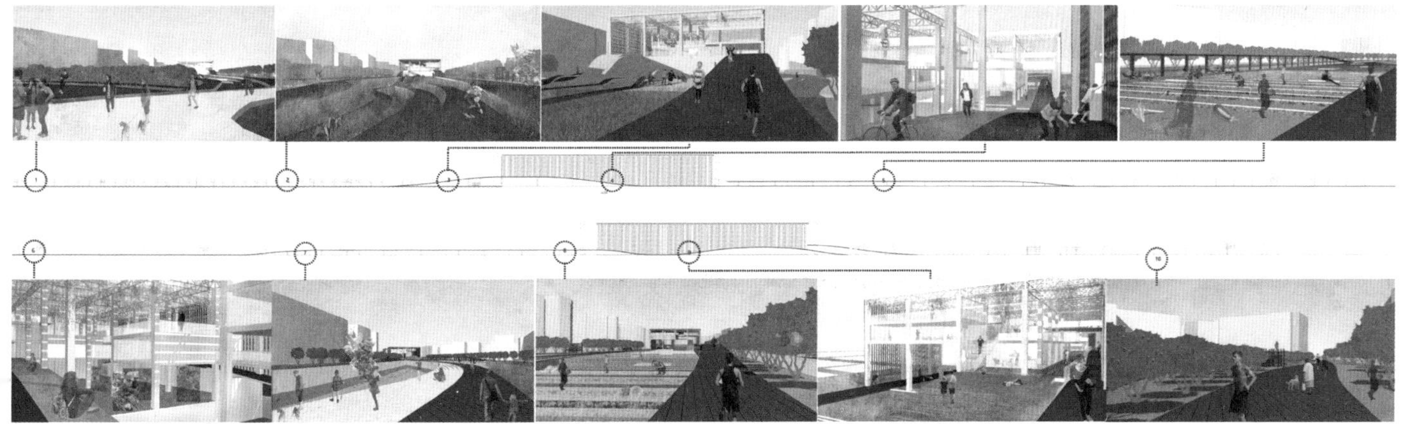

城市农场

Urban Farm

浙江大学
作者：孔梓
指导：罗卿平

我所选择的地块位于农业园的东侧，为现在布吉农贸市场所在地。希望通过我的设计让现在因为搬迁而逐渐失去活力的农贸市场在新的定位中焕发新生，打通因为铁路造成的割裂，使其成为一个服务于全深圳的农产品展销中心，同时也为周边居民提供丰富的公共娱乐生活。

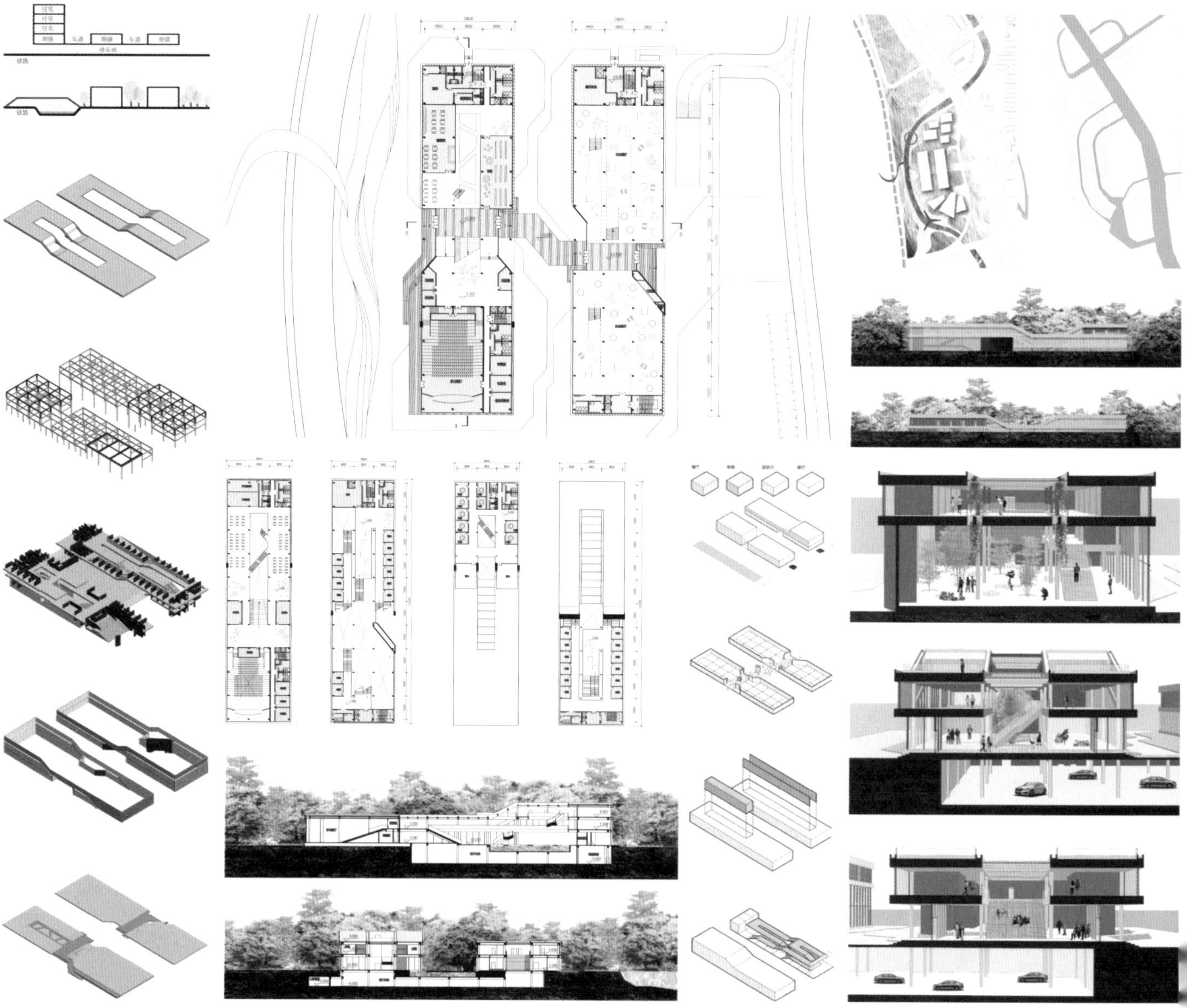

自然再生工厂 Gardening Machine

浙江大学

作者：陈睿昕

指导：罗卿平

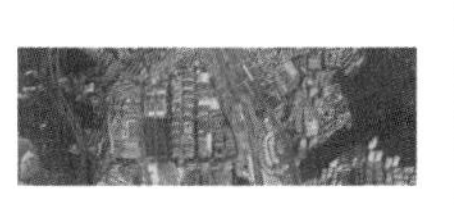

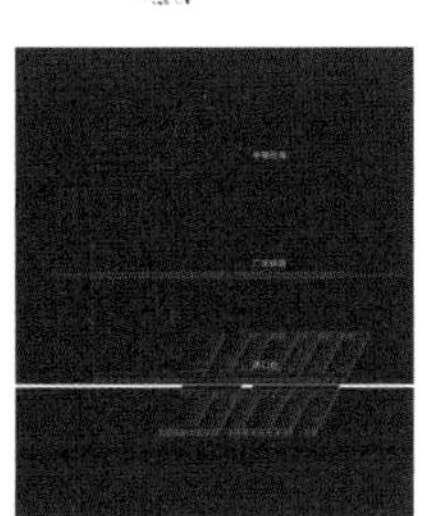

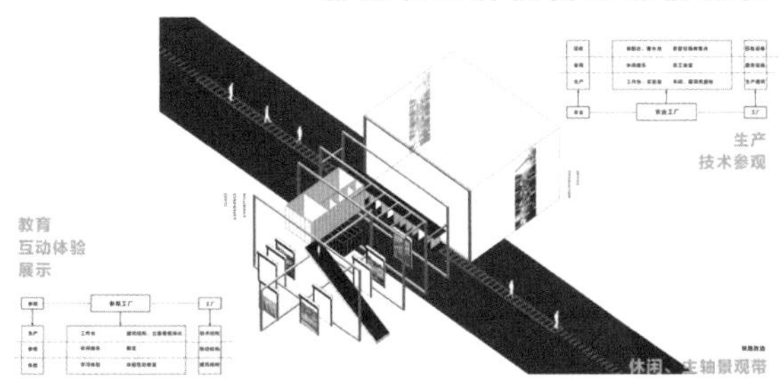

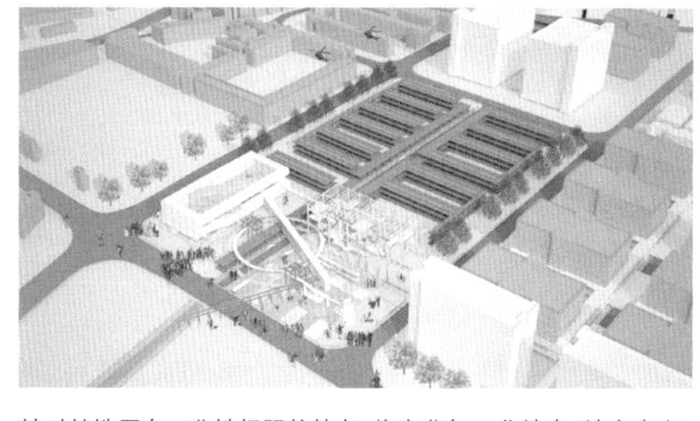

针对基地原有工业性极强的特点，将农业与工业结合，结合生产、教育、娱乐，为陷入产业困境的厂区注入新的产业活力。设计由三块建筑设计构成，引人反思场地的工业历史与农业现状两方面的问题。

总图推导

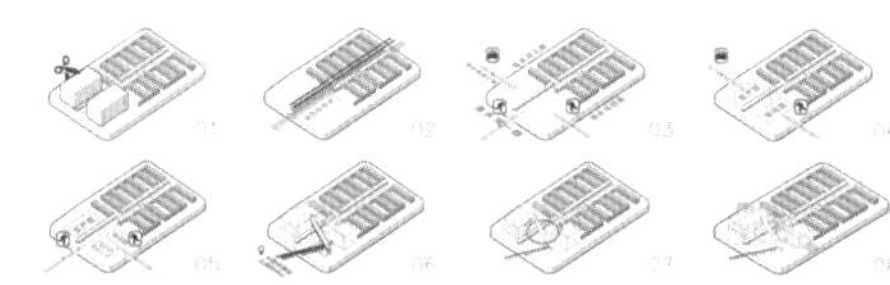

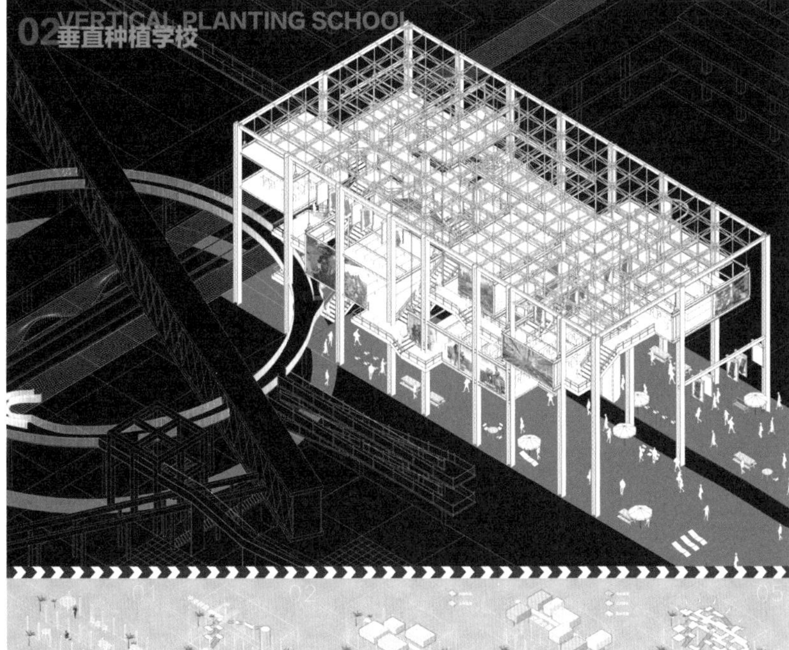

垂直种植学校传达的意义是，科技虽然能在一定程度上解决深圳农产品短缺的问题，但却不能取代真正的土地。将人和农作物同时作为展示客体，引起民众的关注及思考。

钢铁森林设计概念是，利用放大的工业构件还原场地的工业感，并引导市民进入工业展览馆，且通向农业工厂，完成“工业—自然”的转换。

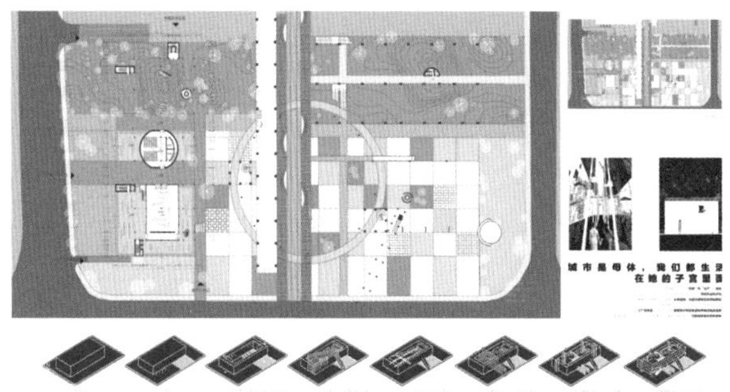

我将工厂比喻为一个生产自然的子宫，外表坚硬，内部带有原生自然的柔软，市民在工厂内行走的过程中，能参观不同生辰的实验室。

场地剖面

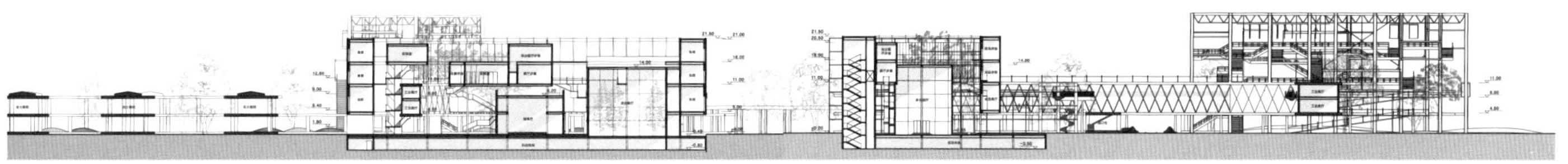

北京建筑大学
BEIJING UNIVERSITY OF CIVIL ENGINEERING AND ARCHITECTURE

教师团队 TEACHING TEAM

马 英

刘 博

齐 莹

郝晓赛

TCHAH/CHU YOUNG（韩）

1 都市溪流 Urban Streams
孙冲岭 王家淇 李 昂
蔡明杰 李诗婕

2 由关到结 From Guan to Knot
王 行 王 琛

3 四界 Four Boundaries
杨 昆 齐璞真 刘天舒

城市的困惑——深圳有感

城市，是一个让人既熟悉又迷惘的聚居环境，即使对于我们每天置身其中的建筑师而言也总有太多的问题似乎需要去解决，自认为解决了某些问题，然而其它问题又都不断涌现：解决 – 出现 – 再解决 – 再出现，周而往复，生生不息。建筑师似乎陶醉于自己的理想与能力，但对于其他共同居住的人们而言可能只是产生了更多更复杂的问题而已。然而正是在这种自我游戏之中，我们不断地修复自我的空间、自己的城市、自身的环境，来满足人类永远的心欲。

深圳，这个快速成长的奇迹城市，让世界见识了中国人民的超强能力与理想，颠覆了人类有意义的聚居环境建构需要缓慢历史积淀的印象，而只需要一、二代人的理想共鸣即可。

设计，8+2 个学校的所谓精英教授与才华学子似乎穷尽了所能，但却好像看不出任何对既有城市物质存在的根本超越，也许城市本不应该被超越，而只能在心里默默述说梦想。建筑师永远是生活在带着有色眼镜看世界的理想生活之中，大众却永远是挣扎在眼睁睁的现实生活之中，理想与现实似乎永远想准确对接，而却遗憾地永远对接不上。也许这就是专业的设计。

马 英
丙申加国随感

孙冲岭

王家淇

李　昂

蔡明杰

李诗婕

王　行

王　琛

杨　昆

齐璞真

刘天舒

都市溪流 Urban Streams
SOS 建筑设计研究中心
SOS Architecture designing center

北京建筑大学
设计：孙冲岭
指导：马英＼齐莹＼郝晓赛＼刘博

设计说明：

在布吉关的城市设计阶段，我们为这里引入了一条都市溪流，去舒缓这里的交通问题，去连接两边断裂的城市肌理，并以一股股细流去滋养两边的居民。经过了多次修改我们将都市溪流的体量有了大幅度的缩减，并赋予它们实在的功能。简单的回顾一下城市设计，本设计布吉关交通现状问题严重，由于布吉关关口设立，使两边城市肌理严重断裂，中间的一条路将两边的城中村完全割裂。由于由四车道变八车道又变四车道，所以交通堵塞严重，公交停靠点在路边，公交停靠也使交通堵塞，且自行车很难通过中间到达两边地段，行人出行很麻烦。另外，由于城中村缺乏现代城市公共空间，且该地区并未有总体规划，是自然而然形成的，所以缺乏休闲娱乐空间、高档次的办公和商业空间，人们居住体验也不好。因此，该地区最重要的问题就是交通问题以及商业办公、休闲娱乐空间缺乏。于是我们将道路按照不同的功能分级分层处理，并在草铺铁路之上修建了一座空中平台提供给城中村居民更多的公共空间、绿化空间。

在城市设计的基础上，我们继续深化研究布吉关地区所欠缺的功能，做了一个大胆而合理的假设。这里需要一个建筑设计研究中心，这可能是一个自下而上的想法，但是在面临如此多的二线关问题的时候，我们难道不应该去建立一个供建筑师出谋划策的场所吗？作为二线关矛盾最为典型而突出的布吉关，我认为有必要在这里建立一个以二线关问题为主题的建筑设计中心。

那么，在布吉关的场地条件下究竟应该建立一个怎样的研究中心呢？从功能上来说，它应该能容纳下建筑师日常生活的方方面面，并且提供给建筑师挥洒灵感的空间；同时，它也要保证当地居民的参与程度，使建筑师的工作能够更加有效顺利地进行。从结构上来说，缺少地面可用空间成了设计的最大问题。从文化角度来说，这个设计中心应该担负起二线关文化传播的义务，扩大二线关的社会影响力，促进二线关问题的解决治理。最后，从精神角度上来说，这个设计中心应该像一艘船，它好像漂浮在都市溪流的设计之上，象征着带领人们驶向遥远而美好的未来。在这样的期待下，这次设计就此展开，而这个设计中心的名字，就起名为 SOS（THE SHIP ON THE STREAM）设计中心 .

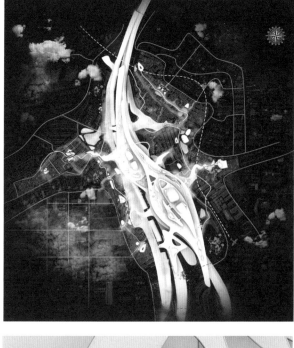

生成分析

效果图

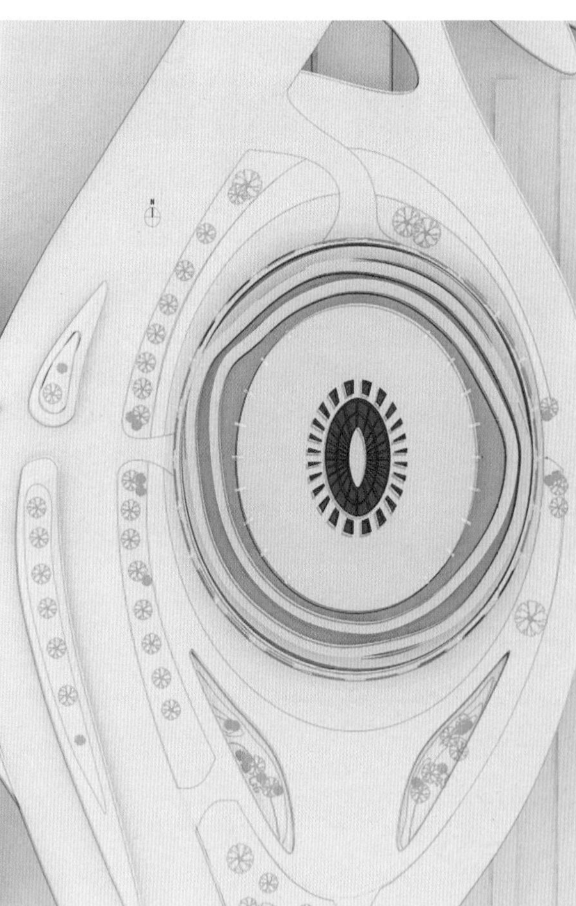

效果图

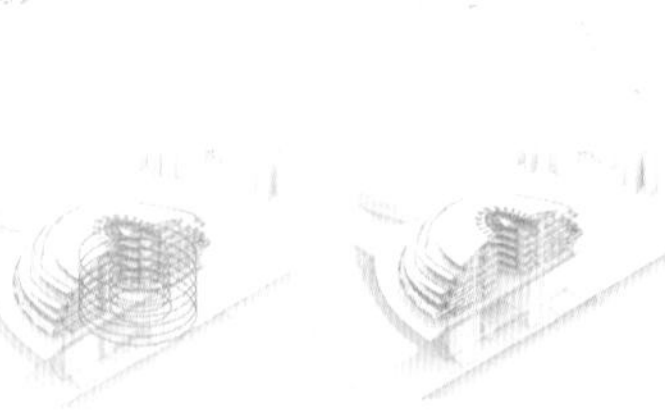

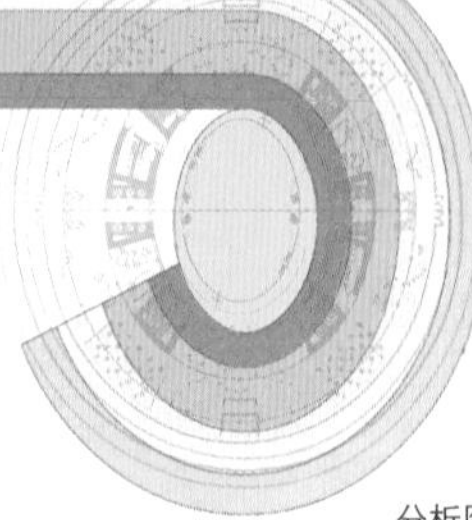

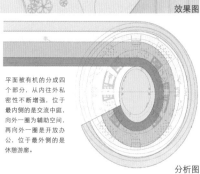

平面被有机的分成四个部分，从内往外私密性不断增强，位于最内侧的是交流中庭，向外一圈为辅助空间，再向外一圈是开放办公，位于最外侧的是休憩游廊。

分析图

个人感言：

二线关是一个充满争议、颇具历史意义的场所，所以本次“8+2”联合毕业设计的意义非凡。在本次毕业联合设计中，我们深入地进行场地调研，全面思考建筑与城市之间的关系，最后得出一个建筑学的结论。在这个过程中，我们学生不仅仅扮演一个建筑师的角色，同时也身兼城市规划师、甲方，甚至城中村居民。在这个过程中，我们受益匪浅，我尤其的感受到了自己的进步，对建筑、城市，甚至社会的了解都有了很大的长进。但是，从建筑学的角度来说，我的成果还是有着很大、很多问题的，日后还要继续努力，多多深入居民生活。

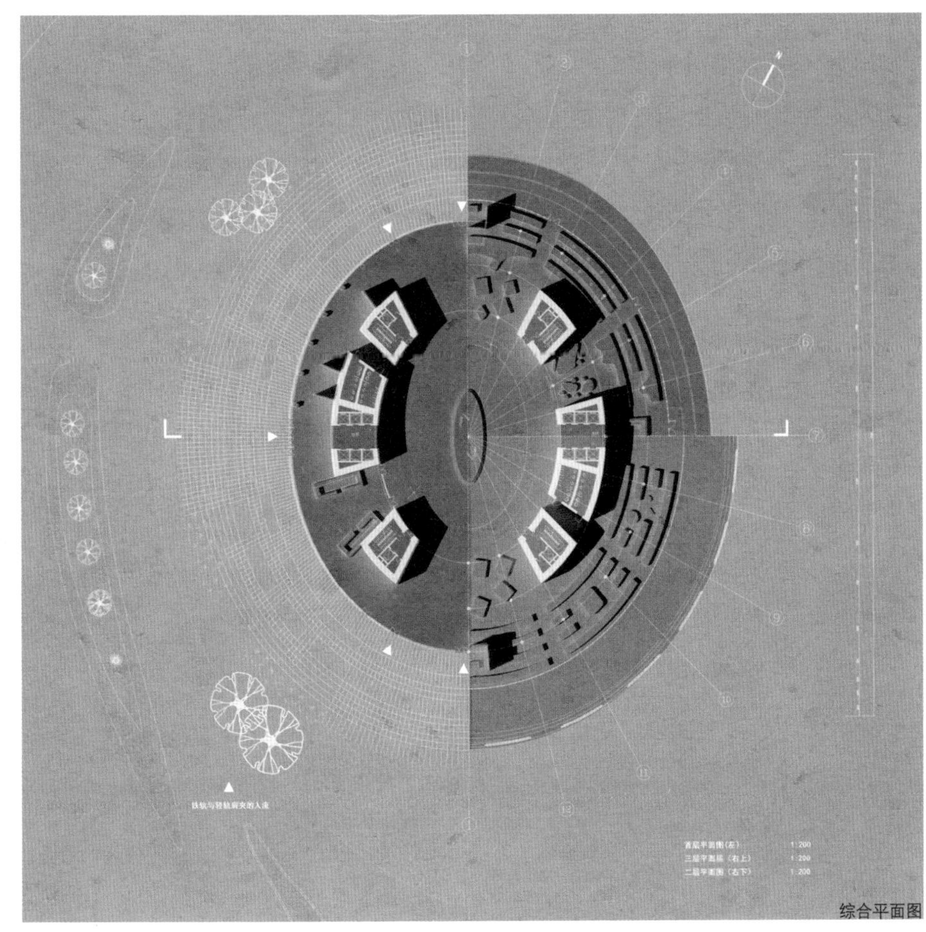

综合平面图

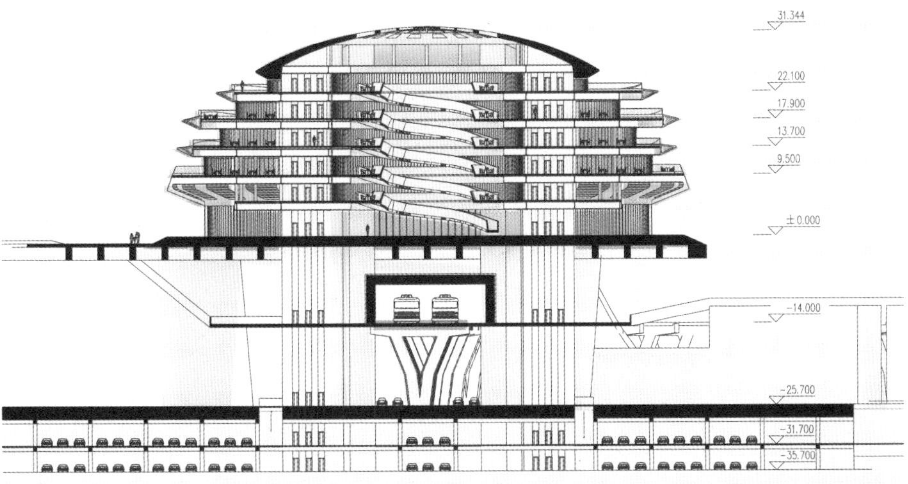

剖面图

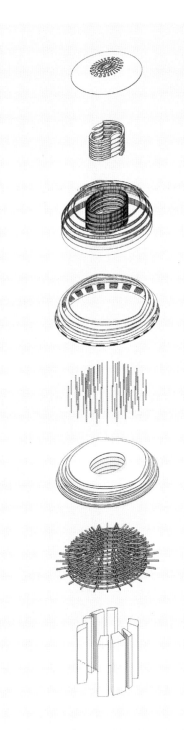

爆炸图

坡道效果图

中间的交流大厅中有一个供城中村居民和建筑师进行沟通的对话坡道，在这个坡度为百分之四的坡道上拥有着丰富而多变的交流空间，包含三个对话区域，空间有大有小，人们根据自己的需求选择不同尺度的对话空间，实现人与人之间充分的交流。

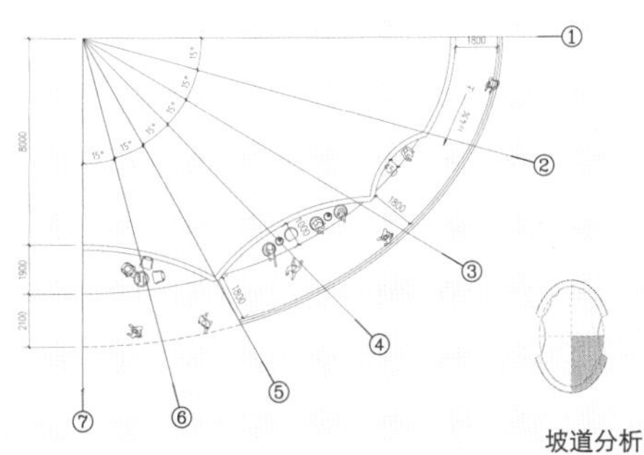

坡道分析图

都市溪流 Urban Streams
综合服务中心 Integrated Service Center

北京建筑大学
设计：王家淇
指导：马英＼郝晓赛＼齐莹＼刘博

南入口透视

西入口透视

建筑内部透视

总体定位

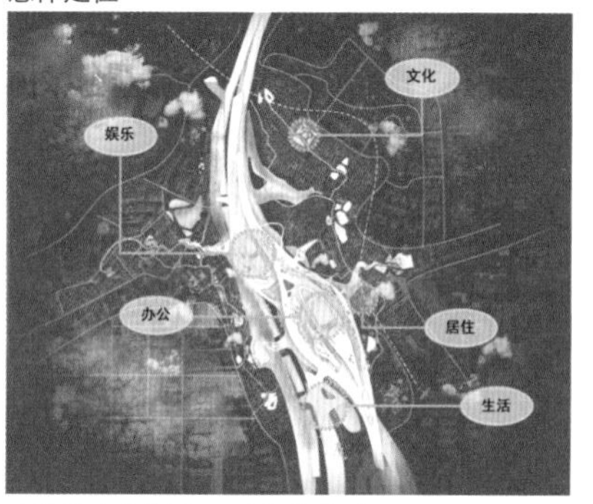

设计理念

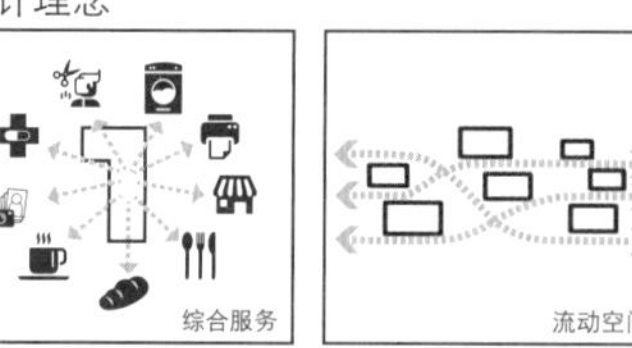
综合服务　流动空间

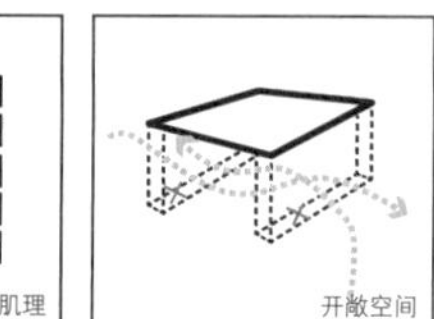
符合原有肌理　开敞空间

体块生成分析

根据上一步得出的结论在柱网上生成主要功能体量　摊位分布

确定垂直交通以及疏散建筑体量的位置　根据各个功能体块以及柱网生成二层平台

增加三层建筑，使建筑空间增加一定的趣味性　增加三层建筑平台

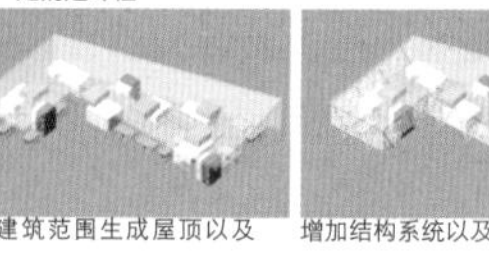

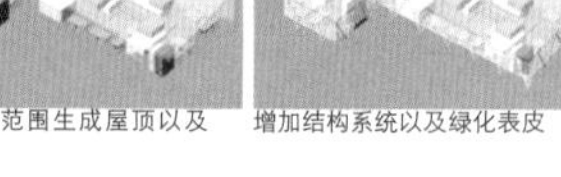

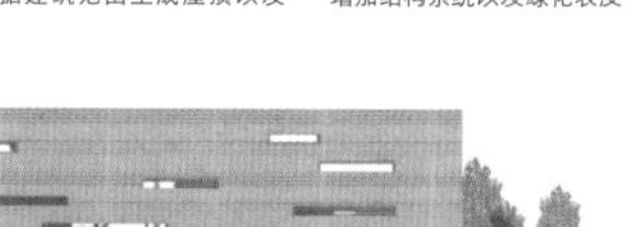
根据建筑范围生成屋顶以及墙　增加结构系统以及绿化表皮

建筑尺度控制以及形态生成过程

根据城中村肌理尺度，划分网格，确定道路系统

根据网格生成建筑，确定公共空间位置

根据肌理生成主次道路

生成初步建筑体块分布形态

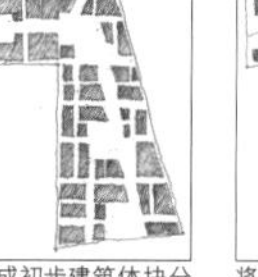
将大体量打散，在保证空间性质相同的情况下，分出主次体量

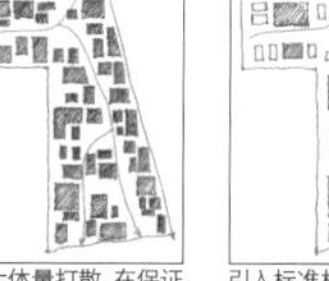
引入标准模数，具体模数对应具体功能

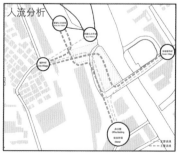

个人感言：

此次设计基于对布吉关的实地调研，将建筑单体定位为城中村的综合服务中心，旨在为城中村居民乃至更大范围的人群提供丰富便利的生活服务设施，与同组其他同学形成生活、居住、文化、办公、娱乐于一体的"都市溪流"综合体。

本设计以场地人流和周边建筑功能分析为依据，得出综合、开放、流动的设计理念。在场地的处理上充分考虑场地中现有的不利因素，如铁路、轻轨等，将周边场地与基地相联系。同时在设计中注意对城中村原有建筑肌理的延续，对建筑形式做了尺度上的限制，营造了一种可供游走的服务性空间，为人群提供丰富的空间体验。同时强调建筑使用者的相互交流。

人流分析

西立面图

东立面图

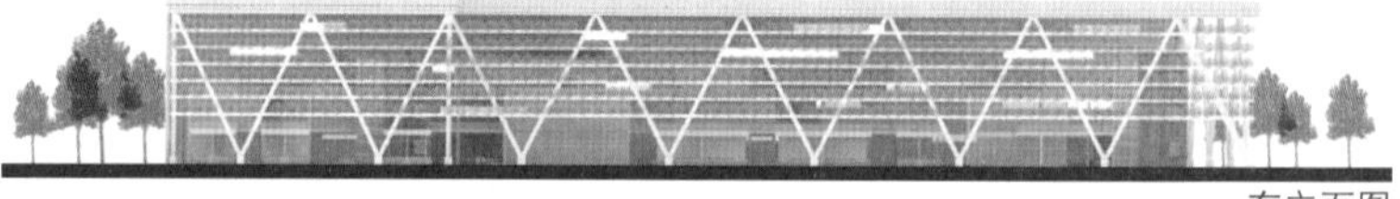

1-1 剖面图　2-2 剖面图

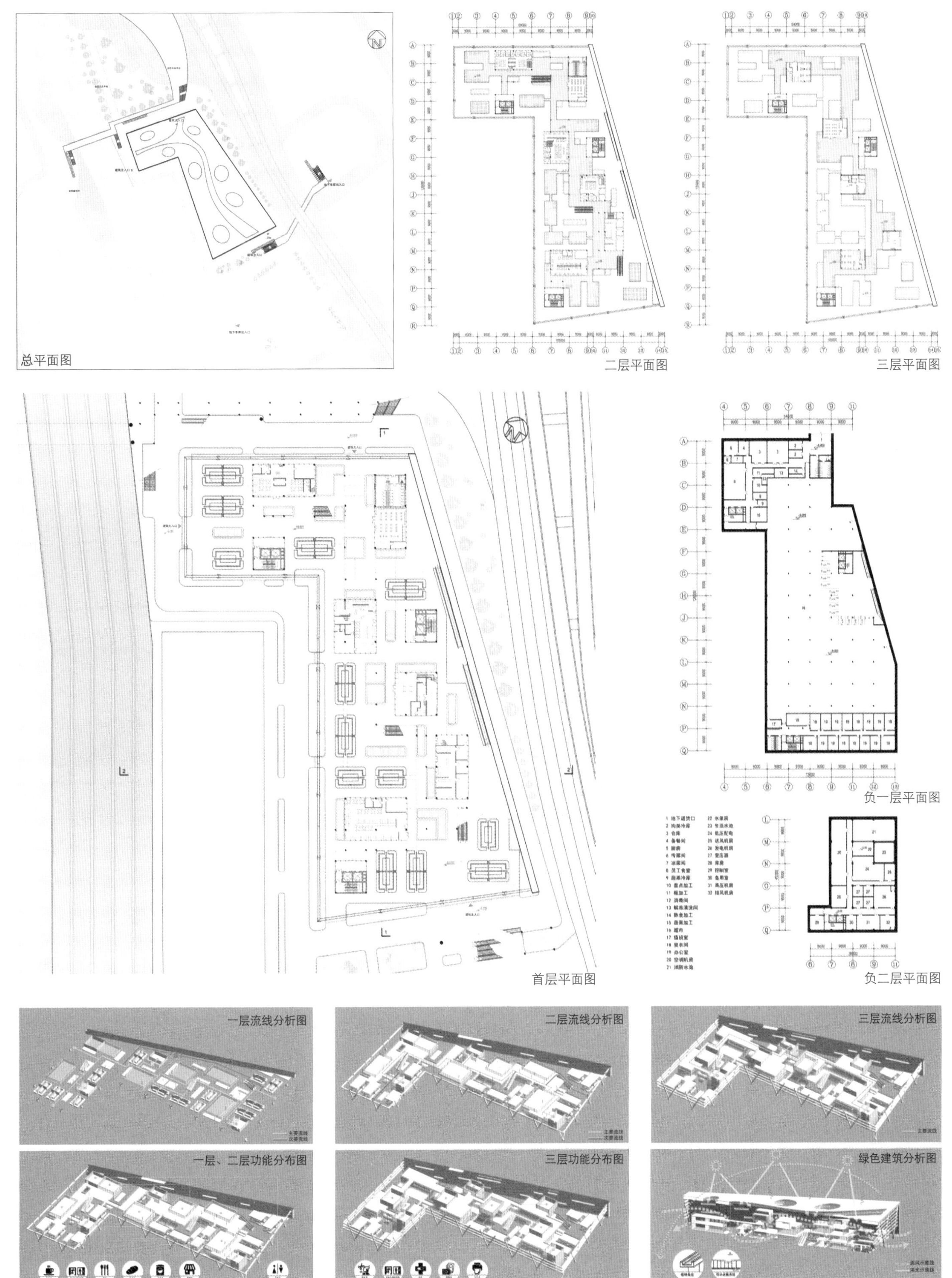
总平面图
二层平面图
三层平面图
首层平面图
负一层平面图
负二层平面图
1 地下进货口
2 肉类冷库
3 仓库
4 备餐间
5 厨房
6 传菜间
7 凉菜间
8 员工食堂
9 蔬菜冷库
10 面点加工
11 粗加工
12 消毒间
13 解冻清洗间
14 熟食加工
15 蔬菜加工
16 超市
17 值班室
18 更衣间
19 办公室
20 空调机房
21 消防水池
22 水泵房
23 生活水池
24 低压配电
25 送风机房
26 发电机房
27 变压器
28 库房
29 控制室
30 备用室
31 高压机房
32 排风机房
一层流线分析图
二层流线分析图
三层流线分析图
一层、二层功能分布图
三层功能分布图
绿色建筑分析图

都市溪流 Urban Streams
聚焦布吉 Focus on Buji

北京建筑大学
设计：李昂
指导：马英\齐莹\刘博\郝晓赛

区位分析 I The Location Analysis

深圳－中国三大经济发展圈之一
Three Development zone in China

布吉关位于二线关中部
Main Space Around the Site

布吉关口八车道运行
BUJI zone in Shenzhen

改造城中村区域
Design Space in Xiawei

布吉——城中村 I The Location Analysis

改造背景

社会人口形态

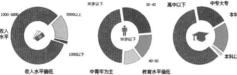

布吉关城中村是是我国快速城市化过程中出现的比较特殊的都市现象，其形成原因十分复杂。

在快速城市化进程中大量流动人口不断涌入城市，据统计数字显示，我国目前城市中约有 1.2~1.4 亿外来务工人员，其中相当大一部分居住在城中村，城中村中农民私搭乱建的出租房为大量外来流动人口提供了廉价的居所。

尤其是北京、深圳等一些大城市近郊农村和一些工业发达地区的农村更是聚居了大量的外来人口，其密度甚至为户籍人口的十几倍，数倍于户籍人口的"倒挂村"也相当普遍。

改造区域用地条件
The Location Analysis

公共开放空间与街道界面之间的联系
问题：公共空间未起到激活城市的作用

公共开放空间与河道的关系
问题：公共空间内向封闭

公共开放空间与人行交通的关系
问题：未能形成聚集空间，不具有吸引力

交通节点与街道界面之间的关系
问题：握手楼间距小，节点多而无用

布吉印象 I Buji Impression

检查站 I Line Space

二线关是一种国家设立的边境管理区域线。总长为 90.2 公里，由 2.8 米高的特丝网构成。包含 163 个执勤岗楼，13 个检查站和 23 个耕作口，与一线关围合的 327.5km2 区域成为"深圳经济特区"。
问题：
围绕二线关两侧发展滞后形成大量的城中村。
原因：
二线关所形成的物理边界阻隔了关内外之间的联系。

产业 I Industry

布吉以沿街底层商业的自给自足的生产模式为主，可满足日常的生活需要。
问题：
城市与城中村发展形成了交界处，表现为肌理的断裂。
原因：
城中村与高技交流断裂。

文化与记忆 I Culture

祠堂曾经是东南沿海地区标志性的文化景观，但随着城市化的快速发展，祠堂文化景观也发生了改变。
问题：
缺少地方认同感
原因：
缺少进一步的空间梳理

自然 I Natural

深圳属于亚热带气候，风清宜人，降水丰富。原是一座小渔村，树木繁殖茂盛。
问题：
城中村缺少富有活力的公共空间，独木难成林。
原因：
建筑密度高，水体利用率低。

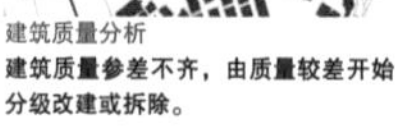

建筑高度分析
建筑高度由中心向四周逐渐升高，内部区域封闭压抑。

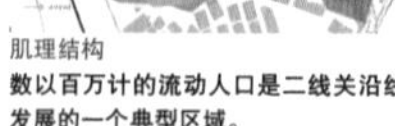

建筑质量分析
建筑质量参差不齐，由质量较差开始分级改建或拆除。

肌理结构
数以百万计的流动人口是二线关沿线发展的一个典型区域。

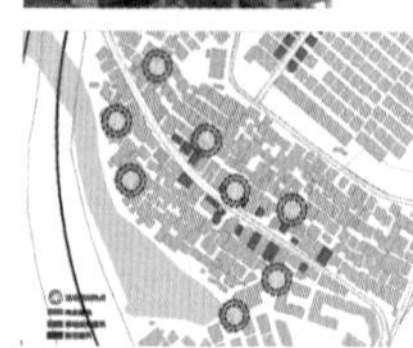

肌理空间热点分析
优点是商业为城中村外来人口带来了短距离就业的基础。缺点是车道狭窄，转弯半径 4m 至 5m，威胁行人安全，且容易造成拥堵。

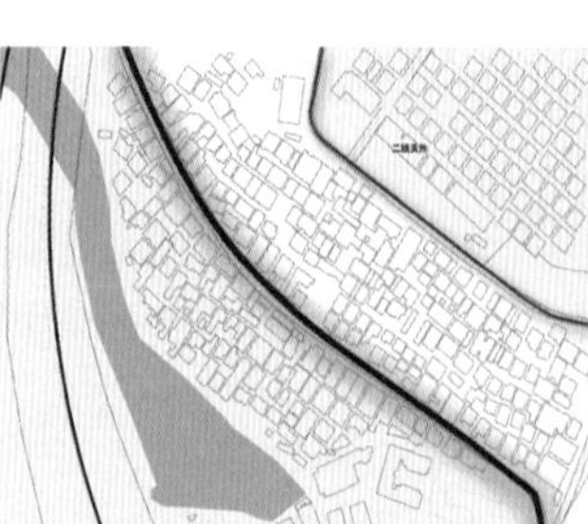

二线关内外联系由于城中村而隔断
城中村由于二线关的设立而形成

个人感言：

聚焦布吉

她，是我最爱的；
她，是一位母亲；
她，是一位妻子。
在异地，
有她，
就有温暖。

二线关曾是城市的一道伤疤，
铁丝网拆除了，
城市的印记还在，
人心的伤口还在，
何时才能愈合？

深圳，是城市崛起的代名词，
许许多多的人因为梦想而聚集在深圳，
深圳像一为母亲，
包容着来自五湖四海的，
追梦人。

都市溪流・她——同乡会所设计 2

空间缺失 | Spatial Strategy

传统语言模式 | Spatial Strategy

建筑功能分区 | Building Function

总平面 | General plane

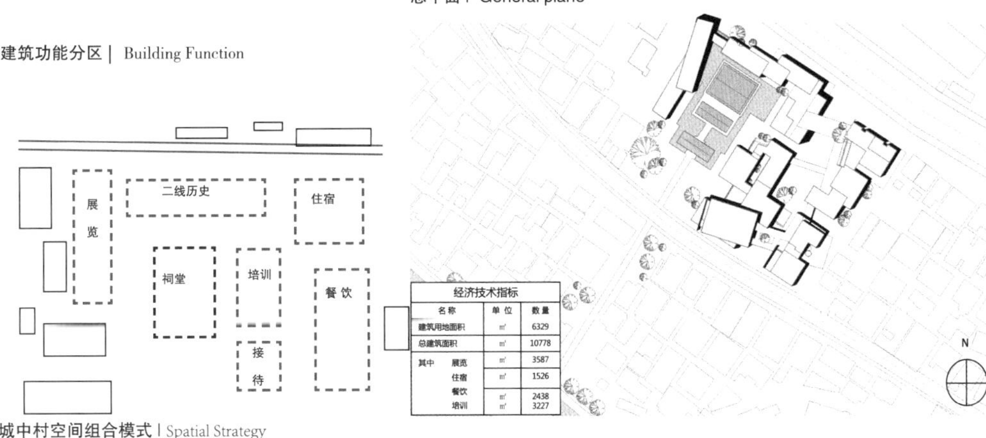

经济技术指标			
名称		单位	数量
建筑用地面积		m²	6329
总建筑面积		m²	10778
其中	展览	m²	3587
	住宿	m²	1526
	餐饮	m²	2438
	培训	m²	3227

城中村自组织模型

布吉城中村的发展模式呈现“自下而上”的自生长模式。因此，针对城中村大规模改造的困难，本方案选择以引导的方式，推荐发展模式，诱发城中村自我更新。

城中村空间组合模式 | Spatial Strategy

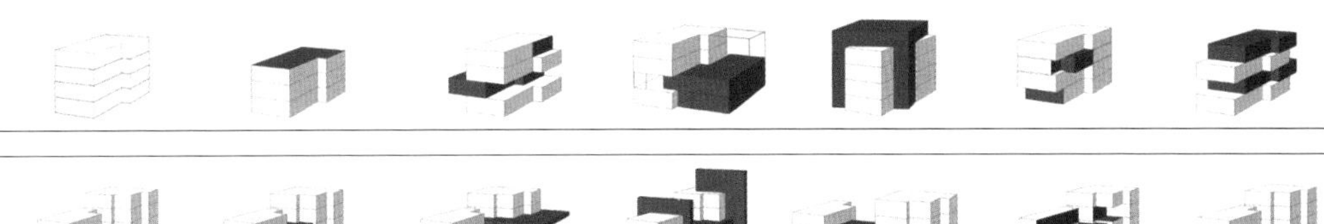

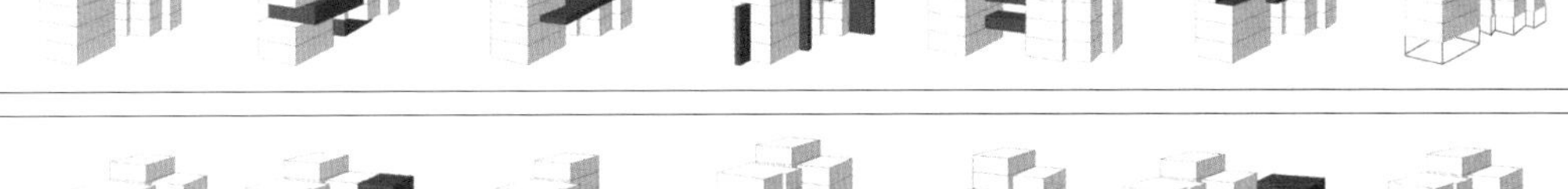

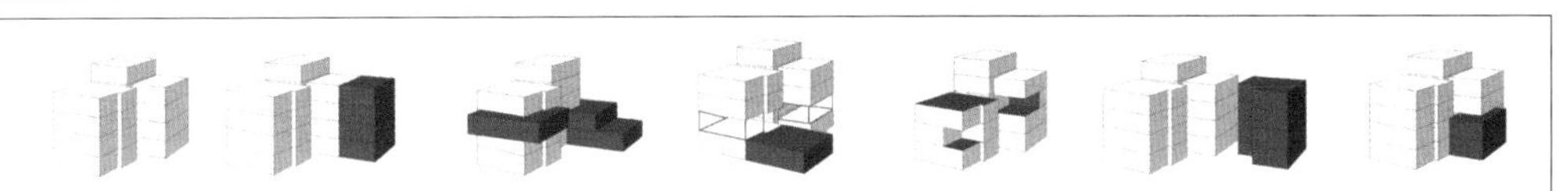

城中村改造蝴蝶效应

1 流动人口租房难
2 暂存城中村不断加盖
3 收入不高，小区租不起
4 开发商得意，房价坚挺
5 周边生活成本连锁上涨

服务人群

1 租房者：睡在村子里的 80 后；
2 原住民：住高层开小车生活却很寂寞“城市美化破坏者”；
3 小贩被剥削：城市正失去应有的特色。

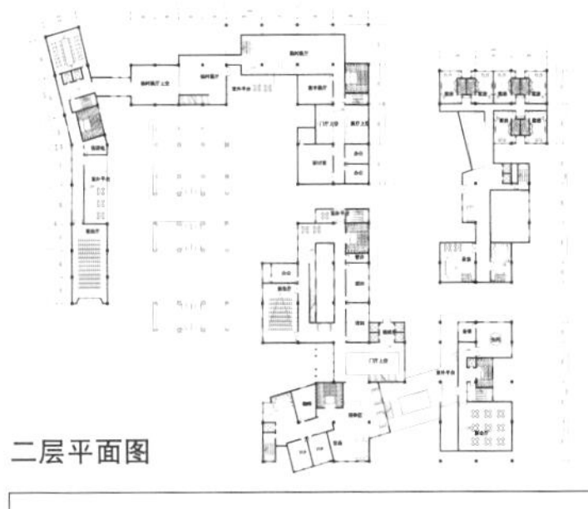

二层平面图

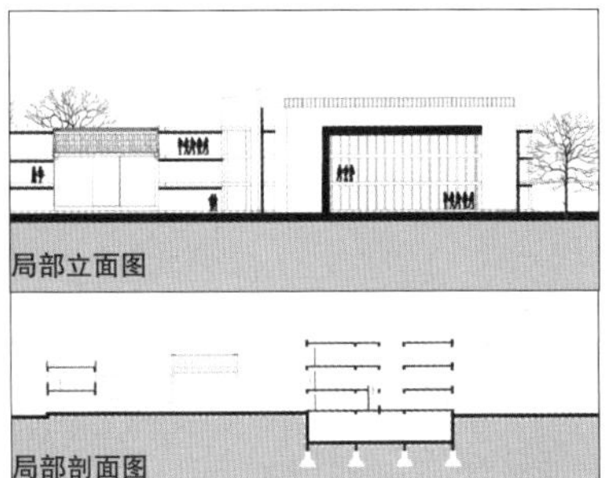

局部立面图

局部剖面图

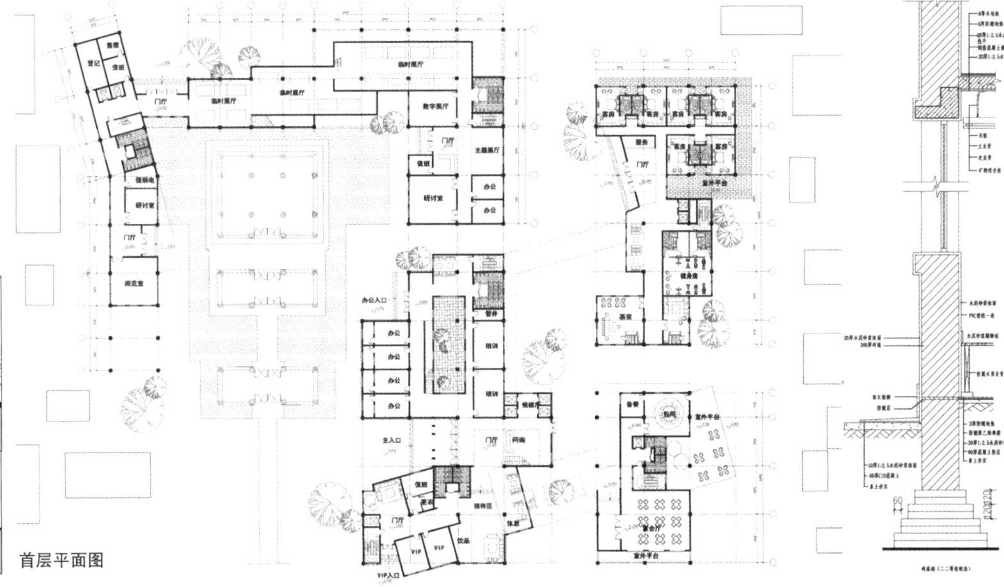

首层平面图

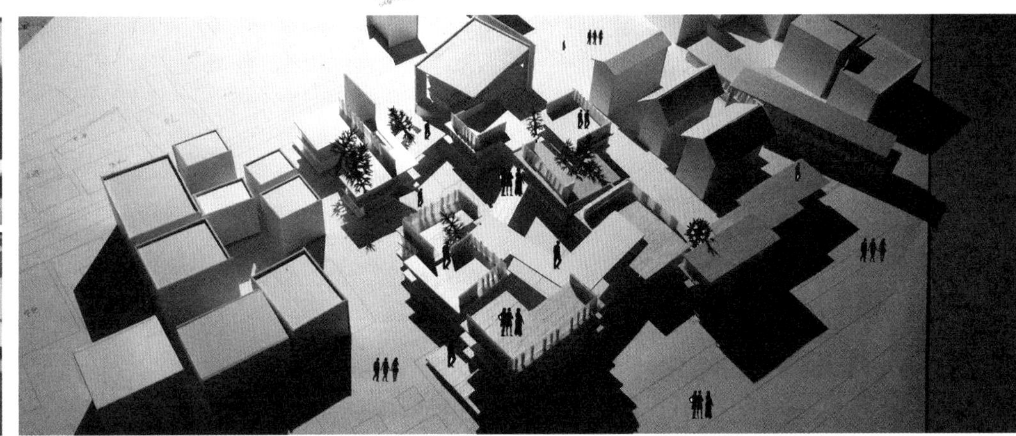

都市溪流 Urban Streams
一米·异迷空间
meter space Architecture design

北京建筑大学
设计：蔡明杰
指导：马英＼齐莹＼郝晓赛＼刘博

设计说明：

在布吉关的设计中，我们对于该城市设计的想法是都市溪流，就是通过各种交通的流线形成一个交通河道，舒缓该节点的交通问题，同时链接两边断裂的城市肌理。在城市设计中，我们主要是对中间的布吉关进行整治，该区域主要的堵塞问题是因为有四车道变为八车道之后又变为四车道，这样就形成一个交通堵塞的瘤，从而引发拥堵问题。在单体设计的时候，我主要是以城中村问题为此次设计的要素，在现场调研的时候发现了街道采光、排水、通风以及舒适性等相关问题，所以我在调研了大部分街道尺寸的基础上依靠我的设计去改变，设计了大量的垂直交通空间，以及依附的相关公共空间去改变城中村现状。

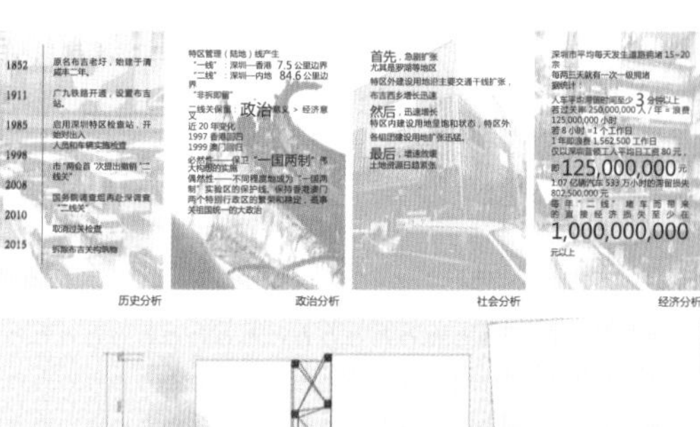

交通问题

顶层平台透视

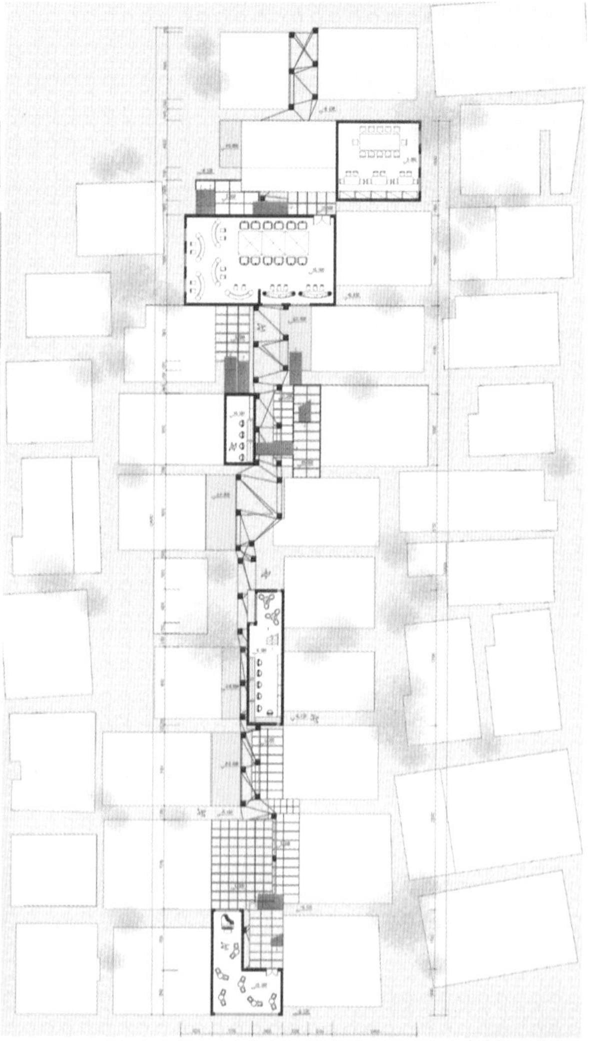

十米标高平面图

二线关展板区透视

纵轴核心街道透视

剖透视

个人感言：

二线关是一个历史遗迹，是当时社会发展的必然产物，是我们此次设计的核心依靠，是一个重要的挑战。本组设计以二线关城中村自由发展为出发点，以村中居民的生活品质问题为主要探讨要素，梳理该区域所有缺乏舒适感的道路，调整场地内的道路和公共空间体系以实现对采光、通风的需求。单体的设计也采用预制的做法，以节省运输成本。开放该区域城中村的游览方式，大量增加该区域的垂直交通体系，设立媒体展示、历史展览、民俗表演等公共空间，将传统的建筑空间，形式、材料用新的形式体现出来，形成新一代城中景区，为生活在里面的人们提供思考的空间。

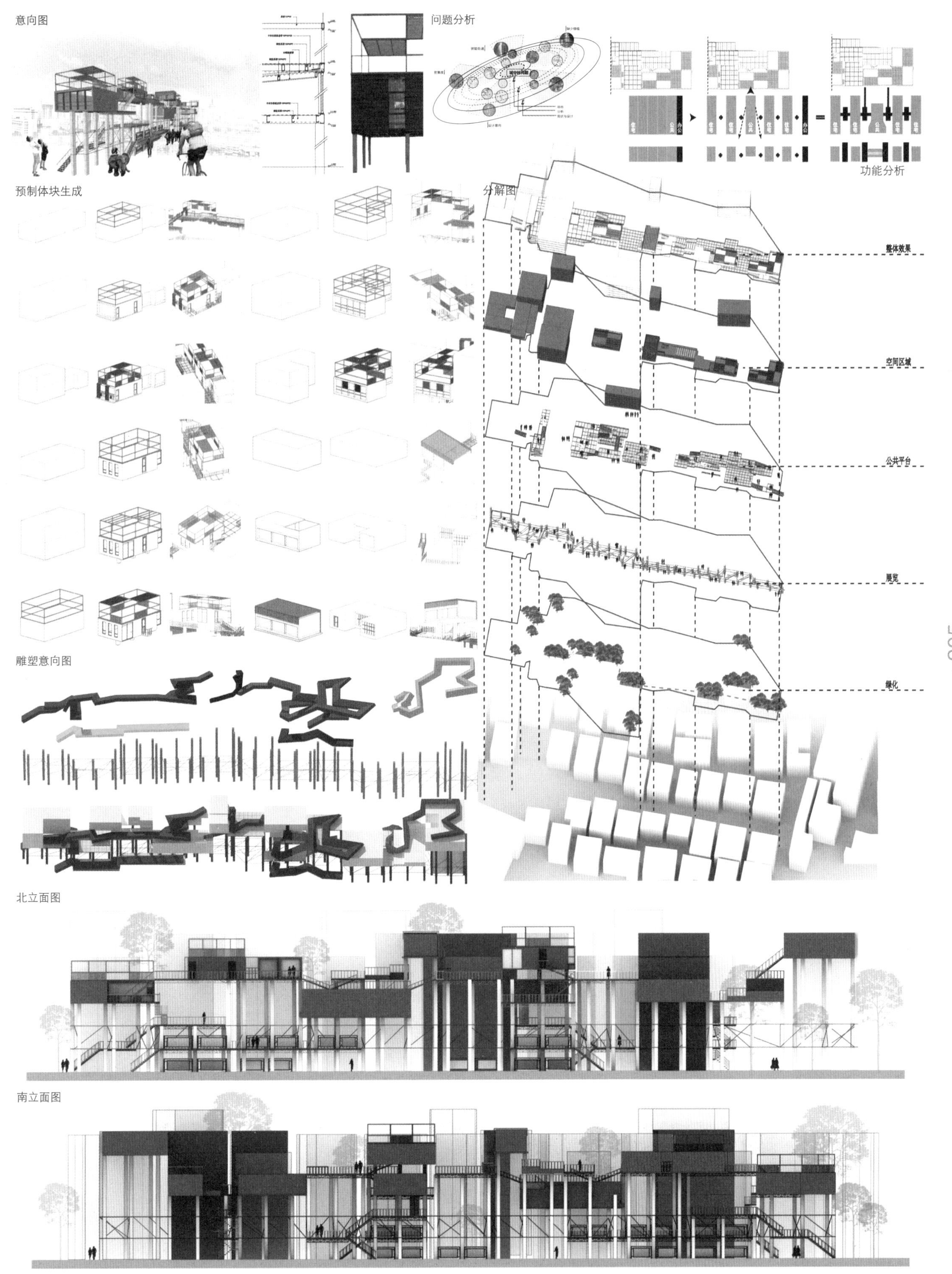

意向图
问题分析
功能分析
预制体块生成
分解图
整体效果
空间区域
公共平台
展览
绿化
雕塑意向图
北立面图
南立面图

都市溪流 Urban Streams
布吉关健身中心
Bujiguan Fitness Center

北京建筑大学
设计：李诗婕
指导：马英＼郝晓赛＼齐莹＼刘博

设计说明：

在布吉关的城市设计阶段，我们为这里引入了一条都市溪流，去舒缓这里的交通问题，去连接两边断裂的城市肌理，并以一股股细流去滋养两边的居民。经过多次修改我们将都市溪流的体量进行了大幅度缩减，并赋予它们实在的功能。简单的回顾一下城市设计，本设计布吉关交通现状问题严重，由于布吉关关口设立，使两边城市肌理严重断裂，中间的一条路将两边的城中村完全割裂，另外由于由四车道变八车道又变四车道，造成交通堵塞严重。公交停靠点在路边，因为需要公交停靠，也使交通堵塞。自行车也很难通过中间到达两边地段、行人出行也很麻烦。另外由于城中村缺乏现代城市公共空间，且该地区未有总体规划，都是自然而然形成的，所以缺乏休闲娱乐空间、高档次的办公和商业空间，人们居住体验也不好。因此，该地区最重要的问题就是交通问题以及缺乏足够的商业办公、休闲娱乐空间。于是我们将道路按照不同的功能分级分层处理，并在草辅铁路之上修建了一座空中平台提供给城中村居民更多的公共空间、绿化空间。

在城市设计的基础上，我们继续深化研究布吉关地区所欠缺的功能，做了一个大胆而合理的假设。通过对该地区人们的调查，我们发现，这个地区缺乏公共空间，也没有可活动的运动场所，在这个倡导全民健身的时代，布吉关正缺乏这样一个公共的健身场所。因此，我就在这儿建一个服务于整个地区的健身中心。

在健身中心设计中，我对该地区的人们做了调查研究，发现城中村居民对篮球、乒乓球、羽毛球、游泳、跑步、健美操、攀岩等都有很大的需求。因此健身中心依据他们的喜好程度排布了这些运动场地。同时，健身中心还应有附属设施，如餐饮、商业、停车场等。

这样一个集多种服务型设施为一体的健身中心不仅解决了布吉关缺少公共空间的劣势，同时也倡导全民健身，为城中村居民的生活提供了健康和便利。健身中心同时也成为该地区的标志性建筑，有助于吸引城市外来人群，盘活该地区的活力。

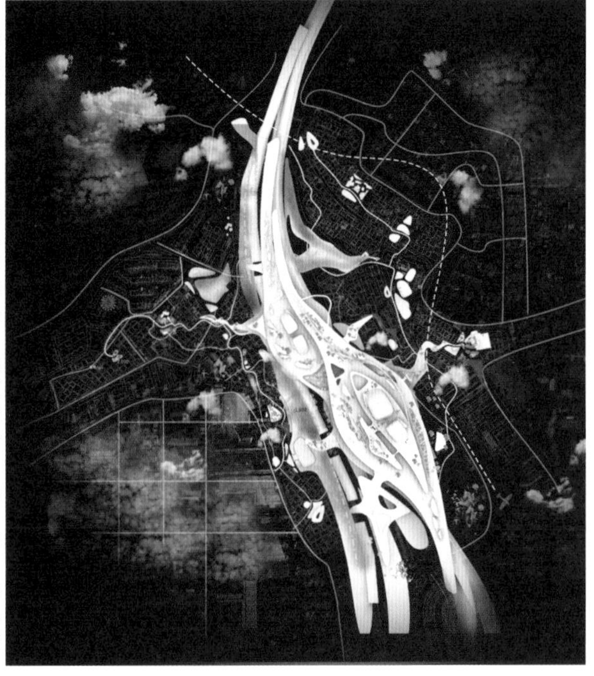

1、在市政道路上分车道隔离不同的人群、过境车、停放车辆等。

2、在交通枢纽上插入建筑和平台。

3、由平台延伸到城中村中两条慢行道路，将城中村人流引入建筑中。

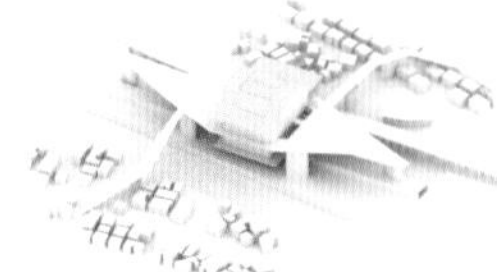

4、形态上迎合都市溪流的概念赋予建筑流动感，将建筑屋顶做成坡屋顶。

5、坡屋顶高低左右错落使屋顶更有溪流的流动感。

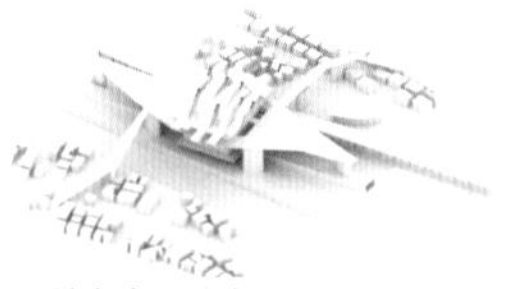

6、健身中心非常需要通风，坡屋顶错落形成的天窗有助于建筑的拔风作用，有利于通风。

7、在坡屋顶错落形成的天窗上安装形成一定角度的百叶，利于采光，挡住过于强烈的光线对健身中心内部场地的污染。

8、在平台上加入折纸一样的攀岩小品，增加平台乐趣。小品的构件如小石头一般存在于都市溪流中，与建筑及整个城市设计的概念呼应。

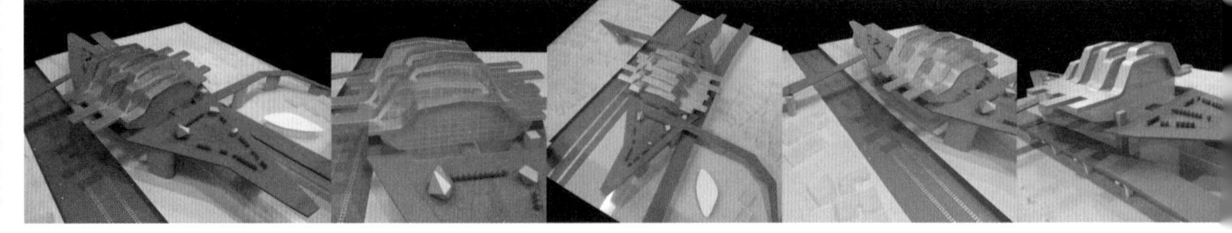

个人感言：

课题聚焦二线关中交通问题最为严重的布吉关区域及其周边地块，主要探究解决交通问题和城中村生活问题。在此次设计中，我们从城市设计阶段到建筑单体阶段都全程参与设计，学到了如何从一个城市的角度看问题，如何针对城市主要问题发现、分析和解决问题，并挑战了以前从没做过的大尺度的建筑。健身中心不管从结构上、功能上和选址上都有极其复杂的问题需要解决，这其中很多问题是我们从未遇到过的。因此，不论从城市设计还是单体建筑设计方面来说，此次“8+2”联合毕业设计都是一个极好的锻炼机会，我的设计虽然还存在非常多的问题，不过还是收获很大。

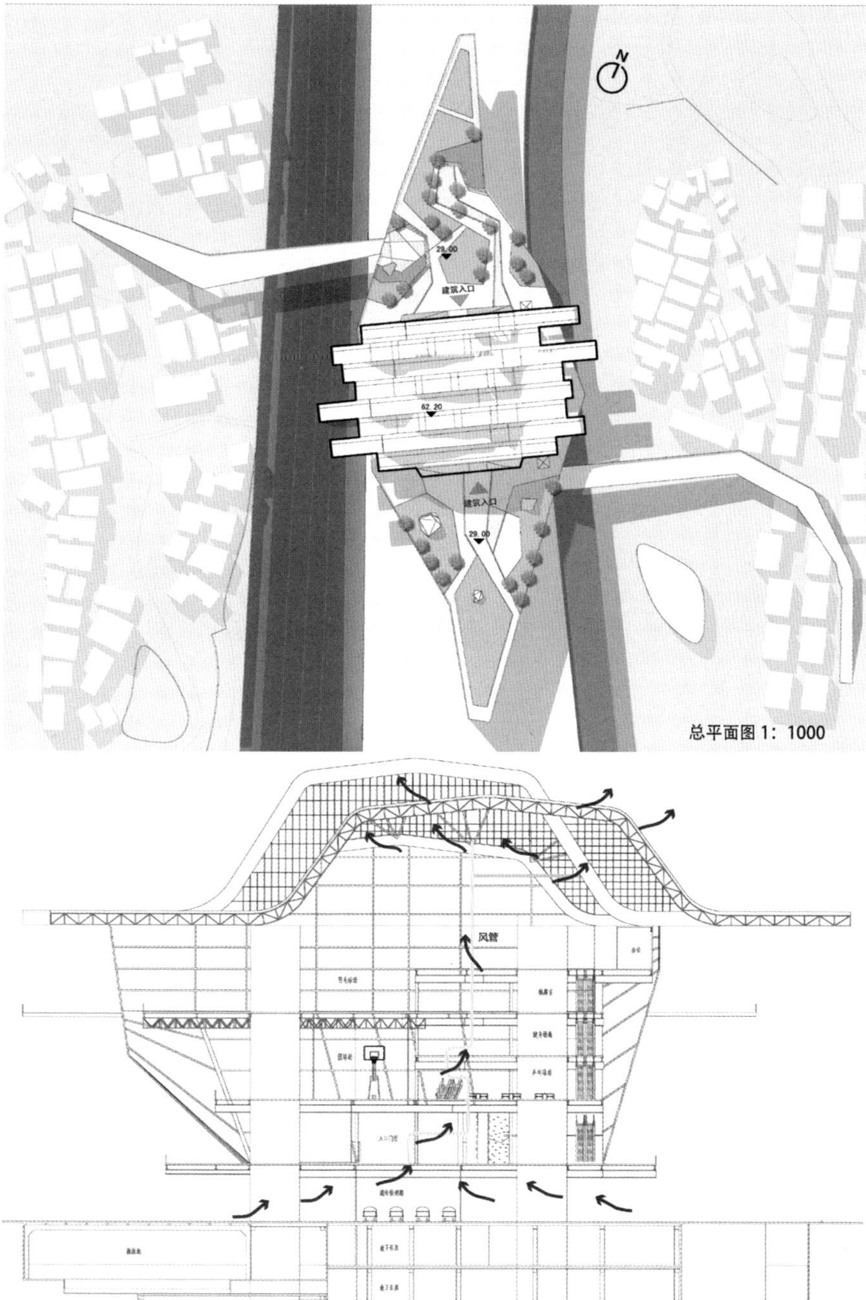

通风分析：高层建筑需要拔风作用以利于通风。热压作用与进出风口的高差和室内外的温差有关，室内外温差和进出风口的高差越大，热压作用越明显。在健身中心中，利用建筑内部贯穿多层的竖向空腔自动扶梯间等设置风道，在入口门厅层楼板处设置进风口，出风口设置在屋顶天窗上，使整层常年不见阳光，所以很凉快，也达到温差大的目的。通过这个热压通风使建筑内部通风变好，将污浊的空气从室内排出。

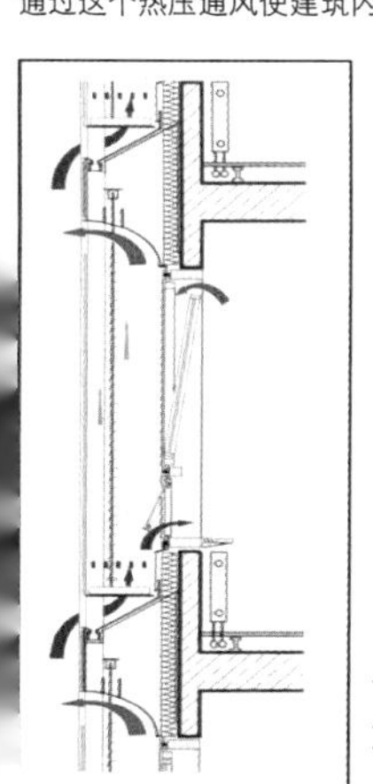

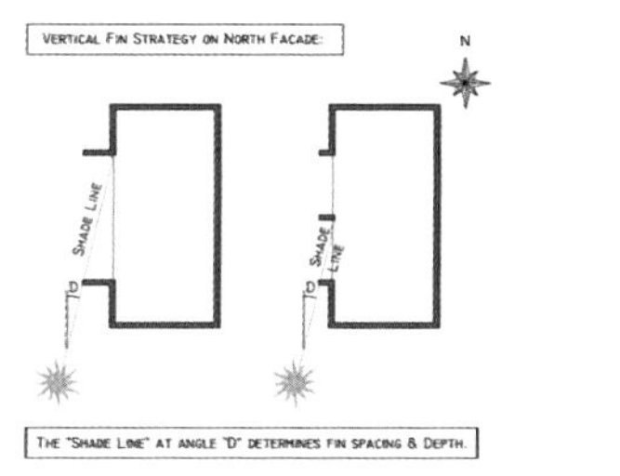

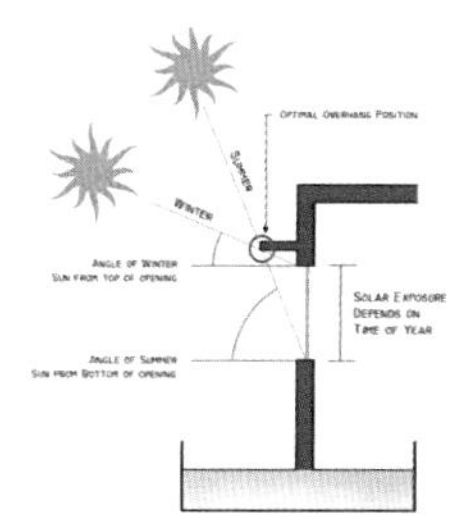

采光分析：深圳市关于采光的问题主要是怕夏季光照过于强烈，造成光污染。因此如何在天气炎热的时候将过于强烈的光挡出去，留下比较柔和的适合于室内使用的光线很重要。因此在天窗上设置固定角度的百叶窗反射一部分强烈的太阳光照，过滤掉强光而留下比较柔和的光线。百叶窗的角度由深圳炎热天气的太阳高度角决定。深圳 6-10 月 天气都比较炎热，6-10 月上午 10 点到下午 14 点的太阳高度角大约在 43 度到 90 度之间，所以设定百叶窗的倾斜角度为 43 度，这样大约 43 度的太阳光可以通过天窗上的百叶直接反射出去，减少建筑的炎热程度。

总体结构分析

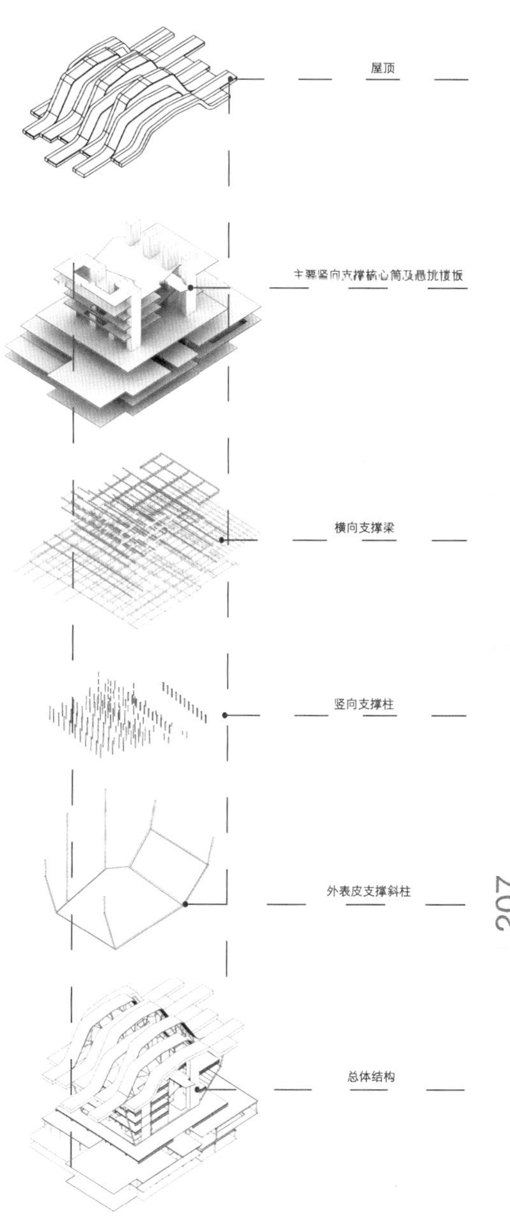

207

屋顶结构分析

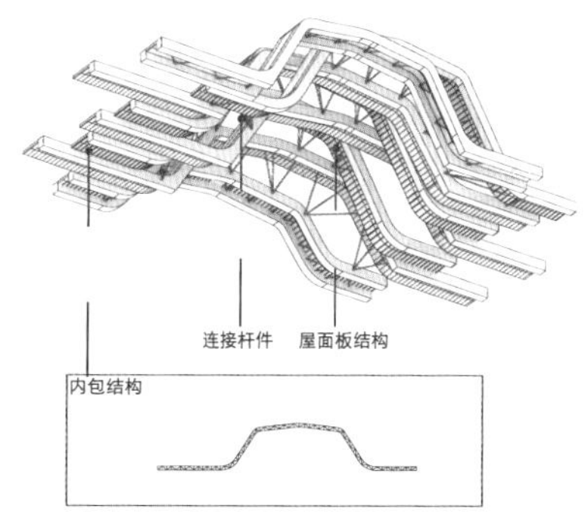

主体结构采用悬挂结构。屋顶与悬挂结构的主体核心筒刚性连接。核心筒悬挑出各层楼板，楼板下面用钢梁固定，外表皮为折线形，由斜柱支撑。屋面板由檩条和桁架组成。不同屋面板之间用吊杆连接固定。

由关到结 From Guan to Knot
社区·互动·中心 Community interaction center

北京建筑大学
设计：王行
指导：马英＼郝晓赛＼刘博＼齐莹

区位分析

自上而下 | Top-down

深圳总体规划

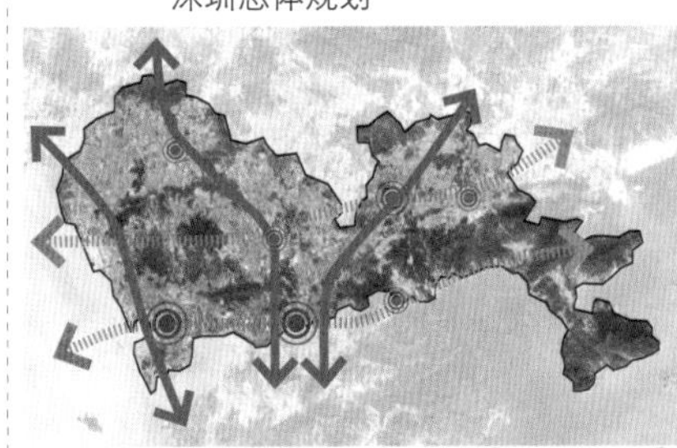

二线关

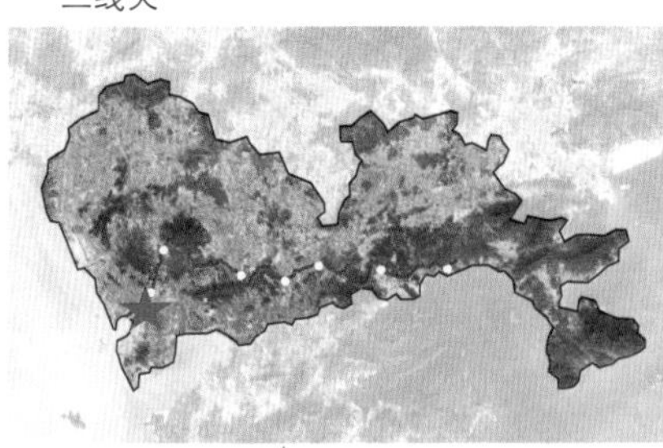

肌理断裂

在自上而下的深圳速度之下，一切以时间、速度、数量为先，以牺牲城市边界地段的环境品质为代价，导致结构肌理的断裂，南头关区域沦为被遗忘的城市边界地带……。

自上而下 | Top-down

1983年12月深圳特区检查站成立，深圳二线关正式启用。

1984南头关设立，是最早设立的“第一关”，图为**南头关联检大楼**。

1997香港回归，关内关外一体化改革发展，南头关成为阻碍发展瓶颈。

早在1998年，“二线关”的命运就变得飘摇起来。2003年，“二线关”存废的争论达到最高峰。

2015年6月南头关拆除。

生产制造业 1980 — 1990 — 金融、房地产 1998 — 2010 — 文化、生态 2016

农业

制造

工业

创意产业

深圳从一个以农业为主的小渔村，到如今积极推动创意产业发展，并以前所未有的速度崛起，于此同时，二线关的命运也为此牵动，经历了从南头关第一关的设立到被拆除，如今已进入后边界时代……。

场地分析

自下而上 | bottom-up

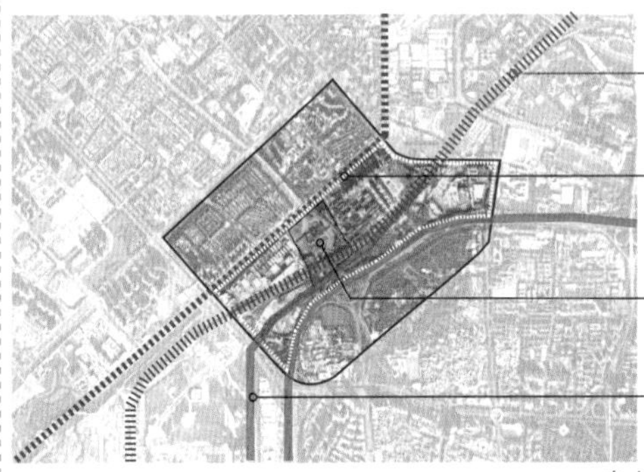

破坏力 ★★★★★ **南坪快速路**
连接城市高速路之间的南平快速路是一座尺度巨大、割裂感极强、对城市破坏力巨大的高架桥，同时形成了消极的负空间……。

环境质量 ★★ **二线**
曾经的边界巡逻道，同时也是南山区和宝安区的分界线，现场的铁丝网和亟待治理的河道，构成极为消极的图景。

环境质量 **关口检查站**
第一交警大队停车场、匝道盘绕的平南坪高架桥、噪音、反人性的空间环境等等，让人印象深刻……。

破坏力 ★★★★ **平南铁路**
作为场地的切割元素之一，破坏力极大，导致完整的一块城市绿地被一分为二，现状为停车场和荒地。

自上而下的规划 VS 自下而上的市井生活

显然，二者构成一对极为尖锐的矛盾，与其说是肌理结构的断裂，不如说是这两者的断裂。让矛盾双方互为和谐共存是本设计所要探讨的核心。

区位优势

一级城市中心

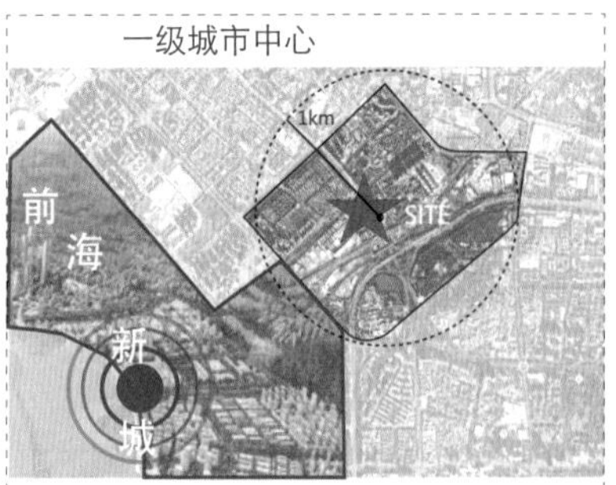

南头关片区毗邻前海一级城市中心，依托前海独特的区位优势，作为广东自贸区的重要组成部分，前海被称为“特区中的特区”，是国家实施“一带一路”的战略支点。

创新资源集中

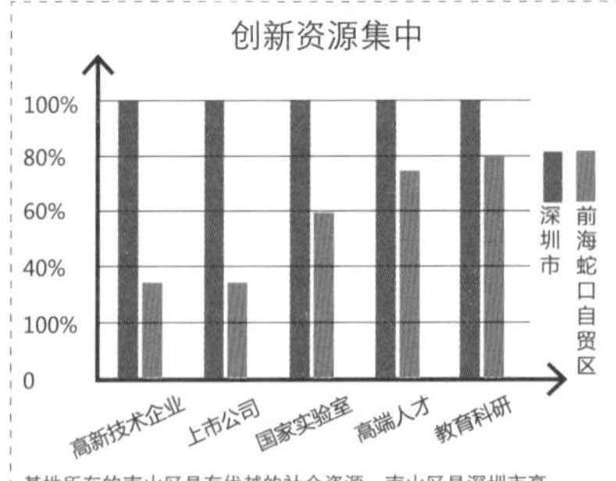

基地所在的南山区具有优越的社会资源，南山区是深圳市高新技术产业基地，是深圳市教育科研基地。

城市绿道

深圳是中国第一个在总体规划中引入了动感绿道的规划理念。南头关地处城市绿道13号线：双界河—茜坑森林公园山海风光线，绿道北段途经多个郊野公园，自然生态条件良好。

个人感言：

这次毕业设计的题目探讨的是城市边界问题，深圳二线关作为课题背景，具有很强的挑战性，我们组所选择的南头关现存的方方面面的问题也颇为复杂，由于题目的开放性，在梳理问题的同时，还要思考场地在后边界时代所扮演的角色，所以为了进行比较准确合理的定位，还需要对场地所在的城市区位进行宏观的分析和把握，而我在单体设计阶段，更侧重于对自下而上的市井人群的需求给予回应。总之，非常有幸参与这次联合毕业设计，使我在城市设计和单体设计得到了不同程度的训练，是一次非常难得、难忘的经历。

核心地段设计

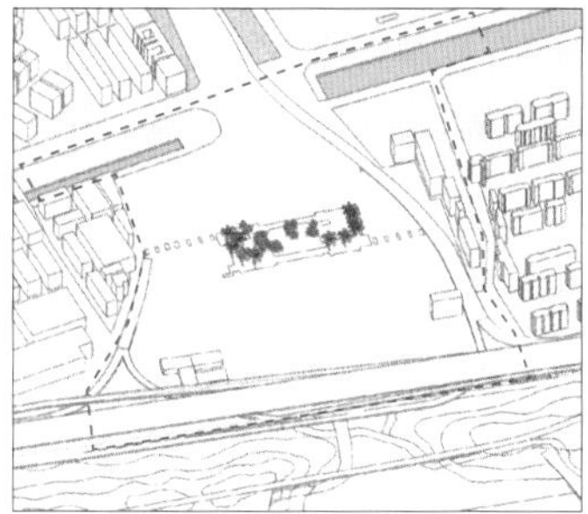

本场地有十二万平方米的用地空间，是深圳市民广场的四分之一。

场地的交通主要有：过境的G107广深公路、湖滨路、南坪快速高架桥的上下匝道，以及分开设立的公交站点。

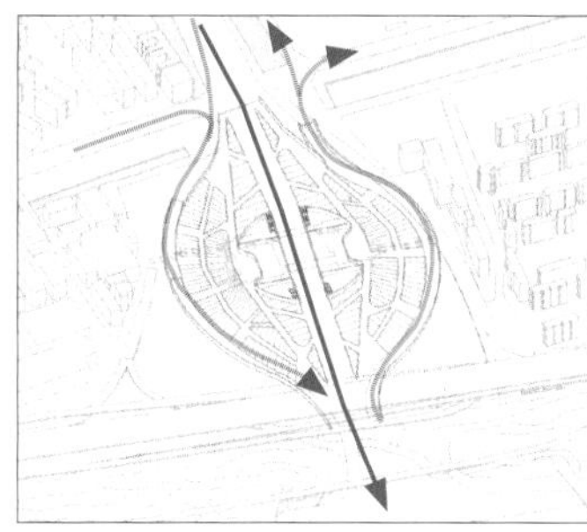

设计策略十分明确，过境交通置于地下，还地面于人民，隔绝噪音，湖滨路的车辆从地下汇入过境道路过境。

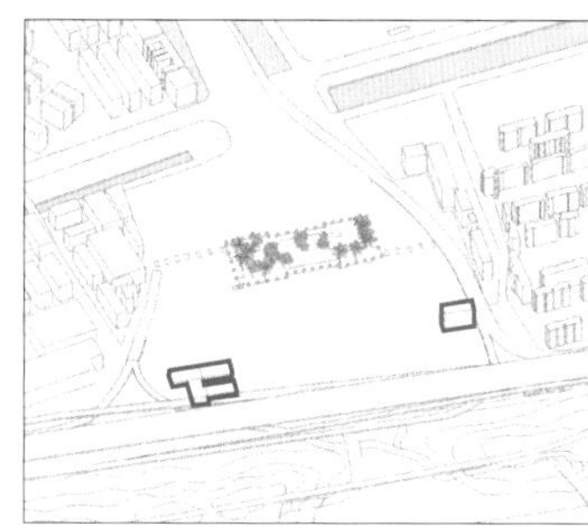

清整用地，拆除加油站和一些违章建筑，清理出具有利用价值的用地，保留树木，作为承载二线关记忆的容器。

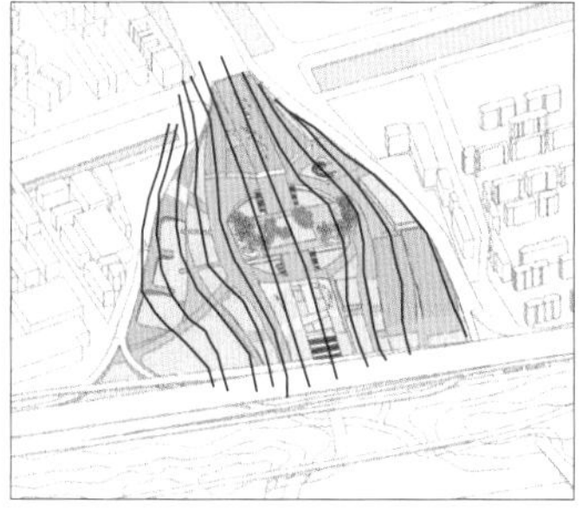

场地的秩序延续作为二线关过境检查站时的肌理，通过景观的方式，延续历史记忆。

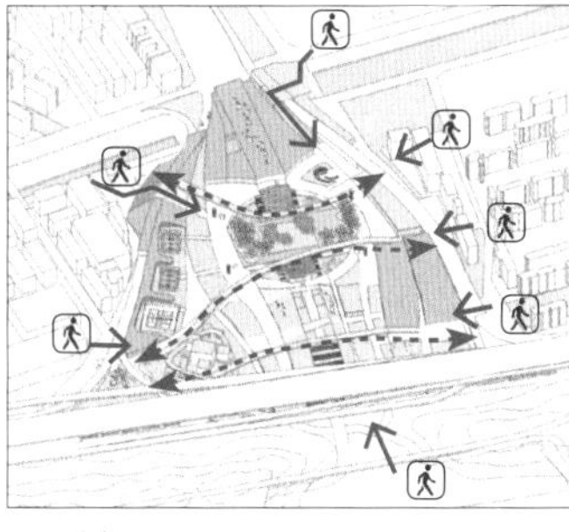

人流的来向决定入口位置，在主要节点形成开放的公共空间，打通东西封闭的边界，形成贯通东西的路径。

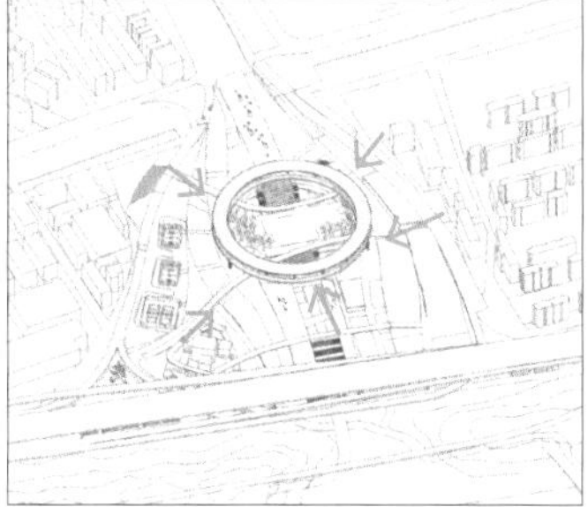

在曾经的检查站处形成核心焦点，用圆环来连接场地各部分，即形成了能够遮阳避暑的灰空间，同时增强领域感。

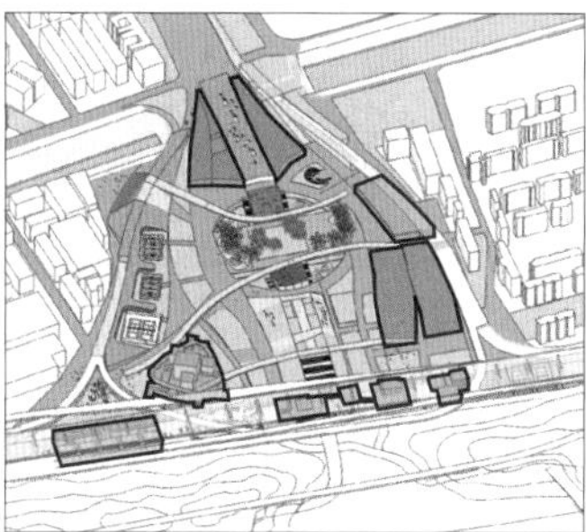

根据人流的来向和来源确定人群比例，在相应位置配置相应功能服务相应的人群，形成完善的功能组团。

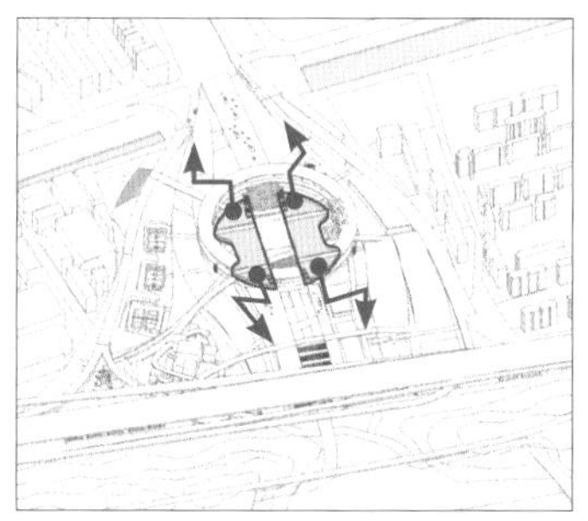

公共交通位于地下一层，出入口与圆环下沉广场相连，上来直接就是游客服务中心。

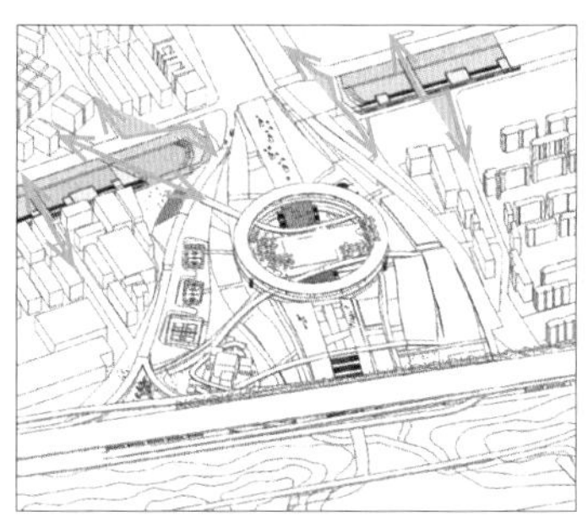

北侧二线滨水景观带，是前海绿廊的延续，拓宽河道，治理河水，和相邻城市发生互动关系，提升环境品质。

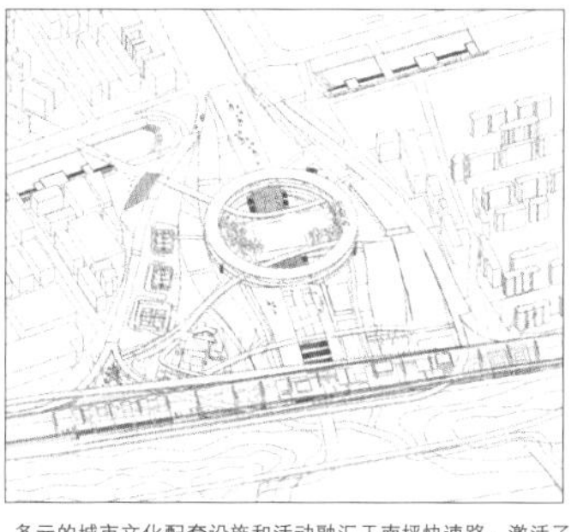

多元的城市文化配套设施和活动融汇于南坪快速路，激活了城市负空间，提供了邻里的服务，弱化了割裂感。

沿着基地的纵长轴线，把人们引导来到高架桥下，穿越高架，通过生态廊道，可直达中山、前海城市公园。

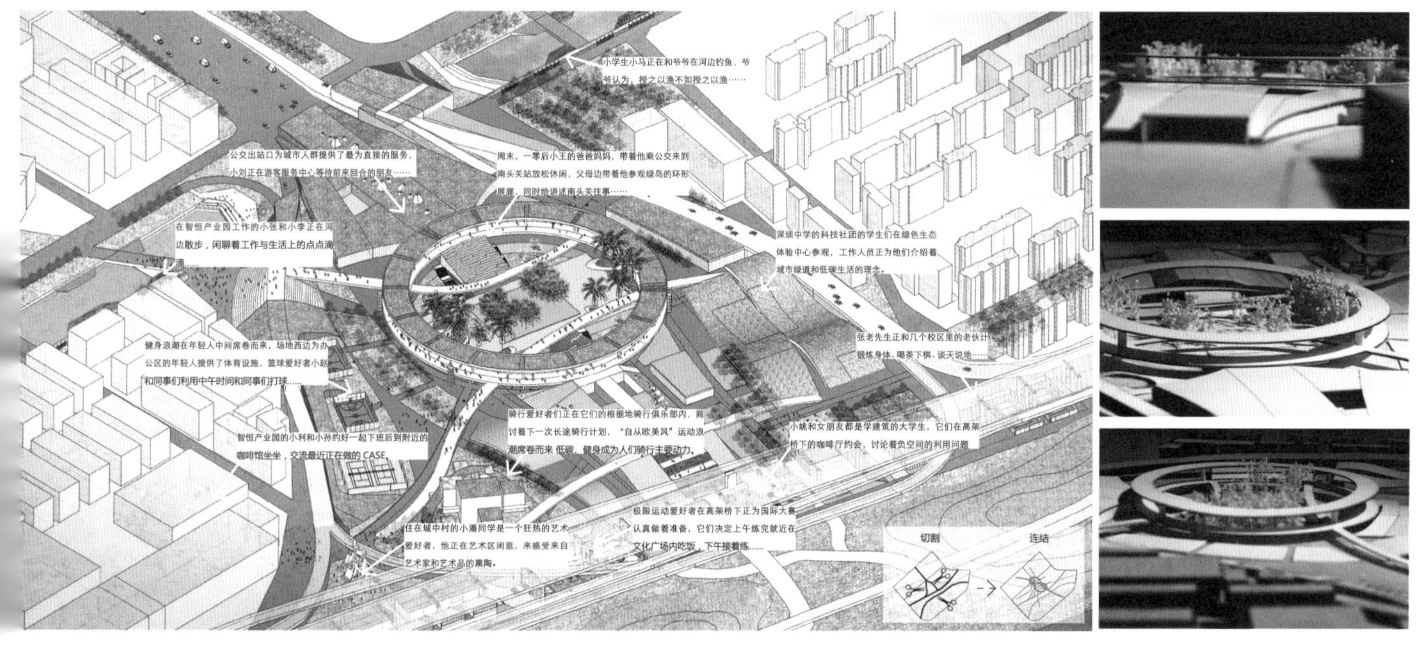

社区·互动·中心
Community interaction center

北京建筑大学
设计：王行
指导：马英／郝晓赛／刘博／齐莹

姑且将关内外归纳为小孩、青年人、中老年人三类人群，它们分别代表着二线关语境下的关内和关外两种群体。他们都和忙碌的社会之间存在不协调的地方。

在二线关的边界语境下，过境路进一步导致了东西两种人群的割裂，终于三类人群构成了相互清晰分隔的世界。

界限应该被模糊、冲破、超越，形成新的互动的世界。

文体互动区

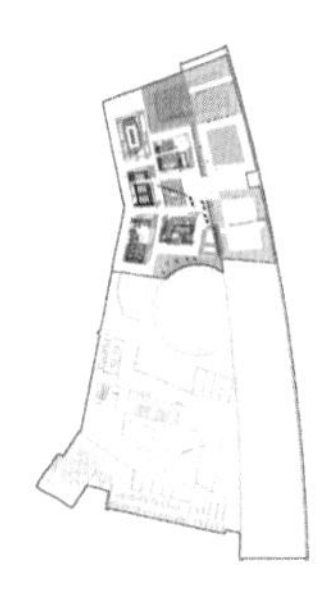

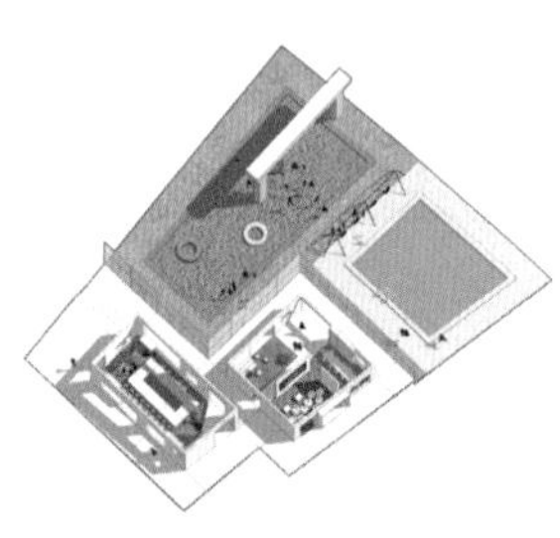

单元 1:　儿童活动区

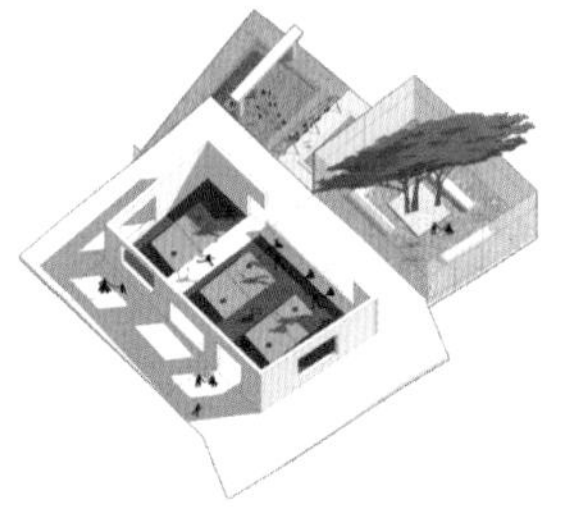

单元 2:　乒乓球室

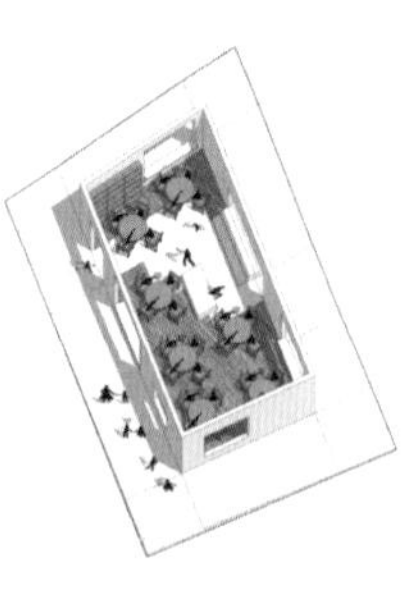

单元 3:　老人活动中心

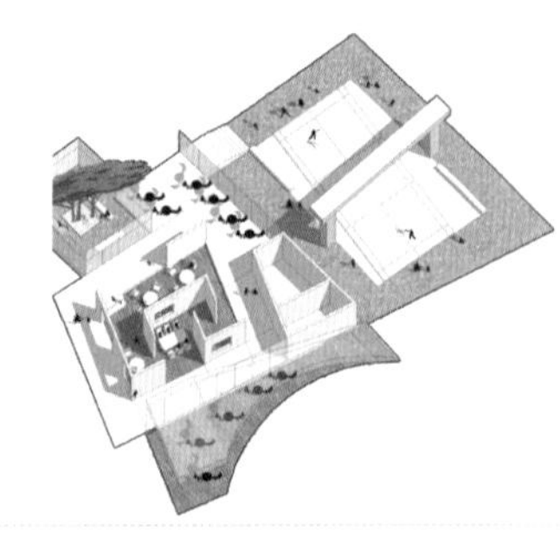

单元 4:　互动组团 = 动 · 庭院 + 自由空间 + 半室外空间

文艺互动区

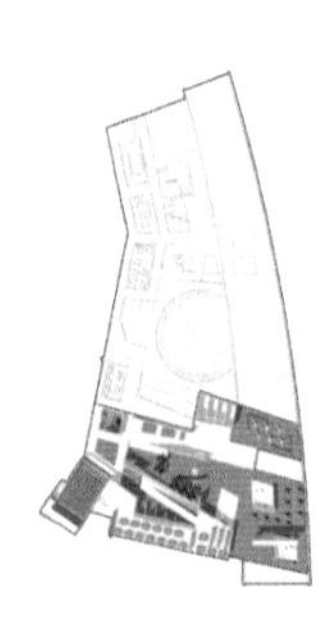

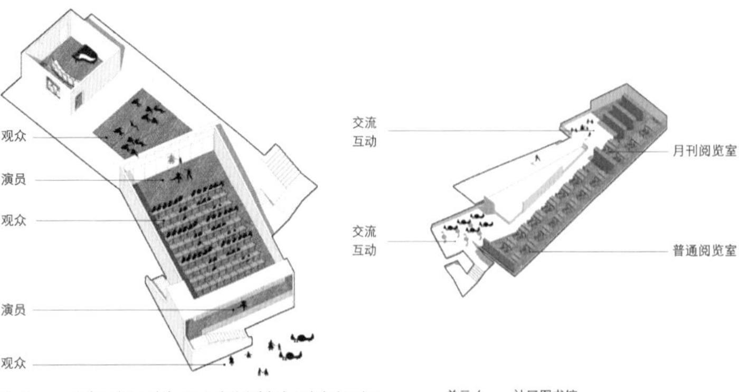

单元 5:　表演互动区 = 小音乐厅 + 室外表演舞台 + 半室内观众厅

单元 6:　社区图书馆

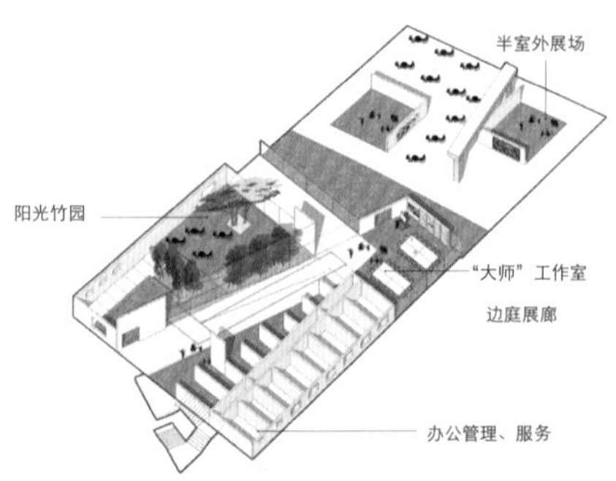

单元 7:　互动组团
画廊、展览 + "大师" 工作室（手工艺制作室）

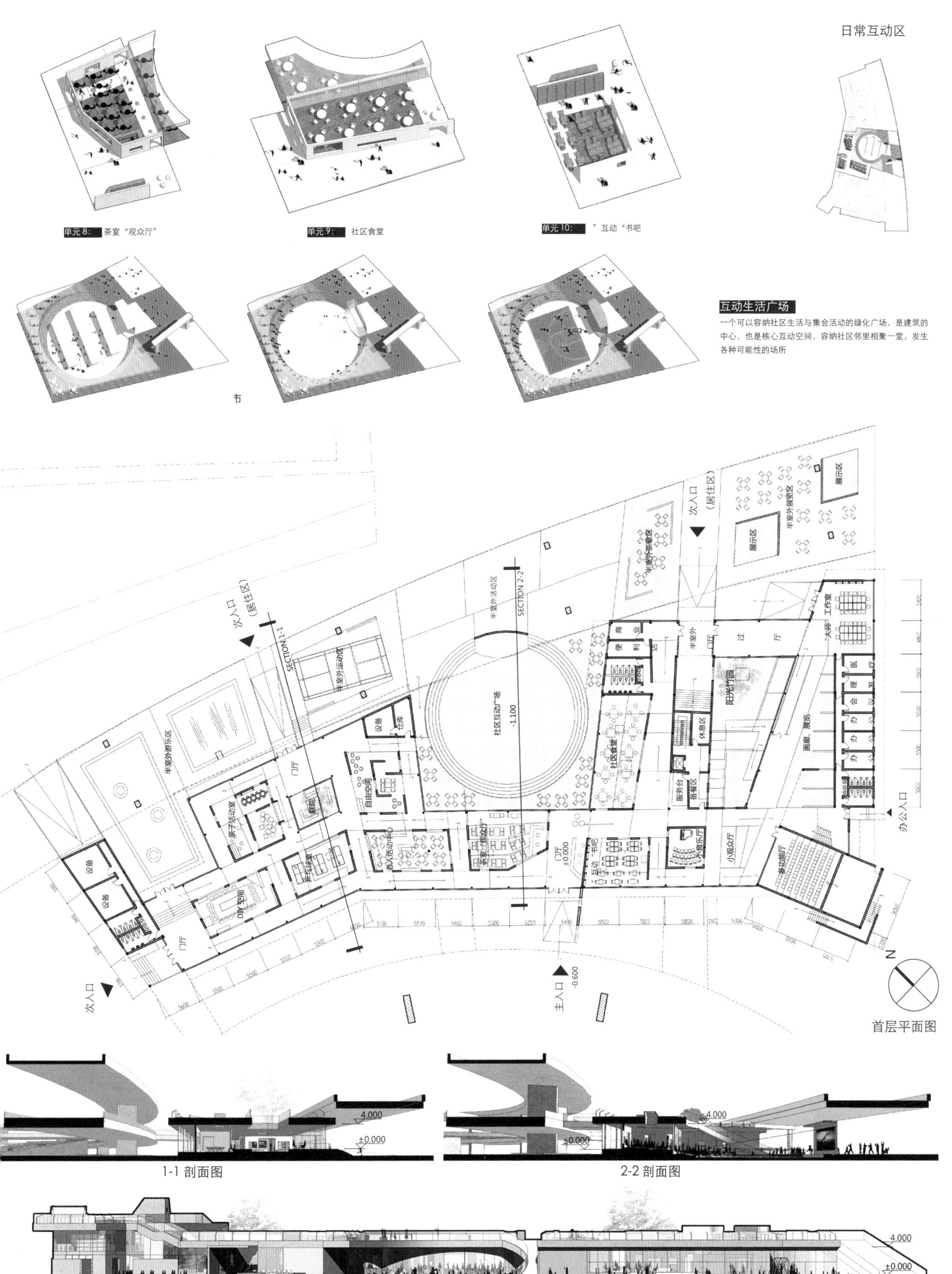
日常互动区
单元 8: 茶室"观众厅"
单元 9: 社区食堂
单元 10: "互动"书吧
互动生活广场
一个可以容纳社区生活与集会活动的绿化广场，是建筑的中心，也是核心互动空间，容纳社区邻里相聚一堂，发生各种可能性的场所
次入口（居住区）
主入口
办公入口
社区互动广场
-1.100
±0.000
-0.600
4.000
首层平面图
1-1 剖面图
2-2 剖面图
东北立面图

由关到结 From Guan Knot
绿色能量站 GREEN ENERGY STATION

北京建筑大学
设计：王琛
指导：马英＼郝晓赛＼齐莹＼刘博

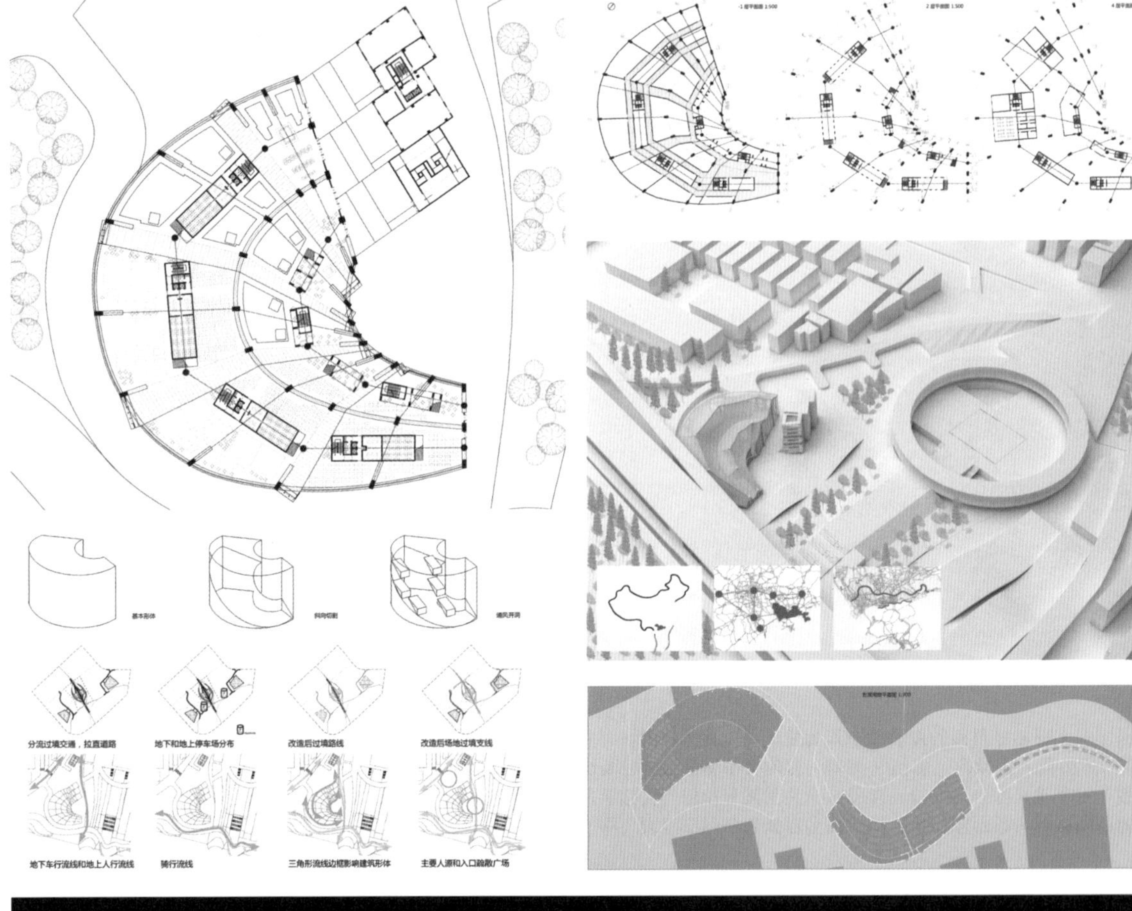

东南立面图

个人感言：

八零年到九二年的历史，是深圳诞生和发展的史诗。到了今天，纪念就发生在二线关，这种纪念深入了生活的骨髓，破而不立意味着价值观的丧失。

新的价值观生长于弱小却有力的组织，百公里徒步等健身活动预示着一种以环保主义为核心、以智能设施为手段的生活方式。我相信这种生活方式是一种必然的趋势。

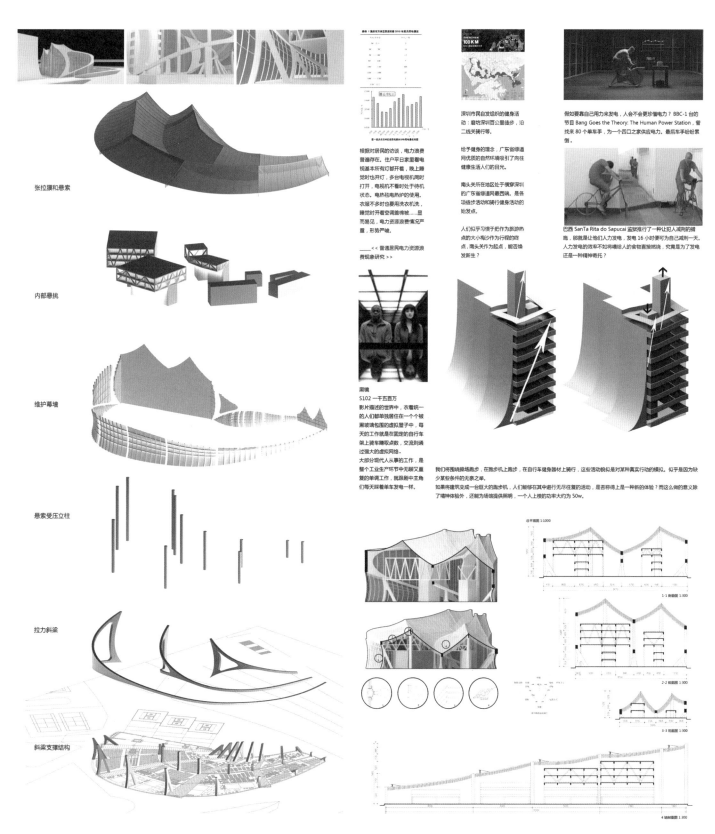

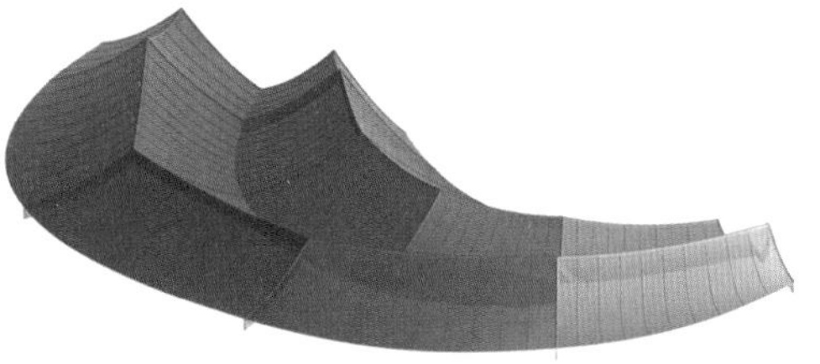

张拉膜和悬索

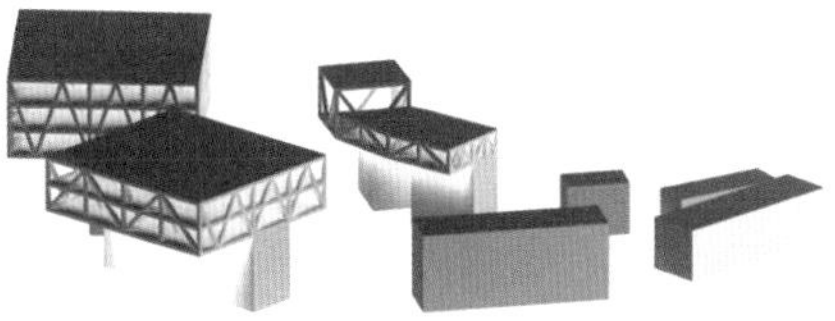

内部悬挑

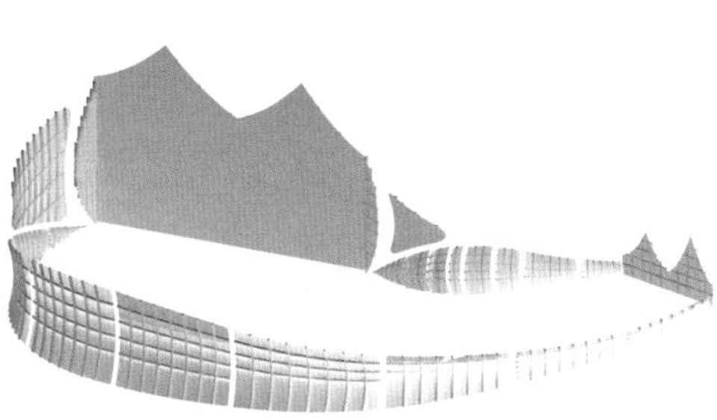

维护幕墙

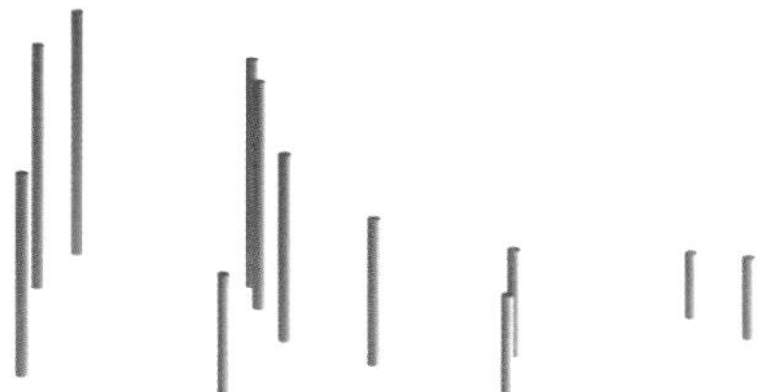

悬索受压立柱

拉力斜梁

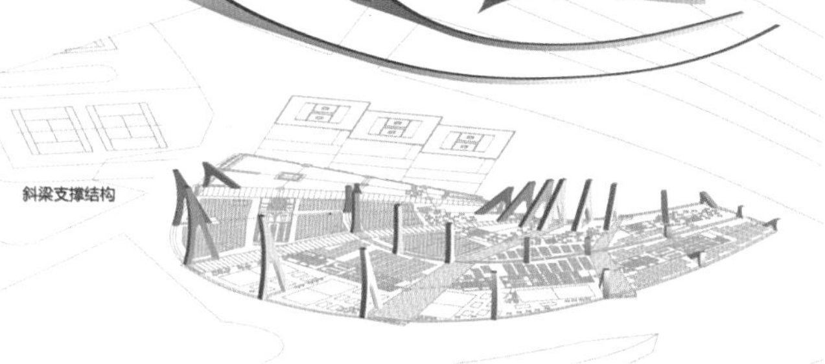

斜梁支撑结构

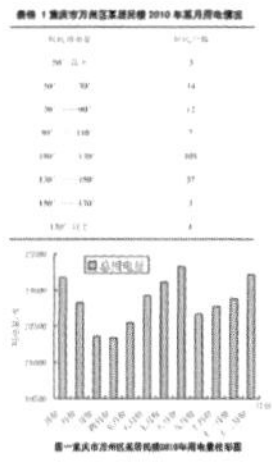

根据对居民的访谈，电力浪费普遍存在。住户平日家里看电视基本所有灯都开着，晚上睡觉时也开灯，多台电视机同时打开，电视机不看时处于待机状态。电热毯电热炉的使用。衣服不多时也要用洗衣机洗，睡觉时开着空调盖棉被……显而易见，电力资源浪费情况严重，形势严峻。

____<< 普通居民电力资源浪费现象研究 >>

深圳市民自发组织的健身活动：磨坊深圳百公里徒步，沿二线关骑行等。

给予健身的理念，广东省绿道网优质的自然环境吸引了向往健康生活人们的目光。

南头关所在地区处于横穿深圳的广东省绿道网最西端。是各项徒步活动和骑行健身活动的始发点。

人们似乎习惯于把作为旅游热点的大小梅沙作为行程的终点，南头关作为起点，能否焕发新生？

假如要靠自己用力来发电，人会不会更珍惜电力？BBC-1 台的节目 Bang Goes the Theory: The Human Power Station，曾找来 80 个单车手，为一个四口之家供应电力。最后车手纷纷累倒。

巴西 SanTa Rita do Sapucai 监狱推行了一种让犯人减刑的措施，那就是让他们人力发电，发电 16 小时便可为自己减刑一天。人力发电的效率不如将喂给人的食物直接燃烧，究竟是为了发电还是一种精神寄托？

黑镜

S102 一千五百万

影片描述的世界中，衣着统一的人们都单独居住在一个个被黑玻璃包围的虚拟屋子中，每天的工作就是在固定的自行车架上骑车赚取点数，交流则通过强大的虚拟网络。

大部分现代人从事的工作，是整个工业生产环节中无聊又重复的单调工作，就跟剧中主角们每天踩着单车发电一样。

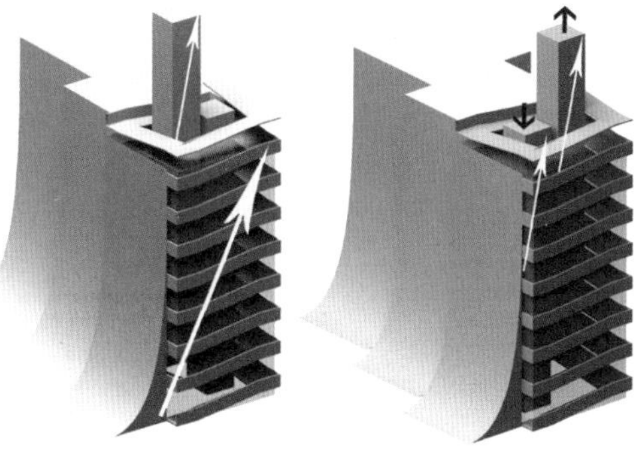

我们将围绕操场跑步，在跑步机上跑步，在自行车健身器材上骑行，这些活动貌似是对某种真实行动的模拟。似乎是因为缺少某些条件的无奈之举。

如果将建筑变成一台巨大的跑步机，人们能够在其中进行无尽往复的活动，是否称得上是一种新的体验？而这么做的意义除了精神体验外，还能为场馆提供照明，一个人上楼的功率大约为 50w。

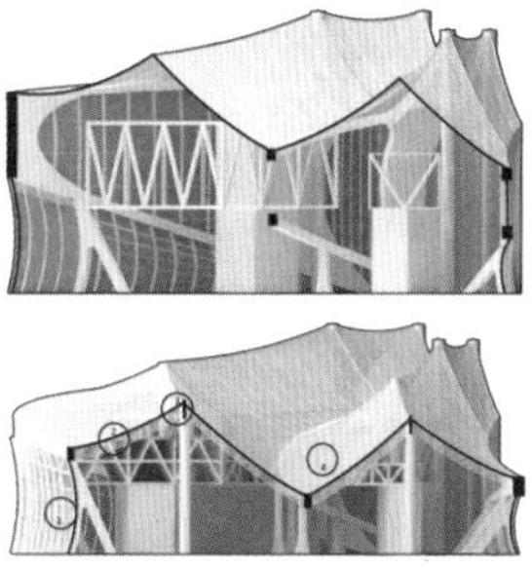

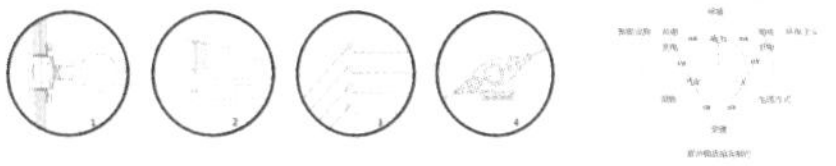

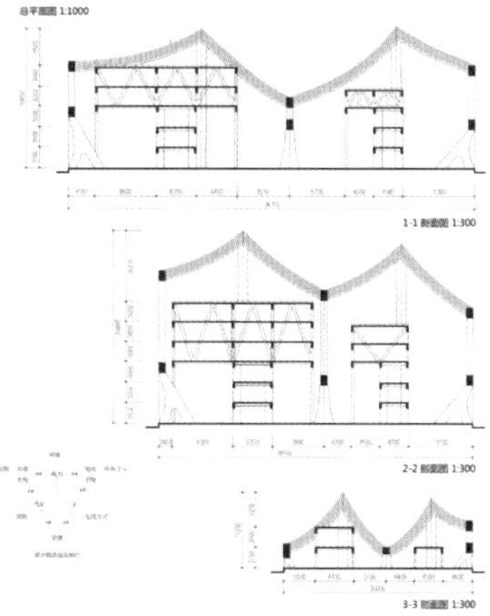

总平面图 1:1000

1-1 剖面图 1:300

2-2 剖面图 1:300

3-3 剖面图 1:300

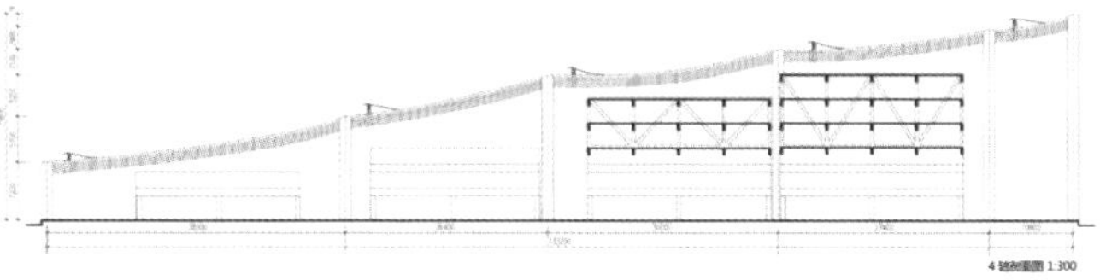

4 轴剖面图 1:300

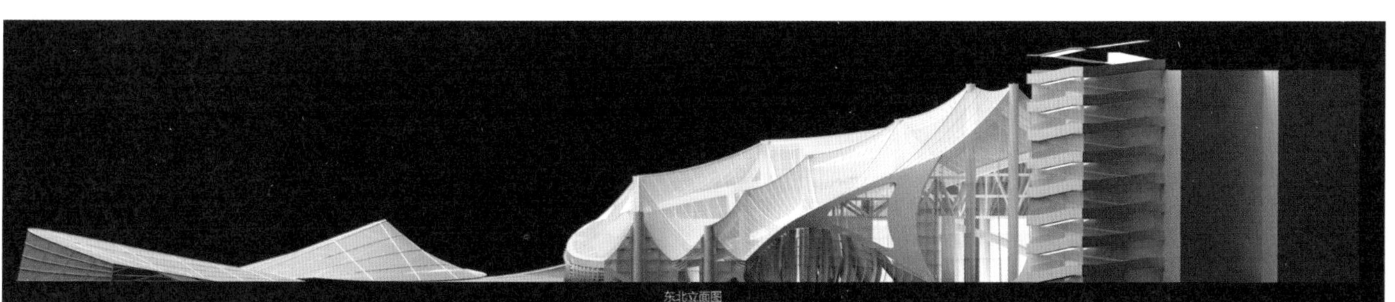

东北立面图

四界 Four Boundaries
溪涌关滨海综合服务中心
Xichong Coastal Services Center

北京建筑大学

设计：杨昆

指导：齐莹＼刘博＼郝晓赛＼马英

区位分析

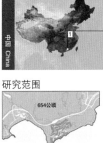

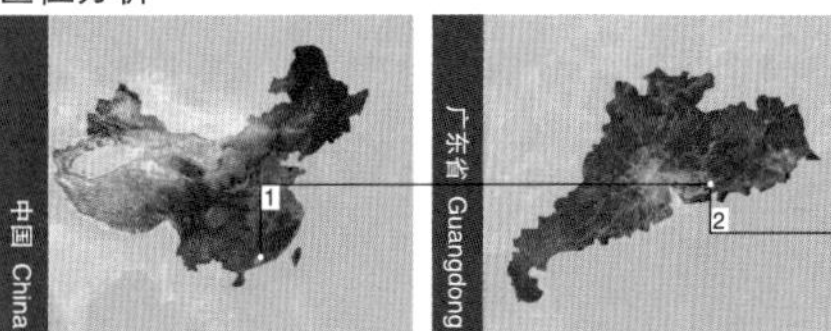

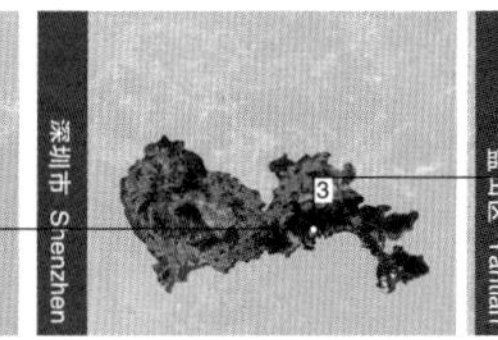

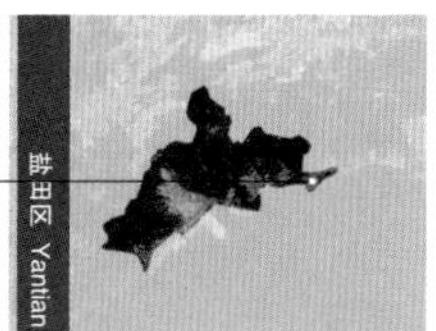
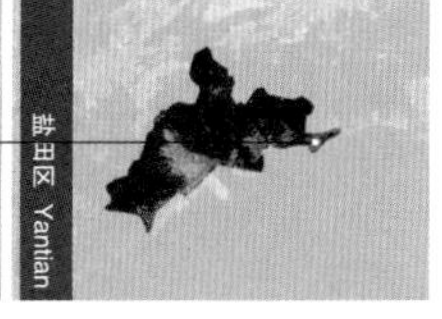

研究范围　规划范围　用地现状　用地策划

溪涌关位于葵涌街道溪涌社区，因其旁有溪涌河、其后有溪涌山而得名。溪涌检查站成立于2001年5月，副团级编制，负责查验经盐坝高速公路进特区的人员、车辆。验证大厅验证通道8条，日常开通1条；车检道8条，日常开通3条。大鹏所城位于大鹏半岛中部，古称大鹏守御千户所城，始建于明洪武二十七年（1394年），是岭南重要的海防军事城堡，明、清两代在抗击倭寇、葡萄牙和英殖民主义者的斗争中发挥了重要作用，今东、西、南城门仍存。2001年6月，大鹏所城被国务院公布为第五批"全国重点文物保护单位"。

GIS分析

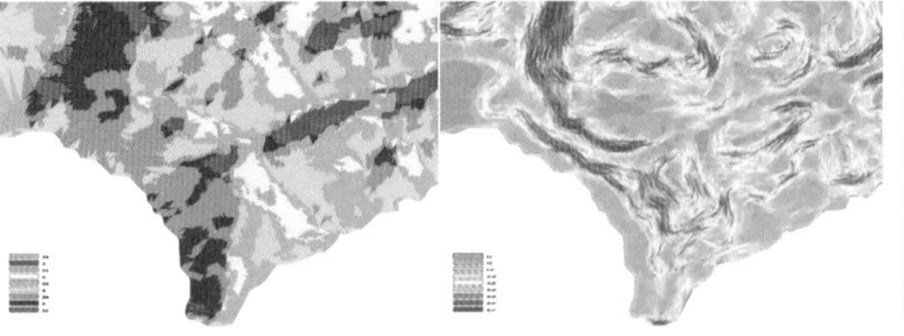

适宜性级别	坡向范围
不适宜（1）	北坡
较不适宜（3）	东北、西北坡
适宜（5）	东、西、西南坡
最适宜（7）	南、东南坡、平地

适宜性级别	坡度范围	特点
不适宜（0）	>35度	山地地区，风景优美，土壤相对薄弱，植被受破坏后不易恢复，同时开发对周边影响也很大，规划区主要景观视域，地质灾害潜在区
较不适宜（1）	25-35度	丘陵地区，风景优美，土壤相对薄弱，植被受破坏后不易恢复，同时开发对周边影响也很大，规划区主要景观视域
适宜（3）	15-25度	丘陵向河谷过渡地区，地形破碎，同时是主要的汇水区域
较适宜（5）	8-15度	平原地区，地形平坦，开发对环境影响很小
最适宜（7）	0-8度	平原地区，地形平坦，开发对环境基本无影响

剖面分析

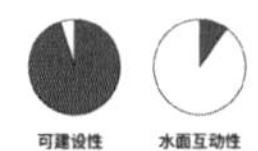
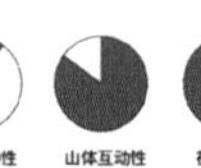
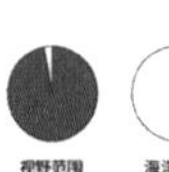
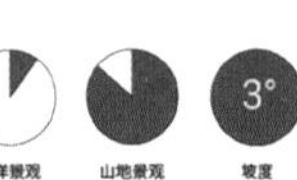

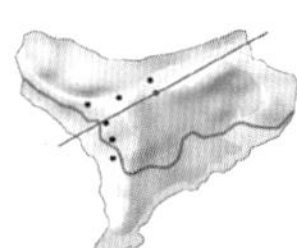

• 适宜建设 / 视线指向性强 / 山体左右对称 / 庄严肃穆

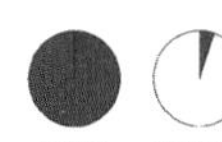

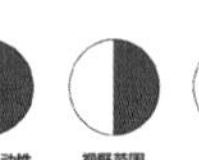
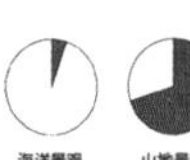

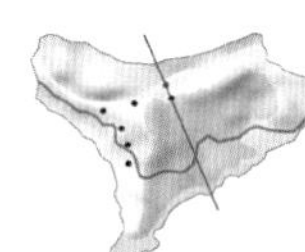

• 适宜建设 / 视线指向性强 / 连续上坡 / 具有纪念性、仪式感

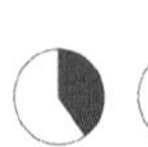

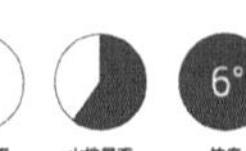

• 较适宜建设 / 南侧山体遮挡视线 / 北坡，北侧高速路 / 视线被遮挡，与基地隔绝

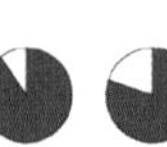

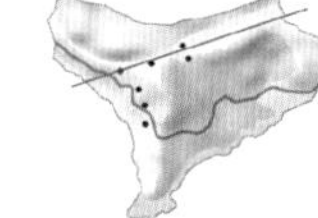

• 西单方向面海 / 坡度大，适宜景观 / 可做挑出的户外景观平台

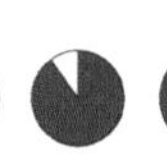

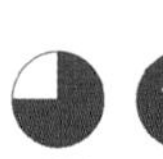

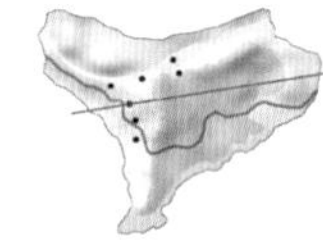

• 海景视野好 / 无遮挡 / 可做观景平台 / 室外景观

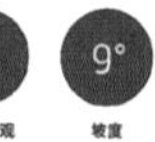

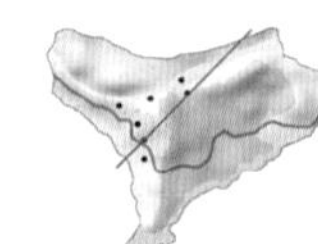

• 海景视野好 / 与滨海建筑有视线沟通 / 可与滨海建筑屋顶产生联系

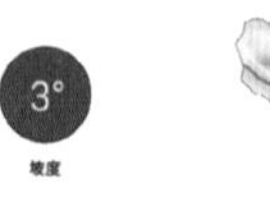

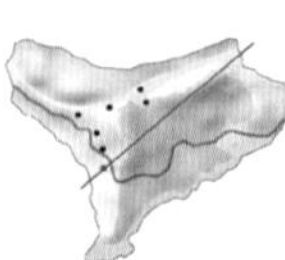

• 西面，南面海景 / 近水、与水面互动性强 / 适宜码头，滨海栈道 / 活泼、服务型建筑

个人感言：

面对这次的题目，需要考虑的方面太多了，并且需要从城市设计到单体设计的全方位考虑，所以感觉难度很大。但是通过这次的设计，也让我从一系列的历史事件看到了一个城市的发展以及随之而来的矛盾。对于城市，有了全新的认识，也对建筑师在城市发展和居住环境的营造过程中的角色有了新的思考。如何去解决实际问题并且依旧保持自己的初衷不被过多的影响，成为接下来的学习中值得深思的一个方面。

道路系统

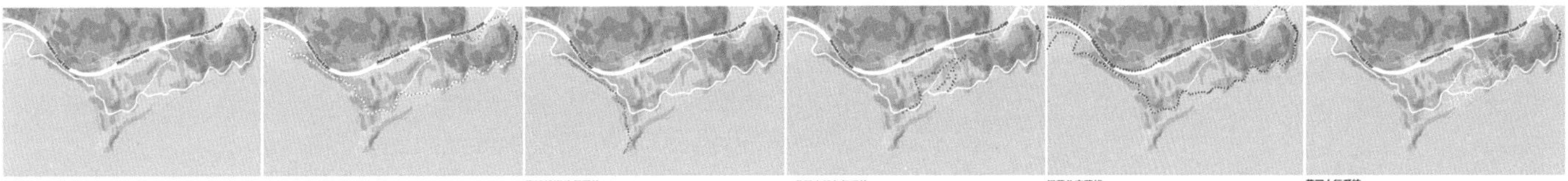

现有路网

骑行线路

海滨栈道步行系统

墓园内部车行系统

扫墓公交路线

墓园人行系统

公共空间系统

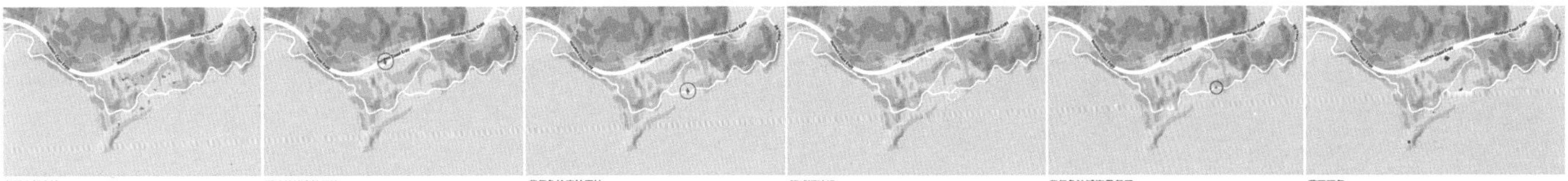

墓园内部空地

溪冲关检查站原址

背仔角检查站原址

篮球活动场

背仔角沙滩海景餐厅

墓区服务

景观系统

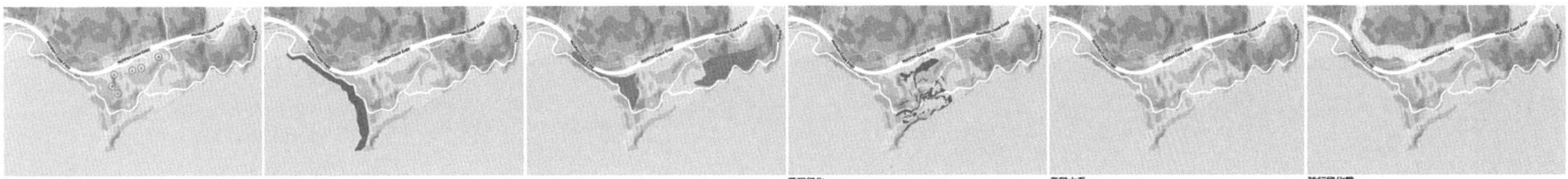

墓园内景观至高点

滨海沿线绿化带

盐葵路沿途绿化

墓园绿化

墓园水系

骑行绿化带

路线分析

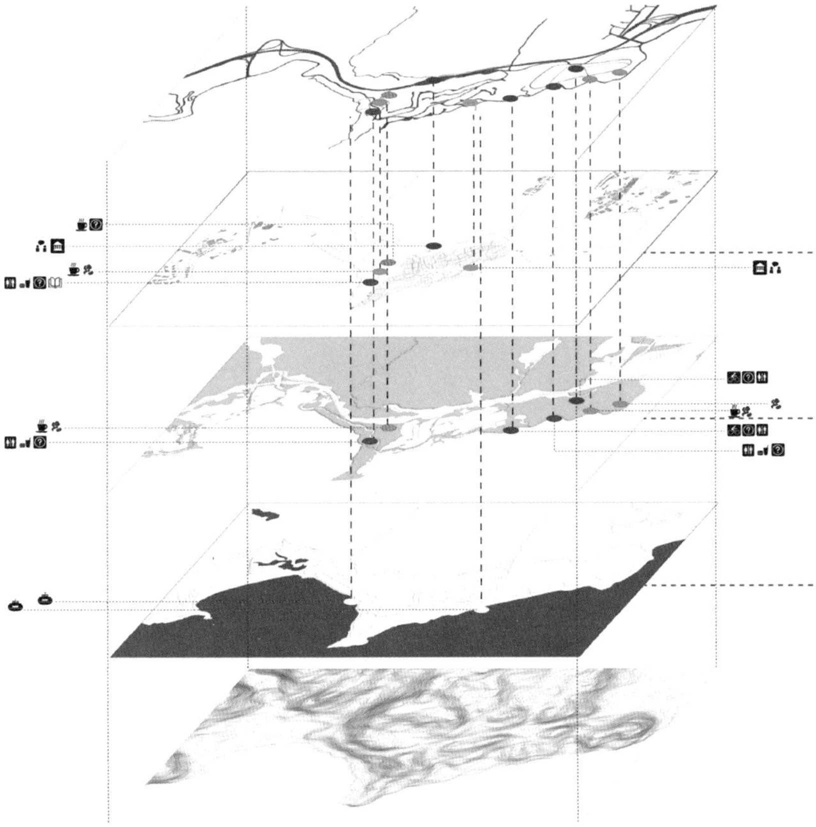

祭扫 Memory

展览 Exhibition

服务 Service

休憩 Rest

骑行 Cycling

供给 Supply

餐饮服务 Restaurant

山间栈道 Mountain Walkway

垂钓 Fishing

游船 Ferry

码头 Pier

滨海栈道 Waterfront Walkway

模型照片

室外透视

1-1 剖面图

2-2 剖面图

总平面图

3-3 剖面图

室内透视

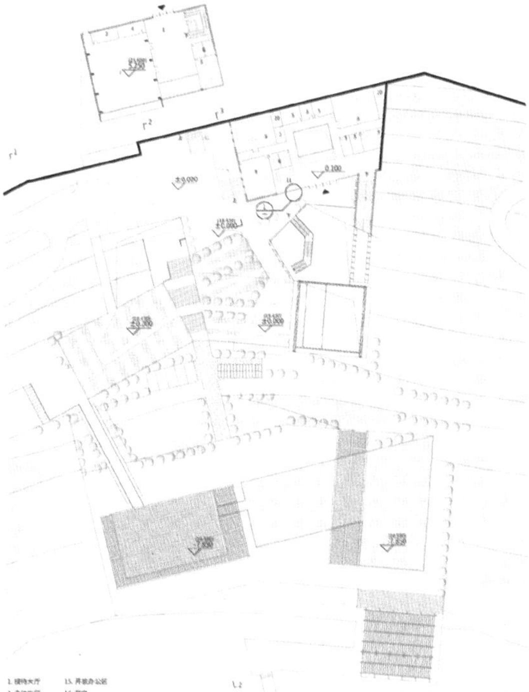

海拔 16m 处平面图

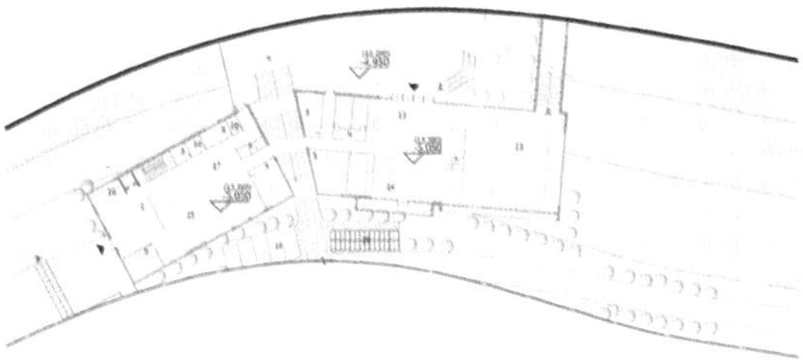

1. 接待大厅
2. 多功能厅
3. 设备间
4. 灯光控制室
5. 办公
6. 卫生间
7. 展示长廊
8. 接待室
9. 会议室
10. 储藏室
11. 商店
13. 图书服务大厅
13. 图书馆
14. 咖啡厅
15. 开放办公区
16. 厨房
17. 打印区
18. 临时停车位
19. 自行车停车位
20. 码头服务大厅
21. 售票
22. 餐厅厨房
23. 库房
24. 更衣室
25. 餐厅前台
26. 候船区
27. 码头

海拔 20m 处平面图

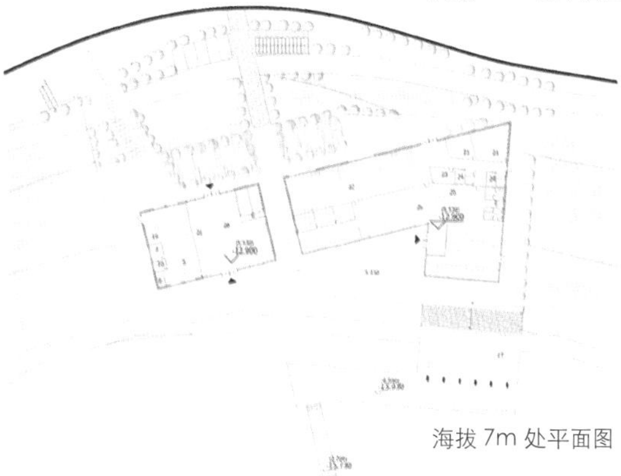

海拔 7m 处平面图

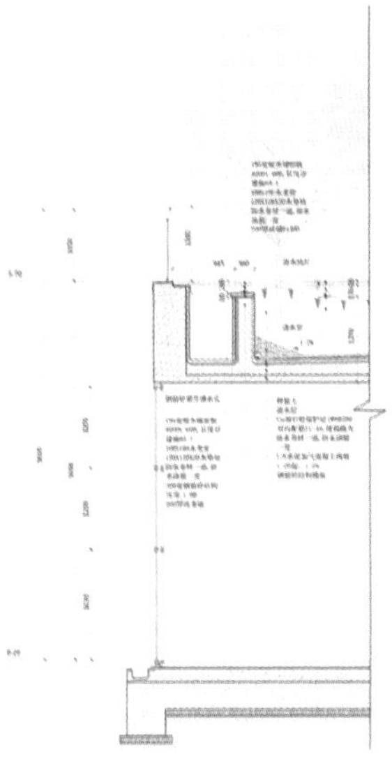

节点大样图

四界 Four Boundaries
界陵 A Mausoleum of the Boundary

北京建筑大学
设计：齐璞真
指导：齐莹＼刘博＼郝晓赛＼马英

设计说明

溪涌关周边地区在二线关沿线中具有与其他城市功能属性明显不同的特性。溪涌关及其后的背仔角关不仅是二线关的最后关口（一重界），也是一线关——香港与深圳的交界处（二重界），同时具有山地 - 滨海（三重界）与大鹏湾华侨公墓 - 大小梅沙风景区的生死边界（四重界）。

针对开关前后溪涌关地区呈现出的祭扫人群服务容量不足，客流量受季节制约明显，整体发展与二线关沿线其他地区脱节等问题，我们将溪涌关 - 背仔角关与深圳城市原有的滨海栈道 / 骑行路线和墓园出入口整合为一个一体的围绕墓园展开的城市绿道区域，并根据绿道主要人流来源，使用体验流线与地形等在绿道路线上选择 3 个节点分别进行建筑深化设计。

设计基地位于背仔角关检查站原址附近，在溪涌关 - 背仔角关绿道规划中的功能定位为“延续”，即作为完整游览流线中的第二个游览目的地，并服务休闲骑行的人流。

背仔角关紧邻华侨公墓与海岸线，是生死边界与山 - 海环境边界冲突最明显的区域。设计以延续与织补墓园到海岸线的建筑肌理与体验为出发点，延续溪涌关纪念馆将原有建筑景观化的语言，在此基础上用架空的景观回廊来实现山地建筑 - 海岸线的肌理过渡、延续以及与观展流线交织的可能性。

建筑经济技术指标

总用地面积：6392.6 ㎡
总建筑面积：3159.2 ㎡
容积率：0.49
建筑密度：43.8%
绿化率：19.2%

设计生成

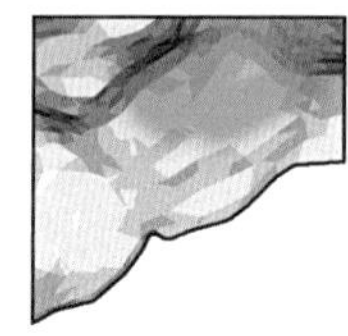

场地GIS分析

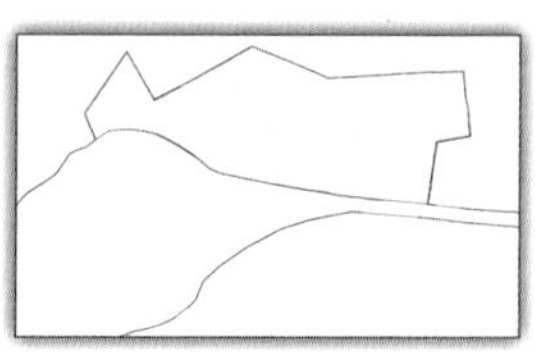

可建设用地范围

墓地建筑语言：等高线控制的错落与单侧线性体验

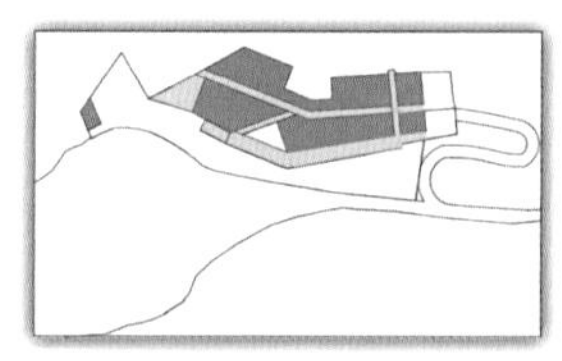

提取并应用于建筑形体

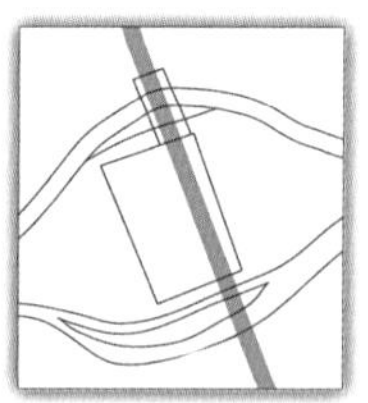

背仔角关原址与二线关最后的界线

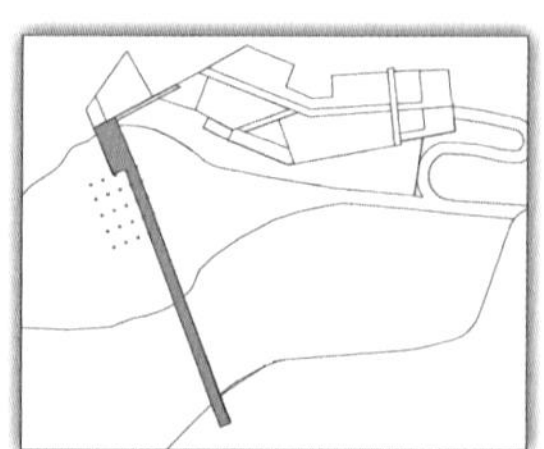

原有建筑景观化
界线纪念景观道

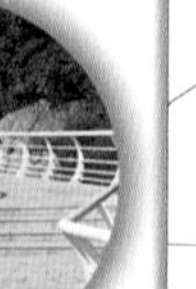

滨海栈道景观

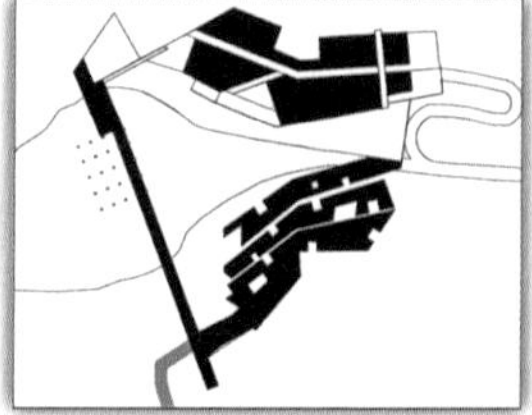

延续建筑肌理的景观
整合/织补景观流线

个人感言：

课题聚焦二线关东端的溪涌关及相邻的大鹏湾公墓地块，研究城市结构的织补、公共生活的连续和生态基质的修复。选题具有显著的理论价值和紧迫的现实意义。该毕业设计包括现状调研、问题剖析、城市设计与景观编码设计策略研究若干阶段，借鉴景观都市学的理论和方法，在地块与周边的整体区域范围内，研究包含结构、组织与元素的景观环境编码系统，着重聚焦斑块、通径和脉流三种组织，提出激发、引导和控制城市空间再兴和景观生态修复的系统而富有弹性的设计策略，并且具有容纳在时间进程中调整变化的能力。

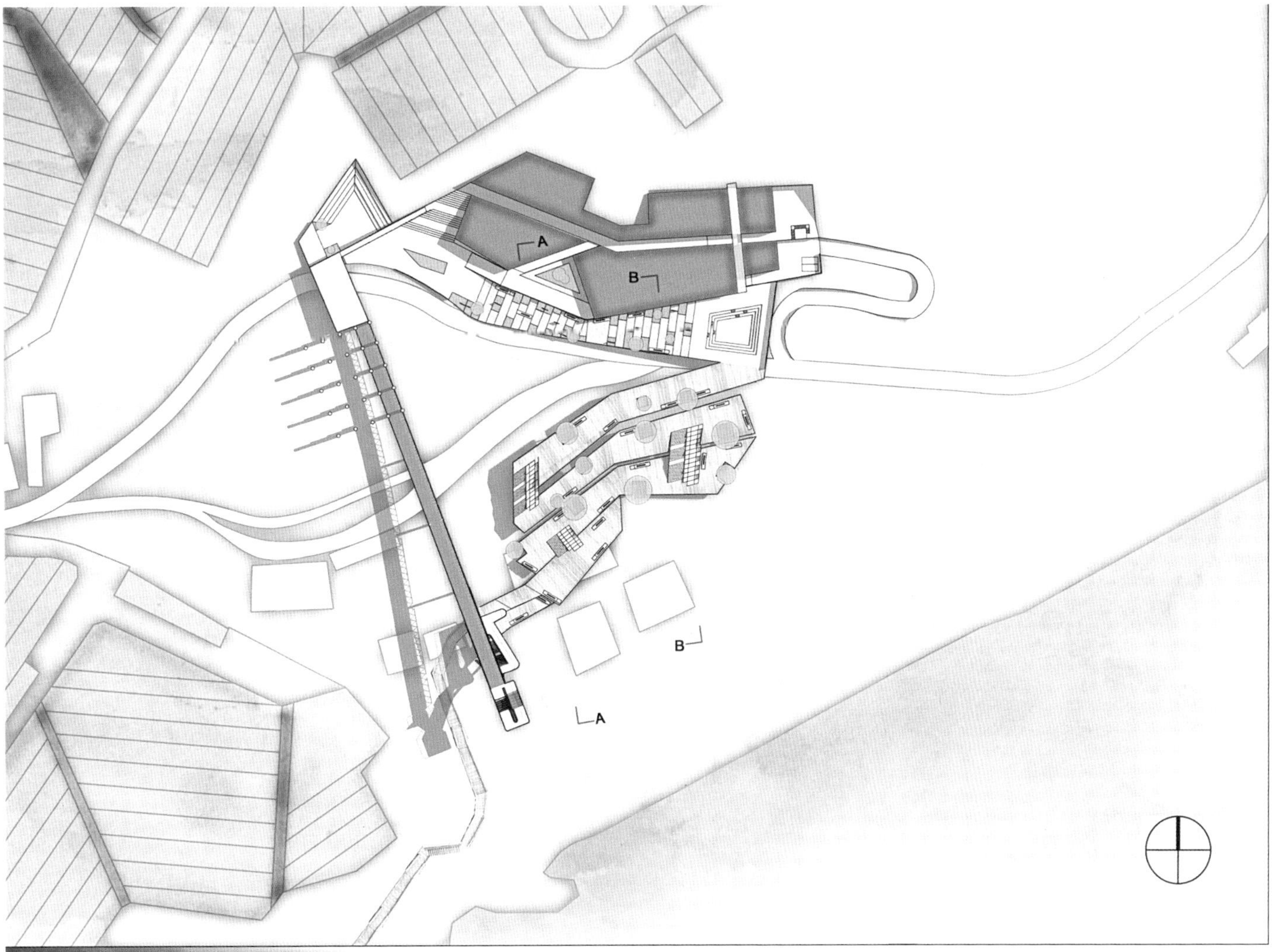

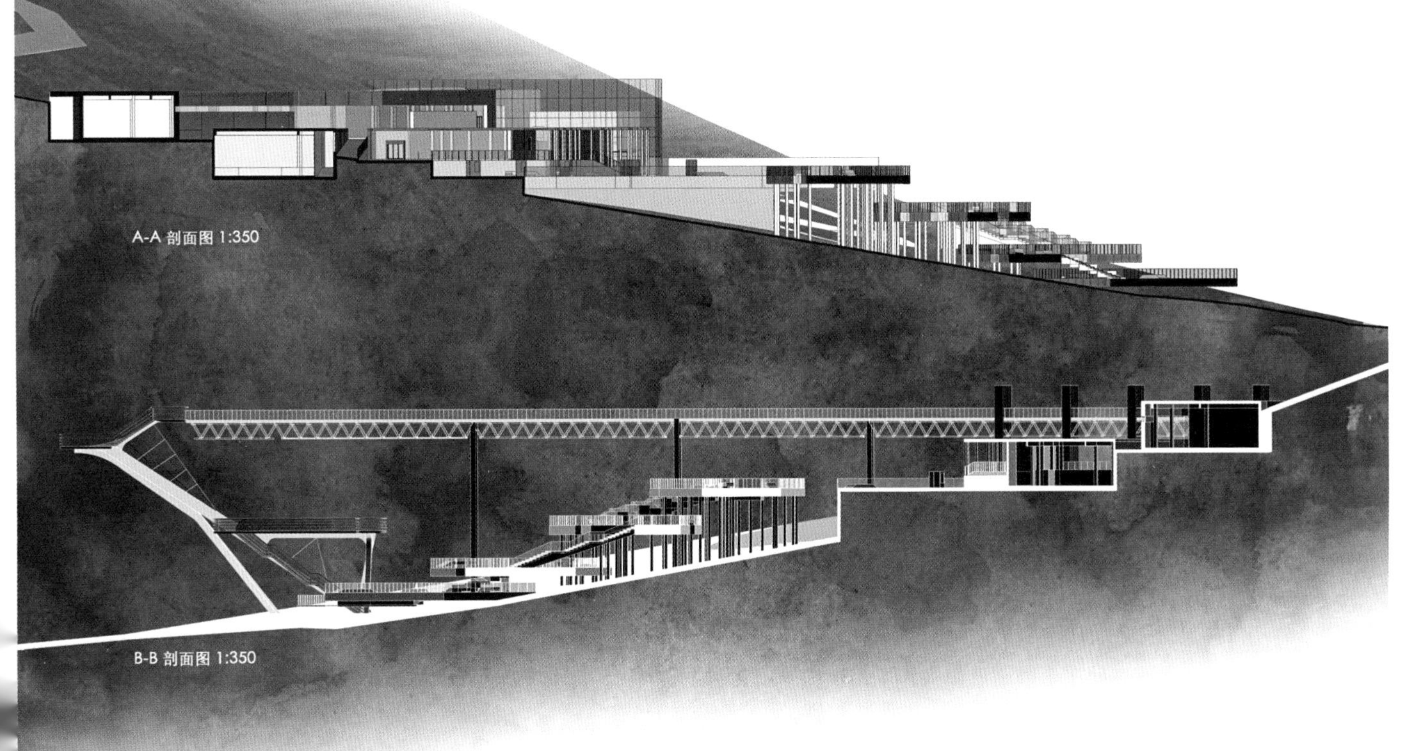
A-A 剖面图 1:350
B-B 剖面图 1:350

界陵

背仔角关二线关历史文化纪念馆

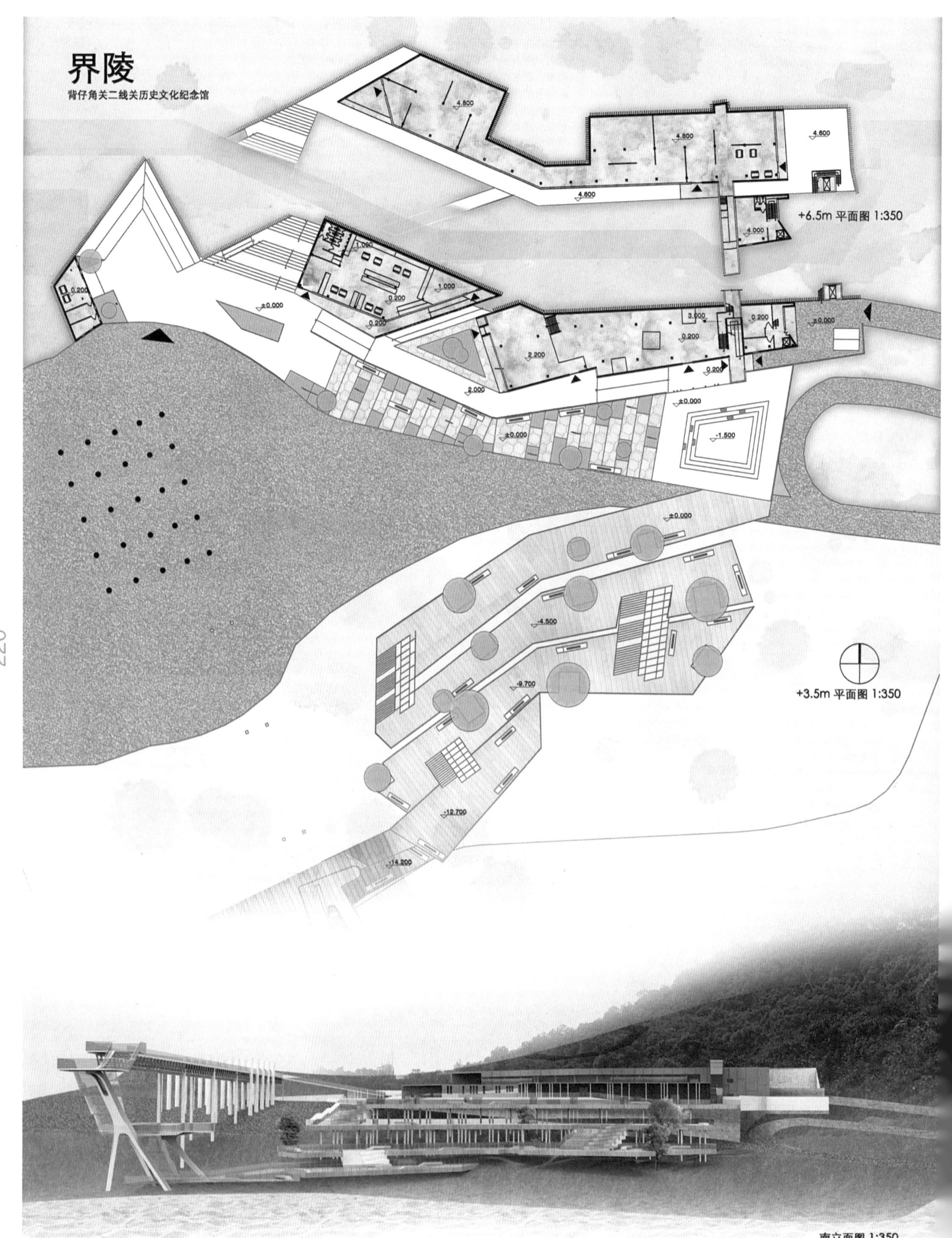

+6.5m 平面图 1:350

+3.5m 平面图 1:350

南立面图 1:350

鸟瞰图

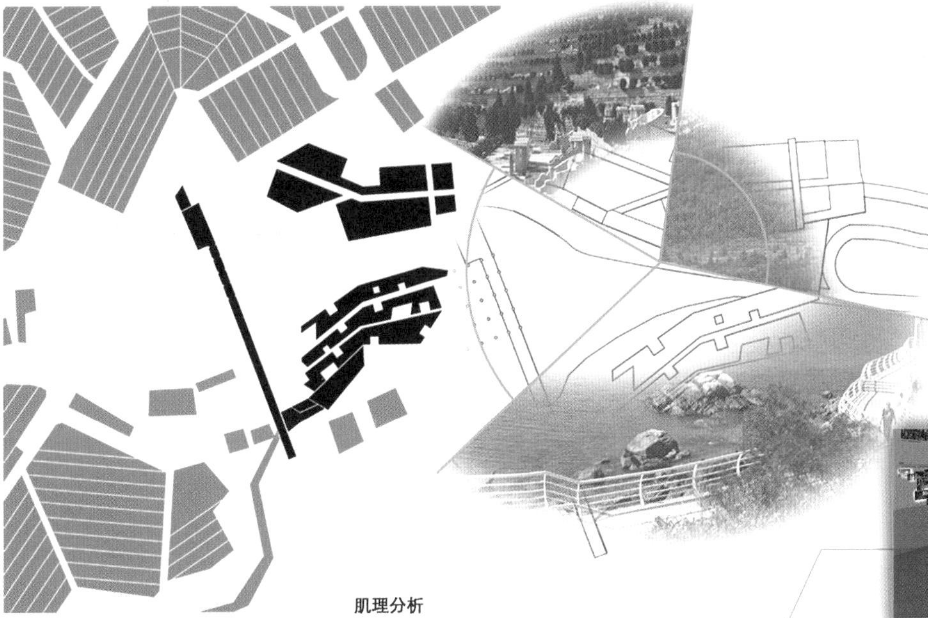

办公管理
休息区
楼梯连廊
记忆—城市历史馆
山地—滨海景观回廊
新生—城市发展馆
文献资料馆
背仔角关纪念景观区/瞭望台
售票/问询

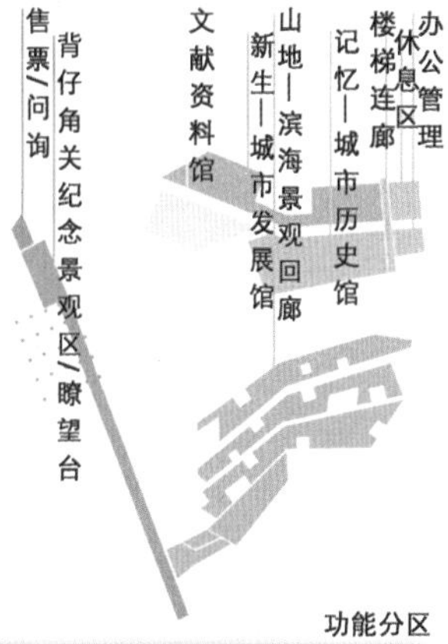

视线景观

功能分区

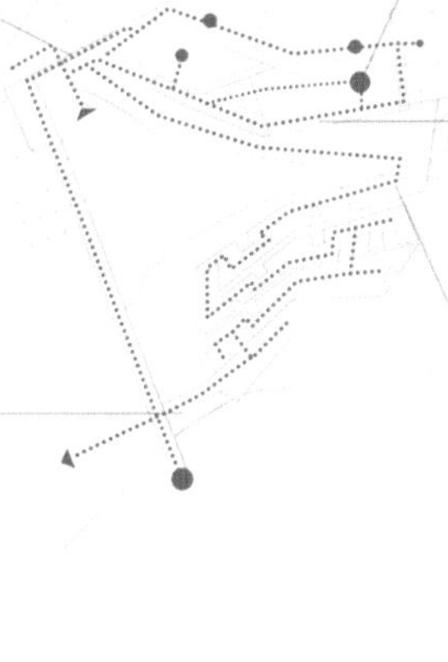

肌理分析

四界 Four Boundaries
溪冲华侨纪念馆
Oversea Chinese memorial

北京建筑大学
设计：刘天舒
指导：齐莹＼刘博＼郝晓赛＼马英

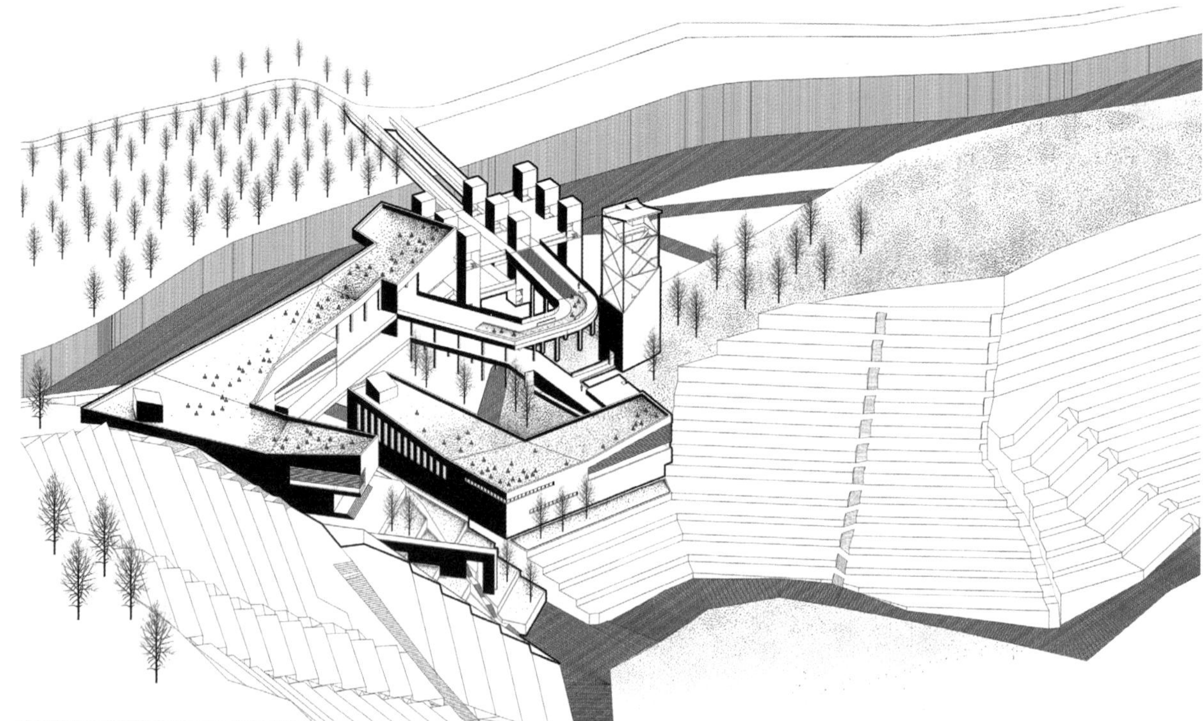

建筑周边环境分析

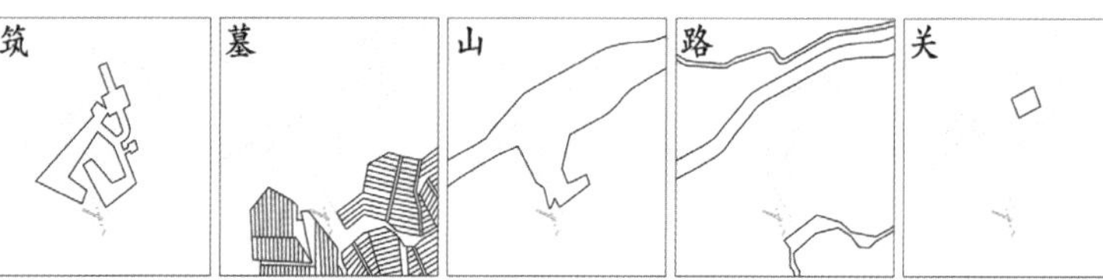

经济技术指标：

用地面积：24939平方米　　绿地面积：20162平方米
建筑面积：16250平方米　　绿地率：81%
办公面积：2200平方米
展厅面积：9704平方米

建筑剖面图

建筑流线分析

纪念流线：

纪念流线的起点位于华侨墓园北端，祭扫者在祭扫过后怀着沉重的心情一路沿楼梯上行至华侨纪念馆内部，在纪念馆内部观看展览，领略普通人的人生故事，看平凡世界的悲欢离合，对自己的生活或能有所感悟，而后从纪念馆离开继续前往西边的景观区。

骑行流线：

骑行流线是广东省绿道系统的延续，在深圳段为以二线关全线为线索的绿道，通过一连桥将骑行流线引入场地内部，在纪念馆内部有骑行连桥，将骑行者引至西边的滨海景观区。骑行者也可将车存放至纪念馆的自行车停车场，然后进入纪念馆内部观展。

车行流线：

车行流线满足展馆内部车辆的通行需求，观展车辆禁止入内。为运输展品以及日常办公，车辆可从场地东边的公路驶入场地，而后可绕场一周返回东边公路，途径了所有主要建筑。路面石砖铺地，平时也可满足人行需求。

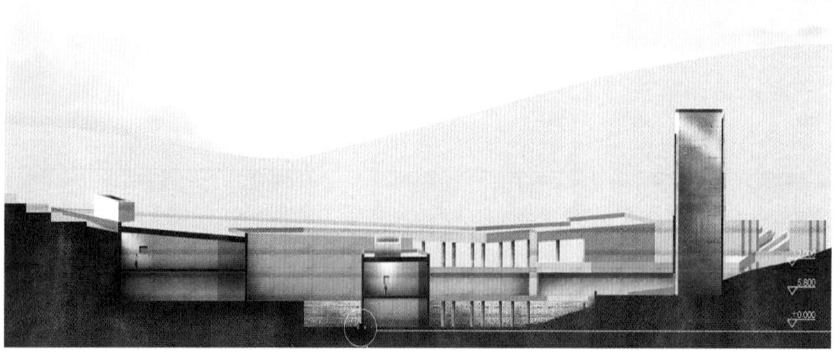

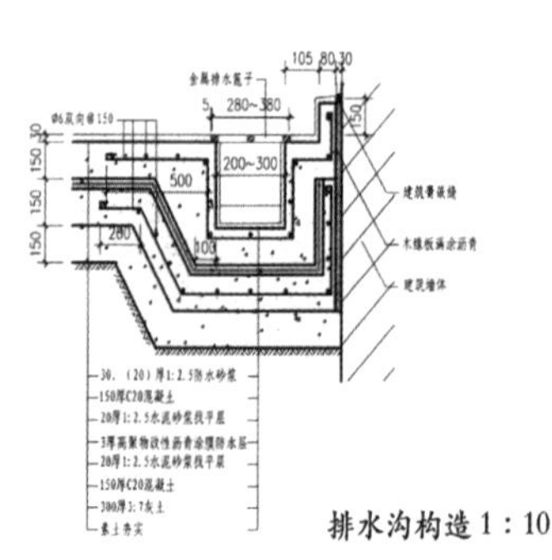

排水沟构造 1：10

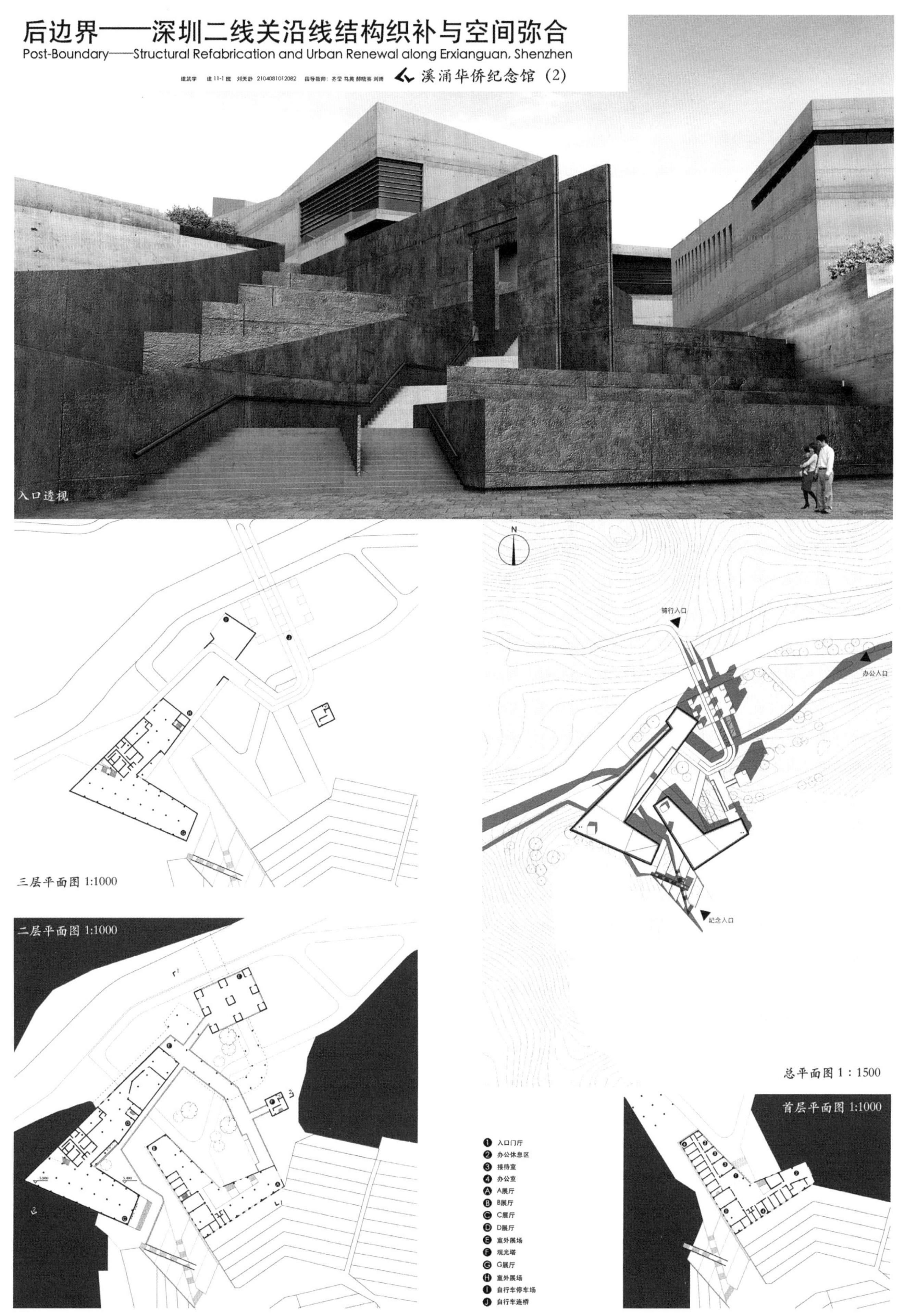

后边界——深圳二线关沿线结构织补与空间弥合
Post-Boundary——Structural Refabrication and Urban Renewal along Erxianguan, Shenzhen
建筑学 建11-1班 刘天舒 2104081012082 指导教师：齐莹 马英 郝晓赛 刘博
溪涌华侨纪念馆（2）
入口透视
N
骑行入口
办公入口
纪念入口
三层平面图 1:1000
二层平面图 1:1000
总平面图 1：1500
首层平面图 1:1000
❶ 入口门厅
❷ 办公休息区
❸ 接待室
❹ 办公室
Ⓐ A展厅
Ⓑ B展厅
Ⓒ C展厅
Ⓓ D展厅
Ⓔ 室外展场
Ⓕ 观光塔
Ⓖ G展厅
Ⓗ 室外展场
Ⓘ 自行车停车场
Ⓙ 自行车连桥

中央美术学院

Central Academy of Fine Arts

教师团队 TEACHING TEAM

程启明　周宇舫　李　琳

王环宇　虞大鹏　苏　勇

1 南头关创意园区设计 Design of Nantou Creativity Garden

尹　坒　李秋豪　王峰颖

郭大路

2 自在而然 As Nature Intended

易家亿　黄　震　张　村

安翔宇　高　原

3 创意乌托邦 Inno-Topia

闫玉卓　陈　锐　王文翰

王　丰　王丹青

学生团队 STUDENT TEAM

尹 些

李秋豪

王峰颖

郭大路

易家亿

黄 震

张 村

安翔宇

高 原

闫玉卓

陈 锐

王文瀚

王 丰

王丹青

南头关创意园区设计
南头关地域文化中心
Design Plan of Nantou Cultural Creativity Industry Garden

中央美术学院
设计：尹些
指导：程启明／刘文豹

首层平面

感受模型

构成分析

评语：

聚焦二线关西端的南头关，作为前海经济发展区带动下的新都市发展区域。小组从零开始设计这座城市碎片，并提出了创意园区的区域命题。进入单体建筑设计后，面对深圳人没有真正认同概念的思想，和城市人的“不挂心”，希望借由场地最南端，直面前海经济发展区的地域文化中心发挥“门户”作用，形成新的城市格局，打破二线关的旧有界限，让这片新空白区成为这座城市的特色判定。从功能、情感和几何图解研究出发，为方案的反复推进提供依据，从而不断深入对物质和精神的不确定和不间断韵律的理解。（尹些）

临街立面

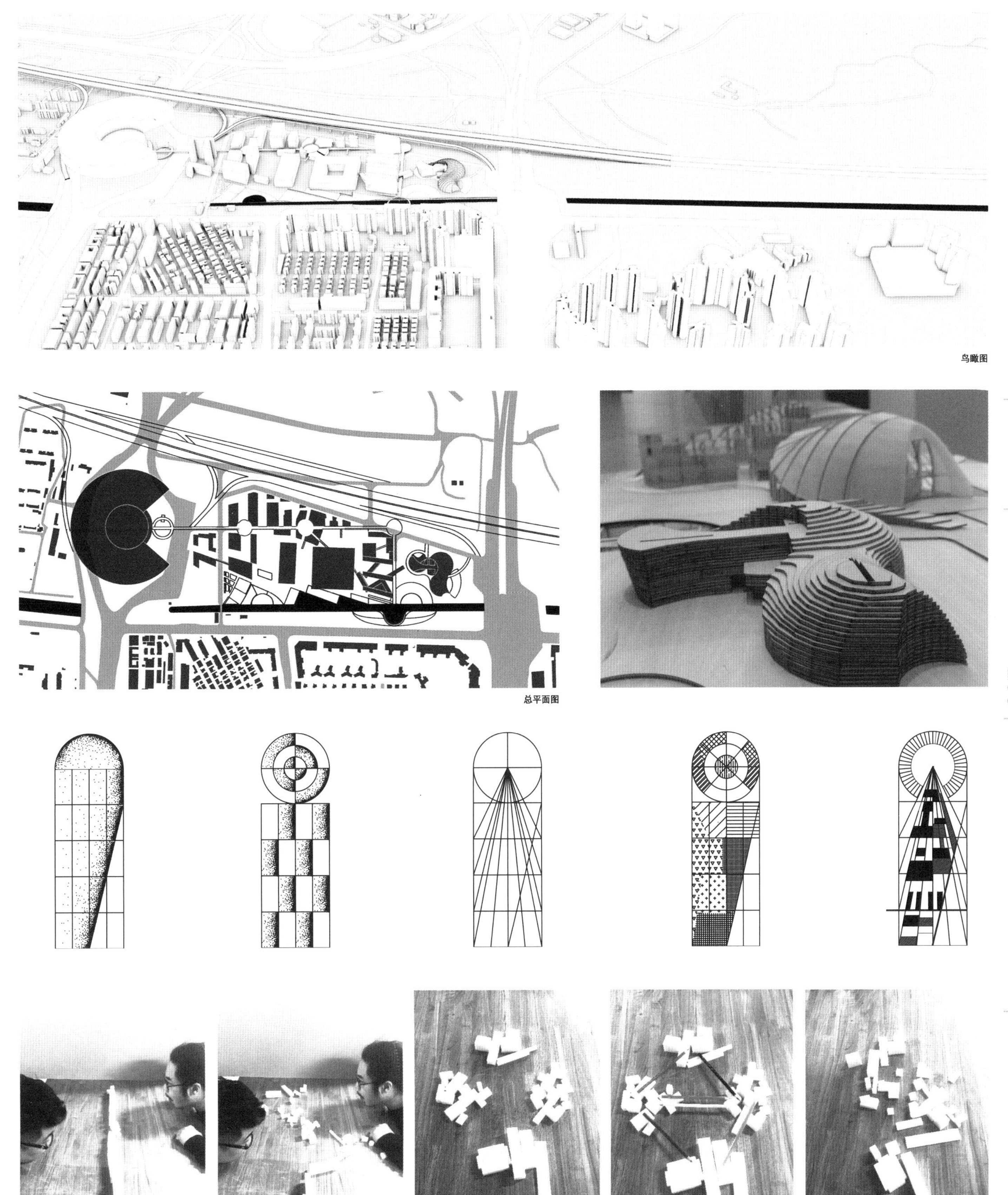
鸟瞰图

总平面图

概念生成

多年来，中央美术学院建筑学院第八工作室始终围绕“培养有艺术家素质的建筑师”这一教学目标设计课程，既讲“入主流”又谈“有特色”。在艺术家素质培养方面，与“有特色”相对应，坚持对感性认识的保留、挖掘和丰富。在建筑师培养方面，与“入主流”相对应，强调对建筑的逻辑有所把握。基于这样的认识，工作室的教学特别注重两个“具象—抽象—具象”过程的完成。（程启明）

南头关创意园区设计
Design of Nantou Creativity Garden
消隐的边界
Invisible Boundary

中央美术学院
设计：李秋豪
指导：程启明＼刘文豹

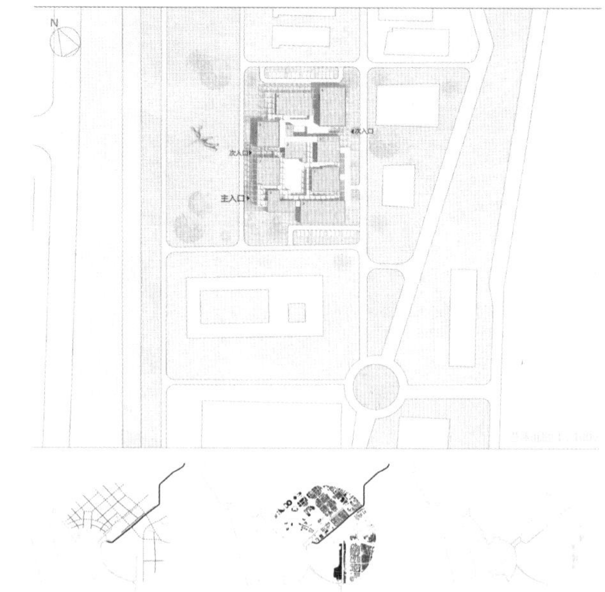

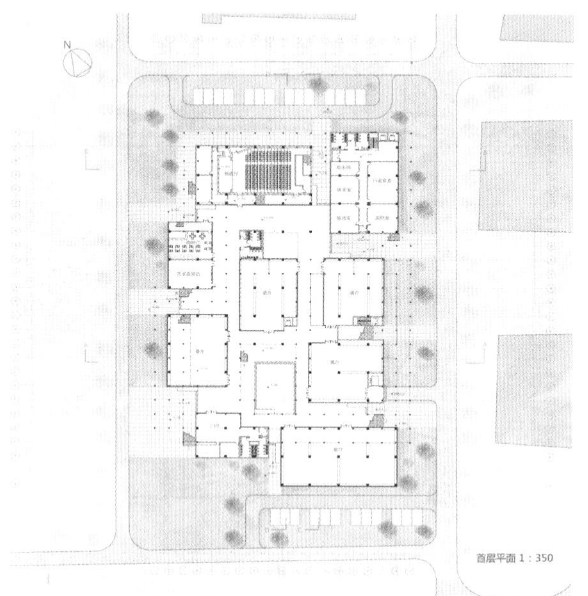

首层平面 1：350

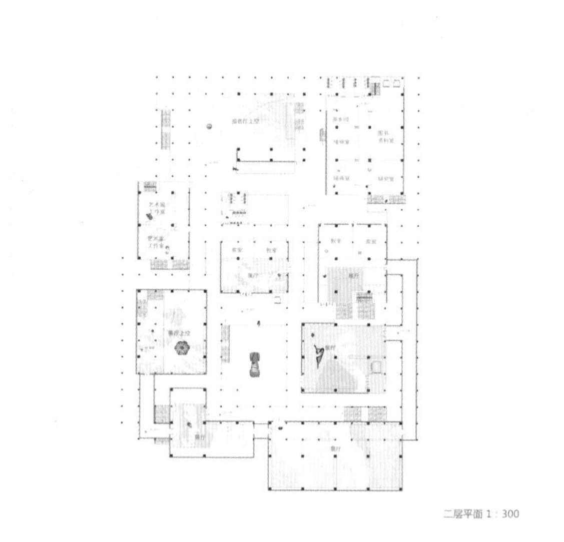
二层平面 1：300

南立面图

东立面图 1：300

西立面图 1：300

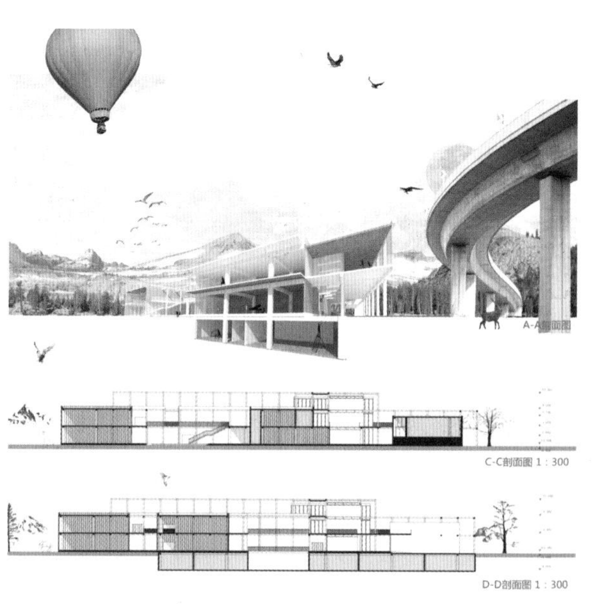
A-A剖面图

C-C剖面图 1：300

D-D剖面图 1：300

评语：

基地位于深圳二线关的南头关，深圳二线关在近期拆除，由于关内外的差别，肯定会在关内外的交界处形成冲突和交流。如何冲破边界，织补断裂，弥合裂痕，达到融合，是我重要的关切点之一，最后通过各种设计手段来达到消隐边界，从而让二线关“不复存在”。

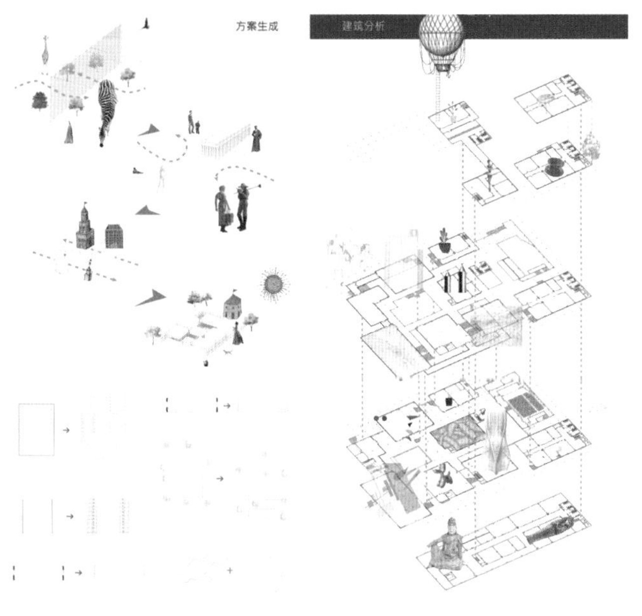

第一个“具象—抽象—具象”的过程是关于逻辑方面的。逻辑是一种前后关系，是抽象的，其存在通常是隐性，对于建筑而言，如不能对同类具象的建筑进行深入、全面的解析，很可能就会做不到准确的把握。没有了逻辑，存在还有什么意义？逻辑的存在意味着正确的存在，只有将逻辑，即正确的空间组织关系根植于建设基地，所生长出来的具象空间才会具有生命力。有了生命力，才有了关于艺术的支持。（程启明）

南头关创意园区设计
Design of Nantou Creativity Garden
双向渗透
Interpenetration

中央美术学院
设计：王峰颖
指导：程启明＼刘文豹

室外效果图

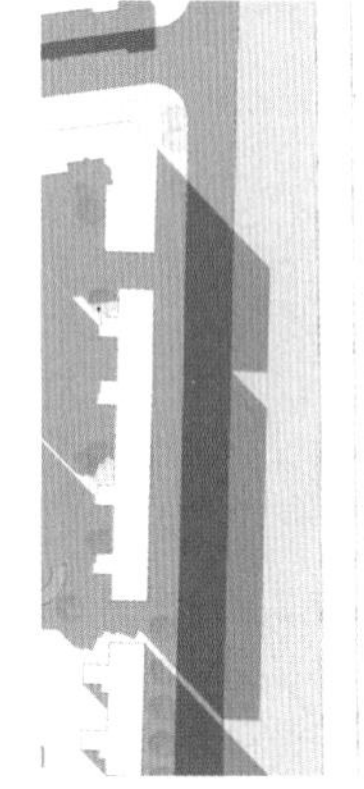

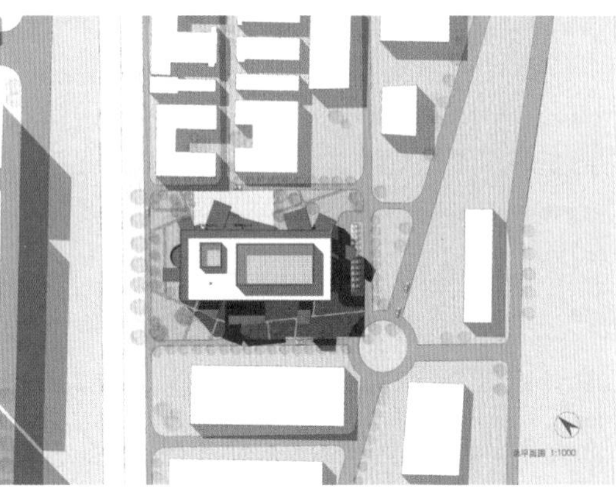

总平面图

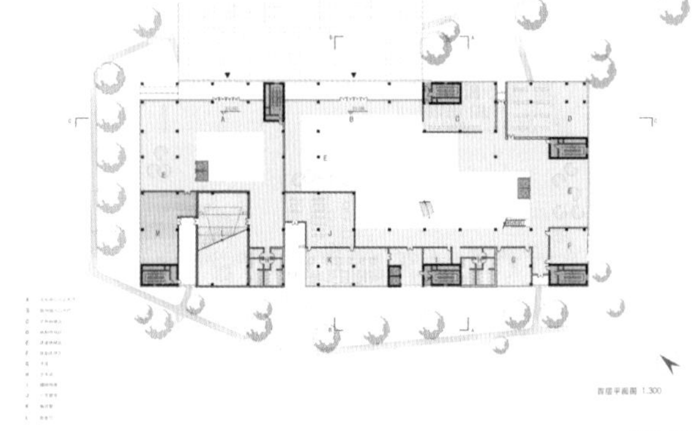

首层平面图

评语：

基地周围不同的人群带来了不同的文化，在图书馆中植入各种文化与自然，使它们互相渗透，联结两边的城市公共空间。将文化与自然引入建筑之中，在建筑中庭空间中形成不同的阅览室空间，将功能空间虚化到公共空间中，即文化建筑向城市空间的形态要素、文化氛围的渗透以及城市空间向文化建筑的景观、城市活动的渗透。通过“双向渗透”在城市空间中融入文化要素，为城市活动场所带来更开放、更人性化的文化气息。

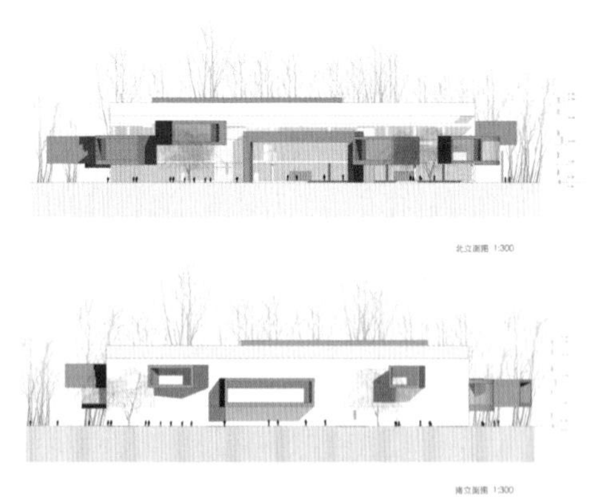

立面图

剖面图

室内模型照片

室内效果图

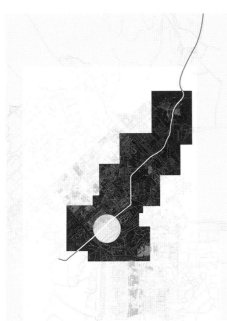

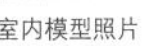

室内模型照片

感受模型照片

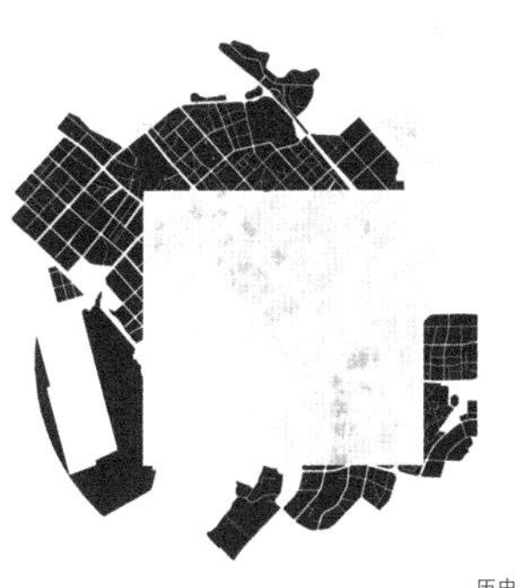

区位图

历史文脉

感受模型照片

第二个“具象—抽象—具象”过程是针对唯一性的。唯一性的存在是艺术性实现的关键所在，其形成通常与是否能够面对现实的具象生活有很大的关联，因为只有面对现实的具象生活，才有可能形成与众不同的独特感受，这也便是艺术来源于生活的道理所在。感受是抽象的，将抽象的感受进一步用具象形态表达出来是一件非常有意思的事情，由于所形成的具象源自于个人的感受，则就有了形成唯一性的可能。（程启明）

南头关创意园区设计
Design of Nantou Creativity Garden
未来城市的基点
HALO

中央美术学院
设计：郭大路
指导：程启明／刘文豹

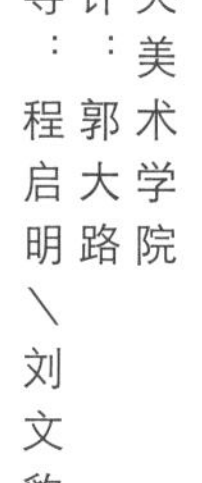

评语：

直径300米的环状巨构，悬浮于基地30米上空，保留现状布局，实现垂直向过渡。

作为一个巨构形态的城市基础设施以南头关为起点，应遍布城市中每一个交通节点，形成织构第二城市平面线网的基点。

受到日本新城代谢派以及英国建筑电讯思想的启发，希望未来城市不仅是单体层面的竖向发展，应该以城市平面的抬升作为新的城市秩序的基础，毕设的基点概念也是我对以上思想的第一次尝试，日后还会不断延续与发展。

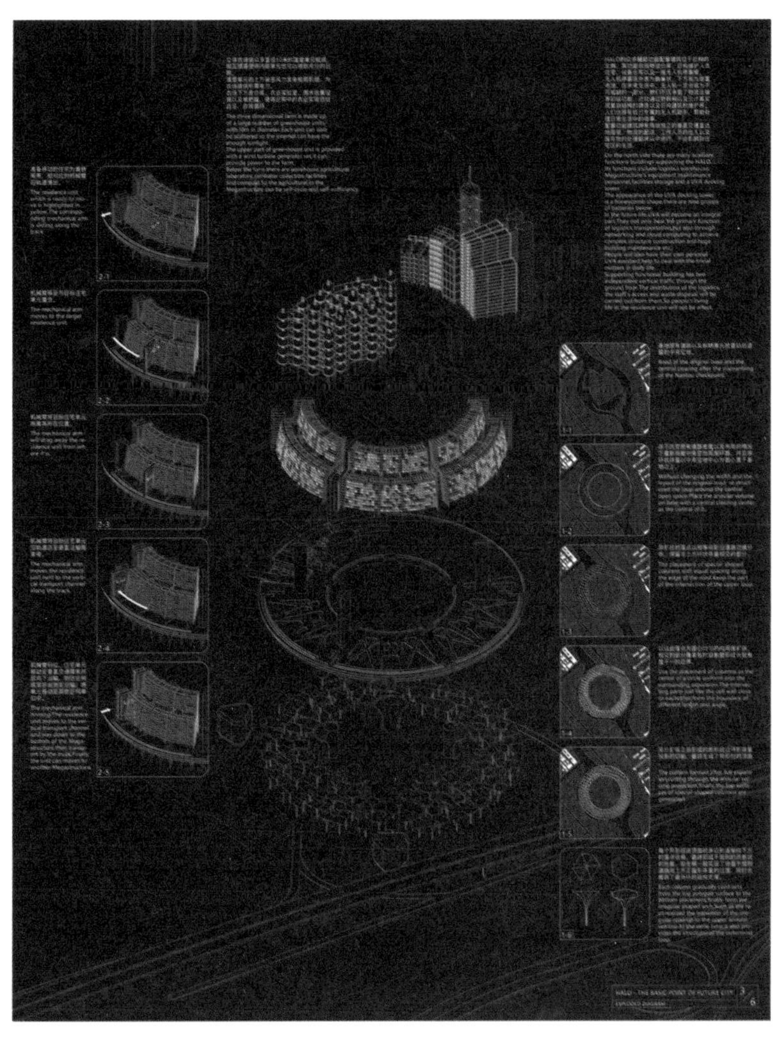

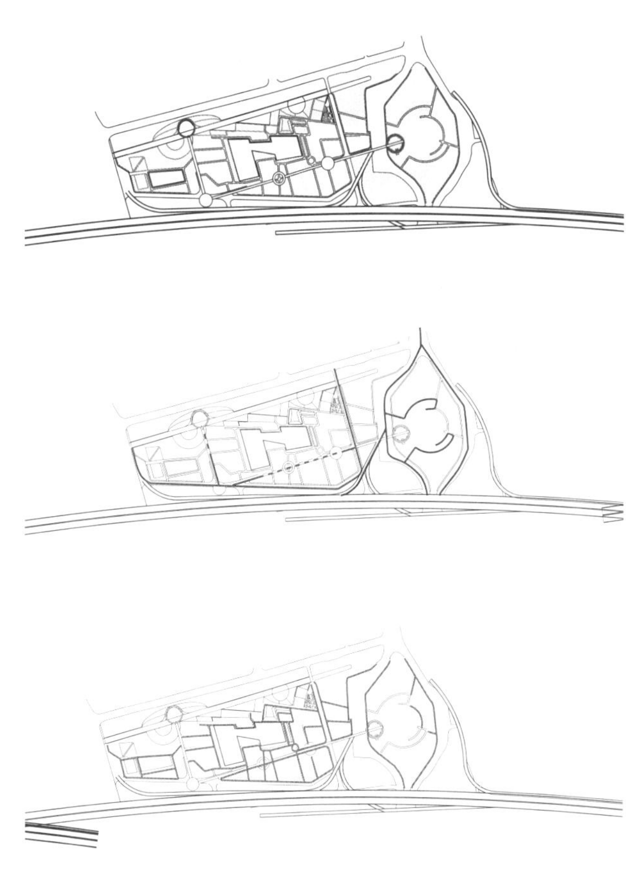

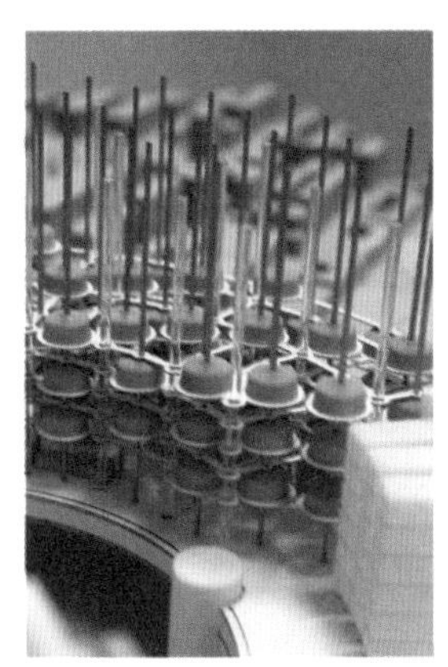

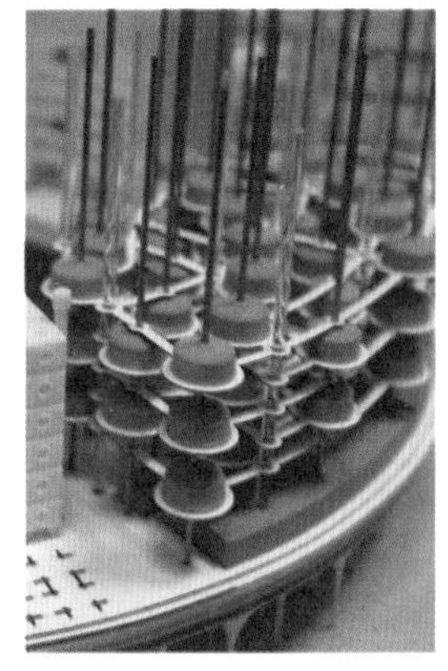

从哲学属性方面来看，第一个“具象—抽象—具象”过程的结果是形而下的，形而下是一种实在。第二个“具象—抽象—具象”过程的结果是形而上的，形而上是一种虚在。建筑艺术的形成可否要切实地讲究形而上与形而下的统一，强调“逻辑＋唯一”？实在多了不行，易沉，虚在多了也不行，易飘，所以才有了虚实相间的道理。《中庸》中有曰，“极高明而道中庸”。艺术实际上是一个“合”，非常重，很难拿得起，“分”而取之，说不定还真的会梦想成真。（程启明）

自在而然
As Nature Intended

中央美术学院建筑学院第九工作室
设计：易家亿＼黄震＼张村＼安翔宇＼高原
指导教师：周宇舫＼王环宇

在城中村自由发展的状态下，
产生了诸多的问题，也同时
赋予了此地别样的建筑魅力。
交通功能繁杂导致拥堵
村内欠缺交通组织
村内业态缺乏组织
土地已经趋于饱和

以建筑为媒介的情境叙事

对于具体的毕业创作教学而言，央美采用工作室制，将五年级一整年的教学分归各个工作室组织，这就提供了一个可以形成工作室教学和学术思想的可能。第九工作室的教学思想是以形态研究为导向，面向城市学与建筑学的开放式教学，而非以建筑类型为导向的教学。我们用一个学期的时间学习高迪的建筑思想，探讨自然形态与人造形态之间的关系，希冀私淑几招形式生成的逻辑。但在学习过程中给予同学们最大的启发，是来自圣家族教堂的建造过程，一个历时一个世纪的生长和衍生过程，以及由此给城市带来的意义。这座依然在建造过程中的建筑，在其中可以看得到过去、现在、未来之间难以言说的关系。相信高迪并不认为他生前能够看到圣家族教堂的完工，因而是高迪（无论是有意为之，还是壮心未已）以建筑为媒介进行情境叙事，在过去与未来之间。

A9 Studio CAFA 还是延承历年遵循的概念，希望在建筑与情境之间实现形态的转移。对这一届的同学而言，希望在情境与建筑之外更加注重叙事的功能，将叙事作为形式的载体，形式在故事中自生，继而自在而然。

那么这个叙事的核心——故事会是什么？时间、地点和人物会是什么？是我们带着好奇之心来到深圳时所希冀的未知。课题开始，在关于“二线关”林林总总的政治与历史，以及未来的叙说中，我们不断迁移着角色，难以确定自己的观察视点，直到在现场三天后，在走不出去的城中村，我们似乎寻找到了主题。故事应该就是正在发生的此地此时的日常生活，和可能继续由此衍生的未来。

或许“二线关”只是人为地划出的一条边界，而成为人类生存状态衍生的一个真实实验。在这一点上，这一条可以被各种力量影响和诠释的“线”性城市聚落，确实是城市学和人类学精彩的样本，如果所谓的城市学不仅仅是城市美化的话。而现实中，似乎可以有无数种方式改变“二线关”的状态，甚至彻底抹去重来。

这就可以提出一个问题，如果让这个真实的实验继续下去，会是一个什么样的未来？我们回归曾经的对于人类未来生存状态的思想开始学习，很多指向未来的思想都在启发我们，挑战我们对于延承的认知。二十世纪的前贤为我们提出了诸多先锋思想，如新陈代谢主义、建筑电讯派、情境主义等等，这些思想和城市模型启发着学生，引导他们思考可能的衍生形态。但可能都不如位于深圳二线关外的城中村来的彻底，我们怀着敬畏之心体认与精英建筑学完全相反却自成系统的人民日常建筑，城中村像一个黑洞弥散了建筑学和城市学。

回到深圳“二线关”课题，同学们在布吉关周边的城中村转悠了三天，拍照、视频、音频、采访和生活体验。渐渐地，原本是调研和勘察的任务，演变为学习的过程。我们看到了土地的控制作用，一块人为划分的四方土地，控制了城市平面的肌理，然而抬头从“握手”缝隙仰望的时候，生存欲望蔓延出难以预见的形态，教课书之外的，“非法的”的建筑学，进而演化为城市学。这不是什么没有建筑师的建筑，而是人人建筑师。我们身处于一个真实的乌托邦情境中，城中村。

我们告知自己，正因为我们所学是建筑，是城市，所以应该有自己的立场。受启发于东南大学朱渊先生的《现世的乌托邦》一书对于20世纪城市与建筑思想的阐释与批判，这一次，我们把时间向前漂移了一下，将立场站在今天日常生活的平台上，与曾经的思想和学说对话。也就是说，这个故事的时间是过去的未来，但还不是今天。

对于布吉关，乃至整体的二线关，我们的策略可以叙述为“以建筑为媒介的情景叙事”，意即在阐释现世日常生活图景的同时，建构一个可以衍生的城市结构，从在“过去”被划定的土地上释放出来，以空间性规划代替土地性规划。空间性规划是指城市设计的基点不再是土地属性和区域的划分，而是基于城市垂直向度的空间层级规划，也就是城市多层级平面的可能，建造高密度未来城市。

黄震同学的创作基于“城中村”现有的空间结构和道路肌理，建构其垂直生长的空间和结构逻辑，以及衍生的形态。这个方案的社会学基础是尊重现有的城中村社会结构和生活方式，自内而外地衍生，最后在高城市平面与周边城市机能链接，实现城市空间进化。

易家亿同学的“榕社”计划，受启发于“新陈代谢主义＂的巨构思想和城中村的生长模式，试图提供一个社区自我繁衍的空间结构模式，将居民的自我建造行为作为日常生活的情境的一部分，如同榕树一边向上和向周边生长与致密。

安翔宇同学对于“二线关”的解读是将隔离带本身看作一个既在的路径，设计了一个可编程的空间结构，以流的概念来实现未来的产业模式，提供虚拟现实般的未来情境。其实，未来城市的重要属性之一既是连续性。

张村同学受启发于“景观都市主义”思想，将人工景观看作是城市学和建筑学的建造过程，建构了一个与公共交通拟合的连续性空间，作为居民终身学习和休闲的公共空间。“地形建筑”的基本理念依然是连续性，只是更加注重水平向度。

高原同学在高速公路、铁路和社区边界找到一个被挤压以致无形的空间所在，将其衍生为一个以“游戏”为形态的社区日常生活的场所，线性展开的竖向扁平空间结构，对于内外两边来说，是一个可以透视的“墙”，墙中发生的一切日常生活状态，对于城市来说即是一个布景般的情境。

最后，由于在央美的毕业创作展和在深圳大学的最后汇报同期，也由于部分模型体积过大，未能移至深圳，缺失了整个毕业创作的重要部分，即展示和呈现。此次 A9 Studio 的展示基本出发点既是图像与模型的情境叙事性，与以往基于形态表现所不同的是，单体建筑形态成为城市设计层面的叙事媒介。从另一个角度说，建筑形式的塑造在数字技术语境下，不再是一个突破的焦点，更在于对于城市本体的认知，建筑只是一个媒介，可以是任何形式和风格。

退一步，再退一步，我们想看看我们曾经错过了什么？还是借用东南大学朱渊先生的书名“现世的乌托邦”来形容我们对深圳这座城市的经验最为准确。历时半年的联合毕业设计最后结束的第二天，由于天气导致的飞机延误，我和学生从机场转移至深圳北站，改乘高铁返京。疲劳和迷失在陌生城市之中，不知司机开在哪条道路上，道路周边的建筑与轨道交通、地面交通，在空间向度上相互融合，呈现的情境叠印上脑海中学生们描绘的情境，在不期然中，幻想与现实在离去的时候交圈——现世的乌托邦。

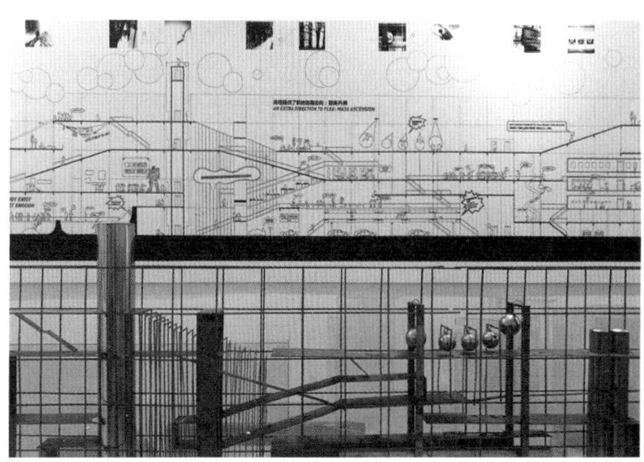

榕社
banyan commune

中央美术学院
设计：易家亿
指导：周宇舫＼王环宇

Section with Rail direction
轻轨方向剖面图

社区外观

构建过程

社区街道

室内空间

评语：

本设计将榕树的生长模式看做是一个建筑或情境的构筑过程。在曾经的“新巴比伦”实验和“新陈代谢”建筑思潮中的未来景象，没有在今天成为现实，却启发了我对于“城中村”的解读，“生长”和“代谢”恰恰是城中村的内核动力。将城中村的经验转移至城市的另一个维度，在交通系统节点之上，创造出动态的综合社区体系来探索新的城市生活模式，成为一种动态建筑，以其不固定性，来脱离被禁锢的潜力，从而成为城市产业结构的调节器。

城市进化理论下的城中村自我更新

中央美术学院
设计：黄震
指导：周宇舫／王环宇

传统的规划方式，基本都趋向于一次性的建设方式。并且因为不同时期的建设程度不同，造成了城市由市中心向郊区成阶梯状发展的状态。造成了严重的交通问题和中心城区空心化。所以我提出了一种城市在保留原先基础设施的前提下自我更新自我进化的建设方式。设计的区块位于深圳草埔站东侧的城中村，位于深圳二线关南侧。由于特殊的历史原因，造成了大片的高密度的居住形式，楼宇之间的空隙异常狭小，基本上不存在室内采光。针对此特殊的场地条件，在保留原建筑群的前提下。利用原有建筑的结构核心向上构建新的建筑空间，借此满足此地日益增长的空间需求和居住质量需求。

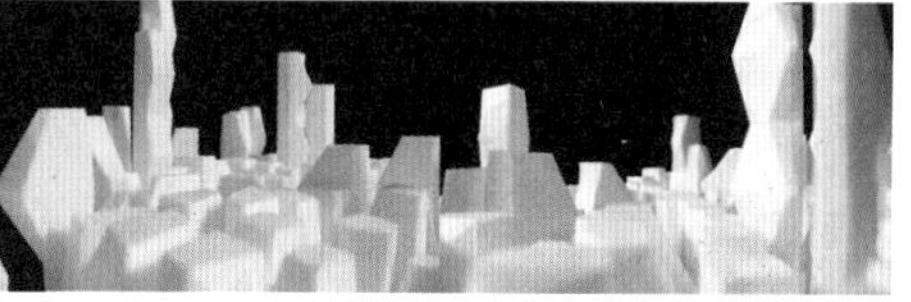

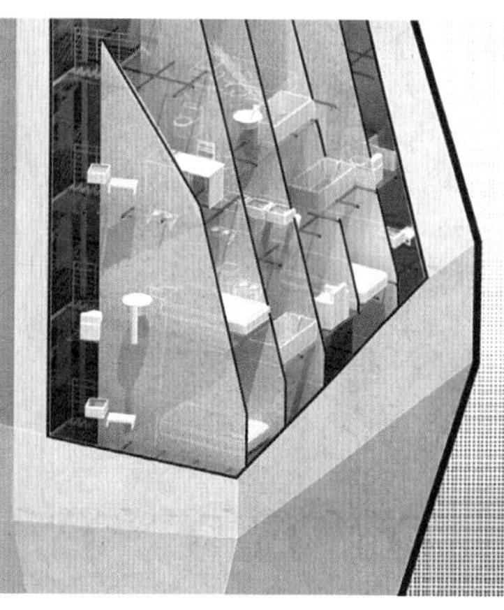

草铺学习中心
Cao pu Learning center

中央美术学院
设计：张村
指导：周宇舫／王环宇

概念图

场地功能分区分布图

鸟瞰图

剖面图

地模型

效果

夜景图

室内图

评语：

建筑即景观。在深圳草埔地区附近有20万超学龄居民而又缺乏继续教育的场所。不断挤压的生存空间和摆脱生存状态固化条件的缺乏，使居民的辛苦难以换来相应的生活质量的提升，长期也会伤害深圳的城市活力。本方案旨在将学习行为作为一种日常生活，提供给周边和远处的居民，并与周边环境相结合，建构一个水平延展的地形建筑，并与交通相结合，形成新的“关”的城市景观。

深圳山寨正方形
HAUNT

中央美术学院
设计：安翔宇
指导：周宇舫／王环宇

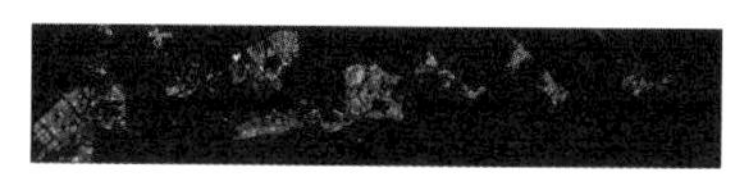

深圳二线关
边界消除留下廉租住区
密集劳动力供给

深圳 ID：全球工厂
特征：信息聚点

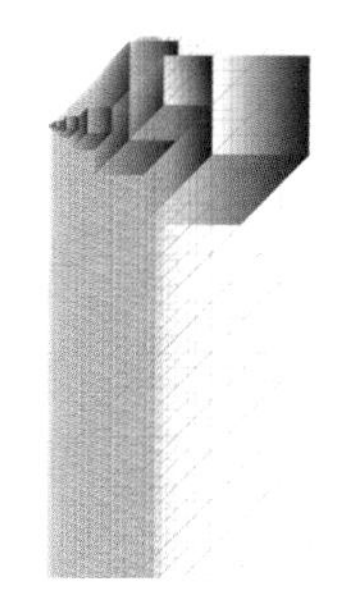

全尺寸框架 + 需 + 供 + 时间 −
物联网状态下供求瞬时匹配空间化的可能

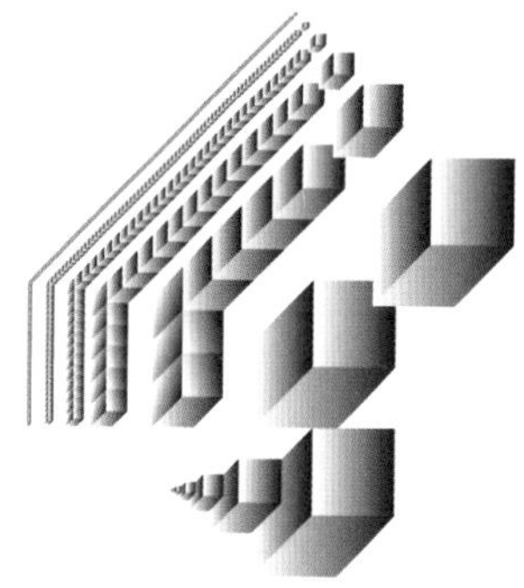

逻辑 1
空间 = 体积

超过所有功能尺度的基本空间（黑）+
逻辑 2 + 面板 + 需求 + 劳动力
= 新二线未来

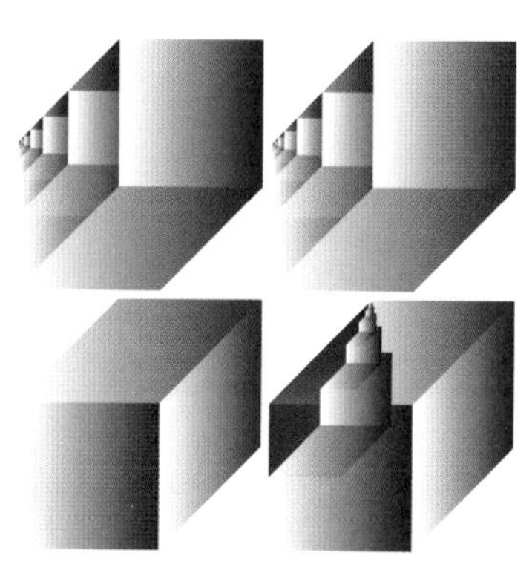

逻辑 2
空间 = 面板围合而出的体积

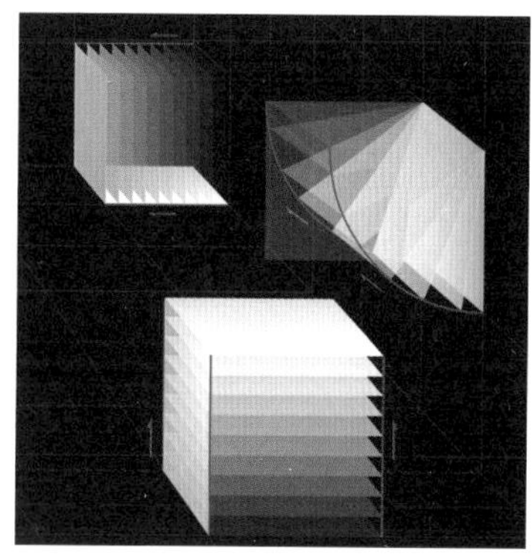

基于逻辑 2　假设的面板
均匀受力可做水平支撑或纵向支撑
携带轨道面板数量决定空间可能性与尺度

信息、人、建筑碎片

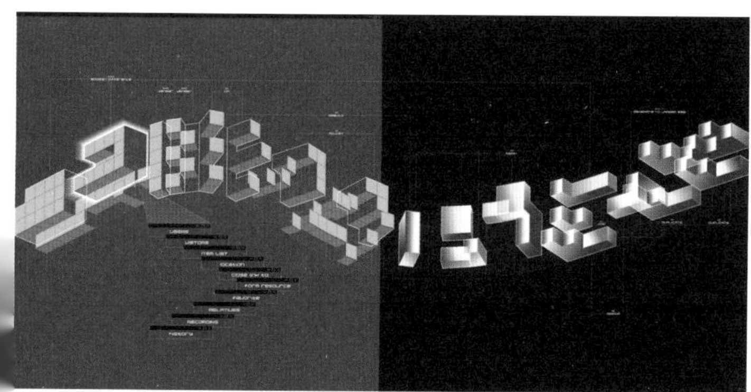

一切空间信息记录可编辑、可篡改、抄袭、山寨（就如建筑现在一样）
最大范围的信息采集与最快速度的信息交流

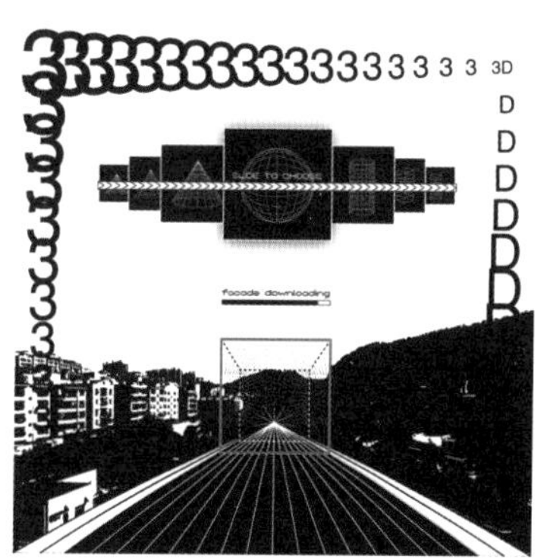

视觉权利
谁决定了我们眼中的城市
房产所有者或个体自身

评语：

对于“二线关”的解读是将隔离带本身看作一个既在的路径，设计了一个可编程的空间结构，以流的概念来实现未来的产业模式，提供虚拟现实般的未来情境。其实，未来城市的重要属性之一即是连续性。

深圳城中村边界再设计
Redesign The Boundary

中央美术学院
设计：高原
指导：周宇舫／王环宇

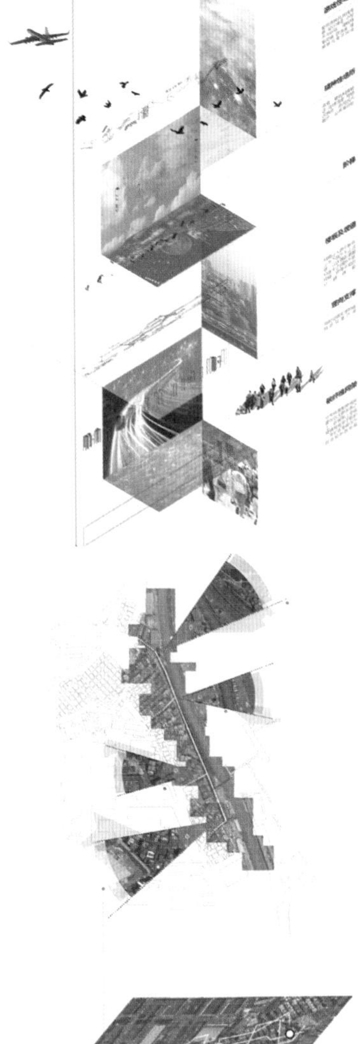

rendering
俯视效果图

rendering
俯视效果图

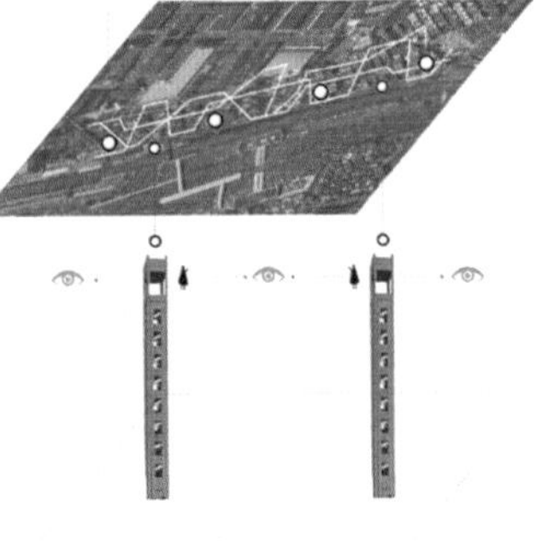

diagram
方案生成分析图

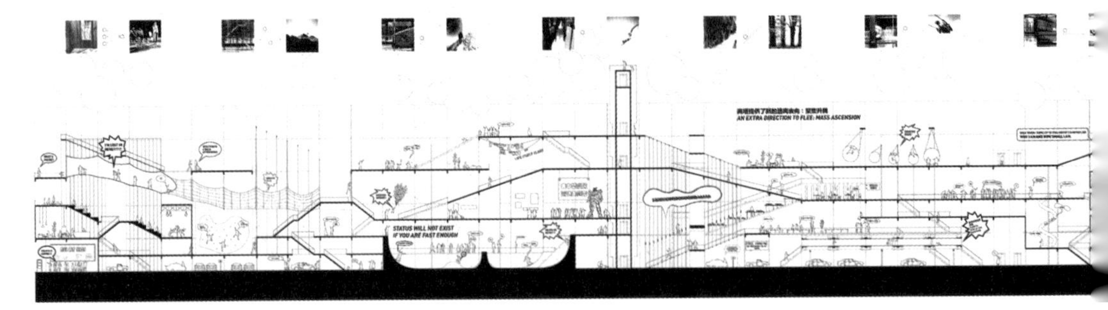

评语：

布吉关城中村外的遮蔽墙从曾经的历史和资本消费两方面主导了周边居民的行为，居民的日常生活逐渐被经济利益所蚕食，风格与创造性被削弱；人们对商品的消费从使用价值的物化消费变成了对宣传、广告等传媒的控制性消费，日常生活变成了一种假象。而城中村作为一个完整的独立于资本之外的个体，与这道墙的存在性质格格不入。不同于传统的“自上而下”的城市规划手法，作品从“游戏性”与“庇护性”两方面对遮蔽墙的存在形式进行解读和基于日常生活的再建构，将碎片还原为一个另类的情境空间。在保留城中村独特魅力的同时解决居民公共活动空间短缺的现状，探索“墙”的更多存在可能性。

黄震作品模型

黄震作品模型

易家亿作品模型

张村作品模型

安翔宇作品模型

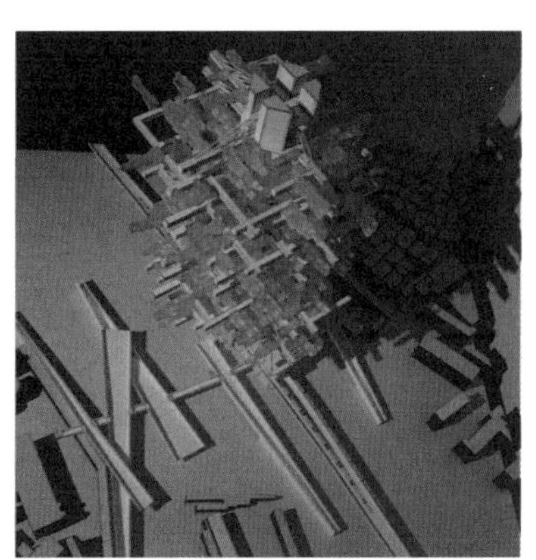
易家亿作品模型

张村作品模型

高原作品模型

高原作品模型

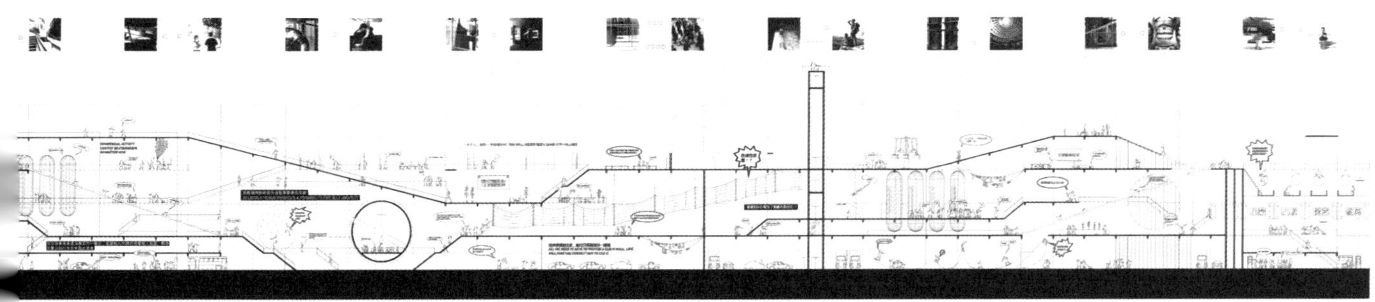
section
剖面图

创意乌托邦 INNO-TOPIA

中央美术学院
设计：闫玉卓＼陈锐＼王文翰＼王丰＼王丹青
指导：李琳＼虞大鹏＼苏勇

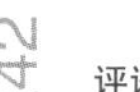

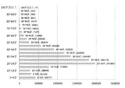

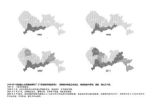

评语：

这是一次以布吉关为切入点，针对深圳二线关拆除后周边区域再发展问题的集体思考。二线关壁垒的消除，不仅解开了深圳城市向关外拓展在通勤交通、市民心理等方面的症结，同时也为区位优势良好的二线关周边区域的发展提供了积极契机。组内同学在城市调研过程中，敏锐地意识到布吉关地区成为年轻人就业创业吸纳地的巨大潜能，希望将其打造为对该群体充满吸引力的复合创意聚落。因此这一愿望被分解为五个动作：1.将布吉关交通枢纽改造为城市绿色交通公园，实现东西跨越；2.将周边城中村打造为集居住生活、创意办公、展览展示、休闲娱乐为一体的混合社区，制定相应的发展策略；3.积极探讨城中村及周边用地承载类似深圳双年展这样大型展览集会事件的可能性；4.改造西侧厂区，利用厂区建筑空间的可塑性，改造为年轻人创智产业的孵化器；5.整体提升布吉市场的作用和价值，打造生产、销售、交流、交换的精神乐园，同时建立布吉关南侧生态绿地间的联系。

深圳 ⇄ 年轻人

深圳需要年轻人　　年轻人向往深圳

大力推动经济发展 ◀┅┅┅ 敢于创新，有个性　　更好的工作机会，薪资待遇 ┅┅┅▶ 增加就业

提供年轻的劳动力 ◀┅┅┅ 敢闯敢拼，能吃苦　　广阔的职业发展空间 ┅┅┅▶ 光明的职业前景

为城市增添活力 ◀┅┅┅ 充满正能量　　多元文化享受 ┅┅┅▶ 愉悦人生

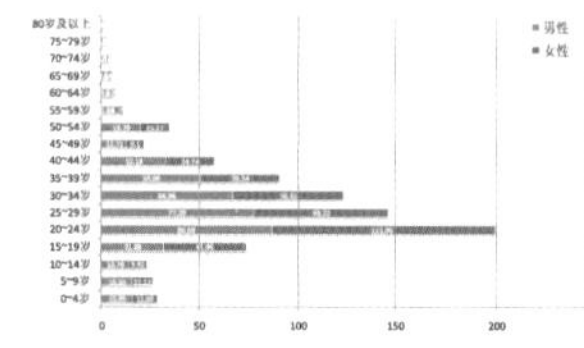

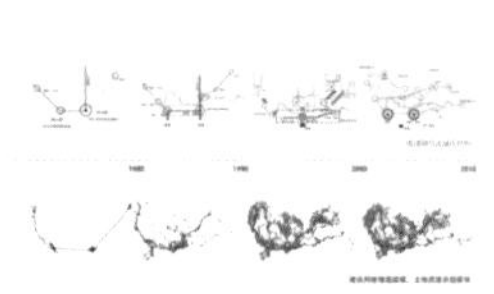

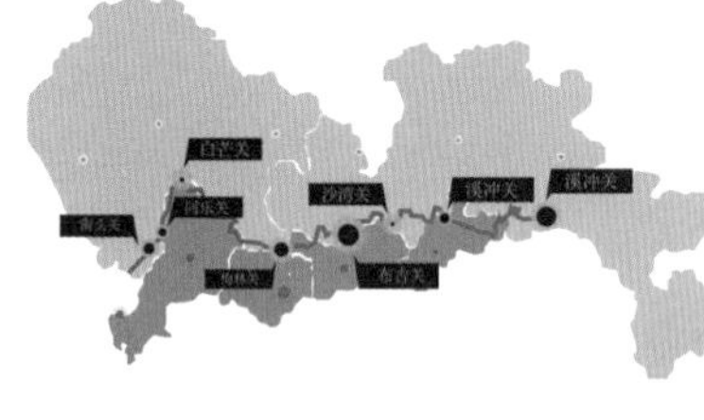

布吉关现状特点：

1. 布吉关位于龙岗大道和布吉路接驳处，是龙岗区进入市中心的重要关口，是连接龙岗区和罗湖区的重要交通枢纽。
2. 布吉关是离罗湖中心城区最近的关外片区，南接罗湖，北通龙岗、东莞、惠州。布吉拥有无可比拟的资本。
3. 布吉关处于罗湖区金三角（深圳最早的经济中心）与深圳东站的重要连接节点上。
4. 布吉关位于中国最重要的铁路—广九线上。
5. 在布吉关附近，城中村数量众多，集中了数以百万计的流动人口和务工群体，这是深圳二线关沿线无规划发展的一个典型区域。

随着二线关用地的释放及生态廊道的激活，二线关沿线地区由于区位条件优秀，将释放出巨大的发展潜力。

设计定位 THE GOAL

创意之城 **年轻**之城 **自由**之城

以年轻人为主体，
集创业办公、展览展示、休闲娱乐、居住生活为一体的复合型创意聚落。

SWOT

优势 S

1. 交通便利。
2. 城中村有较大的吸纳潜能。
3. 大量工厂空间可供改造。
4. 自然景观条件优越。

劣势 W

1. 混杂的交通方式阻隔了布吉关东西地块之间的联系。
2. 城中村具有高密度的居住空间形势，公共空间匮乏。
3. 功能类型单调，尚不足以激发创业活力。
4. 现有的景观资源没有得到充分利用。

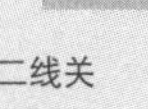

机遇 O

1. 随着二线关的拆除，二线关沿线地段价值得到重新评估。
2. 城中村是深圳离不开的话题，已有许多研究成果。
3. 深圳的创业氛围浓厚，对年轻人有较大的吸引力。
4. 2017 年深圳双年展选择城中村为试验田，充分说明政府对城中村更新利用的关注度。

挑战 T

1. 如何梳理交通流线，加强布吉关东西地块之间的联系。
2. 如何将之前较为单一的居住空间改造为集多种功能为一体的复合型社区。
3. 如何充分利用产业资源，容纳大规模生产展示的可能性。
4. 如何整合利用景观资源，打造年轻人愉快健康的生活方式。

设计基础 STUDY BASIS

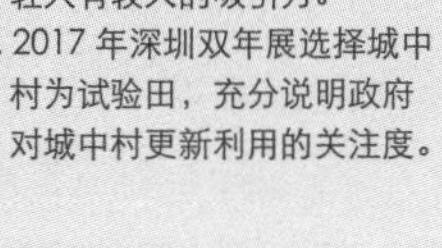

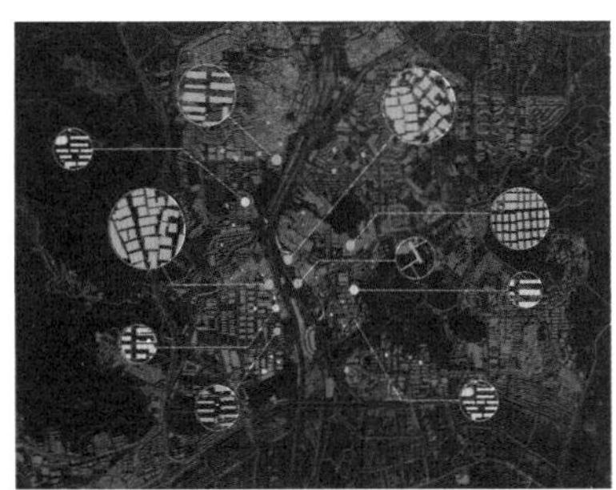

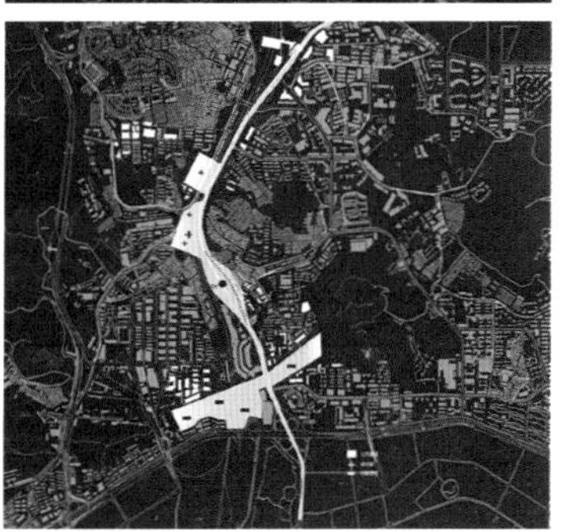

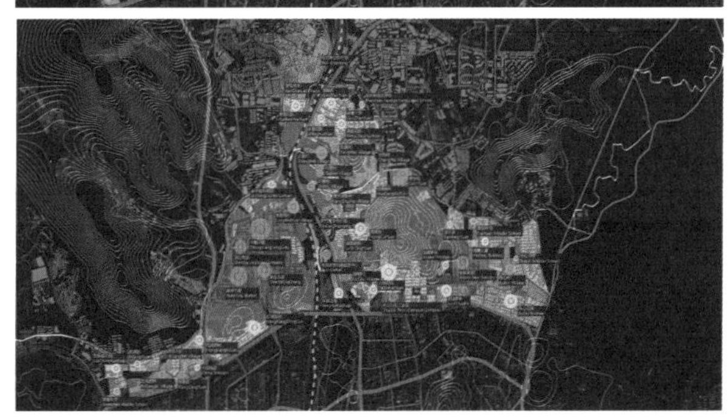

城中村公共空间规划图

城中村公共空间现状图

城中村道路现状图　城中村道路规划图

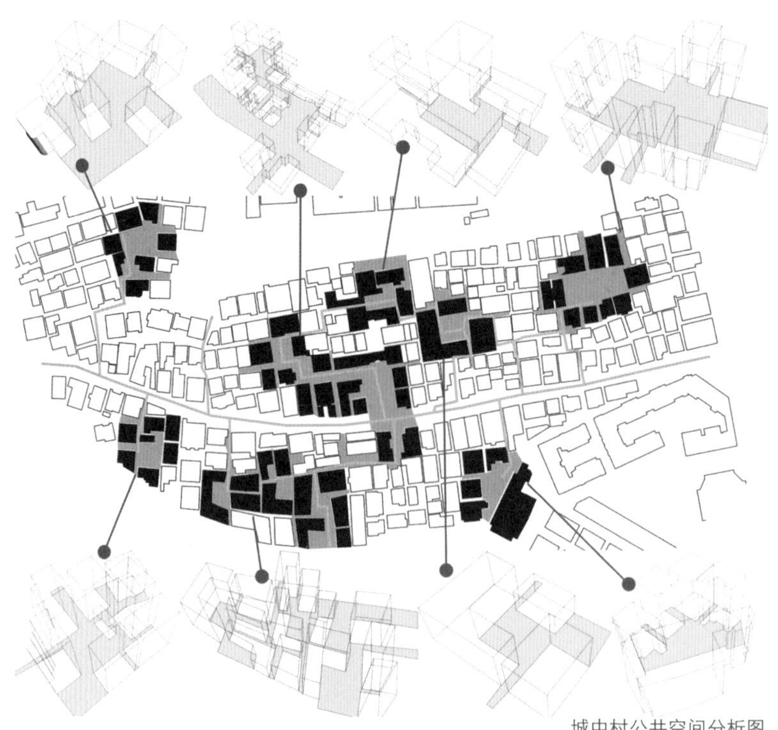

城中村公共空间分析图

设计策略

1. 梳理交通，加强东西地块的联系。

2. 将以居住空间为主的城中村改造为集居住生活、商业娱乐、展览展示为一体的多功能创意聚落。

3. 改造闲置的工业厂房，使其成为激发创业活力的孵化器。

4. 打通被割断的城市绿廊，打造周边居民愉快健康的生活方式。

FLOATING PARK OF CITY

城之浮园

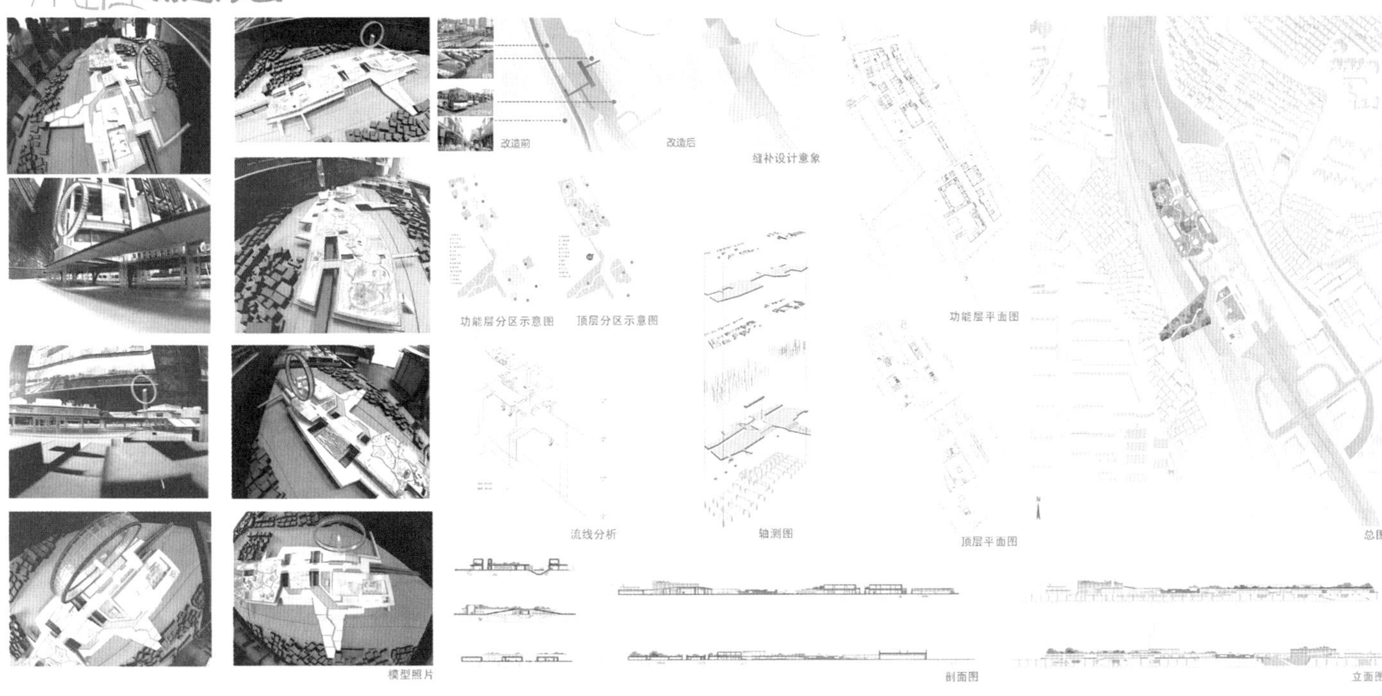

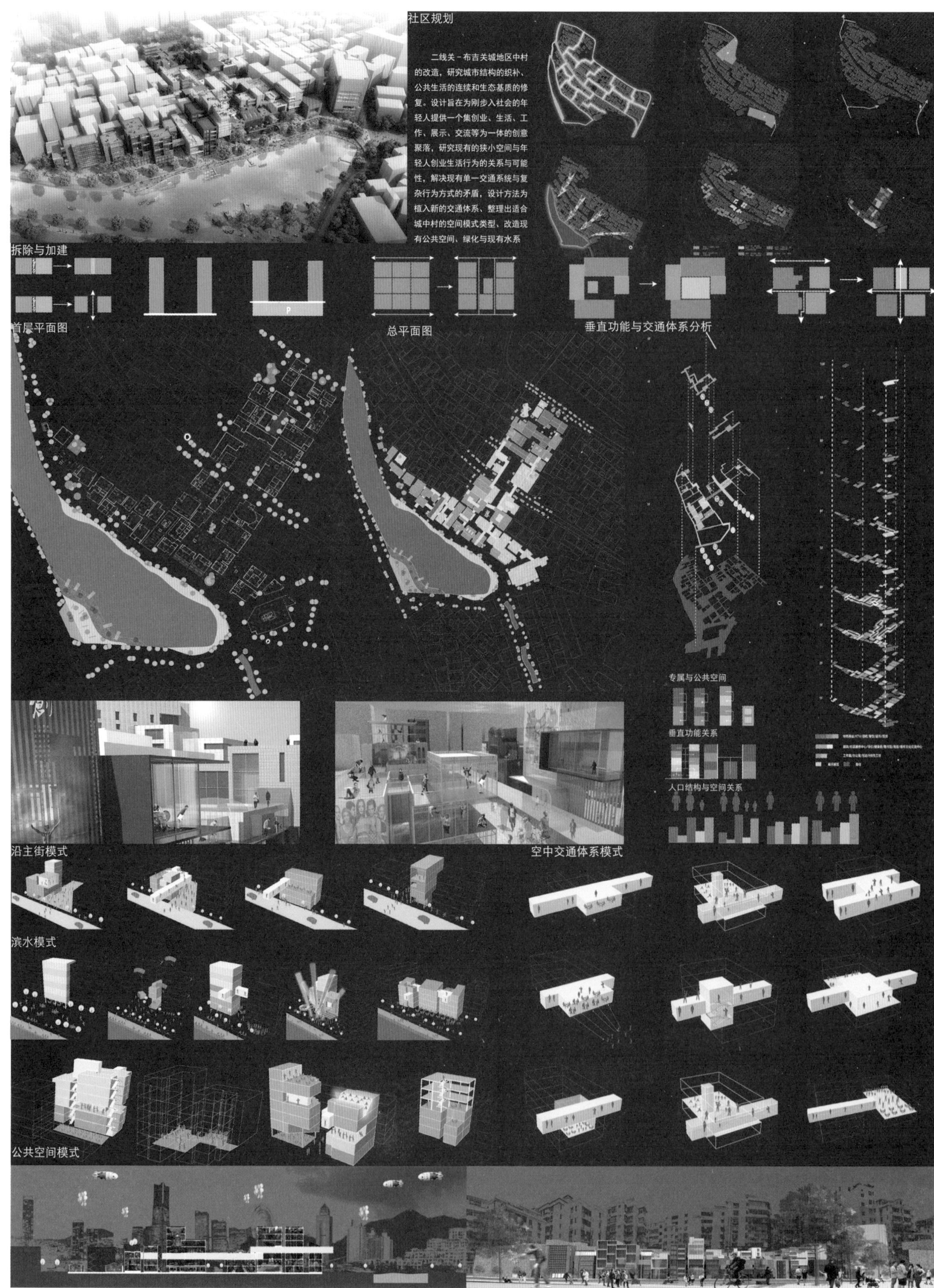
社区规划
二线关－布吉关城地区中村的改造，研究城市结构的织补、公共生活的连续和生态基质的修复。设计旨在为刚步入社会的年轻人提供一个集创业、生活、工作、展示、交流等为一体的创意聚落，研究现有的狭小空间与年轻人创业生活行为的关系与可能性，解决现有单一交通系统与复杂行为方式的矛盾，设计方法为植入新的交通体系、整理出适合城中村的空间模式类型、改造现有公共空间、绿化与现有水系
拆除与加建
首层平面图
总平面图
垂直功能与交通体系分析
专属与公共空间
垂直功能关系
人口结构与空间关系
沿主街模式
空中交通体系模式
滨水模式
公共空间模式

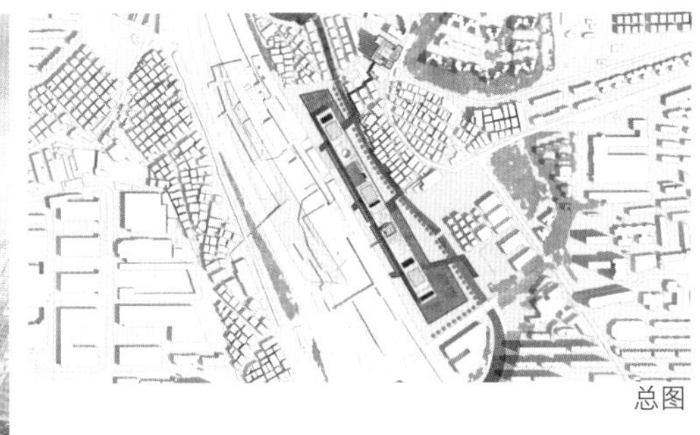
总图

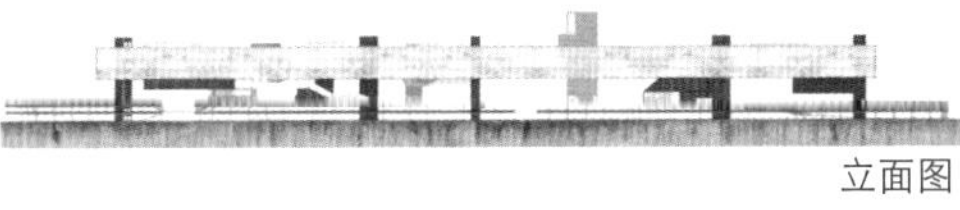
立面图

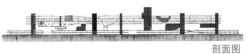

剖面图

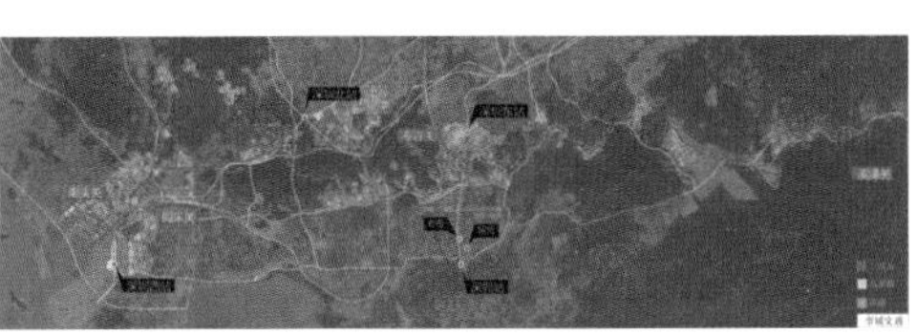

设计说明

本次课题是对二线关空间结构的织补和修复。由于长期的自生长，使得二线关周边出现大量的城中村，我们以布吉关为试验田，打造一个符合深圳年轻充满活力特点的集多种功能于一体的复合型创意社区，以此激发所选区位的活力，使其适应深圳发展大环境下的需要。

双年展设想

二线关的拆除使得城中村的问题暴露无遗，解决或缓解这一灰色区域使其适应深圳的发展，并且城中村复杂性和吸纳性并存，虽然内部杂乱拥挤，但也使得它充满了未知的可能。

选择布吉关是因为其地域特殊性，南北连接着深圳原关外和深圳的黄金三角地带，为它提供了丰富的资源，周边绿色资源丰富，城中村聚集，是二线关沿线自生长区域典型地段。

随着政府政策实施，对城中村等空间的整改势在必行，2015 深圳双年展的结束，临近的双年展选址就在眼前，双年展由于其特殊性和极大的吸纳性，选择其作为深圳双年展成为了可能。

分析图

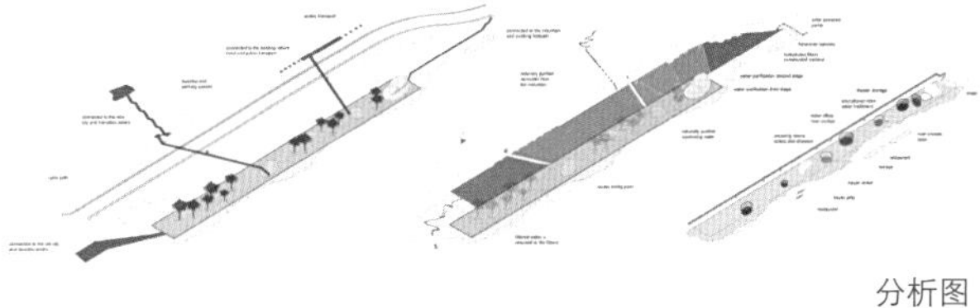
分析图

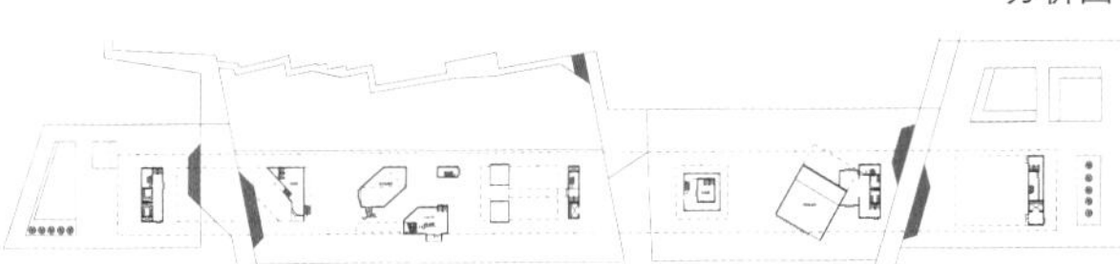
首层平面

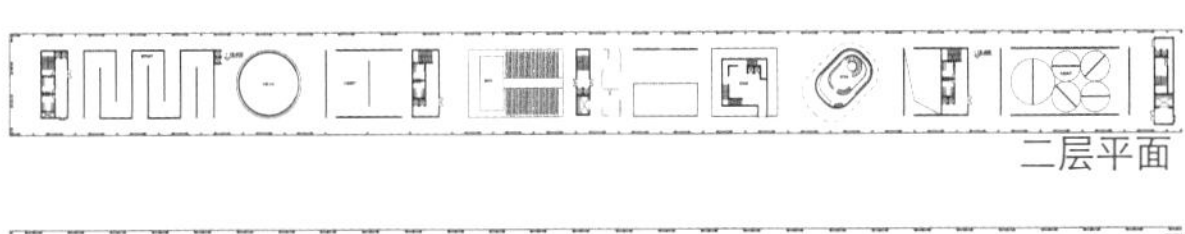
二层平面

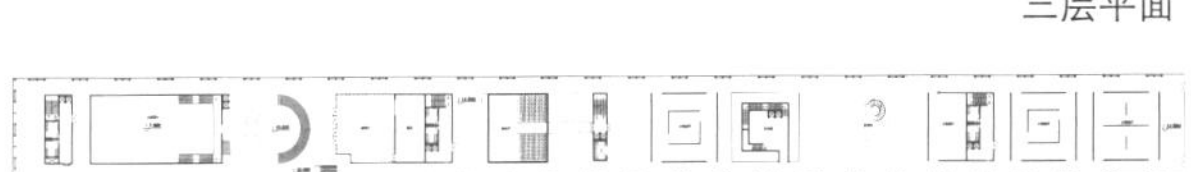
三层平面

四层平面

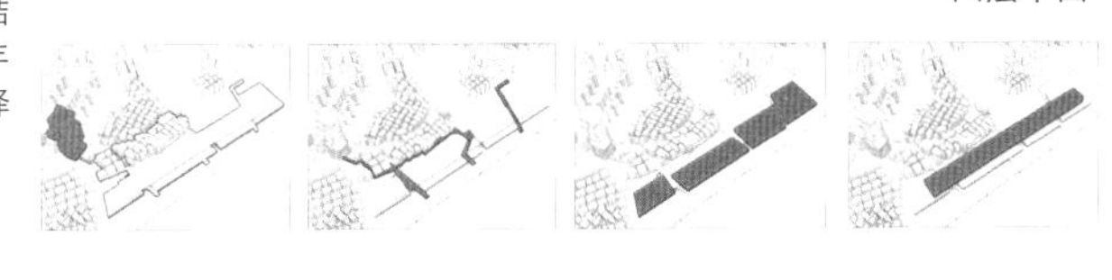

创客三明治 INNOSANDWICH

中央美术学院
设计：王丰
指导：虞大鹏/李琳/苏

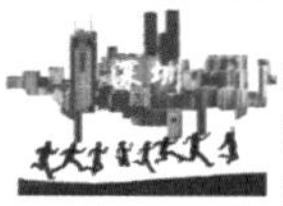

深圳观念中“敢为天下先”、“改革创新是深圳的根，深圳的魂”、“鼓励创新，宽容失败”都直接与创新相关，创新已成这座城市的精神内核，成为这个城市最鲜明的精神标识。深圳创客队伍在不断壮大，数以千计的创客活跃在深圳的各个角落。柴火空间、创客工场、矽递科技等创客机构在国内外创客领域已具有一定的知名度和影响力。创客是创新创业重要的助推者。创客的聚集、创客文化的兴起是深圳这座“创新之城”最时尚的表征。

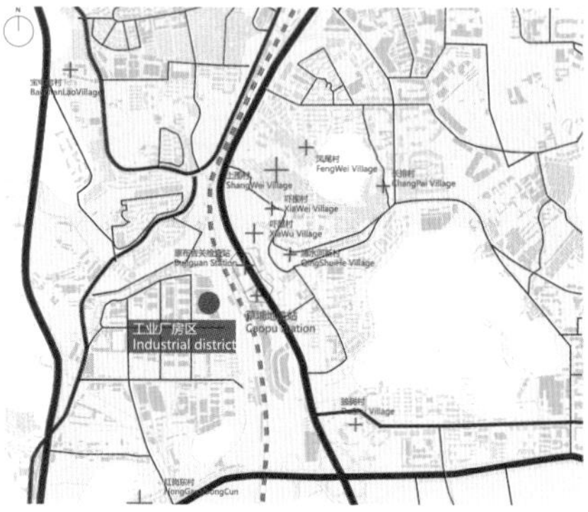

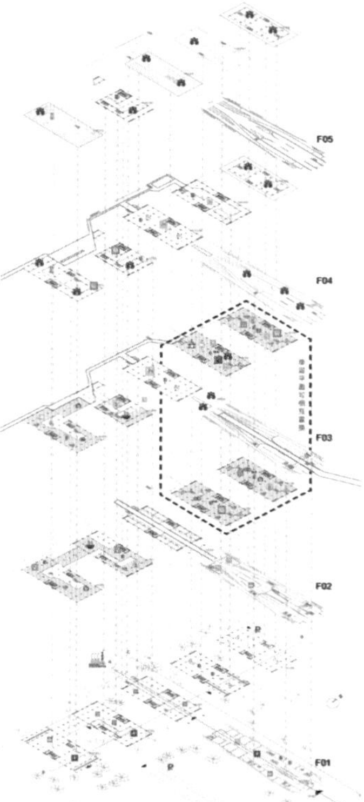

工业厂房区 Industrial district

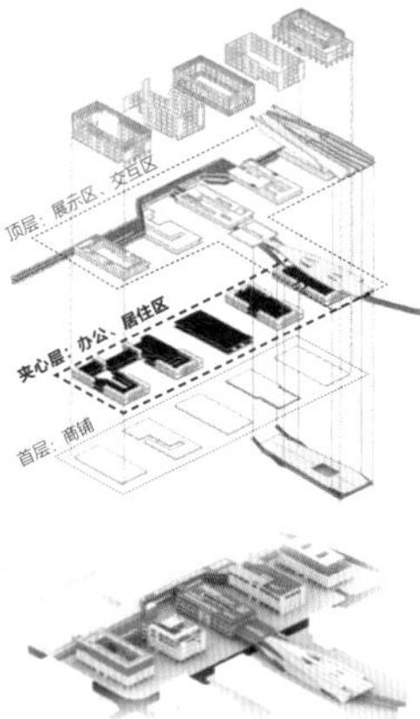

顶层：展示区、交互区

夹心层：办公、居住区

首层：商铺

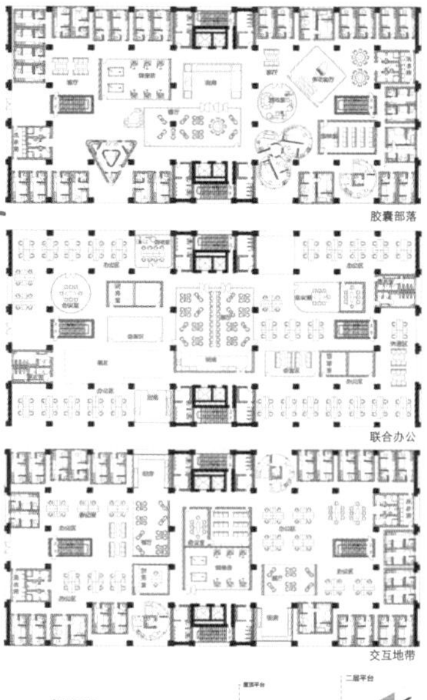

“三明治”的“面包”层主要包含公共设施、商铺、展览区域等，而“夹心”层则包含较为私密的办公与居住区。这种形式大大提升了高层空间的可达性。

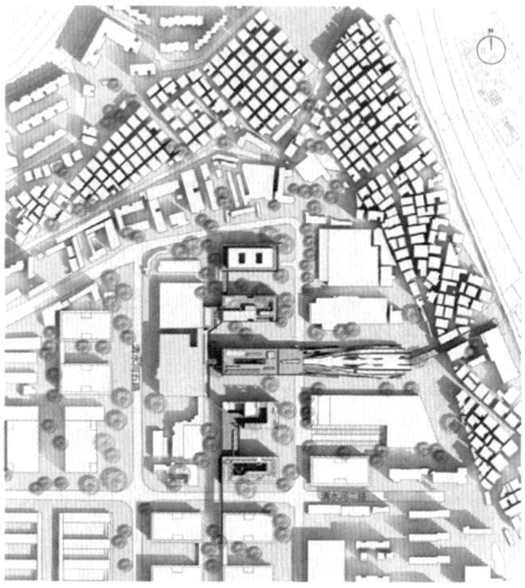

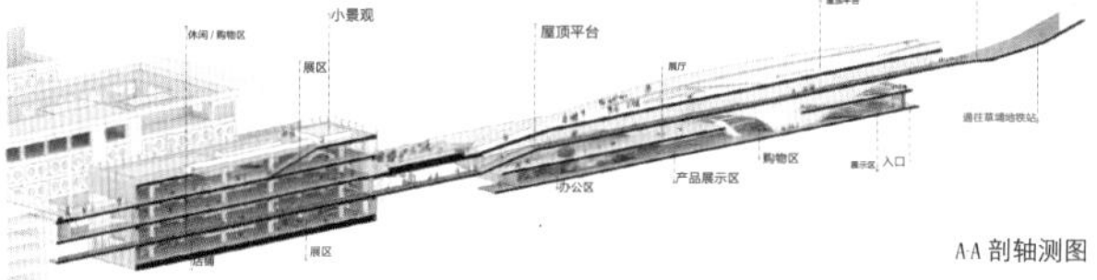

胶囊部落

联合办公

交互地带

AA剖轴测图

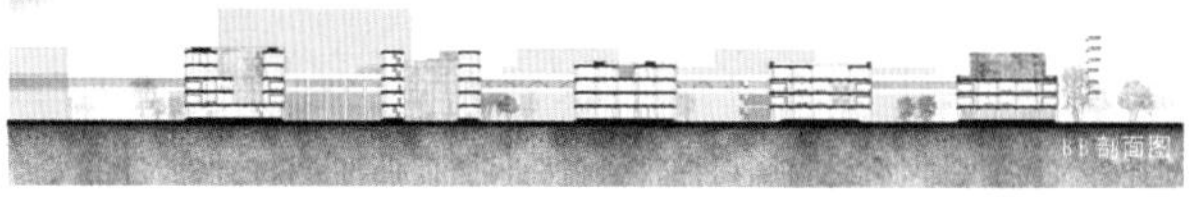

bb剖面图

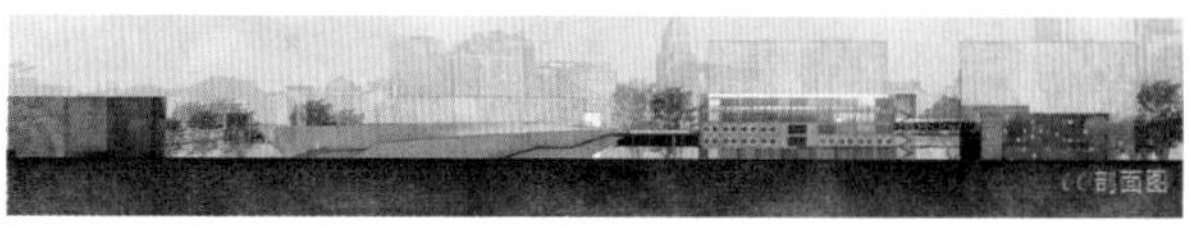

cc剖面图

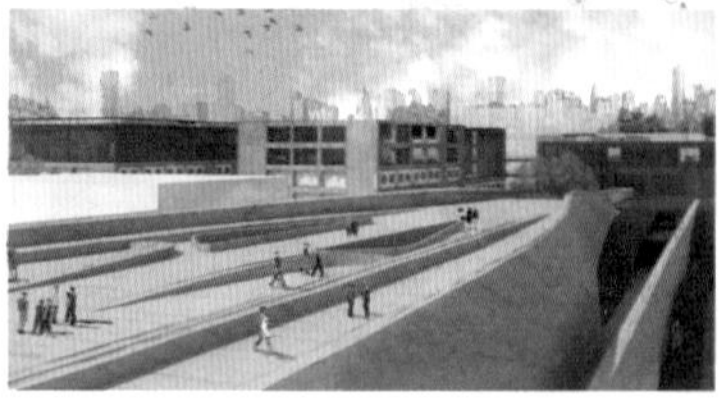

概念生成

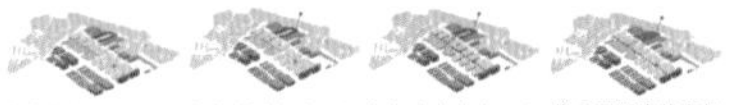

根据年轻创客的需求对现存仓库与工厂进行改造构想。

穿过城中村，由“城市浮岛”从空中引入人流。

架起空中廊道，形成“三明治”的雏形。

将入口原来的市场重建为公共建筑，与拥挤的城中村互补。

场·集·市
——再建布吉市场

中央美术学院
设计：王丹青
指导：李琳/苏勇/虞大鹏

东立面图

西立面图

总平面图

交通工具分布图

公共设施及交通枢纽分布图

噪声分布图

轴测剖面图 A

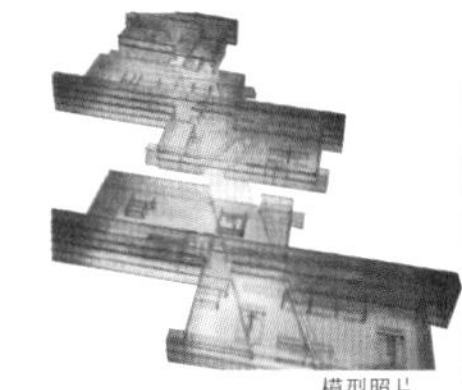

模型照片

设计说明：

基地位于二线关沿线被辐射到的区域内，其特殊性在于基地位于关内市中心地带与关外连接的快速路上，是距离市中心最近的关卡，也是具有最突出的反差和对比的地带，同时，在东西方向上，基地位于城市绿廊的断裂处，因此，设计的首要目的便是连接。这重连接是双向的，南北方向的关内关外的城市空间组织关系的弥合以及东西方向城市绿化带的断裂，在基地处相交。

方案的主要功能是综合市场，市场是商业场所，人们在市场里买卖交换，是给予与获得的关系，在物物交换的过程中，其实并非完全的等价，就像过去的辉煌二线关和如今破旧的检查站和拥堵的交通，都是在时间的作用下，在不知不觉间的变化。这种不对等是我联想到空间场所。

各层平面图

轴测剖面图 B

室内效果图

体量生成图

轴测剖面图 C

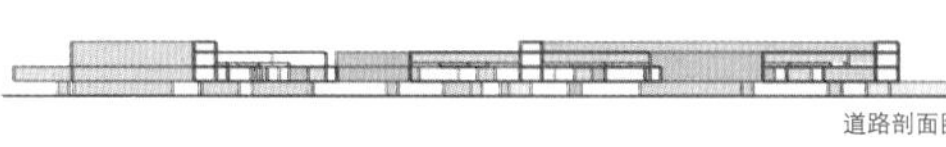

道路剖面图

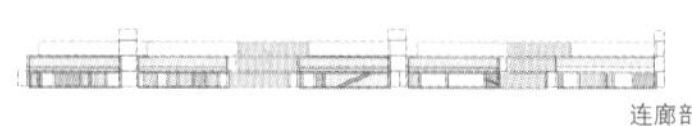

连廊剖面图

长轴剖面图

室外效果图 A

室外效果图 B

1 针灸·弥合 尹倩倩 金 燊 周 秀
Acupuncture and moxibustion

2 南头公交换乘枢纽+学习中心 翟星玥 江 平 彭 靖
Nantou Transit Hub and Study Center

3 布吉庇护伞 李佳颖 凌雨桐 孙成远
Shelter of BUJI

4 模·界 袁世洁 周 越 谭雅秋
vague boundry

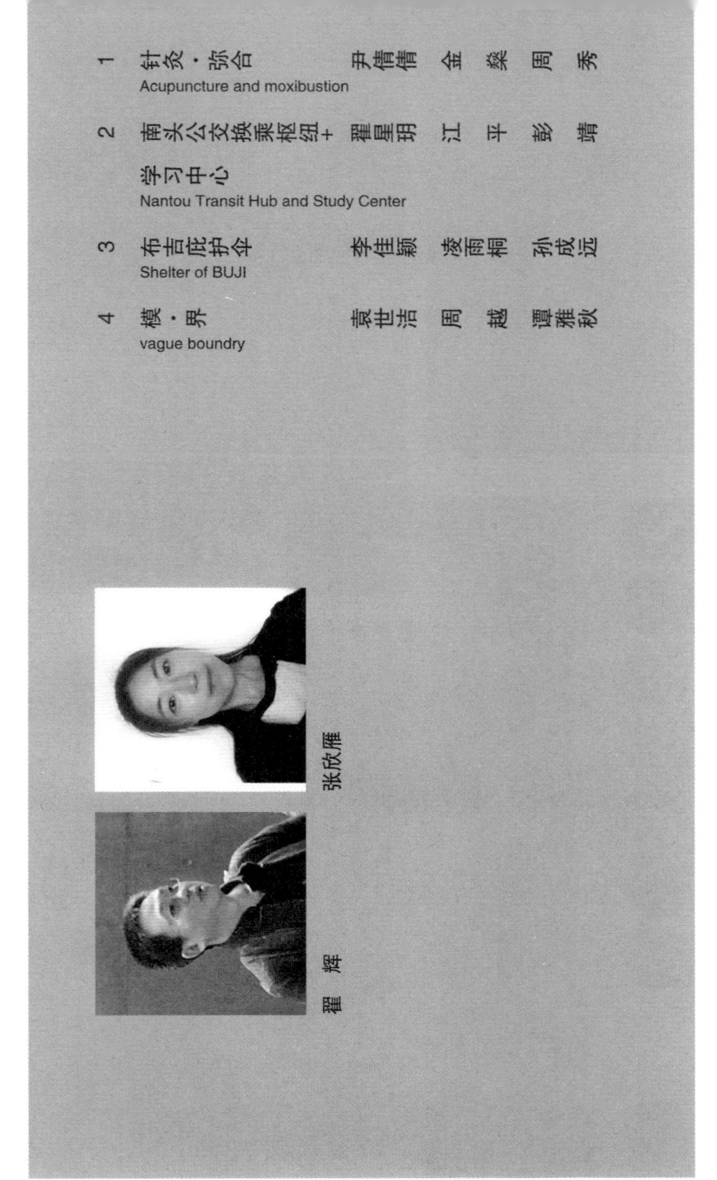

翟 辉　张欣雁

昆明理工大学

Kunming University of Science and Technology

学生团队

STUDENT TEAM

尹倩倩

金 燊

周 秀

翟星玥

江 平

彭 靖

李佳颖

凌雨桐

孙成远

袁世洁

谭雅秋

周 越

针灸·弥合

Acupuncture and moxibustion

昆明理工大学
设计：尹倩倩＼金燊＼周秀
指导：翟辉＼张欣雁

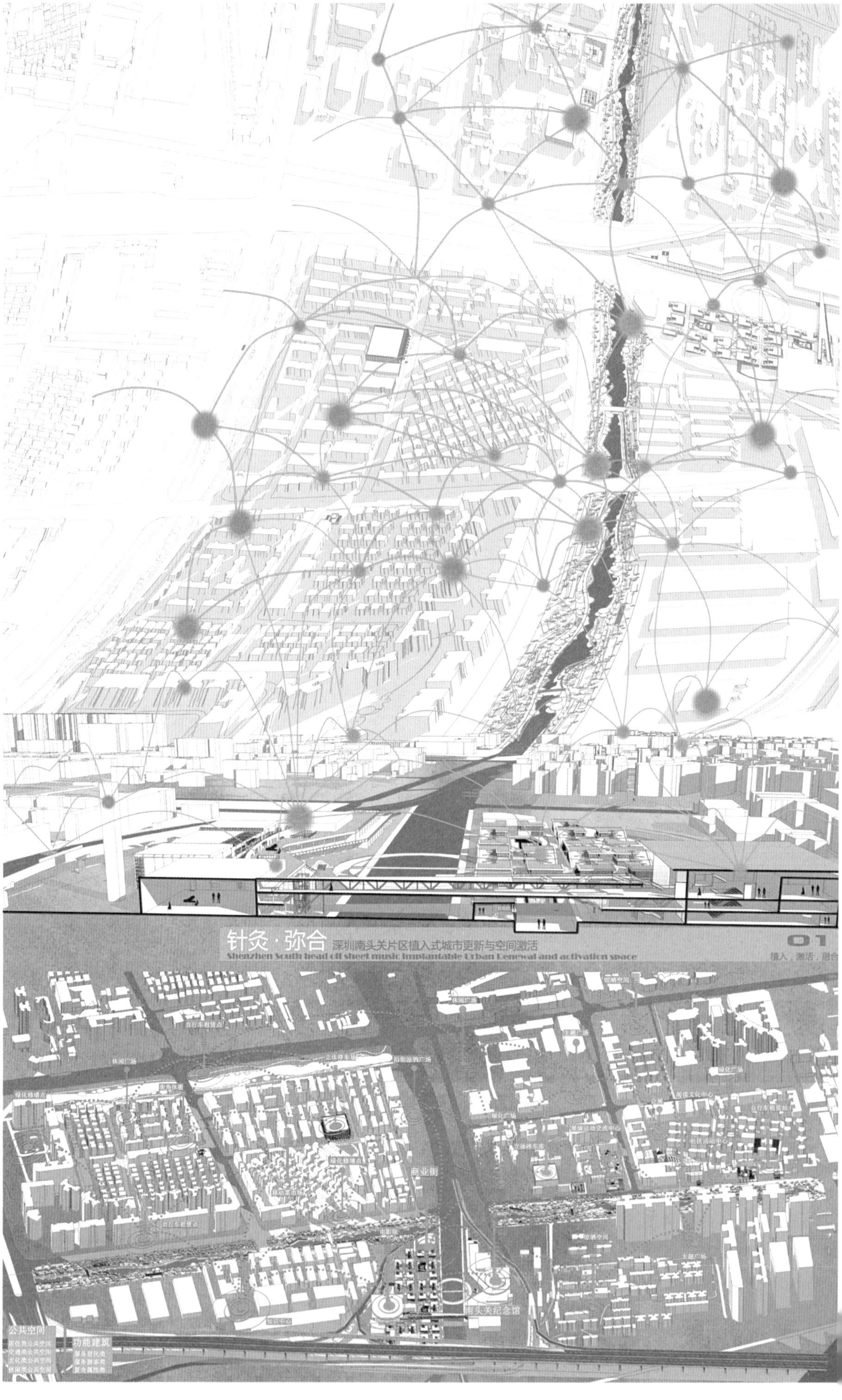

评语：

本次8+毕业设计从前期资料收集到中期汇报再到六月份的毕业答辩，我收获良多。对深圳二线关这一设计主题又有了新的认识理解和体会，学到了更多设计方面的知识，不管是城市设计，还是规划设计，甚至是从一起做毕业设计的其他专业的同学们身上学到的建筑设计和景观设计。只有当自己的一些想法和实际结合在一起的时候，才发现自己的不足与缺点。而且只有当我们深入设计去体验每一个设计的细节的时候，才能发现它的优点和缺点。而且有的时候自己坚持的想法不一定就是对的，虚心听取他人的意见也是一种提升自己设计能力的最好方法。

用地平衡表

名称	面积（公顷）	比例
二类居住用地	48.8160	30.46%
四类居住用地	15.8134	9.87%
商业服务设施用地	13.3460	8.33%
政府社团用地	14.5691	9.09%
市政公用设施用地	4.8014	2.99%
文化设施用地	1.7057	1.06%
防护绿地	3.9672	2.48%
水域	12.9043	8.05%
道路及其他	44.3292	27.66%
合计	160.2523	100%

技术经济指标：

规划用地面积：160.25公顷
新建建筑面积：9.2公顷
占地面积：28.3公顷
总建筑面积：198.1公顷
平均层数：7层
容积率：1.24
绿地率：30%

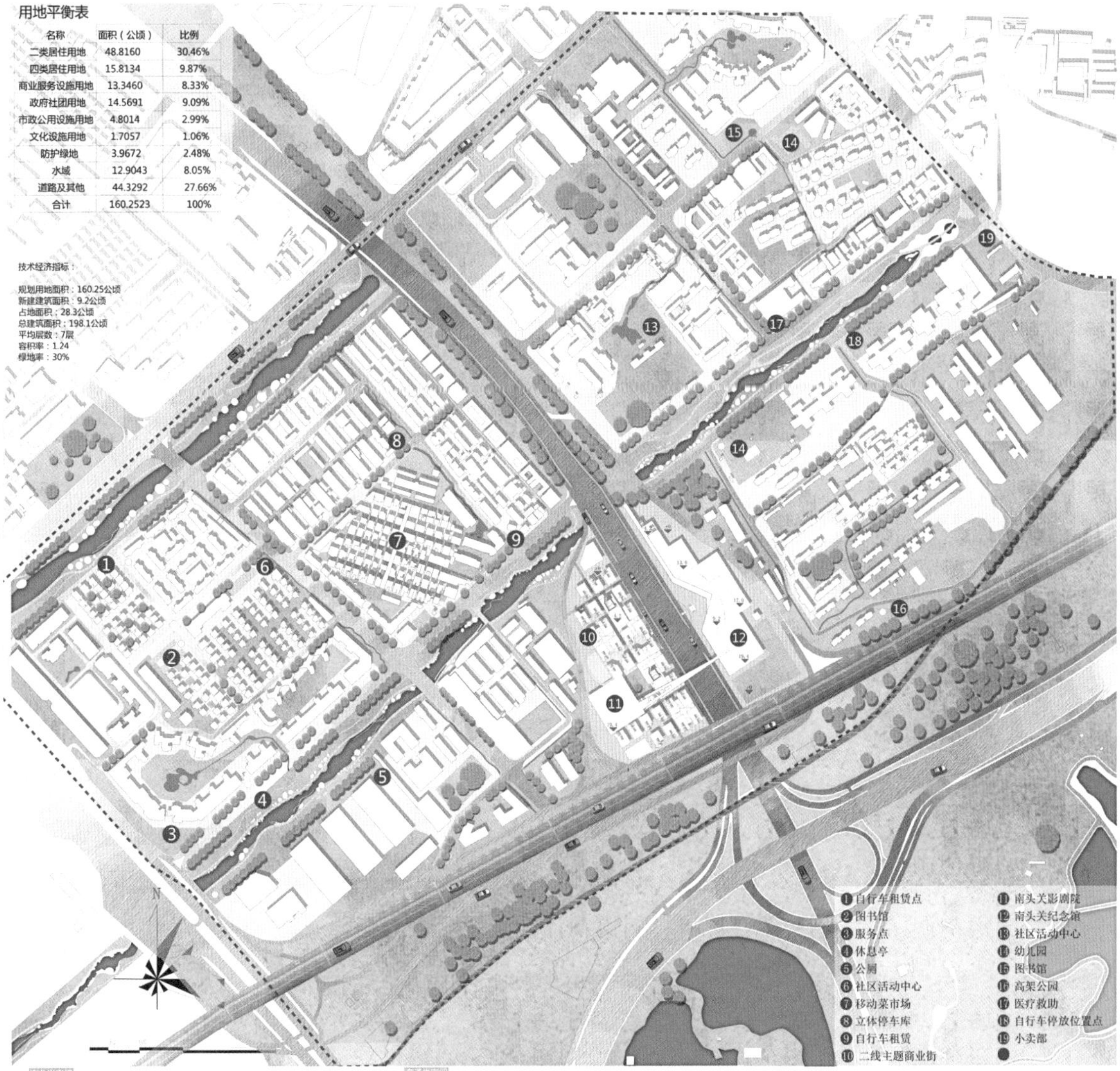

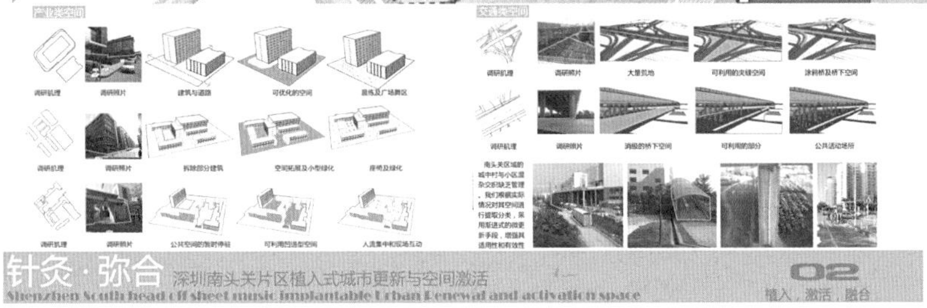

1 自行车租赁点
2 图书馆
3 服务点
4 休息亭
5 公厕
6 社区活动中心
7 移动菜市场
8 立体停车库
9 自行车租赁
10 二线主题商业街
11 南头关影剧院
12 南头关纪念馆
13 社区活动中心
14 幼儿园
15 图书馆
16 高架公园
17 医疗救助
18 自行车停放位置点
19 小卖部

南头关区域的城中村与小区混杂交织缺乏管理，我们根据实际情况对其空间进行提取分类，采用渐进式的微更新手段，增强其适用性和有效性

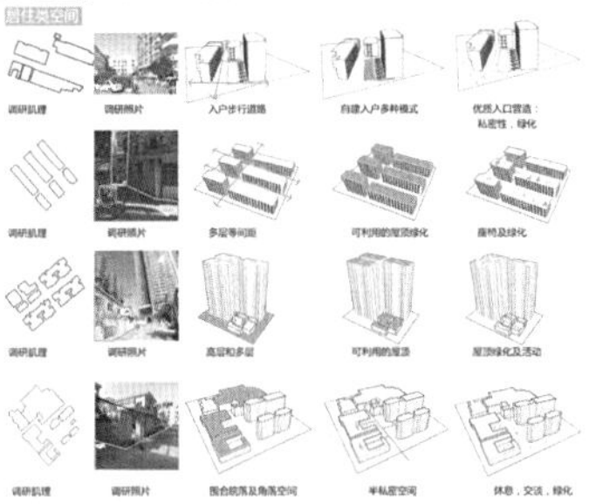

针灸·弥合 深圳南头关片区植入式城市更新与空间激活

Shenzhen South head off sheet music implantable Urban Renewal and activation space

02 植入，激活，融合

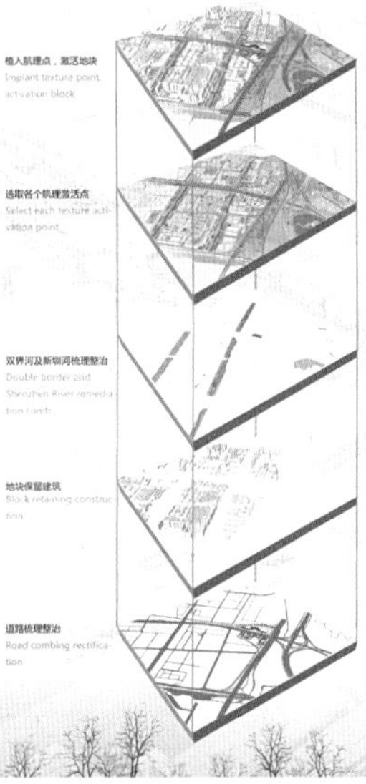

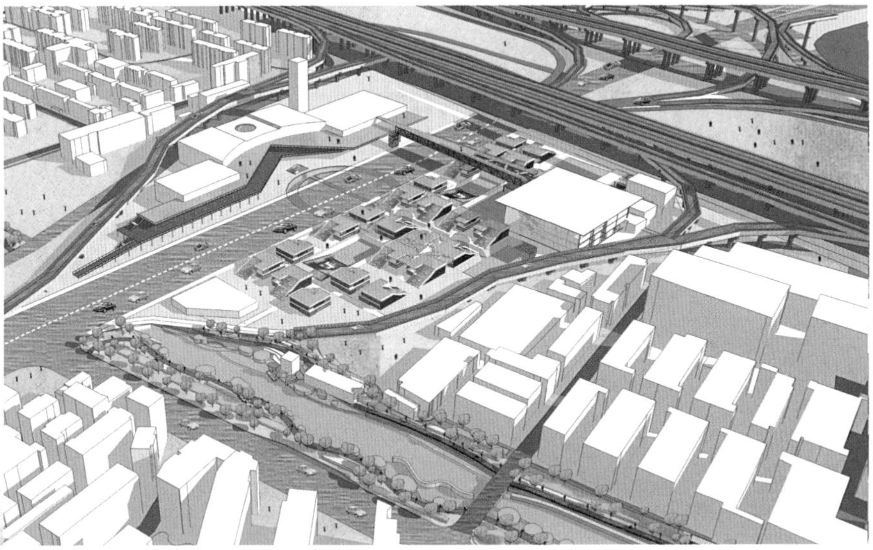

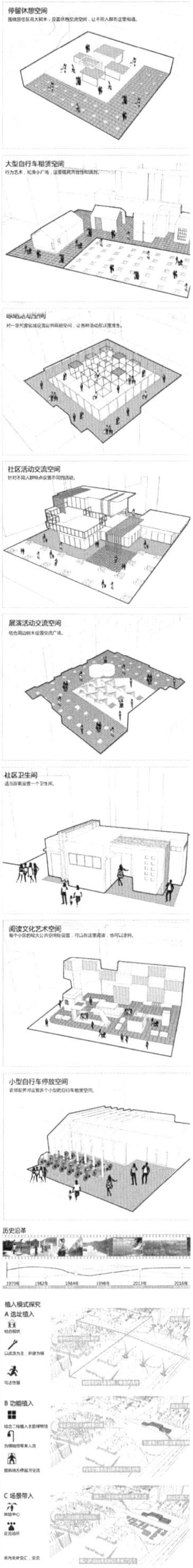

植入肌理点，激活地块
Implant texture point, activation block

选取各个肌理激活点
Select each texture activation point

道路梳理整治
Road combing rectification

停留休憩空间

大型自行车租赁空间

社区活动交流空间

展演活动交流空间

社区卫生间

阅读文化艺术空间

小型自行车停放空间

历史沿革

植入模式探究

A 选址植入

B 功能植入

C 场景带入

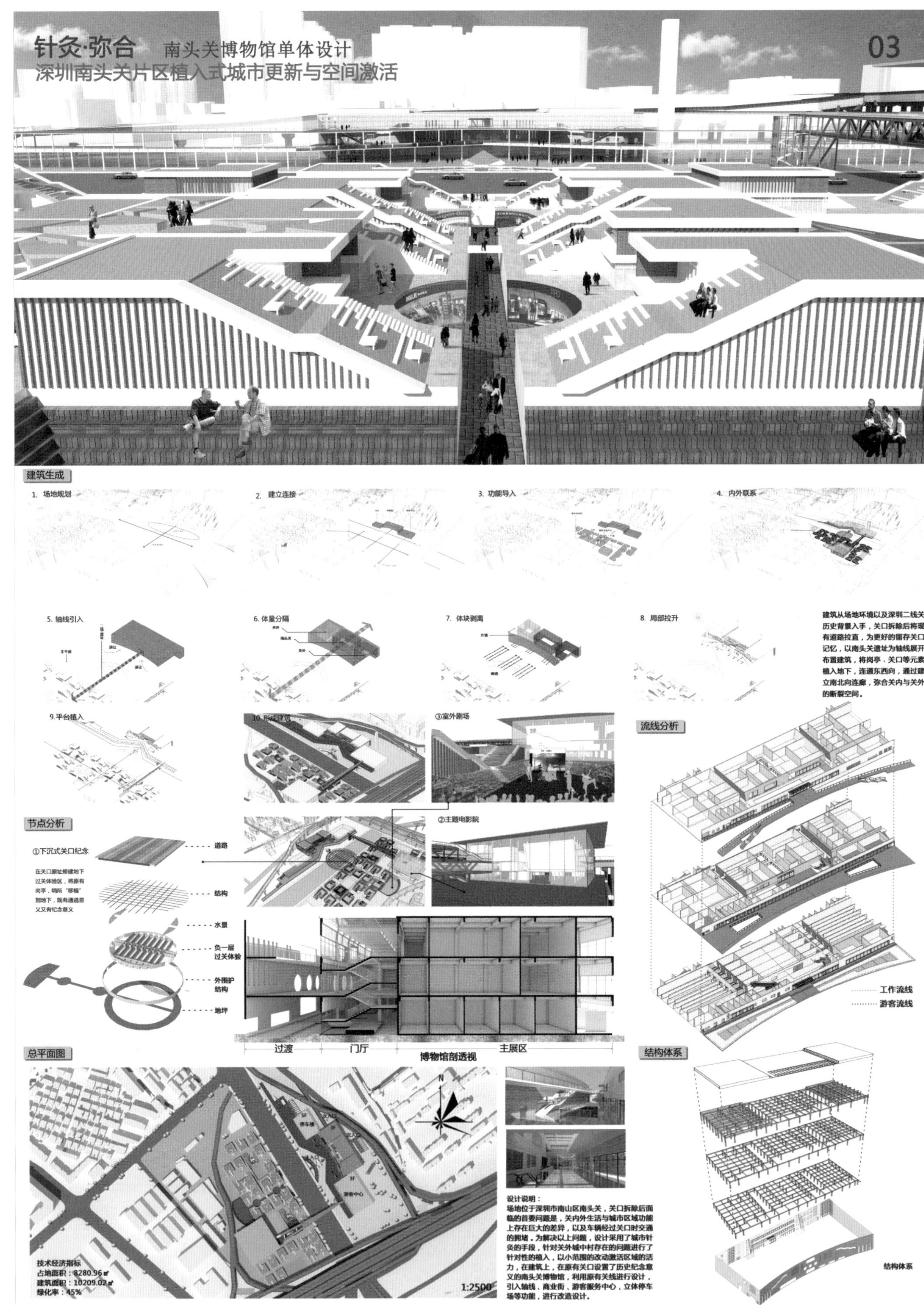

针灸·弥合 南头关博物馆单体设计
深圳南头关片区植入式城市更新与空间激活
03
建筑生成
1. 场地规划
2. 建立连接
3. 功能导入
4. 内外联系
5. 轴线引入
6. 体量分隔
7. 体块剥离
8. 局部拉升
建筑从场地环境以及深圳二线关历史背景入手，关口拆除后将现有道路拉直，为更好的留存关口记忆，以南头关遗址为轴线展开布置建筑，将岗亭、关口等元素植入地下，连通东西向，通过建立南北向连廊，弥合关内与关外的断裂空间。
9.平台植入
10.形成建筑
③室外剧场
流线分析
节点分析
①下沉式关口纪念
在关口原址修建地下过关体验区，将原有岗亭，哨所“移植”到地下，既有通道意义又有纪念意义
道路
结构
水景
负一层
过关体验
外围护
结构
地坪
②主题电影院
过渡
门厅
主展区
博物馆剖透视
工作流线
游客流线
总平面图
结构体系
技术经济指标
占地面积：8280.96㎡
建筑面积：10209.02㎡
绿化率：45%
1:2500
设计说明：
场地位于深圳市南山区南头关，关口拆除后面临的首要问题是，关内外生活与城市区域功能上存在巨大的差异，以及车辆经过关口时交通的拥堵。为解决以上问题，设计采用了城市针灸的手段，针对关外城中村存在的问题进行了针对性的植入，以小范围的改动激活区域的活力，在建筑上，在原有关口设置了历史纪念意义的南头关博物馆，利用原有关线进行设计，引入轴线、商业街、游客服务中心、立体停车场等功能，进行改造设计。
结构体系

针灸·弥合 南头关博物馆单体设计
深圳南头关片区植入式城市更新与空间激活

04

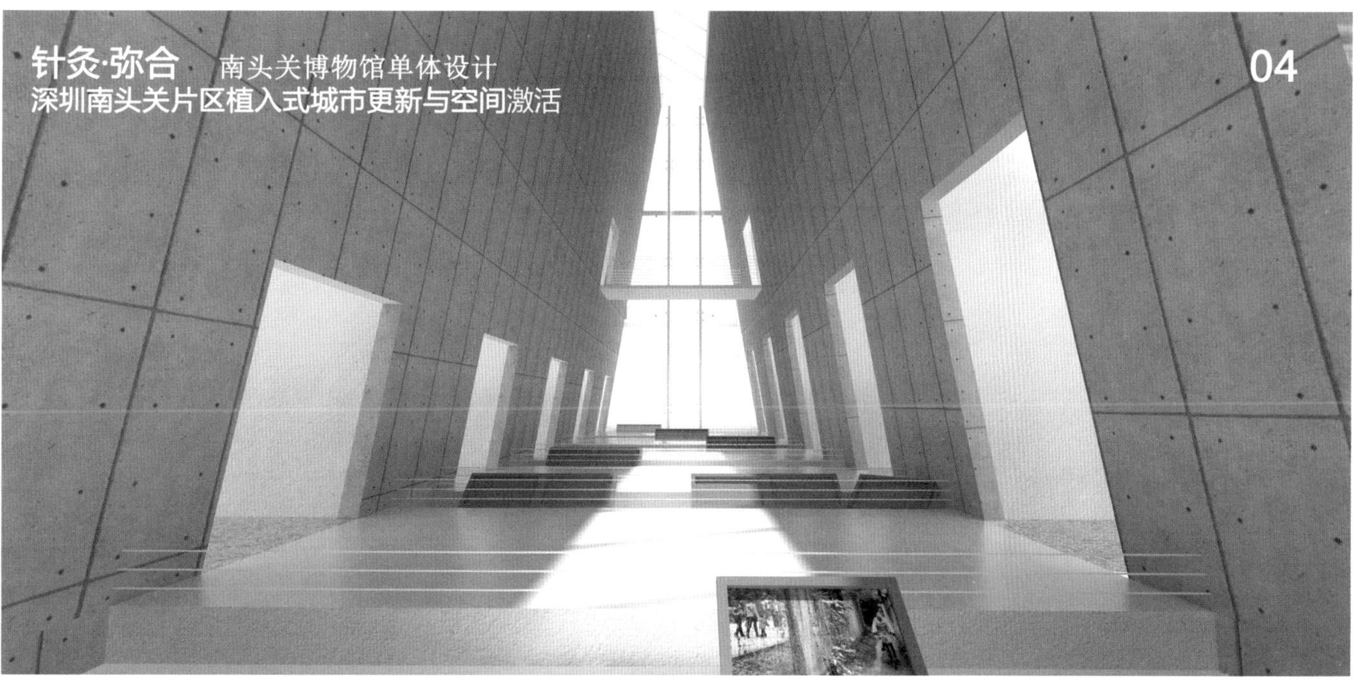

技术图纸

展览
后勤
休息等待
商业及多媒体

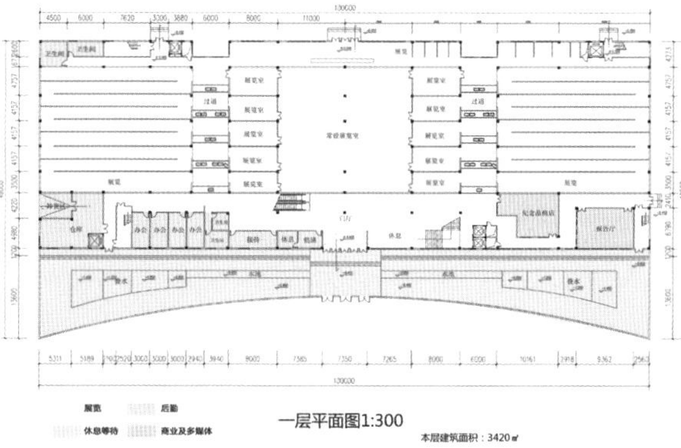

一层平面图1:300

本层建筑面积：3420㎡

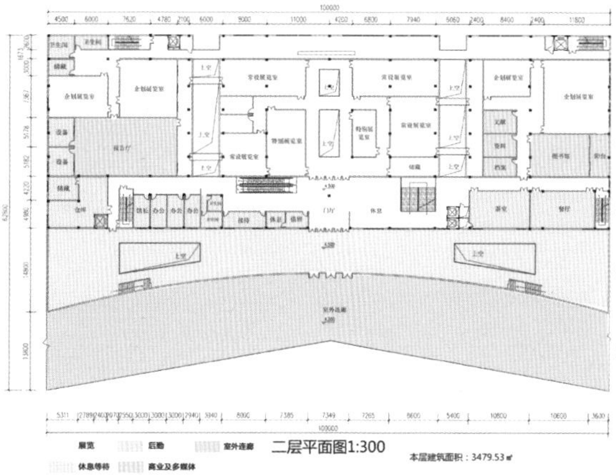

室外连廊
展览
后勤
室外连廊
休息等待
商业及多媒体

二层平面图1:300

本层建筑面积：3479.53㎡

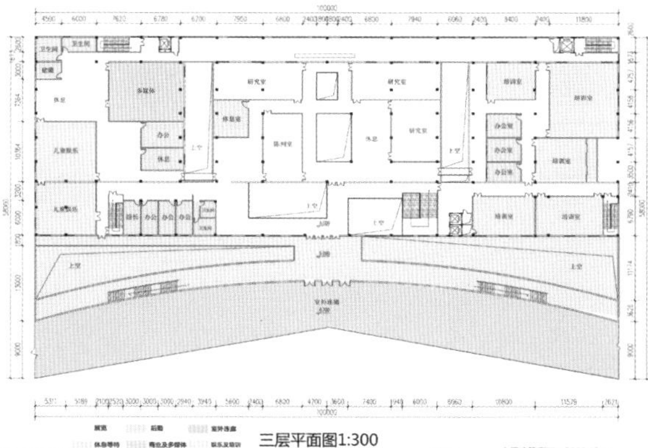

室外连廊
展览
后勤
室外连廊
休息等待
商业及多媒体
娱乐及培训

三层平面图1:300

本层建筑面积：3309.49㎡

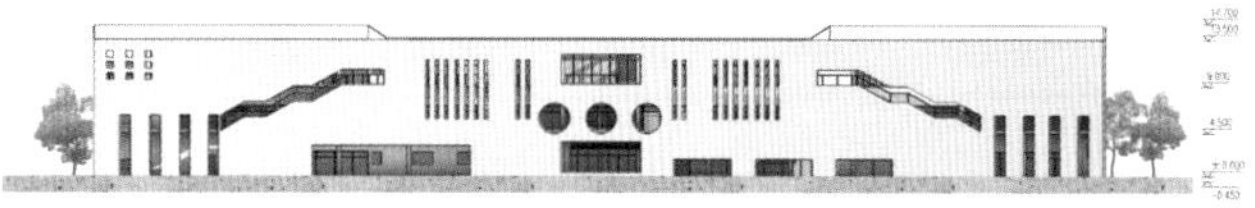

西立面图1:300

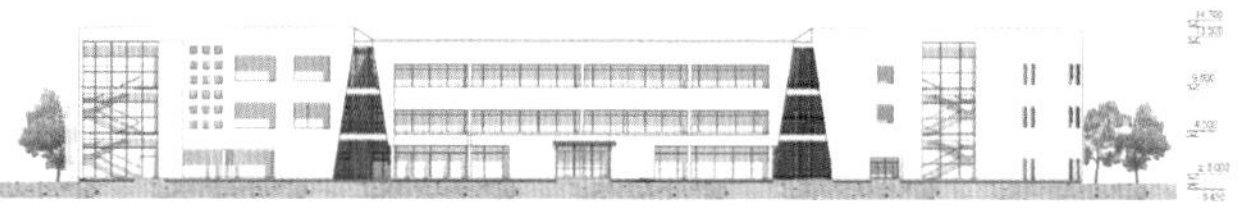

东立面图1:300

生态技术

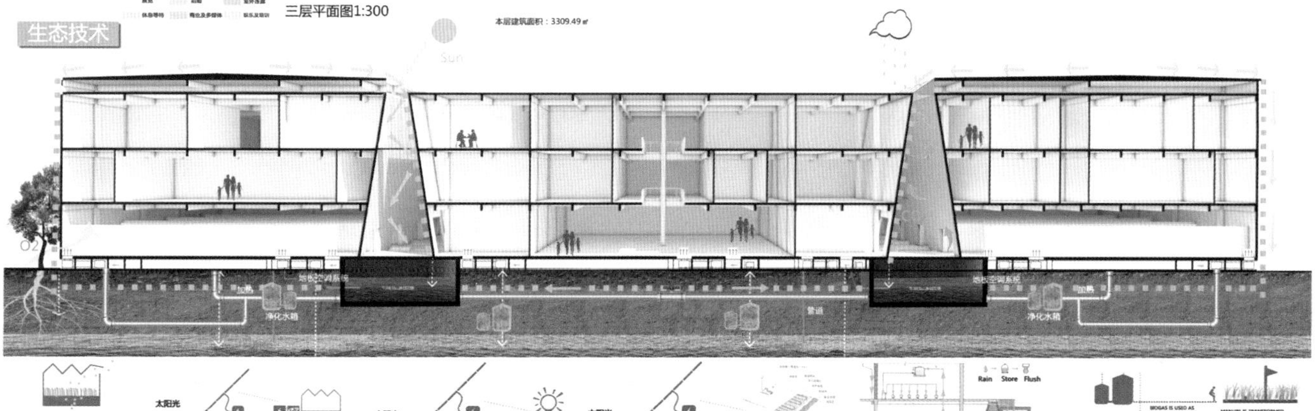

Sun
地板空调系统
加热
净化水箱
管道
净化水箱
植物蒸腾作用夏季带走水汽并净化空气
太阳光
太阳能发电板
提供能源
太阳光
太阳能发电板
照明
太阳光
太阳能发电板
地暖空调
Rain Store Flush
来自屋顶收集的大量雨水初步过滤处理形成冲厕用水
使用沼气中性染料生产电力
BIOGAS IS USED AS CO2 NETURAL FUEL TO PRODUCE ELECTRICITY.
MANURE IS TRANSFORMED INTO HIGH-ENERGY SOIL.
粪便转化到高能量的土壤

针灸·弥合 深圳南头关片区微社区互动下的双界河景观设计

Shenzhen Nantou District double river landscape design under the interaction of micro community

05

植入，激活，融合

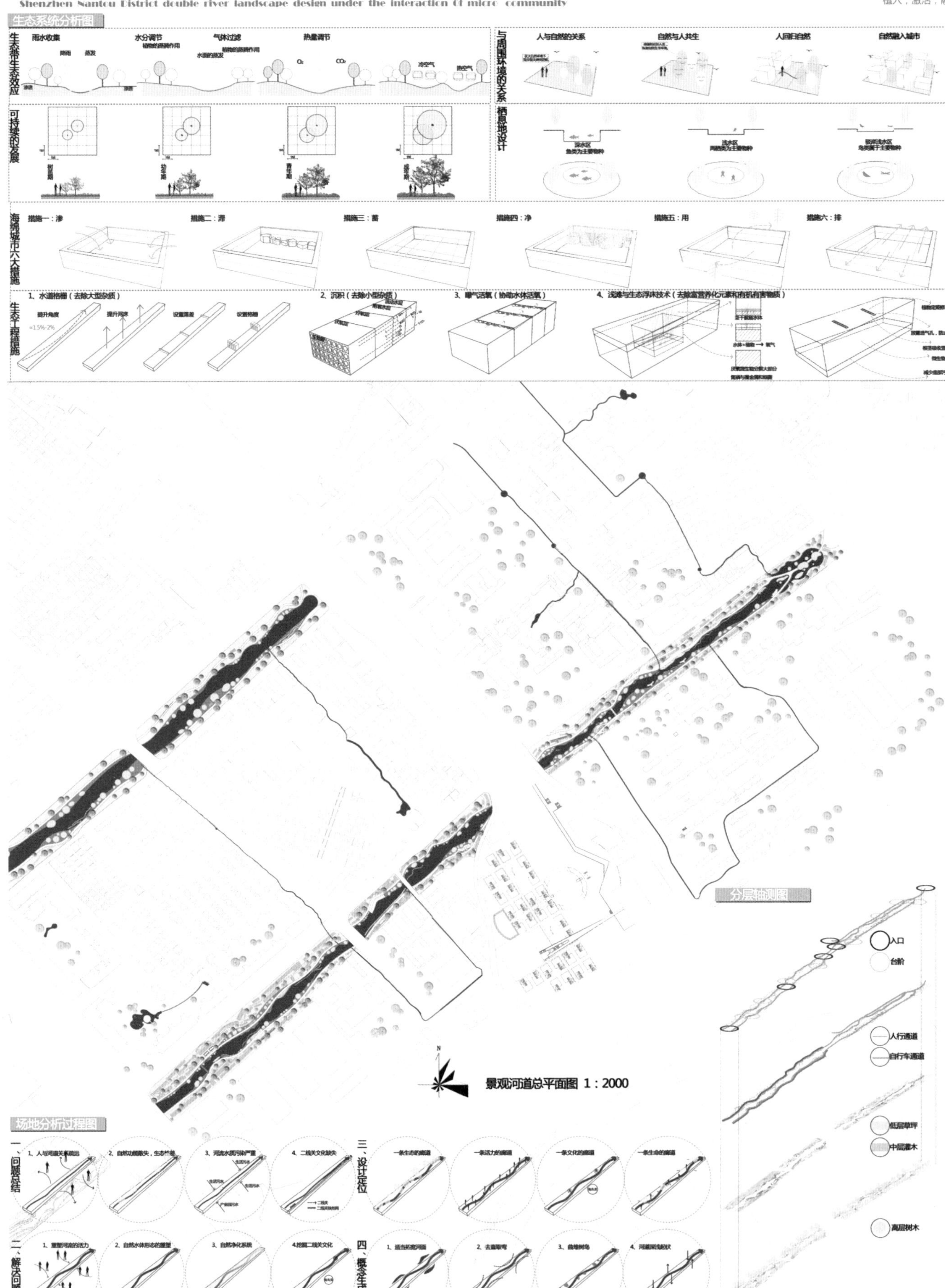

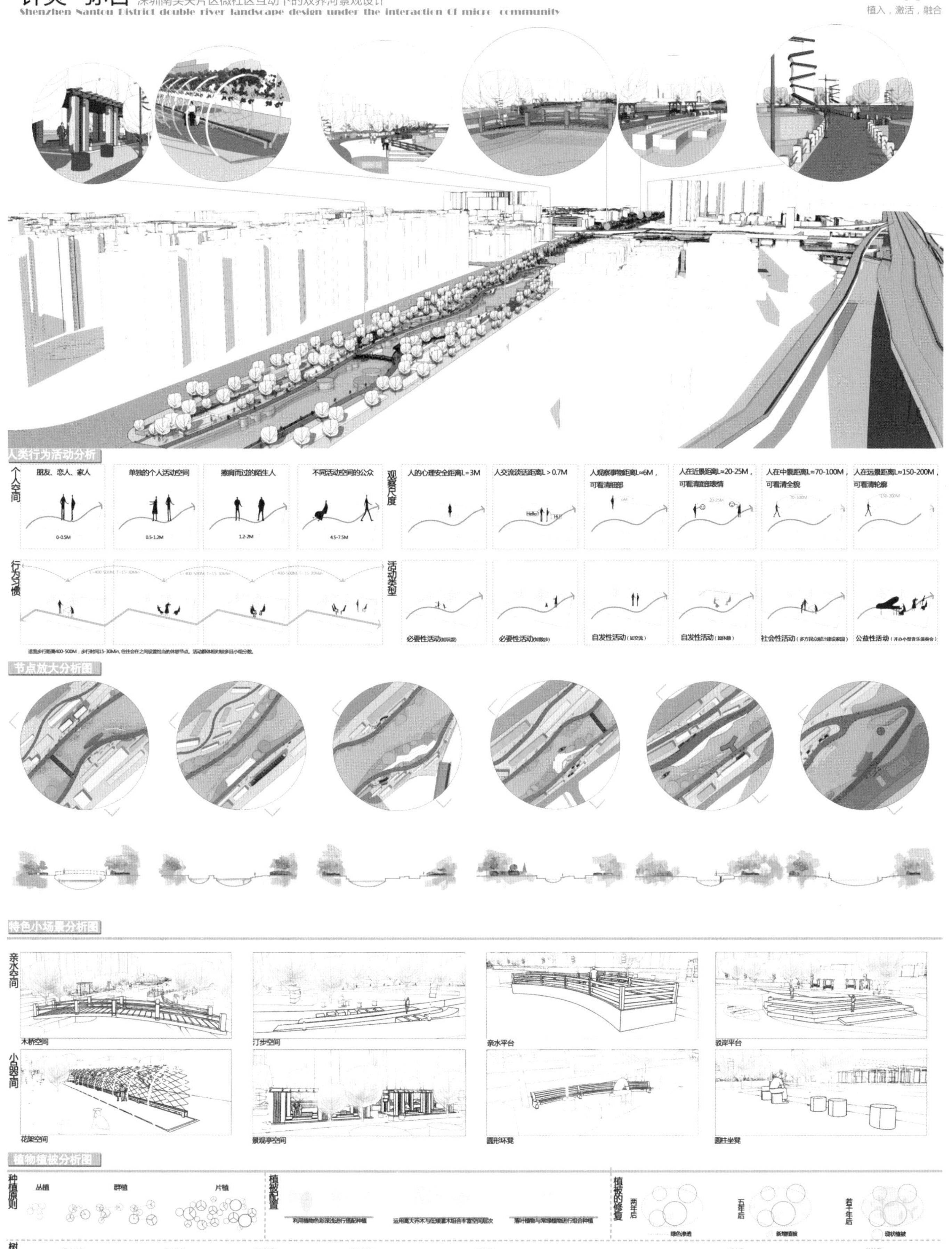
人类行为活动分析
个人空间
朋友、恋人、家人
单独的个人活动空间
擦肩而过的陌生人
不同活动空间的公众
观察尺度
人的心理安全距离L=3M
人交流谈话距离L＞0.7M
人观察事物距离L≈6M，可看清细部
人在近景距离L≈20-25M，可看清面部表情
人在中景距离L≈70-100M，可看清全貌
人在远景距离L≈150-200M，可看清轮廓
行为习惯
活动类型
必要性活动
必要性活动
自发性活动
自发性活动
社会性活动
公益性活动
节点放大分析图
特色小场景分析图
亲水空间
木桥空间
汀步空间
亲水平台
驳岸平台
小品空间
花架空间
景观亭空间
圆形坐凳
圆柱坐凳
植物植被分析图
种植原则
丛植
群植
片植
植被配置
植被的修复
两年后
五年后
若干年后
树种的选择
水生植物
陆生植物

南头公交换乘枢纽+学习中心

Nantou Transit Hub and Study Center

昆明理工大学
设计：翟星玥/江平/彭靖
指导：翟辉/张欣雁

如今南头关存在诸多问题，其中最突出的就是交通问题，其次是有二线关长期割据对关内外市民心理产生的隔阂。我希望基于场地现状，通过营造更便捷的绿色交通系统来改变市民出行方式，缓解交通拥堵问题。与此同时，加入学习空间、交流空间使得关内外市民在交通换乘间隙有更多机会合作沟通学习，起到弥合二线带来的心理落差的作用。并从当地高大乔木中提取意向同时在屋顶种植高大乔木形成南头片区绿色环保的标志物。

生成分析

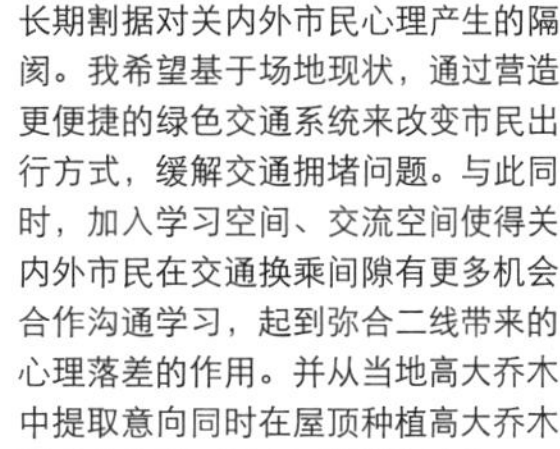

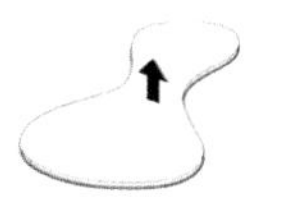

功能分区

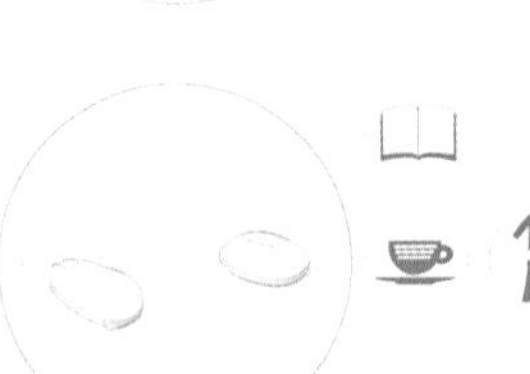
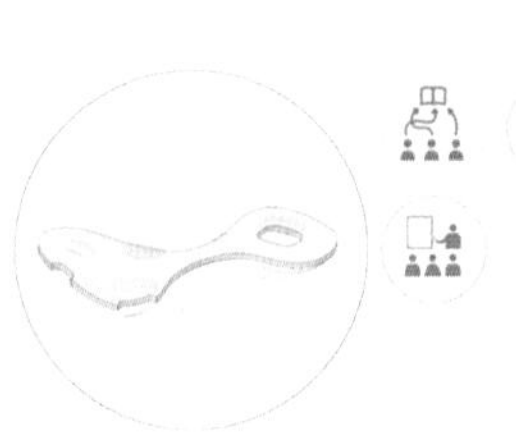

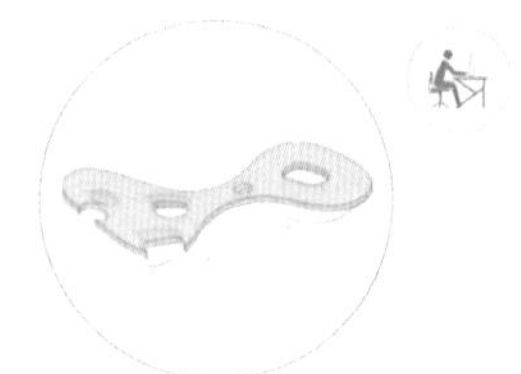

环境条件及周边元素

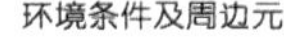
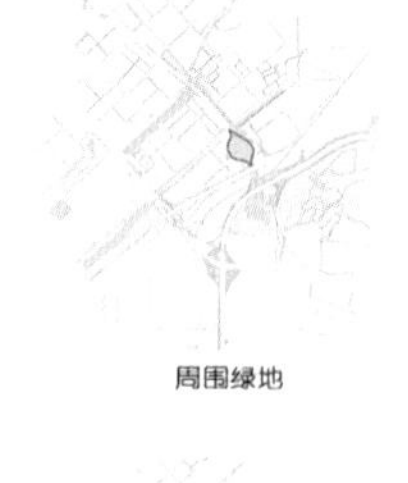

周围绿地

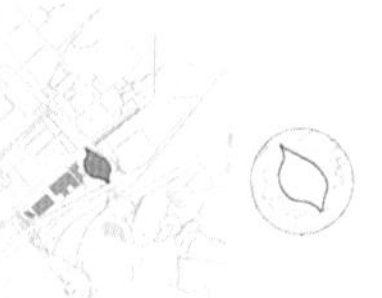

创意园区

主要干道

原南头关

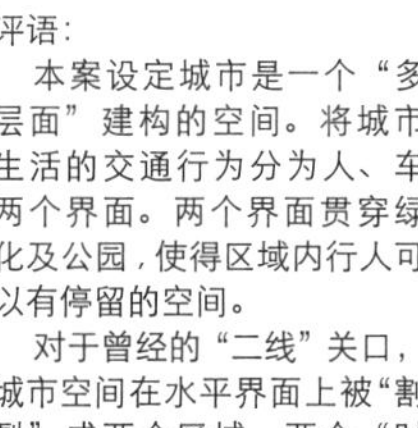
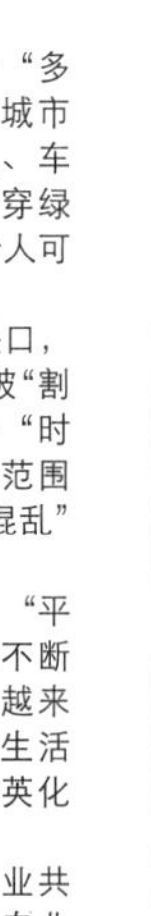

评语：

本案设定城市是一个“多层面”建构的空间。将城市生活的交通行为分为人、车两个界面。两个界面贯穿绿化及公园，使得区域内行人可以有停留的空间。

对于曾经的“二线”关口，城市空间在水平界面上被“割裂”成两个区域。两个“时空”呈现在同一个区域范围内，城市的生活空间“混乱”而“无序”。

设计过程中思考探讨：“平面化”的规划设计总是不断调整，生活空间却总是越来越无法“生活”。城市生活总是体现着先锋性和精英化的“面具”。

方案由规划与建筑专业共同完成，三个人由规划专业统筹，建筑细化设计概念。以“自下而上”的设计模式，优化城市空间多样丰富，在水平及垂直空间上建构“以人为本”的生活方式。

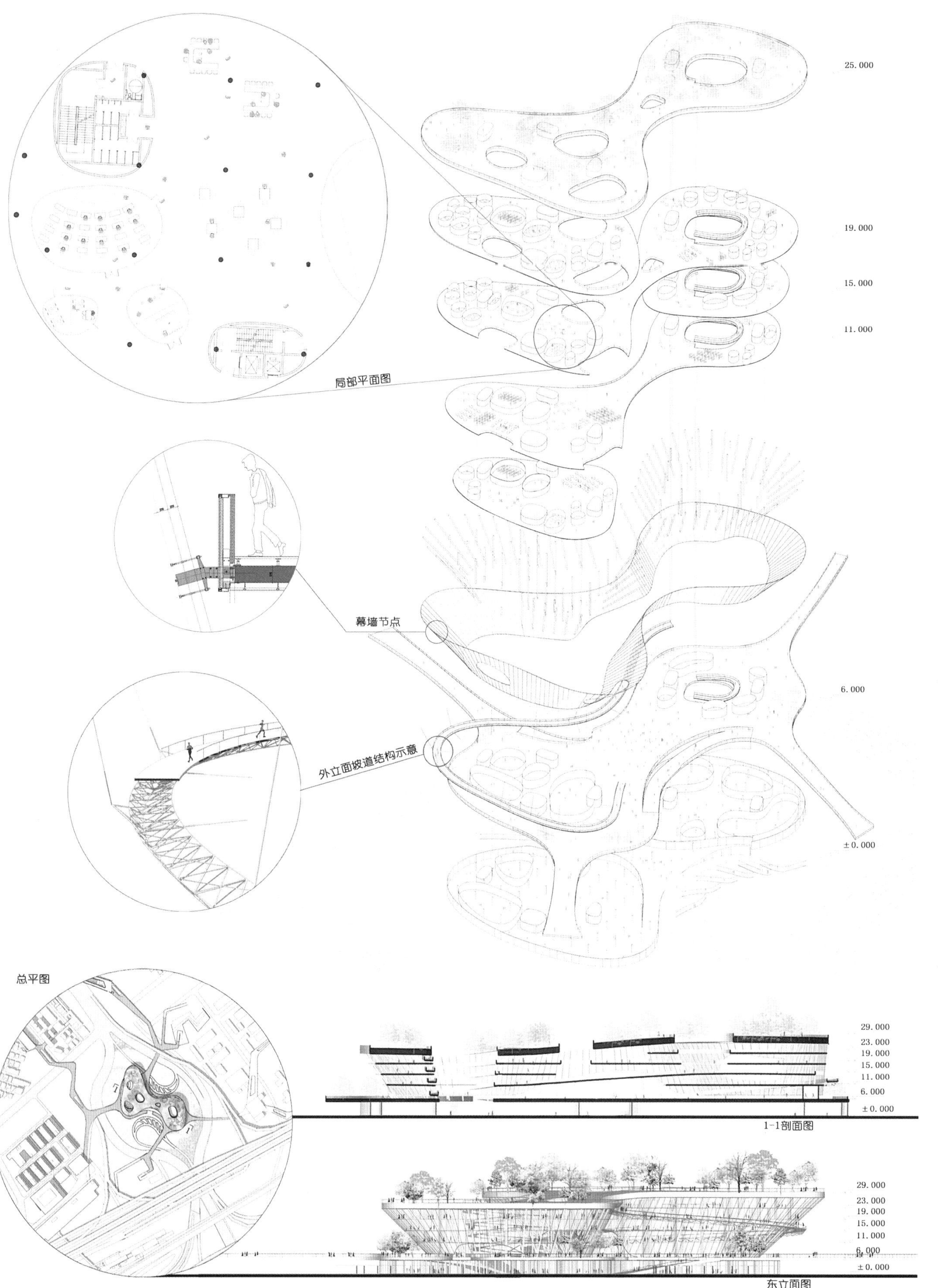

25.000
19.000
15.000
11.000
局部平面图
幕墙节点
外立面坡道结构示意
6.000
±0.000
总平图
29.000
23.000
19.000
15.000
11.000
6.000
±0.000
1-1剖面图
29.000
23.000
19.000
15.000
11.000
6.000
±0.000
东立面图

后边界
南头关片区城市设计
Post-boundary Urban Design of Nantou Region

昆明理工大学
设计：翟星玥＼江平＼彭靖
指导：翟辉＼张欣雁

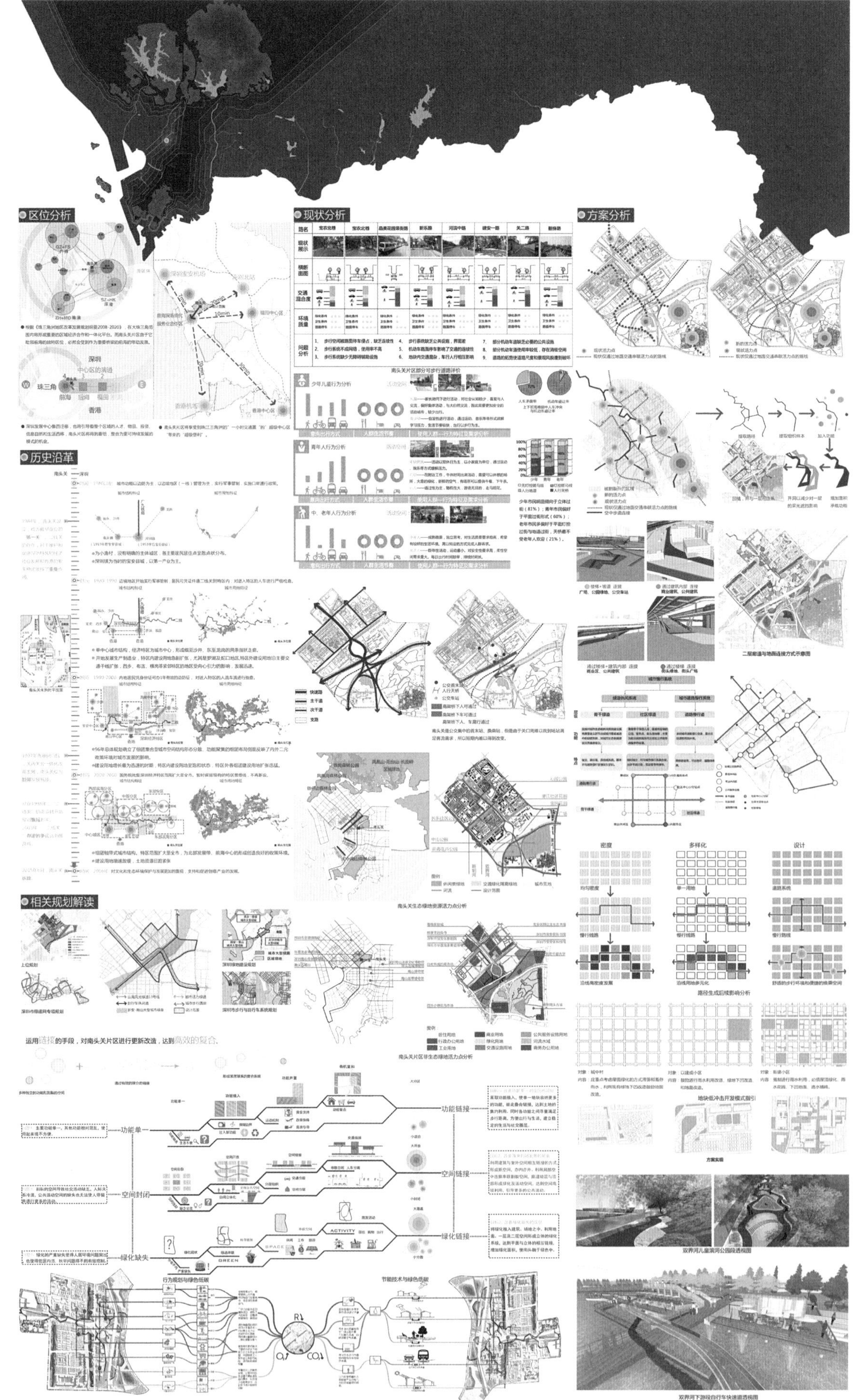

N
0 100 200 500
1 南头古城
2 南头中学
3 中山公园
4 平南铁路纪念雨水广场
5 高架桥下蔬菜小市场
6 雨水广场
7 南头购物街
8 遮蔽装置广场
9 亲水栈道
10 二线纪念公园
11 老年活动中心
12 雨水广场
13 运动绿地
14 南头下凹绿地
15 宝安区科技馆
16 宝安区图书馆
17 宝安区群众文化艺术馆
18 宝安区影剧院
19 华夏龙泉青瓷博物馆
20 宝民花园
21 群星宝民街市
22 海雅缤纷购物城
23 濠江社区花园
24 商业街
25 风雨广场
26 新圳河河滨公园
27 新乐社区市场
28 新乐皮鞋一条街
29 艺术装置广场
30 二线关儿童滨河公园
31 南头换乘枢纽+学习中心
32 创库
33 露天小剧场
34 平南铁路博物馆
35 平南雨水花园
36 前海公园
37 荷兰小镇花鸟市场
经济技术指标：
总用地面积：244.8ha
容积率：2.5
建筑密度：37%
绿地率：41%

二线博物馆 Erxian Museum

昆明理工大学
作者：彭靖
指导：翟辉＼张欣雁

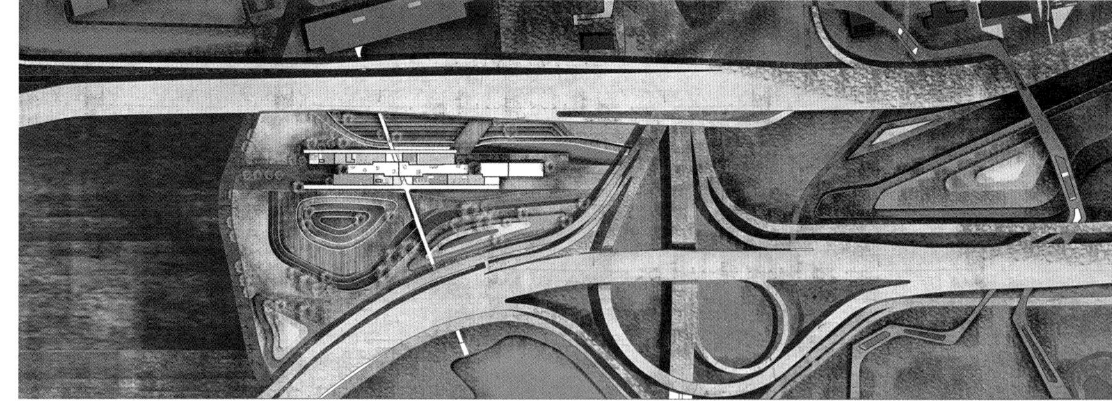

概念生成　建筑策略

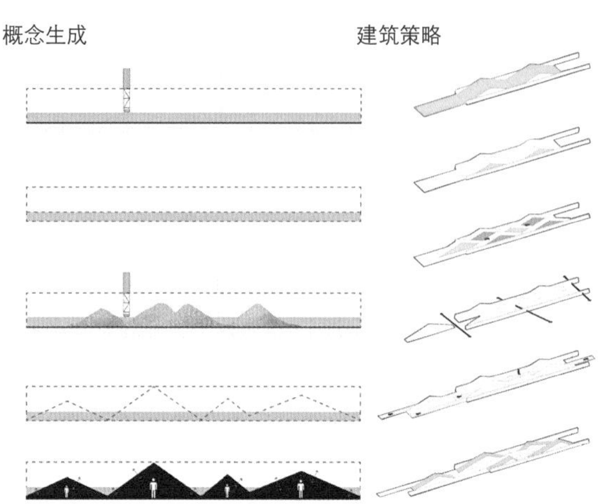

建筑空间划分为两个分离的部分，较低的内向空间和上层外向空间，前者为历史氛围的营造提供条件，后者为周边良好的自然景观提供利用机会，体积内的原始景观由一系列的绿色景观堆栈，使空间的两种类型之间的关系更加敏感。原始空间原型景观的堆栈可以抽象作为一个景观形式，表面景观创造外向和内向空间之间的交互，内向和外向空间的相互震荡为“人”带来附加价值。创建一个基于场地尺度整合历史氛围与自然环境的“东西”。让“上”“下”的互动产生更多的可能性，考虑不同的屋顶空间的活动可能性与质量。

屋顶分析

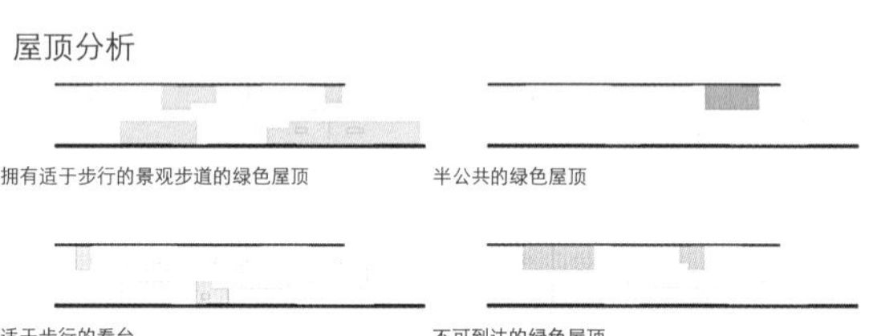

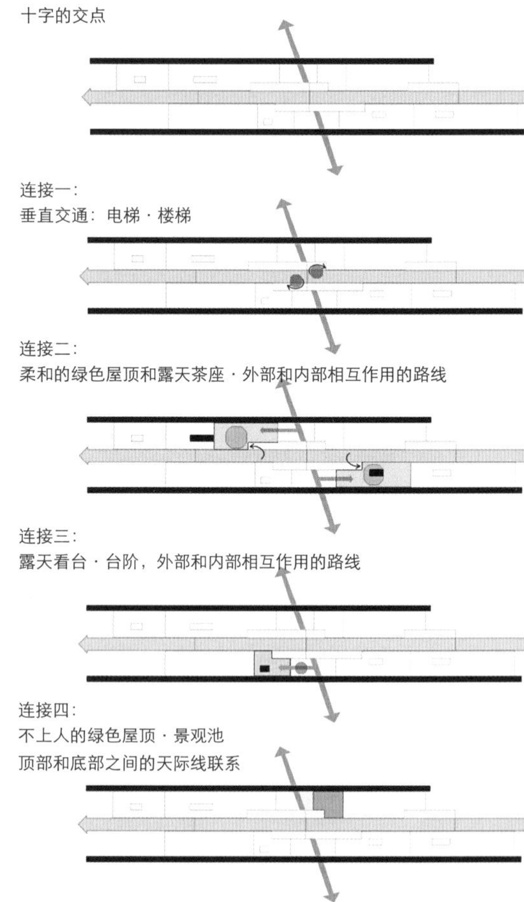

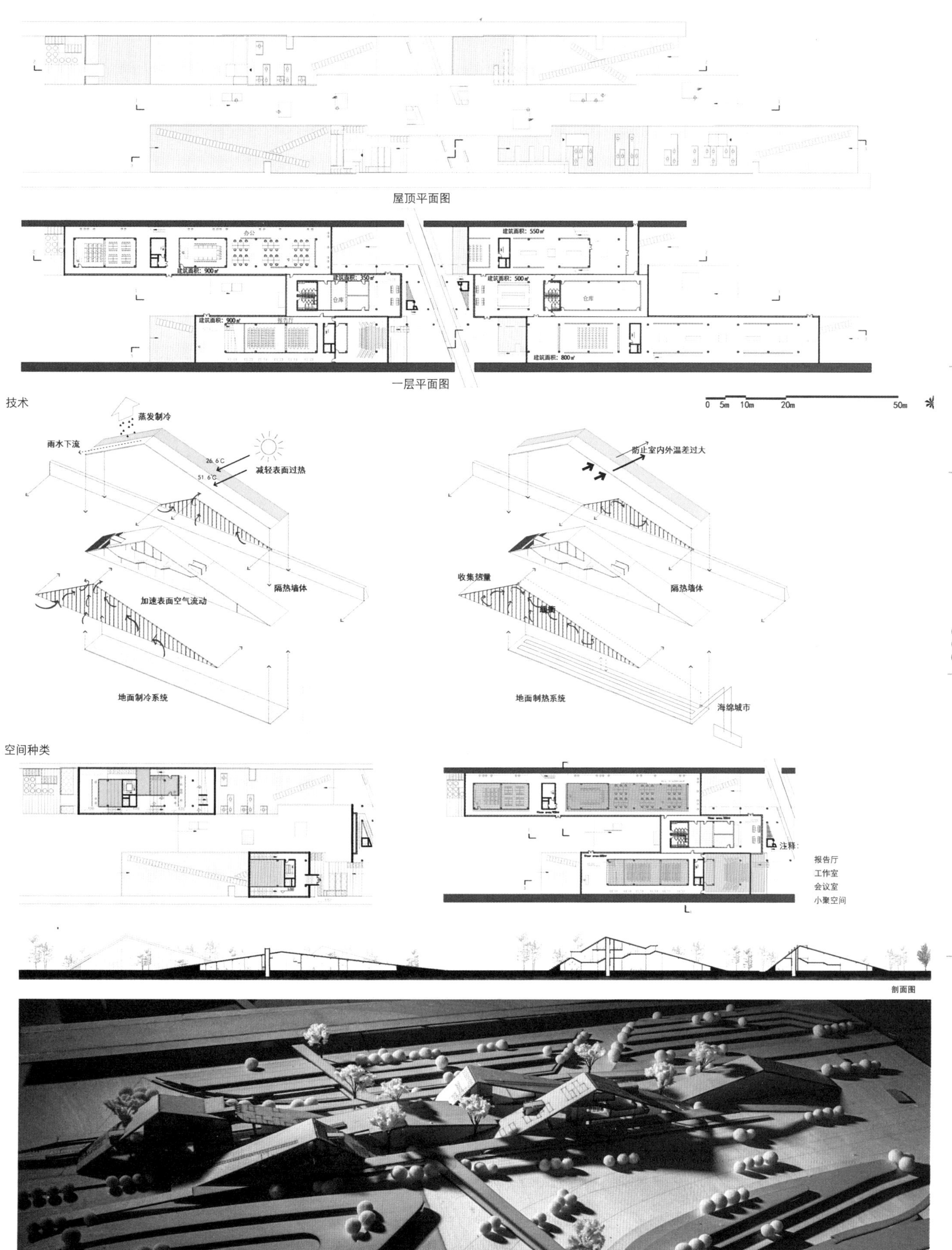
屋顶平面图
办公
建筑面积：900㎡
建筑面积：350㎡
仓库
建筑面积：550㎡
建筑面积：500㎡
仓库
建筑面积：900㎡
报告厅
建筑面积：800㎡
一层平面图
技术
0 5m 10m 20m 50m
蒸发制冷
雨水下流
26.6℃
51.6℃
减轻表面过热
加速表面空气流动
隔热墙体
地面制冷系统
防止室内外温差过大
收集热量
隔热墙体
地面制热系统
海绵城市
空间种类
注释：
报告厅
工作室
会议室
小聚空间
剖面图

布吉庇护伞

Shelter of BUJI

昆明理工大学
设计：李佳颖＼凌雨桐＼孙成远
指导：翟辉＼张欣雁

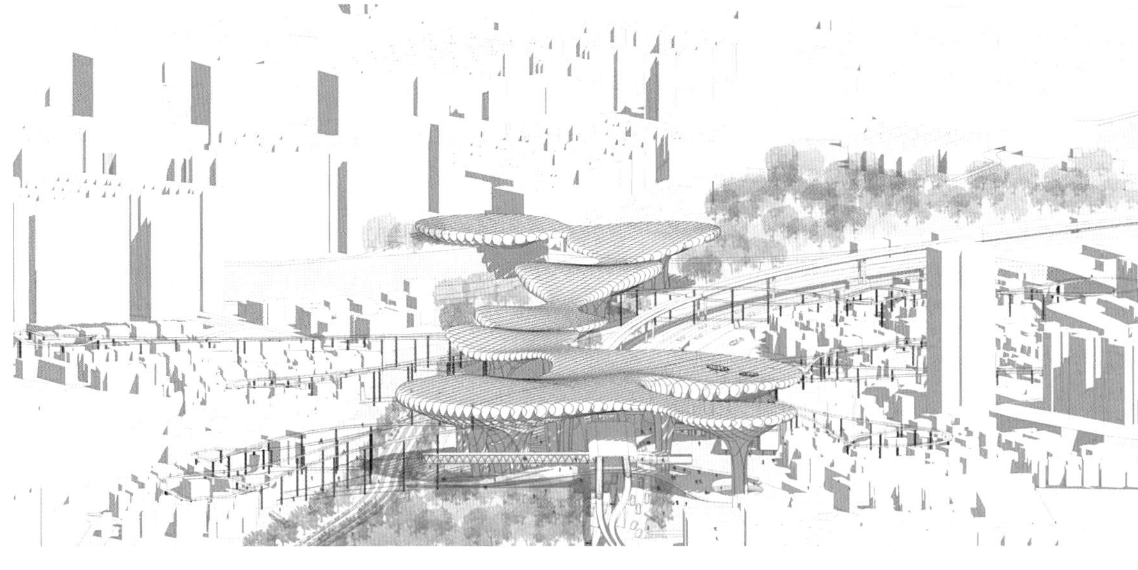

图1 二线地图

设计主题选择：非规划斑块（Informal Patches）的自组织生长

插花地、城中村是深圳这一短期内发展起来的移民都市最具特征的城市社会斑块，其自生长的密度、组织状态、生长力与形态是亚洲城市最具魅力的所在，也是当代建筑学和城市学研究的热点。由于二线关内外的行政边界与关线本身不尽重合，沿线自然出现较多的管理真空地带，为移民自发聚居地的滋生和蔓延提供了可能。二线关沿线是深圳城中村、插花地较为集中的地带，也是研究城市自组织生长的典型标本。

选择地块：布吉关

在布吉关附近，城中村数量众多，集中了数以百万计的流动人口和务工群体，这是深圳二线关沿线无规划发展的一个典型区域。这里有赫赫有名的大芬油画村、长排村、清水河村、吓围村、独树村等高度密集的城中村，其自发原生的生活状态和独特的高密度聚居具有特殊的城市学和社会学研究价值。对于非规划板块自由生长研究意义较大。

资本过度积累，造成了全球文化景观空间的复制和泛滥。文化，从来没有像今天看来如此丰富，却又如此贫乏。文化资本的无限性远远超出了金融资本和产业资本。因此，当因为全球通货膨胀和生态极限，使得金融和产业资本的发展到一个天花板时，文化资本的超级爆发也许才刚刚开始。

深圳在短短几十年间飞速发展，由此带来了权利空间异化，这包括了发展权异化，占有权异化，使用权异化①。

权利空间异化造成的后果：

全球城市空间资源状态的极端不平衡。空间的极度浪费和极度不足，常常同时并存。全球城市空间占有状态的极端不平衡，空间，某种意义上成为了一种资本积累工具。有资本的人可以占有质量好的空间。没有资本的人占有空间的能力很弱。

全球城市空间使用状态的极端不平衡。空间，经常通过隐形的使用限制，加剧了社会区隔。

因此我们提出一种设想，能否用一种城市巨构的想法，让它像伞、像树、像浮云一般漂浮着，庇护着布吉。

图3

我们根据城市设计的三个理论对现场的城中村、插花地与其他规划地块进行了分析。我们根据研究发现

图底理论：

城中村，插花地：建筑密度过大；路窄。

其他规划地块：消极空地多。

连接理论：

城中村，插花地：东西隔绝。

其他规划地块：东西隔绝，路网不畅。

场所理论：

城中村，插花地：缺乏文化建设。

其他规划地块：缺乏公共空间，绿地；缺乏文化建设。

设计策略：

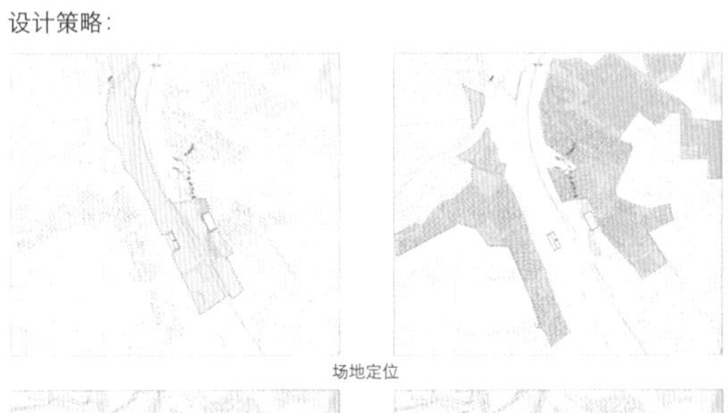

场地定位

选点置入

平面生成

图4 设计策略

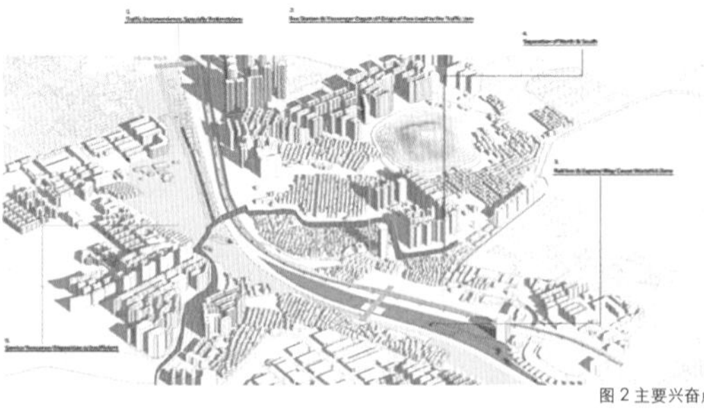

图2 主要兴奋点

评语：

深圳的区位优势，促进了它迅速地崛起与发展。“二线”便是特殊区位下形成的另类“屏障”。

城市的迅速发展，塑造了深圳城市特有的“线状”空间模式。“二线”不仅仅是边界，也是区域，同时也是交通重要节点。

交通和通讯是城市最有用的功能，两者都是城市运作的重要手段。

本案以“伞”为形式语言，表达出在“二线”区域中不同人群、不同空间“连接”的可能性，为缺失的生活空间“庇护”出公共交流的物理空间。

“交流”方式在网络时代是多彩多样的，也许城市物理空间始终是要“衰落”的。同时，城市与建筑将相互“共生”。

图 5 功能分层图

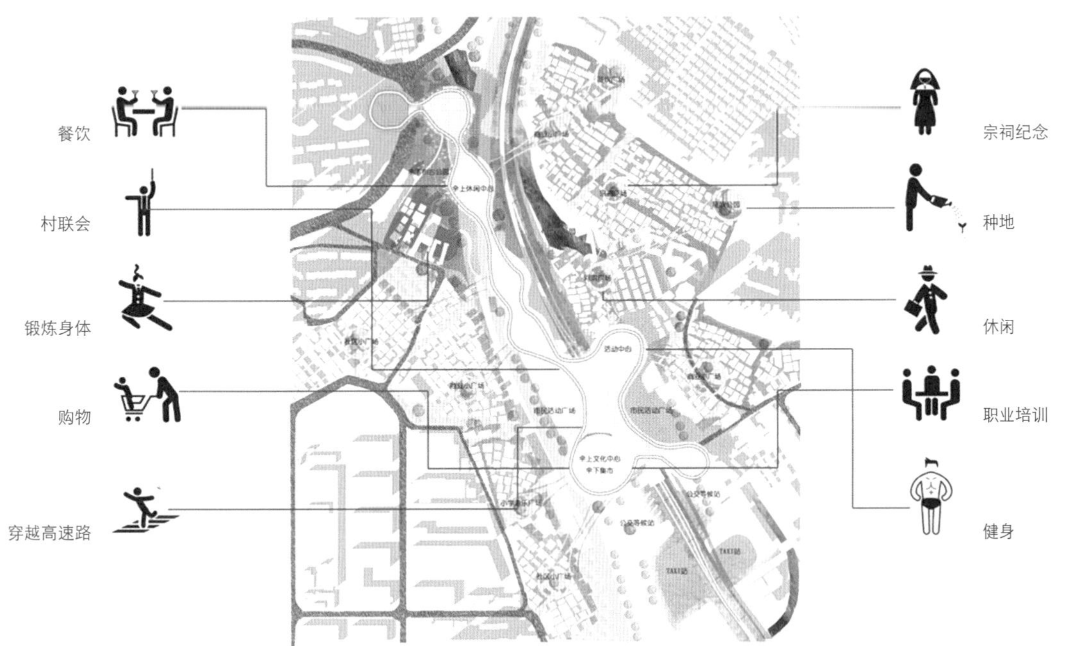

图 6 具体功能

不仅只是伞

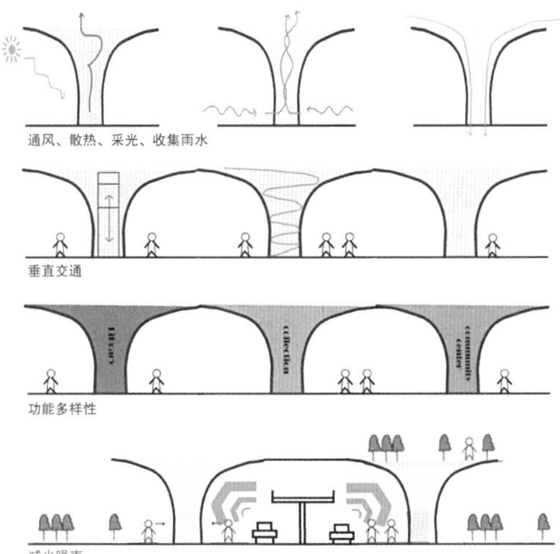

图 7 功能示意图

对每一把伞既尝试形态学意义作用于城市，又做出水、风和阳光等自然因素的考量。它是遮蔽阳光和雨水的城市停留空间，亦是托起跨越城市地块梁的垂直支撑，又作“树”般，收集雨水，在地面投下点点光斑。

它是伞，是树，是云，也许在那，也许不在那。

灵感来自于“榕树”，榕树的独木成林是地理位置、气候等方面造就的，它的结构是有板根、支柱根、绞杀、老茎结果等重要特征组成，榕树通常高达 20~30m，胸径达 2m，树冠扩展很大，具奇特板根，宽达 3~4m，宛如栅栏，有气生根，细弱悬垂及地面，入土生根，形似支柱。

如果我们利用榕树的气根原理，不但能支撑住巨大的外挑，还可以利用下伸的“气根”来进行雨水收集。

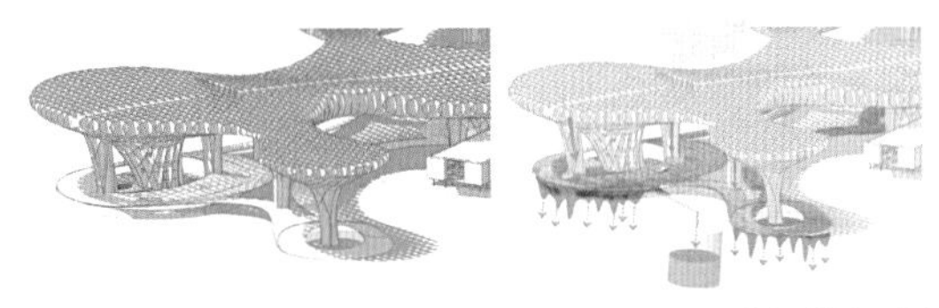

图 8 雨水收集示意图

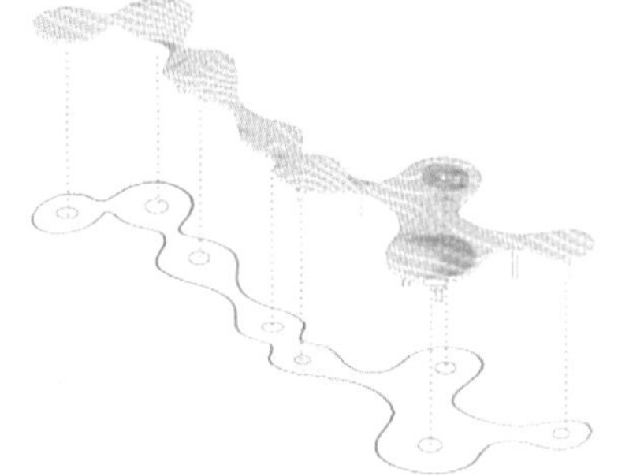

图 9 立体生成图

注释：

① 引用自张宇星《城市设计的未来价值》

图 10 模型照片

布吉庇护伞 ------ 社区活动中心　Community Center

By：孙成远

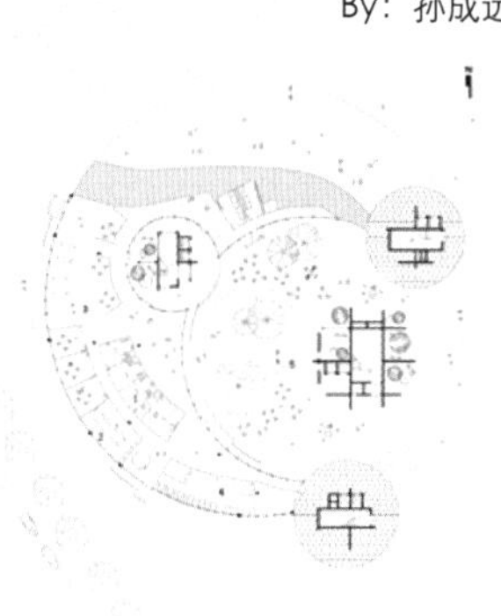

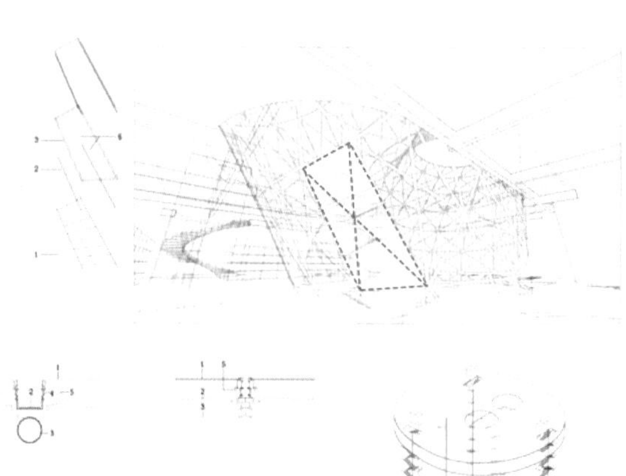

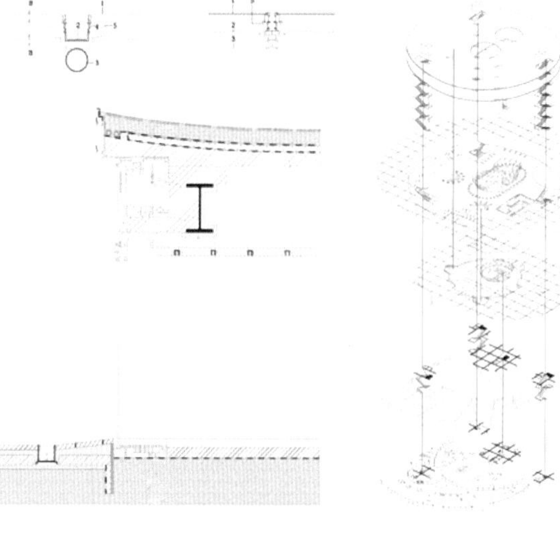

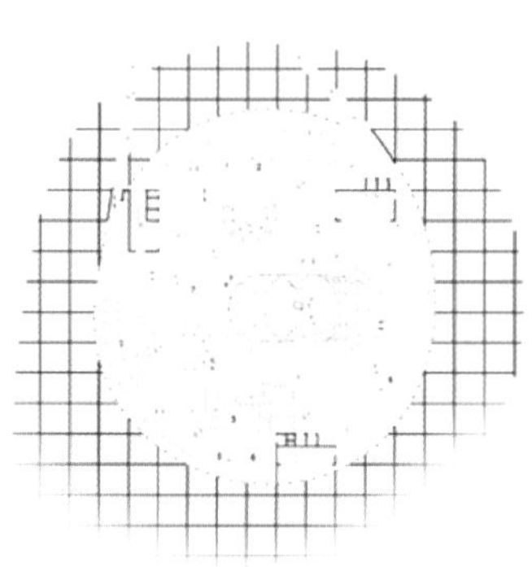

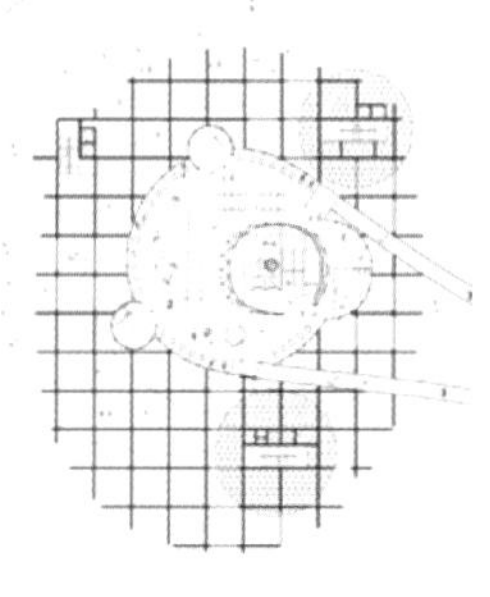

市民活动中心

SHELTER OF BUJI

PUBLIC ACTIVITY CENTER

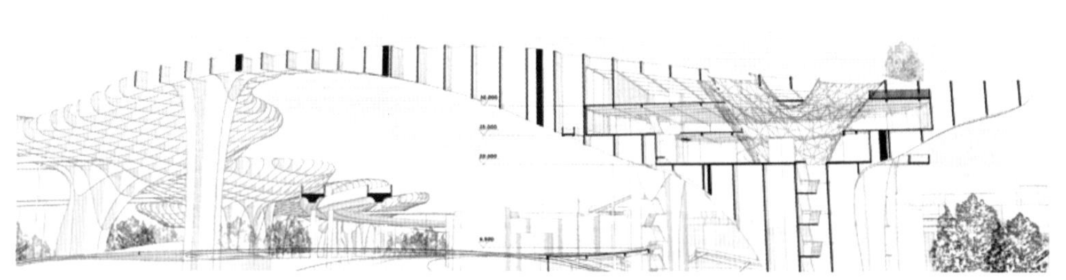

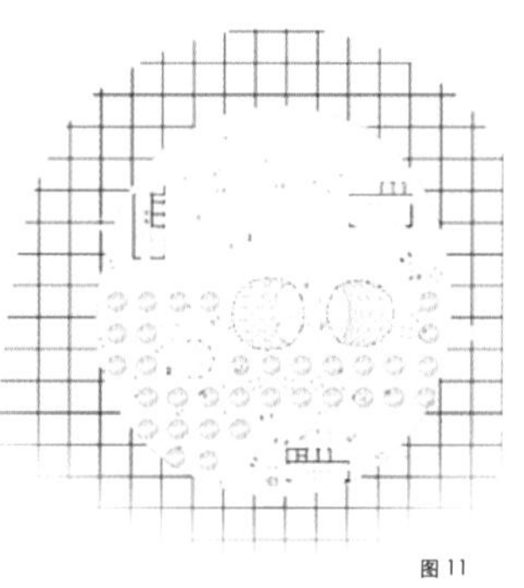

图 11

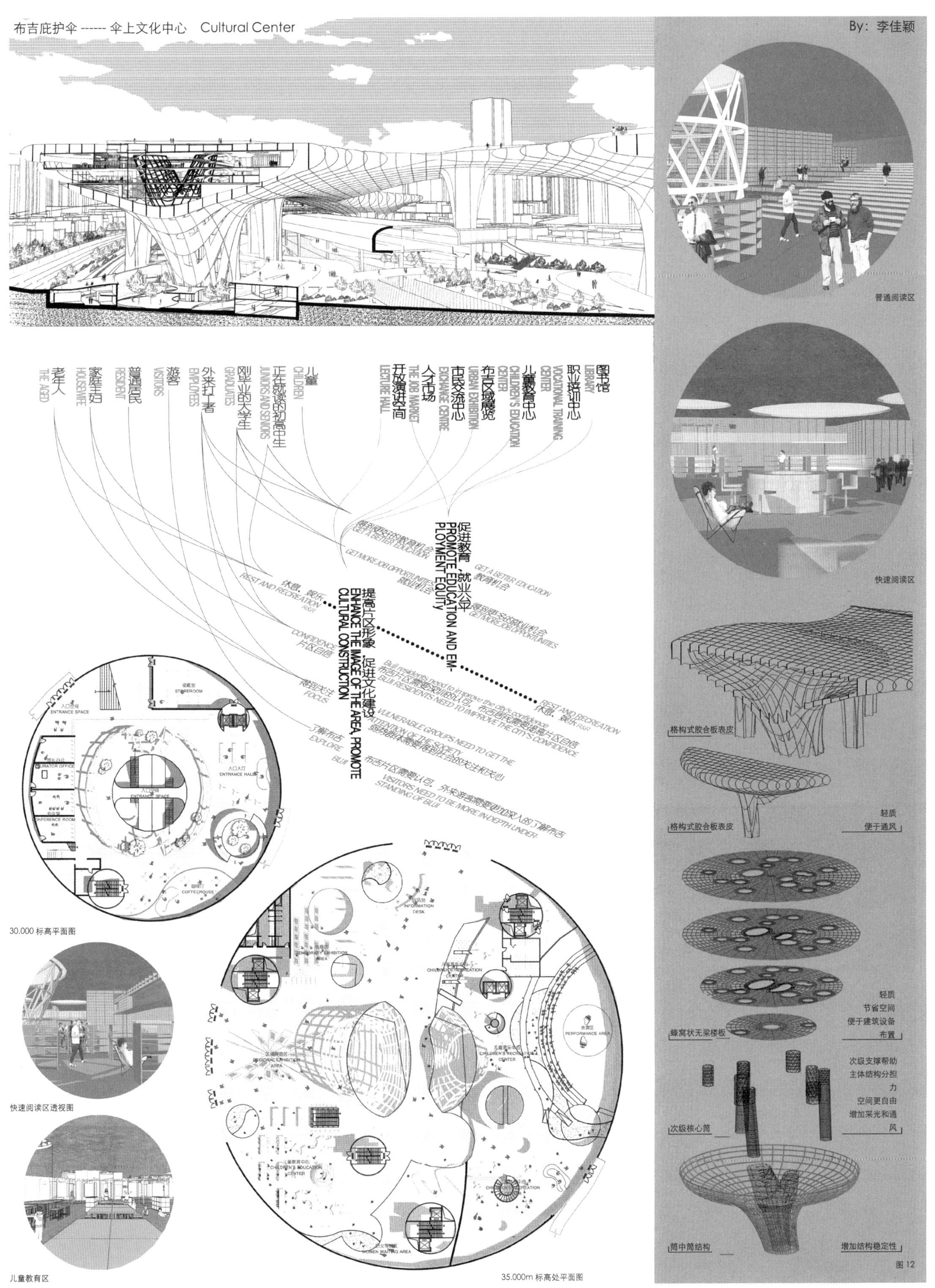

普通阅读区

快速阅读区

30.000 标高平面图

快速阅读区透视图

儿童教育区

35.000m 标高处平面图

图 12

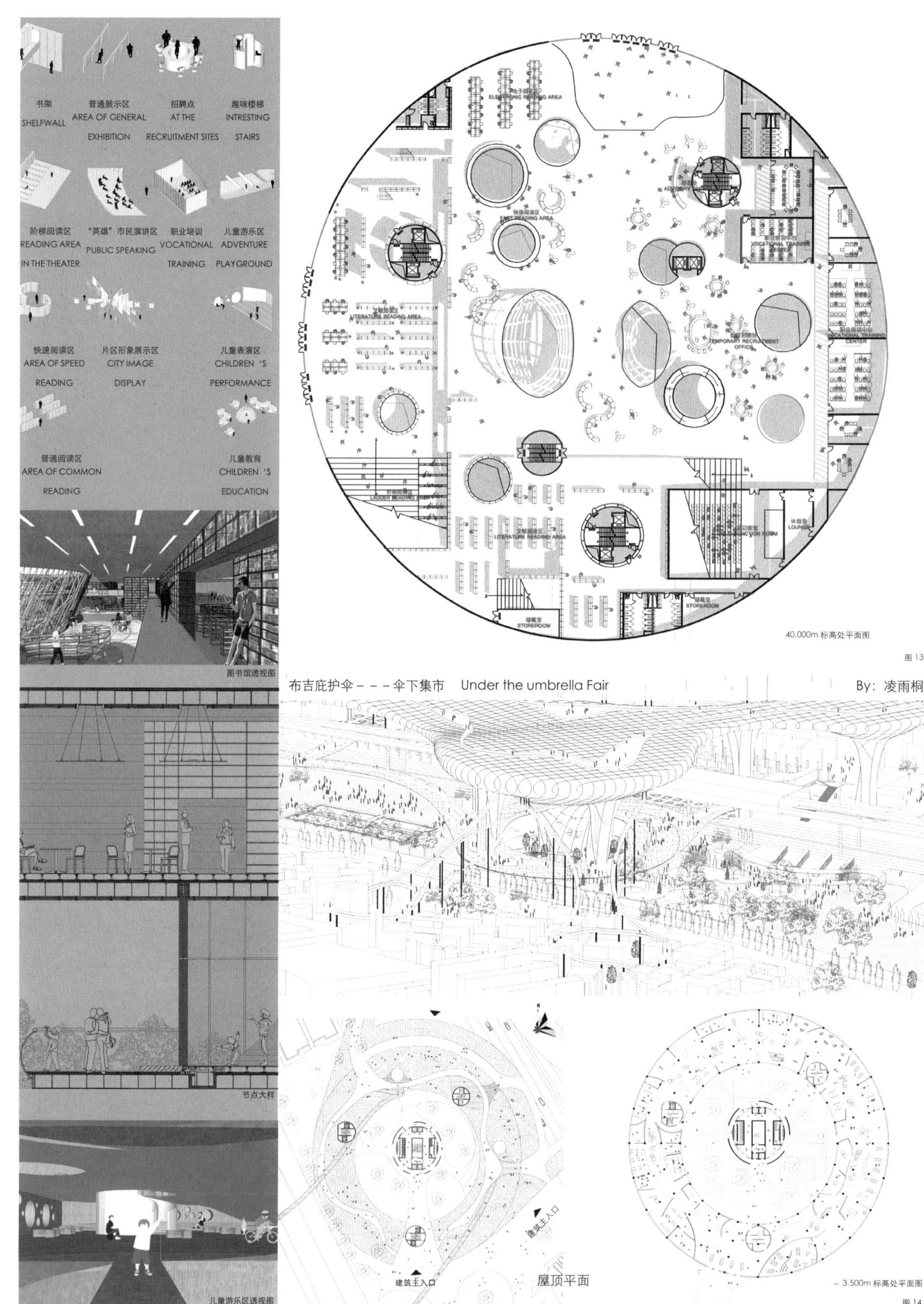
书架
SHELFWALL
普通展示区
AREA OF GENERAL EXHIBITION
招聘点
AT THE RECRUITMENT SITES
趣味楼梯
INTRESTING STAIRS
阶梯阅读区
READING AREA IN THE THEATER
"英雄"市民演讲区
PUBLIC SPEAKING
职业培训
VOCATIONAL TRAINING
儿童游乐区
ADVENTURE PLAYGROUND
快速阅读区
AREA OF SPEED READING
片区形象展示区
CITY IMAGE DISPLAY
儿童表演区
CHILDREN 'S PERFORMANCE
普通阅读区
AREA OF COMMON READING
儿童教育
CHILDREN 'S EDUCATION
图书馆透视图
节点大样
儿童游乐区透视图
40.000m 标高处平面图
图 13
布吉庇护伞－－－伞下集市 Under the umbrella Fair
By：凌雨桐
建筑主入口
屋顶平面
－3.500m 标高处平面图
图 14

伞下集市 – – – Under the umbrella Fair

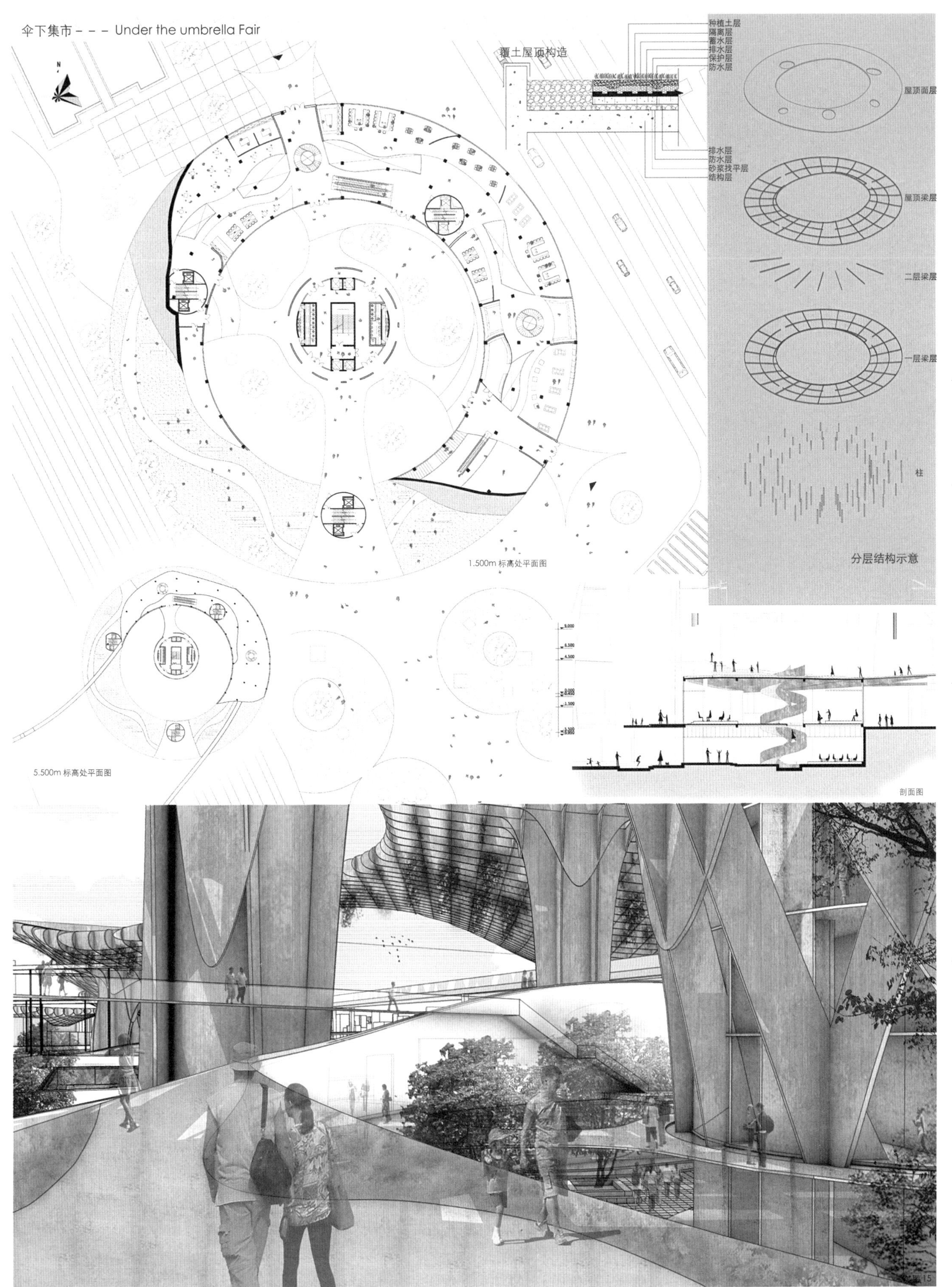

模·界

vague boundry

昆明理工大学

设计：袁世洁＼周越＼谭雅秋

指导：翟辉＼张欣雁

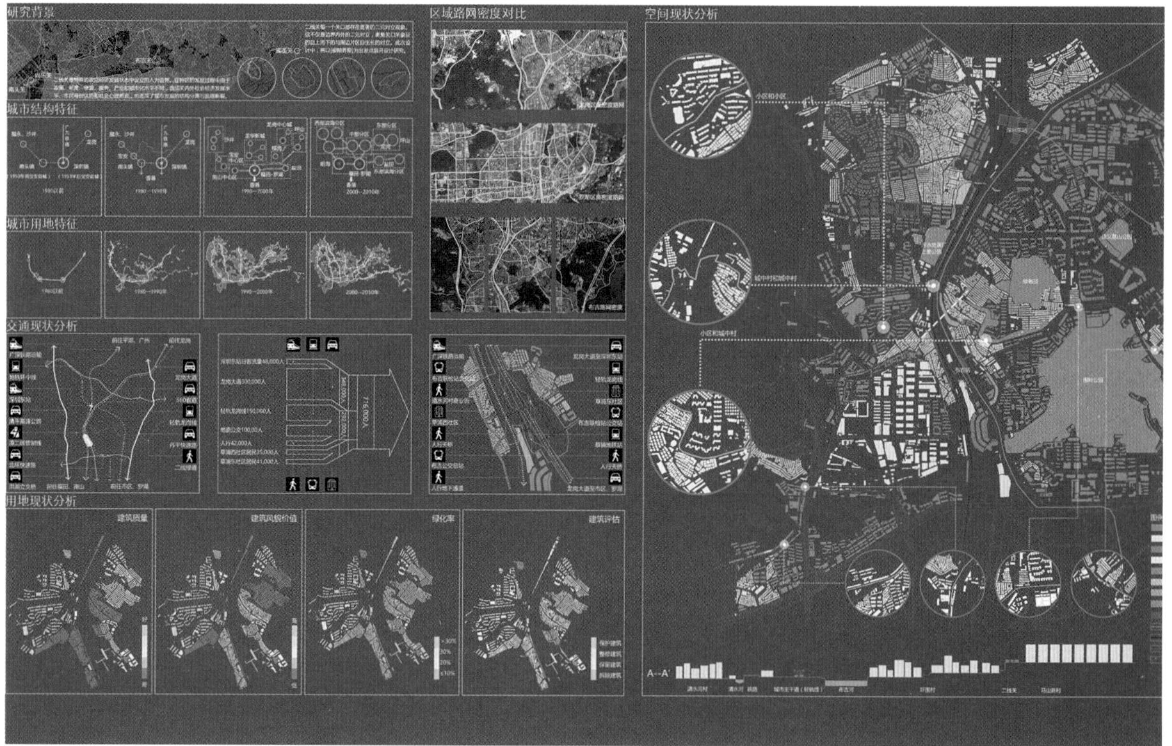

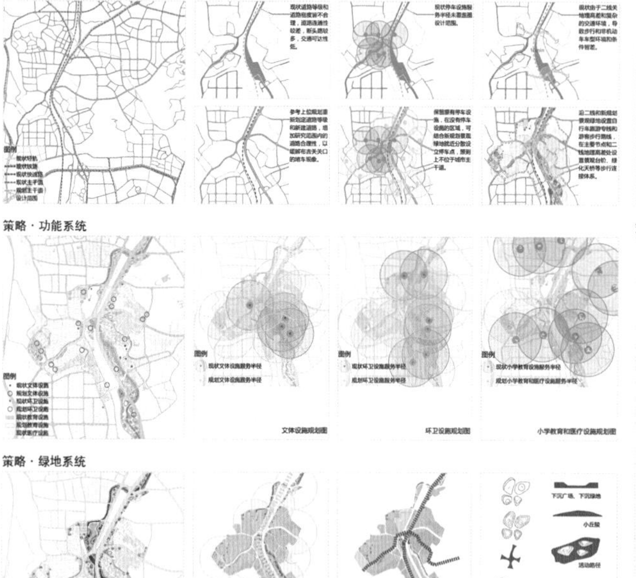

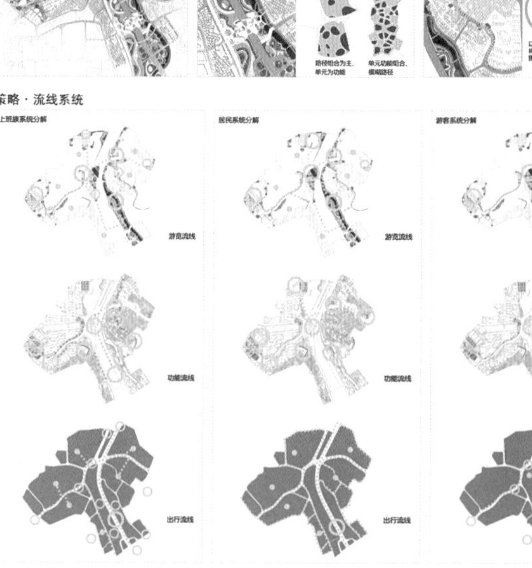

评语：

二线"是深圳的“留痕”和“标示”，是城市重要的时空要素。本案由建筑和规划两个专业3位同学合作完成。关注城市生活的多样性和时间记忆的延续性，城市设计和建筑设计尝试整合“今昔”历史片段，模糊“内外”空间关系，不仅讨论建筑未来的“容器”，更注意构建城市日常的“磁体”。

教学过程中，我们强调团队合作和专业协同，强调整体思维和前沿思考，强调理性分析和逻辑推演，强调问题发现和综合表达，希望在设计过程能够冷静思考时间在城市发展中的作用，反思设计的“静止”状态可能对城市发展的“禁锢”。设计不仅试图“模糊”城市空间的分界，更希望“抹平”社区人们的隔阂。

理论上，“边沿”是意象城市的要素之一；理想中，美好的生活空间是没有“边界”的——这正是“模糊边界”的意义。

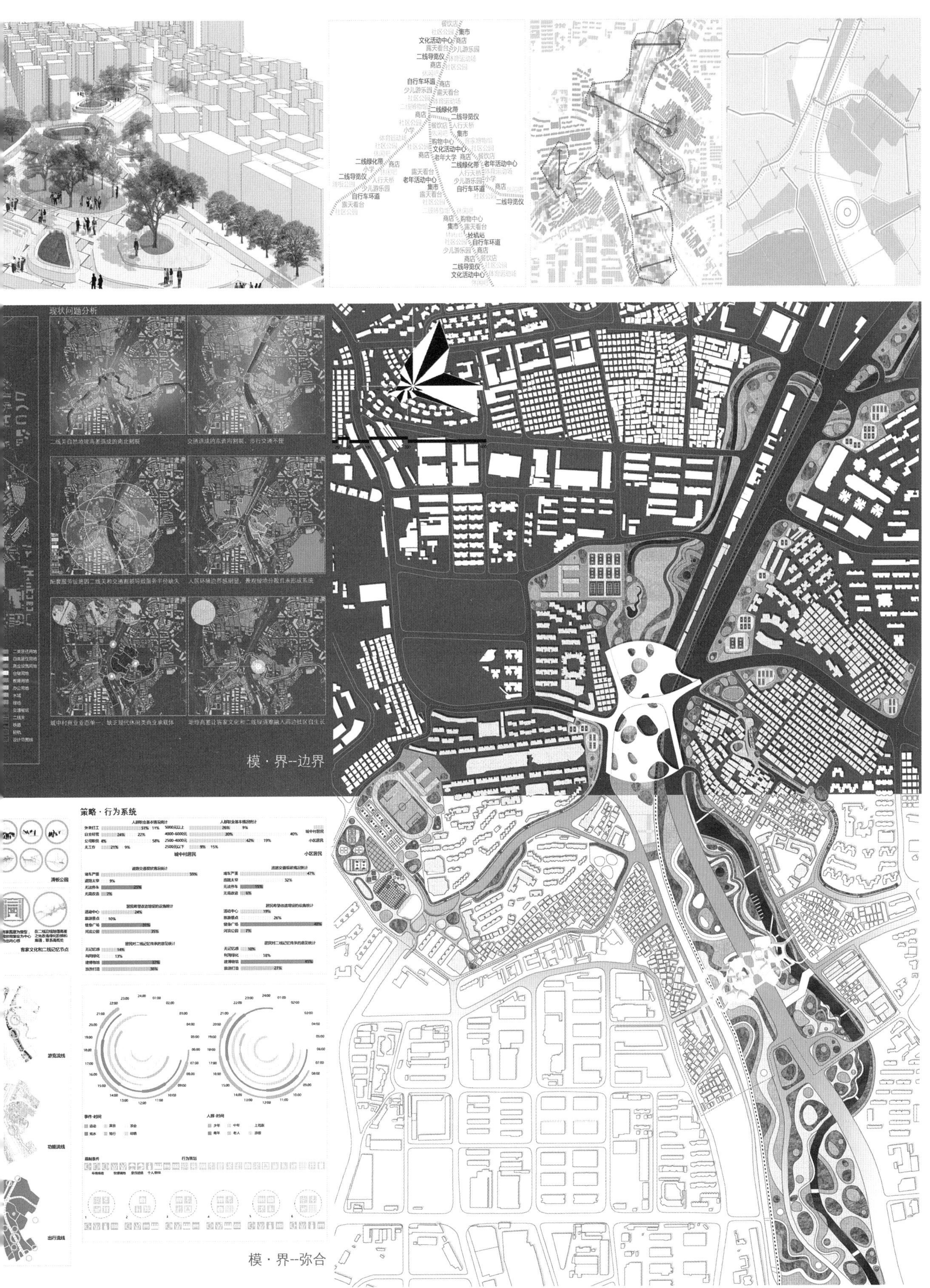
现状问题分析
二线关自然地域高差造成的南北割裂
交通语成的东西向割裂，步行交通不便
配套服务设施因二线关和交通割裂导致服务半径缺失
人居环境边界感割裂，费观绿地分散且未形成系统
城中村商业业态单一，缺乏现代休闲类商业业载体
需修高差让客家文化和二线绿清塞融入周边社区自生长
模 · 界--边界
策略 · 行为系统
城中村居民
小区居民
客家文化和二线记忆节点
游览流线
功能流线
出行流线
模 · 界--弥合

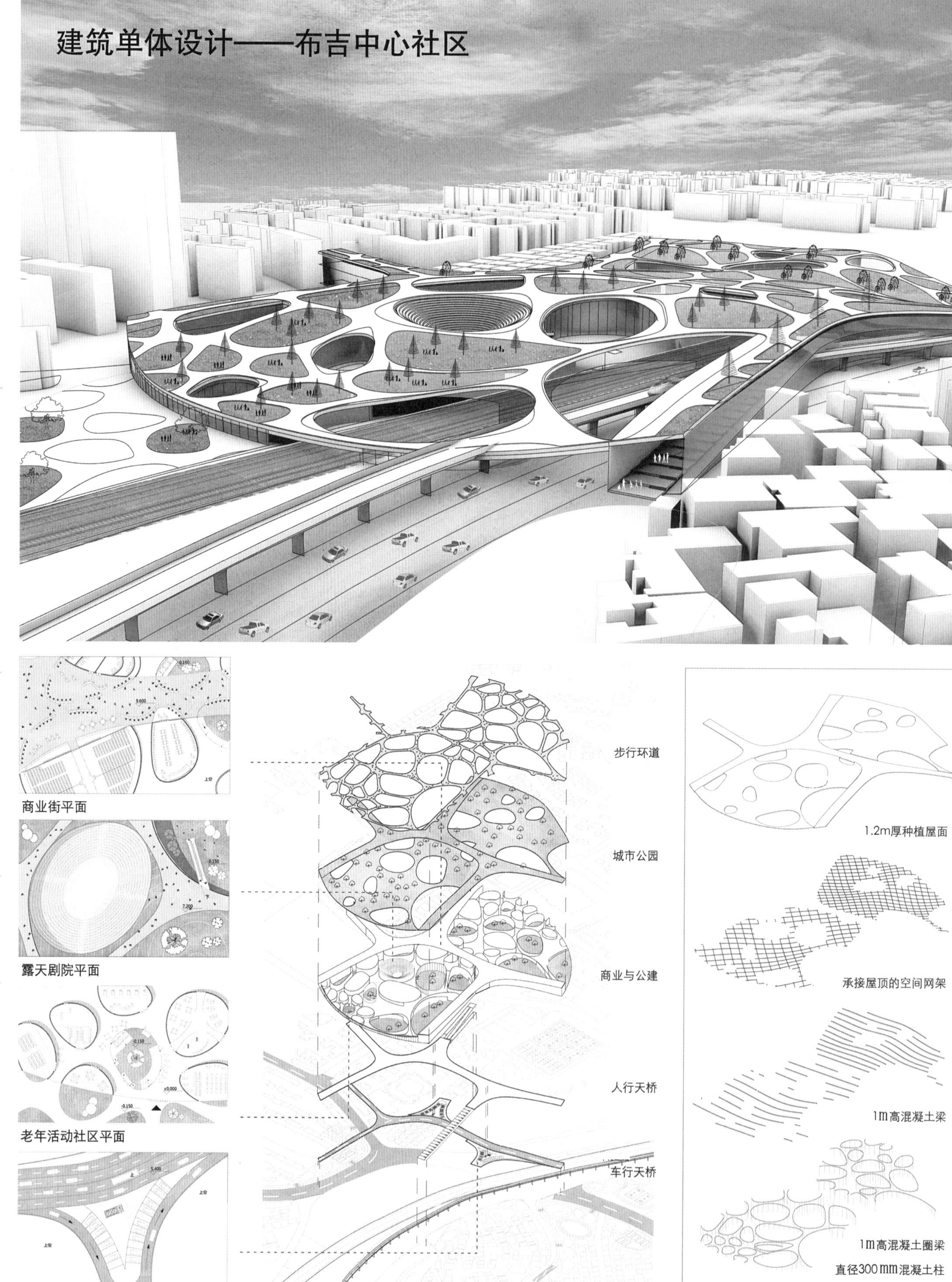
建筑单体设计——布吉中心社区
商业街平面
露天剧院平面
老年活动社区平面
步行环道
城市公园
商业与公建
人行天桥
车行天桥
1.2m厚种植屋面
承接屋顶的空间网架
1m高混凝土梁
1m高混凝土圈梁
直径300mm混凝土柱

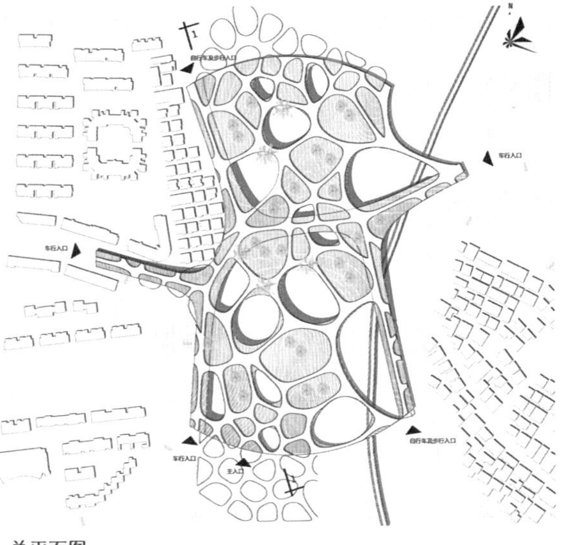

总平面图

2-2剖面图

3-3剖面图

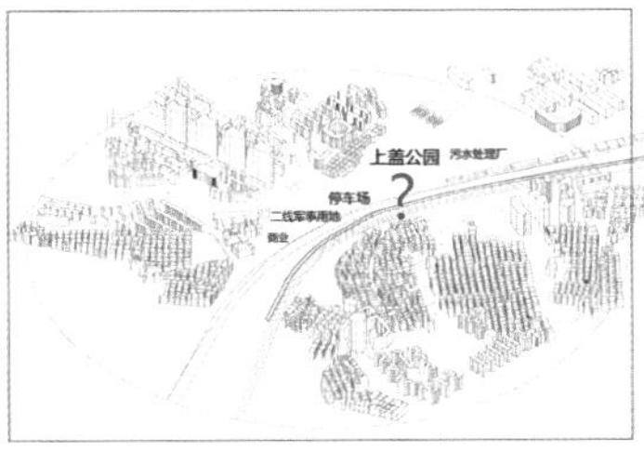

建筑基地处于龙岗大道与二线交汇处,周围有一些景观资源,但是存在交通可达性弱的缺点，如何入手场地问题？

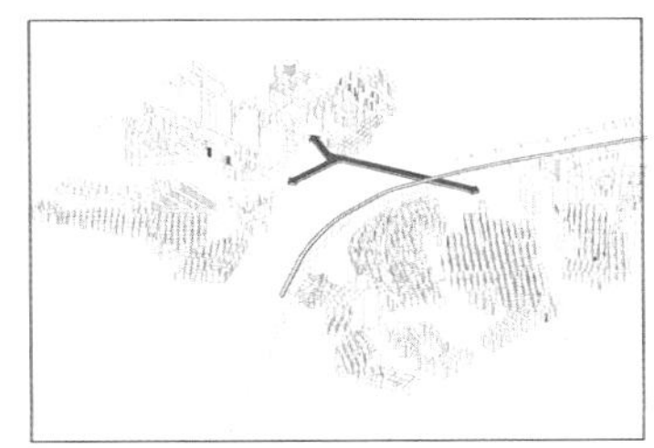

首先解决场地东西连接割裂的问题。

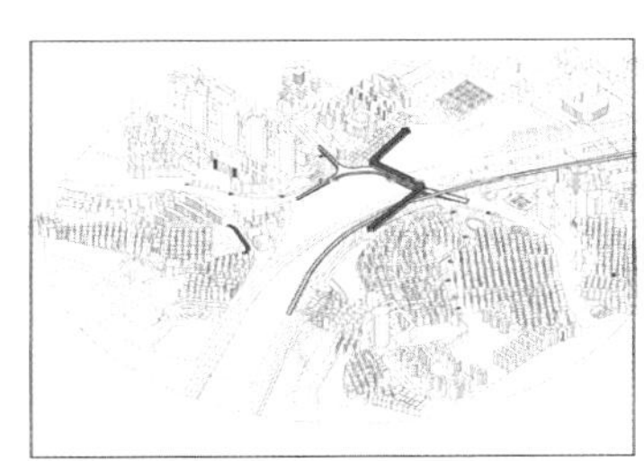

再解决场地南北向步行连接问题。

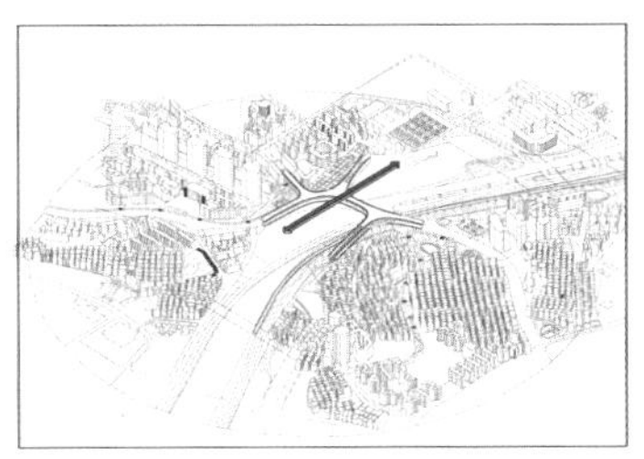

整合场地现状的景观资源。

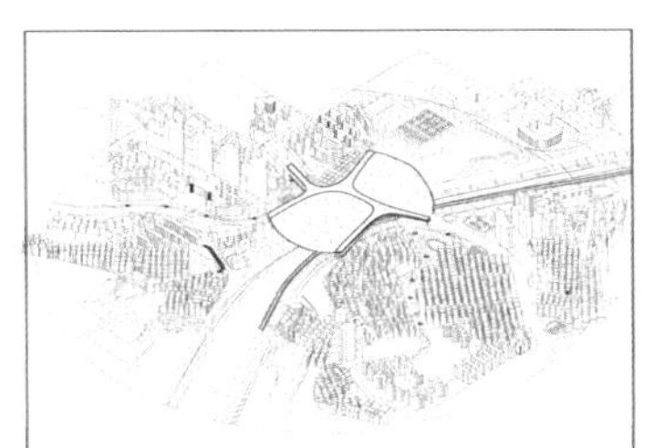

将整个场地的景观整合形成一个中等规模的城市绿地。

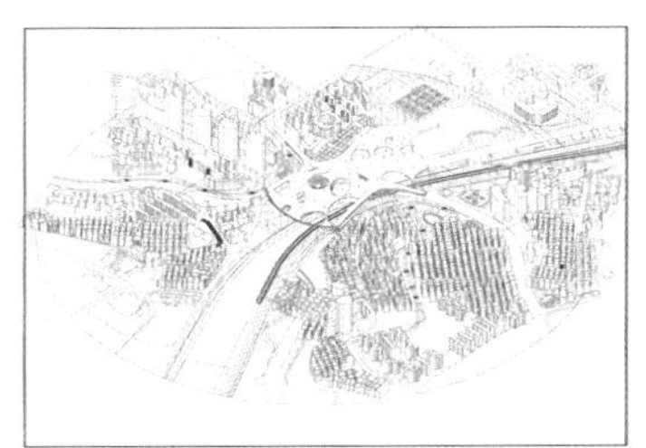

在绿地的基础上慢慢增加一些公建与商业设施。

建筑单体设计之交通换乘综合体

引言：未来的发展策略是尊重原有建筑和绿地，在引进高速铁路，增加客流量与中转站的同时，我们更应该给予美好的过境体验、独特的城市公园、大型的开放空间和历史的记忆区域。

现状分析：

建筑场地位于城市设计选定的四个城市设计节点之一，位于布吉南部，为原布吉检查站即关口的位置。场地内东西两侧为城中村，而中心道路上交通情况复杂，种类繁多，有轻轨、公交车站以及客运站、铁路。这种交通混杂的局面使其本身成为除二线以外的最大的隔阂。另一方面，经过调研发现东西两边的城中村为同一客家村落，如今变为被交通割裂的两大城中村。东西两边的城中村有明显的肌理断裂。

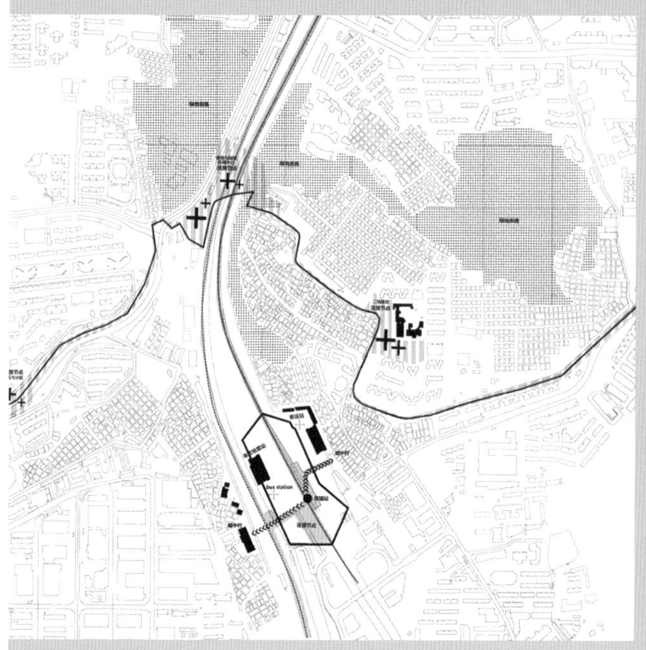

现状分析图

区位问题解析

经过对场地的现状梳理发现以下问题：1、东西两侧城中村原为传统客家村落，由于二线关的设立和城市的发展。使之成为城中村，并且被交通断裂。城中村的肌理割裂导致其之间缺少联系和互动。2、场地内交通情况复杂，换乘等待不方便，且交通压力大。3、场地为原布吉关关口，随着二线关的拆除，记忆也会随之消失。4、场地东西向的连接过于单一，城中村之间缺乏交流，城市空间过于外向。

肌理历史演变推演图

得出目标

给予人们美好的过境体验、独特的城市公园、大型的开放空间和历史的记忆区域。通过肌理连接融合和增加公共活动空间来达到以上的目标。

具体措施：

肌理弥合

从平面图上可以看到场地内东西两侧城中村肌理杂乱，如果硬行将其连接则会产生更为杂乱的肌理。所以通过提取两侧城中村的中心点，将其延伸交汇。同时，作为场地东西两侧的步行连接中心，密度点被路径所干扰，导致形成最终的作用点。

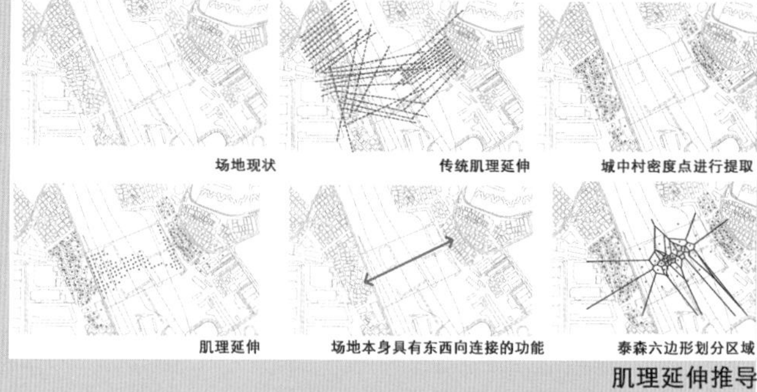

肌理延伸推导

路径模糊

原场地东西向连接过于单一，通过性太强，缺少人群活动，所以通过将路径模糊，使其人群交往发生变化。而泰森六边形正好满足这样的需求：泰森六边形有且只有一个离散点，且在泰森六边形边缘到达两侧离散点的距离相等。所以用泰森六边形所确定的作用点进行划分，划分成一个路径丰富、资源均质的过境空间。

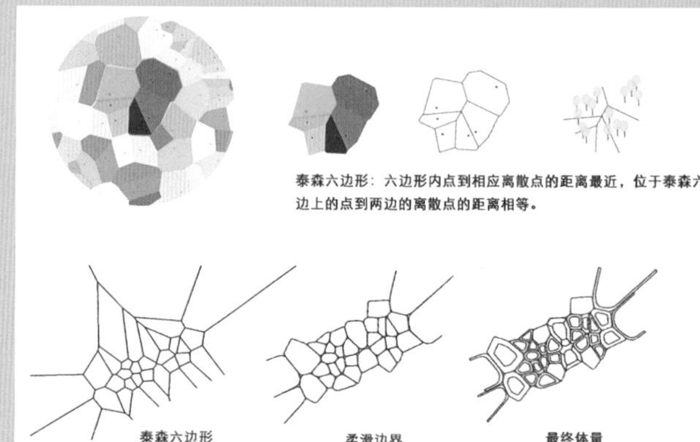

体量生成

柔滑新肌理

通过对场地内的四个肌理进行提取与对比发现，原有村落室外空间比较丰富，变化较多。

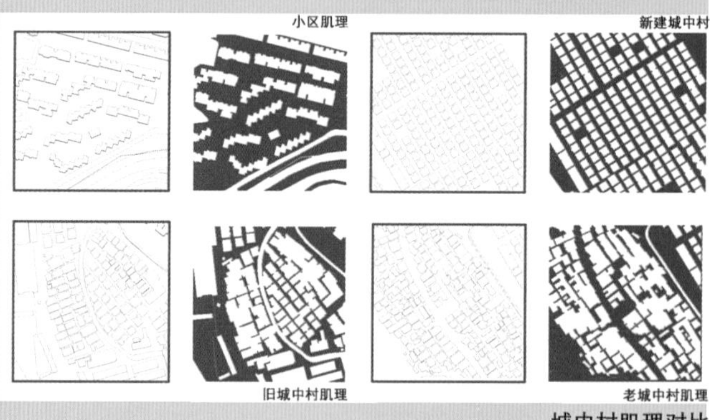

城中村肌理对比

现代传统矩形建筑构成的室外空间比较均质，而如果把矩形换成圆形，室外空间将会变得更加自然与丰富。

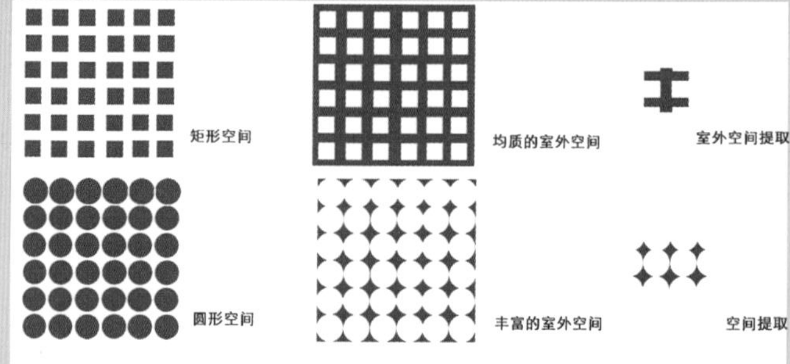

室外空间对比

室内外空间模糊

将满足城中村休闲生活以及乘客与旅客的休憩与参观空间加入，并且加入大量的绿化，使得空间层次更加丰富。同时运用曲面的墙体将楼板与墙体之间的界限进行模糊，室内外空间过渡模糊，在满足人们生活需求的同时，行走在建筑内部犹如行走在森林之中。绿化与城市公共活动空间相互渗透。

功能模糊

通过对原有场地使用者进行分类，可以大致分为公交乘客、轻轨乘客、客车乘客和城中村居民，除此之外，作为城市设计二线旅游规划的入口，也会有很多乘客经过此地。所以最终确定的四个主要功能为：城市公园、公共活动中心和二线展览馆三个主要功能。

建筑结构分析

建筑单体采用拱结构:垂直方向上两面墙曲度改变的地方，巧妙地形成一个拱形，拱形的处理方向受力是最合理的。同时使楼板有一个天然的搭接点。墙体为连续的曲面墙，为实心混凝土双向曲率墙。

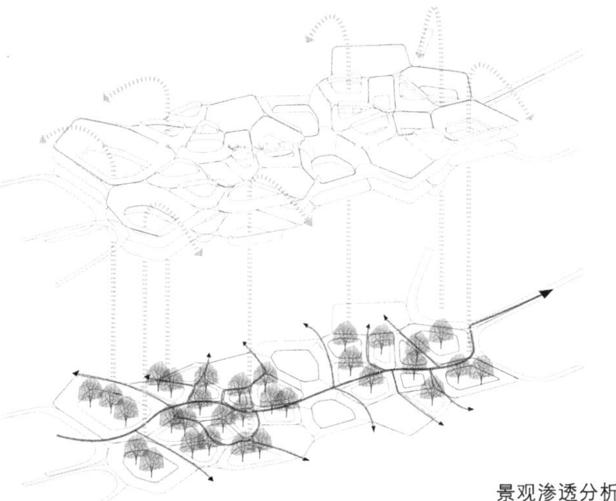

景观渗透分析

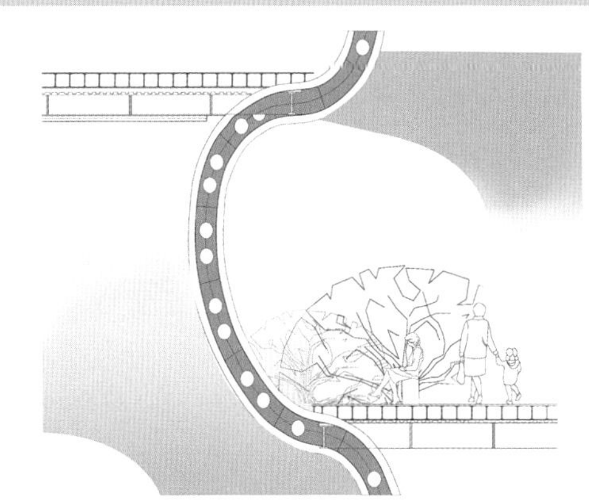

大样图

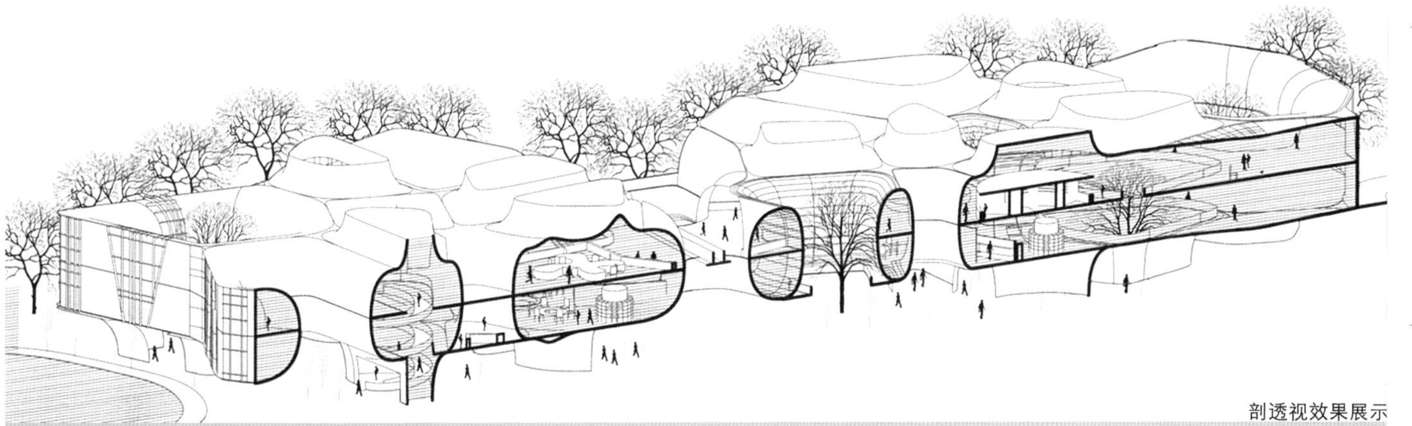

剖透视效果展示

最终效果图

图书在版编目（CIP）数据

后边界／二线关：2016年8+联合毕业设计作品／张彤编．—北京：中国建筑工业出版社，2016.10
ISBN 978-7-112-19997-6

Ⅰ．① 后… Ⅱ．① 张… Ⅲ．① 建筑设计-作品集-中国-现代 Ⅳ．① TU206

中国版本图书馆CIP数据核字（2016）第247635号

本次联合毕业设计以“后边界深圳二线关沿线结构织补与空间弥合”为题，由东南大学和深圳大学联合命题与组织承办，参加院校包括清华大学、同济大学、天津大学、重庆大学、浙江大学、中央美术学院、北京建筑大学和昆明理工大学，共有超过120名学生和40余位老师参与了教学活动。

课题选址深圳市正在拆除和改造的二线关，探讨一条曾经的政治经济边界如何成为城市生活复兴和公共空间再生的契机。这次以“边界”为主题的毕业设计，教学和研究在多个方面尝试“超越边界”。

责任编辑：陈　桦　杨　琪
责任校对：王宇枢　焦　乐

后边界/二线关——2016年8+联合毕业设计作品
张　彤　陈佳伟　王　辉　王　一　孔宇航
龙　灏　贺　勇　马　英　周宇舫　翟　辉　编
*
中国建筑工业出版社出版、发行（北京海淀三里河路9号）
各地新华书店、建筑书店经销
北京锋尚制版有限公司制版
北京方嘉彩色印刷有限责任公司印刷
*
开本：880×1230毫米　1/16　印张：17¼　字数：534千字
2016年12月第一版　2016年12月第一次印刷
定价：118.00元
ISBN 978－7－112－19997－6
（29429）